Probabilidade e Distribuições de Probabilidade

Probabilidade Teorema de Bayes

$$P(B_i|A) = \frac{P(B_i) \cdot P(A|B_i)}{P(B_1) \cdot P(A|B_1) + P(B_2) \cdot P(A|B_2) + \cdots + P(B_k) \cdot P(A|B_k)}$$

Probabilidade condicional

$$P(A|B) = \frac{P(A \cap B)}{P(B)}$$

Regra geral de adição

$$P(A \cup B) = P(A) + P(B) - P(A \cap B)$$

Regra geral de multiplicação

$$P(A \cap B) = P(B) \cdot P(A|B) \quad \text{ou} \quad P(A \cap B) = P(A) \cdot P(B|A)$$

Esperança matemática

$$E = a_1 p_1 + a_2 p_2 + \cdots + a_k p_k$$

Distribuições de Probabilidade Distribuição binomial

$$f(x) = \binom{n}{x} p^x (1-p)^{n-x}$$

Média de distribuição de probabilidade

$$\mu = \sum x \cdot f(x)$$

Desvio-padrão de distribuição de probabilidade

$$\sigma = \sqrt{\sum (x - \mu)^2 \cdot f(x)}$$

Continua na terceira capa

Estatística Aplicada

F889e	Freund, John E.
	    Estatística aplicada : economia, administração e contabilidade / John E. Freund ; tradução Claus Ivo Doering. – 11. ed. – Porto Alegre : Bookman, 2006.
	    536 p. : il. ; 25 cm.
	
	    ISBN 978-85-363-0667-4
	
	    1. Estatística aplicada. 2. Estatística – Economia. 3. Estatística – Administração. 4. Estatística – Contabilidade. I. Título.
	
	                                                                                                    CDU 519.2

Catalogação na publicação: Júlia Angst Coelho – CRB 10/1712

John E. Freund
Arizona State University

Economia, Administração e Contabilidade
Estatística Aplicada
11ª edição

Tradução:
Claus Ivo Doering
Professor Titular do Instituto de Matemática da UFRGS

Reimpressão 2019

2006

Tradução autorizada a partir do original em língua inglesa, intitulado *MODERN ELEMENTARY STATISTICS*, 11ª Edição de autoria de FREUND, JOHN E., publicado por Pearson Education, Inc., sob o selo Prentice Hall.
Copyright © 2004. Todos os direitos reservados.
ISBN 0-13-046717-0

Leitura final: *Cristina Forest Piccoli*

Capa: *Gustavo Demarchi*

Supervisão editorial: *Denise Weber Nowaczyk*

Editoração eletrônica: *Laser House*

Reservados todos os direitos de publicação, em língua portuguesa, à
ARTMED® EDITORA S.A.
(BOOKMAN® COMPANHIA EDITORA é uma divisão da ARTMED® EDITORA S.A.)
Av. Jerônimo de Ornelas, 670 - Santana
90040-340 Porto Alegre RS
Fone (51) 3027-7000   Fax (51) 3027-7070

É proibida a duplicação ou reprodução deste volume, no todo ou em parte,
sob quaisquer formas ou por quaisquer meios (eletrônico, mecânico, gravação,
fotocópia, distribuição na Web e outros), sem permissão expressa da Editora.

SÃO PAULO
Av. Angélica, 1.091 - Higienópolis
01227-100 São Paulo SP
Fone (11) 3665-1100   Fax (11) 3667-1333

SAC 0800 703-3444

IMPRESSO NO BRASIL
PRINTED IN BRAZIL

SOBRE O AUTOR

JOHN E. FREUND
Professor Emérito de Matemática
Arizona State University

O Dr. Freund obteve sua formação na University of London, U.C.L.A., na Columbia University e na University of Pittsburgh, e seu interesse pela Matemática, Lógica e Filosofia da Ciência o levou a uma carreia em Estatística. Fundamentados em sua abordagem à Estatística como uma maneira de pensar e, como tal, um refinamento do raciocínio do dia a dia, seus livros didáticos de Estatística em vários níveis e em vários campos de aplicação têm sido *bestsellers* por cinqüenta anos.

PREFÁCIO

Esta edição de Estatística Elementar Moderna, como todas as anteriores, é fundamentada na afirmação de que "em geral, os métodos estatísticos são nada mais do que um refinamento do raciocínio do dia a dia". Essas palavras são adaptadas da afirmação proferida pelo eminente cientista Albert Einstein de que "a ciência como um todo é nada mais do que um refinamento do raciocínio do dia a dia".

Têm sido promulgadas muitas mudanças para os cursos introdutórios de Estatística em anos recentes, que advogam uma maior ênfase na análise de dados utilizando casos reais e uma diminuição do rigor matemático, particularmente na área de Probabilidade. Nosso ponto de vista permanece basicamente inalterado e apresentamos esta nova edição com a certeza de que ela é uma introdução apropriada à Estatística que deveria ser ensinada como uma parte vital dos conhecimentos gerais das pessoas. É difícil negar a importância de enfatizar a análise de dados utilizando casos reais, mas é mais importante recomendar que os dados sejam de casos reais interessantes. Um exemplo clássico de dados utilizando casos reais, muito usado no passado, consiste no número de mortes resultantes de coices de cavalo por ano por esquadrão do exército prussiano! Tais dados satisfazem as condições dos assim chamados dados de Poisson (ver Seção 8.5).

EXERCÍCIOS

Muitos dos mais de 1200 exercícios são novos ou atualizados de edições anteriores. É claro que não se espera que o leitor resolva cada um deles, mas há uma variedade adequada para oferecer material de exercício para praticamente qualquer leitor, independentemente de sua área primordial de interesse.

Há essencialmente dois tipos de exercícios novos nesta edição. O primeiro é o tipo conceitual, que nos faz pensar, em vez de dedicar nosso tempo a cálculos cansativos. Esses exercícios são fáceis de encontrar, pois estão marcados com o ícone , baseado na famosa estátua *O Pensador* de Rodin. O segundo é o tipo de exercício que serve para conferir se uma coleção de dados satisfaz as condições exigidas por um procedimento estatístico particular.

MATERIAL COMPUTACIONAL

O objetivo do material produzido por computador e das reproduções de calculadoras gráficas é apresentar ao leitor algumas das mais populares e mais atuais tecnologias disponíveis para trabalhar em Estatística. Todo o material produzido por computador da décima edição foi trocado por material novo gerado por MINITAB. As reproduções de janelas de calculadoras gráficas TI-83 foram transferidas para um computador utilizando um TI-GRAPH LINK e, em seguida, impressas pelo computador.

Com uma exceção, não são requeridos nem computador, nem calculadora gráfica para poder usar este livro. De fato, o livro pode ser utilizado efetivamente por leitores que não possuam nem tenham acesso fácil a computadores e a *softwares* estatísticos ou a calculadoras gráficas. A única exceção é o teste de normalidade da Seção 9.3.

Alguns dos exercícios estão marcados com o ícone especial 🖳, sugerindo o uso de um computador, e/ou com o ícone 🖩, sugerindo o uso de uma calculadora gráfica, mas isso é opcional. Acesse o *site* loja.grupoa.com.br, encontre a página do livro por meio do campo de busca e localize a área de Material Complementar para acessar os arquivos.

SUPLEMENTO PARA ENSINO E APRENDIZADO

Projetado para complementar e expandir o texto, o *site www.prenhall.com/freund*, da Prentice Hall, oferece uma variedade de ferramentas interativas para ensino e aprendizado (em inglês), inclusive com endereços de outros *sites*, testes *on-line*, modelos de conteúdos programáticos, bem como informações sobre material adicional relacionado com este livro.

AGRADECIMENTOS

Meu apreço a colegas e estudantes por sugestões proveitosas e revisões de todas as edições deste texto. Agradeço a

Michael B. Dollinger, Pacific Lutheran University

Kathleen Ebert, Alfred State College

Lynn R. Eisenberg, Durham Technical Community College

J. S. Huang, Columbia College

Bob Jensen, Pacific Lutheran University

Lionel Mordecai, Southwestern Community College

Em especial, quero agradecer ao Dr. Benjamin M. Perles, da Suffolk University, pela sua revisão cuidadosa do manuscrito e a Douglas E. Freund pela ajuda com a revisão de provas.

O autor tem uma dívida de gratidão pela permissão obtida da Prentice Hall para reproduzir o material da Tabela II; dos curadores de *Biometrika* para reproduzir o material das Tabelas III e IV; da American Cyanamid Company para reproduzir o material da Tabela VI; da Addison-Wesley Publishing Company para reproduzir o material da Tabela VII; do editor dos *Annals of Mathematical Statistics* para reproduzir o material da Tabela VIII; e do Aerospace Research Laboratories, da U.S. Air Force para reproduzir o material da Tabela IX.

Agradeço também a Laurel Tech pela verificação da precisão do livro e, finalmente, minha gratidão para a equipe da Prentice Hall: Sally Yagan, Joanne Wendelken, Krista Bettino, Linda Behrens, Tom Benfatti, Maureen Eide, Michael Bell, Dina Curro e Bayani DeLeon.

JOHN E. FREUND
Paradise Valley, Arizona

SUMÁRIO*

■ **CAPÍTULO 1 INTRODUÇÃO 15**
    1.1 O Crescimento da Estatística Moderna 16
    1.2 O Estudo da Estatística 17
    1.3 Estatística Descritiva e Inferência Estatística 18
    1.4 A Natureza dos Dados Estatísticos 21
    1.5 Lista de Termos-Chave 23
    1.6 Referências 23

■ **CAPÍTULO 2 RESUMINDO DADOS: LISTANDO E AGRUPANDO 25**
    2.1 Listando Dados Numéricos 26
    2.2 Diagrama de Ramos e Folhas 28
    2.3 Distribuição de Freqüência 33
    2.4 Apresentações Gráficas 42
    2.5 Resumindo Dados a Duas Variáveis 48
    2.6 Lista de Termos-Chave 54
    2.7 Referências 55

■ **CAPÍTULO 3 RESUMINDO DADOS: MEDIDAS DE TENDÊNCIA 56**
    3.1 Populações e Amostras 57
    3.2 A Média 58
    3.3 A Média Ponderada 61
    3.4 A Mediana 66
    3.5 Outros Quantis 69
    3.6 A Moda 72
  *3.7 Descrição de Dados Agrupados 76
    3.8 Nota Técnica (Somatórios) 82
    3.9 Lista de Termos-Chave 84
   3.10 Referências 84

■ **CAPÍTULO 4 RESUMINDO DADOS: MEDIDAS DE DISPERSÃO 85**
    4.1 A Amplitude 86
    4.2 O Desvio-Padrão e a Variância 86
    4.3 Aplicações do Desvio-Padrão 89
  *4.4 Descrição de Dados Agrupados 96
    4.5 Algumas Descrições Adicionais 98

---

* Todas seções marcadas com asterisco são opcionais, podendo ser omitidas sem perda de continuidade.

4.6 Lista de Termos-Chave 103
4.7 Referências 103

Exercícios de Revisão para os Capítulos 1, 2, 3 e 4 103

CAPÍTULO 5 POSSIBILIDADES E PROBABILIDADES 110

5.1 Contagem 111
5.2 Arranjos e Permutações 114
5.3 Combinações 117
5.4 Probabilidade 124
5.5 Lista de Termos-Chave 132
5.6 Referências 133

CAPÍTULO 6 ALGUMAS REGRAS DE PROBABILIDADE 134

6.1 Espaços Amostrais e Eventos 135
6.2 Os Postulados de Probabilidade 142
6.3 Probabilidades e Chances 144
6.4 Regras de Adição 149
6.5 Probabilidade Condicional, 154
6.6 Regras de Multiplicação 156
*__6.7__ O Teorema de Bayes 161
6.8 Lista de Termos-Chave 166
6.9 Referências 166

CAPÍTULO 7 ESPERANÇAS E DECISÕES 167

7.1 Esperança Matemática 168
*__7.2__ Tomada de Decisão 172
*__7.3__ Problemas de Decisão Estatística 176
7.4 Lista de Termos-Chave 179
7.5 Referências 179

Exercícios de Revisão para os Capítulos 5, 6 e 7 180

CAPÍTULO 8 DISTRIBUIÇÕES DE PROBABILIDADE 186

8.1 Variáveis Aleatórias 187
8.2 Distribuições de Probabilidade 188
8.3 A Distribuição Binomial 190
8.4 A Distribuição Hipergeométrica 197
8.5 A Distribuição de Poisson 201
*__8.6__ A Distribuição Multinomial 205
8.7 A Média de uma Distribuição de Probabilidade 206
8.8 O Desvio Padrão de uma Distribuição de Probabilidade 208
8.9 Lista de Termos-Chave 213
8.10 Referências 213

CAPÍTULO 9 A DISTRIBUIÇÃO NORMAL 214

9.1 Distribuições Contínuas 215
9.2 A Distribuição Normal 217

*9.3 Verificação da Normalidade 226
9.4 Aplicações da Distribuição Normal 228
9.5 A Aproximação Normal da Distribuição Binomial 231
9.6 Lista de Termos-Chave 236
9.7 Referências 237

CAPÍTULO 10   AMOSTRAGEM E DISTRIBUIÇÕES AMOSTRAIS   238

10.1 Amostragem Aleatória 239
*10.2 Planejamento de Amostras 245
*10.3 Amostragem Sistemática 245
*10.4 Amostragem Estratificada 245
*10.5 Amostragem por Conglomerado 248
10.6 Distribuições Amostrais 250
10.7 O Erro-Padrão da Média 253
10.8 O Teorema do Limite Central 255
10.9 Algumas Considerações Adicionais 257
*10.10 Nota Técnica (Simulação) 260
10.11 Lista de Termos-Chave 262
10.12 Referências 262

Exercícios de Revisão para os Capítulos 8, 9 e 10   264

CAPÍTULO 11   PROBLEMAS DE ESTIMATIVA   270

11.1 Estimativa de Médias 271
11.2 Estimativa de Médias (σ Desconhecido) 275
11.3 Estimativa de Desvios-Padrão 281
11.4 Estimativa de Proporções 286
11.5 Lista de Termos-Chave 292
11.6 Referências 292

CAPÍTULO 12   TESTES DE HIPÓTESES: MÉDIAS   294

12.1 Testes de Hipóteses 295
12.2 Testes de Significância 299
12.3 Testes Relativos a Médias 306
12.4 Testes Relativos a Médias (σ Desconhecido) 309
12.5 Diferenças Entre Médias 313
12.6 Diferenças Entre Médias (σ Desconhecido) 316
12.7 Diferenças Entre Médias (Dados emparelhados) 318
12.8 Lista de Termos-Chave 321
12.9 Referências 322

CAPÍTULO 13   TESTES DE HIPÓTESES: DESVIOS-PADRÃO   323

13.1 Testes Relativos a Desvios-Padrão 323
13.2 Testes Relativos a Dois Desvios-Padrão 327
13.3 Lista de Termos-Chave 330
13.4 Referências 331

CAPÍTULO 14 TESTES DE HIPÓTESES BASEADOS EM DADOS CONTADOS 332

14.1 Testes Relativos a Proporções 333
14.2 Testes Relativos a Proporções (Grandes Amostras) 334
14.3 Diferenças Entre Proporções 335
14.4 Análise de uma Tabela $r \times c$ 339
14.5 Aderência 350
14.6 Lista de Termos-Chave 355
14.7 Referências 355

Exercícios de Revisão para os Capítulos 11, 12, 13 e 14 356

CAPÍTULO 15 ANÁLISE DE VARIÂNCIA 362

15.1 Diferenças Entre k Médias: Um Exemplo 363
15.2 Planejamento de Experimentos: Aleatorização 366
15.3 Análise de Variância de Um Critério 368
15.4 Comparações Múltiplas 374
15.5 Planejamento de Experimentos: Bloqueamento 379
15.6 Análise de Variância de Dois Critérios 380
15.7 Análise de Variância de Dois Critérios sem Interação 381
15.8 Planejamento de Experimentos: Replicação 384
15.9 Análise de Variância de Dois Critérios com Interação 385
15.10 Planejamento de Experimentos: Considerações Adicionais 389
15.11 Lista de Termos-Chave 396
15.12 Referências 396

CAPÍTULO 16 REGRESSÃO 398

16.1 Ajuste de Curvas 399
16.2 O Método dos Mínimos Quadrados 400
16.3 Análise de Regressão 410
*16.4 Regressão Múltipla 418
*16.5 Regressão Não-Linear 422
16.6 Lista de Termos-Chave 429
16.7 Referências 430

CAPÍTULO 17 CORRELAÇÃO 431

17.1 O Coeficiente de Correlação 432
17.2 A Interpretação de r 437
17.3 Análise de Correlação 442
*17.4 Correlações Múltipla e Parcial 445
17.5 Lista de Termos-Chave 448
17.6 Referências 449

CAPÍTULO 18 TESTES NÃO-PARAMÉTRICOS 450

18.1 O Teste de Sinais 451
18.2 O Teste de Sinais (Grandes Amostras) 453
*18.3 O Teste de Sinais com Posto 456

*18.4 O Teste de Sinais com Posto (Grandes Amostras) 460
18.5 O Teste U 463
18.6 O Teste U (Grandes Amostras) 466
18.7 O Teste H 468
18.8 Testes de Aleatoriedade: Repetições 472
18.9 Testes de Aleatoriedade: Repetições (Grandes Amostras) 473
18.10 Testes de Aleatoriedade: Repetições Acima e Abaixo da Mediana 474
18.11 Correlação por Posto 476
18.12 Algumas Considerações Adicionais 479
18.13 Resumo 480
18.14 Lista de Termos-Chave 480
18.15 Referências 481

Exercícios de Revisão para os Capítulos 15, 16, 17 e 18   482

TABELAS ESTATÍSTICAS 491

RESPOSTAS DOS EXERCÍCIOS ÍMPARES 517

ÍNDICE 533

1

INTRODUÇÃO

1.1 O Crescimento da Estatística Moderna 16
1.2 O Estudo da Estatística 17
1.3 Estatística Descritiva e Inferência Estatística 18
1.4 A Natureza dos Dados Estatísticos 21
1.5 Lista de Termos-Chave 23
1.6 Referências 23

Tudo que tratar, por pouco que seja, de coleta, processamento, interpretação e apresentação de dados pertence ao domínio da Estatística, assim como o planejamento detalhado que precede todas essas atividades. De fato, a Estatística inclui tarefas tão diversificadas como calcular a média de acertos em arremessos de jogadores de basquete, coletar e registrar dados sobre nascimentos, casamentos e mortes, avaliar a eficiência de produtos comerciais e prever o tempo. Mesmo uma das mais avançadas áreas da Física nuclear é identificada pelo nome Estatística Quântica.

A própria palavra "estatística" é utilizada de várias maneiras. Pode ser usada, por exemplo, para denotar a simples tabulação de dados numéricos, como em relatórios de transações na bolsa de valores e em publicações como o Anuário Estatístico do IBGE e no Almanaque Mundial. Também pode ser usada para denotar a totalidade dos métodos que são empregados na coleta, no processamento e na análise de dados, numéricos ou não, e é nesse sentido que a palavra "estatística" é utilizada no título deste livro.

A palavra "estatístico" é também utilizada de várias maneiras. Pode ser aplicada àqueles que simplesmente coletam informação, bem como aos que preparam análises ou interpretações, e ainda é aplicada a estudiosos que desenvolvem a teoria matemática na qual se fundamenta todo esse assunto. Finalmente, a palavra "estatística" é utilizada para denotar uma medida ou fórmula específica, tal como uma média, um intervalo de valores, uma taxa de crescimento como, por exemplo, um indicador econômico, ou ainda uma medida da correlação (ou relação) entre variáveis.

Nas Seções 1.1 e 1.2, discutimos o crescimento recente da Estatística com seu campo de aplicações cada vez mais amplo e a necessidade de seu estudo como parte de nosso treinamento especializado (profissional), bem como de nossa educação geral. Na Seção 1.3, explicamos a distinção entre os dois ramos principais da Estatística, a estatística descritiva e a inferência estatística, e na Seção 1.4 abordamos a natureza de vários tipos de dados e, com isso, advertimos o leitor contra a aplicação indiscriminada de alguns métodos utilizados na análise de dados.

1.1 O CRESCIMENTO DA ESTATÍSTICA MODERNA

Há várias razões pelas quais a abrangência da Estatística e a necessidade de estudar a Estatística têm crescido enormemente nos últimos, mais ou menos, cinqüenta anos. Uma razão é a abordagem crescentemente quantitativa utilizada em todas as ciências, bem como na Administração e em muitas outras atividades que afetam diretamente nossas vidas. Isso inclui o uso de técnicas matemáticas na avaliação de controles de poluição, no planejamento de inventários, na análise de padrões do trânsito de veículos, no estudo dos efeitos de vários tipos de medicamentos, na avaliação de técnicas de ensino, na análise do comportamento competitivo de administradores e governos, no estudo da dieta e da longevidade, e assim por diante. Também a disponibilidade de computadores aumentou enormemente nossa capacidade de lidar com informação numérica, a tal ponto que um trabalho estatístico sofisticado pode ser realizado mesmo por pequenas empresas e por alunos de escola e de faculdade.

A outra razão é que a quantidade de dados coletados, processados e fornecidos ao público, por uma razão ou outra, aumentou quase além da capacidade de compreensão, sendo que o que constitui boa estatística e o que constitui má estatística acaba ficando pouco claro. Para exercer vigilância, torna-se necessário um número cada vez maior de pessoas com conhecimento estatístico que participem da coleta dos dados, da sua análise e, o que é igualmente importante, de todo o planejamento preliminar. Sem este último, é assustador imaginarmos todos os erros que podem ocorrer na compilação de dados estatísticos. Os resultados de pesquisas caras podem ser inúteis se as perguntas formuladas forem ambíguas ou externadas de maneira incorreta, se forem perguntadas às pessoas erradas, no lugar errado, ou na hora errada. Grande parte disso não passa de bom senso, como podemos ver nos exemplos seguintes.

EXEMPLO 1.1 Para determinar a reação do público à continuação de certo programa governamental, o pesquisador pergunta: "Você acha que esse programa esbanjador deve ser continuado?" Explique por que essa pergunta provavelmente não será respondida honestamente, ou objetivamente.

Solução O pesquisador está *pedindo a resposta* ao sugerir, de fato, que o programa é esbanjador.

EXEMPLO 1.2 Para estudar a reação do consumidor a um novo tipo de alimento congelado, faz-se uma pesquisa de casa em casa durante as manhãs dos dias úteis, sem previsão de retornar no caso de ninguém atender. Explique por que essa abordagem pode conduzir a uma informação enganadora.

Solução Essa pesquisa não conseguirá atingir os que mais provavelmente irão usar o produto: pessoas solteiras ou casais em que ambos os cônjuges trabalham fora.

Embora boa parte do crescimento da estatística mencionado anteriormente tenha ocorrido antes da "revolução dos computadores", a ampla disponibilidade e utilização destes acelerou muito o processo. Em particular, os computadores possibilitam o manuseio, a análise e a interpretação de grandes volumes de dados, bem como a realização de cálculos que antigamente teriam sido demasiadamente trabalhosos para serem efetuados. No entanto, queremos enfatizar que o acesso a um computador não é essencial para o estudo da Estatística, pelo menos enquanto o nosso objetivo for alcançar um entendimento do assunto. *Alguns usos de computador são ilustrados neste livro, mas sua finalidade é somente apresentar ao leitor a tecnologia disponível para trabalhar com Estatística. Assim, os computadores não são necessários para utilizar este livro, mas alguns exercícios, marcados com um ícone apropriado, são dirigidos àqueles que estão familiarizados com software estatístico. Sem ser por esses, nenhum dos exercícios requer mais do que uma simples calculadora manual.*

1.2 O ESTUDO DA ESTATÍSTICA

O assunto da Estatística pode ser apresentado em vários níveis de dificuldade matemática e pode ser orientado para aplicações em vários campos do conhecimento. Conseqüentemente, têm sido escritos muitos textos de Estatística orientados para a Administração, para a Educação, para a Medicina, a Psicologia e até mesmo para os historiadores. Embora os problemas que surgem nessas diversas áreas por vezes exijam técnicas estatísticas especiais, nenhum dos métodos básicos apresentados neste livro está restrito a qualquer área específica de aplicação. Da mesma forma que 2 + 2 = 4, quer estejamos somando reais, cavalos ou árvores, os métodos que vamos apresentar fornecem **modelos estatísticos** que se aplicam independentemente de os dados se referirem a QIs, a pagamento de impostos, a tempos de reação, a leituras de umidade, a escores de testes, e assim por diante. Para ilustrar melhor, considere o problema seguinte (reproduzido do Exemplo 14.1 à página 333).

Tem-se afirmado que mais de 70% dos estudantes de uma grande universidade particular são contrários a um plano de aumentar as taxas de alunos para permitir a construção de novos estacionamentos. Se 15 de 18 alunos selecionados ao acaso naquela universidade se opõem ao plano, teste a afirmação ao nível 0,05 de significância.

Exceto pela menção ao "nível de significância", que é um termo técnico, a questão perguntada deveria estar clara e também ser aparente que a resposta seria de interesse principalmente dos estudantes dessa universidade e seus administradores. Contudo, se quiséssemos dar um exemplo de interesse especial para fruticultores, engenheiros, médicos ou ecologistas, poderíamos reformular o Exemplo 14.1 como segue:

Tem-se afirmado que mais de 70% das laranjeiras num município paulista foram severamente danificadas por uma geada recente. Se 15 de 18 laranjeiras selecionadas ao acaso naquele município foram severamente danificadas por aquela geada, teste a afirmação ao nível 0,05 de significância.

Tem-se afirmado que mais de 70% de certos aviões apresentam fissuras em seus lemes de direção devidas à fadiga do metal. Se 15 de 18 desses aviões selecionados ao acaso apresentam fissuras em seus lemes de direção devidas à fadiga do metal, teste a afirmação ao nível 0,05 de significância.

Tem-se afirmado que mais de 70% de todos médicos associados a planos de saúde estão insatisfeitos com seus honorários. Se 15 de 18 médicos escolhidos ao acaso dentre os associados a planos de saúde estão insatisfeitos com seus honorários, teste a afirmação ao nível 0,05 de significância.

Tem-se afirmado que mais de 70% de todos automóveis de um certo modelo e ano de fabricação emitem uma quantidade excessiva de poluentes. Se 15 de 18 desses automóveis escolhidos ao acaso emitem uma quantidade excessiva de poluentes, teste a afirmação ao nível 0,05 de significância.

No que toca ao trabalho desenvolvido neste livro, o tratamento estatístico de todas essas versões do Exemplo 14.1 é o mesmo e, com um pouco de imaginação, o leitor deveria ser capaz de reformulá-lo para praticamente qualquer campo de especialização. Como fazem alguns autores, poderíamos apresentar, e destacar, problemas especiais para leitores com interesses especiais, mas isso prejudicaria nosso objetivo de incutir no leitor a importância da Estatística em todas as áreas da ciência, da administração e da vida cotidiana. Para atingir esse objetivo, incluímos no texto exercícios que abrangem uma ampla gama de interesses.

Para evitar a possibilidade de desorientar alguém com as diversas versões do Exemplo 14.1 apresentadas anteriormente, esclareçamos que nem todos os problemas estatísticos podem ser encaixados num mesmo molde. Embora os métodos que estudaremos neste livro tenham todos ampla aplicação, é sempre importante ter certeza de que estamos utilizando o modelo estatístico correto.

1.3 ESTATÍSTICA DESCRITIVA E INFERÊNCIA ESTATÍSTICA

A origem da Estatística moderna remonta a duas áreas de interesse que, na aparência, pouco têm em comum: governo (ciência política) e jogos de azar.

Os governos vêm, de longa data, utilizando recenseamentos para contar indivíduos e propriedades, e o problema de descrever, resumir e analisar dados de censos levou ao desenvolvimento de métodos que, até recentemente, constituíam quase tudo o que havia na área de Estatística. Esses métodos que, no início, consistiam principalmente na apresentação de dados em forma de tabelas e gráficos, constituem o que hoje denominamos **estatística descritiva**. Esta inclui tudo relacionado com dados que seja projetado para resumir ou descrever dados, mas sem ir além, ou seja, sem procurar inferir qualquer coisa que vá além dos próprios dados. Por exemplo, se os testes feitos com seis carros pequenos importados em 1999 mostraram que eles são capazes de acelerar de 0 a 60 milhas por hora (mph) em 12,9; 16,5; 11,3; 15,2; 18,2; e 17,7 segundos, e se afirmamos que metade deles acelera de 0 a 60 mph em menos de 16,0 segundos, então nosso trabalho pertence ao domínio da estatística descritiva. Esse também seria o caso se afirmássemos que esses carros em média aceleram de 0 a 60 mph em

$$\frac{12,9 + 16,5 + 11,3 + 15,2 + 18,2 + 17,7}{6} = 15,3$$

segundos, mas não se concluíssemos que metade de *todos* os carros importados naquele ano são capazes de acelerar de 0 a 60 mph em menos de 16,0 segundos.

Embora a estatística descritiva seja um ramo importante da Estatística e continue sendo amplamente utilizada, as informações estatísticas quase sempre são obtidas de amostras (de observações feitas apenas em parte de um conjunto grande de itens), e isso significa que sua análise exige generalizações que vão além dos dados. Conseqüentemente, a característica mais importante do recente crescimento da Estatística é uma mudança de ênfase de métodos que meramente descrevem para métodos que servem para fazer generalizações, ou seja, uma mudança de ênfase da estatística descritiva para os métodos da **inferência estatística**.

Tais métodos são necessários, por exemplo, para prever a duração de uma calculadora manual (com base no desempenho de muitas dessas calculadoras); para estimar o valor de avaliação em 2008 de todas as propriedades particulares de Grumari, na cidade do Rio de Janeiro (com base na tendência dos negócios, nas projeções de população, e assim por diante); para comparar a eficiência de duas dietas para reduzir peso (com base nas perdas de peso de pessoas que se submeteram às dietas); para determinar a dosagem mais eficaz de um novo medicamento (com base em testes feitos em pacientes voluntários de hospitais selecionados); ou para prever o fluxo de tráfego numa rodovia que ainda não foi construída (com base no tráfego no passado observado em rodovias alternativas).

Em cada uma das situações apresentadas no parágrafo precedente, existem incertezas, porque dispomos apenas de informações parciais, incompletas ou indiretas; por isso, são necessários os métodos da inferência estatística para julgar os méritos de nossos resultados, para escolher a previsão "mais promissora", ou para selecionar o curso de ação "mais razoável" (ou, talvez, "potencialmente mais lucrativo").

Em face de incertezas, tratamos problemas como esses com métodos estatísticos que têm sua origem nos jogos de azar. Embora o estudo matemático desses jogos remonte ao século XVII, não foi senão no início do século XIX que a teoria elaborada para "cara ou coroa", por exemplo, ou para "vermelho ou preto", ou "par ou ímpar" passou a ser aplicada a situações da vida real, em que os resultados eram "menino ou menina", "vida ou morte", "passar ou rodar", e assim por diante. Assim, a **Teoria de Probabilidade** foi aplicada a muitos problemas das ciências do comportamento, ciências naturais e ciências sociais, e constitui, atualmente, uma ferramenta importante para a análise de qualquer situação (na ciência, na administração ou na vida diária) que, de alguma forma, envolva um elemento de incerteza, ou chance. Em particular, a Teoria de Probabilidade fornece a base para os métodos que utilizamos quando fazemos generalizações a partir de dados observados, a saber, quando usamos os métodos da inferência estatística.

Em anos recentes, tem-se sugerido que a ênfase se desviou demasiadamente da estatística descritiva para a inferência estatística e que deveria ser dada maior atenção ao tratamento de problemas que exigem essencialmente técnicas descritivas.

Para acomodar essas necessidades, elaboraram-se novos métodos descritivos sob a denominação geral de **análise exploratória de dados**. Nas Seções 2.2 e 4.5, apresentaremos dois desses métodos.

EXERCÍCIOS*

 1.1 Reformule o Exemplo 14.1 citado à página 17 de modo que seja de interesse especial para
  (a) um vendedor de seguros;
  (b) um agente de viagem.

 1.2 Reformule o Exemplo 14.1 citado à página 17 de modo que seja de interesse especial para
  (a) um biólogo;
  (b) um arquiteto.

 1.3 A má estatística pode muito bem resultar de formular perguntas de maneira errada ou para a pessoa errada. Explique por que os seguintes casos podem levar a dados inúteis:
  (a) Para avaliar a reação de executivos a máquinas reprográficas, a Xerox contrata um instituto de pesquisa para perguntar aos executivos: "Como você gosta de usar copiadoras Xerox?"
  (b) Para determinar o que a pessoa comum gasta com um relógio de pulso, uma pesquisadora entrevista somente pessoas que usam relógios de marca Rolex.

 1.4 A má estatística pode muito bem resultar de formular perguntas de maneira errada ou para a pessoa errada. Explique por que os seguintes casos podem levar a dados inúteis:
  (a) Para prever o resultado de uma eleição, um pesquisador entrevista pessoas que estão saindo do edifício que abriga a sede de um partido político.
  (b) Para estudar os padrões de gastos de indivíduos, faz-se uma pesquisa durante as três primeiras semanas de dezembro.

---

* Como o ícone 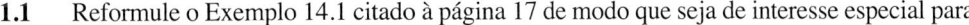 está sendo usado aqui pela primeira vez, vamos repetir o que já foi dito no Prefácio, que seu objetivo é marcar exercícios de natureza conceitual. O exercício pode requerer alguns cálculos, mas sua ênfase é no pensar, exemplificado pela famosa estátua do escultor francês Auguste Rodin.

1.5 Explique por que os estudos seguintes podem deixar de fornecer a informação desejada:
(a) Para estabelecer fatos sobre hábitos pessoais, um grupo de adultos é perguntado sobre a freqüência com que toma banho.
(b) Para determinar a renda anual média de seus alunos que se formaram há 10 anos, a secretaria de uma faculdade mandou questionários, em 2002, a todos os formandos da turma de 1992.

1.6 Em quatro testes de vocabulário francês, um estudante recebeu escores sucessivos de 56, 62, 70 e 78. Quais das conclusões seguintes podem ser obtidas desses dados por métodos puramente descritivos e quais requerem generalizações? Explique suas respostas.
(a) Somente três dos escores excedem 60.
(b) Os escores do estudante aumentaram de cada teste para o teste seguinte.
(c) O estudante deve ter estudado mais para cada teste sucessivo.
(d) No quarto teste o estudante deve ter tido sorte, pois as questões do teste cobriram a matéria que ele havia estudado no dia anterior ao teste.

1.7 Paulo e José são leitores ávidos. Recentemente, Paulo leu, num mês, quatro livros de ficção e dois de não-ficção, enquanto José leu três livros de ficção e três de não-ficção. Quais das conclusões seguintes podem ser obtidas desses números por métodos puramente descritivos e quais requerem generalizações? Explique suas respostas.
(a) No mês considerado, Paulo e José leram o mesmo número de livros.
(b) Paulo sempre lê mais livros de ficção do que José.
(c) Ao longo de um ano, a média de José é de três livros de não-ficção por mês.
(d) A velocidade de leitura de Paulo e de José é praticamente a mesma.

1.8 De acordo com o Departamento de Aviação Civil, 84,2; 88,6; 88,8 e 89,2% de todo vôos domésticos regulares chegaram na hora prevista no aeroporto de São José dos Campos durante os quatro trimestres de 1994, respectivamente. Quais das conclusões seguintes podem ser obtidas desses dados por métodos puramente descritivos e quais requerem generalizações? Explique suas respostas.
(a) Em cada trimestre de 1994 a percentagem excedeu 80,0.
(b) Para os números fornecidos, a percentagem aumentou de cada trimestre para o seguinte.
(c) No primeiro trimestre de 1995, a percentagem deve ter excedido 90,0.
(d) Nos quatro trimestres de 1994, a percentagem de vôos domésticos que saíram na hora prevista também deve ter aumentado de cada trimestre para o seguinte.

1.9 Dirigindo o mesmo modelo de caminhonete, cinco motoristas obtiveram as médias de 6,5; 5,7; 7,0; 6,5; e 5,8 quilômetros por litro, respectivamente. Quais das conclusões seguintes podem ser obtidas desses dados por métodos puramente descritivos e quais requerem generalizações? Explique suas respostas.
(a) O terceiro motorista deve ter dirigido principalmente em estradas rurais.
(b) O segundo motorista deve ter dirigido mais rápido do que os outros quatro.
(c) Mais do que qualquer outra média, os motoristas fizeram 6,5 quilômetros por litro.
(d) Nenhum dos motoristas fez uma média melhor do que 7,0 quilômetros por litro.

1.10 Com referência ao Exercício 1.9, podemos concluir que a média dos cinco motoristas foi de 6,3 quilômetros por litro?

1.11 Uma secretária com tendências estatísticas, cada vez que sai de seu escritório localizado no terceiro andar de um prédio muito alto, observa se o primeiro elevador que pára

está subindo ou descendo. Tendo feito isso por algum tempo, ela descobre que, na grande maioria das vezes, o primeiro elevador que pára está descendo. Comente as seguintes "conclusões":
(a) Menos elevadores estão subindo do que descendo.
(b) A próxima vez que ela sair de seu escritório, o primeiro elevador que parar estará descendo.

1.4 A NATUREZA DOS DADOS ESTATÍSTICOS

Existem essencialmente dois tipos de dados estatísticos: os **dados numéricos** e os **dados categóricos**. Os primeiros são obtidos medindo ou contando e também são denominados **dados quantitativos**. Tais dados podem consistir, por exemplo, nos pesos de porquinhos-da-índia utilizados num experimento (obtidos medindo) ou nas faltas diárias de alunos numa turma ao longo do ano letivo (obtidos contando). Por outro lado, dados categóricos resultam de descrições, e podem consistir, por exemplo, nos grupos sangüíneos, no estado civil ou na religião de pacientes de um hospital. Os dados categóricos também são denominados **dados qualitativos**. Para facilitar o manuseio (registrar ou classificar), muitas vezes **codificamos** os dados categóricos, associando números às diversas categorias e assim convertendo-os em dados numéricos de uma maneira trivial. Por exemplo, o estado civil pode ser codificado usando 1, 2, 3 e 4 para denotar se uma pessoa é solteira (nunca foi casada), casada, viúva, ou divorciada.

Os dados numéricos são classificados ainda como **dados nominais**, **dados ordinais**, **dados intervalares** ou **dados de razão**. Os dados nominais somente têm nomes de números, como exemplificamos acima, em que os números 1, 2, 3 e 4 foram utilizados para denotar se uma pessoa é solteira (nunca foi casada), casada, viúva, ou divorciada. Dizer que "os dados nominais somente têm nomes de números" significa que esses dados não compartilham propriedade alguma dos números com os quais tratamos na aritmética usual. Com referência aos códigos dos estados civis, não podemos escrever $3 > 1$ ou $2 < 4$, e não podemos escrever $2 - 1 = 4 - 3$, $1 + 3 = 4$, ou $4 \div 2 = 2$. Isso ilustra a importância de sempre conferir se o tratamento matemático de dados estatísticos é realmente legítimo.

Consideremos agora alguns exemplos em que os dados compartilham algumas, mas não necessariamente todas, propriedades dos números que encontramos na aritmética usual. Por exemplo, na Mineralogia, costuma-se determinar a dureza de sólidos observando "o que risca o que". Se um mineral pode riscar outro, recebe um número maior de dureza, sendo que ao talco, ao gesso, à calcita, à fluorita, à apatita, ao feldspato, ao quartzo, ao topázio, à safira e ao diamante são atribuídos os números 1 a 10, respectivamente, na escala de dureza relativa de Mohs. Com esses números, podemos escrever $6 > 3$, por exemplo, ou $7 < 9$, pois o feldspato é mais duro do que a calcita e o quartzo é menos duro do que a safira. Por outro lado, não podemos escrever $10 - 9 = 2 - 1$, por exemplo, porque a diferença de dureza entre o diamante e a safira, na verdade, é muito maior do que entre o gesso e o talco. Também não faria sentido dizer que o topázio é duas vezes mais duro do que a fluorita apenas porque seus respectivos números de dureza na escala de Mohs são 8 e 4.

Se não pudermos estabelecer nada além de desigualdades, como no exemplo precedente, referimo-nos aos dados como dados ordinais. Em se tratando de dados ordinais, ">" não significa necessariamente "maior do que". Pode ser usado para representar, por exemplo, "mais feliz do que", "preferível a", "mais difícil do que", "mais saboroso do que", e assim por diante.

Se pudermos também formar diferenças entre dados, mas não multiplicá-los ou dividi-los, dizemos que os dados são intervalares. A título de exemplo, suponhamos, dadas as seguintes temperaturas em graus Fahrenheit: 63° e 68°, 91°, 107°, 126° e 131°. Aqui podemos escrever

107° > 68° ou 91° < 131°, o que significa simplesmente que 107° é mais quente do que 68° e que 91° é mais frio do que 131°. Também podemos escrever 68° – 63° = 131° – 126°, pois duas diferenças de temperatura são iguais no sentido de que é necessária a mesma quantidade de calor para elevar a temperatura de um objeto tanto de 63° para 68°, como de 126° para 131°. Por outro lado, não faria muito sentido dizermos que 126° é duas vezes mais quente do que 63°, muito embora 126 ÷ 63 = 2. Para ver por que, basta mudar para a escala Celsius, na qual a primeira temperatura se torna $\frac{5}{9}(126 - 32) = 52,2°$, a segunda se torna $\frac{5}{9}(63 - 32) = 17,2°$ e o primeiro número agora é mais do que três vezes o segundo. Essa dificuldade decorre do fato de as escalas Fahrenheit e Celsius terem origens (zeros) artificiais. Em outras palavras, em nenhuma das duas escalas o número 0 indica a ausência de alguma quantidade (nesse caso, de temperatura) que estejamos tentando medir.

Se pudermos também formar quocientes, os dados se dizem dados de razão, e não é difícil de obtê-los. Dados de razão incluem todas as medidas (ou determinações) usuais de comprimento, altura, quantias de dinheiro, peso, volume, área, pressão, tempo decorrido (embora não o tempo do calendário), intensidade de som, densidade, brilho, velocidade, e assim por diante.

A distinção que fizemos entre dados nominais, ordinais, intervalares e de razão é importante pois, como veremos, a natureza de um conjunto de dados pode sugerir a utilização de técnicas estatísticas particulares. Para enfatizar o fato de que o que podemos e o que não podemos fazer aritmeticamente com um conjunto de dados depende da natureza destes, consideremos os seguintes escores obtidos por quatro estudantes nas três partes de um exame global de história:

	História americana	*História européia*	*História medieval*
Leila	89	51	40
Tiago	61	56	54
Henrique	40	70	55
Rosa	13	77	72

Os totais dos quatro estudantes são 180, 171, 165 e 162 e, portanto, Leila obteve o escore mais alto, seguida por Tiago, Henrique e Rosa.

Suponha agora que alguém proponha que, em vez de somar os escores obtidos nas três partes do exame, comparemos o desempenho global dos quatro estudantes, ordenando seus escores do mais alto para o mais baixo em cada parte do exame e então tomando a média das suas posições (ou seja, somando e dividindo por 3). O que obtemos assim aparece na tabela abaixo:

	História americana	*História européia*	*História medieval*	*Posição média*
Leila	1	4	4	3
Tiago	2	3	3	$2\frac{2}{3}$
Henrique	3	2	2	$2\frac{1}{3}$
Rosa	4	1	1	2

Assim, atentando para as posições médias, vemos que Rosa se saiu melhor, seguida por Henrique, Tiago e Leila, de modo que a ordem foi invertida em relação à anterior. Como é possível isto? A verdade é que podem ocorrer coisas estranhas quando tomamos médias de posições. Por exemplo, em se tratando de posições, o fato de Leila superar Tiago por 28 pontos em História americana vale tanto quanto o fato de Tiago superar Leila por 5 pontos em História européia, e o fato de Tiago superar Henrique por 21 pontos em História americana vale tanto quanto o fato de Henrique superar Tiago por um único ponto em História medieval. Concluímos, assim, que talvez não devêssemos ter tomado as médias de posições, mas também pode ser argumentado que talvez não devêssemos tampouco ter tomado o total dos escores originais. A variação dos escores em História americana, que vão de 13 a 89, é muito maior do que a dos outros dois tipos de escores e isso afeta sensivelmente os escores totais, sugerindo um possível defeito do processo. Essas ponderações dão o que pensar, mas não iremos nos aprofundar nisso, já que nosso objetivo foi somente alertar o leitor contra a utilização indiscriminada de técnicas estatísticas; ou seja, mostrar como a escolha de uma técnica estatística pode ser ditada pela natureza dos dados.

EXERCÍCIOS

1.12 Obteremos dados ordinais ou nominais se perguntarmos a eletricistas se a troca de um transformador é muito fácil, fácil, difícil ou muito difícil e se codificarmos essas alternativas em 1, 2, 3 e 4?

1.13 Que tipo de dados obteremos se as crenças religiosas de pacientes de um hospital são registradas como sendo 1, 2, 3, 4 ou 5, de acordo com o paciente se declarar católico, evangélico, espírita, judeu ou sem religião?

1.14 Classifique os dados a seguir como nominais, ordinais, intervalares ou de razão.
  (a) O número de turistas numa excursão a Itaipu.
  (b) Pratos numerados num cardápio de restaurante de comida chinesa.
  (c) Primeiro, segundo e terceiro lugares numa corrida, codificados 1, 2 e 3.

1.15 Classifique os dados a seguir como nominais, ordinais, intervalares ou de razão.
  (a) Anos de eleição presidencial
  (b) Números dos cheques utilizados numa conta corrente
  (c) Leitura de glicose no sangue

1.16 Em dois importantes torneios de golfe, um golfista profissional terminou em segundo e nono, enquanto um outro terminou em sexto e quinto. Comente sobre o argumento de que como 2 + 9 = 6 + 5, o rendimento global desses dois golfistas nesses dois torneios foi igualmente bom.

1.5 LISTA DE TERMOS-CHAVE (com indicação das páginas de suas definições)

Análise exploratória de dados, 19
Codificação, 21
Dados categóricos, 21
Dados de razão, 21
Dados intervalares, 21
Dados nominais, 21
Dados numéricos, 21
Dados ordinais, 21

Dados qualitativos, 21
Dados quantitativos, 21
Estatística descritiva, 18
Inferência estatística, 18
Modelos estatísticos, 17
Mudança de escalas, 24
Teoria de Probabilidade, 19

1.6 REFERÊNCIAS

Discussões breves e informais sobre o que é a Estatística e o que os estatísticos fazem podem ser encontradas em panfletos em inglês intitulados Careers in Statistics *e* Statistics as a Career: Women at Work, *que são publicados*

pela American Statistical Association. Tais panfletos podem ser solicitados a essa organização escrevendo para 1429 Duke Street, Alexandria, Virginia 22314-3402.
Dentre os poucos livros sobre a história da Estatística, num nível elementar, está

>WALKER, H. M., *Studies in the History of Statistical Method*. Baltimore: The Williams & Wilkins Company, 1929

e, num nível mais avançado,

>KENDALL, M. G., and PLACKETT, R. L., eds., *Studies in the History of Statistics and Probability*, Vol.II. New York: Macmillan Publishing Co., Inc., 1977.
>
>PEARSON, E. S., and KENDALL, M. G., eds., *Studies in the History of Statistics and Probability*, New York: Hafner Press, 1970.
>
>STIGLER, S. M., *The History of Statistics*. Cambridge, Mass.: Harvard University Press, 1986.

Um estudo mais detalhado da natureza dos dados estatísticos e do problema geral de **mudanças de escala** *(isto é, o problema da construção de escalas de medida ou da atribuição de notas em escala), pode ser encontrado em*

>HILDEBRAND, D. K., LAING, J. D., and ROSENTHAL, H., *Analysis of Ordinal Data*. Beverly Hills, Calif.: Sage Publications Inc., 1977.
>
>REYNOLDS, H. T., *Analysis of Nominal Data*. Beverly Hills, Calif.: Sage Publications Inc., 1977.
>
>SIEGEL, S., *Nonparametric Statistics for the Behavioral Sciences*. New York: McGraw-Hill Book Company, 1956.

Abaixo alguns títulos da relação sempre crescente de livros sobre Estatística destinados a pessoas leigas:

>BROOK, R. J., ARNOLD, G. C., HASSARD, T. H., and PRINGLE, R. M., eds., *The Fascination of Statistics*. New York: Marcel Dekker, Inc., 1986.
>
>FEDERER, W. T., *Statistics and Society*. New York: Marcel Dekker, Inc., 1991.
>
>GONICK, L., and SMITH, W., *The Cartoon Guide to Statistics*. New York: HarperCollins Publishers, Inc., 1993.
>
>HOLLANDER, M., and PROSCHAN, F., *The Statistical Exorcist: Dispelling Statistics Anxiety*. New York: Marcel Dekker, Inc., 1984.
>
>HOOKE, R., *How to Tell the Liars from the Statisticians*. New York: Marcel Dekker, Inc., 1983.
>
>KIMBLE, G. A., *How to use (and Misuse) Statistics*. Englewood Cliffs: Prentice-Hall, Inc., 1978.
>
>LARSEN, R. J., and STROUP, D. F., *Statistics in the Real World*. New York: Macmillan Publishing Co., Inc., 1976.
>
>RUNYON, R. P., *Winning with Statistics*. Reading, Mass.: Addison-Wesley Publishing Company, Inc., 1977.
>
>TANUR, J. M., ed., *Statistics: A Guide to the Unknown*. San Francisco: Holden-Day, Inc., 1972.
>
>WANG, C., *Sense and Nonsense of Statistical Inference*. New York: Marcel Dekker, Inc., 1993.

2

RESUMINDO DADOS: LISTANDO E AGRUPANDO*

2.1 Listando Dados Numéricos 26
2.2 Diagrama de Ramos e Folhas 28
2.3 Distribuição de Freqüência 33
2.4 Apresentações Gráficas 42
2.5 Resumindo Dados a Duas Variáveis 48
2.6 Lista de Termos-Chave 54
2.7 Referências 55

A coleção de dados estatísticos cresceu de tal forma nos últimos anos que seria impossível manter-nos atualizados, mesmo com uma pequena parte das coisas que afetam diretamente nossas vidas, a menos que essas informações fossem difundidas de forma "pré-digerida" ou resumida. O problema de condensar grandes quantidades de dados de modo a torná-los utilizáveis sempre foi importante, mas essa importância cresceu enormemente nas últimas décadas. Isso se deve, parcialmente, ao desenvolvimento dos computadores, que agora tornam possível conseguir em minutos o que antigamente deixava de ser feito porque levaria meses ou anos, e também se deve, em parte, à enxurrada de dados gerados pela abordagem crescentemente quantitativa das ciências, especialmente das ciências sociais e do comportamento, nas quais são medidos, hoje em dia, de uma forma ou outra, quase todos os aspectos da vida humana.

O método mais comum de resumir dados consiste em apresentá-los de forma condensada em tabelas ou gráficos, e, em certa época, isso tomava a maior parte de um curso elementar de Estatística. Hoje em dia, há tantas outras coisas para aprender em Estatística que muito pouco

---

* Como neste capítulo aparecem pela primeira vez material produzido por computador e reproduções de janelas de calculadoras gráficas, vamos repetir o que já foi dito no Prefácio, que o objetivo do material de computador e das reproduções de calculadoras gráficas é conscientizar o leitor da existência desses recursos para trabalhar em Estatística. Entretanto, queremos deixar bem claro que não são requeridos nem computador nem calculadora gráfica para o uso deste livro. De fato, este livro pode ser utilizado efetivamente por leitores que não possuam nem tenham acesso fácil a computadores e a *softwares* estatísticos ou a calculadoras gráficas. Alguns dos exercícios estão marcados com ícones especiais que sugerem o uso de um computador ou de uma calculadora gráfica. Todo o material marcado com um asterisco, texto ou exercícios correspondentes, é opcional.

tempo é dedicado a esse tipo de trabalho. De certa forma, isso é de se lamentar, porque não é preciso procurar muito em jornais, revistas e mesmo periódicos profissionais para encontrar gráficos estatísticos que, intencionalmente ou não, são enganosos.

Nas Seções 2.1 e 2.2 apresentamos maneiras de listar dados de tal modo que forneçam uma boa imagem global e, portanto, sejam fáceis de utilizar. Por **listar** estamos nos referindo a qualquer tipo de tratamento que preserve a identidade de cada valor (ou item). Em outras palavras, rearranjamos mas não modificamos. Uma velocidade de 88 km/h permanece uma velocidade de 88 km/h, um salário de 4.500 unidades monetárias permanece um salário de 4.500 unidades monetárias e, ao colher opiniões, um partidário de um certo partido político permanece um partidário e um opositor do partido permanece um opositor. Nas Seções 2.3 e 2.4 discutiremos maneiras de **agrupar** dados numa quantidade de classes, intervalos, ou categorias e de apresentar o resultado em forma de tabela ou gráfico. Isso nos deixará com os dados num formato relativamente compacto e de fácil utilização, mas que acarreta uma substancial perda de informação. Em vez do peso de uma pessoa, acabaremos sabendo somente que ela pesa entre 75 e 80 kg e, em vez de uma contagem real da quantidade de pólen, acabaremos sabendo apenas que a quantidade é "média" (entre 11 e 25 partes por metro cúbico).

2.1 LISTANDO DADOS NUMÉRICOS

Em geral, listar e, portanto, organizar os dados é a primeira etapa em qualquer tipo de análise estatística. Como situação típica, consideremos os dados seguintes, que representam o comprimento (em centímetros) de 60 trutas marinhas pescadas por uma traineira comercial na baía de Delaware, na costa leste dos Estados Unidos:

19,2	19,6	17,3	19,3	19,5	20,4	23,5	19,0	19,4	18,4
19,4	21,8	20,4	21,0	21,4	19,8	19,6	21,5	20,2	20,1
20,3	19,7	19,5	22,9	20,7	20,3	20,8	19,8	19,4	19,3
19,5	19,8	18,9	20,4	20,2	21,5	19,9	21,7	19,5	20,9
18,1	20,5	18,3	19,5	18,3	19,0	18,2	21,9	17,0	19,7
20,7	21,1	20,6	16,6	19,4	18,6	22,7	18,5	20,1	18,6

A coleta desses dados por si só já não é tarefa simples, mas deveria ser evidente que é preciso fazer muito mais para tornar os números compreensíveis.

O que pode ser feito para tornar essa massa de informação mais utilizável? Algumas pessoas podem considerar interessante localizar seus valores extremos, que são 16,6 e 23,5 para essa lista. Ocasionalmente, é útil dispor os dados em ordem crescente ou decrescente. A listagem seguinte dá os comprimentos das trutas arranjados em ordem crescente:

16,6	17,0	17,3	18,1	18,2	18,3	18,3	18,4	18,5	18,6
18,6	18,9	19,0	19,0	19,2	19,3	19,3	19,4	19,4	19,4
19,4	19,5	19,5	19,5	19,5	19,5	19,6	19,6	19,7	19,7
19,8	19,8	19,8	19,9	20,1	20,1	20,2	20,2	20,3	20,3
20,4	20,4	20,4	20,5	20,6	20,7	20,7	20,8	20,9	21,0
21,1	21,4	21,5	21,5	21,7	21,8	21,9	22,7	22,9	23,5

Arrumar manualmente um conjunto grande de números em ordem crescente ou decrescente pode ser uma tarefa surpreendentemente difícil. Entretanto, ela é simples se pudermos utilizar um computador ou uma calculadora gráfica; nesse caso, a parte mais tediosa é a digitação dos dados.

Com uma calculadora gráfica, entramos com a tecla **STAT** e **2**, preenchemos a lista na qual colocamos os dados, pressionamos **ENTER** e então a janela avisa que foi feito (**DONE**).

Se um conjunto de dados consiste em relativamente poucos valores, muitos dos quais estão repetidos, simplesmente contamos quantas vezes cada um desses valores ocorre e então apresentamos o resultado na forma de uma tabela ou de um **diagrama de pontos**. Em tais diagramas, indicamos com pontos a quantidade de vezes que ocorre cada valor.

EXEMPLO 2.1 Uma auditoria de 20 declarações de imposto de renda revelou 0, 2, 0, 0,1, 3, 0, 0, 0, 1, 0, 1, 0, 0, 2, 1, 0, 0, 1 e 0 erros de cálculos.

(a) Construa uma tabela mostrando o número de declarações com 0, 1, 2 e 3 erros de cálculos.

(b) Esboce um diagrama de pontos exibindo a mesma informação.

Solução Contando o número de números 0, 1, 2 e 3, vemos que são 12, 5, 2 e 1, respectivamente. Essa informação está exibida de forma tabular à esquerda e de forma gráfica à direita

Número de erros	Número de restrições
0	12
1	5
2	2
3	1

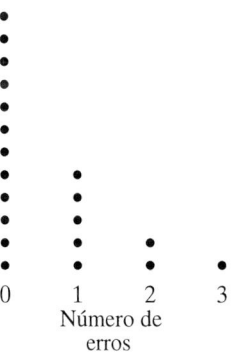

Existem várias maneiras pelas quais podemos modificar diagramas de pontos; por exemplo, podemos usar outros símbolos, como ×, ★ ou ◇ no lugar de pontos. Também podemos alinhar os pontos horizontalmente, em vez de verticalmente.

Os métodos utilizados para exibir um número relativamente pequeno de valores numéricos, muitos dos quais estão repetidos, podem ser utilizados também para exibir dados categóricos.

EXEMPLO 2.2 O corpo docente do departamento de Economia de uma universidade consiste em três professores titulares, seis professores adjuntos, doze professores assistentes e oito professores substitutos. Disponha essa informação na forma de diagrama de pontos alinhados horizontalmente.

Solução

Níveis dos professores	
Titular	★ ★ ★
Adjunto	★ ★ ★ ★ ★ ★
Assistente	★ ★ ★ ★ ★ ★ ★ ★ ★ ★ ★ ★
Substituto	★ ★ ★ ★ ★ ★ ★ ★

Uma outra maneira de modificar diagramas de pontos é substituir os pontos por retângulos cujos comprimentos sejam proporcionais ao respectivo número de pontos. Tais diagramas são conhecidos como **gráficos de barras** e os retângulos são, muitas vezes, complementados com as respectivas freqüências (número de símbolos), como na Figura 2.1.

EXEMPLO 2.3 Esboce um gráfico de barras para os dados do Exemplo 2.1, ou seja, para o número de erros de cálculo em 20 declarações do imposto de renda.

Solução

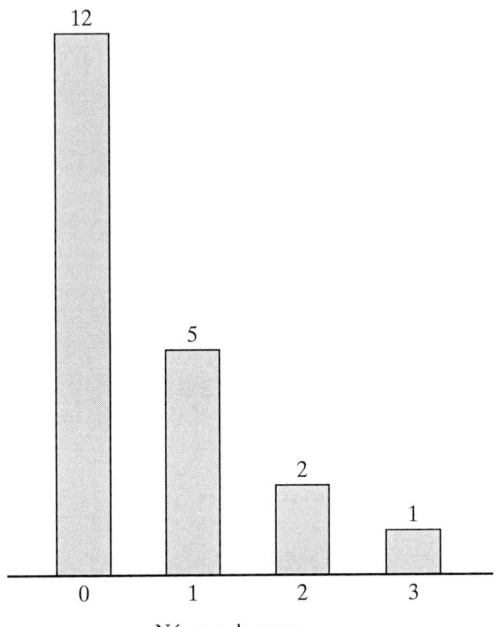

Figura 2.1
Gráfico de barras dos erros de cálculo em declarações de imposto de renda.

2.2 DIAGRAMA DE RAMOS E FOLHAS

Os diagramas de pontos são impraticáveis e ineficientes quando o conjunto de dados contém muitos valores ou categorias diferentes ou quando alguns dos valores ou categorias requerem muitos pontos para formar uma imagem coerente. Para dar um exemplo, considere os escores da primeira rodada de um torneio de golfe profissional, em que o menor escore foi 62, o maior foi 88 e 27 dos 126 golfistas fizeram o par 72. Isso ilustra ambos motivos mencionados para não utilizar diagramas de pontos. Existem valores demais entre 62 e 88 e pelo menos um deles, 72, requer pontos demais.

Recentemente, foi proposto um método alternativo para listar dados de conjuntos relativamente pequenos de dados numéricos. O método é denominado **diagrama de ramos e folhas** e também fornece uma boa visão geral dos dados sem que haja uma perda de informação detectável. Novamente, cada valor retém sua identidade e a única informação perdida é a ordem em que foram obtidos os dados.

Para ilustrar essa técnica, consideremos os seguintes dados relativos ao número de quartos ocupados diariamente num hotel de praia durante um janeiro recente:

```
55 49 37 57 46 40 64 35 73 62
61 43 72 48 54 69 45 78 46 59
40 58 56 52 49 42 62 53 46 81
```

O menor valor e o maior valor são 35 e 81, de modo que para um diagrama de pontos precisaríamos permitir 47 valores possíveis. De fato, somente ocorrem 25 desses valores, mas para evitar permitir tantas possibilidades, combinemos todos os valores que começam com um 3, todos que começam com um 4, todos que começam com um 5, e assim por diante. Assim obteríamos

```
37  35
49  46  40  43  48  45  46  40  49  42  46
55  57  54  59  58  56  52  53
64  62  61  69  62
73  72  78
81
```

Esse arranjo é bastante informativo, mas não é o tipo de diagrama utilizado na prática. Para simplificar ainda mais, mostramos o primeiro dígito apenas uma vez para cada linha, à esquerda e separado dos outros dígitos por meio de uma linha vertical. Assim obtemos

```
3 | 7 5
4 | 9 6 0 3 8 5 6 0 9 2 6
5 | 5 7 4 9 8 6 2 3
6 | 4 2 1 9 2
7 | 3 2 8
8 | 1
```

e isso é o que denominamos um diagrama de ramos e folhas. Nesse arranjo, cada linha é denominada **ramo**, cada número no ramo à esquerda da linha vertical é denominado **rótulo de ramo** e cada número no ramo à direita da linha vertical é denominado **folha**. Como veremos adiante, há uma certa vantagem em arrumar as folhas no ramo de acordo com o tamanho e, para os nosso dados, isso acarretaria

```
3 | 5 7
4 | 0 0 2 3 5 6 6 6 8 9 9
5 | 2 3 4 5 6 7 8 9
6 | 1 2 2 4 9
7 | 2 3 8
8 | 1
```

Um diagrama de ramos e folhas é realmente um arranjo de tipo híbrido, obtido em parte por agrupamento e em parte por listagem. Os valores são agrupados nos seis ramos e mesmo assim cada dado retém sua identidade. Assim, a partir do diagrama de ramos e folhas anterior podemos reconstruir os dados originais como sendo 35, 37, 40, 40, 42, 43, 45, 46, 46, 46, 48, 49, 49, 52, 53,..., e 81, embora não na ordem original.

Existem várias maneiras de modificar diagramas de ramos e folhas. Por exemplo, os rótulos dos ramos ou as folhas poderiam ser de dois dígitos, de modo que

```
24 | 0 2 5 8 9
```

representaria os números 240, 242, 245, 248 e 249; e

```
2 | 31 45 70 88
```

representaria os números 231, 245, 270 e 288.

Agora suponha que no exemplo da ocupação de quartos quiséssemos utilizar mais do que seis ramos. Usando cada rótulo duas vezes, se necessário, uma vez para segurar as folhas de 0 a 4 e outra para segurar as folhas de 5 a 9, obteríamos

```
3 | 5 7
4 | 0 0 2 3
4 | 5 6 6 6 8 9 9
5 | 2 3 4
5 | 5 6 7 8 9
6 | 1 2 2 4
6 | 9
7 | 2 3
7 | 8
8 | 1
```

que é denominado **diagrama de ramos duplos**. Outra modificação do diagrama de ramos e folhas é mencionada no Exercício 2.22.

Se quiséssemos usar um computador no exemplo precedente, o programa MINITAB teria fornecido os diagramas de ramos e folhas padrão e de ramos duplos seguintes.

Caso o leitor esteja curioso sobre o significado dos números nas colunas à esquerda, eles simplesmente são o acumulado de itens (folhas) contados a partir de um dos extremos. Os dígitos 8 e 3 entre parênteses nos dizem que o meio dos dados cai nos respectivos ramos e que esses ramos têm, respectivamente, 8 e 3 folhas. O uso desse tipo de informação será ilustrado nas Seções 3.4 e 3.5.

Não trataremos dos diagramas de ramos e folhas em muito mais detalhes, uma vez que nosso objetivo é, principalmente, apresentar uma das técnicas relativamente novas que se enquadram no título geral de **análise exploratória de dados**. Essas técnicas são realmente bem simples e diretas e, como vimos, o trabalho pode ser simplificado ainda mais com o uso de um computador e aplicativo apropriado.

Figura 2.2 Diagramas de ramos e folhas padrão e de ramos duplos dos dados de ocupação de quartos obtidos com computador.

```
Diagrama de Ramo e Folhas:
Ocupação de Quartos
Stem-and-leaf of Room occ
N  = 30
Leaf Unit = 1.0
    2    3 57
   13    4 00235666899
   (8)   5 23456789
    9    6 12249
    4    7 238
    1    8 1
```

```
Diagrama de Ramo e Folhas:
Ocupação de Quartos
Stem-and-leaf of Room occ
N  = 30
Leaf Unit = 1.0

    2    3 57
    6    4 0023
   13    4 5666899
   (3)   5 234
   14    5 56789
    9    6 1224
    5    6 9
    4    7 23
    2    7 8
    1    8 1
```

EXERCÍCIOS

2.1 De acordo com a Administração Nacional Norte-Americana de Oceanos e Atmosfera, a costa dos Estados Unidos foi atingida por 12, 11, 6, 7, 12, 11, 14, 8, 7, 8 e 7 ciclones tropicais e furacões em 1984, 1985, . . ., 1994. Construa um diagrama de pontos com esses dados.

2.2 Numa esquina movimentada monitorada por radar numa cidade do estado de São Paulo, em 36 ocasiões escolhidas aleatoriamente foram observados 0, 1, 0, 0, 0, 1, 0, 0, 2, 1, 0, 0, 1, 0, 0, 0, 0, 0, 1, 0, 0, 2, 2, 0, 0, 0, 1, 0, 1, 0, 3, 0, 0, 0, 0 e 0 automóveis passando no vermelho. Construa um diagrama de pontos com esses dados.

2.3 Em 40 dias comerciais, uma farmácia vendeu 7, 4, 6, 9, 5, 8, 8, 7, 6, 10, 7, 7, 6, 9, 6, 8, 4, 9, 8, 7, 5, 8, 7, 5, 8, 10, 6, 9, 7, 7, 8, 10, 6, 6, 7, 8, 7, 9, 7 e 8 embalagens de pílulas soporíferas.
(a) Construa uma tabela mostrando em quantos dias a farmácia vendeu 4, 5, 6, 7, 8, 9 e 10 embalagens de pílulas soporíferas.
(b) Construa um diagrama de pontos com esses dados, usando asteriscos em vez de pontos.

2.4 Numa liquidação especial, uma revenda de carros importados usados anunciou os seguintes automóveis: BMW 95, Audi 98, BMW 97, Lexus 97, Audi 94, Mercedes 95, BMW 97, Mercedes 94, Ferrari 94, Mercedes 98, Mercedes 97, BMW 98, Audi 96, Mercedes 97, Ferrari 96, Audi 98, BMW 97, BMW 96, Lexus 98, Mercedes 97, Porsche 97, BMW 94, Audi 96, Ferrari 96 e BMW 98.
(a) Construa um diagrama de pontos mostrando como esses carros estão distribuídos de acordo com o ano de fabricação.
(b) Construa um diagrama de pontos mostrando como esses carros estão distribuídos de acordo com a marca.

2.5 Numa exposição de cães, um entrevistador perguntou a 30 pessoas qual sua raça favorita dentre os cães grandes. As respostas foram: boxer, perdigueiro, labrador, dálmata, collie, collie, dálmata, boxer, dálmata, collie, boxer, perdigueiro, dálmata, perdigueiro, boxer, boxer, collie, boxer, perdigueiro, dálmata, collie, perdigueiro, dálmata, boxer, boxer, dálmata, fila, perdigueiro, labrador e dálmata. Construa um diagrama de pontos para esses dados categóricos.

2.6 Construa um gráfico de barras com barras horizontais para os dados categóricos do Exercício 2.5.

2.7 Nas quartas-feiras, um jornal publica resultados obtidos por 20 fundos mútuos de investimento e classifica na classe A os 20% melhores fundos em termos de rendimento, na classe B os seguintes 20% melhores, . . ., e na classe E os 20% piores. Na terceira quarta-feira de julho de 2001, os 20 fundos foram classificados como

    A C A ND B B E C A A B B D A C A A B D C

onde ND significa que o resultado do fundo está "não-disponível". Construa um diagrama de pontos com os 19 fundos classificados.

2.8 Arranjando as freqüências (números de pontos) das categorias num diagrama de pontos em ordem decrescente, dizemos que o diagrama é um **diagrama de Pareto**. Apresente os dados do Exercício 2.5 na forma de um diagrama de Pareto.

2.9 Os diagramas de Pareto muitas vezes são utilizados no controle de qualidade industrial para ilustrar a importância relativa de diversos tipos de defeitos. Denotando peças quebradas, defeitos de pintura, peças faltando, conexões defeituosas e outros defeitos pelos códigos 0, 1, 2, 3 e 4, respectivamente, um inspetor do controle de qualidade observou os seguintes tipos de defeitos numa grande batelada de fabricação de telefones celulares:

    3 3 2 3 2 2 0 3 3 4 1 3 2 0 2 0 3 3
    2 0 1 2 3 4 3 3 0 2 3 3 1 3 2 3 3

Apresente esses defeitos na forma de um diagrama de Pareto.

2.10 Dê uma lista dos dados que correspondem aos seguintes ramos de diagramas de ramos e folhas:

(a) 1 | 4 7 0 1 5

(b) 4 | 2 0 3 9 8

(c) 7 | 3 5 1 1 6

2.11 Dê uma lista dos dados que correspondem aos seguintes ramos de diagramas de ramos e folhas:

(a) 3 | 6 1 7 5 2

(b) 4 | 15 38 50 77

(c) 25 | 4 4 0 3 9

2.12 Dê uma lista dos dados que correspondem aos seguintes ramos de diagramas de ramos duplos:

(a) 5 | 3 0 4 4 1
    5 | 9 9 7 5 8

(b) 6 | 7 8 5 9 6
    7 | 1 1 0 4 3
    7 | 5 5 8 9 6

2.13 Os burriquetes pescados numa certa região mediram 79, 77, 65, 78, 71, 66, 95, 86, 84, 83, 88, 72, 81, 64, 71, 58, 60, 81, 73, 67, 85, 89, 75, 80 e 56 milímetros de comprimento. Construa um diagrama de ramos e folhas com ramos rotulados 5, 6, 7, 8 e 9.

2.14 Transforme o diagrama de ramos e folhas obtido no Exercício 2.13 num diagrama de ramos duplos.

2.15 Na página 26, fornecemos os comprimentos (em centímetros) de 60 trutas marinhas pescadas por uma traineira comercial na baía de Delaware, na costa leste dos Estados Unidos:

19,2	19,6	17,3	19,3	19,5	20,4	23,5	19,0	19,4	18,4
19,4	21,8	20,4	21,0	21,4	19,8	19,6	21,5	20,2	20,1
20,3	19,7	19,5	22,9	20,7	20,3	20,8	19,8	19,4	19,3
19,5	19,8	18,9	20,4	20,2	21,5	19,9	21,7	19,5	20,9
18,1	20,5	18,3	19,5	18,3	19,0	18,2	21,9	17,0	19,7
20,7	21,1	20,6	16,6	19,4	18,6	22,7	18,5	20,1	18,6

Construa um diagrama de ramos e folhas com ramos rotulados 16,0; 17,0;... e 23,0 e folhas 0, 1, ..., e 9.

2.16 Na página 26, dissemos que, ocasionalmente, é útil dispor os dados em ordem crescente ou decrescente. Assim, repita o Exercício 2.15 usando os dados dispostos em ordem crescente. Isso deveria ilustrar como é mais simples trabalhar este exercício com os dados dispostos por tamanho.

2.17 As durações de 25 componentes eletrônicos selecionados de um lote de produção, são: 834, 919, 784, 865, 839, 912, 888, 783, 655, 831, 886, 842, 760, 854, 939, 961, 826, 954, 866, 675, 760, 865, 901, 632 e 718 horas de uso contínuo. Construa um diagrama de ramos e folhas com rótulos de ramos com um dígito e folhas de dois dígitos.

2.18 As temperaturas mínimas (em graus Fahrenheit) registradas no aeroporto Sky Harbor de Phoenix, nos Estados Unidos, durante um certo mês de fevereiro, são 46, 43, 54, 53, 43, 42, 47, 46, 46, 45, 43, 39, 52, 51, 48, 42, 43, 47, 49, 54, 53, 45, 50, 52, 53, 49, 35 e 34. Construa um diagrama de ramos duplos.

2.19 Os tempos (medidos até o centésimo de segundo mais próximo) que o som levou para percorrer a distância entre dois pontos, são: 1,53; 1,66; 1,42; 1,54; 1,37; 1,44; 1,60; 1,68; 1,72; 1,59; 1,54; 1,63; 1,58; 1,46; 1,52; 1,58; 1,53; 1,50; 1,49 e 1,62. Construa um diagrama de ramos e folhas com ramos rotulados 1,3; 1,4; 1,5; 1,6 e 1,7 e folhas de um dígito.

2.20 Transforme o diagrama de ramos e folhas obtido no Exercício 2.19 num diagrama de ramos duplos.

2.21 Os quocientes de inteligência (QI) de 24 pessoas selecionadas para trabalho de júri numa corte municipal são 108, 97, 103, 122, 84, 105, 101, 113, 127, 103, 124, 97, 88, 109, 103, 115, 96, 110, 104, 92, 105, 106, 93 e 99. Construa um diagrama de ramos e folhas com ramos rotulados 8, 9, 10, 11 e 12 e folhas de um dígito.

2.22 Para obter mais ramos, às vezes repetimos cada rótulo de ramo cinco vezes, o primeiro ramo com as folhas 0 e 1, o segundo com as folhas 2 e 3, ... e o quinto com as folhas 8 e 9. Construa esse tipo de diagrama de ramos e folhas para os seguintes dados que dão o número de cirurgias feitas num hospital durante 80 semanas:

42	50	49	44	41	54	47	38	45	44
46	33	40	36	39	53	42	48	41	52
57	44	42	48	45	46	40	59	41	44
41	48	39	43	45	34	47	48	36	49
36	55	48	45	42	57	50	49	47	43
52	60	46	35	49	37	33	38	51	47
40	52	57	56	46	45	48	37	50	55
43	56	55	46	48	37	62	61	57	53

2.3 DISTRIBUIÇÃO DE FREQÜÊNCIA

Quando lidamos com grandes conjuntos de dados, e às vezes até lidando com conjuntos nem tão grandes, pode ser bem problemático obter uma boa visualização da informação transmitida. Como vimos nas Seções 2.1 e 2.2, em geral é necessário que reordenemos e/ou agrupemos, de alguma forma especial, os **dados crus**, ou seja, os dados ainda não tratados. Tradicionalmente, isso envolve uma **distribuição de freqüência** ou alguma de suas **representações gráficas**, em que agrupamos ou classificamos os dados num certo número de categorias ou classes.

Vejamos dois exemplos. Num levantamento recente foram obtidos os movimentos totais (arredondados até a unidade monetária mais próxima) de 4.757 escritórios de advocacia. Em vez de dar a lista dos 4.757 valores, a informação é difundida pela tabela seguinte:

Movimento total	*Número de escritórios de advocacia*
Menos do que 300.000 unidades monetárias	2.405
300.000 a 499.999 unidades monetárias	1.088
500.000 a 749.999 unidades monetárias	271
750.000 a 999.999 unidades monetárias	315
Mais do que 1.000.000 unidades monetárias	678
Total	4.757

Isso não mostra muitos detalhes, mas pode muito bem ser adequado para certos propósitos. Isso também deve ser o caso da tabela seguinte, fornecida pelo Departamento de Aviação Civil, que resume o número de queixas de passageiros contra companhias aéreas em 2004:

Tipo de queixa	Número de queixas
Cancelamento e atraso de vôo	1.586
Atendimento ao cliente	805
Problemas com bagagem	761
Bilhetes e *check-in*	598
Devoluções	393
Turbulência	301
Informações sobre tarifas	267
Outras	468
Total	5.179

Quando os dados estão agrupados segundo o tamanho numérico, como no primeiro exemplo, dizemos que a tabela resultante é uma **distribuição numérica** ou uma **distribuição quantitativa**. Quando os dados estão agrupados em categorias que não são numéricas, como no segundo exemplo, dizemos que a tabela resultante é uma **distribuição categórica** ou uma **distribuição qualitativa**. Em ambos casos nos referimos a **distribuições de freqüência**.

As distribuições de freqüência apresentam os dados de uma forma relativamente compacta, dão uma boa visualização global e contêm informações adequadas para muitos propósitos mas, como já observamos anteriormente, existe alguma perda de informação. Algumas coisas que podem ser determinadas a partir dos dados originais não podem ser determinadas a partir de uma distribuição. Assim, no primeiro exemplo, a distribuição não nos diz o tamanho exato do menor e do maior movimento total, nem dá a totalização do movimento dos 4.757 escritórios de advocacia. Analogamente, no segundo exemplo não podemos dizer quantos problemas com a bagagem se referem a danos físicos e quantos se referem a extravio ou demora na entrega da bagagem.

Mesmo assim, as distribuições de freqüência apresentam a informação de uma forma mais conveniente, e o preço que pagamos por isso, a perda de certa informação, em geral compensa.

A construção de uma distribuição de freqüência consiste essencialmente em:

1. Escolher as **classes** (intervalos ou categorias)
2. Separar ou enquadrar os dados nessas classes
3. Contar o número de itens de cada classe

Como a segunda e a terceira etapas são puramente mecânicas, concentramos nossa atenção na primeira, a saber, a escolha de uma classificação conveniente.

Para distribuições numéricas, isso consiste em decidir quantas classes vamos utilizar e de onde até onde cada classe deve ir. Ambas escolhas são essencialmente arbitrárias, mas é costume observar as seguintes regras:

> **Raramente utilizamos menos do que cinco ou mais do que quinze classes; o número exato em cada situação depende em grande parte de quantas medidas ou observações existem.**

É claro que podemos perder mais do que ganhar se agruparmos cinco observações em 12 classes, a maioria das quais vazia, e provavelmente descartamos muita informação se agruparmos mil medições em três classes.

> **Devemos sempre ter a certeza de que cada item (medida ou observação) se enquadre em uma, e apenas uma, classe.**

Para tanto, devemos ter certeza de que o menor e o maior estejam dentro da classificação, e que nenhum valor possa cair no intervalo entre classes sucessivas, e que as classes não possam sobrepor-se umas às outras, isto é, que as classes sucessivas não tenham valor em comum.

> **Sempre que possível, as classes devem cobrir amplitudes iguais de valores.**

É conveniente também que essas amplitudes sejam múltiplos de números fáceis de manejar, como 5, 10 ou 100, já que isso tende a facilitar a construção e a utilização de uma distribuição.

Supondo que os movimentos totais dos escritórios de advocacia tenham sido arredondados até a unidade monetária mais próxima, na construção da distribuição da página 33 foi violada somente a terceira dessas regras. Contudo, se os movimentos totais tivessem sido arredondados até o centavo de unidade monetária mais próximo, então um movimento total de, digamos, 499.999,54 unidades monetárias teria caído entre a segunda e a terceira classe e também teria sido violada a segunda regra. A terceira regra foi violada, pois as classes não têm a mesma amplitude de valores; de fato, a primeira classe e a última classe não têm, respectivamente, valor mínimo e máximo especificados.

Classes do tipo "menos de", "ou menos", "mais de" ou "ou mais" são denominadas **classes abertas** e são usadas para reduzir o número de classes necessárias quando alguns valores são muito menores ou muito maiores do que os demais. Em geral, entretanto, devemos evitar as classes abertas, pois elas impossibilitam o cálculo de certos valores de interesse, como médias ou totais (ver Exercício 3.63).

No que se refere à segunda regra, devemos observar se os dados estão arredondados até a unidade monetária mais próxima ou até o centavo de unidade monetária mais próximo, até o centímetro mais próximo ou até o milímetro mais próximo, até o quilograma mais próximo ou até o grama mais próximo, e assim por diante. Por exemplo, se quisermos agrupar os pesos de certos animais, podemos querer usar a primeira das classificações seguintes, se os pesos estão arredondados até o quilograma mais próximo, a segunda se os pesos são arredondados até o décimo de quilograma mais próximo e a terceira se são dados estão arredondados até o centésimo de quilograma mais próximo:

Peso (quilogramas)	Peso (quilogramas)	Peso (quilogramas)
10–14	10,0–14,9	10,00–14,99
15–19	15,0–19,9	15,00–19,99
20–24	20,0–24,9	20,00–24,99
25–29	25,0–29,9	25,00–29,99
30–34	30,0–34,9	30,00–34,99
etc.	etc.	etc.

Para ilustrar o que tem sido discutido nesta seção, passemos a efetivamente às etapas reais de agrupar um conjunto de dados numa distribuição de freqüência.

EXEMPLO 2.4 Usando a informação fornecida pela direção do Parque Nacional de Yellowstone, nos Estados Unidos, e atualizada de acordo com informação sobre a tendência desses dados fornecida na

Internet, os seguintes são 110 tempos de espera simulados em minutos entre erupções do gêiser mais famoso daquele parque, o *Old Faithful*:

81	83	94	73	78	94	73	89	112	80
94	89	35	80	74	91	89	83	80	82
91	80	83	91	89	82	118	105	64	56
76	69	78	42	76	82	82	60	73	69
91	83	67	85	60	65	69	85	65	82
53	83	62	107	60	85	69	92	40	71
82	89	76	55	98	74	89	98	69	87
74	98	94	82	82	80	71	73	74	80
60	69	78	74	64	80	83	82	65	67
94	73	33	87	73	85	78	73	74	83
83	51	67	73	87	85	98	91	73	108

Como pode ser facilmente observado, o menor valor é 33 e o maior é 118, de modo que uma escolha conveniente para agrupar esses dados seria das nove classes 30 – 39, 40 – 49, 50 – 59, 60 – 69, 70 – 79, 80 – 89, 90 – 99, 100 – 109 e 110 – 119. Essas classes acolhem todos dados, não se sobrepõe e são todas de mesmo tamanho. Há outras possibilidades (por exemplo, 25 – 34, 35 – 44, 45 – 54, 55 – 64, 65 – 74, 75 – 84, 85 – 94, 95 – 104, 105 – 114 e 115 – 124), mas deveria ser evidente que a nossa primeira escolha facilitaria o enquadramento dos dados. Use a classificação original para construir uma distribuição de freqüência dos tempos de espera.

Solução Distribuindo os 110 valores, obtemos os resultados mostrados na tabela a seguir:

Tempo de espera entre erupções (minutos)	Contagem	Freqüência
30–39	||	2
40–49	||	2
50–59	||||	4
60–69	⊪ ⊪ ⊪ ||||	19
70–79	⊪ ⊪ ⊪ ⊪ ||||	24
80–89	⊪ ⊪ ⊪ ⊪ ⊪ ⊪ ⊪ ||||	39
90–99	⊪ ⊪ ⊪	15
100–109	|||	3
110–119	||	2
	Total	110

Os números dados na coluna da direita dessa tabela, que mostram quantos valores caem em cada classe, são denominados **freqüências de classe**. O menor e o maior valor de cada classe são os **limites de classe**, que para a distribuição de tempos de espera entre erupções são 30 e 39, 40 e 49, 50 e 59, ... e 110 e 119. Mais especificamente, 30, 40, 50, ... e 110 são denominados **limites inferiores de classe** e 39, 49, 59, ... e 119 são denominados **limites superiores de classe**.

Os tempos que agrupamos no nosso exemplo foram todos aproximados até o minuto mais próximo, de modo que, de fato, 30 inclui qualquer tempo entre 29,5 a 30,5; 39 inclui qualquer tempo entre 38,5 e 39,5; e a classe 30 – 39 inclui todos tempos de 29,5 a 39,5. Analogamente, a segunda classe inclui tudo de 39,5 a 49,5, ... e a classe ao pé da distribuição inclui tudo de 109,5 a 119,5. É costume dizer que 29,5; 39,5; 49,5; ... e 119,5 são as **fronteiras de classe** ou então os **limites reais de classe** da distribuição. Embora 39,5 seja a **fronteira superior** da primeira classe e também a **fronteira inferior** da segunda classe, 49,5 seja a fronteira superior da segunda classe e também a fronteira inferior da terceira classe, e assim por diante, isso não é motivo para preocupação. As fronteiras de classe são escolhidas como *valores impossíveis* que não podem ocorrer entre os dados que estão sendo agrupados. Supondo, novamente, que os movimentos totais dos escritórios de advocacia agrupados na distribuição da página 33 tenham sido todos arredondados até a unidade monetária mais próxima, então as fronteiras de classe de 299.999,50; 499.999,50, 749.999,50 e 999.999,50 também seriam valores impossíveis.

Enfatizamos novamente esse ponto porque, para evitar lacunas na escala numérica contínua, alguns textos de Estatística, alguns programas de computador amplamente utilizados e algumas calculadoras gráficas (MINITAB, por exemplo, e a TI-83) incluem em cada classe sua fronteira inferior, e a classe mais alta também inclui sua fronteira superior. Assim, incluiriam 29,5, mas não 39,5 na primeira classe da distribuição precedente de tempos de espera entre erupções do gêiser. Analogamente, incluiriam 39,5, mas não 49,5 na segunda classe, ... 109,5 bem como 119,5 na classe mais alta da distribuição. Tudo isso, entretanto, é irrelevante, desde que as fronteiras de classe sejam valores impossíveis que não podem ocorrer entre os dados que estão sendo agrupados.

As distribuições numéricas também apresentam o que chamamos de **pontos médios de classe** e **intervalos de classe**. Os pontos médios de classe são simplesmente os pontos médios das classes, obtidos adicionando os limites inferior e superior (ou as fronteiras inferior e superior) de uma classe e dividindo o resultado por 2. Um intervalo de classe é simplesmente o comprimento de uma classe, ou a amplitude dos valores que ela pode conter, e é dado pela diferença entre suas fronteiras. Se as classes de uma distribuição têm todas o mesmo comprimento, seu intervalo de classe comum, que denominamos **intervalo de classe da distribuição**, também é dado pela diferença entre dois pontos médios de classe sucessivos. Assim, os pontos médios de classe da distribuição de tempos de espera são 34,5; 44,5; 54,5; ... e 114,5, e os intervalos de classe e o intervalo de classe da distribuição são todos iguais a 10.

Há essencialmente duas maneiras pelas quais podemos modificar uma distribuição de freqüência para acomodar necessidades particulares. Uma é converter a distribuição numa **distribuição percentual**, dividindo cada freqüência de classe pelo número total de itens agrupados e então multiplicar por 100.

EXEMPLO 2.5 Transforme a distribuição dos tempos de espera obtida no Exemplo 2.4 numa distribuição percentual.

Solução A primeira classe contém $\frac{2}{110} \cdot 100 = 1,82\%$ dos dados (arredondando até a segunda casa decimal) e o mesmo ocorre com a segunda classe. A terceira classe contém $\frac{4}{110} \cdot 100 = 3,64\%$ dos dados, a quarta classe contém $\frac{19}{110} \cdot 100 = 17,27\%$ dos dados, ... e a classe da base novamente contém 1,82% dos dados. Esses resultados são mostrados na tabela seguinte.

Tempo de espera entre erupções (minutos)	Percentagem
30–39	1,82
40–49	1,82
50–59	3,64
60–69	17,27
70–79	21,82
80–89	35,45
90–99	13,64
100–109	2,73
110–119	1,82

As percentagens totalizam 101,01, sendo a diferença evidentemente devida ao arredondamento.

A outra maneira de modificar uma distribuição de freqüência é convertê-la numa **distribuição cumulativa** do tipo "menos de", "ou menos", "mais de" ou "ou mais". Para construir uma distribuição cumulativa, simplesmente somamos as freqüências de classe, partindo do topo ou da base da distribuição.

EXEMPLO 2.6 Transforme a distribuição dos tempos de espera obtida no Exemplo 2.4 numa distribuição cumulativa do tipo "menos de".

Solução Como nenhum dos valores é menor do que 30, dois (0 + 2) dos valores são menores do que 40, quatro (0 + 2 + 2) dos valores são menores do que 50, oito (0 + 2 + 2 + 4) dos valores são menores do que 60, . . . e 110 dos valores são menores do que 120, obtemos

Tempo de espera entre erupções (minutos)	Freqüência cumulativa
Menos de 30	0
Menos de 40	2
Menos de 50	4
Menos de 60	8
Menos de 70	27
Menos de 80	51
Menos de 90	90
Menos de 100	105
Menos de 110	108
Menos de 120	110

Observe que, em vez de "menos de 30" poderíamos ter escrito "29 ou menos", em vez de "menos de 40" poderíamos ter escrito "39 ou menos", em vez de "menos de 50" poderíamos ter escrito "49 ou menos", e assim por diante. É claro que então diríamos que a distribuição é cumulativa do tipo "ou menos".

Da mesma forma, também podemos transformar uma distribuição percentual numa **distribuição percentual cumulativa**. Para isso, simplesmente somamos as percentagens em vez das freqüências, partindo do topo ou da base da distribuição.

Até aqui abordamos apenas a construção de distribuições numéricas, mas o problema geral da construção de distribuições categóricas (ou qualitativas) é praticamente o mesmo. Novamente devemos decidir quantas categorias (classes) vamos utilizar e que tipo de itens cada categoria deve conter, certificando-nos de que todos os itens foram incluídos e de que não haja ambigüidades. Como as categorias muitas vezes devem ser escolhidas antes de qualquer dado ser efetivamente coletado, em geral é prudente incluir uma categoria rotulada "outros" ou "diversos".

Para distribuições categóricas, não precisamos nos preocupar com detalhes numéricos como limites de classe, fronteiras de classe e pontos médios de classe. Por outro lado, muitas vezes há um problema sério com ambigüidades, e devemos ser muito cuidadosos e explícitos quando definimos o que cada categoria deve conter. Por exemplo, se tivéssemos de classificar os artigos vendidos num supermercado como "carnes", "congelados", "assados", e assim por diante, seria difícil decidir, por exemplo, onde colocar tortas de carne congeladas. Da mesma forma, se tivéssemos de classificar profissões, seria difícil decidir onde colocar um administrador de fazenda, se nossa tabela contivesse (sem qualificações) as duas categorias "fazendeiros" e "administradores". Por essa razão, é aconselhável utilizar, sempre que possível, categorias padronizadas determinadas pelo IBGE e outras agências governamentais.

EXERCÍCIOS

2.23 Os pesos de 125 ratos usados na pesquisa médica variam de 231 gramas a 365 gramas. Mostre os limites de classe de uma tabela com oito classes nas quais esses pesos (arredondados até ao grama mais próximo) poderiam ser convenientemente agrupados.

2.24 Os tempos de propulsão de certos foguetes de combustível sólido variam de 3,2 a 5,9 segundos. Mostre os limites de classe de uma tabela com seis classes nas quais esses tempos poderiam ser agrupados.

2.25 As contas de energia elétrica das residências de uma certa comunidade variam de 37,65 a 184,66 unidades monetárias, com a grande variação devida ao alto custo de condicionadores de ar durante os meses de verão. Mostre os limites de classe de uma tabela na qual esses números poderiam ser agrupados, se a tabela deveria conter
(a) somente quatro classes;
(b) seis classes;
(c) oito classes.

2.26 Decida em cada caso a seguir se pode ser determinado a partir da distribuição de movimentos totais dos escritórios de advocacia da página 33; se for possível, dê uma resposta numérica:
(a) O número de escritórios de advocacia com movimento total maior do que 300.000 unidades monetárias.
(b) O número de escritórios de advocacia com movimento total maior do que 749.999 unidades monetárias.
(c) O número de escritórios de advocacia com movimento total menor do que 250.000 unidades monetárias.
(d) O número de escritórios de advocacia com movimento total menor do que 500.000 unidades monetárias.

2.27 A seguir está a distribuição dos pesos de 133 espécimes minerais coletados durante uma excursão:

Peso (gramas)	Número de espécimes
5,0–19,9	8
20,0–34,9	27
35,0–49,9	42
50,0–64,9	31
65,0–79,9	17
80,0–94,9	8

Encontre
(a) os limites inferiores de classe;
(b) os limites de classe superiores;
(c) as fronteiras de classe;
(d) os intervalos de classe.

2.28 Para agrupar dados relativos ao número de dias chuvosos no mês de novembro segundo publicado num jornal, planeja-se usar as classes 1–9, 10–19, 20–25 e 25–30. Explique as dificuldades que podem surgir.

2.29 Para agrupar notas as vendas de valores entre 12 e 79 unidades monetárias, o contador de uma loja usa as classes seguintes: 10,00 – 29,99; 30,00–49,99; 60,00–79,99 e 70,00–99,99. Explique as dificuldades que podem surgir.

2.30 A escolha de classes não apropriadas para agrupar dados categóricos também pode acarretar problemas. Se classificarmos camisas de homem de acordo com o material utilizado em sua confecção, explique as dificuldades que podem surgir se incluirmos somente as três categorias: lã, seda e fibra sintética.

2.31 Explique as dificuldades que podem surgir se, num estudo do valor nutricional de sobremesas, utilizarmos as categorias torta, bolo, fruta, pudim e sorvete.

2.32 Registros de temperatura em graus Fahrenheit, arredondados até o grau mais próximo, são agrupados numa distribuição com as classes 55–60, 61–66, 67–72, 73–78 e 79–84. Encontre
  (a) as fronteiras de classe dessa distribuição;
  (b) os pontos de classe médios.

2.33 Medições arredondadas até o centímetro mais próximo, são agrupadas numa distribuição com as fronteiras de classe 19,5; 24,5; 29,5; 34,5; 39,5 e 44,5. Encontre
  (a) os limites de classe dessas cinco classes;
  (b) seus pontos de classe médios;
  (c) seus intervalos de classe.

2.34 Os pontos médios de classe de uma distribuição de preços (em unidades monetárias) de calçados são 27, 42, 57, 72, 87 e 102. Encontre as correspondentes
  (a) fronteiras de classe;
  (b) limites de classe.

2.35 As medidas da envergadura de asa de certas aves são agrupadas numa distribuição com as fronteiras de classe 59,95; 74,95; 89,95; 104,95; 119,95; e 134,95 centímetros. Encontre os correspondentes
  (a) limites de classe;
  (b) pontos de classe médios.

2.36 A seguir estão as percentagens de encolhimento na secagem de 40 espécimes de cerâmica plástica

20,3	16,8	21,7	19,4	15,9	18,3	22,3	17,1
19,6	21,5	21,5	17,9	19,5	19,7	13,3	20,5
24,4	19,8	19,3	17,9	18,9	18,1	23,5	19,8
20,4	18,4	19,5	18,5	17,4	18,7	18,3	20,4
20,1	18,5	17,8	17,3	20,0	19,2	18,4	19,0

Agrupe essas percentagens numa distribuição de freqüência com as classes 13,0–14,9; 15,0–16,9; 17,0–18,9; 19,0–20,9; 21,0– 22,9 e 23,0–24,9.

2.37 Transforme a distribuição obtida no Exercício 2.36 numa distribuição percentual.

2.38 Transforme a distribuição obtida no Exercício 2.36 numa distribuição cumulativa do tipo "menos de".

2.39 A seguir estão 60 medições (em micrômetros) da espessura de uma galvanização com liga de alumínio obtida na análise de um processo de anodização:

24	24	41	36	32	33	22	34	39	25	21	32
36	26	43	28	30	27	38	25	33	42	30	32
31	34	21	27	35	48	35	26	21	30	37	39
25	33	36	27	29	28	26	22	23	30	43	20
31	22	37	23	30	29	31	28	36	38	20	24

Agrupe essas espessuras numa distribuição com as classes 20–24, 25–29, 30–34, 35–39, 40–44 e 45–49.

2.40 Transforme a distribuição obtida no Exercício 2.39 numa distribuição percentual.

2.41 Transforme a distribuição obtida no Exercício 2.40 numa distribuição cumulativa percentual do tipo "ou menos".

2.42 A seguir estão os comprimentos das raízes (em centímetros) de 120 plantinhas um mês depois de semeadas:

0,95	0,88	0,90	1,23	0,83	0,67	1,41	1,04	1,01	0,81
0,78	1,21	0,80	1,43	1,27	1,16	1,06	0,86	0,70	0,80
0,71	0,93	1,00	0,62	0,80	0,81	0,75	1,25	0,86	1,15
0,91	0,62	0,84	1,08	0,99	1,38	0,98	0,93	0,80	1,25
0,82	0,97	0,85	0,79	0,90	0,84	0,53	0,83	0,83	0,60
0,95	0,68	1,27	0,97	0,80	1,13	0,89	0,83	1,47	0,96
1,34	0,87	0,75	0,95	1,13	0,95	0,85	1,00	0,73	1,36
0,94	0,80	1,33	0,91	1,03	0,93	1,34	0,82	0,82	0,95
1,11	1,02	1,21	0,90	0,80	0,92	1,06	1,17	0,85	1,00
0,88	0,86	0,64	0,96	0,88	0,95	0,74	0,57	0,96	0,78
0,89	0,81	0,89	0,88	0,73	1,08	0,87	0,83	1,19	0,84
0,94	0,70	0,76	0,85	0,97	0,86	0,94	1,06	1,27	1,09

Agrupe esses comprimentos numa distribuição com as classes 0,50–0,59; 0,60–0,69; 0,70–0,79; . . . e 1,40–1,49.

2.43 Transforme a distribuição obtida no Exercício 2.42 numa distribuição cumulativa do tipo "mais de".

2.44 A associação de ex-alunos de uma universidade patrocina excursões mensais para associados solteiros. Os registros mostram que nos últimos quatro anos essas excursões contaram com

28	51	31	38	27	35	33	40	37	28	33	27
33	31	41	46	40	36	53	23	33	27	40	30
33	22	37	38	36	48	22	36	45	34	26	28
40	42	43	41	35	50	31	48	38	33	39	35

ex-alunos associados solteiros. Agrupe esses comprimentos numa distribuição de freqüência com as classes 20–24, 25–29, 30–34, 35–39, 40–44, 45–49 e 50–54.

2.45 Transforme a distribuição obtida no Exercício 2.44 numa distribuição percentual do tipo "ou mais".

2.46 Durante o campeonato brasileiro de futebol, use as páginas esportivas de um jornal na segunda-feira para listar o número de gols assinalados pelos times vencedores de todos os jogos do fim de semana. Construa uma distribuição desse número de gols de times vencedores com três ou quatro classes.

2.47 Com a permissão dada pelo gerente, posicione-se próximo a um dos caixas e registre o total gasto por 50 clientes. Também agrupe esses totais numa distribuição com seis ou sete classes.

2.48 Encontre um local em que se oferece medição gratuita de pressão arterial. Com permissão, registre as idades de 40 pessoas que têm sua pressão medida e construa uma distribuição de freqüência.

2.4 APRESENTAÇÕES GRÁFICAS

Em geral, quando as distribuições de freqüência são construídas principalmente para condensar grandes conjuntos de dados e apresentá-los numa forma "fácil de digerir", é melhor representá-las graficamente. Como diz o ditado, uma imagem fala mais alto do que mil palavras, e isso já era verdade mesmo antes da atual proliferação dos gráficos computadorizados. Hoje em dia, cada aplicativo de Estatística tenta ganhar da concorrência apresentando os dados por meio de apresentações visuais cada vez mais elaboradas.

Para as distribuições de freqüência, a forma mais comum de apresentação gráfica é o **histograma**, como o mostrado na Figura 2.3. Os histogramas são construídos representando as medidas ou observações que estão agrupadas (na Figura 2.3, os tempos de espera, em minutos, entre erupções do *Old Faithful*) numa escala horizontal, e traçando retângulos de bases iguais aos intervalos de classe e alturas iguais às freqüências de classe correspondentes. As marcações na escala horizontal de um histograma podem ser os pontos médios de classe, como na Figura 2.3, os limites de classe, as fronteiras de classe, ou outros valores básicos arbitrários. Por razões práticas, geralmente é preferível mostrar os limites de classe, mesmo que os retângulos na realidade vão de uma fronteira de classe à seguinte. Afinal de contas, os limites de classe nos dizem *quais valores caem em cada classe*. Note que não é possível traçar histogramas de distribuições com classes abertas e que é necessário um cuidado especial quando os intervalos de classe não são todos iguais (ver Exercício 2.57 à página 47).

O histograma mostrado na Figura 2.3 foi obtido com o uso de um computador, apesar de os dados já terem sido agrupados na página 36, e teria sido fácil desenhá-lo manualmente. Na prática, só digitar os dados no computador pode dar mais trabalho do que contabilizar os dados e então desenhar os retângulos.

Nossa definição de histograma pode ser considerada a tradicional, pois hoje em dia o termo é aplicado muito mais genericamente a todo tipo de apresentação gráfica de distribuições de freqüência, em que as freqüências de classe não são necessariamente representadas por retângulos. Por exemplo, a Figura 2.4 mostra um histograma mais antigo, gerado por MINITAB, que realmente parece mais um diagrama de pontos (ver Seção 2.1), exceto que os pontos alinhados nos pontos médios de classe representam os vários valores nas classes correspondentes, em vez valores idênticos repetidos.

Os gráficos de barras (ver Seção 2.1), como o mostrado na Figura 2.5, às vezes também são denominados histogramas. As alturas dos retângulos, ou barras, novamente representam as freqüências de classe, mas há a pretensão de ter uma escala horizontal contínua.

Outra forma de apresentação gráfica de uma distribuição de freqüência, não muito utilizada, é o **polígono de freqüência**, como o ilustrado na Figura 2.6. Aqui, as freqüências de classe são esboçadas sobre os pontos médios de classe e os valores sucessivos são unidos por segmentos de reta. Observe que acrescentamos classes com freqüência zero em ambos os extremos da distribuição para "amarrar" o gráfico à escala horizontal.

Aplicando uma técnica análoga a uma distribuição cumulativa, em geral uma distribuição do tipo "menos de", obtemos o que se denomina uma **ogiva**. Entretanto, as freqüências acumuladas numa ogiva são esboçadas sobre as fronteiras de classe, e não nos pontos médios de classe; faz sentido argumentar que a freqüência acumulada que corresponde a, digamos, "menos de 60", deveria ser esboçada sobre a fronteira de classe 59,5, pois "menos de 60" na realidade inclui tudo até no máximo 59,5. A Figura 2.7 mostra uma ogiva da distribuição de tipo "menos de" dos tempos de espera obtidos na página 38.

Embora o apelo visual dos histogramas, gráficos de barras, polígonos de freqüência e ogivas seja um aperfeiçoamento definitivo de simples tabelas, há várias maneiras de apresentar distribuições, que podem ser ainda mais drásticas e muitas vezes mais eficientes. A Figura 2.8 dá um exemplo de uma tal apresentação visual de dados, que é o **pictograma**, comumente encontrado em jornais, revistas e relatórios de vários tipos.

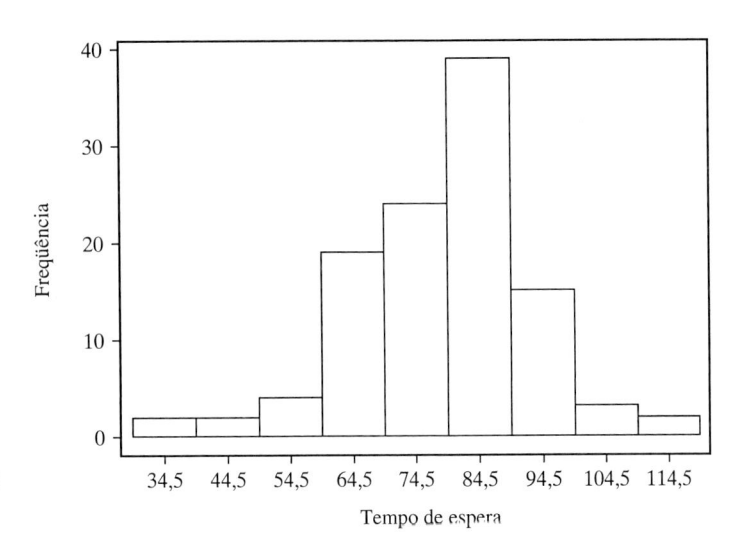

CAPÍTULO 2 RESUMINDO DADOS: LISTANDO E AGRUPANDO **43**

Figura 2.3
Gráfico produzido por computador do histograma para os tempos de espera entre erupções do gêiser *Old Faithful*.

Figura 2.4
Gráfico produzido por computador do histograma obtido com MINITAB 10Xtra.

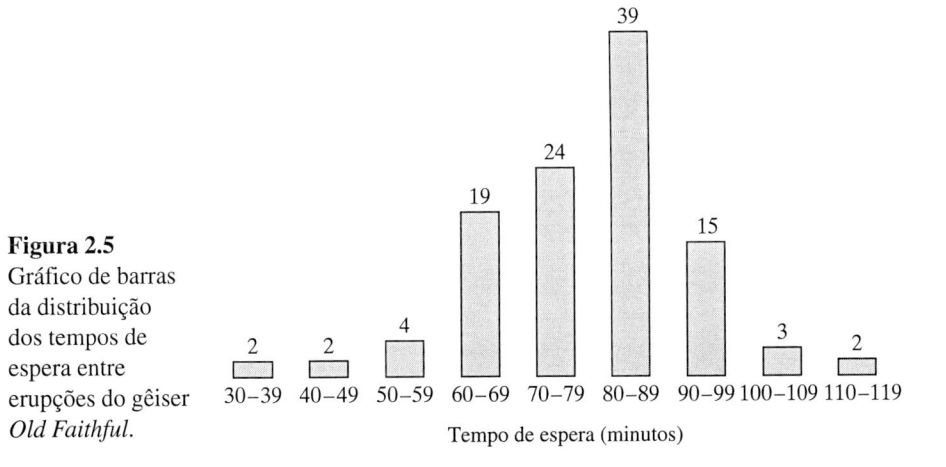

```
MTB > GStd.
MTB > Histogram c1;
SUBC>    Start 34.5 114.5;
SUBC>    Increment 10.



Histogram of C1    N = 110

Midpoint   Count
    34.5       2   **
    44.5       2   **
    54.5       4   ****
    64.5      19   *******************
    74.5      24   ************************
    84.5      39   ***************************************
    94.5      15   ***************
   104.5       3   ***
   114.5       2   **
```

Figura 2.5
Gráfico de barras da distribuição dos tempos de espera entre erupções do gêiser *Old Faithful*.

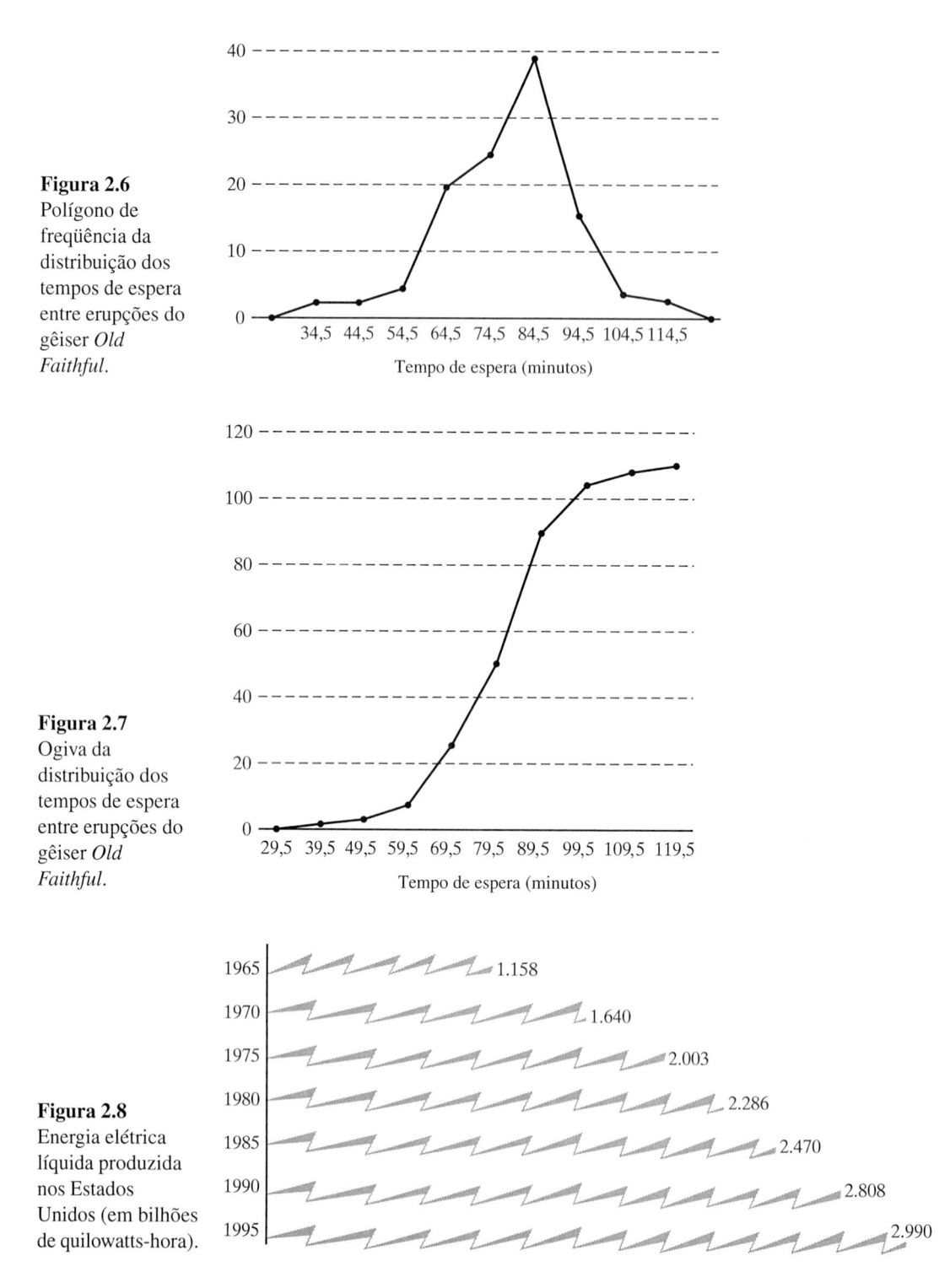

Figura 2.6
Polígono de freqüência da distribuição dos tempos de espera entre erupções do gêiser *Old Faithful*.

Figura 2.7
Ogiva da distribuição dos tempos de espera entre erupções do gêiser *Old Faithful*.

Figura 2.8
Energia elétrica líquida produzida nos Estados Unidos (em bilhões de quilowatts-hora).

Ano	Valor
1965	1.158
1970	1.640
1975	2.003
1980	2.286
1985	2.470
1990	2.808
1995	2.990

As distribuições categóricas muitas vezes são apresentadas graficamente como **gráficos de setores**, como o exibido na Figura 2.9, em que um círculo é dividido em setores que são proporcionais, em tamanho, às freqüências ou percentagens correspondentes. Para construir um gráfico de setores, primeiro convertemos a distribuição em uma distribuição percentual. Em seguida, como um círculo completo corresponde a 360 graus, obtemos os ângulos centrais dos diversos setores multiplicando as percentagens por 3,6. Uma denominação comum para gráficos de setores, por motivos evidentes, é **gráfico de pizza**.

EXEMPLO 2.7 A tabela a seguir, obtida a partir da Tabela de número 100 do *Anuário Estatístico dos Estados Unidos de 1995*, mostra (em milhares) a escolaridade de mulheres nos Estados Unidos que tiveram filho em 1992.

Ensino Médio incompleto	12.159
Ensino Médio completo	19.063
Ensino Superior incompleto	12.422
Ciclo básico do Ensino Superior	3.982
Ensino Superior completo	8.173
Pós-graduação	2.812
	58.611

Construa um gráfico de setores.

Solução As percentagens correspondentes às seis categorias são $\frac{12.159}{58.611} \cdot 100\% = 20,75\%$, $\frac{19.063}{58.611} \cdot 100\% = 32,52\%$, $\frac{12.422}{58.611} \cdot 100\% = 21,19\%$, $\frac{3.982}{58.611} \cdot 100\% = 6,79\%$, $\frac{8.173}{58.611} \cdot 100\% = 13,94\%$, $\frac{2.812}{58.611} \cdot 100\%$ = 4,80%, arredondadas até a segunda casa decimal. Multiplicando essas percentagens por 3,6 obtemos os valores 74,7; 117,1; 76,3; 24,4; 50,2 e 17,3 graus dos ângulos centrais. Arredondando os ângulos até o grau mais próximo e usando um transferidor, obtemos o gráfico de setores mostrado na Figura 2.9.

Muitos computadores são programados de tal modo que, uma vez digitados os dados, um simples comando apresenta um gráfico de setores ou alguma variação. Alguns gráficos de setores gerados por computador utilizam cores, alguns são tridimensionais, outros recortam setores (como pedaços de pizza) para enfatizar e outros ainda colorem ou sombreiam os diferentes setores.

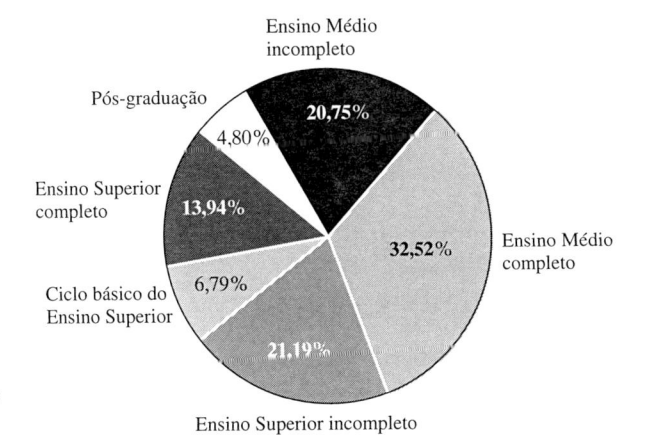

Figura 2.9
Escolaridade de mulheres que tiveram filho em 1992 (nos Estados Unidos).

EXERCÍCIOS

2.49 Esboce um histograma da distribuição de freqüência seguinte que dê as distâncias ao centro do alvo de disparos feitos com um rifle. Indique os limites de classe que correspondem a cada retângulo do histograma.

Distância (centímetros)	Freqüência
0,0–1,9	23
2,0–3,9	18
4,0–5,9	12
6,0–7,9	9
8,0–9,9	5
10,0–11,9	2
12,0–13,9	1

2.50 Construa um histograma da distribuição de pesos dos espécimes de minerais dados no Exercício 2.27.

2.51 Construa um histograma com os dados coletados no Exercício 2.36 ou Exercício 2.39.

2.52 Construa um polígono de freqüência com os dados coletados no Exercício 2.36 ou Exercício 2.39.

2.53 A distribuição do número de *tacos* de peixe servidos no almoço durante 60 dias úteis num restaurante mexicano é a seguinte:

Número de tacos de peixe	Número de dias úteis
30–39	4
40–49	23
50–59	28
60–69	5

Construa um(a)
(a) histograma;   (c) polígono de freqüência
(b) gráfico de barras; (d) ogiva.

2.54 Abaixo são dadas 80 medições do índice da solução de ferro de espécimes de folha de flandres projetadas para medir a resistência à corrosão de aço galvanizado:

0,78	0,65	0,48	0,83	1,43	0,92	0,92	0,72	0,48	0,96
0,72	0,48	0,83	0,49	0,78	0,96	1,06	0,83	0,78	0,82
1,12	0,78	1,03	0,88	1,23	0,28	0,95	1,16	0,47	0,55
0,97	1,20	0,77	0,72	0,45	1,36	0,65	0,73	0,39	0,94
0,79	1,26	1,06	0,90	0,77	0,45	0,78	0,77	1,09	0,73
0,64	0,91	0,95	0,71	1,20	0,88	0,83	0,78	1,04	1,33
0,52	0,32	0,54	0,63	0,44	0,92	1,00	0,79	0,63	1,23
0,65	0,64	0,48	0,79	0,99	0,57	0,91	1,12	0,70	1,05

Agrupe essas medições numa distribuição com intervalos de classe de 0,20 e esboce seu histograma.

2.55 Transforme a distribuição obtida no Exercício 2.54 numa distribuição cumulativa do tipo "menos de" e esboce sua ogiva.

2.56 Esboce um polígono de freqüência da distribuição obtida no Exercício 2.54.

2.57 A Figura 2.10 mostra a distribuição de notas de 80 calouros num exame classificatório de língua francesa. Explique por que essa distribuição pode dar uma impressão errada e indique o que pode ser feito para melhorá-la.

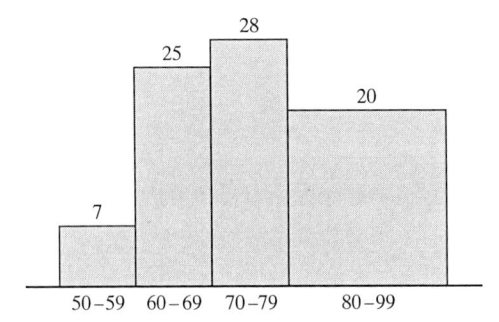

Figura 2.10
Distribuição das notas de um exame classificatório de língua francesa.

Notas de um exame classificatório de língua francesa.

2.58 Combine as segunda e terceira classes da distribuição do Exercício 2.49 e esboce um histograma em que as áreas dos retângulos sejam proporcionais às freqüências de classe.

2.59 Construa um gráfico de setores da distribuição de reclamações contra as companhias aéreas dadas à página 34.

2.60 Observe 80 veículos numa estrada movimentada e registre cada um como sendo um carro de passeio, um conversível, uma mini-van, um utilitário, uma picape, um furgão, ou algum tipo de caminhão. Construa um gráfico de setores desses dados categóricos.

2.61 Registre qual sobremesa foi escolhida pro 60 clientes de um restaurante e marque cada uma como nenhuma, pedaço de torta, pedaço de bolo, pudim, sorvete, doce ou salada de frutas. Construa um gráfico de setores desses dados categóricos.

2.62 Use um computador e um aplicativo apropriado para produzir um gráfico de setores para os dados categóricos obtidos no Exercício 2.61. (Repare que a calculadora TI-83 não está programada para gráficos de setores; um modelo anterior, a TI-73, estava programada para esse fim, mas como seus gráficos de setores não eram especialmente atraentes, não foram incluídas na TI-83.)

2.63 Perguntados se a dirigibilidade de um novo modelo de carro era excelente, muito boa, boa, razoável ou ruim, 50 motoristas responderam como segue: muito boa, boa, boa, razoável, excelente, boa, boa, boa, muito boa, ruim, boa, boa, boa, boa, muito boa, boa, razoável, boa, boa, ruim, muito boa, razoável, boa, boa, excelente, muito boa, boa, boa, boa, razoável, razoável, muito boa, boa, muito boa, excelente, muito boa, razoável, boa, muito boa, boa, razoável, boa, boa, excelente, muito boa, razoável, razoável, boa, muito boa, e boa. Construa um gráfico de setores mostrando as percentagens dessas opiniões.

2.64 O pictograma da Figura 2.11 pretende ilustrar que a renda *per capita* nos Estados Unidos duplicou de $10.000 dólares em 1980 para $20.000 dólares em 1992. Explique por que esse pictograma pode dar uma impressão errada e indique o que pode ser feito para melhorá-lo.

2.65 A seguir estão os escores obtidos por 150 candidatos num exame de seleção a um emprego de secretário numa agência governamental:

Construa um histograma da distribuição desses escores com as classes 10–19, 20–29, 30–39, . . . e 90–99, usando:

(a) um computador com aplicativo apropriado;
(b) uma calculadora gráfica.

```
62  37  49  56  89  52  41  70  80  28  54  45  95  52  66
43  59  56  70  64  55  62  79  48  26  61  56  62  49  71
58  77  74  63  37  68  41  52  60  69  58  73  14  60  84
55  44  63  47  28  83  46  55  53  72  54  83  70  61  36
46  50  35  56  43  61  76  63  66  42  50  65  41  62  74
45  60  47  72  87  54  67  45  76  52  57  32  55  70  44
81  72  54  57  92  61  42  30  57  58  62  86  45  63  28
57  40  44  55  36  55  44  40  57  28  63  45  86  61  51
68  56  47  86  52  70  59  40  71  56  34  62  81  58  43
46  60  45  69  74  42  55  46  50  53  77  70  49  58  63
```

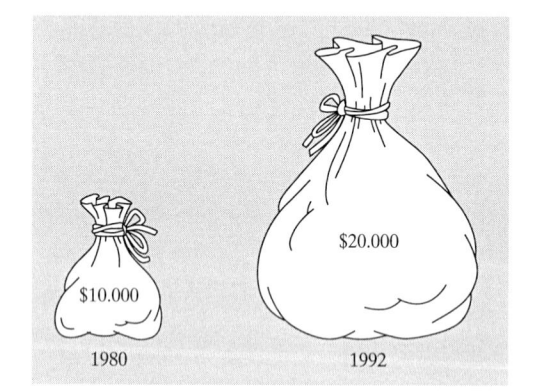

Figura 2.11
Renda *per capita*.

2.5 RESUMINDO DADOS A DUAS VARIÁVEIS

Até aqui tratamos somente de situações que envolviam uma variável: a ocupação de quartos na Seção 2.2, os tempos de espera entre erupções do gêiser *Old Faithful* no Exemplo 2.4, a espessura de uma galvanização no Exercício 2.39, o comprimento de raízes no Exercício 2,42, e assim por diante. Na prática, muitos métodos estatísticos se aplicam a situações que envolvem duas variáveis, e alguns deles se aplicam até quando o número de variáveis não pode ser contado com os dedos das mãos e dos pés. Não exatamente tão extremo seria o problema de estudar os valores de residências unifamiliares levando em conta idade, localização, número de quartos, número de banheiros, número de vagas de garagem, tipo de telhado, número de lareiras, tamanho do terreno, valor de propriedades vizinhas e proximidade de escolas.

Deixando parte desse trabalho para capítulos posteriores e, de fato, a maioria para cursos mais avançados de Estatística, trataremos aqui somente da apresentação, listagem e agrupamento dos dados envolvendo duas variáveis, ou seja, problemas tratando com a apresentação de dados em pares. Na maioria desses problemas, o objetivo principal é ver se existe ou não uma relação e, se existir, que tipo de relação, de forma que possamos prever uma variável, denotada pela letra y, em termos da outra variável, denotada pela letra x. Por exemplo, a variável x pode ser a renda familiar e a variável y pode ser o gasto da família com médicos e hospitais, ou então pode ser a temperatura em que o aço é temperado e a dureza do aço, ou pode ser ainda o tempo que passou desde o tratamento químico de uma piscina e a concentração remanescente de cloro.

Em geral, os pares de valores x e y são denominados **dados emparelhados**, denotados como um par ordenado (x, y), da mesma maneira em que denotamos pontos do plano, com x e y sendo as coordenadas x e y. Quando efetivamente esboçamos os pontos correspondentes aos valores emparelhados de x e y, dizemos que o gráfico resultante é um **gráfico de dispersão**, ou um **diagrama de dispersão**. Como o nome indica, tais gráficos são ferramentas úteis na análise de qualquer relação que possa existir entre os x e os y, ou seja, para decidir se há quaisquer padrões reconhecíveis.

EXEMPLO 2.8 A matéria-prima utilizada na produção de fibra sintética está armazenada num lugar sem controle de umidade. A seguir estão as medidas x de umidade relativa do lugar e as medidas y de conteúdo de água de uma amostra da matéria-prima.

x (Percentagem)	y (Percentagem)
36	12
27	11
24	10
50	17
31	10
23	12
45	18
44	16
43	14
32	13
19	11
34	12
38	17
21	8
16	7

Construa um gráfico de dispersão.

Solução Os gráficos de dispersão são bastante fáceis de desenhar; contudo, o trabalho pode ser simplificado usando aplicativos de computador ou uma calculadora gráfica. O gráfico mostrado na Figura 2.12 é uma reprodução da janela de uma calculadora gráfica TI-83.

Como pode ser visto no gráfico, os pontos estão muito bem espalhados, mas existe evidência de uma tendência para cima; ou seja, aumentos do conteúdo de água da matéria-prima parecem avançar junto com aumentos da unidade relativa do ar. Na Figura 2.12, os pontos são dados por quadrados desprovidos de centro, mas também poderiam ser círculos, ×, pontos ou outros tipos de símbolos. (As unidades não estão assinaladas em eixo algum, mas no eixo horizontal as marcas são 10, 20, 30, 40 e 50, e no eixo vertical são 5, 10, 15 e 20.)

Quando dois ou mais dados emparelhados são idênticos surge uma certa dificuldade. Nesse caso, a calculadora gráfica TI-83 e o material produzido por alguns aplicativos estatísticos mostram somente um ponto. Contudo, o aplicativo MINITAB tem um gráfico de dispersão especial pra lidar com essas situações, o assim chamado **gráfico de qualidade**, que imprime o número 2, em vez do símbolo × ou *, para indicar que há dois dados emparelhados idênticos, e que imprimiria um 3 se houvesse três. Isso é ilustrado pelo exemplo seguinte.

Figura 2.12 Gráfico de dispersão dos dados da umidade relativa e do conteúdo de água.

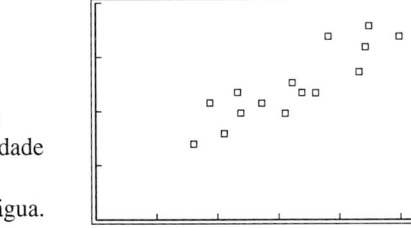

EXEMPLO 2.9 Os dados a seguir foram obtidos num estudo sobre a relação entre a resistência (em ohms) e o tempo (em minutos) que certos resistores sobrecarregados levam para falhar.

Resistência x	Tempo de falha y
33	39
36	36
30	34
44	51
34	36
25	21
40	45
28	25
40	45
46	36
42	39
48	41
47	45
25	21

Construa um gráfico de dispersão.

Solução Como pode ser visto, há duas duplicações entre os dados emparelhados: (40, 45) aparece duas vezes, bem como (25, 21). Um gráfico de dispersão que exibe o número 2, em vez do símbolo *, é dado na reprodução de computador da Figura 2.13.

Para ilustrar os passos necessários para agrupar dados emparelhados numa **distribuição de freqüência dupla** e então esboçar um **histograma tridimensional**, vamos usar os dados obtidos conferindo a confiabilidade de um teste de aprendizado de Estatística elementar. Em geral, um teste é considerado confiável se, toda vez que for aplicado, os alunos bons sempre obtêm notas altas e os alunos fracos sempre obtêm notas baixas. Em vez de fazer os alunos repetir o teste várias vezes, uma maneira mais conveniente de testar a confiabilidade é dividir o teste em duas partes, em geral uma parte com os problemas de número par e outra com os ímpares, e então comparar as notas alcançadas pelos alunos em ambas metades do teste.

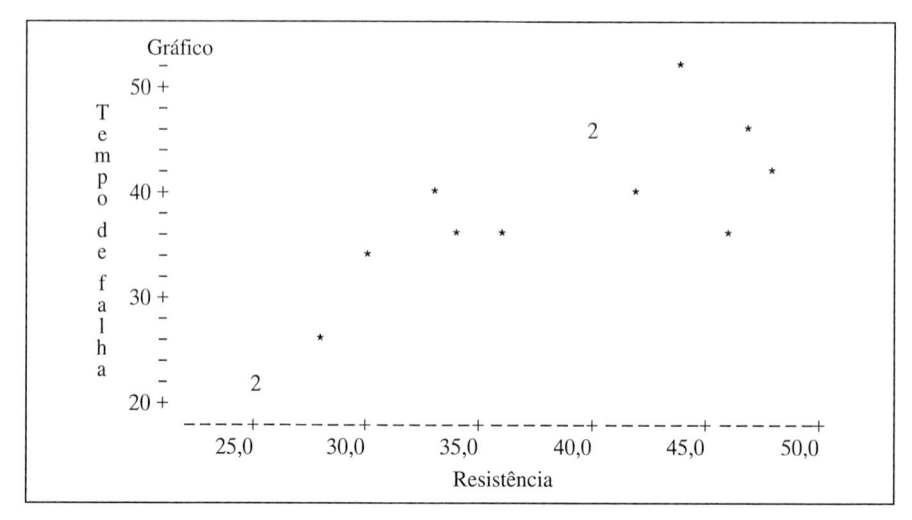

Figura 2.13
Gráfico de dispersão dos dados da resistência e do tempo de falha.

EXEMPLO 2.10 As notas a seguir foram obtidas por 40 alunos em ambas partes de um teste, com as notas de problemas pares denotadas por x e as notas de problemas ímpares denotadas por y:

x	y	x	y	x	y	x	y
40	39	32	23	37	34	32	28
45	45	45	35	41	38	40	34
27	24	42	36	35	33	37	37
42	39	44	42	34	30	47	45
42	29	41	35	38	40	44	40
49	40	48	45	42	34	35	35
36	28	44	39	32	35	44	35
39	39	40	28	38	27	43	38
43	38	50	48	36	37	37	35
39	34	37	39	43	42	43	33

Escolhendo as cinco classes 26–30, 31–35, 36–40, 41–45 e 46–50 para x e as seis classes 21–25, 26–30, 31–35, 36–40, 41–45 e 46–50 para y, agrupe esses dados numa distribuição de freqüência dupla e esboce um histograma tridimensional.

Solução Efetuando a contagem, vemos que o primeiro par de valores, 40 e 39, vai para a célula da terceira coluna e quarta linha, o segundo par de valores, 45 e 45, vai para a célula da quarta coluna e quinta linha, e assim por diante. Assim obtemos

		26–30	31–35	36–40	41–45	46–50
	21–25	|	|			
	26–30		||	|||	|	
	31–35		|||	||||	⑷⑴	
y	36–40			⑷⑴	⑷⑴⑴	|
	41–45				|||	||
	46–50					|

(Acima de x)

e, portanto, a seguinte distribuição de freqüência dupla:

		26–30	31–35	36–40	41–45	46–50
	21–25	1	1			
	26–30		2	3	1	
	31–35		3	4	5	
y	36–40			6	7	1
	41–45				3	2
	46–50					1

(Acima de x)

No histograma tridimensional desta distribuição, na Figura 2.14, as alturas dos blocos são proporcionais às freqüências correspondentes.

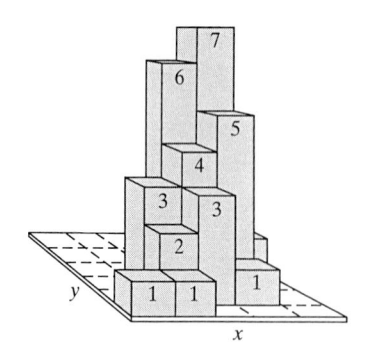

Figura 2.14
Histograma da distribuição de freqüência dupla.

EXERCÍCIOS

2.66 Os dados a seguir se referem ao resíduo de cloro numa piscina medido várias vezes depois de ter sido tratada com produtos químicos:

Número de horas	Resíduo de cloro (partes por milhão)
2	1,8
4	1,5
6	1,4
8	1,1
10	1,1
12	0,9

Esboce um diagrama de dispersão e descreva qual relação parece ser indicada, se é que há alguma.

2.67 A seguir estão as médias x no Ensino Médio de 10 alunos e a média y obtida no primeiro ano de universidade:

x	y
3,0	2,6
2,7	2,4
3,8	3,9
2,6	2,1
3,2	2,6
3,4	3,3
2,8	2,2
3,1	3,2
3,5	2,8
3,3	2,5

Esboce um diagrama de dispersão e descreva que tipo de relação parece existir, se é que há alguma.

2.68 A seguir estão os tempos que um certo verniz leva para secar e a quantidade de um certo produto químico que foi adicionado:

Quantidade de aditivo (gramas) x	Tempo de secagem (horas) y
1	7,2
2	6,7
3	4,7
4	3,7
5	4,7
6	4,2
7	5,2
8	5,7

Esboce um diagrama de dispersão e descreva que espécie de relação parece ser indicada, se é que há alguma.

2.69 Num estudo do crescimento de uma espécie de cactos do deserto foi realizada uma experiência para determinar quão bem a altura desses cactos pode ser avaliada a partir de fotografias aéreas. A seguir estão as alturas x de 36 cactos (em polegadas) avaliadas a partir de fotografias aéreas e as alturas y medidas no solo:

x	y	x	y
118	103	163	163
166	160	124	137
141	143	171	173
164	187	165	112
150	111	123	132
151	134	142	151
133	121	144	148
122	143	130	117
165	141	135	165
168	149	139	112
109	125	161	121
153	128	170	189
135	101	148	156
158	136	136	158
104	117	174	182
183	121	186	161
173	156	194	153
125	130	181	183

Use um computador com aplicativo apropriado para obter um diagrama de dispersão e descreva que espécie de relação parece ser exibida, se é que há alguma.

2.70 Repita o Exercício 2.69 usando uma calculadora gráfica para obter um diagrama de dispersão e descrever a espécie de relação parece estar ser sendo exibida.

2.71 Usando os dados do Exercício 2.69, obtenha uma distribuição de freqüência dupla com as classes 100–119, 120–139, 140–159, 160–179 e 180–199 para ambas variáveis.

2.72 Use a distribuição obtida no Exercício 2.71 para esboçar um histograma tridimensional. O MINITAB não está programado para isso, mas existe aplicativo estatístico para isso.

2.73 A seguir estão os números de minutos que 30 alunos levaram para memorizar duas listas de verbos em espanhol, uma de manhã e outra no fim da tarde.

Manhã	Tarde	Manhã	Tarde
x	y	x	y
15	16	18	21
21	28	25	23
17	22	13	19
23	23	20	24
23	17	16	26
12	17	24	25
28	25	18	27
23	26	22	28
16	24	27	25
25	29	19	18
22	21	23	22
21	20	14	22
17	15	26	26
21	29	24	21
22	18	19	23

Use um computador com aplicativo apropriado para obter um diagrama de dispersão e descreva que espécie de relação parece ser exibida, se é que há alguma.

2.74 Repita o Exercício 2.73 usando uma calculadora gráfica para obter um diagrama de dispersão e descrever que espécie de relação parece ser exibida, se é que há alguma.

2.75 Obtenha uma distribuição de freqüência dupla para os dados do Exercício 2.73, usando as classes 10–14, 15–19, 20–24 e 25–29 para x e as classes 15–19, 20–24 e 25–29 para y.

2.76 Use a distribuição obtida no Exercício 2.75 para esboçar um histograma tridimensional.

2.6 LISTA DE TERMOS-CHAVE (com indicação das páginas de suas definições)

Agrupar, 26
Análise exploratória de dados, 30
Classe, 34
   freqüência de, 36
   fronteira de, 36
   intervalo de, 37
   limite de, 36
   ponto médio de, 37
Classe aberta, 35
Dados crus, 33
Dados emparelhados, 49
Diagrama de dispersão, 49
Diagrama de Pareto, 31
Diagrama de pontos, 27
Diagrama de ramos duplos, 30
Diagrama de ramos e folhas, 28
Distribuição categórica, 34
Distribuição cumulativa, 38
Distribuição de freqüência, 33, 34

Distribuição de freqüência dupla, 50
Distribuição numérica, 34
Distribuição percentual, 37
Distribuição percentual cumulativa, 38
Distribuição qualitativa, 34
Distribuição quantitativa, 34
Folha, 29
Fronteira inferior, 37
Fronteira superior, 36
Gráfico de barras, 27
Gráfico de dispersão, 49
Gráfico de pizza, 45
Gráfico de qualidade, 49
Gráfico de setores, 44
Histograma, 42
Histograma tridimensional, 50
Intervalo de classe de distribuição, 37
Limite inferior de classe, 36
Limite superior de classe, 36

Limites reais de classe, 36
Listar, 26
Ogiva, 42
Pictograma, 42

Polígono de freqüência, 42
Ramo, 29
Representação gráfica, 33
Rótulo de ramo, 29

2.7 Referências

Informação detalhada sobre gráficos estatísticos pode ser encontrada em

CLEVELAND, W. S., *The Elements of Graphing Data*. Monterey, Calif.: Wadsworth Advanced Books and Software, 1985.

SCHMID, C. F., *Statistical Graphics: Design Principles and Practices*. New York: John Wiley & Sons, Inc., 1983.

TUFTE, E. R., *The Visual Display of Quantitative Information*. Cheshire, Conn.: Graphics Press, 1985.

e algumas informações interessantes sobre a história da apresentação gráfica de dados estatísticos são dadas num artigo de E. Royston em

PEARSON, E. S., and KENDALL, M. G., eds., *Studies in the History of Statistics and Probability*. New York: Hafner Press, 1970.

Discussões sobre o que não deve ser feito na apresentação de dados estatísticos podem ser encontradas em

CAMPBELL, S. K., *Flaws and Fallacies in Statistical Thinking*. Upper Saddle River, N.J.: Prentice-Hall, Inc., 1974.

HUFF, D., *How to Lie with Statistics*. New York: W.W. Norton & Company, Inc., 1954.

REICHMAN, W. J., *Use and Abuse of Statistics*. New York: Penguin Books, 1971.

SPIRER, H. E., SPIRER, L., and JAFFE, A. J., *Misused Statistics*, 2nd ed. New York: Marcel Dekker, Inc., 1998.

Referências úteis a listas de categorias padrão encontram-se em

HAUSER, P. M., and LEONARD, W. R., *Government Statistics for Business Use*, 2nd ed. New York: John Wiley & Sons, Inc., 1956.

Para informação adicional sobre análise exploratória de dados e diagramas de ramos e folhas em particular, consultar

HARTWIG, F., and DEARING, B. E., *Exploratory Data Analysis*. Beverly Hills, Calif.: Sage Publications, Inc., 1979.

HOAGLIN, D. C., MOSTELLER, F., and TUKEY, J. W., *Understanding Robust and Exploratory Data Analysis*. New York: John Wiley & Sons, Inc., 1983.

KOOPMANS, L. H., *An Introduction to Contemporary Statistics*. North Scituate, Mass.: Duxbury Press, 1981.

TUKEY, J. W., *Exploratory Data Analysis*. Reading, Mass.: Addison-Wesley Publishing Company, Inc., 1977.

VELLEMAN, P. F., and HOAGLIN, D. C., *Applications, Basics, and Computing for Exploratory Data Analysis*. North Scituate, Mass.: Duxbury Press, 1980.

3
RESUMINDO DADOS: MEDIDAS DE TENDÊNCIA

3.1 Populações e Amostras 57

3.2 A Média 58

3.3 A Média Ponderada 61

3.4 A Mediana 66

3.5 Outros Quantis 69

3.6 A Moda 72

*3.7 Descrição de Dados Agrupados 76

3.8 Nota Técnica (Somatórios) 82

3.9 Lista de Termos-Chave 84

3.10 Referências 84

Quando estivermos a ponto de descrever um conjunto de dados, é sempre recomendável lembrarmo-nos de não sermos nem demasiadamente concisos nem por demais prolixos. Dependendo da natureza dos dados e do motivo pelo qual queremos descrevê-los, as descrições estatísticas podem ser muito breves ou muito elaboradas. Às vezes apresentamos os dados exatamente como eles estão e deixamos que falem por si mesmos. Às vezes simplesmente os agrupamos e apresentamos sua distribuição em formato tabular ou de gráfico. A maioria das vezes, entretanto, descrevemos os dados de várias outras maneiras. Na prática, geralmente descrevemos dados por meio de alguns números muito bem escolhidos que, por si só, resumem todo o conjunto. Exatamente que tipo de número escolher depende de aspectos particulares dos dados que queremos descrever. Em um estudo, podemos estar interessados num valor que descreva o meio ou o mais típico elemento de um conjunto de dados; em outro, podemos estar interessados no valor que é ultrapassado por apenas 25% dos dados; em outro ainda, podemos estar interessados no intervalo entre o menor e o maior valores dos dados. As medidas estatísticas solicitadas nas duas primeiras situações fazem parte do que denominamos **medidas de tendência**, e a solicitada na terceira situação, do que denominamos **medidas de dispersão**.

Neste capítulo, estudamos as medidas de tendência e, em particular, de **medidas de tendência central**, que de alguma forma descrevem o meio ou o centro dos dados. As medidas de dispersão e alguns outros tipos de descrições estatísticas serão apresentados no Capítulo 4.

3.1 POPULAÇÕES E AMOSTRAS

Quando dissemos que a escolha de uma descrição estatística pode depender da natureza dos dados, estávamos nos referindo, entre outras coisas, à seguinte distinção: se um conjunto de dados consiste em todas as observações concebivelmente (ou hipoteticamente) possíveis de um dado fenômeno, dizemos que é uma **população**; se um conjunto de dados consiste em apenas uma parte de uma população, dizemos que é uma **amostra**.

Acrescentamos aqui a expressão "hipoteticamente possível" para levar em conta tais situações obviamente hipotéticas, como quando consideramos os resultados (cara ou coroa) de 12 lançamentos de uma moeda como uma amostra do número potencialmente ilimitado de lançamentos, quando consideramos os pesos de dez cordeiros de 30 dias como uma amostra dos pesos de todos (passado, presente e futuro) cordeiros de 30 dias criados em determinada fazenda, ou quando consideramos quatro determinações do conteúdo de urânio de um minério como uma amostra das muitas determinações que podem ser feitas. Na verdade, muitas vezes olhamos para os resultados de um experimento como uma amostra do que poderíamos obter se o experimento fosse repetido continuamente.

Originalmente, a Estatística tratava apenas da descrição de populações humanas, resultados de censos e semelhantes; mas, à medida que seus objetivos se ampliaram, o termo "população" passou a ter a conotação muito mais ampla dada a ele na distinção precedente entre população e amostras. Não cabe discutirmos se parece estranho, ou não, considerar uma população as alturas de todas as árvores de uma floresta, ou as velocidades de todos os carros que passam por um posto de controle. Em Estatística, "população" é um termo técnico com um significado próprio.

Embora tenhamos liberdade de designar como população qualquer grupo de elementos, o que fazemos na prática depende do contexto em que os itens serão considerados. Suponhamos, por exemplo, que nos ofereçam um lote de 400 ladrilhos de cerâmica, que podemos comprar ou não, dependendo de sua resistência. Se medirmos a resistência à quebra de 20 desses ladrilhos para estimar a resistência média de todos os ladrilhos, essas 20 mensurações constituem uma amostra da população que consiste nas resistências de todos os 400 ladrilhos. Em outro contexto, entretanto, se pensarmos em firmar um contrato de longo prazo para o fornecimento de dezenas de milhares desses ladrilhos, consideraríamos como apenas uma amostra o conjunto das resistências dos 400 ladrilhos originais. Analogamente, os dados completos relativos aos prazos decorridos entre o pedido e a concessão do divórcio numa vara de São Paulo, num ano recente, poderiam ser considerados tanto uma população quanto uma amostra. Se estivermos interessados apenas no município de São Paulo e naquele ano em particular, consideraríamos os dados como uma população; por outro lado, se quisermos fazer uma generalização para o tempo que leva um processo de concessão de divórcio em todo o estado, em algum outro estado, ou em algum outro ano, os dados seriam considerados uma amostra.

Tal como tem sido utilizada, a palavra "amostra" tem precisamente o mesmo significado que na linguagem usual. Um jornal considera a atitude de 150 leitores em relação a um novo projeto de financiamento escolar como uma amostra da atitude de todos os leitores em relação ao projeto e um consumidor considera uma caixa de bombons de uma firma como uma amostra do produto da firma. Mais adiante, empregaremos a palavra "amostra" apenas para referir-nos a dados que possam razoavelmente servir de base para generalizações válidas sobre as populações das quais foram extraídas. Neste sentido mais técnico, muitos conjuntos de dados popularmente chamados amostras não são realmente amostras.

Neste capítulo e no Capítulo 4, descreveremos as coisas estatisticamente, sem fazer quaisquer generalizações. Para referência futura, é importante distinguir, já aqui, entre populações e amostras. Assim, utilizaremos símbolos diferentes, conforme nos refiramos a populações ou a amostras.

3.2 A MÉDIA

A medida de tendência central mais popular é a que o leigo chama de "média" e o Estatístico denomina **média aritmética** ou, também, simplesmente **média**.* A média é definida como segue:

> **A média de n números é sua soma dividida por n.**

Está certo usar o termo "média" para a média aritmética e é o que faremos, em geral; mas como existem outras médias em Estatística, não podemos nos permitir um emprego vago da expressão quando há risco de ambigüidade. Os dados de ambos exemplos a seguir foram extraídos de uma edição recente do *Anuário Estatístico dos Estados Unidos*.

EXEMPLO 3.1 O total de heroína apreendida por várias agências de polícia dos Estados Unidos foi de 1.794, 3.030, 2.551, 3.514 e 2.824 libras, respectivamente, de 1990 a 1994. Encontre a média combinada de heroína apreendida por essas agências no dado período de cinco anos.

Solução O total para os cinco anos é $1.794 + 3.030 + 2.551 + 3.514 + 2.824 = 13.713$ libras, de modo que a média é de $\frac{13.713}{5} = 2.742,6$ libras.

EXEMPLO 3.2 No início da primeira sessão anual do Congresso dos Estados Unidos durante oito anos consecutivos havia 67, 71, 78, 82, 96, 110, 104 e 92 congressistas com pelo menos 60 anos de idade. Encontre a média.

Solução O total desses oito dados é $67 + 71 + 78 + 82 + 96 + 110 + 104 + 92 = 700$. Portanto, a média é de $\frac{700}{8} = 87,5$.

Como o cálculo da média é bastante comum mesmo no dia a dia, é conveniente ter uma fórmula simples que sempre possa ser aplicada. Isso exige que os dados cuja média calcularemos sejam denotados por símbolos genéricos como x, y ou z e que o número de dados de uma amostra, cuja média calcularemos, isto é, o **tamanho da amostra**, seja denotado pela letra n. Escolhendo a letra x, podemos denotar os n valores de uma amostra por $x_1, x_2, \ldots,$ e x_n (que lemos "xis um" ou "xis índice um", "xis dois" ou "xis índice dois", ..., "xis ene" ou "xis índice ene") e escrever

$$\text{média de amostra} = \frac{x_1 + x_2 + x_3 + \cdots + x_n}{n}$$

Essa fórmula se adapta a qualquer conjunto de dados amostrais, mas pode ser ainda comprimida representando a média de amostra pelo símbolo $\bar{x}$ (que lemos "xis barra") e utilizando a notação de somatório $\sum$. O símbolo $\sum$ é a letra grega maiúscula *sigma*, que correspondente ao S. Nesta notação, $\sum x$ representa "a soma dos x" (isto é, $\sum x = x_1 + x_2 + \cdots + x_n$), a média dos x é denotada por $\bar{x}$ e escrevemos

MÉDIA AMOSTRAL

$$\bar{x} = \frac{\sum x}{n}$$

---

* A expressão "média aritmética" é empregada principalmente para distinguir a média da **média geométrica** e da **média harmônica**, dois outros tipos de média usados apenas em situações muito especiais (ver Exercícios 3.15 e 3.16).

Se nos referimos às medidas como y ou z, escrevemos sua média como $\bar{y}$ ou $\bar{z}$. Na fórmula de $\bar{x}$, a expressão $\sum x$ não explicita quais valores de x estão sendo somados; deve ficar entendido, entretanto, que $\sum x$ sempre se refere à soma de todos os x sob consideração numa dada situação. Na Seção 3.8, abordamos com maior detalhe o uso da **notação sigma**.

A média de uma população de N itens é definida da mesma maneira que a média de uma amostra, trocando o tamanho da amostra n pelo **tamanho de população** N. Denotando a média de uma população por μ (a letra grega minúscula que lemos "*mu*" e que corresponde a *m*), escrevemos

MÉDIA POPULACIONAL

$$\mu = \frac{\sum x}{N}$$

não esquecendo que $\sum x$ é, agora, a soma de todos os N valores de x que constituem a população.*

Em geral, para distinguir entre a descrição de amostras e a descrição de populações, não só usamos símbolos diferentes como $\bar{x}$ e μ, mas referimo-nos a descrições de amostras como uma **estatística** e a descrições de populações como um **parâmetro**. Em geral denotamos os parâmetros por letras gregas.

Para ilustrar a terminologia e a notação recém introduzidas, suponha que estejamos interessados na duração média de um lote de $N = 40.000$ lâmpadas. É óbvio que não podemos testar todas as lâmpadas, pois não restaria nenhuma para usar ou vender, de modo que tomamos uma amostra, calculamos $\bar{x}$ e usamos esse valor como uma estimativa de μ.

EXEMPLO 3.3 Se as lâmpadas da amostra duram 967, 949, 952, 940 e 922 horas de uso contínuado, o que podemos concluir sobre a duração média das 40.000 lâmpadas do lote?

Solução Como $n = 5$, a média dessa amostra é

$$\bar{x} = \frac{967 + 949 + 952 + 940 + 922}{5} = 946 \text{ horas}$$

e, supondo que os dados constituem uma amostra no sentido técnico (isto é, um conjunto de dados a partir dos quais podemos tirar generalizações válidas), podemos estimar que a duração média das 40.000 lâmpadas é de $\mu = 946$ horas.

Para dados não-negativos, a média não só descreve o meio de um conjunto de dados, mas também impõe certa limitação ao seu tamanho. Se multiplicarmos por n ambos os lados da equação $\bar{x} = \frac{\sum x}{n}$, veremos que $\sum x = n \cdot \bar{x}$ e, portanto, que nenhuma parte, ou subconjunto dos dados, pode exceder $n \cdot \bar{x}$.

EXEMPLO 3.4 Se o salário anual médio pago a três jogadores de basquete dos Estados Unidos na temporada 2001–2002 foi de 3.650.000 dólares, pode

(a) algum deles ter recebido 6.000.000 dólares?
(b) dois deles terem recebido, cada um, 6.000.000 dólares?

Solução Os salários combinados dos três jogadores soma $3(3.650.000) = 10.950.000$ dólares.

---

* Quando o tamanho da população é ilimitado, conforme discutimos no início da Seção 3.1, a média populacional não pode ser definida dessa maneira. Definições das médias de populações infinitas podem ser encontradas na maioria dos livros didáticos de Estatística matemática.

(a) Se um deles recebeu um salário de seis milhões, restariam 10.950.000 − 6.000.000 = 4.950.000 dólares para os dois outros, de modo que isso é possível.

(b) Se dois deles receberam, cada um, seis milhões, isso necessitaria de 2(6.000.000) = 12.000.000 dólares. Como isso necessitaria mais do que o total pago aos três jogadores, não teria sido possível. ■

EXEMPLO 3.5 Se seis alunos do Ensino Médio fizeram uma média de 57 pontos na parte verbal de um teste padronizado, quantos deles, no máximo, podem ter obtido 72 ou mais?

Solução Como $n = 6$ e $\bar{x} = 57$, segue que o total de pontos é $6(57) = 342$. Como $342 = 4 \cdot 72 + 54$, vemos que, no máximo, quatro dos seis alunos poderia ter obtido 72 pontos ou mais. ■

A popularidade da média como uma medida do "meio" ou "centro" de um conjunto de dados não é acidental. Toda vez que utilizamos um único número para descrever algum aspecto de um conjunto de dados, há certas exigências, ou características desejáveis, que devemos ter em mente. À parte de a média ser uma medida simples e familiar, as seguintes são algumas de suas propriedades notáveis:

> **(1) A média pode ser calculada para qualquer conjunto de dados numéricos e, portanto, sempre existe.**
> **(2) Qualquer conjunto de dados numéricos tem uma, e uma só, média e, portanto, é sempre única.**
> **(3) A média se presta a outros tratamentos estatísticos; por exemplo, como veremos, as médias de vários conjuntos de dados podem ser sempre combinadas em uma média global de todos os dados.**
> **(4) A média é relativamente confiável, no sentido de que as médias de amostras repetidas extraídas da mesma população geralmente não flutuam, ou variam, tanto quanto outras medidas estatísticas usadas para estimar a média de uma população.**

A quarta dessas propriedades é de fundamental importância na inferência estatística e será estudada detalhadamente no Capítulo 10.

Por fim, consideremos uma outra propriedade da média que parece desejável.

> **(5) A média leva em conta todos os elementos de um conjunto de dados.**

Observemos, contudo, que amostras podem conter valores muito pequenos ou muito grandes, tão afastados do corpo central dos dados que é questionável a conveniência de incluí-los na amostra. Tais valores podem ser devidos ao acaso, a erros grosseiros no registro dos dados, a erros grosseiros nos cálculos, ao mau funcionamento de equipamento ou a outras fontes identificáveis de contaminação. Em qualquer caso, quando tais valores são considerados junto com os outros valores, eles podem afetar de tal forma a média que se pode questionar se ela realmente fornece uma descrição útil, ou provida de algum sentido, do "meio" dos dados.

EXEMPLO 3.6 A editora de um livro sobre valores nutritivos precisa de um número para a quantidade de calorias de uma fatia de pizza de calabresa grande. Solicitando a um laboratório que faça o serviço com um calorímetro, ela recebe os seguintes números para uma fatia de pizza de seis fornecedores diferentes: 265, 332, 340, 225, 238 e 346.

(a) Calcule a média, que a editora irá utilizar em seu livro.

(b) Suponha que, ao calcular a média, a editora cometa o erro de digitar 832, em vez de 238, em sua calculadora. Qual será o tamanho do erro no número que ela utilizará em seu livro?

Solução (a) A média correta é

$$\bar{x} = \frac{265 + 332 + 340 + 225 + 238 + 346}{6}$$
$$= 291$$

(b) A média errada é

$$\bar{x} = \frac{265 + 332 + 340 + 225 + 832 + 346}{6}$$
$$= 390$$

e o erro será um desastroso 390 − 291 = 99.

EXEMPLO 3.7 Nove alunos de um colégio que foram numa excursão ao zoológico têm 18, 16, 16, 17, 18, 15, 17, 17 e 17 anos de idade e o professor de Biologia que os acompanhou tem 49. Qual é a idade média das dez pessoas na excursão?

Solução Substituindo os dados na fórmula de $\bar{x}$, obtemos

$$\bar{x} = \frac{18 + 16 + \cdots + 17 + 49}{10}$$
$$= 20$$

Observe, entretanto, que qualquer afirmação que se refira à idade média dos participantes da excursão como sendo de 20 anos pode ser facilmente mal interpretada.

Para evitar a possibilidade de sermos induzidos ao erro por algum valor extremo (muito pequeno ou muito grande), pode ser recomendável omitir um tal **dado estranho** (o 49 de nosso exemplo), ou então usar uma outra medida estatística que não a média. Talvez a **mediana** (ver a Seção 3.4), que, como veremos, não é tão sensível a um dado estranho como a média.

3.3 A MÉDIA PONDERADA

Quando calculamos uma média e as grandezas em jogo não têm todas a mesma importância ou a mesma significância, podemos muito bem não estar obtendo uma medida estatística que nos diga o que estamos esperando descrever. Em outras palavras, podemos estar obtendo um resultado totalmente inútil. Considere o seguinte exemplo:

EXEMPLO 3.8 A cada quarta-feira, uma rede de supermercados (e presumivelmente outras redes também) anuncia suas ofertas especiais da semana, e nesta semana as ofertas incluem carne moída a 99 centavos de unidade monetária por quilograma, contrafilé a 4,99 unidades monetárias por quilograma e picanha a 7,99 unidades monetárias por quilograma. Calcule o preço médio por quilograma desses três tipos de carne.

Solução Como foi dito à página 60, podemos calcular a média para qualquer tipo de dados numéricos, e aqui obtemos

$$\bar{x} = \frac{0{,}99 + 4{,}99 + 7{,}99}{3}$$
$$= 4{,}6567$$

arredondando até a quarta casa decimal, ou 4,66 unidades monetárias arredondando até o centavo mais próximo. ∎

O que fizemos aqui é exatamente o que foi pedido no Exercício 3.8, mas o que isso significa para um cliente do supermercado, ou para sua gerência, se é que significa alguma coisa? O resultado obtido no Exemplo 3.8 somente teria algum valor para um cliente que quisesse comprar exatamente um quilograma de cada uma das três carnes (ou então quantidades iguais dos três tipos de carne). Entretanto, é praticamente impossível conseguir fazer isso, pois os açougueiros realmente não têm escolha e precisam cortar a carne antes para depois pesá-la e etiquetar o preço. A gerência do supermercado está interessada primordialmente nas vendas totais das três carnes, e isso ela conseguiria da fita das caixas registradoras. A média de 4,66 unidades monetárias obtida no Exemplo 3.8 não teria valor algum, mas o total vendido das três carnes poderia ser obtido se soubéssemos quantos quilogramas (kg) foram vendidos de cada um dos três tipos de carne. Sabendo que o supermercado vendeu 83,52 kg de carne moída, 140,72 kg de contrafilé e 35,60 kg de picanha, decorre que o total de vendas é (83,52)(0,99) + (140,72)(4,99) + (35,60)(7,99) = 1.069,32 unidades monetárias, arredondando até o centavo mais próximo. Assim, os 83,52 + 140,72 + 35,60 = 259,84 kg de carne foram vendidos a um preço médio de $\frac{1.069,32}{259,84} = 4{,}12$ unidades monetárias por quilograma, arredondando até o centavo mais próximo.

Para obter essa média significativa, foi necessário dar a cada preço um **peso de importância relativa** e então calcular uma **média ponderada**. Em geral, a média ponderada $\bar{x}_w$ de um conjunto de números $x_1, x_2, x_3, \ldots$, e x_n cuja importância relativa é expressa numericamente por um conjunto correspondente de números $w_1, w_2, w_3, \ldots$, e w_n, é dada por

MÉDIA PONDERADA

$$\bar{x}_w = \frac{w_1 x_1 + w_2 x_2 + \cdots + w_n x_n}{w_1 + w_2 + \cdots + w_n} = \frac{\sum w \cdot x}{\sum w}$$

Aqui, $\sum w \cdot x$ é a soma dos produtos obtidos multiplicando cada x pelo peso correspondente, e $\sum w$ é simplesmente a soma dos pesos. Note que, quando os pesos são todos iguais, a fórmula da média ponderada se reduz à da média usual (aritmética).

EXEMPLO 3.9 Para considerar um outro exemplo, determinemos a média combinada de rebates dos cinco melhores rebatedores da liga nacional de beisebol dos Estados Unidos em 19 de julho de 2001, sabendo que foram Alou, de Houston, com uma média de 0,357 (ou 35,7%), Berkman, também de Houston, com uma média de 0,351, Gonzáles, do Arizona, com uma média de 0,350, Floyd, da Flórida, com uma média de 0,348, e Aurilia, de San Francisco, com uma média de 0,341. O número correspondente de vezes em que estiveram rebatendo é 350, 388, 400, 368 e 413.

Solução Usando como pesos o número de vezes que rebateram, obtemos

$$\bar{x}_w = \frac{(350)(0{,}357) + (388)(0{,}351) + \cdots + (413)(0{,}341)}{350 + 388 + 400 + 368 + 413}$$
$$= \frac{670{,}035}{1.919} = 0{,}349$$

∎

Uma aplicação especial da fórmula da média ponderada ocorre quando precisamos encontrar a média global, ou **grande média**, de k conjuntos de dados com médias $\bar{x}_1, \bar{x}_2, \bar{x}_3, \ldots,$ e $\bar{x}_k,$ e consistindo em $n_1, n_2, n_3, \ldots,$ e n_k medidas ou observações. O resultado, denotado por $\bar{\bar{x}}$, é dado por

GRANDE MÉDIA DE DADOS COMBINADOS

$$\bar{\bar{x}} = \frac{n_1\bar{x}_1 + n_2\bar{x}_2 + \cdots + n_k\bar{x}_k}{n_1 + n_2 + \cdots + n_k} = \frac{\sum n \cdot \bar{x}}{\sum n}$$

onde os pesos são os tamanhos das amostras, o numerador é o total de todas as medidas ou observações e o denominador é o número total de itens nas amostras combinadas.

EXEMPLO 3.10 Numa turma de psicologia, há 14 calouros, 25 alunos de segundo e 16 alunos de terceiro ano. Dado que num exame os calouros obtiveram a média 76, os alunos do segundo ano a média 83 e alunos de terceiro ano a média 89, qual é a grande média pra toda a classe?

Solução Substituindo $n_1 = 14, n_2 = 25, n_3 = 16, \bar{x}_1 = 76, x_2 = 83$ e $\bar{x}_3 = 89$ na fórmula da grande média de dados combinados, obtemos

$$\bar{\bar{x}} = \frac{14 \cdot 76 + 25 \cdot 83 + 16 \cdot 89}{14 + 25 + 16}$$
$$= 82{,}96$$

arredondando até a segunda casa decimal, ou aproximadamente 83.

EXERCÍCIOS

3.1 Suponha que os resultados eleitorais finais de uma dada cidade mostrem que três candidatos para um certo cargo receberam, respectivamente, 15.873, 13.499 e 2.580 votos. Qual seria o cargo disputado se esses dados constituem
(a) uma população;
(b) uma amostra?

3.2 Suponha que tenhamos os dados relativos às quantidades de chuva no aeroporto de São José dos Pinhais durante abril de 2003. Exemplifique uma situação em que esses dados poderiam ser interpretados como
(a) uma população;
(b) uma amostra.

3.3 Suponha que nos digam (sim ou não) se houve pelo menos um jogo suspenso por causa da chuva em cada dia do torneio de tênis em Wimbledon. Exemplifique uma situação em que essa informação poderia ser interpretada como uma amostra e uma situação em que essa informação poderia ser interpretada como uma população.

3.4 Uma livraria registra as vendas diárias de três novas obras de escritores famosos de livros de suspense. Decida se os dados obtidos constituem uma população ou uma amostra se a livraria pretende
(a) usar os dados para pagamento de impostos;
(b) usar a informação na campanha publicitária para aumentar as vendas desses livros;
(c) determinar o tamanho do mercado desses livros para reedições futuras;
(d) decidir qual dos três livros deveria receber uma menção honrosa como melhor livro de suspense do mês.

3.5 Doze insetos sobreviveram a uma aplicação de um certo inseticida por 112, 83, 102, 84, 105, 121, 76, 110, 98, 91, 103 e 85 segundos. Encontre a média desses tempos de sobrevivência.

3.6 Dez barras de uma liga metálica precisaram ser dobradas 23, 14, 37, 25, 29, 45, 19, 30, 36 e 42 vezes para quebrar. Calcule a média desse conjunto de dados.

3.7 Medições estabeleceram que uma pipeta calibrada para 10 ml contém na verdade 9,96; 9,98; 9,92; 9,98 e 9,96 ml. Encontre a média desses dados e use-a para estimar o erro da calibragem.

3.8 Segundo um radar, as velocidades de vinte carros numa perimetral de São Paulo no início de uma noite foram: 77, 69, 82, 76, 69, 71, 80, 66, 70, 77, 72, 73, 80, 86, 74, 77, 69, 89, 74 e 75 quilômetros por hora.
(a) Encontre a média dessas velocidades.
(b) Encontre a média dessas velocidades depois de subtrair 75 de cada um dos valores e depois somando 75 ao resultado obtido. Qual a simplificação geral sugerida por esse cálculo da média?

3.9 Um elevador de uma loja de departamentos foi projetado para carregar no máximo 1600 kg. Se estiver lotado com 18 pessoas cujo peso médio é de 83 kg, existe o perigo de estar sobrecarregado?

3.10 O compartimento de carga de um avião está projetado para uma carga máxima de 7.500 kg. Se o compartimento estiver carregado com 214 caixas que pesam 32,5 kg, em média, existe o perigo de estar sobrecarregado?

3.11 Um estudante dormiu 7, 6, 7, 0, 7, 9, 6 e 0 horas durante as oito noites anteriores à data de um exame final. Calcule a média e discuta se esse número relativamente pequeno poderia ser responsável pelo baixo rendimento obtido pelo aluno nesse exame o final.

3.12 Com referência ao Exercício 2.19 à página 33, determine a média das 20 medições.

3.13 Refaça o exercício 3.12 subtraindo 1,50 de cada medição, depois calcule a média das 20 medições reduzidas, e então some 1,50 ao resultado.

3.14 Com referência ao Exercício 2.42 à página 41, encontre a média do subconjunto de medições obtido tomando o quinto comprimento, 0,83, e então tomando cada quinto valor das 120 medições de comprimentos de raízes.

3.15 Generalizando o argumento dos Exemplos 3.4 e 3.5, pode ser mostrado que, para qualquer conjunto de dados não-negativos com média $\bar{x}$, a fração dos dados maiores do que ou iguais a uma constante positiva qualquer k não pode exceder $\bar{x}/k$. Use esse resultado, denominado **teorema de Markov**, para resolver os seguintes problemas:
(a) Se a força média de rompimento de certos cabos é de 33,5 kgf, qual é a fração dos cabos que pode ter uma força de rompimento de 50,0 kgf ou mais?
(b) Se as laranjeiras de um pomar têm diâmetro médio de 17,2 cm, qual é a fração das laranjeiras que pode ter um diâmetro de 20,0 cm ou mais?

3.16 Os registros indicam que na cidade de Phoenix, no Arizona (EUA), a temperatura máxima diária normal em cada mês é de 65, 69, 74, 84, 93, 102, 105, 102, 98, 88, 74 e 66 graus Fahrenheit. Verifique que a média desses números é 85 e faça um comentário sobre a alegação de que a média da temperatura máxima diária em Phoenix é de confortáveis 85 graus.

3.17 A **média geométrica** de n números positivos é a raiz enésima de seu produto. Por exemplo, a média geométrica de 3 e 12 é $\sqrt{3 \cdot 12} = \sqrt{36} = 6$ e a média geométrica de 1, 3 e 243 é $\sqrt[3]{1 \cdot 3 \cdot 243} = \sqrt[3]{729} = 9$.

(a) Encontre a média geométrica de 9 e 36.
(b) Encontre a média geométrica de 1, 2, 8 e 81.
(c) Durante uma epidemia de gripe, foram reportados 12 casos no primeiro dia, 18 no segundo e 48 no terceiro dia. Assim, do primeiro para o segundo dia, o número de casos reportados foi multiplicado por $\frac{18}{12} = \frac{3}{2}$, e do segundo para o terceiro dia o número de casos reportados foi multiplicado por $\frac{48}{18} = \frac{8}{3}$. Encontre a média geométrica dessas duas taxas de crescimento e, supondo que o padrão de crescimento se mantenha, preveja o número de casos que serão reportados no quarto e no quinto dias.

3.18 A **média harmônica** de n números positivos é o recíproco da média de seus recíprocos. Sua utilidade é limitada, mas é apropriada em algumas situações especiais. Por exemplo, se alguém dirige 10 km numa estrada vicinal a 60 km/h e retorna a 30 km/h, não terá feito uma média de $\frac{60+30}{2} = 45$ km/h. Como terá dirigido 20 km em 30 minutos, a sua velocidade média é 40 km/h.

(a) Verifique que a média harmônica de 60 e 30 é 40 e, portanto, dá a média adequada para o exemplo precedente.
(b) Se um investidor gasta 18.000 unidades monetárias na compra de ações cotadas a 45 unidades monetárias e gasta outras 18.000 unidades monetárias na compra de ações cotadas a 36 unidades monetárias, ele está comprando

$$\frac{18.000}{45} + \frac{18.000}{36} = 900$$

ações por 36.000 unidades monetárias e está pagando $\frac{36.000}{900} = 40$ unidades monetárias por ação. Verifique que 40 é, de fato, a média harmônica de 45 e 36.

3.19 Um vendedor de uma companhia recebeu um bônus de 20 000 unidades monetárias por aposentadoria voluntária em julho de 2001, tendo investido 6.000 unidades monetárias num fundo que paga 3,75%, 10.000 unidades monetárias num fundo que paga 3,96% e 4.000 unidades monetárias num fundo que paga 3,25%. Usando as respectivas quantias como pesos, encontre a média ponderada das três percentagens. Essa média é igual ao retorno real total dos três investimentos?

3.20 O exame final de um curso pesa quatro vezes mais do que cada um dos três exames parciais. Qual desses dois alunos tem uma média ponderada mais alta, o que tirou 72, 80 e 65 nos exames parciais e 82 no exame final ou o que tirou 81, 87 e 75 nos exames parciais e 78 no exame final?

3.21 Entre os formados em 1993 por uma certa universidade dos EUA, 382 formados em ciências humanas receberam ofertas de emprego com salários anuais médios de 24.373 dólares, 450 formados em ciências sociais receberam ofertas de emprego com salários anuais médios de 22.684 dólares e 113 formados em ciência de computação receberam ofertas de emprego com salários anuais médios de 31.329 dólares. Qual foi a média de salário anual oferecida a esses 945 formados?

3.22 Uma loja de aparelhos eletrodomésticos anuncia os seguintes refrigeradores, dos quais tem, respectivamente, 19, 12, 8, 15 e 26 em estoque, com preços em unidades monetárias:

Marca	Capacidade	Preço
Cônsul	319 litros	$ 379
Cônsul	350 litros	$ 499
Prosdócimo	325 litros	$ 549
Prosdócimo	350 litros	$ 649
Brastemp	353 litros	$ 799

(a) Qual é o tamanho médio dessas geladeiras?
(b) Qual é o preço médio dessas geladeiras?

3.23 Use um computador, uma calculadora gráfica, ou qualquer calculadora, para encontrar a média dos 110 tempos de espera entre erupções do gêiser *Old Faithful* dados no Exemplo 2.4 à página 35.

3.24 Use um computador, uma calculadora gráfica, ou qualquer calculadora, para encontrar a média dos 150 escores de exame do Exercício 2.65 à página 47.

3.4 A MEDIANA

Para evitar a possibilidade de sermos enganados por um ou alguns valores muito pequenos ou muito grandes, ocasionalmente descrevemos o "meio" ou "centro" de um conjunto de dados com outras medidas estatísticas que não a média. Uma dessas, a **mediana** de n valores, requer que primeiro ordenemos os dados de acordo com seu tamanho. Então definimos a mediana como segue:

> **A mediana é o valor do elemento do meio se n é ímpar, e a média dos dois valores do meio se n é par.**

Em ambos casos, quando não há dois valores iguais, a mediana é superada por tantos valores quantos ela supera. Quando alguns valores são iguais, entretanto, isso pode não ocorrer.

EXEMPLO 3.11 Em semanas recentes, uma cidade da Inglaterra registrou 14, 17, 20, 22 e 17 arrombamentos. Encontre a mediana de arrombamentos daquela cidade naquelas semanas.

Solução A mediana não é 20, que é o terceiro valor, o do meio, porque os dados não estão arranjados de acordo com o tamanho. Fazendo isso, obtemos

$$14 \quad 17 \quad 17 \quad 20 \quad 22$$

e pode ser visto que a mediana é 17.

Note que neste exemplo há dois 17 dentre os dados, e que não nos referimos a um deles como *a mediana*, já que a mediana é um número, e não necessariamente uma medida ou observação particulares.

EXEMPLO 3.12 Em alguns países, as pessoas autuadas por certas infrações leves de tráfego podem freqüentar um curso de direção defensiva em lugar de pagar uma multa. Se 12 desses cursos foram freqüentados por 37, 32, 28, 40, 35, 38, 40, 24, 30, 37, 32 e 40 pessoas, encontre a mediana desses dados.

Solução Ordenando esses números de freqüentadores de acordo com o tamanho, do menor ao maior, obtemos

$$24 \quad 28 \quad 30 \quad 32 \quad 32 \quad 35 \quad 37 \quad 37 \quad 38 \quad 40 \quad 40 \quad 40$$

e vemos que a mediana é a média dos dois valores mais próximos do meio, a saber, $\frac{35+37}{2} = 36$.

Alguns dos valores neste exemplo eram iguais, mas isso não afetou a mediana, que excede seis valores e é excedida pela mesma quantia de valores. A situação é bem diferente, entretanto, no exemplo que segue.

EXEMPLO 3.13 No sétimo buraco de um campo de golfe na Bahia, nove golfistas fizeram, respectivamente, o par, um abaixo do par, o par, o par, um acima do par, dois abaixo do par, o par, um abaixo do par e um abaixo do par. Encontre a mediana.

Solução Ordenando esses resultados de baixo para cima obtemos dois abaixo do par, um abaixo do par, um abaixo do par, um abaixo do par, o par, o par, o par, o par e um acima do par, portanto podemos ver que o quinto resultado, a mediana, é o par.

O símbolo que usamos para representar a mediana de n valores amostrais $x_1, x_2, x_3, \ldots,$ e x_n é $\tilde{x}$ (e, assim, $\tilde{y}$ ou $\tilde{z}$, se representarmos os valores por y ou z). Se um conjunto de dados constitui uma população, denotamos a mediana por $\tilde{\mu}$.

Temos, assim, um símbolo para a mediana, mas nenhuma fórmula; há apenas uma fórmula para a **posição mediana**. Referindo-nos novamente aos dados ordenados pelo tamanho, em geral, do menor para o maior, podemos escrever

POSIÇÃO MEDIANA

A mediana é o valor do $\frac{n+1}{2}$-ésimo item.

EXEMPLO 3.14 Encontre a posição mediana para

(a) $n = 17$;
(b) $n = 41$.

Solução Com os dados ordenados por tamanho (e contando a partir de qualquer extremidade)

(a) $\frac{n+1}{2} = \frac{17+1}{2} = 9$ e a mediana é o valor do 9º item;
(b) $\frac{n+1}{2} = \frac{41+1}{2} = 21$ e a mediana é o valor do 21º item.

EXEMPLO 3.15 Encontre a posição mediana para

(a) $n = 16$;
(b) $n = 50$.

Solução Com os dados ordenados por tamanho (e contando a partir de qualquer extremidade)

(a) $\frac{n+1}{2} = \frac{16+1}{2} = 8,5$ e a mediana é a média dos valores do 8º e 9º itens;
(b) $\frac{n+1}{2} = \frac{50+1}{2} = 25,5$ e a mediana é a média dos valores do 25º e 26º itens.

É importante lembrar que $\frac{n+1}{2}$ é a fórmula para a posição da mediana, e não uma fórmula para a própria mediana. Também vale a pena mencionar que a determinação da mediana geralmente pode ser simplificada, especialmente para conjuntos grandes de dados, transformando-se primeiro os dados na forma de um diagrama de ramos e folhas.

EXEMPLO 3.16 Na Figura 2.2 à página 30, mostramos o seguinte diagrama de ramos duplos obtido com computador relativo à quantidade de quartos ocupados diariamente num hotel de praia durante o mês de janeiro:

```
 2    3   57
 6    4   0023
13    4   5666899
(3)   5   234
14    5   56789
 9    6   1224
 5    6   9
 4    7   23
 2    7   8
 1    8   1
```

Use esse diagrama de ramos duplos para encontrar a mediana desses dados.

Solução O diagrama original exibido na Figura 2.2 foi obtido com um computador e foi explicado que os números na coluna da esquerda eram os totais acumulados de folhas contadas de cada extremidade e que os parênteses em torno do 3 indicavam que o meio dos dados estava naquele ramo. Tendo definido a mediana, podemos agora substituir "meio" por "mediana" e usar essas características para determinar a mediana dos dados.

Como $n = 30$ para a tabela dada, a posição mediana é $\frac{30+1}{2} = 15,5$, de modo que a mediana é a média entre o décimo quinto e o décimo sexto maiores valores dentre os dados. Como $2 + 4 + 7 = 13$ dos valores estão representados por folhas dos primeiros três ramos, a mediana é a média dos valores representados pela segunda e terceira folhas do quarto ramo. Esses valores são 53 e 54 e, portanto, a mediana dos dados de ocupação dos quartos é $\frac{53+54}{2} = 53,5$. Observe que isso ilustra o que foi dito, que é geralmente recomendável ordenar de baixo para cima as folhas em cada ramo. ∎

Por ser de interesse, destacamos que a média dos dados de ocupação de quartos é 54,4 e que esse número difere de 53,5, que é o valor que obtivemos para a mediana. Realmente não deveria ser uma surpresa que a mediana que obtivemos aqui não é igual à média dos mesmos dados, pois a mediana e a média definem o meio dos dados de maneiras diferentes. A mediana é uma média no sentido de que ela separa os dados em duas partes de tal forma que, a menos que haja duplicações, existe a mesma quantidade de valores acima e abaixo da mediana. A média, por outro lado, é um número tal que, se cada valor de um conjunto de dados é substituído por um único número k de modo que o total permaneça inalterado, então esse número k é forçosamente a média. (Isso decorre diretamente da relação $n \cdot \bar{x} = \sum x$.) Nesse sentido, a média também está sendo comparada com um centro de gravidade.

A mediana compartilha algumas, mas não todas, propriedades da média listadas à página 60. Tal como a média, a mediana sempre existe e é única para qualquer conjunto de dados. Também como a média, a mediana é de fácil determinação, uma vez que os dados estejam ordenados pelo tamanho mas, como indicamos anteriormente, a ordenação manual de um conjunto de dados pode ser tarefa surpreendentemente difícil.

Ao contrário do que ocorre com a média, as medianas de vários conjuntos de dados não podem, em geral, ser combinadas numa mediana global de todos os dados e, em problemas de inferência estatística, a mediana é geralmente menos confiável do que a média. Isso significa que as medianas de amostras repetidas da mesma população em geral apresentam maior variação do que as médias correspondentes (ver Exercícios 3.34 e 4.20). Por outro lado, às vezes a mediana pode ser preferível à média, porque não é afetada tão facilmente por valores extremos (muito pequenos ou muito grandes), se sequer for afetada. Por exemplo, no Exemplo 3.6 mostramos que digitar erradamente 832 em vez de 238 numa calculadora causou um erro de 99 na média. Como o leitor pode verificar no Exercício 3.31, o erro correspondente na mediana teria sido de somente 37,5.

Por fim, também diferentemente da média, podemos utilizar a mediana para definir o meio de uma quantidade de objetos, propriedades ou qualidades que possam ser ordenados, ou seja, quando lidamos com dados ordinais. Por exemplo, poderíamos ordenar uma certa quantidade de tarefas de acordo com seu grau de dificuldade e definir a tarefa do meio (ou mediana) como a que apresenta um grau "de dificuldade média". Também poderíamos ordenar amostras de creme de chocolate de acordo com sua consistência e então descrever o creme do meio (ou mediano) como aquele que apresenta "consistência média".

Além da mediana e da média, há várias outras medidas de tendência central; por exemplo, a **amplitude média** descrita no Exercício 3.37 e o **quartil médio** definido na página 70. Cada um descreve, a seu modo, o "meio" ou "centro" de um conjunto de dados, e não deve surpreender-nos o fato de seus valores poderem ser todos diferentes. E ainda temos a **moda** descrita na Seção 3.6.

3.5 OUTROS QUANTIS

A mediana é apenas um dentre os muitos **quantis** que dividem os dados em duas ou mais partes aproximadamente tão iguais quanto possível. Entre eles encontramos os **quartis**, os **decis** e os **percentis**, que pretendem dividir os dados em quatro, dez e numa centena de partes. Até há pouco tempo, os quantis eram determinados principalmente para distribuições de conjuntos grandes de dados, e é nesse contexto que vamos estudá-los na Seção 3.7.

Nesta seção vamos nos ocupar principalmente de um problema surgido na **análise exploratória de dados**, na análise preliminar de conjuntos relativamente pequenos de dados. É o problema de dividir esses dados em quatro partes aproximadamente iguais, em que dizemos "aproximadamente iguais" porque não há maneira de dividir em quatro partes iguais um conjunto com, digamos, $n = 27$ ou $n = 33$. As medidas estatísticas criadas para essa finalidade são tradicionalmente conhecidas como os três quartis Q_1, Q_2 e Q_3 e não há discussão sobre Q_2, que é simplesmente a mediana. Por outro lado, há alguma discordância sobre a definição de Q_1 e Q_3.

Da maneira pela qual os definiremos, os quartis dividem um conjunto de dados em quatro partes tais que há tantos valores menores do que Q_1 quanto entre Q_1 e Q_2, entre Q_2 e Q_3 e maiores do que Q_3. Supondo que não existam dois valores iguais, isso é obtido considerando que

> Q_1 é a mediana de todos os valores inferiores à mediana de todo o conjunto de dados,

e

> Q_3 é a mediana de todos os valores superiores à mediana de todo o conjunto de dados.

Resta mostrar que, com essa definição, realmente há tantos valores inferiores a Q_1 quanto entre Q_1 e a mediana, entre a mediana e Q_3 e superiores a Q_3. Aqui vamos demonstrar isso para os quatro casos em que $n = 4k$, $n = 4k + 1$, $n = 4k + 2$ e $n = 4k + 3$, com $k = 3$, ou seja, para $n = 12$, $n = 13$, $n = 14$ e $n = 15$.

EXEMPLO 3.17 Verifique que há tantos valores inferiores a Q_1 quanto entre Q_1 e a mediana, entre a mediana e Q_3 e superiores a Q_3 para

(a) $n = 12$;   (c) $n = 14$;
(b) $n = 13$;   (d) $n = 15$.

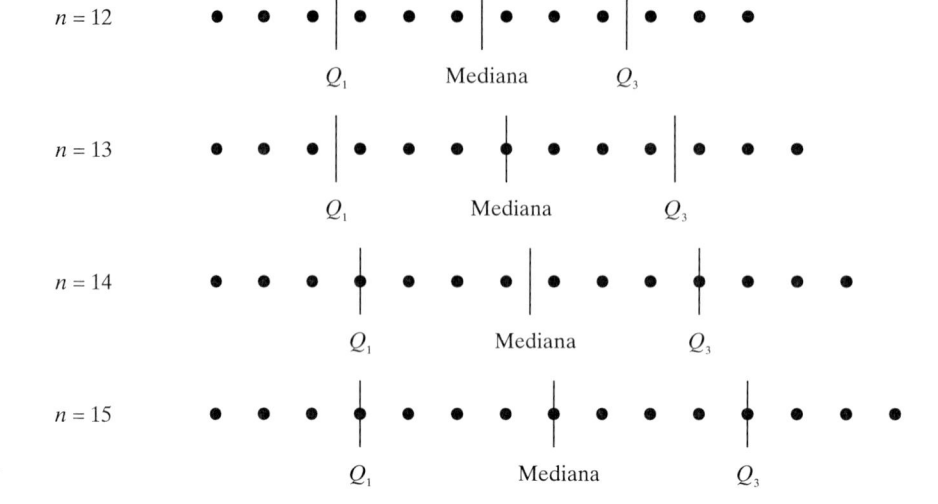

Figura 3.1
As posições de Q_1, da mediana e de Q_3, para $n = 12$, $n = 13$, $n = 14$ e $n = 15$.

Solução (a) Para $n = 12$, a posição mediana é $\frac{12+1}{2} = 6{,}5$, para os seis valores inferiores à mediana a posição de Q_1 é $\frac{6+1}{2} = 3{,}5$ e para os seis valores superiores à mediana a posição de Q_3 está a 3,5 da outra extremidade, a saber, 9,5. Como pode ser visto na Figura 3.1, há três valores inferiores a Q_1, entre Q_1 e a mediana, entre a mediana e Q_3, e superiores a Q_3.

(b), (c) e (d) Em cada um desses casos a mediana e as posições dos quartis são obtidas da mesma maneira, como pode ser visto na Figura 3.1 e, em cada caso, há três valores inferiores a Q_1, entre Q_1 e a mediana, entre a mediana e Q_3, e superiores a Q_3.

Se alguns dos valores são iguais, modificamos as definições de Q_1 e Q_3 substituindo "inferiores à mediana" por "à esquerda da posição mediana" e substituindo "superiores à mediana" por "à direita da posição mediana".

Os quartis não tem a função de descrever o "meio" ou "centro" de um conjunto de dados e somente os descrevemos porque, como a mediana, eles são quantis e são determinados de mais ou menos a mesma maneira. O **quartil médio** $\frac{Q_1+Q_3}{2}$ é ocasionalmente utilizado como mais uma medida de tendência central. Uma definição alternativa de Q_1 e Q_3 é fornecida no Exercício 3.52.

A informação dada pela mediana, pelos quartis Q_1 e Q_3 e pelo menor e o maior valor é, às vezes, apresentada em forma de um **gráfico de caixa**. Esse gráfico, que no início e era denominado extravagantemente de **gráfico de caixa com bigodes**, consiste em um retângulo que se estende de Q_1 até Q_3, de retas traçadas do menor valor até Q_1 e de Q_3 até o maior valor, e mais uma reta dividindo o retângulo em duas partes iguais. Na prática, os gráficos de caixa são, às vezes, embelezados com outras características, mas a forma simples apresentada aqui é suficiente para a maioria dos propósitos.

EXEMPLO 3.18 No Exemplo 3.16 usamos o seguinte diagrama de ramos duplos para mostrar que a mediana dos dados originalmente dados à página 30 relativos à ocupação de quartos é 53,5:

```
 2    3  57
 6    4  0023
13    4  5666899
(3)   5  234
14    5  56789
 9    6  1224
 5    6  9
 4    7  23
 2    7  8
 1    8  1
```

(a) Encontre o menor e o maior valor.
(b) Encontre Q_1 e Q_3.
(c) Esboce um gráfico de caixa.

Solução (a) Como pode ser visto, o menor valor é 35 e o maior valor é 81.

(b) Para $n = 30$, a posição mediana é $\frac{30+1}{2} = 15,5$ e, portanto, a posição mediana para os 15 valores inferiores a 53,5 é $\frac{15+1}{2} = 8$. Segue que Q_1, o oitavo valor, é 46. Analogamente, Q_3, o oitavo valor a partir da outra extremidade, é 62.

(c) Combinando toda essa informação, obtemos o gráfico de caixa mostrado na Figura 3.2.

Figura 3.2
Gráfico de caixa para os dados de ocupação de quartos.

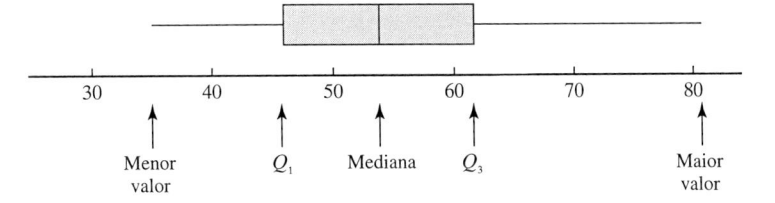

Os gráficos de caixa também podem ser produzidos com aplicativos computacionais adequados ou com uma calculadora gráfica. Usando os dados do Exemplo 3.18, obtivemos a Figura 3.3 com computador.

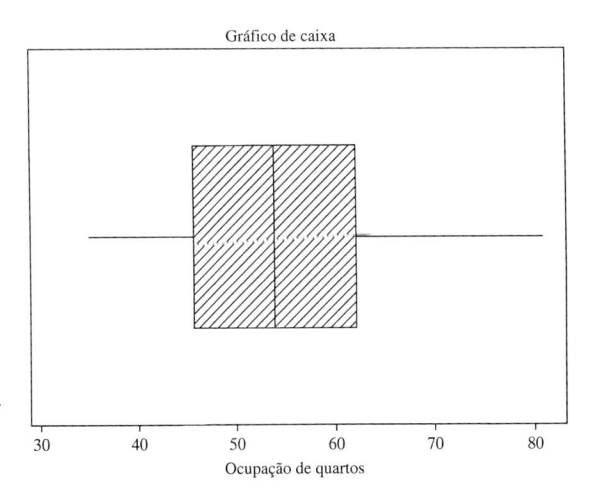

Figura 3.3
Gráfico de caixa para os dados de ocupação de quartos.

3.6 A MODA

Outra medida estatística por vezes utilizada para descrever o meio ou o centro de um conjunto de dados é a **moda**, definida simplesmente como o valor ou categoria que ocorre com a maior freqüência e mais do que uma vez. As duas vantagens principais da moda são que não exige cálculo algum, apenas uma contagem, e que pode ser determinada tanto para dados numéricos quanto para categóricos.

EXEMPLO 3.19 As vinte reuniões de um clube de dança foram freqüentadas por 22, 24, 23, 24, 27, 25, 24, 20, 24, 26, 28, 26, 23, 21, 24, 25, 23, 28, 24, 26 e 25 de seus membros. Encontre a moda.

Solução Dentre esses números, 20, 21, 22 e 27 ocorrem, cada um, uma vez; 28 ocorre duas vezes; 23, 25 e 26 ocorrem, cada um, três vezes; e 24 ocorre cinco vezes. Assim, 24 é a freqüência modal às reuniões do clube de dança.

EXEMPLO 3.20 No Exemplo 3.13 demos os escores de nove golfistas no sétimo buraco como sendo dois abaixo do par, um abaixo do par, um abaixo do par, um abaixo do par, o par, o par, o par, o par e um acima do par. Encontre a moda.

Solução Já que esses dados já estão ordenados por tamanho, pode ser visto facilmente que o par, que ocorre quatro vezes, é o escore modal.

Como já observamos neste capítulo, há várias outras medidas de tendência central que descrevem o meio de um conjunto de dados. Qual "média" específica deve ser usada numa determinada situação pode depender de muitos elementos diferentes (ver, por exemplo, a Seção 7.3, que é opcional) e a escolha pode ser difícil. Como a escolha de descrições estatísticas freqüentemente contém um elemento de arbitrariedade, algumas pessoas julgam que a mágica da Estatística pode ser usada para provar praticamente tudo. Na realidade, um famoso estadista inglês do século 19 é muitas vezes citado como tendo dito que há três tipos de mentiras: as mentiras, as mentiras malditas e a Estatística. Os Exercícios 3.36 e 3.37 descrevem uma situação em que essa crítica é bem justificada.

EXERCÍCIOS

3.25 Encontre a posição mediana para
(a) $n = 55$;
(b) $n = 34$.

3.26 Encontre a posição mediana para
(a) $n = 33$;
(b) $n = 45$.

3.27 Encontre a mediana dos seguintes números referentes à percentagem mensal média de dias de sol em Volta Redonda, RJ, segundo o serviço de meteorologia local: 38, 40, 53, 53, 57, 65, 66, 63, 68, 59, 50 e 40.

3.28 Em quinze dias, um restaurante serviu almoço para 38, 50, 53, 36, 38, 56, 46, 54, 54, 58, 35, 61, 44, 48 e 59 pessoas. Encontre a média.

3.29 Trinta e dois jogos da liga de basquete profissional dos Estados Unidos duraram 138, 142, 113, 164, 159, 157, 135, 122, 126, 139, 140, 142, 157, 121, 143, 140, 136, 130, 142, 146, 155, 117, 158, 148, 145, 151, 137, 128, 133, 150, 134 e 147 minutos. Determine a duração mediana desses jogos.

3.30 Num estudo da distância de frenagem de carros de passeio num asfalto plano, seco e limpo, vinte e um motoristas que estavam a 50 km/h conseguiram frear em 29, 23, 30, 34, 20, 25, 26, 33, 32, 20, 27, 21, 30, 31, 24, 28, 21, 30, 30, 28 e 21 minutos. Encontre a mediana dessas distâncias de frenagem.

3.31 Com referência ao Exemplo 3.6, suponha que a editora de um livro sobre valores nutritivos tivesse usado a mediana, em vez da média, para obter um número médio de calorias. Mostre que com a mediana o erro introduzido usando 832 em vez de 238 teria sido de apenas 37,5.

3.32 A seguir estão os consumos obtidos com 30 tanques cheios, medidos em milhas por hora:

24,1 24,9 25,2 23,8 24,7 22,9 25,0 24,1 23,6 24,5
23,7 24,4 24,7 23,9 25,1 24,6 23,3 24,3 24,8 22,8
23,9 24,2 24,7 24,9 25,0 24,8 24,5 23,4 24,6 25,3

Construa um diagrama de ramos duplos e use-o para determinar a mediana desses dados.

3.33 A seguir estão os pesos em gramas de 60 lagartos pequenos usados no estudo de deficiência de vitamina:

125 128 106 111 116 123 119 114 117 143
136 92 115 118 121 137 132 120 104 125
119 115 101 129 87 108 110 133 135 126
127 103 110 126 118 82 104 137 120 95
146 126 119 113 105 132 126 118 100 113
106 125 117 102 146 129 124 113 95 148

Construa um diagrama de ramos e folhas com rótulos de ramo dados por 8, 9, 10, 11, 12, 13 e 14 e use-o para determinar a mediana desses dados.

3.34 Para corroborar a afirmação de que a média é, em geral, mais confiável do que a mediana (a saber, porque a média está sujeita a menores flutuações aleatórias), um estudante faz uma experiência consistindo em 12 jogadas de três dados. Eis os resultados:

2, 4 e 6; 5, 3 e 5; 4, 5 e 3; 5, 2 e 3; 6, 1 e 5; 3, 2 e 1;
3, 1 e 4; 5, 5 e 2; 3, 3 e 4; 1, 6 e 2; 3, 3 e 3, 4, 5 e 3.

(a) Calcule as 12 medianas e as 12 médias.
(b) Agrupe as medianas e as médias obtidas na parte (a) em distribuições separadas com as classes

1,5–2,5; 2,5–3,5; 3,5–4,5; 4,5–5,5

(Note que não haverá ambigüidades, pois nem as medianas de três números inteiros nem as médias de três números inteiros podem ser iguais a 2,5, 3,5 ou 4,5.)

(c) Esboce histogramas das duas distribuições obtidas na parte (b) e explique como eles ilustram a afirmação de que a média é geralmente mais confiável do que a mediana.

3.35 Refaça o Exercício 3.34 com seus próprios números, jogando repetidamente três dados (ou um dado três vezes) e construindo distribuições correspondentes das medianas e das médias.

3.36 Um serviço de teste de consumidores obtém as seguintes milhagens por galão em cinco testes realizados com três carros pequenos:

Carro A: 27,9 30,4 30,6 31,4 31,7
Carro B: 31,2 28,7 31,3 28,7 31,3
Carro C: 28,6 29,1 28,5 32,1 29,7

(a) Se os fabricantes do carro A pretendem anunciar que seu carro teve o melhor desempenho nesse teste, qual das "médias" estudadas até aqui eles poderiam usar para corroborar essa alegação?

(b) Se os fabricantes do carro B pretendem anunciar que seu carro teve melhor desempenho nesse teste, qual das "médias" estudadas até aqui eles poderiam usar para corroborar essa alegação?

3.37 Com referência ao Exercício 3.36, suponha que os fabricantes do carro C contratem um estatístico sem escrúpulos e o instruam a encontrar algum tipo de "média" que corrobore que eu carro teve melhor desempenho no teste. Mostre que a **amplitude média** (a média entre o menor e o maior valor) serve para esse fim.

3.38 Encontre as posições das medianas Q_1 e Q_3 para
(a) $n = 32$;
(b) $n = 35$.

3.39 Encontre as posições das medianas Q_1 e Q_3 para
(a) $n = 41$;
(b) $n = 50$.

3.40 Encontre as posições das medianas Q_1 e Q_3 para $n = 21$ e verifique que, se não houver dois valores iguais, então há tantos valores abaixo de Q_1, do que entre Q_3 e a mediana, do que entre a mediana e Q_3, e do que acima de Q_3.

3.41 Encontre as posições das medianas Q_1 e Q_3 para $n = 34$ e verifique que, embora alguns dos valores possam ser iguais, há tantos valores à esquerda da posição de Q_1, quanto à direita da posição de Q_1 e à esquerda da posição da mediana, à direita da posição da mediana e à esquerda da posição de Q_3, e do que à direita da posição de Q_3.

3.42 A seguir estão as espessuras em mícrons do revestimento de lubrificante em vinte barras de aço: 41, 51, 63, 57, 57, 66, 63, 60, 44, 41, 46, 43, 53, 55, 48, 49, 65, 61, 58 e 66. Encontre as medianas Q_1 e Q_3. Também verifique que há tantos valores abaixo de Q_1 do que entre Q_1 e a mediana, do que entre a mediana e Q_3, e do que acima de Q_3.

3.43 Com referência ao Exercício 3.42, encontre o menor e o maior dos valores entre os dados e use essa informação junto com a obtida no Exercício 3.42 para esboçar um gráfico de caixa.

3.44 A seguir estão os registros (em graus Fahrenheit) das temperaturas observadas em pontos distintos de uma grande estufa: 409, 412, 439, 411, 432, 432, 405, 411, 422, 417, 440, 427, 411 e 417. Encontre as medianas Q_1 e Q_3. Também verifique que há tantos valores à esquerda da posição de Q_1, quanto à direita da posição de Q_1 e à esquerda da posição da mediana, à direita da posição da mediana e à esquerda da posição de Q_3, e à direita da posição de Q_3.

3.45 Com referência ao Exercício 3.44, encontre o menor e o maior dos valores entre os dados e use essa informação junto com a obtida no Exercício 3.44 para esboçar um gráfico de caixa.

3.46 Com referência ao Exemplo 2.4, use um aplicativo de computador ou uma calculadora gráfica para ordenar os $n = 110$ tempos de espera entre erupções do gêiser *Old Faithful* em ordem crescente e use esse arranjo para determinar as medianas Q_1 e Q_3.

3.47 Use o arranjo obtido no Exercício 3.46 para detectar o menor e o maior valor e use essa informação junto com a obtida no Exercício 3.46 para esboçar um gráfico de caixa.

3.48 Com referência ao Exercício 3.33, use um aplicativo de computador ou uma calculadora gráfica para ordenar os dados, desde o menor até o maior e use esse arranjo para determinar as medianas Q_1 e Q_3 para os pesos dos 60 lagartos pequenos.

3.49 Use o arranjo obtido no Exercício 3.48 para detectar o menor e o maior peso e use essa informação junto com a obtida no Exercício 3.48 para esboçar um gráfico de caixa.

3.50 Use o diagrama de ramos duplos obtido no Exercício 3.32 para
  (a) detectar o menor e o maior dos valores;
  (b) determinar Q_1 e Q_3.

3.51 Use os resultados obtidos nos Exercícios 3.32 e 3.50 para esboçar um gráfico de caixa para os dados de consumo.

3.52 Uma definição alternativa para os primeiro e terceiro quartis define a **dobradiça inferior** como a mediana de todos os valores menores do que *ou iguais à* mediana global de todo os dados, e a **dobradiça superior** como a mediana de todos os valores maiores do que *ou iguais à* mediana global de todo os dados.* Novamente estamos supondo aqui que não há dois valores iguais. Refaça a parte (b) do Exemplo 3.18, encontrando as duas dobradiças em vez de Q_1 e Q_3 e esboce os diagramas como os mostrados no Exemplo 3.1.

3.53 Use o diagrama obtido no Exercício 3.52 para decidir se há tantos valores abaixo da dobradiça inferior do que entre a dobradiça inferior e a mediana, do que entre a mediana e a dobradiça superior, e do que acima da dobradiça superior.

3.54 Esboce diagramas como os das Figuras 3.1 para $n = 13$ e $n = 15$, mostrando as dobradiças em vez dos quartis (ver Exercício 3.52).

3.55 Use os diagramas obtidos no Exercício 3.54 para verificar para $n = 13$ e também para $n = 15$ se há tantos valores abaixo da dobradiça inferior quanto entre a dobradiça inferior e a mediana, quanto entre a mediana e a dobradiça superior, e quanto acima da dobradiça superior.

3.56 Encontre a moda (se existir) de cada um dos seguintes conjuntos de dados:
  (a) 6, 8, 6, 5, 5, 7, 7, 9, 7, 6, 8, 4 e 7;
  (b) 57, 39, 54, 30, 46, 22, 48, 35, 27, 31 e 23;
  (c) 11, 15, 13, 14, 13, 12, 10, 11, 12, 13, 11 e 13.

3.57 A seguir estão as quantidades de pratos à base de frango servidos num restaurante em 40 domingos: 41, 52, 46, 42, 46, 36, 46, 61, 58, 44, 49, 48, 48, 52, 50, 45, 68, 45, 48, 47, 49, 57, 44, 48, 49, 45, 47, 48, 43, 45, 45, 56, 48, 54, 51, 47, 42, 53, 48 e 41. Encontre a moda.

3.58 A seguir estão as quantidades de flores de 50 cactos do setor de deserto de um jardim botânico: 1, 0, 3, 0, 4, 1, 0, 1, 0, 0, 1, 6, 1, 0, 0, 0, 3, 3, 0, 1, 1, 5, 0, 2, 0, 3, 1, 1, 0, 4, 0, 0, 1, 2, 1, 1, 2, 0, 1, 0, 3, 0, 0, 1, 5, 3, 0, 0, 1 e 0. Encontre a moda.

3.59 Num cruzeiro de uma semana, vinte passageiros se queixaram de enjôo durante 0, 4, 5, 1, 0, 0, 5, 4, 5, 5, 0, 2, 0, 0, 6, 5, 4, 1, 3 e 2 dias. Encontre a moda e explique por que ela pode muito bem dar uma impressão errada da situação real.

3.60 Quando há mais do que uma moda, isso em geral é interpretado como uma indicação de que os dados realmente são uma combinação de vários conjuntos distintos de dados. Volte a analisar os dados do Exercício 3.59 depois de trocar o quarto valor de 1 para 5.

3.61 Perguntados se alguma vez já foram à opera, 40 pessoas entre 20 e 29 anos responderam como segue: raramente, de vez em quando, nunca, de vez em quando, de vez em quando, de vez em quando, raramente, raramente, nunca, de vez em quando, nunca, raramente, de vez em quando, freqüentemente, de vez em quando, raramente, nunca, de vez em quando, de vez em quando, raramente, raramente, nunca, de vez em quando, de vez em quando, raramente, freqüentemente, raramente, de vez em quando, de vez em quando, nunca, rara-

---

* O uso de dobradiças como uma alternativa para os quartis já foi popular na análise exploratória de dados, mas essa popularidade diminuiu.

mente, freqüentemente, nunca, raramente, de vez em quando, de vez em quando, raramente, raramente, de vez em quando e nunca. Qual é a resposta modal?

3.62 Com referência ao Exercício 2.5, qual é a resposta modal das 30 pessoas perguntadas na exposição de cães?

*3.7 DESCRIÇÃO DE DADOS AGRUPADOS

No passado, deu-se considerável atenção à descrição de dados agrupados, porque geralmente simplificava as coisas agrupar conjuntos grandes de dados antes de calcular várias medidas estatísticas. Isso não ocorre mais, pois os cálculos necessários podem ser feitos em questão de segundos usando computadores ou até calculadoras manuais. Não obstante, vamos dedicar esta seção e a Seção 4.4 à descrição de dados agrupados, pois muitos tipos de dados (por exemplo, os fornecidos em documentos oficiais do governo) só estão disponíveis em forma de distribuições de freqüência.

Como já vimos no Capítulo 2, o agrupamento de dados acarreta alguma perda de informação. Cada item perde sua identidade, por assim dizer; sabemos apenas quantos valores há em cada classe ou em cada categoria. Isso significa que devemos nos satisfazer com aproximações. Às vezes tratamos nossos dados como se os valores de uma classe fossem todos iguais ao correspondente ponto médio de classe, e é isso que faremos para definir a média de uma distribuição de freqüência. Às vezes tratamos nossos dados como se todos os valores de uma classe fossem igualmente distribuídos ao longo do correspondente intervalo de classe, e é isso que faremos para definir a mediana de uma distribuição de freqüência. Em ambos casos, obtemos boas aproximações, pois os erros introduzidos tendem a se compensar.

Para dar uma fórmula geral para a média de uma distribuição com k classes, denotemos os sucessivos pontos médios das classes por $x_1, x_2, \ldots,$ e x_k e as freqüências de classe correspondentes por $f_1, f_2, \ldots,$ e f_k. Então, a soma de todas as medidas é aproximada por

$$x_1 \cdot f_1 + x_2 \cdot f_2 + \cdots + x_k \cdot f_k = \sum x \cdot f$$

e a média da distribuição é dada por

MÉDIA DE DADOS AGRUPADOS

$$\bar{x} = \frac{\sum x \cdot f}{n}$$

Aqui, $f_1 + f_2 + f_3 + \cdots + f_k = n$, o tamanho da amostra. Para escrever a fórmula correspondente para a média de uma população, colocamos μ no lugar de $\bar{x}$ e N no lugar de n, obtendo

$$\mu = \frac{\sum x \cdot f}{N}$$

EXEMPLO 3.21 Encontre a média da distribuição dos tempos de espera entre erupções do gêiser *Old Faithful* obtida no Exemplo 2.4 às páginas 35-36.

Solução Para obter $\sum x \cdot f$, efetuamos os cálculos apresentados na tabela a seguir, em que a primeira coluna contém os pontos médios de classe, a segunda coluna consiste nas freqüências de classe mostradas às páginas 35-36, e a terceira coluna contém os produtos $x \cdot f$:

Pontos médios de classe x	Freqüência f	$x \cdot f$
34,5	2	69,0
44,5	2	89,0
54,5	4	218,0
64,5	19	1.225,5
74,5	24	1.788,0
84,5	39	3.295,5
94,5	15	1.417,5
104,5	3	313,5
114,5	2	229,0
	110	8.645,0

Então, substituindo esses valores na fórmula, obtemos $\bar{x} = \dfrac{8.645,0}{110} = 78,59$ arredondando até a segunda casa decimal.

Para verificar o **erro de agrupamento**, ou seja, o erro introduzido ao substituirmos cada valor dentro de uma classe pelo correspondente ponto médio de classe, podemos calcular $\bar{x}$ para os dados originais dados às páginas 35-36, ou usar o mesmo aplicativo que levou à Figura 2.4. Uma vez digitados os dados, simplesmente mudamos o comando para MEAN C1 e obtemos 78,273 ou 78,27, arredondando até a segunda casa decimal. Assim, o erro de agrupamento é somente de 78,59 − 78,27 = 0,32, que é bem pequeno.

Quando tratamos com dados agrupados, podemos determinar a maioria das outras medidas estatísticas além da média, mas poderemos ser forçados a fazer suposições diferentes ou a modificar as definições. Por exemplo, para a mediana de uma distribuição, usamos a segunda das hipóteses mencionadas à página 76 (a saber, a suposição de que os valores de uma classe estão igualmente distribuídos ao longo do correspondente intervalo de classe). Assim, em relação a um histograma

> **A mediana de uma distribuição é tal que a área total dos retângulos à sua esquerda é igual à área total dos retângulos à sua direita.**

Para encontrar a linha divisória entre as duas metades de um histograma (cada uma das quais representa $\frac{n}{2}$ dos itens agrupados), devemos contar $\frac{n}{2}$ dos itens a partir de cada uma das extremidades da distribuição. Como isso é feito está ilustrado no exemplo a seguir e na Figura 3.4.

EXEMPLO 3.22 Encontre a mediana da distribuição dos tempos de espera entre erupções do gêiser *Old Faithful*.

Solução Como $\frac{n}{2} = \frac{110}{2} = 55$, devemos contar 55 dos itens a partir de qualquer uma das extremidades. Começando na base da distribuição (isto é, começando com os valores menores), vemos que 2 + 2 + 4 + 19 + 24 = 51 dos valores caem nas cinco primeiras classes. Portanto, devemos contar 55 − 51 = 4 valores a mais dentre os valores da sexta classe. Baseados na hipótese de que os 39 valores da sexta classe estão igualmente distribuídos ao longo da classe, conseguimos fazer isso somando $\frac{4}{39}$ do intervalo de classe dado por 10 a 79,5, que é sua fronteira inferior de classe. Assim obtemos

$$\tilde{x} = 79,5 + \frac{4}{39} \cdot 10 = 80,53$$

arredondado até a segunda casa decimal.

Figura 3.4
A mediana da distribuição dos tempos de espera entre erupções do gêiser *Old Faithful*.

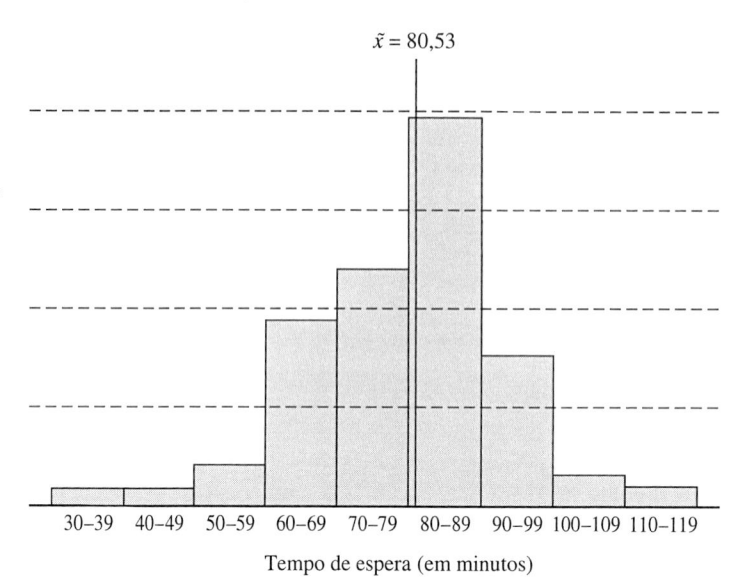

$\tilde{x} = 80,53$

30–39 40–49 50–59 60–69 70–79 80–89 90–99 100–109 110–119
Tempo de espera (em minutos)

Em geral, se L é a fronteira inferior de classe em que deve cair a mediana, f é a sua freqüência, c seu intervalo de classe e j é o número de itens que ainda faltam quando atingimos L, então a mediana da distribuição é dada por

MEDIANA DE DADOS AGRUPADOS

$$\tilde{x} = L + \frac{j}{f} \cdot c$$

Se preferirmos, podemos encontrar a mediana de uma distribuição começando a contar na outra extremidade (a partir dos valores maiores) e subtraindo uma fração apropriada do intervalo de classe da fronteira superior da classe em que a mediana deve cair.

EXEMPLO 3.23 Use essa fórmula para encontrar a mediana dos tempos de espera entre erupções do gêiser *Old Faithful*.

Solução Como 2 + 3 + 15 = 20 dos valores caem abaixo de 89,5, precisamos de 55 − 20 = 35 dos 39 valores da classe seguinte para alcançar a mediana. Assim, escrevemos

$$\tilde{x} = 89,5 - \frac{35}{39} \cdot 10 = 80,53$$

e o resultado é, naturalmente, o mesmo.

Note que podemos encontrar a mediana de uma distribuição, quer os intervalos de classe sejam todos iguais ou não. Na verdade, a mediana pode ser encontrada mesmo quando são abertas as classes no topo ou na base da distribuição, desde que a mediana não acabe caindo numa dessas classes abertas (ver Exercício 3.63).

O método que aplicamos para determinar a mediana de uma distribuição pode ser usado também para encontrar outros quantis. Por exemplo, Q_1 e Q_3 são definidos para dados agrupados de tal modo que 25% da área total dos retângulos do histograma fiquem à esquerda de Q_1 e 25% fiquem à direita de Q_3. Analogamente, os noves decis (cujo objetivo é dividir um conjunto de dados em dez partes iguais) são definidos para dados agrupados de tal modo que 10% da área total dos retângulos do histograma fiquem à esquerda de D_1, 10% fiquem entre D_1 e D_2, ..., e 10% fiquem à direita de D_9. Finalmente, os 99 percentis (cujo objetivo é dividir um conjunto de dados em cem partes iguais) são definidos para dados agrupados de tal modo que 1% da área total dos retângulos do histograma fique à esquerda de P_1, 1% fique entre P_1 e P_2, ..., e 1% fique à direita de P_{99}. Observe que D_5 e P_{50} são iguais à mediana, que P_{25} é igual a Q_1 e que P_{75} é igual a Q_3.

EXEMPLO 3.24 Encontre os quartis Q_1 e Q_3 para a distribuição dos tempos de espera entre erupções do gêiser *Old Faithful*.

Solução Para encontrar Q_1, devemos contar $\frac{110}{4} = 27{,}5$ dos itens a partir da base (com os valores menores) da distribuição. Como há $2 + 2 + 4 + 19 = 27$ valores nas quatro primeiras classes, devemos contar $27{,}5 - 27 = 0{,}5$ dos 24 valores da quinta classe para alcançar Q_1. Assim obtemos

$$Q_1 = 69{,}5 + \frac{0{,}5}{24} \cdot 10 \approx 69{,}71$$

Como $2 + 3 + 15 = 20$ dos valores caem nas três últimas classes, devemos contar $27{,}5 - 20 = 7{,}5$ dos 39 valores da próxima classe para alcançar Q_3. Assim, obtemos

$$Q_3 = 89{,}5 - \frac{7{,}5}{39} \cdot 10 \approx 87{,}58$$

EXEMPLO 3.25 Encontre o decil D_2 e o percentil P_5 para a distribuição dos tempos de espera entre erupções do gêiser *Old Faithful*.

Solução Para encontrar D_2, devemos contar $110 \cdot \frac{2}{10} = 22$ dos itens a partir da base da distribuição. Como há $2 + 2 + 4 = 8$ valores nas três primeiras classes, devemos contar $22 - 8 = 14$ dos 19 valores da quarta classe para alcançar D_2. Assim obtemos

$$D_2 = 59{,}5 + \frac{14}{19} \cdot 10 \approx 66{,}87$$

Como $2 + 3 + 15 = 20$ dos valores caem nas três últimas classes, devemos contar $22 - 20 = 2$ dos 39 valores da próxima classe para alcançar P_8. Assim, obtemos

$$P_8 = 89{,}5 - \frac{2}{39} \cdot 10 \approx 88{,}99$$

Note que quando determinamos um quantil de uma distribuição, nem o número de itens que devemos contar, nem o valor de j na fórmula da página 78 precisam ser números inteiros.

*3.63 Para cada um das distribuições seguintes, determine se é possível encontrar a média e/ou a mediana.

(a)
Escore	Freqüência
40–49	5
50–59	18
60–69	27
70–79	15
80–89	6

(b)
IQ	Freqüência
Menos que 90	3
90–99	14
100–109	22
110–119	19
Mais do que 119	7

(c)
Peso	Freqüência
100 ou menos	41
101–110	13
111–120	8
121–130	3
131–140	1

*3.64 A seguir é dada a distribuição de percentagens de alunos bilíngües de 50 escolas de Ensino Fundamental:

Percentagem	Número de escolas
0–4	18
5–9	15
10–14	9
15–19	7
20–24	1

Encontre a média e a mediana.

*3.65 A seguir é dada a distribuição das forças de compressão (em 1.000 quilopascais) de 120 amostras de concreto:

Força de compressão	Freqüência
4,20–4,39	6
4,40–4,59	12
4,60–4,79	23
4,80–4,99	40
5,00–5,19	24
5,20–5,39	11
5,40–5,59	4
	120

Encontre a média e a mediana.

*3.66 Com referência à distribuição do Exercício 3.65, encontre
(a) Q_1 e Q_3;
(b) D_1 e D_9;
(c) P_{15} e P_{85}.

*3.67 No Exercício 2.27 foi dada a seguinte distribuição de pesos de 133 espécimes minerais coletados durante uma excursão:

Peso (gramas)	Número de espécies
5,0–19,9	8
20,0–34,9	27
35,0–49,9	42
50,0–64,9	31
65,0–79,9	17
80,0–94,9	8

Encontre
(a) a média e a mediana;
(b) Q_1 e Q_3.

*3.68 No Exercício 2.53 foi dada a seguinte distribuição do número de *tacos* de peixe servidos no almoço durante 60 dias úteis num restaurante mexicano:

Número de tacos de peixe	Número de dias úteis
30–39	4
40–49	23
50–59	28
60–69	5

Encontre
(a) a média e a mediana;
(b) Q_1 e Q_3.

*3.69 Com referência ao exercício anterior, poderíamos ter encontrado o percentil P_{95} se a quarta classe tivesse sido dada por "60 ou mais"?

*3.70 Use a distribuição obtida no Exercício 2.36 para determinar a média, a mediana, Q_1 e Q_3 para as percentagens de encolhimento de espécimes de cerâmica plástica.

*3.71 Use a distribuição obtida no Exercício 2.42 para determinar a média, a mediana, Q_1 e Q_3 para os comprimentos das raízes de 120 plantinhas um mês depois de semeadas.

*3.72 Em geral, podemos simplificar o cálculo da média de uma distribuição substituindo os pontos médios de classe por inteiros consecutivos, num processo conhecido como **codificação**. Se os intervalos de classe são todos iguais, e somente nesse caso, podemos associar o valor 0 a um ponto médio de classe próximo do meio da distribuição e codificar os pontos médios de classe por . . . , –3, –2, –1, 0, 1, 2, 3, ... Denotando os pontos médios de classe codificados pela letra *u*, passamos a usar a fórmula

MÉDIA DE DADOS AGRUPADOS (CODIFICADOS)

$$\bar{x} = x_0 + \frac{\sum u \cdot f}{n} \cdot c$$

onde x_0 é o ponto médio de classe na escala original, ao qual associamos o 0 da nova escala, c é o intervalo de classe, n é o número total de itens agrupados e $\sum u \cdot f$ é a soma dos produtos obtidos multiplicando cada um dos pontos médios de classe novos pelas respectivas freqüências de classe. Usando esse tipo de codificação, calcule novamente

(a) a média solicitada no Exemplo 3.21;
(b) a média da distribuição do Exercício 3.65;
(c) a média da distribuição do Exercício 3.67.

3.8 NOTA TÉCNICA (Somatórios)

Na notação introduzida às páginas 58-59, $\sum x$ não nos diz quais, ou quantos, valores de x devemos somar. Para tratar dessa omissão introduzimos a notação mais explícita

$$\sum_{i=1}^{n} x_i = x_1 + x_2 + \cdots + x_n$$

onde fica claro que estamos somando todos x cujos índices i são 1, 2,..., e n. Não estamos empregando a notação mais explícita neste texto com o objetivo de simplificar o aspecto geral das fórmulas, mas supomos que fique claro em cada caso a quais x estamos nos referindo e quantos há.

Usando a notação $\sum$, vamos também utilizar expressões como $\sum x^2$, $\sum xy$, $\sum x^2 f$, ..., as quais (mais explicitamente) representam as somas

$$\sum_{i=1}^{n} x_i^2 = x_1^2 + x_2^2 + x_3^2 + \cdots + x_n^2$$

$$\sum_{j=1}^{m} x_j y_j = x_1 y_1 + x_2 y_2 + \cdots + x_m y_m$$

$$\sum_{i=1}^{n} x_i^2 f_i = x_1^2 f_1 + x_2^2 f_2 + \cdots + x_n^2 f_n$$

Com o emprego de dois índices, teremos também ocasião de lidar com **somatórios duplos**, como

$$\sum_{j=1}^{3}\sum_{i=1}^{4} x_{ij} = \sum_{j=1}^{3}(x_{1j} + x_{2j} + x_{3j} + x_{4j})$$
$$= x_{11} + x_{21} + x_{31} + x_{41} + x_{12} + x_{22} + x_{32} + x_{42}$$
$$+ x_{13} + x_{23} + x_{33} + x_{43}$$

Para verificar algumas das fórmulas envolvendo somatórios que são enunciadas mas não demonstradas no texto, o leitor necessitará das seguintes regras:

REGRAS DE SOMATÓRIOS

$$Regra\ A : \sum_{i=1}^{n}(x_i \pm y_i) = \sum_{i=1}^{n} x_i \pm \sum_{i=1}^{n} y_i$$

$$Regra\ B : \sum_{i=1}^{n} k \cdot x_i = k \cdot \sum_{i=1}^{n} x_i$$

$$Regra\ C : \sum_{i=1}^{n} k = k \cdot n$$

A primeira dessas regras afirma que o somatório da soma (ou diferença) de dois termos é igual à soma (ou diferença) dos somatórios individuais, podendo ser estendido à soma ou diferença de mais do que dois termos. A segunda regra afirma que podemos, por assim dizer, fatorar uma constante para fora de um somatório, e a terceira regra nos diz que o somatório de uma constante é simplesmente n vezes aquela constante. Todas essas regras podem ser demonstradas escrevendo por extenso o que cada somatório representa.

EXERCÍCIOS

3.73 Escreva por extenso cada um dos somatórios seguintes, ou seja, sem sinais de somatório:

(a) $\sum_{i=1}^{6} x_i$;

(b) $\sum_{i=1}^{5} y_i$;

(c) $\sum_{i=1}^{3} x_i y_i$;

(d) $\sum_{j=1}^{8} x_j f_j$;

(e) $\sum_{i=3}^{7} x_i^2$;

(f) $\sum_{j=1}^{4} (x_j + y_j)$.

3.74 Escreva cada uma das seguintes somas como um somatório, ou seja, na notação $\sum$:

(a) $z_1 + z_2 + z_3 + z_4 + z_5$;
(b) $x_5 + x_6 + x_7 + x_8 + x_9 + x_{10} + x_{11} + x_{12}$;
(c) $x_1 f_1 + x_2 f_2 + x_3 f_3 + x_4 f_4 + x_5 f_5 + x_6 f_6$;
(d) $y_1^2 + y_2^2 + y_3^2$;
(e) $2x_1 + 2x_2 + 2x_3 + 2x_4 + 2x_5 + 2x_6 + 2x_7$;
(f) $(x_2 - y_2) + (x_3 - y_3) + (x_4 - y_4)$;
(g) $(z_2 + 3) + (z_3 + 3) + (z_4 + 3) + (z_5 + 3)$;
(h) $x_1 y_1 f_1 + x_2 y_2 f_2 + x_3 y_3 f_3 + x_4 y_4 f_4$.

3.75 Dados $x_1 = 3, x_2 = 2, x_3 = -2, x_4 = 5, x_5 = -1, x_6 = 3, x_7 = 2$ e $x_8 = 4$, encontre

(a) $\sum_{i=1}^{8} x_i$;

(b) $\sum_{i=1}^{8} x_i^2$.

3.76 Dados $x_1 = 2, x_2 = 3, x_3 = 4, x_4 = 5, x_5 = 6, f_1 = 2, f_2 = 8, f_3 = 9, f_4 = 3$ e $f_5 = 2$, encontre

(a) $\sum_{i=1}^{5} x_i$;

(b) $\sum_{i=1}^{5} f_i$;

(c) $\sum_{i=1}^{5} x_i f_i$;

(d) $\sum_{i=1}^{5} x_i^2 f_i$.

3.77 Dados $x_1 = 4, x_2 = -2, x_3 = 3, x_4 = -1, y_1 = 5, y_2 = -2, y_3 = 4$ e $y_4 = -1$, encontre

(a) $\sum_{i=1}^{4} x_i$;

(b) $\sum_{i=1}^{4} y_i$;

(c) $\sum_{i=1}^{4} x_i^2$;

(d) $\sum_{i=1}^{4} y_i^2$;

(e) $\sum_{i=1}^{4} x_i y_i$.

3.78 Dados $x_{11} = 4, x_{12} = 2, x_{13} = -1, x_{14} = 3, x_{21} = 2, x_{22} = 5, x_{23} = -1, x_{24} = 6, x_{31} = 4, x_{32} = -1, x_{33} = 3$ e $x_{34} = 4$, encontre

(a) $\sum_{i=1}^{3} x_{ij}$ separadamente para $j = 1, 2, 3$ e 4;

(b) $\sum_{j=1}^{4} x_{ij}$ separadamente para $i = 1, 2$ e 3.

3.79 Com referência ao Exercício 3.78, calcule o valor do somatório duplo $\sum_{i=1}^{3}\sum_{j=1}^{4} x_{ij}$ usando
(a) os resultados da parte (a) daquele exercício;
(b) os resultados da parte (b) daquele exercício.

3.80 Mostre que $\sum_{i=1}^{n}(x_i - \overline{x}) = 0$ para qualquer conjunto de elementos x cuja média é $\overline{x}$.

3.81 Em geral, é verdade que $\left(\sum_{i=1}^{n} x_i\right)^2 = \sum_{i=1}^{n} x_i^2$? (*Sugestão*: verifique se a equação vale para $n = 2$.)

3.9 LISTA DE TERMOS-CHAVE (com indicação das páginas de suas definições)

Amostra, 57
Amplitude média, 69, 74
Análise exploratória de dados, 69
*Codificação, 81
Dado estranho, 61
Decil, 69
Dobradiça inferior, 75
Dobradiça superior, 75
*Erro de agrupamento, 77
Estatística, 59
Gráfico de caixa, 70
Gráfico de caixa com bigode, 70
Grande média, 63
Média, 58
Média aritmética, 58
Média geométrica, 58, 65
Média harmônica, 58, 65
Média ponderada, 62

Mediana, 61, 66
Medidas de dispersão, 56
Medidas de tendência, 56
Medidas de tendência central, 56
Moda, 69, 72
Notação sigma, 59
Parâmetro, 59
Percentil, 69
Peso de importância relativa, 62
População, 57
Posição mediana, 67
Quantil, 69
Quartil, 69
Quartil médio, 69, 70
Somatório duplo, 82
Tamanho de população, 59
Tamanho de uma amostra, 58
Teorema de Markov, 64

3.10 REFERÊNCIAS

Discussões informais sobre a ética envolvida na escolha entre médias e outras questões relativas à ética em Estatística em geral estão dadas em

HOOKE, R., *How to Tell the Liars from the Statisticians*. New York: Marcel Dekker, Inc., 1983.

HUFF, D. *How to Lie with Statitics*. New York: W.W. Norton & Company, Inc., 1954.

Para outras informações sobre a utilização e interpretação das dobradiças, consulte os livros sobre análise exploratória de dados referidos à página 55.

4

RESUMINDO DADOS: MEDIDAS DE DISPERSÃO

4.1 A Amplitude 86
4.2 O Desvio-Padrão e a Variância 86
4.3 Aplicações do Desvio-Padrão 89
*4.4 Descrição de Dados Agrupados 96
4.5 Algumas Descrições Adicionais 98
4.6 Lista de Termos-Chave 103
4.7 Referências 103

Uma característica da maioria dos conjuntos de dados é que os valores não são todos iguais entre si; de fato, a extensão de sua diferença ou variabilidade é de fundamental importância na Estatística. Considere os seguintes exemplos:

Num hospital em que o pulso de cada paciente é medido três vezes por dia, o paciente A acusou uma taxa de 72, 76 e 74, enquanto o paciente B acusou 72, 91 e 59. A taxa média de ambos pacientes é a mesma, 74, mas observe a diferença de variabilidade. Enquanto a pulsação do paciente A é estável, a de B apresenta uma grande flutuação.

Um supermercado estoca certos sacos de 500 g de nozes mistas, que, em média, contêm 12 amêndoas por unidade. Se todos os sacos contêm entre 10 e 14 amêndoas, o produto é consistente e satisfatório, mas a situação é bem diferente se alguns sacos não contiverem amêndoa alguma enquanto outros contiverem 20 ou mais.

A medida da variabilidade tem importância especial em inferência estatística. Suponha, por exemplo, que tenhamos uma moeda ligeiramente deformada e que consideremos se ainda há uma chance de meio a meio de aparecer cara. E se jogarmos a moeda 100 vezes e obtivermos 28 caras e 72 coroas? A escassez das caras, apenas 28 onde esperaríamos 50, implica que a moeda não é "honesta"? Para responder tais questões, precisamos saber algo sobre a magnitude das flutuações, ou variações, causadas pela chance, ou acaso, quando moedas são jogadas 100 vezes.

Esses três exemplos foram apresentados para mostrar a necessidade de medir a extensão da variação ou dispersão dos dados; as medidas correspondentes que fornecem essa informação chamam-se **medidas de dispersão**. Nas Seções 4.1 a 4.3, apresentamos as medidas de dispersão mais utilizadas e algumas de suas aplicações especiais. Na Seção 4.5 discutimos algumas descrições estatísticas que não são medidas de tendência, nem medidas de dispersão.

4.1 A AMPLITUDE

Para introduzir uma maneira simples de medir a dispersão, vamos nos reportar ao primeiro dos três exemplos dados anteriormente, em que a taxa de pulsação do paciente A variava de 72 a 76 enquanto a do paciente B variava de 59 a 91. Esses valores extremos (o menor e o maior) são indicativos da variação ou dispersão dos dois conjuntos de dados e praticamente a mesma informação é transmitida se tomarmos as diferenças entre os respectivos extremos. Formulemos, pois, a seguinte definição:

> **A amplitude de um conjunto de dados é a diferença entre o maior e o menor valor.**

Para o paciente A, a amplitude da taxa de pulsação era de 76 − 72 = 4 e para o paciente B era de 91 − 59 = 32. Também para o comprimento das trutas marinhas, à página 26, a amplitude era de 23,5 − 16,6 = 6,9 centímetros e para os tempos de espera entre erupções do gêiser *Old Faithful* a amplitude era de 118 − 33 = 85 minutos.

É fácil entender conceitualmente a amplitude; seu cálculo é muito fácil e há uma curiosidade natural sobre os valores mínimo e máximo. Não obstante, a amplitude não é uma medida muito útil da variação: seu principal defeito é que não nos diz coisa alguma sobre a dispersão dos valores entre os dois extremos. Por exemplo, cada um dos três conjuntos de dados a seguir

```
Conjunto A:  5  18  18  18  18  18  18  18  18
Conjunto B:  5   5   5   5   5  18  18  18  18
Conjunto C:  5   6   8   9  10  12  14  15  17  18
```

tem um amplitude de 18 − 5 = 13, mas suas dispersões entre o primeiro e o último valor são totalmente diferentes.

Na prática, a amplitude é usada principalmente como uma medida de dispersão "rápida e fácil"; por exemplo, no controle de qualidade industrial é usada para manter um controle imediato sobre matérias-primas e produtos, na base de pequenas amostras tomadas a intervalos de tempo regulares.

Enquanto a amplitude abrange todos os valores em uma amostra, uma medida análoga abrange (mais ou menos) os 50% centrais. É a **amplitude interquartil** $Q_3 - Q_1$, onde Q_3 e Q_1 podem ser definidos como na Seção 3.5, na Seção 3.7, ou no Exercício 3.52. Por exemplo, para os doze registros de temperaturas do Exercício 3.16, poderíamos usar 100 − 71,5 = 28,5 e para os dados agrupados do Exemplo 3.24 poderíamos usar 87,58 − 69,71 = 17,87. Alguns estatísticos usam a **amplitude semi-interquartil** $\frac{1}{2}(Q_3 - Q_1)$, que também é denominada **desvio quartil**.

4.2 O DESVIO-PADRÃO E A VARIÂNCIA

Para definir o **desvio-padrão**, de longe a medida de dispersão geralmente mais útil, observemos que a dispersão de um conjunto de dados é pequena se os valores estão bem concentrados em torno da média, e é grande se os valores estão muito espalhados em torno da média. Poderia, assim, parecer razoável medir a variação de um conjunto de dados em termos das quantidades pelas quais os valores desviam de sua média. Se um conjunto de números

$$x_1, x_2, x_3, \ldots, \text{ e } x_n$$

constitui uma amostra com a média $\overline{x}$, então as diferenças

$$x_1 - \overline{x}, x_2 - \overline{x}, x_3 - \overline{x}, \ldots, \quad \text{e} \quad x_n - \overline{x}$$

são denominadas **desvios da média**, e poderíamos tomar sua média como uma medida da variabilidade da amostra. Infelizmente, isso não funciona. A menos que os x sejam todos iguais, alguns desvios da média serão positivos, outros serão negativos e, no Exercício 3.80, pede-se ao leitor para mostrar que a soma dos desvios da média, $\sum(x - \overline{x})$ e, portanto, também a sua média, é sempre igual a zero.

Como estamos interessados nas magnitudes dos desvios, e não no fato de eles serem positivos ou negativos, poderíamos simplesmente ignorar os sinais e definir uma medida da variação em termos dos valores absolutos dos desvios da média. De fato, se somarmos os desvios da média como se fossem todos positivos ou zero e dividirmos por n, obteremos a medida estatística denominada **desvio médio**. Essa medida tem um apelo intuitivo mas, por causa dos valores absolutos, leva a sérias dificuldades teóricas em problemas de inferência e raramente é usada.

Uma abordagem alternativa é trabalhar com os quadrados dos desvios da média, já que isso também elimina o efeito dos sinais. Os quadrados de números reais não podem ser negativos; de fato, os quadrados dos desvios de uma média são todos positivos, a menos que aconteça de algum dos valores coincidir com a média. Então, se tomarmos a média dos quadrados dos desvios da média e extrairmos a raiz quadrada do resultado (para compensar o fato de termos tomado os quadrados dos desvios), obteremos

$$\sqrt{\frac{\sum(x - \overline{x})^2}{n}}$$

e é assim que tradicionalmente se definia o desvio-padrão. Expressando literalmente o que fizemos aqui matematicamente, isso também é denominado o **desvio da raiz dos quadrados médios**.

Hoje em dia, é costume modificar essa fórmula dividindo a soma dos quadrados dos desvios da média por $n - 1$, em vez de dividir por n. Seguindo essa prática, que será explicada adiante, definimos o **desvio-padrão amostral**, denotado por s, como

DESVIO-PADRÃO AMOSTRAL

$$s = \sqrt{\frac{\sum(x - \overline{x})^2}{n - 1}}$$

O quadrado do desvio-padrão amostral é denominado **variância amostral**, e é apropriado denotá-la por s^2. Não há necessidade de dar uma fórmula em separado para a variância amostral, que é simplesmente dada pela mesma fórmula do desvio-padrão amostral com a remoção do sinal de raiz quadrada.

Essas fórmulas para o desvio-padrão e para a variância aplicam-se a amostras mas, substituindo μ no lugar de $\overline{x}$ e N no lugar de n, obtemos formulas análogas para o desvio-padrão e a variância de uma população. É costume denotar o **desvio-padrão populacional** por σ (*sigma*, a letra grega correspondente ao s minúsculo) quando dividimos por N, e por S quando dividimos por $N - 1$. Correspondentemente, σ^2 é a **variância populacional**.

Em geral, a finalidade de calcular uma estatística amostral (como a média, o desvio-padrão, ou a variância) é estimar o parâmetro populacional correspondente. Se efetivamente tomássemos muitas amostras de uma população que tem média μ, calculássemos as médias amostrais $\overline{x}$, e então tomássemos as médias de todas essas estimativas de μ, deveríamos ver que essa média fica muito próxima de μ. Entretanto, se calculássemos a variância de cada amostra por meio da fórmula $\dfrac{\sum(x-\overline{x})^2}{n}$ e então tomássemos a média de todas essas possíveis estimativas de σ^2, provavelmente veríamos que essa média é menor do que σ^2. Teoricamente, pode ser mostrado que podemos compensar isso dividindo por $n-1$, em vez de por n na fórmula de s^2. Os estimadores que gozam da propriedade desejável de que seus valores, em média, são iguais à quantidade que deveriam estimar, são chamados de **não-tendenciosos**; caso contrário, dizemos que são **tendenciosos**. Assim, dizemos que $\overline{x}$ é um estimador não-tendencioso da média populacional μ e que s^2 é um estimador não-tendencioso da variância populacional σ^2. Disso não segue que também s seja um estimador não-tendencioso de σ, mas quando n é grande, a tendenciosidade é pequena e pode ser, em geral, ignorada.

Ao calcularmos o desvio-padrão amostral utilizando a fórmula pela qual foi definido, devemos (1) encontrar $\overline{x}$, (2) determinar os n desvios da média $x-\overline{x}$, (3) elevar esses desvios ao quadrado, (4) somar todos os quadrados dos desvios, (5) dividir por $n-1$ e (6) extrair a raiz quadrada do resultado obtido no passo (5). Na prática, esse método raramente é usado, pois existem muitos atalhos, mas vamos ilustrá-lo aqui para enfatizar o que de fato é medido pelo desvio-padrão.

EXEMPLO 4.1 Um laboratório de patologia encontrou 8, 11, 7, 13, 10, 11, 7 e 9 bactérias de um certo tipo em culturas de oito pessoas aparentemente saudáveis. Calcule s.

Solução Calculando inicialmente a média, obtemos

$$\overline{x} = \frac{8+11+7+13+10+11+7+9}{8} = 9{,}5$$

e então o trabalho necessário para calcular $\sum(x-\overline{x})^2$ pode ser arranjado como na tabela a seguir:

x	$x-\overline{x}$	$(x-\overline{x})^2$
8	−1,5	2,25
11	1,5	2,25
7	−2,5	6,25
13	3,5	12,25
10	0,5	0,25
11	1,5	2,25
7	−2,5	6,25
9	−0,5	0,25
	0,0	32,00

Finalmente, dividindo 32,00 por $8-1=7$ e extraindo a raiz quadrada (com a mais simples calculadora manual), obtemos

$$s = \sqrt{\frac{32{,}00}{7}} = \sqrt{4{,}57} = 2{,}14$$

arredondado até a segunda casa decimal.

Note que, na tabela precedente, o total da coluna do meio é zero; como isso sempre deve ocorrer, constitui uma maneira conveniente de conferir os cálculos.

Foi fácil calcular *s* nesse exemplo porque os dados eram todos números inteiros e a média era exata até a primeira casa decimal. Caso contrário, os cálculos exigidos pela fórmula que define *s* podem ser bastante cansativos e, a menos que possamos obter *s* diretamente com uma calculadora estatística ou um computador, ajuda usar a fórmula

FÓRMULA DE CÁLCULO DO DESVIO-PADRÃO AMOSTRAL

$$s = \sqrt{\frac{S_{xx}}{n-1}} \quad \text{onde} \quad S_{xx} = \sum x^2 - \frac{(\sum x)^2}{n}$$

EXEMPLO 4.2 Use essa fórmula de cálculo de *s* para refazer o Exemplo 4.1.

Solução Calculamos primeiro $\sum x$ e $\sum x^2$, obtendo

$$\sum x = 8 + 11 + 7 + \cdots + 7 + 9$$
$$= 76$$

e

$$\sum x^2 = 64 + 121 + 49 + 169 + 100 + 121 + 49 + 81$$
$$= 754$$

Então, substituindo esses totais e *n* = 8 na fórmula para S_{xx} e *n* – 1 = 7 e o valor obtido para S_{xx} na fórmula para *s*, resulta

$$S_{xx} = 754 - \frac{(76)^2}{8} = 32$$

e, portanto, $s = \sqrt{\frac{32}{7}} = 2{,}14$, arredondado até a segunda casa decimal. Isso concorda, como deveria, com o resultado obtido anteriormente.

Como deveria ter ficado aparente desses dois exemplos, a vantagem da fórmula de cálculo é que obtivemos os resultados sem precisar calcular $\bar{x}$ nem trabalhar com os desvios da média. Por falar nisso, a fórmula de cálculo também pode ser usada para obter σ, substituindo o *n* da fórmula para S_{xx} e o *n* – 1 da fórmula para *s* por *N*.

4.3 APLICAÇÕES DO DESVIO-PADRÃO

Nos capítulos subseqüentes, os desvios-padrão amostrais serão usados principalmente para estimar os desvios-padrão populacionais em problemas de inferência. Até lá, para possibilitar ao leitor uma melhor compreensão do que o desvio-padrão realmente mede, dedicamos esta seção a algumas aplicações.

No argumento que levou à definição do desvio-padrão, observemos que a dispersão de um conjunto de dados é pequena se os valores estão bem concentrados em torno da média, e é grande se os valores estão muito espalhados em torno da média. Correspondentemente, podemos dizer agora que, se o desvio-padrão de um conjunto de dados é pequeno, os valores estão bem concentrados em torno da média, e se o desvio-padrão é grande, os valores estão muito espalhados em torno da média. Essa idéia é expressa mais formalmente pelo seguinte teorema, denominado **Teorema de Tchebichev**, em homenagem ao matemático russo P. L. Tchebichev (1821–1894):

TEOREMA DE TCHEBICHEV

> *Para qualquer conjunto de dados (população ou amostra) e qualquer constante k maior do que 1, a proporção dos dados que devem estar a menos de k desvios-padrão de qualquer um dos dois lados da média é pelo menos*
>
> $$1 - \frac{1}{k^2}$$

Pode ser surpreendente que possamos fazer afirmações tão convictas, mas é um fato que pelo menos $1 - \frac{1}{2^2} = \frac{3}{4}$, ou 75%, dos valores de *qualquer* conjunto de dados devem estar a menos de dois desvios-padrão de qualquer um dos dois lados da média, pelo menos $1 - \frac{1}{5^2} = \frac{24}{25}$, ou 96%, devem estar a menos de cinco desvios-padrão de qualquer um dos dois lados da média, e pelo menos $1 - \frac{1}{10^2} = \frac{99}{100}$, ou 99%, devem estar a menos de dez desvios-padrão de qualquer um dos dois lados da média. Aqui tomamos, arbitrariamente, $k = 2, 5$ e 10.

EXEMPLO 4.3 Um estudo do valor nutricional de um certo tipo de queijo de baixos teores de gordura mostrou que, em média, uma fatia de 30 gramas contém 3,50 gramas de gordura com um desvio-padrão de 0,04 gramas de gordura.

(a) De acordo com o teorema de Tchebichev, pelo menos qual percentagem de uma fatia de 30 gramas desse tipo de queijo deve ter um conteúdo de gordura entre 3,38 e 3,62 gramas de gordura?

(b) De acordo com o teorema de Tchebichev, entre quais valores deve estar o conteúdo de gordura de pelo menos 93,75% das fatias de 30 gramas desse tipo de queijo?

Solução (a) Como $3,62 - 3,50 = -3,38 = 0,12$, vemos que $k(0,04) = 0,12$ e, portanto, $k = \frac{0,12}{0,04} = 3$. Segue que pelo menos $1 - \frac{1}{3^2} = \frac{8}{9}$, ou, aproximadamente, 88,9% das fatias de 30 gramas do queijo têm um conteúdo de gordura entre 3,38 e 3,62 gramas de gordura.

(b) Como $1 - \frac{1}{k^2} = 0,9375$, vemos que $\frac{1}{k^2} = 1 - 0,9375 = 0,0625$, $k^2 = \frac{1}{0,0625} = 16$ e $k = 4$. Segue que 93,75% das fatias de 30 gramas desse queijo têm entre $3,50 - 4(0,04) = 3,34$ e $3,50 + 4(0,04)$ gramas de gordura.

O teorema de Tchebichev pode ser aplicado a qualquer tipo de dados, mas tem seus defeitos. Como ele nos diz meramente "pelo menos qual proporção" de um conjunto de dados deve estar entre certos limites (isto é, fornece apenas uma cota inferior à verdadeira proporção), ele tem poucas aplicações práticas. O teorema foi apresentado aqui apenas para dar uma idéia de como o desvio-padrão se relaciona com a dispersão de um conjunto de dados, e vice-versa.

Para distribuições que se apresentam no formato geral da seção transversal de um sino (ver Figura 4.1), podemos fazer as seguintes afirmações muito mais fortes:

> **Cerca de 68% dos valores estão a menos de um desvio-padrão da média, isto é, entre** $\bar{x} - s$ **e** $\bar{x} + s$.
>
> **Cerca de 95% dos valores estão a menos de dois desvios-padrão da média, isto é, entre** $\bar{x} - 2s$ **e** $\bar{x} + 2s$.
>
> **Cerca de 99,7% dos valores estão a menos de três desvios-padrão da média, isto é, entre** $\bar{x} - 3s$ **e** $\bar{x} + 3s$.

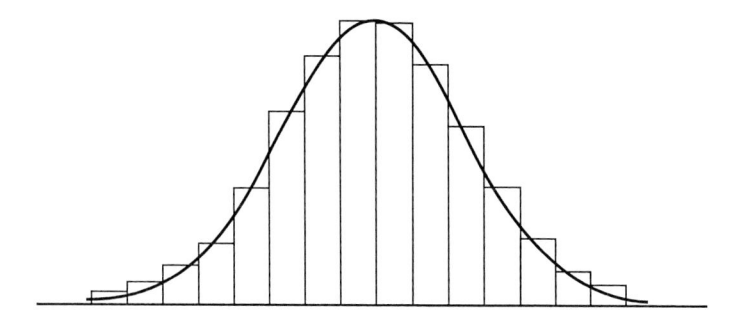

Figura 4.1
Distribuição em forma de sino.

Esse resultado é, às vezes, denominado **regra empírica**, presumivelmente porque tais percentagens são observadas na prática. Na realidade, trata-se de um resultado teórico baseado na distribuição normal, que estudaremos no Capítulo 9 (ver, em particular, o Exercício 9.10).

EXEMPLO 4.4 No Exemplo 3.21, calculamos a média dos tempos de espera agrupados entre erupções do *Old Faithful*, obtendo 78,59, e no Exemplo 4.7 mostraremos que o desvio-padrão correspondente é 14,35. Use esses números para determinar, a partir dos dados originais dados no Exemplo 3.24, qual percentagem desses valores está a menos de três desvios-padrão da média.

Solução Como $\bar{x} = 78,59$ e $s = 14,35$, determinaremos qual percentagem dos valores cai entre $78,59 - 3(14,35) = 35,54$ e $78,59 + 3(14,35) = 121,64$. Contando dois dos valores, 33 e 35, abaixo de 35,54 e nenhum acima de 121,64, obtemos que $110 - 2 = 108$ dos valores e, portanto, que

$$\frac{108}{110} \cdot 100 = 98,2\%$$

dos tempos de espera originais caem a menos de três desvios-padrão da média. Isso está razoavelmente próximo dos 99,7% esperados, mas também a distribuição dos tempos de espera não tem um formato perfeito de sino.

Na introdução deste capítulo demos três exemplos em que o conhecimento da variabilidade dos dados tinha uma importância especial. Isso também é verdade quando queremos comparar números pertencentes a diferentes conjuntos de dados. A título de ilustração, suponhamos que o exame final num curso de língua francesa consista em duas partes, vocabulário e gramática, e que um certo aluno obtenha 66 pontos na parte de vocabulário e 80 pontos na parte de gramática. À primeira vista, poderia parecer que o aluno obteve resultado muito melhor em gramática do que em vocabulário, mas suponhamos que todos os alunos da turma tenham feito uma média de 51 pontos na parte de vocabulário com um desvio-padrão de 12, e 72 pontos na parte de gramática, com um desvio-padrão de 16. Assim, podemos argumentar que a nota do aluno na parte de vocabulário está $\frac{66-51}{12} = 1,25$ desvios-padrão acima da média da turma, enquanto que sua nota na parte de gramática está a apenas $\frac{80-72}{16} = 0,50$ desvios-padrão acima da média da turma. Embora as notas originais não possam ser significativamente comparadas, esses novos escores, expressos em termos de desvios-padrão, podem ser comparados. É claro que, comparado com o resto da turma, o aluno dado obteve uma classificação muito mais alta em seu conhecimento de vocabulário da língua francesa do que no conhecimento de gramática francesa.

O que fizemos aqui foi converter as notas em **unidades padronizadas**, ou **escores** *z*. Em geral, se *x* é uma mensuração pertencente a um conjunto de dados com média $\bar{x}$ (ou μ) e desvio-padrão *s* (ou σ), então seu valor em unidades padronizadas, denotadas por *z*, é

FÓRMULA DE CONVERSÃO PARA UNIDADES PADRONIZADAS

$$z = \frac{x - \overline{x}}{s} \quad ou \quad z = \frac{x - \mu}{\sigma}$$

conforme os dados constituam uma amostra ou uma população. Nessas unidades, z nos diz quantos desvios-padrão um valor está acima ou abaixo da média do conjunto de dados ao qual pertence. Essas unidades padronizadas serão utilizadas com freqüência em capítulos posteriores.

EXEMPLO 4.5 A Sra. Santos pertence a uma faixa etária na qual o peso médio é de 56 kg, com desvio-padrão de 6 kg, e seu marido, o Sr. Santos, pertence a uma faixa etária na qual o peso médio é de 82 kg, com desvio-padrão de 9 kg. Se a Sra Santos pesa 66 kg e o Sr. Santos pesa 96 kg, qual dos dois, relativamente ao peso médio de sua faixa etária, está com o maior excesso de peso?

Solução O peso do Sr. Santos está 96 – 82 = 14 kg acima da média e o peso da Sra. Santos está "somente" 66 – 56 = 10 kg acima da média, mas em unidades padronizadas obtemos $\frac{96-82}{9} \approx 1,55$ para o Sr. Santos e $\frac{66-56}{6} \approx 1,66$ para a Sra. Santos. Assim, relativamente ao peso médio de sua faixa etária, a Sra. Santos está mais acima do peso do que o Sr. Santos.

Uma desvantagem considerável do desvio-padrão como medida de dispersão é que ele depende das unidades de medida. Por exemplo, os pesos de determinados objetos podem ter um desvio-padrão de 0,1 grama, mas não sabemos se isso reflete uma variação muito grande ou uma variação muito pequena. Se estivéssemos pesando minúsculos ovos de pássaros pequenos, um desvio-padrão de 0,1 grama refletiria uma variação considerável, mas isso não ocorreria se estivéssemos pesando sacos de 60 kg de batatas. O que nos interessa numa tal situação é uma **medida de dispersão relativa**, como o **coeficiente de dispersão**, definida pela seguinte fórmula:

COEFICIENTE DE DISPERSÃO

$$V = \frac{s}{\overline{x}} \cdot 100\% \quad ou \quad V = \frac{\sigma}{\mu} \cdot 100\%$$

O coeficiente de dispersão expressa o desvio-padrão como uma percentagem do que está sendo medido, pelo menos em média.

EXEMPLO 4.6 As várias medições do diâmetro de um mancal, efetuadas com um micrômetro, acusaram uma média de 2,49 mm e um desvio-padrão de 0,012 mm, e as várias medições do comprimento natural e uma mola (não distendida) efetuadas com um outro micrômetro acusaram uma média de 0,75 cm e um desvio-padrão de 0,002 cm. Qual dos dois micrômetros é relativamente mais preciso?

Solução Calculando os dois coeficientes de dispersão, obtemos

$$\frac{0,012}{2,49} \cdot 100 \approx 0,48\% \quad e \quad \frac{0,002}{0,75} \cdot 100 \approx 0,27\%$$

Assim, as medições do comprimento da mola são relativamente menos variáveis, o que significa que o segundo micrômetro é mais preciso.

EXERCÍCIOS

4.1 Quatro determinações obtidas da densidade específica do alumínio são 2,64; 2,70; 2,67 e 2,63. Encontre
(a) a amplitude;
(b) o desvio-padrão (usando a fórmula que define s).

4.2 Tem sido alegado que, para amostras de tamanho $n = 4$, a amplitude deveria ter mais ou menos o dobro do tamanho do desvio-padrão. Use os resultados do Exercício 4.1 para conferir essa alegação.

4.3 Os dez empregados de um lar geriátrico freqüentaram um curso de primeiros socorros e obtiveram os escores 17, 20, 12, 14, 18, 23, 17, 19, 18 e 15 num teste aplicado no final do curso. Encontre
(a) a amplitude;
(b) o desvio-padrão (usando a fórmula de cálculo de s).

4.4 Tem sido alegado que, para amostras de tamanho $n = 10$, a amplitude deveria ter mais ou menos o triplo do tamanho do desvio-padrão. Use os resultados do Exercício 4.3 para conferir essa alegação.

4.5 Com referência ao Exercício 4.3, use o resultado da parte (a) daquele exercício e compare-o com o dobro da amplitude interquartil. Deveria ser surpreendente que a amplitude é o maior dos dois números?

4.6 Use a fórmula de cálculo de s para calcular o desvio-padrão das medições da espessura de uma galvanização com liga de alumínio do Exercício 2.39.

4.7 Use um computador ou uma calculadora gráfica para determinar o desvio-padrão amostral solicitado no Exercício 4.6. Compare o resultado com o obtido no Exercício 4.6.

4.8 No Exercício 3.5 foram dadas as quantidades de segundos que 12 insetos sobreviveram a uma aplicação de um certo inseticida, a saber, 112, 83, 102, 84, 105, 121, 76, 110, 98, 91, 103 e 85. Encontre o desvio-padrão usando
(a) a fórmula que define s;
(b) a fórmula de cálculo de s.

4.9 Em 1992 havia 7, 8, 4, 11, 13, 15, 6 e 4 jornais dominicais em oito estados da região montanhosa do EUA. Registre o tempo que você leva para calcular σ para esses dados usando
(a) a fórmula que define σ;
(b) a fórmula de cálculo de s adaptada para o cálculo de σ.

4.10 No Exercício 3.7 foi apresentada uma pipeta calibrada para 10 ml que continha na verdade 9,96; 9,98; 9,92; 9,98 e 9,96 mls.
(a) Calcule s para essas cinco medições.
(b) Subtraia 9,90 de cada uma das cinco medições e então calcule s para os dados resultantes.

Qual é a simplificação que isso sugere para o cálculo do desvio-padrão?

4.11 No Exercício 3.44 foram dados os seguintes registros (em graus Fahrenheit) das temperaturas observadas em pontos distintos de uma grande estufa: 409, 412, 439, 411, 432, 432, 405, 411, 422, 417, 440, 427, 411 e 417.
(a) Calcule s para esses quatorze registros de temperaturas.
(b) Subtraia 400 de cada um desses quatorze registros de temperaturas e então calcule s para os dados resultantes.

Qual é a simplificação que isso sugere para o cálculo do desvio-padrão?

4.12 Num certo dia chuvoso durante a temporada de chuvas foram registrados 0,32; 0,12; 0,65; 1,02; 1,42; 0,05; 0,62; 0,25; 1,50 e 0,45 cm de precipitação em dez localidades de uma região árida.
(a) Calcule s para esses dados.
(b) Multiplique cada um desses números por 100, calcule s para os dados resultantes, e compare o resultado com o obtido na parte (a).

Qual é uma possível simplificação que isso sugere para o cálculo do desvio-padrão?

4.13 Calcule a dispersão das espessuras dos vinte revestimentos de lubrificante dados no Exercício 3.42.

4.14 Use um aplicativo de computador ou uma calculadora gráfica para verificar que o desvio-padrão dos tempos de espera entre erupções do gêiser *Old Faithful* dados no Exemplo 2.4 é $s = 14,666$, arredondado até a terceira casa decimal.

4.15 Use um aplicativo de computador ou uma calculadora gráfica para determinar o desvio-padrão dos comprimentos das 60 trutas marinhas dados no início da Seção 2.1.

4.16 Com referência ao Exercício 2.44, use um aplicativo de computador ou uma calculadora gráfica para determinar o desvio-padrão dos números relativos à freqüência de ex-alunos associados solteiros às excursões.

4.17 Encontre o desvio-padrão das doze médias e das doze medianas obtidas no Exercício 3.34. O que é indicado pela diferença de magnitude desses dois desvios-padrão?

4.18 De acordo com o teorema de Tchebichev, o que pode ser afirmado sobre a proporção de qualquer conjunto de dados que deve estar a k desvios-padrão de qualquer um dos dois lados da média, quando
(a) $k = 6$;
(b) $k = 12$;
(c) $k = 21$?

4.19 De acordo com o teorema de Tchebichev, o que pode ser afirmado sobre a proporção de qualquer conjunto de dados que deve estar a k desvios-padrão de qualquer um dos dois lados da média, quando
(a) $k = 2,5$;
(b) $k = 16$?

4.20 Os registros de um hospital mostram que, em média, uma certa cirurgia dura 111,6 minutos, com um desvio-padrão de 2,8 minutos. Pelo menos qual percentagem dessas cirurgias levam algum tempo entre
(a) 106,0 e 117,2 minutos;
(b) 97,6 e 125,6 minutos?

4.21 Com referência ao Exercício 4.20, entre quais quantidades de minutos devem estar as durações de
(a) pelo menos 35/36 dessas cirurgias;
(b) pelo menos 99% dessas cirurgias?

4.22 Tendo feito registros ao longo de vários meses, uma gerente sabe que, em média, ela leva 47,7 minutos com desvio-padrão de 2,46 minutos para dirigir até o trabalho desde sua casa num bairro afastado. Se ela sempre sai exatamente uma hora antes do início de seu turno, qual é a percentagem máxima de vezes que ela chega atrasada?

4.23 A seguir estão as quantidades (em toneladas) de óxido sulfúrico emitido por uma planta industrial ao longo de 80 dias:

```
15,8  26,4  17,3  11,2  23,9  24,8  18,7  13,9   9,0  13,2
22,7   9,8   6,2  14,7  17,5  26,1  12,8  28,6  17,6  23,7
26,8  22,7  18,0  20,5  11,0  20,9  15,5  19,4  16,7  10,7
19,1  15,2  22,9  26,6  20,4  21,4  19,2  21,6  16,9  19,0
18,5  23,0  24,6  20,1  16,2  18,0   7,7  13,5  23,5  14,5
14,4  29,6  19,4  17,0  20,8  24,3  22,5  24,6  18,4  18,1
 8,3  21,9  12,3  22,3  13,3  11,8  19,3  20,0  25,7  31,8
25,9  10,5  15,9  27,5  18,1  17,9   9,4  24,1  20,1  28,5
```

(a) Agrupe esses dados nas classes 5,0–8,9; 9,0–12,9; 13,0–16,9; 17,0–20,9; 21,0–24,9; 25,0–28,9 e 29,0–32,9. Também esboce um histograma dessa distribuição e decida se ela pode ser descrita como sendo em forma de sino.

(b) Use um aplicativo de computador ou uma calculadora gráfica para determinar os valores de $\bar{x}$ e de s para os dados não-agrupados.

(c) Use os resultados da parte (b) para determinar os valores de $\bar{x} \pm s$, $\bar{x} \pm 2s$, e $\bar{x} \pm 3s$.

(d) Use os resultados da parte (c) para determinar qual percentagem dos dados originais cai a menos de um desvio-padrão de qualquer um dos dois lados da média, qual percentagem dos dados originais cai a menos de dois desvios-padrão de qualquer um dos dois lados da média, e qual percentagem dos dados originais cai a menos de três desvios-padrão de qualquer um dos dois lados da média.

(e) Compare as percentagens obtidas na parte (d) com os 68, 95 e 99,7% alegados pela regra empírica.

4.24 Os candidatos a um curso de uma universidade estadual têm um escore médio em Português de 19,4 com desvio-padrão de 3,1, ao passo que os candidatos a um outro curso da universidade estadual têm um escore médio em Português de 20,1 com desvio-padrão de 2,8, Se um candidato se inscreveu em ambos cursos, em qual ele está melhor posicionado com
(a) um escore de 24 em Português;
(b) um escore de 29 em Português?

4.25 Para cada ação negociada por uma corretora são informados os valores atuais de negociação, o valor médio ao longo dos últimos seis meses, e uma medida de sua variabilidade. A ação A está atualmente sendo vendida a 76,75 unidades monetárias, com uma média de 58,25 unidades monetárias ao longo dos últimos seis meses e um desvio-padrão de 11 unidades monetárias. A ação B está atualmente sendo vendida a 49,50 unidades monetárias, com uma média de 37,50 unidades monetárias ao longo dos últimos seis meses e um desvio-padrão de 4 unidades monetárias. Deixando de lado quaisquer outras considerações, qual das duas ações está atualmente mais sobrevalorizada?

4.26 Em 10 rodadas de golfe, um golfista fez uma média de 76,2 com desvio-padrão de 2,4 enquanto um outro fez uma média de 84,9 com desvio-padrão de 3,5. Qual dos dois golfistas é relativamente mais consistente?

4.27 Se cinco espécimes de latão duro tinham forças de ruptura de 49, 52, 51, 53 e 55 kgf e em quatro domingos a precipitação de chuva numa marinha totalizou 5,5; 4,5; 4,0 e 6,0 mm, qual desses dois conjuntos de dados é relativamente mais disperso?

4.28 De acordo com os registros, a média do nível de glicose sanguínea medido em jejum durante vários meses de uma pessoa foi de 118,2, com desvio-padrão de 4,8, enquanto a média do nível de glicose sanguínea medido em jejum durante vários meses de uma outra pessoa foi de 109,7, com desvio-padrão de 4,7. Qual das duas pessoas teve um nível de glicose sanguínea relativamente mais disperso?

4.29 Uma medida alternativa da dispersão relativa é o **coeficiente de dispersão quartil**, definido como a razão entre a amplitude semi-interqaurtil e o quartil médio multiplicado por 100, ou seja, por

$$\frac{Q_3 - Q_1}{Q_3 + Q_1} \cdot 100$$

Encontre o coeficiente de dispersão interquartil dos números de segundos que os insetos do Exercício 4.8 sobreviveram à aplicação do inseticida.

4.30 Encontre o coeficiente de dispersão quartil para os registros de temperatura do Exercício 4.11.

4.31 Quais dos dados, os do Exercício 4.8 ou os do Exercício 4.11, são
(a) mais dispersos;
(b) relativamente mais dispersos?

*4.4 DESCRIÇÃO DE DADOS AGRUPADOS

O agrupamento de dados, como vimos no Capítulo 2 e depois, novamente, na Seção 3.7, traz consigo uma perda de informação. Cada item perdeu sua identidade, e sabemos somente quantos valores há em cada classe ou em cada categoria. Para definir o desvio-padrão de uma distribuição, precisamos nos satisfazer com uma aproximação e, como o fizemos em relação à média, trataremos nossos dados como se todos os valores dentro de uma mesma classe fossem iguais ao correspondente ponto médio de classe. Assim, supondo que $x_1, x_2, \ldots$, e x_k denotem os pontos médios de classe, e que $f_1, f_2, \ldots$, e f_k denotem as freqüências de classes correspondentes, aproximamos a verdadeira soma de todas as medidas ou observações por

$$\sum x \cdot f = x_1 f_1 + x_2 f_2 + \cdots + x_k f_k$$

e a soma de seus quadrados por

$$\sum x^2 \cdot f = x_1^2 f_1 + x_2^2 f_2 + \cdots + x_k^2 f_k$$

Então escrevemos a fórmula de cálculo do desvio-padrão de dados amostrais agrupados como

$$s = \sqrt{\frac{S_{xx}}{n-1}} \quad \text{onde} \quad S_{xx} = \sum x^2 \cdot f - \frac{(\sum x \cdot f)^2}{n}$$

que é bastante parecida à correspondente fórmula de cálculo de s para dados não-agrupados. Para obter uma fórmula de cálculo correspondente para σ, substituímos n por N na fórmula de S_{xx} e $n-1$ por N na fórmula de s.

Quando os pontos médios de classe não números grandes ou então dados com várias casas decimais, podemos simplificar utilizando a codificação sugerida no Exercício 3.72. Quanto os intervalos de classe forem todos iguais, e somente nesse caso, podemos substituir os pontos médios de classe por números inteiros consecutivos, de preferência com 0 no meio ou perto do meio da distribuição. Denotando os pontos médios de classe codificados pela letra u, podemos então calcular S_{uu} e substituir na fórmula

$$s_u = \sqrt{\frac{S_{uu}}{n-1}}$$

Esse tipo de codificação é exemplificado na Figura 4.2, onde vemos que se u varia por 1, para mais ou para menos, então o valor correspondente de x varia pelo intervalo de classe c, para mais ou para menos. Assim, para mudar s_u da escala u para a escala original x de medição, basta multiplicar por c.

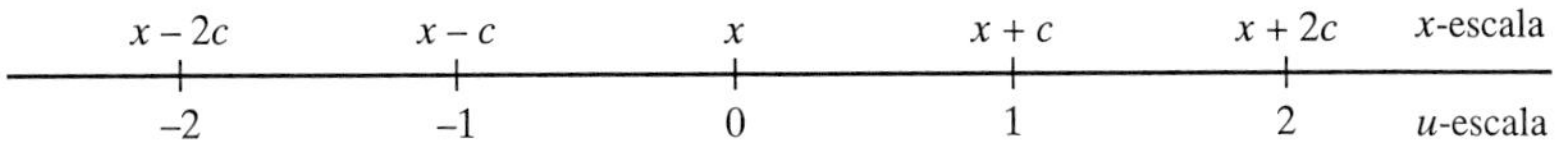

Figura 4.2 Codificação dos pontos médios de classe de uma distribuição.

```
   x − 2c      x − c        x        x + c      x + 2c    x-escala
     |          |           |          |          |
    −2         −1           0          1          2       u-escala
```

EXEMPLO 4.7 Com referência à distribuição dos tempos de espera entre erupções do gêiser *Old Faithful* mostrada no Exemplo 2.4 e também no Exemplo 3.21, calcule o desvio-padrão

(a) sem codificação;
(b) com codificação.

Solução (a)

x	f	$x \cdot f$	$x^2 \cdot f$
34,5	2	69	2.380,5
44,5	2	89	3.960,5
54,5	4	218	11.881
64,5	19	1.225,5	79.044,75
74,5	24	1.788	133.206
84,5	39	3.295,5	278.469,75
94,5	15	1.417,5	133.953,75
104,5	3	313,5	32.760,75
114,5	2	229	26.220,5
	110	8.645	701.877,5

de modo que

$$S_{xx} = 701.877,5 - \frac{(8.645)^2}{110} \approx 22.459,1$$

e

$$s = \sqrt{\frac{22.459,1}{109}} \approx 14,35$$

(b)

u	f	$u \cdot f$	$u^2 \cdot f$
−4	2	−8	32
−3	2	−6	18
−2	4	−8	16
−1	19	−19	19
0	24	0	0
1	39	39	39
2	15	30	60
3	3	9	27
4	2	8	32
	110	45	243

de modo que

$$S_{uu} = 243 - \frac{(45)^2}{110} \approx 224,59$$

e

$$s_u = \sqrt{\frac{224{,}59}{109}} \approx 1{,}435$$

Finalmente, $s = 10(1{,}435) = 14{,}35$, o que confere, como deve, com o resultado obtido na parte (a). Isso demonstra claramente como a codificação simplifica os cálculos.

4.5 ALGUMAS DESCRIÇÕES ADICIONAIS

Até aqui abordamos apenas descrições estatísticas que se enquadram na categoria geral de medidas de tendência ou de medidas de dispersão. Na verdade, não há limitação para o número de maneiras pelas quais podem ser descritos os dados estatísticos, e os estatísticos estão continuamente desenvolvendo novos métodos de descrever características de dados numéricos que são de interesse em problemas específicos. Nesta seção, abordaremos rapidamente o problema da descrição do formato global de uma distribuição.

Embora as distribuições de freqüência possam tomar praticamente qualquer forma, a maioria das distribuições que encontramos na prática pode ser descrita satisfatoriamente por um ou outro de muitos poucos tipos padronizados. Dentre estes, de suma importância é a distribuição simétrica perfeitamente denominada **distribuição em forma de sino** exibida na Figura 4.1. As duas distribuições mostradas na Figura 4.3 podem, por um esforço de imaginação, também ser consideradas como tendo a forma de um sino, mas não são simétricas. Distribuições como essas, apresentando uma "cauda" em uma das extremidades, são denominadas **assimétricas**; se a cauda está à esquerda, dizemos que são **negativamente assimétricas**, e se está à direita, são **positivamente assimétricas**. As distribuições de rendas ou de salários costumam ser positivamente assimétricas, em razão de alguns valores relativamente altos que não são compensados por correspondentes valores baixos.

Os conceitos de simetria e assimetria aplicam-se a qualquer tipo de dados, e não apenas a distribuições. Naturalmente, para um conjunto de dados grande, podemos muito bem agrupar os dados e esboçar e estudar um histograma, mas se isso não for suficiente, podemos lançar mão de qualquer uma dentre as várias **medidas de assimetria** estatísticas. Uma medida de uso relativamente fácil se baseia no fato de que a média e a mediana coincidem quando existe simetria perfeita, como na distribuição mostrada na Figura 4.1. Quando há assimetria positiva, e alguns dos valores altos não são compensados por correspondentes valores baixos, como na Figura 4.4, a média será maior do que a mediana; quando há assimetria negativa, e alguns dos valores baixos não são compensados por correspondentes valores altos, a média será menor do que a mediana.

Essa relação entre a mediana e a média pode ser usada para definir uma medida de assimetria relativamente simples, denominada **coeficiente de assimetria de Pearson**, dado por

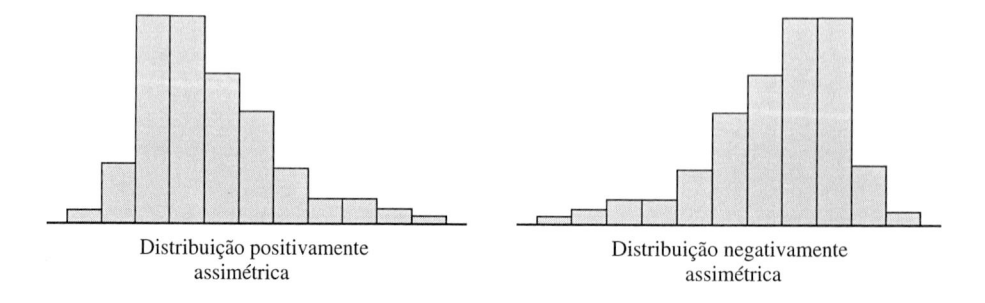

Figura 4.3 Distribuições assimétricas.

Distribuição positivamente assimétrica

Distribuição negativamente assimétrica

COEFICIENTE DE ASSIMETRIA DE PEARSON

$$SK = \frac{3\,(\text{média} - \text{mediana})}{\text{desvio-padrão}}$$

Para uma distribuição perfeitamente simétrica, como a representada na Figura 4.1, a média e a mediana coincidem e $SK = 0$. Em geral, os valores do coeficiente de assimetria de Pearson devem cair entre -3 e 3, e deveria ser observado que a divisão pelo desvio-padrão torna SK independente da escala de medição.

EXEMPLO 4.8 Calcule SK para a distribuição de tempos de espera entre erupções do gêiser *Old Faithful* usando os resultados dos Exemplos 3.21, 3.22 e 4.7, onde mostramos que $\bar{x} = 78{,}59$, $\tilde{x} = 80{,}53$ e $s = 14{,}35$.

Solução Substituindo esses valores na fórmula de SK, obtemos

$$SK = \frac{3(78{,}59 - 80{,}53)}{14{,}35} \approx -0{,}41$$

que mostra que existe uma assimetria negativa bem definida, embora fraca. Isso também é visível a partir do histograma da distribuição, mostrado originalmente na Figura 2.3 e novamente aqui na Figura 4.5, reproduzida do visor de uma calculadora gráfica TI-83.

Quando um conjunto de dados é tão pequeno que não conseguimos construir um histograma que faça algum sentido, podemos aprender bastante sobre seu formato a partir de um gráfico de caixa (originalmente definido à página 70). Enquanto que o coeficiente de assimetria de Pearson é baseado na diferença entre a média e a mediana, com um gráfico de caixa julgamos a simetria ou assimetria de um conjunto de dados a partir da posição da mediana em relação aos

Figura 4.4
Média e mediana de distribuição positivamente assimétrica.

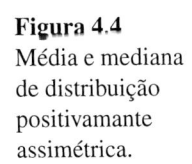

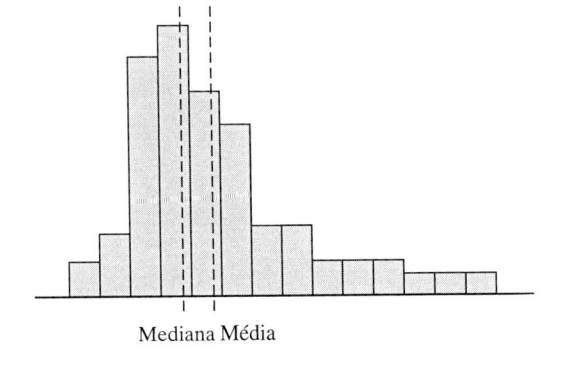

Figura 4.5
Histograma da distribuição de tempos de espera entre erupções do *Old Faithful*.

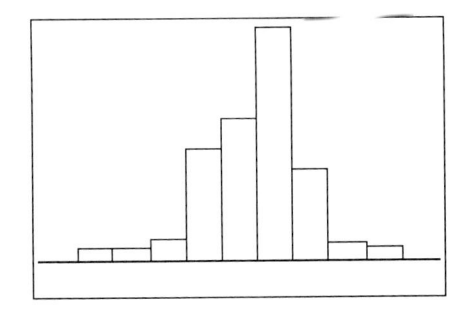

dois quartis Q_1 e Q_3. Em particular, se a reta na mediana está no centro ou próximo dele, isso é uma indicação da simetria dos dados; se estiver visivelmente à esquerda do centro, isso é uma indicação da assimetria positiva dos dados; e se estiver visivelmente à direita do centro, isso é uma indicação da assimetria negativa dos dados. O comprimento relativo dos dois "bigodes", que se estendem desde o menor valor até Q_1 e de Q_3 até o maior valor, também podem ser usados como uma indicação de simetria ou de assimetria.

EXEMPLO 4.9 A seguir apresentamos os rendas anuais de quinze peritos-contadores em milhares de unidades monetárias: 88, 77, 70, 80, 74, 82, 85, 96, 76, 67, 80, 75, 73, 93 e 72. Esboce um gráfico de caixa e use-o para determinar a simetria ou a falta de simetria dos dados.

Solução Arranjando os dados de acordo com seu tamanho, obtemos 67, 70, 72, 73, 74, 75, 76, 77, 80, 80, 82, 85, 88, 93 e 96, e pode ser visto que o menor valor é 67; o maior valor é 96; a mediana é 77, que é o oitavo valor a partir de qualquer extremidade; Q_1 é 73, que é o quarto valor a partir da esquerda; Q_3 é 85, que é o quarto valor a partir da direita. Toda essa informação está resumida no gráfico de caixa produzido por MINITAB mostrado na Figura 4.6. Como pode ser visto, há uma indicação forte de que os dados são negativamente assimétricos. A reta no mediana está bem à esquerda do centro da caixa e o "bigode" da direita é bem maior do que o da esquerda.

Além das distribuições estudadas nesta seção, duas outras que eventualmente encontramos na prática são a **distribuição em forma de J invertido** e a **distribuição em forma de U** mostradas na Figura 4.7. Como podemos ver pela figura, os nomes dessas distribuições literalmente descrevem sua forma. Nos Exercícios 4.45 e 4.47 podem ser encontrados exemplos dessas distribuições.

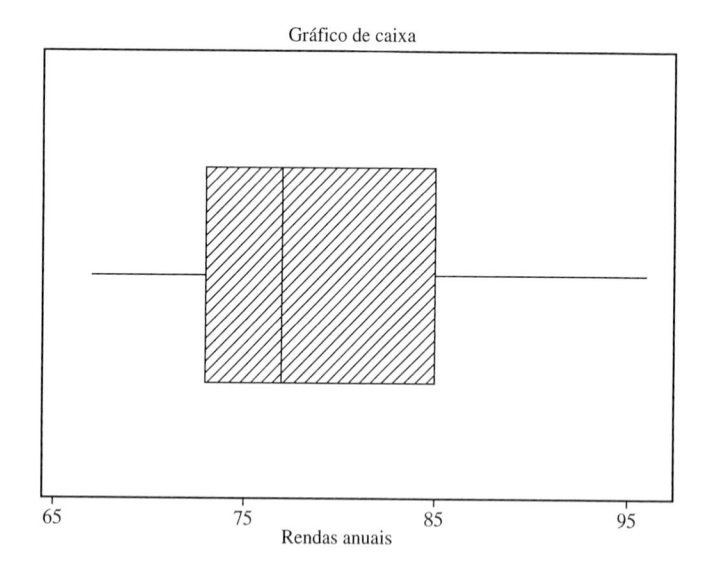

Figura 4.6
Gráfico de caixa das rendas anuais dos peritos-contadores do Exemplo 4.9.

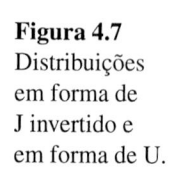

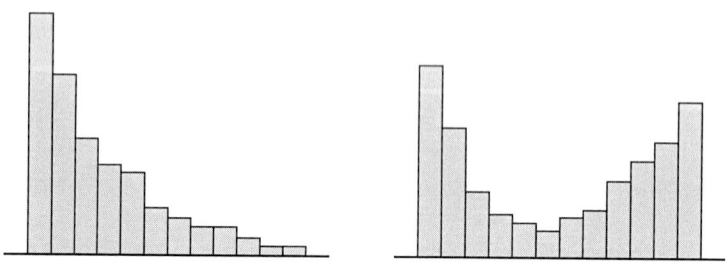

Figura 4.7
Distribuições em forma de J invertido e em forma de U.

EXERCÍCIOS

*4.32 Numa fábrica ou escritório durante o expediente, o tempo durante o qual uma máquina não está funcionando em virtude de quebra ou falha é denominado *tempo parado*. A distribuição seguinte dá uma amostra da duração desses tempos parados de certa máquina (arredondados até o minuto mais próximo).

Tempo parado (minutos)	Freqüência
0–9	2
10–19	15
20–29	17
30–39	13
40–49	3

Encontre o desvio-padrão dessa distribuição.

*4.33 Com referência ao Exercício 3.64, encontre o desvio-padrão da distribuição de alunos bilíngües das 50 escolas de Ensino Fundamental.

*4.34 Use os resultados dos Exercícios 3.64 e 4.33 para calcular o coeficiente de assimetria de Pearson da distribuição das percentagens de alunos bilíngües. Discuta a simetria ou assimetria dessa distribuição.

*4.35 Com referência ao Exercício 3.65, encontre o desvio-padrão da distribuição das forças de compressão das 120 amostras de concreto.

*4.36 Use os resultados dos Exercícios 3.65 e 4.35 para calcular o coeficiente de assimetria de Pearson da distribuição das forças de compressão.

*4.37 A seguir temos a distribuição das notas que 500 alunos obtiveram num teste de geografia:

Nota	Número de alunos
10–24	44
25–39	70
40–54	92
55–69	147
70–84	115
85–99	32

Calcule
(a) a média e a mediana;
(b) o desvio-padrão.

*4.38 Use os resultados do Exercício 4.37 para calcular o coeficiente de assimetria de Pearson da distribuição dada e discuta a simetria (ou sua falta) dessa distribuição.

*4.39 Com referência à distribuição do Exercício 3.68, encontre o coeficiente de assimetria de Pearson do número de *tacos* de peixe servidos num restaurante mexicano.

*4.40 A seguir temos a quantidade de acidentes que ocorreram durante julho de 1999 numa certa localidade em 20 cruzamentos sem proibição de conversão à esquerda:

25	30	32	22	26	10	2	32	6	13
27	22	18	12	28	35	8	29	31	8

Encontre a mediana, Q_1 e Q_3.

*4.41 Use os resultados do Exercício 4.40 para construir um gráfico de caixa, e use-o para discutir a simetria ou assimetria desses dados de acidentes.

*4.42 A seguir temos os tempos de resposta (em picosegundos) de 30 circuitos integrados:

3,7	4,1	4,5	4,6	4,4	4,8	4,3	4,4	5,1	3,9
3,3	3,4	3,7	4,1	4,7	4,6	4,2	3,7	4,6	3,4
4,6	3,7	4,1	4,5	6,0	4,0	4,1	5,6	6,0	3,4

Construa um diagrama de ramos e folhas usando os dígitos de unidades como ramos e os de décimos como folhas. Use esse diagrama de ramos e folhas para decidir sobre a simetria desses dados, ou sua falta.

*4.43 Com referência ao Exercício 4.42, obtenha toda a informação necessária para esboçar um gráfico de caixa. Em seguida, use essa informação para esboçar um gráfico de caixa e decida sobre a simetria ou assimetria dos tempos de resposta desses circuitos integrados.

*4.44 Com referência ao Exercício 3.29, obtenha toda a informação necessária para esboçar um gráfico de caixa, esboce um gráfico de caixa, e use-o para decidir sobre a simetria ou falta de simetria da duração dos jogos da liga de basquete profissional dos Estados Unidos.

*4.45 A seguir estão as quantidades de 3 obtidos em cinqüenta lançamentos de quatro dados: 0, 0, 1, 0, 0, 0, 2, 0, 0, 1, 0, 0, 0, 0, 1, 1, 0, 1, 2, 0, 0, 1, 0, 0, 0, 1, 1, 0, 1, 0, 0, 1, 2, 1, 0, 0, 3, 1, 1, 0, 4, 0, 0, 1, 2, 1, 0, 0, 1 e 1. Construa uma distribuição de freqüência e use-a para determinar o formato global dos dados.

*4.46 Com referência ao Exercício 4.45, obtenha toda a informação necessária para esboçar um gráfico de caixa. Em seguida, esboce o gráfico de caixa e use-o para descrever a simetria dos dados, ou sua falta. Também determinar o formato global dos dados.

*4.47 Jogando uma moeda cinco vezes seguidas, o resultado pode ser representado por meio de uma seqüência de letras K e C (por exemplo, KKCCK), onde K representa cara e C representa coroa. Tendo obtido uma tal seqüência de letras K e C, podemos verificar, após cada jogada se o número de caras excede o número de coroas. Por exemplo, na seqüência KKCCK, cara está na frente após o primeiro lançamento, após o segundo e após o terceiro lançamento, não após o quarto, mas novamente após o quinto lançamento. No total, cara está na frente quatro vezes. Na verdade, repetimos esse "experimento" sessenta vezes e constatamos que cara estava na frente

1	1	5	0	0	5	0	1	2	0	1	0	5	1	0
0	5	0	0	0	0	1	0	0	5	0	2	0	1	0
5	5	0	5	4	3	5	0	5	0	1	5	0	1	5
3	1	5	5	2	1	2	4	2	3	0	5	5	0	0

vezes. Construa uma distribuição de freqüência e decida sobre o formato global dos dados.

*4.48 Com referência ao Exercício 4.47, encontre toda a informação necessária para construir um gráfico de caixa. Quais características do gráfico de caixa sugerem que os dados apresentam uma forma bastante incomum?

4.6 LISTA DE TERMOS-CHAVE (com indicação das páginas de suas definições)

Amplitude, 86
Amplitude interquartil, 86
Amplitude semi-interquartil, 86
Coeficiente de assimetria de Pearson, 98
Coeficiente de dispersão, 92
Coeficiente de dispersão quartil, 95
Desvio da média, 87
Desvio da raiz dos quadrados médios, 87
Desvio médio, 87
Desvio quartil, 86
Desvio-padrão, 87
Desvio-padrão amostral, 87
Desvio-padrão populacional, 87
Distribuição assimétrica, 98
Distribuição em forma de J invertido, 100
Distribuição em forma de sino, 98

Distribuição em forma de U, 100
Distribuição negativamente assimétrica, 98
Distribuição positivamente assimétrica, 98
Escores z, 91
Estimador não-tendencioso, 88
Estimador tendencioso, 88
Medidas de assimetria, 98
Medidas de dispersão, 85
Medidas de dispersão relativa, 92
Regra empírica, 91
Teorema de Tchebichev, 89
Unidades padronizadas, 91
Variância, 87
Variância amostral, 87
Variância populacional, 87

4.7 REFERÊNCIAS

Uma demonstração de que a divisão por $n - 1$ torna a variância amostral um estimador não-tendencioso da variância populacional pode ser encontrada na maioria dos livros de Estatística matemática; por exemplo, em

MILLER, I., and MILLER, M., *John E. Freund's Mathematical Statistics*, 6th ed. Upper Saddle River, N.J.: Prentice Hall, 1998.

Alguma informação sobre o efeito de agrupar no cálculo de várias descrições estatísticas pode ser encontrada em alguns textos mais antigos sobre Estatística; por exemplo, em

MILLS, F. C., *Introduction to Statistics*, New York: Holt, Rinehart and Winston, 1956.

Exercícios de Revisão para os Capítulos 1, 2, 3 e 4

R.1 A quantidade de objetos encontrados numa escavação arqueológica dêem ser agrupados numa tabela com as classes 0–4, 5–14, 15–24, 23–35, e 40 ou mais. Explique onde podem surgir dificuldades.

R.2 Em quatro dias um inspetor da prefeitura de uma certa cidade registrou 12, 8, 22 e 6 violações do código de construção civil. Quais das conclusões seguintes podem ser obtidas desses dados por métodos puramente descritivos e quais requerem generalizações? Explique suas respostas.
   (a) No total, o inspetor da prefeitura registrou 48 violações do código de construção civil nesses quatro dias.
   (b) Esse inspetor da prefeitura raramente (se não nunca) registra mais do que 25 violações do código de construção civil num único dado dia.
   (c) O inspetor da prefeitura registrou somente 6 violações no quarto dia porque começou a chover e ele voltou para a prefeitura logo depois de um lanche.
   (d) Provavelmente, a terceira quantidade foi registrada erradamente e deveria ter sido 12 em vez de 22.
   (e) Na média, o inspetor da prefeitura registrou 12 violações do código de construção civil.

R.3 Exiba os dados que estão agrupados no seguinte diagrama de ramos e folhas com folhas unitárias.

```
12   3  5
13   0  4  7  8
14   1  3  4  6  6  9
15   0  2  2  5  8
16   1  7
```

R.4 Vinte pilotos foram testados num simulador de vôo. A seguir estão os tempos (em segundos) que eles levaram para reagir diante de uma situação de emergência: 4,9; 10,1; 6,3; 8,5; 7,7; 6,3; 3,9; 6,5; 6,8; 9,0; 11,3; 7,5; 5,8; 10,4; 8,2; 7,4; 4,6; 5,3; 9,7; e 7,3. Encontre
   (a) a mediana;
   (b) Q_1 e Q_3.

R.5 Use os resultados obtidos no Exercício R.4 para construir um gráfico de caixa dos dados fornecidos.

R.6 Explique por que é impossível ter $n = 6$, $\sum x = 18$ e $\sum x^2 = 47$ para um conjunto de dados qualquer.

R.7 A seguir está a distribuição do número de erros cometidos por 80 alunos de pós-graduação na tradução de um trecho do francês para o português, como parte do requisito de proficiência em línguas para o titulo de pós-graduação:

Número de erros	Número de alunos
0–4	34
5–9	20
10–14	15
15–19	9
20–24	2

Calcule:
(a) a média;
(b) a mediana;
(c) o desvio-padrão;
(d) o coeficiente de assimetria de Pearson.

R.8 Transforme a distribuição do Exercício R.7 numa distribuição cumulativa do tipo "ou menos".

R.9 Um especialista encontrou as seguintes concentrações de mercúrio, em partes por milhão, em 32 peixes pescados num certo rio:

0,045	0,063	0,049	0,062	0,065	0,054	0,050	0,048
0,072	0,060	0,062	0,054	0,049	0,055	0,058	0,067
0,055	0,058	0,061	0,047	0,063	0,068	0,056	0,057
0,072	0,052	0,058	0,046	0,052	0,057	0,066	0,054

(a) Construa um diagrama de ramos e folhas com rótulos de ramos 0,04; 0,05; 0,06; e 0,07.
(b) Use o diagrama de ramos e folhas obtido na parte (a) para determinar a mediana, Q_1 e Q_3.
(c) Esboce um gráfico de caixa e use-o para descrever o formato global dos dados fornecidos.

R.10 De acordo com o teorema de Tchebichev, o que pode ser afirmado sobre a percentagem de qualquer conjunto de dados que deve estar a k desvios-padrão da média, quando (a) $k = 3,5$; (b) $k = 4,5$?

R.11 Um meteorologista possui dados completos para os 10 últimos anos relativos à quantidade de dias de janeiro em que a temperatura máxima em Salvador da Bahia excedeu os 43 graus. Exemplifique uma situação de cada em que o meteorologista interpretaria esses dados como
(a) uma população;
(b) uma amostra.

R.12 Os escores de QI são, às vezes, interpretados como dados intervalares. Qual conclusão isso acarretaria sobre as diferenças de inteligência de três pessoas com QI dados por 95, 100 e 115? Essa conclusão é razoável?

R.13 Reformule o Exemplo 14.1 citado à página 17 de modo que seja de interesse especial para
(a) um advogado;
(b) um escritor de historias de suspense.

R.14 A seguir estão as quantidade de artigos publicados em periódicos científicos por quarenta professores de uma universidade: 12, 8, 22, 45, 3, 27, 18, 12, 6, 32, 15, 17, 4, 19, 10, 2, 9, 16, 21, 17, 18, 11, 15, 2, 13, 15, 27, 16, 1, 5, 6, 15, 11, 32, 16, 10, 18, 4, 18 e 19. Determine
(a) a média;
(b) a mediana;

R.15 Certos cabos metálicos produzidos em massa têm um diâmetro médio de 24,00 mm com um desvio-padrão de 0,03 mm. Pelo menos qual percentagem dos cabos têm diâmetros entre 23,91 e 24,09 mm?

R.16 Dentre os formandos de uma universidade, 45 graduados em Ciência da Computação tiveram ofertas de salário com uma média de 31.100 unidades monetárias (arredondados até a centena mais próxima), 63 graduados em Matemática tiveram ofertas de salário com uma média de 30.700 unidades monetárias, 112 graduados em Engenharia tiveram ofertas de salário com uma média de 35.000 unidades monetárias e 35 graduados em Química tiveram ofertas de salário com uma média de 30.400 unidades monetárias. Encontre a oferta de salário médio desses 255 formandos.

R.17 A partir da distribuição do Exercício R.7, podemos determinar quantos dos 80 alunos de pós-graduação cometeram
  (a) mais do que 14 erros;
  (b) alguma quantidade entre 5 e 19 erros;
  (c) exatamente 17 erros;
  (d) alguma quantidade entre 10 e 20 erros?

Se possível, forneça respostas numéricas.

R.18 A seguir estão as quantidades de baleias que foram vistas saltando para fora da água durante sessenta passeios de observação de baleias na costa sul da Califórnia:

10	18	14	9	7	3	14	16	15	8	12	18
13	6	11	22	18	8	22	13	10	14	8	5
8	12	16	21	13	10	7	3	15	24	16	18
12	18	10	8	6	13	12	9	18	23	15	11
19	10	11	15	12	6	4	10	13	27	14	6

Determine a média, a mediana e o desvio-padrão desses dados.

R.19 Use os resultados obtidos no Exercício R.18 para calcular o coeficiente de dispersão.

R.20 Agrupe os dados do Exercício R.18 numa distribuição de classes 0–4, 5–9, 10–14, 15–19, 20–24 e 25–29. Também esboce um histograma dessa distribuição.

R.21 Com referência aos dados do Exemplo 2.4, os tempos de espera entre erupções do *Old Faithful*, agrupe-os numa distribuição com classes 25–39, 40–54, 55–69, 70–84, 85–99, 100–114 e 115–129. Também esboce um histograma dessa distribuição e compare-o com o mostrado na Figura 2.3.

R.22 O salário médio por hora de trabalho dos empregados no setor de carnes de um supermercado é de 8,20 unidades monetárias para os homens e 8,00 unidades monetárias para as mulheres. No departamento de hortifrutigranjeiros, os números correspondentes são de 7,80 e 7,60 unidades monetárias, de modo que em ambos setores os homens recebem mais do que as mulheres. É de todo possível que em ambos setores *combinados* as mulheres recebam mais do que os homens?

R.23 Os limites de classe de uma distribuição de pesos (em gramas) são 10–29, 30–49, 50–69, 70–89 e 90–109. Encontre:
  (a) as fronteiras de classe;
  (b) os pontos médios de classe;
  (c) o intervalo de classe da distribuição.

R.24 Para um certo conjunto de dados, o menor valor é 5,0, o maior valor é 65,0, a mediana é 15,0, o primeiro quartil é 11,5 e o terceiro quartil é 43,5. Esboce um gráfico de caixa e discuta a simetria ou assimetria do conjunto de dados.

R.25 Dados $x_1 = 3,5$, $x_2 = 7,2$, $x_3 = 4,4$ e $x_4 = 2,0$, encontre:
  (a) $\sum x$;
  (b) $\sum x^2$;
  (c) $(\sum x)^2$.

R.26 Se uma população consiste nos inteiros 1, 2, 3,..., e k, sua variância é $\sigma^2 = \frac{k^2-1}{12}$. Verifique esta fórmula para
(a) $k = 3$;
(b) $k = 5$.

R.27 Para um certo conjunto de dados, a média é 19,5 e o coeficiente de dispersão é 32%. Encontre o desvio-padrão.

R.28 Obteremos dados nominais ou dados ordinais quando
(a) os consumidores devem dizer se preferem a Marca X à Marca Y, se gostam de ambas igualmente ou se preferem a Marca Y à Marca X;
(b) os consumidores devem dizer se preferem a Marca X à Marca Y, se gostam de ambas igualmente, se preferem a Marca Y à Marca X ou se não têm opinião formada?

R.29 Na construção de uma distribuição categórica, as camisas de homem são classificadas de acordo a fibra do tecido, em algodão, seda, linho ou fibras sintéticas. Explique onde podem surgir dificuldades.

R.30 Em trinta dias, havia 2, 3, 1, 1, 3, 0, 0, 2, 1, 2, 2, 3, 0, 1, 2, 3, 2, 2, 2, 1, 1, 0, 2, 3, 2, 2, 2, 1, 0 e 2 enfermeiras registradas trabalhando numa clínica de repouso. Construa um diagrama de pontos.

R.31 As quantidades diárias de pessoas visitando um museu de arte são agrupadas numa distribuição com classes 0–29, 30–59, 60–89 e 90 ou mais. A distribuição resultante poderá ser utilizada para determinar em quantos dias
(a) pelo menos 89 pessoas visitaram o museu;
(b) mais de 89 pessoas visitaram o museu;
(c) algum número entre 30 e 89 pessoas visitaram o museu;
(d) mais de 100 pessoas visitaram o museu?

R.32 Se um certo conjunto de medições com a média $\bar{x} = 45$ e o desvio-padrão $s = 8$, transforme cada um dos seguintes valores de x em unidades padronizadas:
(a) $x = 65$;
(b) $x = 39$;
(c) $x = 55$.

R.33 Explique por que os dados a seguir podem deixar de fornecer a informação desejada.
(a) Para determinar a reação do público a certas restrições sobre importações, um entrevistador pergunta aos eleitores: "Você acha que essas práticas injustas deveriam acabar?"
(b) Para prever o resultado de uma eleição para governador do estado, uma pesquisa de opinião pública entrevistou pessoas selecionadas aleatoriamente do catálogo telefônico de uma cidade.

R.34 A seguir estão as quantidades de alarmes falsos recebidos por um serviço de segurança em vinte noites: 9, 8, 4, 12, 15, 5, 5, 9, 3, 2, 6, 12, 5, 17, 6, 3, 7, 10, 8 e 4. Construa um gráfico de caixa e discuta a simetria ou assimetria dos dados.

R.35 A distribuição a seguir foi obtida num estudo da produtividade de 100 trabalhadores durante duas semanas:

Número de peças produzidas aceitáveis	Número de trabalhadores
15–29	3
30–44	14
45–59	18
60–74	26
75–89	20
90–104	12
105–119	7

Encontre
(a) as fronteiras de classe;
(b) os pontos médios de classe;
(c) o intervalo de classe.

R.36 Esboce um histograma da distribuição do Exercício R.35.

R.37 Transforme a distribuição do Exercício R.35 numa distribuição cumulativa do tipo "menos de" e trace uma ogiva.

R.38 Calcule a média, a mediana e o desvio-padrão da distribuição do Exercício R.35. Também determine o coeficiente de assimetria de Pearson.

R.39 A seguir é dada a pressão sangüínea sistólica de 22 pacientes de um hospital:

151 173 142 154 165 124 153 155 146 172 162
182 162 135 159 204 130 162 156 158 149 130

Construa um diagrama de ramos e folhas com rótulos de ramos dados por 12, 13, 14, ..., e 20.

R.40 Use o diagrama de ramos e folhas obtido no Exercício R.39 para obter a informação necessária para construir um gráfico de caixa. Esboce um gráfico de caixa e estude a simetria ou assimetria dos dados.

R.41 Por experiência anterior, sabe-se que o ônibus que sai do centro do Rio de Janeiro às 8 horas e 5 minutos da manhã leva em média 42 minutos com desvio-padrão de 2,5 minutos para alcançar o campus da ilha do Fundão da Universidade Federal do Rio de Janeiro. Em pelo menos qual percentagem das vezes o ônibus chegará ao campus da UFRJ entre as 8 horas e 37 minutos e as 8 horas e 57 minutos?

R.42 Um funcionário da orquestra sinfônica registrou que cinco de seus concertos foram freqüentados por 462, 480, 1.455, 417 e 432 pessoas.
(a) Calcule a média e a mediana desses números de público.
(b) Descobrindo que o terceiro número foi impresso incorretamente e que deveria ter sido 455, recalcule a média e a mediana dos números corretos de público.
(c) Compare o efeito desse erro de impressão sobre a média e a mediana.

R.43 As 30 páginas de uma impressão preliminar de um manuscrito foram conferidas para encontrar erros de digitação, dando as seguintes quantidades de erros:

2 0 3 1 0 0 0 5 0 1 2 1 4 0 1
0 1 3 1 2 0 1 0 3 1 2 0 1 0 2

Construa um diagrama de pontos.

R.44 Cientistas realizaram um experimento para avaliar o aumento médio da taxa de batimentos cardíacos de astronautas executando certas tarefas no espaço exterior. Simulando a ausência de gravidade, foram os seguintes os aumentos de batimentos cardíacos por minutos registrados em 33 pessoas que executaram a tarefa dada:

$$\begin{array}{ccccccccccc}
34 & 26 & 22 & 24 & 23 & 18 & 21 & 27 & 33 & 26 & 31 \\
28 & 29 & 25 & 13 & 22 & 21 & 15 & 30 & 24 & 23 & 37 \\
26 & 22 & 27 & 31 & 25 & 28 & 20 & 25 & 27 & 24 & 18
\end{array}$$

Calcule
(a) a média e a mediana;
(b) o desvio-padrão;
(c) o coeficiente de assimetria de Pearson.

R.45 Num estudo sobre a poluição do ar em que se mediu a quantidade de matéria orgânica solúvel em benzeno suspensa no ar, oito amostras diferentes de ar exibiram 2,2; 1,8; 3,1; 2,0; 2,4; 2,0; 2,1 e 1,2 microgramas por metro cúbico. Calcule o coeficiente de dispersão desses dados.

*R.46 A seguir, são dados os escores obtidos por 44 cadetes num tiro ao alvo disparando de joelhos, x, e de pé, y:

x	y	x	y	x	y	x	y
81	83	81	76	94	86	77	83
93	88	96	81	86	76	97	86
76	78	86	91	91	90	83	78
86	83	91	76	85	87	86	89
99	94	90	81	93	84	98	91
98	87	87	85	83	87	93	82
82	77	90	89	83	81	88	78
92	94	98	91	99	97	90	93
95	94	94	94	90	96	97	92
98	84	75	76	96	86	89	87
91	83	88	88	85	84	88	92

Use um computador ou uma calculadora gráfica para produzir um gráfico de dispersão e descreva a relação, se houver, entre os escores dos cadetes nas duas posições.

R.47 Se os alunos calculam seus índices de conceitos calculando a média de seus conceitos com A, B, C, D e F valendo 1, 2, 3, 4 e 5, respectivamente, o que isso supõe sobre a natureza dos conceitos?

5
POSSIBILIDADES E PROBABILIDADES

5.1 Contagem 111
5.2 Arranjos e Permutações 114
5.3 Combinações 117
5.4 Probabilidade 124
5.5 Lista de Termos-Chave 132
5.6 Referências 133

Se olharmos para a Estatística como a arte ou ciência de "como conviver com incertezas e com o acaso", seu estudo trata de problemas tão antigos quanto a própria humanidade. Até poucos séculos atrás, tudo que tivesse relação com o acaso era visto como de intenção divina e, portanto, era considerado ímpio, e até um sacrilégio, tentar analisar o "mecanismo" do sobrenatural através da Matemática. Isso explica o desenvolvimento lento da matemática das probabilidades. Até o advento do pensamento científico, com sua ênfase em observação e experimentação, jamais sequer ocorreu a alguém que a **Teoria de Probabilidade** pusesse ser utilizada no estudo das leis da Natureza, ou que pudesse ser aplicada à solução de problemas simples da vida do dia a dia.

Muitos estudantes pensam que o estudo de Probabilidade é a parte mais difícil de um Curso de Estatística. Por causa disso, dividimos esse assunto em três capítulos. Uma introdução informal é apresentada neste Capítulo 5. No Capítulo 6 apresentamos o assunto de maneira mais rigorosa e no Capítulo 7 tratamos com os problemas de tomada de decisão em que há incertezas sobre os resultados.

Neste capítulo, veremos como as incertezas podem efetivamente ser medidas, como podemos associar-lhes números e como interpretar esses números. Em capítulos subseqüentes mostraremos como esses números, denominados **probabilidades**, podem ser utilizados para conviver com incertezas: como podem ser usados para fazer escolhas ou tomar decisões que prometem ser as mais proveitosas ou as mais desejáveis.

Nas Seções 5.1 até 5.3, apresentamos preliminares matemáticos relacionadas com a questão "o que é possível" em determinadas situações. Afinal, dificilmente poderemos prever o resultado de um jogo de futebol se não soubermos quais times que estão jogando, como também não poderemos prever o resultado de uma eleição se não conhecermos os candidatos que a estão disputando. Finalmente, na Seção 5.4, veremos como julgar "o que é provável", ou seja, estudaremos várias maneiras de definir, ou interpretar, as probabilidades e de determinar seus valores.

5.1 CONTAGEM

No comércio e no dia a dia, o simples processo de contagem ainda desempenha um papel importante, diferentemente do que ocorre nas ciências e seus métodos poderosos de computação. Ainda precisamos contar 1, 2, 3, 4, 5, . . ., para determinar, por exemplo, quantas pessoas participaram de uma certa demonstração, o tamanho da resposta a um questionário, o número de caixas danificadas num carregamento de vinho do Porto, ou quantas vezes a temperatura passou dos 30° num determinado mês no Recife. Às vezes o processo de contagem pode ser simplificado pelo uso de dispositivos mecânicos (por exemplo, contando espectadores que passam por uma roleta) ou pela contagem indireta (por exemplo, contando o número de vendas realizadas subtraindo os números das notas fiscais). Outras vezes, o processo de contagem pode ser enormemente simplificado por meio de técnicas matemáticas como as que serão desenvolvidas nesta seção.

No estudo de "o que é possível" existem, essencialmente, dois tipos de problemas. Temos o problema de listar tudo o que pode ocorrer numa determinada situação e depois temos o de determinar quantas coisas diferentes podem ocorrer (sem necessariamente precisar elaborar uma listagem completa). O segundo tipo de problema é especialmente importante, porque há muitas situações em que não necessitamos de uma listagem completa e assim podemos nos poupar muito trabalho. Embora o primeiro tipo de problema possa parecer direto e fácil, o exemplo seguinte mostra que isso nem sempre ocorre.

EXEMPLO 5.1 Um restaurante oferece três tipos de vinhos da casa em copos: um vinho tinto, um branco e um rosado. Relacione o número de maneiras pelas quais três fregueses podem pedir três copos de vinho, sem levar em conta qual freguês recebe qual vinho.

Solução Evidentemente, há muitas possibilidades diferentes. Os fregueses podem pedir três copos de vinho tinto; podem pedir dois copos de vinho tinto e um copo de rosado; eles podem pedir um copo de vinho branco e dois de rosado; podem pedir um copo de cada tipo; e assim por diante. Prosseguindo cuidadosamente dessa maneira podemos acabar conseguindo enumerar todas as dez possibilidades, mas é bem possível que omitamos algumas.

Problemas desse tipo podem ser abordados de uma forma sistemática traçando-se um **diagrama de árvore**, como o da Figura 5.1. Esse diagrama mostra que há quatro possibilidades (quatro ramos) correspondendo a 0, 1, 2 ou 3 copos de vinho tinto. Em seguida vemos que para o vinho branco há quatro ramos partindo do ramo superior (0 copos de vinho tinto), três ramos partindo do próximo ramo (1 copo de vinho tinto), dois ramos partindo do ramo seguinte (2 copos de vinho tinto) e apenas um ramo partindo do ramo inferior (3 copos de vinho tinto). Depois disso, existe somente uma possibilidade para o número de copos de rosado, pois a soma do número de copos sempre é três. Assim, vemos que existe um total de dez possibilidades.

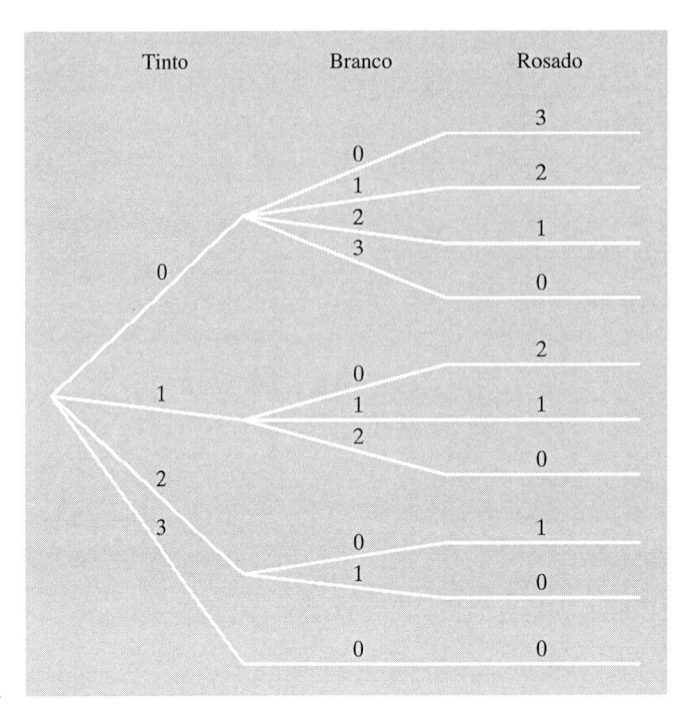

Figura 5.1
Diagrama de árvore para o Exemplo 5.1.

EXEMPLO 5.2 Em um estudo médico, os pacientes são classificados pelo grupo sangüíneo como A, B, AB ou O, e também de acordo com sua pressão sangüínea baixa, normal ou alta. De quantas maneiras pode um paciente ser classificado?

Solução Como pode ser visto no diagrama de árvore da Figura 5.2, a resposta é 12. Partindo do topo, o primeiro trajeto ao longo dos ramos corresponde a um paciente do grupo sangüíneo A e pressão baixa, o segundo trajeto corresponde a um paciente do grupo A e pressão normal, . . ., e o décimo segundo trajeto corresponde a um paciente do grupo O e pressão alta.

A resposta que obtivemos no Exemplo 5.2 é $4 \cdot 3 = 12$, ou seja, o produto do número de grupos sangüíneos pelo número de níveis de pressão. Generalizando a partir desse exemplo, podemos formular a regra seguinte:

MULTIPLICAÇÃO DE ESCOLHAS
> *Se uma escolha consiste em dois passos, o primeiro dos quais pode ser realizado de m maneiras, e para cada uma dessas o segundo passo pode ser realizado de n maneiras, então a escolha total pode ser feita de m · n maneiras.*

Vamos nos referir a essa regra como a **multiplicação de escolhas**, como indicamos na margem. Para provar essa regra, basta traçarmos um diagrama de árvore como o da Figura 5.2. Primeiro, há *m* ramos correspondentes às *m* possibilidades no primeiro passo e, em seguida, há *n* ramos saindo de cada um desses ramos, correspondentes às *n* possibilidades no segundo passo. Isso leva a $m \cdot n$ caminhos ao longo dos ramos do diagrama de árvore e, assim, a $m \cdot n$ possibilidades.

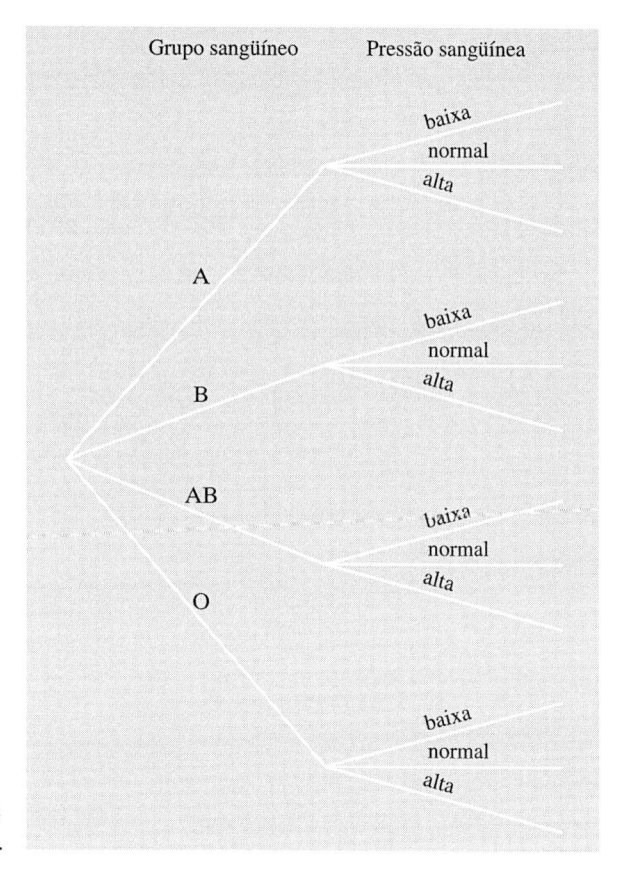

Figura 5.2
Diagrama de árvore para o Exemplo 5.2.

EXEMPLO 5.3 Se um cientista quer realizar uma experiência com um de 12 novos medicamentos para a sinusite, testando com camundongos, porquinhos-da-índia e ratos, de quantas maneiras o cientista pode escolher um dos medicamentos e uma das três cobaias?

Solução Como $m = 12$ e $n = 3$, há $12 \cdot 3 = 36$ maneiras diferentes de programar o experimento.

EXEMPLO 5.4 Se um departamento de Física oferece quatro turmas de aulas teóricas e quinze turmas de laboratório, de quantas maneiras pode um aluno escolher uma turma de cada? Também, quantas escolhas terá um aluno se duas das turmas de aulas teóricas e quatro das turmas de laboratório já estão sem vagas quando chegar sua vez de efetuar sua matrícula?

Solução Como $m = 4$ e $n = 15$, há $4 \cdot 15 = 60$ maneiras diferentes do aluno escolher uma turma de cada. Se duas das turmas de aulas teóricas e quatro das turmas de laboratório já estão sem vagas, temos $m = 4 - 2 = 2$ e $n = 15 - 4 = 11$ e, portanto, o número de escolhas é reduzido a $2 \cdot 11 = 22$.

Usando diagramas em árvores adequados, podemos facilmente generalizar a regra para a multiplicação de escolhas de modo a torná-la aplicável a escolhas envolvendo mais de dois passos. Para k passos, com k inteiro positivo, temos a regra seguinte:

MULTIPLICAÇÃO DE ESCOLHAS (GENERALIZADA)

Se uma escolha consiste em k passos, o primeiro dos quais pode ser realizado de n_1 maneiras, para cada uma dessas o segundo passo pode ser realizado de n_2 maneiras, para cada combinação de escolhas feitas nos dois primeiros passos o terceiro passo pode ser realizado de n_3 maneiras, . . ., e para cada uma dessas combinações de escolhas nos primeiros k – 1 passos o k-ésimo passo pode ser realizado de n_k maneiras, então a escolha total pode ser feita de $n_1 \cdot n_2 \cdot n_3 \cdots n_k$ maneiras.

O que se faz é simplesmente continuar multiplicando as quantidades de maneiras em que podem ser realizados os diferentes passos.

EXEMPLO 5.5 Um vendedor de automóveis novos oferece um carro em quatro estilos, dez acabamentos e três potências. De quantas maneiras diferentes pode ser encomendado um desses carros?

Solução Como $n_1 = 4$, $n_2 = 10$ e $n_3 = 3$, há $4 \cdot 10 \cdot 3 = 120$ maneiras diferentes de encomendar um desses carros.

EXEMPLO 5.6 Continuando com o Exemplo 5.5, quantas escolhas existem se o comprador também precisar escolher o carro com transmissão automática ou manual e com ou sem ar-condicionado?

Solução Como $n_1 = 4$, $n_2 = 10$, $n_3 = 3$, $n_4 = 2$ e $n_5 = 2$, há $4 \cdot 10 \cdot 3 \cdot 2 \cdot 2 = 480$ escolhas diferentes.

EXEMPLO 5.7 Um teste consiste em 15 questões de múltipla escolha, cada questão apresentando quatro opções de respostas. De quantas maneiras diferentes um estudante pode marcar uma resposta para cada uma das questões?

Solução Como $n_1 = n_2 = n_3 = \ldots = n_{15} = 4$, existem um total de $4 \cdot 4 \cdot 4 \cdot 4 \cdot 4 \cdot 4 \cdot 4 \cdot 4 \cdot 4 \cdot 4 \cdot 4 \cdot 4 \cdot 4 \cdot 4 \cdot 4 = 1.073.741.824$ maneiras diferentes de marcar uma resposta em cada questão. (Note que todas as respostas estão corretas em apenas uma dessas possibilidades.)

5.2 ARRANJOS E PERMUTAÇÕES

A regra da multiplicação de escolhas e sua generalização são utilizadas freqüentemente quando fazemos várias escolhas de um único conjunto e queremos saber em que ordem essas escolhas são feitas.

EXEMPLO 5.8 Se 20 candidatas concorrem ao título de Miss Bahia, de quantas maneiras os juízes podem escolher a vencedora e a candidata que fica em segundo lugar?

Solução Como a vencedora pode ser escolhida de $m = 20$ maneiras e o segundo prêmio deve ser conferido a uma das outras $n = 19$ candidatas restantes, há um total de $20 \cdot 19 = 380$ maneiras de os juízes atribuírem os dois primeiros lugares.

EXEMPLO 5.9 De quantas maneiras distintas os 48 membros de um sindicato podem escolher um presidente, um vice-presidente, um secretário e um tesoureiro?

Solução Como $n_1 = 48$, $n_2 = 47$, $n_3 = 46$ e $n_4 = 45$, (independentemente de quem seja o primeiro, o segundo, o terceiro ou o quarto escolhido), há um total de $48 \cdot 47 \cdot 46 \cdot 45 = 4.669.920$ possibilidades diferentes.

De modo geral, se r objetos são escolhidos de um conjunto de n objetos distintos, qualquer escolha ordenada particular desses objetos é denominada **arranjo**; se $r = n$, dizemos que o arranjo é uma **permutação**. Por exemplo, 4 1 2 3 é uma permutação dos quatro primeiros inteiros positivos; Pernambuco, Alagoas e Paraíba é um arranjo (uma escolha ordenada particular) de três dos seis estados da região nordeste e

Brasil Argentina Chile Venezuela
Bolívia Peru Paraguai Uruguai

são dois arranjos diferentes (escolhas ordenadas) de quatro dos 13 países da América do Sul.

EXEMPLO 5.10 Determine o número de arranjos distintos de duas das cinco vogais, a, e, i, o, u, e elabore uma lista desses arranjos.

Solução Como $m = 5$ e $n = 4$, há $5 \cdot 4 = 20$ arranjos diferentes, que são *ae, ai, ao, au, ei, eo, eu, io, iu, ou, ea, ia, oa, ua, ie, oe, ue, oi, ui* e *uo*.

Em geral, é conveniente dispor de uma fórmula para o número total de arranjos de r objetos selecionados de um conjunto de n objetos distintos, como os 4 países escolhidos dentre os 13 países da América do Sul. Para ver isso, note que a primeira escolha é feita no conjunto total de n objetos, a segunda escolha é feita dentre os $n - 1$ objetos que restam após a primeira escolha, a terceira escolha é feita dentre os $n - 2$ objetos que restam após feitas as duas primeiras escolhas, ..., e a r-ésima e última escolha é feita dentre os $n - (r - 1) = n - r + 1$ objetos que restam após feitas as $r - 1$ escolhas anteriores. Portanto, da aplicação direta da regra da multiplicação de escolhas generalizada resulta que o número total de arranjos de r objetos selecionados de um conjunto de n objetos distintos, que denotaremos por $_nP_r$, é

$$n(n-1)(n-2) \cdots (n-r+1)$$

Como os produtos de inteiros consecutivos surgem em não poucos problemas relativos a arranjos e outros tipos especiais de agrupamentos ou escolhas, é conveniente introduzirmos aqui a **notação fatorial**. Nessa notação, o produto de todos os inteiros positivos menores do que ou iguais ao inteiro positivo n é denominado "fatorial de n" e denotado por $n!$. Assim,

$$1! = 1$$
$$2! = 2 \cdot 1 = 2$$
$$3! = 3 \cdot 2 \cdot 1 = 6$$
$$4! = 4 \cdot 3 \cdot 2 \cdot 1 = 24$$
$$5! = 5 \cdot 4 \cdot 3 \cdot 2 \cdot 1 = 120$$
$$6! = 6 \cdot 5 \cdot 4 \cdot 3 \cdot 2 \cdot 1 = 720$$
$$\cdots \cdots$$

e, em geral,

$$n! = n(n-1)(n-2) \cdots 3 \cdot 2 \cdot 1$$

Além disso, para viabilizar a aplicabilidade de várias fórmulas, convencionamos que $0! = 1$ por definição.

Como os fatoriais crescem de maneira tão rápida, tem sido argumentado que o ponto de exclamação denota surpresa. De fato, o valor de $10!$ excede três milhões e $70!$ excede a capacidade de memória da maioria das calculadoras manuais.

Para expressar a fórmula de $_nP_r$ mais concisamente em termos de fatoriais, observamos que, por exemplo, $12 \cdot 11 \cdot 10! = 12!$, $9 \cdot 8 \cdot 7 \cdot 6! = 9!$, e $37 \cdot 36 \cdot 35 \cdot 34 \cdot 33! = 37!$. Analogamente,

$$_nP_r \cdot (n-r)! = n(n-1)(n-2) \cdots (n-r+1) \cdot (n-r)!$$
$$= n!$$

de modo que $_nP_r = \frac{n!}{(n-r)!}$. Resumindo, temos o seguinte:

NÚMERO DE ARRANJOS DE n OBJETOS TOMADOS k DE CADA VEZ

> *O número de arranjos de r objetos selecionados de um conjunto de n objetos distintos é*
> $$_nP_r = n(n-1)(n-2) \cdots (n-r+1)$$
> $$_nP_r = \frac{n!}{(n-r)!}$$

onde qualquer uma das duas fórmulas pode ser usada para $r = 1, 2, \ldots$, ou n. (A segunda fórmula, mas não a primeira, pode ser aplicada também para $r = 0$, caso em que dá o resultado trivial que há

$$_nP_0 = \frac{n!}{(n-0)!} = 1$$

maneiras de escolher nenhum dos n objetos.) A primeira fórmula geralmente é de aplicação mais fácil, porque requer menos passos, mas muitos estudantes preferem a fórmula em notação de fatorial porque é mais fácil de ser memorizada.

EXEMPLO 5.11 Ache o número de permutações de $r = 4$ objetos selecionados de um conjunto de $n = 12$ objetos distintos (digamos, o número de maneiras em que um painel de críticos pode escolher quatro dentre 12 estréias cinematográficas como sendo as de melhor qualidade, uma delas a melhor, outra a segunda melhor, outra a terceira e mais uma a quarta.)

Solução Para $n = 12$ e $r = 4$, a primeira fórmula dá

$$_{12}P_4 = 12 \cdot 11 \cdot 10 \cdot 9 = 11.880$$

e a segunda fórmula fornece

$$_{12}P_4 = \frac{12!}{(12-4)!} = \frac{12!}{8!} = \frac{12 \cdot 11 \cdot 10 \cdot 9 \cdot \cancel{8!}}{\cancel{8!}} = 11.880$$

Essencialmente, o trabalho é o mesmo, mas a segunda fórmula exige alguns passos a mais. ■

Para encontrar o número de permutações de n objetos distintos (tomados todos de uma só vez) tomamos $r = n$ em qualquer uma das duas fórmulas de $_nP_r$ e obtemos a fórmula seguinte.

NÚMERO DE PERMUTAÇÕES DE n OBJETOS TOMADOS DE UMA VEZ

> $$_nP_n = n!$$

EXEMPLO 5.12 De quantas maneiras oito professores substitutos podem ser distribuídos para lecionar oito turmas de um curso de Economia?

Solução Tomando $n = 8$ na fórmula para $_nP_n$, obtemos $_8P_8 = 8! = 40.320$. ∎

Em tudo que vimos até aqui, admitimos sempre que os n objetos fossem todos distintos. Se isso não ocorrer, devemos modificar a fórmula de $_nP_n$, o que será exemplificado nos Exercícios 5.29 e 5.30 em casos particulares. (Quando r é menor do que n, a modificação correspondente de $_nP_r$ é complicada e não será discutida neste livro.)

5.3 COMBINAÇÕES

Há muitos problemas em que precisamos saber o número de maneiras pelas quais podemos escolher r objetos de um conjunto de n objetos, sem que, no entanto, nos interesse a ordem em que a escolha será feita. Por exemplo, podemos estar interessados em conhecer o número de maneiras de formar um comitê de quatro dos 45 membros de um diretório acadêmico, ou o número de maneiras de escolher cinco dentre 36 declarações de imposto de renda para a malha fina. Para obter uma fórmula que se aplique a problemas como esses, examinemos primeiro os 24 arranjos de três das quatro primeiras letras do alfabeto:

$$\begin{array}{cccccc} abc & acb & bac & bca & cab & cba \\ abd & adb & bad & bda & dab & dba \\ acd & adc & cad & cda & dac & dca \\ bcd & bdc & cbd & cdb & dbc & dcb \end{array}$$

Se não nos interessar a ordem em que as três letras foram escolhidas dentre as quatro letras a, b, c e d, então há apenas quatro maneiras de fazer a escolha: abc, abd, acd e bcd. Note que esses são os grupos de letras que aparecem na primeira coluna da tabela e que cada linha contém as $_3P_3 = 3! = 6$ permutações das três letras da primeira coluna.

Em geral há $_rP_r = r!$ permutações de r objetos distintos, de forma que os $_nP_r$ arranjos de r objetos extraídos de um conjunto de n objetos distintos contêm cada grupo de r objetos $r!$ vezes. (No nosso exemplo, as $_4P_3 = 4 \cdot 3 \cdot 2 = 24$ permutações de três letras escolhidas dentre as quatro primeiras letras do alfabeto contêm $_3P_3 = 3! = 6$ vezes cada grupo de três letras.) Portanto, para obter uma fórmula para o número de maneiras nas quais r objetos podem ser extraídos de um conjunto de n objetos distintos, *independentemente da ordem em que são extraídos*, dividimos $_nP_r$ por $r!$ Dizemos que uma tal escolha é uma **combinação** de n objetos tomados r cada vez ou uma combinação de n objetos tomados r a r, denotamos o número dessas combinações por $_nC_r$ ou $\binom{n}{r}$ e escrevemos o que segue.

COMBINAÇÕES DE n OBJETOS TOMADOS r DE CADA VEZ

> O número de maneiras pelas quais r objetos podem ser escolhidos de um conjunto de n objetos é
>
> $$\binom{n}{r} = \frac{n(n-1)(n-2) \cdots (n-r+1)}{r!}$$
>
> ou, em notação fatorial,
>
> $$\binom{n}{r} = \frac{n!}{r!(n-r)!}$$

Tal como no caso das fórmulas de $_nP_r$, aqui também qualquer uma das duas fórmulas pode ser utilizada para $r = 1, 2, \ldots$, ou n, mas somente a segunda pode ser usada quando $r = 0$. Novamente, em geral a primeira fórmula é mais fácil de usar porque requer menos etapas, mas muitos estudantes consideram a fórmula em notação fatorial mais fácil de ser memorizada.

Para $n = 0$ a $n = 20$, os valores de $\binom{n}{r}$ podem ser lidos na Tabela XI, à página 514, onde essas quantidades são denominadas **coeficientes binomiais**. A razão dessa terminologia é explicada no Exercício 5.38.

EXEMPLO 5.13 Na página 117 perguntamos o número de maneiras em que um comitê de quatro pode ser selecionado dentre os 45 membros de um diretório acadêmico. Como não interessa a ordem da escolha dos membros do comitê, podemos perguntar o valor de $_nC_r$, ou então do coeficiente binomial $\binom{n}{r}$.

Solução Substituindo $n = 45$ e $r = 4$ na primeira das duas fórmulas para $_nC_r$, obtemos $_{45}C_4 = \dfrac{45 \cdot 44 \cdot 43 \cdot 42}{4!} = 148.995$.

EXEMPLO 5.14 Na página 117 também perguntamos o número de maneiras de escolher cinco dentre 36 declarações de imposto de renda para a malha fina. Novamente não interessa a ordem da escolha e, portanto, podemos perguntar o valor de $_nC_r$, ou então do coeficiente binomial $\binom{n}{r}$.

Solução Substituindo $n = 36$ e $r = 5$ na primeira das duas fórmulas para $\binom{n}{r}$ obtemos $\binom{36}{5} = \dfrac{36 \cdot 35 \cdot 34 \cdot 33 \cdot 32}{5!} = 376.992$.

EXEMPLO 5.15 De quantas maneiras diferentes uma pessoa pode escolher três livros de uma lista de dez *best-sellers*, supondo que é inconseqüente a ordem de escolha dos três livros?

Solução Substituindo $n = 10$ e $r = 3$ na primeira das duas fórmulas para $_nC_r$ obtemos

$$\binom{10}{3} = \frac{10 \cdot 9 \cdot 8}{3!} = 120$$

Analogamente, substituindo na segunda fórmula obtemos

$$\binom{10}{3} = \frac{10!}{3!7!} = \frac{10 \cdot 9 \cdot 8 \cdot 7!}{3!7!} = \frac{10 \cdot 9 \cdot 8}{3!} = 120$$

Essencialmente, o trabalho é o mesmo, mas a primeira fórmula exige menos passos.

EXEMPLO 5.16 De quantas maneiras diferentes o diretor de um laboratório de pesquisa pode escolher dois químicos dentre sete candidatos e três físicos dentre nove candidatos?

Solução Os dois químicos podem ser escolhidos de $\binom{7}{2}$ maneiras e os três físicos podem ser escolhidos de $\binom{9}{3}$ maneiras, de modo que pela multiplicação de escolhas, todos os cincos juntos podem ser escolhidos de

$$\binom{7}{2} \cdot \binom{9}{3} = 21 \cdot 84 = 1.764$$

maneiras. Os valores dos dois coeficientes binomiais foram obtidos na Tabela XI. ■

Na Seção 5.2, apresentamos a fórmula especial $_nP_n = n!$, mas isso não é necessário aqui; substituindo $r = n$ em qualquer uma das duas fórmulas para $\binom{n}{r}$ fornece $\binom{n}{n} = 1$. Em outras palavras, há uma, e uma só, maneira de escolher todos os n elementos que constituem um conjunto.

Quando tomamos r objetos de um conjunto de n objetos distintos deixamos $n - r$ dos objetos de fora e conseqüentemente há tantas maneiras de deixar de fora (ou de selecionar) $n - r$ objetos de um conjunto de n objetos distintos, quanto de escolher r objetos. Simbolicamente escrevemos

$$\boxed{\binom{n}{r} = \binom{n}{n-r} \quad \text{para} \quad r = 0, 1, 2, \ldots, n}$$

Às vezes essa regra serve para simplificar as contas e às vezes é usada junto com a Tabela XI.

EXEMPLO 5.17 Determine o valor de $\binom{75}{72}$.

Solução Em vez de escrever todo o produto $75 \cdot 74 \cdot 73 \cdots\cdots 4$ e depois cancelar $72 \cdot 71 \cdot 70 \cdots\cdots 4$, escrevemos diretamente

$$\binom{75}{72} = \binom{75}{3} = \frac{75 \cdot 74 \cdot 73}{3!} = 67.525$$
■

EXEMPLO 5.18 Determine o valor de $\binom{19}{13}$.

Solução $\binom{19}{13}$ não pode ser lido diretamente na Tabela XI, mas levando em conta o fato de que $\binom{19}{13} = \binom{19}{19-13} = \binom{19}{6}$, procuramos $\binom{19}{6}$ e obtemos 27.132. ■

Não podemos substituir $r = 0$ na primeira das duas fórmulas para $\binom{n}{r}$, mas substituindo na segunda fórmula, ou então escrevendo

$$\binom{n}{0} = \binom{n}{n-0} = \binom{n}{n}$$

obtemos $\binom{n}{0} = 1$. Evidentemente, há tantas maneiras de não escolher algum dos elementos de um conjunto quanto de escolher os n elementos que ainda restam.

EXERCÍCIOS

5.1 Um restaurante sofisticado mantém duas lagostas vivas em estoque e encomenda duas novas lagostas ao final do expediente diário (para entrega na manhã do dia seguinte) se, e somente se, ambas lagostas foram consumidas. Construa um diagrama de árvore para mostrar que se o restaurante recebe duas lagostas vivas na manhã de uma segunda-feira existem oito maneiras nas quais podem ser consumidas lagostas nos expedientes da segunda e da terça-feira.

5.2 Em relação ao Exercício 5.1, de quantas maneiras diferentes aquele restaurante pode servir duas ou três lagostas naqueles dois dias?

5.3 O vencedor da série final de um torneio de beisebol é o time que primeiro ganhar quatro jogos. Suponhamos que o time A esteja em vantagem com três vitórias e uma derrota para o outro time finalista B. Sabendo que não pode haver empates, construa um diagrama de árvore que mostre o número de maneiras em que esses times podem prosseguir até completar a série final.

5.4 Um aluno pode estudar 1 ou 2 horas para um teste de astronomia em uma noite qualquer. Construa um diagrama de árvore para encontrar o número de maneiras nas quais o aluno pode estudar uma total de
(a) cinco horas em três noites consecutivas;
(b) pelo menos cinco horas em três noites consecutivas.

5.5 Uma pessoa com $2 aposta $1 contra $1 na jogada de uma moeda e contínua apostando $1 enquanto continuar com algum dinheiro. Construa um diagrama de árvore que mostre as várias possibilidades nas três primeiras jogadas da moeda (supondo, é claro, que haja uma terceira jogada). Em quantos dos casos ele estará
(a) exatamente $1 na frente?
(b) exatamente $1 atrás?

5.6 O corpo docente de uma faculdade conta com três professoras chamadas Maria: a Maria Alice, a Maria Fernanda e a Maria Paula. Construa um diagrama de árvore que mostre as várias maneiras em que podem ser entregues os contra-cheques dessas três professoras de modo que cada uma receba o seu contra-cheque ou o de uma das duas outras Marias. Em quantas dessas maneiras
(a) somente uma delas recebe o seu contra-cheque?
(b) pelo menos uma delas recebe seu contra-cheque?

5.7 Um artista apresenta duas de suas obras numa exposição durante dois dias. Construa um diagrama de árvore que mostre de quantas maneiras diferentes as obras podem ser vendidas se
(a) somente estamos interessados na quantidade de obras vendidas nos dois dias;
(b) estamos interessados em saber qual obra foi vendida em qual dia.

5.8 Em uma eleição para a diretoria de uma companhia, o Sr. José, a Sra. Gertrudes e a Sra. Helena disputam o cargo de presidente e o Sr. Adão, a Sra. Roberta e o Sr. Saulo disputam o cargo de vice-presidente. Construa um diagrama de árvore que mostre os nove resultados possíveis, e utilize-o para determinar o número de maneiras nas quais os dois cargos não sejam ocupados por pessoas do mesmo sexo.

5.9 Em uma pesquisa de ciência política, os eleitores são classificados em seis categorias de renda e cinco categorias de instrução. De quantas maneiras diferentes um eleitor pode ser assim classificado?

5.10 Num tribunal que julga infrações de trânsito, os infratores são classificados segundo três quesitos: se seus documentos estão em dia, se a infração é leve ou grave e se cometeram ou não alguma infração nos doze meses anteriores.
(a) Construa um diagrama de árvore mostrando as várias maneiras pelas quais um infrator pode ser classificado pelo tribunal.
(b) Se há 20 infratores em cada uma das oito categorias obtidas na parte (a) e o juiz passar um sermão em cada infrator cujos documentos não estão em dia, quantos dos infratores ouvirão um sermão?
(c) Se o juiz aplicar uma multa de $600 a cada infrator que cometeu uma infração grave e/ou uma infração nos últimos doze meses anteriores, quantos dos infratores receberão uma multa de $600?
(d) Quantos infratores ouvirão um sermão e receberão uma multa de $600?

5.11 Uma rede de lojas de conveniência tem quatro depósitos e opera 32 lojas. De quantas maneiras diferentes esta cadeia pode despachar um pacote de caixas de chiclete de um dos depósitos para uma das lojas?

5.12 Um agente de viagens coloca seus pedidos para uma companhia marítima por telefone, por fax, por *e-mail*, por correio prioritário ou por entregador e solicita que suas reservas sejam confirmadas por telefone, por fax, ou por correio prioritário. De quantas maneiras diferentes pode um pedido seu para uma companhia marítima ser colocado e confirmado?

5.13 Existem quatro trilhas distintas para o topo de uma montanha. De quantas maneiras diferentes uma pessoa pode subir e descer a montanha se
(a) deve usar a mesma trilha em ambos trajetos;
(b) pode, mas não precisa, usar a mesma trilha em ambos trajetos;
(c) não quiser usar a mesma trilha nos dois trajetos?

5.14 Em um estojo de instrumentos de ótica, há cinco lentes côncavas, cinco lentes convexas, dois prismas e três espelhos. De quantas maneiras distintas podemos escolher um instrumento de cada tipo?

5.15 Um restaurante oferece dez tipos de saladas, oito entradas e seis sobremesas. De quantas maneiras diferentes um cliente pode escolher uma salada, uma entrada e uma sobremesa?

5.16 Um teste de múltipla escolha consiste em dez questões, cada uma permitindo uma escolha de três respostas.
(a) De quantas maneiras diferentes podemos escolher uma resposta para cada questão?
(b) De quantas maneiras diferentes podemos escolher uma resposta para cada questão e errar todas? (Estamos supondo que cada questão tem somente uma resposta correta.)

5.17 Um teste do tipo verdadeiro ou falso consiste em 15 questões. De quantas maneiras diferentes um estudante pode assinalar "verdadeiro" ou "falso"?

5.18 Para cada afirmação a seguir, determine se é verdadeira ou falsa.
(a) $19! = 19 \cdot 18 \cdot 17 \cdot 16!$;
(b) $\dfrac{12!}{3!} = 4!$;
(c) $3! + 0! = 7$;
(d) $6! + 3! = 9!$;
(e) $\dfrac{9!}{7!2!} = 36$;
(f) $15! \cdot 2! = 17!$.

5.19 De quantas maneiras distintas um técnico de laboratório pode escolher quatro de dezesseis camundongos e injetar em dois deles uma pequena quantidade de soro e nos outros dois uma grande quantidade do mesmo soro?

5.20 De quantas maneiras distintas uma diretora de televisão pode distribuir os seis comerciais diferentes de um patrocinador nos intervalos a eles destinados durante o horário de uma novela?

5.21 Para cada afirmação a seguir, determine se é verdadeira ou falsa.

(a) $\dfrac{1}{3!} + \dfrac{1}{4!} = \dfrac{5}{24}$;

(b) $0! \cdot 8! = 0$;

(c) $5 \cdot 4! = 5!$;

(d) $\dfrac{16!}{12!} = 16 \cdot 15 \cdot 14$.

5.22 Uma rede de hotéis quer inspecionar 5 de seus 32 hotéis. Se a ordem da inspeção não é relevante, de quantas maneiras pode ser planejada essa série de inspeções?

5.23 Se um grupo de teatro de uma escola quer apresentar quatro de dez peças de meia hora de duração numa noite entre as 20 e as 22 horas, de quantas maneiras pode ser arranjada a programação?

5.24 De quantas maneiras diferentes o curador de um museu pode arranjar horizontalmente cinco de oito pinturas numa parede?

5.25 De quantas maneiras diferentes cinco estudantes de pós-graduação podem escolher um de dez projetos de pesquisa se não podem dois ou mais escolher um mesmo projeto?

5.26 De quantas maneiras distintas o treinador de um time de futebol pode ordenar nove jogadores para a cobrança de pênalti?

5.27 Quatro pais e respectivos filhos compraram oito assentos numa fila para um jogo de futebol. De quantas maneiras diferentes eles podem sentar-se, se

(a) cada filho deve sentar ao lado do pai;

(b) todos os pais devem sentar-se juntos e todos os filhos devem sentar-se juntos?

5.28 Um psicólogo prepara um teste de memória utilizando palavras sem sentido de quatro letras, escolhendo a primeira letra da palavra dentre as consoantes q, w, x e z, a segunda letra dentre as vogais a, i e u, a terceira letra dentre as consoantes c, f e p e a quarta letra dentre as vogais e e o. Quantas dessas palavras sem sentido de quatro letras

(a) o psicólogo pode construir?

(b) começam com a letra q?

(c) começam com a letra z e terminam com a letra o?

5.29 Se r dentre n objetos são iguais entre si e os outros são todos distintos, o número de permutações desses n objetos tomados todos de uma vez é $\dfrac{n!}{r!}$.

(a) Quantas são as permutações das letras da palavra "cabra"?

(b) De quantas maneiras cinco carros podem terminar uma corrida de *stock-car* se três dos carros são Ford, um é Chevrolet e um é Fiat e somente estamos interessados no fabricante do carro?

(c) De quantas maneiras a diretora de televisão do Exercício 5.20 pode escolher os seis comerciais se ela dispõe de quatro comerciais diferentes, dos quais um deve ser exibido três vezes e cada um dos demais deve ser exibido uma única vez?

(d) Apresente um argumento que justifique a fórmula dada nesse exercício.

5.30 Se dentre n objetos, r_1 são idênticos, outros r_2 são idênticos e os restantes (se houver) são todos distintos entre si, o número de permutações desses n objetos tomados todos de uma vez é $\dfrac{n!}{r_1! \cdot r_2!}$.

(a) Quantas são as permutações das letras da palavra "maioria"?

(b) De quantas maneiras a diretora de televisão do Exercício 5.20 pode escolher os seis comerciais se ela dispõe de somente dois comerciais diferentes, cada um dos quais deve ser exibido três vezes?

(c) Generalize a fórmula de modo que seja aplicável se dentre n objetos r_1 são idênticos, outros r_2 são idênticos e outros r_3 são idênticos e os restantes (se houver) são todos distintos entre si. De quantas maneiras a diretora de televisão do Exercício 5.20 pode escolher os seis comerciais de um intervalo se ela dispõe de três comerciais diferentes, cada um dos quais deve ser exibido duas vezes?

5.31 Calcule o número de maneiras nas quais uma rede de lojas de computação pode escolher três dentre 15 espaços para novas lojas?

5.32 Uma loja de material escolar oferece 15 tipos de lapiseiras.
(a) Calcule o número de maneiras nas quais o encarregado de pedidos pode encomendar uma dúzia de cada um de três tipos diferentes de lapiseiras?
(b) Use a Tabela XI para conferir o resultado obtido na parte (a).

5.33 Para desenvolver o Departamento de Matemática de uma universidade particular, a chefe de departamento deve escolher dois professores titulares dentre seis candidatos, dois professores adjuntos dentre dez candidatos e seis professores assistentes dentre dezesseis candidatos. De quantas maneiras a chefe pode fazer essa escolha?

5.34 Um estudante de Letras deve elaborar um relatório sobre três de dezoito livros de uma lista. Calcule o número de maneiras pelas quais o aluno pode escolher os três livros e confira sua resposta na Tabela XI.

5.35 Uma embalagem com 12 transistores contém um que é defeituoso. De quantas maneiras diferentes um inspetor pode escolher três dos transistores e
(a) pegar o transistor defeituoso;
(b) não pegar o transistor defeituoso?

5.36 Com relação ao Exercício 5.35, suponha que dois dos três transistores são defeituosos. De quantas maneiras distintas o inspetor pode escolher quatro dos transistores e pegar
(a) nenhum dos defeituosos;
(b) um dos transistores defeituosos;
(c) ambos transistores defeituosos?

5.37 A contagem do número de resultados possíveis em jogos de azar é praticada há muitos séculos. Não havia somente o aspecto da aposta mas os resultados que ocorriam também eram considerados como indicação de intenções divinas. Foi há cerca de 1.000 anos que um bispo do que é hoje a Bélgica determinou que existem 56 maneiras distintas em que três dados podem cair, desde que estejamos interessados apenas no resultado global e não nos resultados de cada dado individualmente. Ele associou uma virtude a cada uma dessas possibilidades e cada pecador devia concentrar-se por algum tempo na virtude que correspondia à sua jogada dos dados.
(a) Encontre o número de maneiras nas quais três dados podem apresentar o mesmo número de pontos.
(b) Encontre o número de maneiras nas quais dois dos três dados podem apresentar o mesmo número de pontos, enquanto que o terceiro dado apresenta um número diferente de pontos.
(c) Encontre o número de maneiras nas quais todos os três dados podem apresentar três resultados diferentes.
(d) Usando as partes (a), (b) e (c) confira a conta do bispo de que há 56 possibilidades.

5.38 A grandeza $\binom{n}{r}$ é denominada um coeficiente binomial porque é o coeficiente de $a^{n-r}b^r$ na expansão binomial de $(a+b)^n$.

(a) Verifique isso para $n = 2$ expandindo $(a + b)^2$.
(b) Verifique isso para $n = 3$ expandindo $(a + b)^3$.
(c) Verifique isso para $n = 4$ expandindo $(a + b)^4$.

5.39 Use a Tabela XI para determinar os seguintes coeficientes binomiais:

(a) $\binom{16}{7}$; (c) $\binom{19}{14}$;

(b) $\binom{13}{5}$; (d) $\binom{15}{11}$.

5.40 É fácil construir uma tabela dos coeficientes binomiais seguindo o padrão mostrado a seguir.

```
                    1
                 1     1
              1     2     1
           1     3     3     1
        1     4     6     4     1
     1     5    10    10     5     1
     ....................................
```

Nesse arranjo, denominado **triângulo de Pascal**, cada linha começa com 1, termina com 1, e cada um dos outros elementos é a soma dos dois valores mais próximos da linha acima. Construa as três linhas seguintes do triângulo de Pascal e verifique pela Tabela XI que os elementos são os coeficientes binomiais correspondentes a

(a) $n = 6$;
(b) $n = 7$;
(c) $n = 8$.

5.41 Verifique a identidade $\binom{n+1}{r} = \binom{n}{r} + \binom{n}{r-1}$ expressando cada um dos coeficientes binomiais em termos de fatoriais. Explique por que essa identidade justifica o método utilizado na construção do triângulo de Pascal no exercício anterior.

5.42 Rodrigo é um dos seis câmeras trabalhando numa estação de televisão. Se três deles são escolhidos para cobrir uma partida de tênis,
(a) de quantas maneiras distintas podem ser escolhidos?
(b) de quantas maneiras distintas podem ser escolhidos de modo a não incluir Rodrigo;
(c) de quantas maneiras distintas podem ser escolhidos de modo a incluir Rodrigo?

Também verifique que o resultado obtido para a parte (a) é a soma dos resultados obtidos para as partes (b) e (c). Observe que isto é um caso particular da identidade dada no Exercício 5.41.

5.4 PROBABILIDADE

Até aqui neste capítulo estudamos apenas o que é possível numa determinada situação. Em algumas instâncias relacionamos todas as possibilidades e em outras apenas determinamos quantas possibilidades diferentes existem. Agora vamos dar um passo a mais e avaliar também o que é provável e o que é improvável.

A maneira mais comum de medir as incertezas relacionadas com eventos (digamos, o resultado de uma eleição presidencial, os efeitos colaterais de um novo remédio, a durabilidade de uma pintura externa, ou o número total de pontos que podemos obter na jogada de dois dados) consiste em atribuir-lhes **probabilidades** ou especificar as **chances** em que seria honesto apostar na ocorrência do evento. Nesta seção veremos como interpretar as probabilidades e como determinar seus valores numéricos; as chances serão discutidas na Seção 6.3.

Historicamente, a maneira mais antiga de medir as incertezas é o **conceito de probabilidade clássica**, desenvolvido originalmente em relação aos jogos de azar, e se presta facilmente a preencher a lacuna entre possibilidades e probabilidades. O conceito de probabilidade clássica aplica-se somente quando todos os resultados possíveis são igualmente prováveis, caso em que temos o que segue.

O CONCEITO DE PROBABILIDADE CLÁSSICA

Se há n possibilidades igualmente prováveis, das quais uma deve ocorrer, e s são consideradas como favoráveis, ou então um "sucesso", como a probabilidade de um "sucesso" é de $\frac{s}{n}$.

Na aplicação dessa regra, os termos "favorável" e "sucesso" são usados de maneira bastante livre, pois o que é favorável para um jogador é desfavorável para o outro, e o que é um sucesso de um ponto de vista é um fracasso de outro ponto de vista. Assim, os termos "favorável" e "sucesso" podem ser aplicados a qualquer tipo particular de resultado, mesmo que "favorável" signifique o fato de um aparelho de televisão não funcionar, ou de alguém pegar um resfriado. Esse uso remonta ao tempo em que as probabilidades se referiam exclusivamente a jogos de azar.

EXEMPLO 5.19 Qual é a probabilidade de se tirar um ás de um baralho bem misturado de 52 cartas?

Solução Por "bem misturado" queremos dizer que cada carta tem a mesma chance de ser tirada, podendo, portanto, aplicar-se o conceito de probabilidade clássica. Como há $s = 4$ ases entre as $n = 52$ cartas, a probabilidade de tirar um ás é

$$\frac{s}{n} = \frac{4}{52} = \frac{1}{13}$$

EXEMPLO 5.20 Qual é a probabilidade de obter um 3, um 4, um 5 ou um 6 numa jogada de um dado equilibrado?

Solução Por "equilibrado" queremos dizer que cada face do dado tem a mesma chance de aparecer, podendo, portanto, aplicar-se o conceito de probabilidade clássica. Como $s = 4$ e $n = 6$, vemos que a probabilidade de obter um 3, um 4, um 5 ou um 6 é

$$\frac{s}{n} = \frac{4}{6} = \frac{2}{3}$$

EXEMPLO 5.21 Se K representa "cara" e C representa "coroa", os oito resultados possíveis de três jogadas de uma moeda equilibrada são KKK, KKC, KCK, CKK, CCK, CKC, KCC e CCC. Quais são as probabilidades de obter duas caras ou três caras?

Solução Novamente, moeda "equilibrada" significa que cada face da moeda tem a mesma chance de aparecer, podendo, portanto, aplicar-se o conceito de probabilidade clássica. Contando as possibilidades, vemos que para duas caras temos $s = 3$ e $n = 8$ e que para três caras temos $s = 1$ e $n = 8$. Assim, a probabilidade de obter duas caras é $\frac{s}{n} = \frac{3}{8}$ e a de obter três caras é $\frac{s}{n} = \frac{1}{8}$.

Embora as possibilidades igualmente prováveis sejam, em geral, encontradas nos jogos de azar, o conceito de probabilidade clássica aplica-se igualmente a uma grande variedade de situações em que se utilizam mecanismos de jogo para fazer **escolhas aleatórias**. Por exemplo, quando pesquisadores escolhem gabinetes de trabalho por sorteio, quando cobaias são escolhidas para um experimento de tal maneira que cada uma tenha a mesma chance de ser escolhida (talvez pelo método descrito na Seção 10.1), quando cada família de uma localidade tem a mesma chance de ser consultada numa pesquisa, ou quando se escolhem peças de uma máquina para inspeção, de modo que cada peça produzida tenha a mesma chance de ser selecionada.

EXEMPLO 5.22 Se três de um grupo de vinte levantadores de peso têm usado esteróides anabolizantes e quatro quaisquer deles são testados para o uso de esteróides, qual é a probabilidade de que exatamente um dos três levantadores de peso do grupo seja incluído no teste?

Solução Há $\binom{20}{4} = \dfrac{20 \cdot 19 \cdot 18 \cdot 17}{4!} = 4.845$ maneiras de escolher os quatro levantadores de peso a serem testados e essas possibilidades podem ser consideradas igualmente prováveis em virtude da aleatoriedade da escolha. O número de resultados "favoráveis" é o número de maneiras pelas quais podemos escolher um dos três levantadores de peso que tem usado esteróides e três dos 17 levantadores de peso não têm usado esteróides, a saber, $s = \binom{3}{1}\binom{17}{3} = 3 \cdot 680 = 2.040$, onde os valores dos coeficientes binomiais foram obtidos na Tabela XI. Segue que a probabilidade de pegar exatamente um dos levantadores de peso que tem usado esteróides é

$$\frac{s}{n} = \frac{2.040}{4.845} = \frac{8}{19}$$

ou 0,42, aproximadamente.

Uma grande desvantagem do conceito de probabilidade clássica é a sua aplicabilidade limitada, porque existem muitas situações nas quais as várias possibilidades não podem ser consideradas como igualmente prováveis. Isso ocorre, por exemplo, se quisermos saber se uma experiência irá corroborar ou refutar uma nova teoria; se uma expedição será capaz de localizar um casco de navio afundado; se o desempenho de uma pessoa justificará um aumento salarial; se o índice da bolsa de valores terá uma alta ou uma queda.

Dentre os diversos conceitos de probabilidade, o de maior uso é a **interpretação freqüencial**, segundo a qual as probabilidades são interpretadas como segue.

A INTERPRETAÇÃO FREQÜENCIAL DA PROBABILIDADE

A probabilidade de um evento (acontecimento ou resultado) é a proporção do número de vezes em que eventos do mesmo tipo ocorrem a longo prazo.

Se dissermos que há uma probabilidade de 0,78 de um avião da linha São Paulo-Salvador chegar no horário, queremos dizer que esses vôos chegam no horário em 78% das vezes. Também, se o Serviço Meteorológico prevê que há 40% de chance de chuva (que a probabilidade de chover é de 0,40), ele quer dizer que, sob as mesmas condições meteorológicas, chove em 40% das vezes. Mais geralmente, dizemos que um evento tem uma probabilidade de, digamos 0,90, no mesmo sentido em que dizemos que nosso carro dará partida no frio em 90% das vezes. Não podemos garantir o que acontecerá em qualquer ocasião particular (o carro pode pegar mas também pode não pegar) mas se tivermos conservado os registros referentes a um longo período de tempo, verificamos que a proporção de "sucessos" estará bem próxima de 0,90.

De acordo com a interpretação freqüencial, estimamos a probabilidade de um evento observando qual fração das vezes os eventos análogos têm ocorrido no passado.

EXEMPLO 5.23 Uma pesquisa conduzida há poucos anos mostrou que dentre 8.319 mulheres da faixa etária dos 20 aos 30 que casaram novamente depois do divórcio, 1.358 voltaram a se divorciar. Qual é a probabilidade de uma mulher divorciada da faixa etária dos 20 aos 30 divorciar-se novamente?

Solução No passado isso ocorreu $\frac{1.358}{8.319} \cdot 100 = 16,3\%$ das vezes (arredondando ao décimo de percentual mais próximo), de modo que podemos usar 0,163 como uma estimativa da probabilidade solicitada.

EXEMPLO 5.24 Os registros indicam que 34 de 956 pessoas que recentemente visitaram a África Central contraíram malária. Qual é a probabilidade de que uma pessoa que recentemente visitou a África Central *não* tenha contraído malária?

Solução Como $956 - 34 = 922$ das 956 pessoas não contraíram malária, estimamos que a probabilidade solicitada é de aproximadamente $\frac{922}{956} = 0,96$.

Quando as probabilidades são estimadas dessa maneira, é muito natural perguntar se as estimativas têm alguma confiabilidade. Essa pergunta será respondida detalhadamente no Capítulo 14, mas, por ora, apresentamos um teorema importante denominado a **Lei dos Grandes Números**. Informalmente, esse teorema pode ser enunciado como segue.

LEI DOS GRANDES NÚMEROS

> *Se determinada situação, experimento ou tentativa é repetida um grande número de vezes, a proporção de sucessos tenderá para a probabilidade de que um dado resultado qualquer seja um sucesso.*

Esse teorema, conhecido como a "lei das médias", é uma afirmação sobre a proporção de sucessos a longo prazo, e quase nada tem a dizer sobre qualquer experimento isolado.

Nas seis primeiras edições deste livro ilustramos a lei dos grandes números jogando repetidamente uma moeda e anotando a proporção acumulada de caras depois de cada jogada. Desde então temos utilizado a **simulação por computador** mostrada na Figura 5.3, onde os dígitos 0 e 1 indicam cara e coroa.

Lendo através de linhas sucessivas, vemos que entre as primeiras cinco jogadas simuladas há 2 caras, entre as primeiras dez jogadas há 5 caras, entre as primeiras quinze há 8 caras, entre as primeiras vinte há 10 caras, entre as primeiras vinte e cinco jogadas há 13 caras, . . ., e entre todas as 100 primeiras jogadas há 51 caras. As proporções correspondentes, esboçadas na Figura 5.4, são $\frac{2}{5} = 0,40$, $\frac{5}{10} = 0,50$, $\frac{8}{15} = 0,53$, $\frac{10}{20} = 0,50$, $\frac{13}{25} = 0,52$, . . ., e $\frac{51}{100} = 0,51$. Observe que a proporção de caras flutua, mas fica cada vez mais próxima de 0,50, que é a probabilidade de dar "cara" em cada jogada da moeda.

Na interpretação freqüencial, define-se a probabilidade de um evento em termos do que ocorre com eventos similares a longo prazo; vejamos se realmente faz sentido falar da probabilidade de um evento que só pode ocorrer uma vez. Por exemplo, é possível atribuir uma probabilidade ao evento de a Sra. Marília deixar o hospital quatro dias após ter sido submetida a uma remoção de apêndice, ou ao evento de certo candidato do partido majoritário ser eleito governador? Se nos colocarmos na posição do médico da Sra. Marília, podemos conferir os registros e constatar que em 78% de centenas de casos os pacientes tiveram alta dentro de quatro dias e aplicar esse resul-

```
MTB >Random 10 c21-c30;
SUBC>   Bernoulli 0.5.
MTB >Print c21-c30.


     0     0     1     0     1     0     1     0     1     1
     1     1     0     1     0     1     1     0     0     0
     1     0     0     1     1     1     0     1     1     0
     1     0     1     1     0     1     1     1     1     1
     1     0     1     1     0     0     1     0     0     0
     1     1     0     0     0     0     0     1     1     1
     0     1     1     0     0     1     1     1     0     1
     1     0     0     1     1     0     0     0     1     1
     0     0     0     0     1     1     0     1     0     0
     0     1     0     1     1     0     0     0     1     0
```

Figura 5.3
Simulação por computador de 100 jogadas de uma moeda.

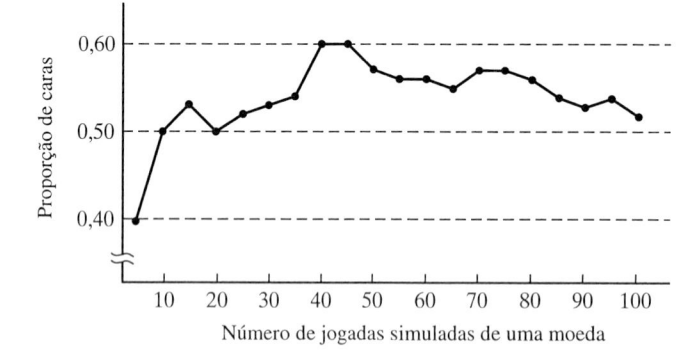

Figura 5.4
Gráfico ilustrativo da Lei dos Grandes Números.

tado à Sra. Marília. Isso pode não ser de muita ajuda para a Sra Marília, mas atribui um sentido à afirmação probabilística de que sua alta será dentro de quatro dias, pois a probabilidade é de 0,78.

Isso ilustra o seguinte fato: quando fazemos uma afirmação probabilística sobre um evento específico (não repetível), a interpretação freqüencial da probabilidade não nos deixa outra escolha a não ser referir-nos a um conjunto de eventos análogos. Entretanto, como se pode imaginar muito bem, isso facilmente pode levar a complicações pois, em geral, a escolha de eventos análogos não é nem óbvia, nem direta. Em relação à apendectomia da Sra. Marília, poderíamos considerar como análogos apenas os casos em que os pacientes são do mesmo sexo, ou apenas os casos em que também são da mesma idade que a Sra. Marília, ou ainda da mesma altura e peso que a Sra. Marília. No final das contas, a escolha de eventos análogos é uma questão de julgamento pessoal, e não é de forma alguma contraditório que cheguemos a diferentes estimativas de probabilidade, todas elas válidas, para um mesmo evento.

Quanto à questão de saber se um certo candidato de um partido importante ganhará a próxima eleição para governador, suponha que perguntemos às pessoas que conduziram uma pesquisa quão certas estão da vitória do candidato. Se elas disserem que estão "95% certas" (ou seja, se atribuírem uma probabilidade 0,95 à vitória do candidato), não quer dizer que ele ganharia 95% das vezes que concorresse a um cargo eletivo. O que significa é que a previsão do pesquisador eleitoral é baseada num método que funciona 95% das vezes. É dessa maneira que devemos interpretar muitas das probabilidades associadas a resultados estatísticos.

Por fim, mencionemos um terceiro conceito de probabilidade que está atualmente gozando de popularidade. Segundo esse ponto de vista, as probabilidades são interpretadas como avaliações **pessoais** ou **subjetivas** e refletem a crença de uma pessoa quanto às incertezas que estão em jogo. Essas avaliações aplicam-se especialmente quando há pouca ou nenhuma evidência direta, de forma que realmente não resta outra escolha senão considerar informações colaterais (indiretas), adivinhações equilibradas ou, talvez, a intuição e outros fatores subjetivos. Às vezes, as probabilidades subjetivas são determinadas colocando-se o problema em termos de dinheiro, conforme veremos nas Seções 6.3 e 7.1

EXERCÍCIOS

5.43 Extraindo uma carta de um baralho bem embaralhado de 52 cartas, qual é a probabilidade de obter
  (a) o rei de copas;
  (b) uma carta vermelha com figura (valete, rainha, rei);
  (c) um 5, um 6 ou um 7;
  (d) uma carta de ouros?

5.44 Quando duas cartas são extraídas de um baralho bem embaralhado e a primeira carta não é recolocada antes de tirar a segunda carta, qual é a probabilidade de obter
  (a) duas rainhas;
  (b) uma carta vermelha e uma preta;
  (c) duas cartas de paus?

5.45 Quando três cartas são extraídas sem reposição de um baralho bem embaralhado de 52 cartas, qual é a probabilidade de se obter um valete, uma rainha e um rei?

5.46 Se jogarmos um dado equilibrado, qual é a probabilidade de obter
  (a) um 3;
  (b) um número par?
  (c) um número maior do que 4?

5.47 Se jogarmos um par de dados equilibrados, um vermelho e um verde, liste os 36 resultados possíveis e determine a probabilidade de obter um total de
  (a) 4 pontos;
  (b) 9 pontos;
  (c) 7 ou 11 pontos.

5.48 Se K representa "cara" e C representa "coroa", os dezesseis resultados possíveis de quatro jogadas de uma moeda são KKKK, KKKC, KKCK, KCKK, CKKK, KKCC, KCKC, KCCK, CKKC, CKCK, CCKK, KCCC, CKCC, CCKC, CCCK e CCCC. Supondo que esses resultados são todos igualmente prováveis, encontre a probabilidade de obter 0, 1, 2, 3 ou 4 caras.

5.49 Uma vasilha contém 15 contas vermelhas, 30 contas brancas, 20 contas azuis e 7 contas pretas. Extraindo uma conta ao acaso, qual é a probabilidade de obter uma conta
  (a) vermelha;   (c) preta;
  (b) branca ou azul;   (d) nem branca nem preta?

5.50 Uma bolsa de couro contém 24 moedas de 10 centavos datadas de 2000, 14 moedas de 10 centavos datadas de 1999 e 10 moedas de 10 centavos datadas de 2002. Se uma moeda é escolhida ao acaso, qual é a probabilidade de escolhermos uma moeda datada de
  (a) 2002;
  (b) 1999 ou 2002?

5.51 As bolas usadas no bingo são numeradas 1, 2, 3, . . ., 75. Se uma dessas bolas é extraída ao acaso, qual é a probabilidade de ser uma bola de
(a) número par;
(b) número 15 ou de um número menor;
(c) número 60 ou de um número maior?

5.52 Se um jogo tem n resultados igualmente prováveis, qual é a probabilidade de cada resultado individual?

5.53 Dentre os 12 candidatos a gerente de cinemas de uma rede de cinemas, oito têm diploma universitário. Se três dos candidatos são escolhidos ao acaso, qual é a probabilidade de
(a) todos três candidatos terem diploma universitário;
(b) somente um dos três ter diploma universitário?

5.54 Uma caixa com 24 lâmpadas contém duas defeituosas. Se duas das lâmpadas são extraídas ao acaso, qual é a probabilidade de
(a) nenhuma das lâmpadas ser defeituosa;
(b) uma delas ser defeituosa;
(c) ambas serem defeituosas?

5.55 Um tesouro de moedas medievais descoberto onde hoje se localiza a Bélgica continha 20 moedas cunhadas em Antuérpia e 16 cunhadas em Bruxelas. Se uma pessoa escolhe cinco dessas moedas ao acaso, qual é a probabilidade de escolher
(a) duas moedas cunhadas em Antuérpia e três moedas cunhadas em Bruxelas;
(b) quatro moedas cunhadas em Antuérpia e uma moeda cunhada em Bruxelas?

5.56 As oito cidades dos Estados Unidos com o maior número de crimes violentos registrados num certo ano foram Atlanta, Miami, St. Louis, Newark, Tampa, Baton Rouge, Baltimore e Washington. Se um programa de televisão escolhe duas dessas cidades ao acaso para uma reportagem especial, qual é a probabilidade de a escolha
(a) incluir Miami;
(b) consistir em Baltimore e Washington?

5.57 Numa pesquisa conduzida por um jornal, 424 de 954 leitores alegaram que a cobertura de esportes locais era inadequada. Baseado nesses dados, estime a probabilidade de um de seus leitores, escolhido ao acaso, concordar com essa alegação.

5.58 Num estudo detalhado de furtos numa loja de um *shopping*, foi observado que 816 de 4.800 clientes que foram pegos furtando não eram pegos antes de sua quinta tentativa. Baseado nesses dados, estime a probabilidade de uma pessoa furtando nessa loja não ser pega antes de sua quinta tentativa.

5.59 Se 678 de 904 carros foram aprovados na inspeção estadual de emissão de gases poluentes na primeira tentativa, estime a probabilidade de um carro dado ser aprovado na inspeção estadual na primeira tentativa.

5.60 Se 1.558 de 2.050 pessoas que visitaram a Chapada Diamantina disseram que pretendem voltar dentro de alguns anos, estime a probabilidade de uma dada pessoa que está visitando a Chapada Diamantina pretender voltar dentro de alguns anos.

5.61 As estatísticas de um instituto climatológico mostram que, em 28 dos últimos 52 anos, o céu esteve nublado numa cidade perto de Curitiba durante o primeiro domingo de novembro, quando um grupo de escoteiros realiza seu piquenique anual. Baseado nesses dados, estime a probabilidade de o céu estar coberto no próximo piquenique anual desse grupo de escoteiros.

5.62 Para começar a entender a Lei dos Grandes Números, um aluno lançou uma moeda 150 vezes, obtendo

1	0	1	0	0	1	0	0	0	0
1	1	0	1	0	1	0	1	1	0
1	1	0	1	0	0	0	0	1	0
0	1	1	0	0	1	1	1	0	1
1	0	1	0	1	1	1	0	0	1
1	1	0	0	0	1	0	0	1	0
0	1	0	1	1	1	0	0	0	0
1	1	1	1	1	0	1	0	0	0
0	0	1	0	1	1	1	1	0	0
0	1	0	1	0	1	0	1	0	0
1	0	0	1	1	1	0	0	0	1
0	0	0	1	0	1	1	1	0	1
0	0	1	1	1	1	0	0	0	1
1	0	0	1	1	1	1	0	0	1
0	0	1	0	1	1	1	1	0	0

onde 1 denota cara e 0 denota coroa. Usando esses dados, reproduza o trabalho à página 127 que levou à Figura 5.4.

5.63 Repita o Exercício 5.62 obtendo seus dados com um computador ou uma calculadora.

5.64 Registre os quatro dígitos das placas de 200 automóveis e esboce num gráfico a proporção acumulada do dígito 5 em cada 25 automóveis. Decida se o resultado obtido corrobora a Lei dos Grandes Números.

(O que entendemos por "chance", "aleatoriedade" e "probabilidade" está sujeito a toda espécie de mitos e interpretações, alguns dos quais ilustramos nos exercícios a seguir.)

5.65 Alguns filósofos argumentaram que se absolutamente não dispusermos de informação alguma sobre as probabilidades de diferentes resultados possíveis, é razoável supor todos resultados como igualmente prováveis. Às vezes nos referimos a isso como o princípio da *ignorância igualitária*. Discuta o seguinte argumento sobre a existência ou não de vida humana em outro lugar do universo. Como realmente não dispomos de informação alguma num ou noutro sentido, a probabilidade de existir vida humana em algum outro lugar do universo é de $\frac{1}{2}$.

5.66 O que segue ilustra como nossa intuição pode ser induzida ao erro em relação a probabilidades. Suponha que uma caixa contenha 100 contas, cada uma delas vermelha ou branca. Uma conta será extraída ao acaso e perguntamos a uma pessoa se ela consegue dizer se a conta extraída será vermelha ou branca. Esta pessoa estaria disposta a apostar honestamente (digamos, ganhar $5 se acertar e perder $5 se errar) se
(a) ela não tem idéia alguma sobre quantas contas são vermelhas e quantas são brancas;
(b) ela souber que 50 contas são vermelhas e 50 são brancas?

Por estranho que possa parecer, a maioria das pessoas está mais disposta a apostar na circunstância (b) do que na (a).

5.67 O que segue é um bom exemplo das dificuldades em que nos podemos encontrar quando usamos somente "bom senso" ou a intuição em decisões sobre probabilidades.

"Uma dentre três caixas indistinguíveis contém duas moedas de 1 centavo, a outra contém uma moeda de 1 centavo e uma de 10 centavos e a terceira contém duas moedas de 10 centavos. Escolhendo uma dessas três caixas ao acaso (cada caixa com probabilidade 1/3), tiramos uma moeda ao acaso da caixa (cada moeda com probabilidade 1/2) sem

olhar para a outra moeda. A moeda que tiramos é uma de 1 centavo e, sem pensar muito a respeito, podemos muito bem ser induzidos a concluir que, com probabilidade 1/2, a outra moeda da caixa também é uma de 1 centavo. Afinal de contas, a moeda de 1 centavo deve ter sido tirada ou da caixa com uma moeda de 1 centavo e uma de 10 centavos ou da caixa com duas moedas de 1 centavo. No primeiro caso, a outra moeda na caixa será uma de 10 centavos e no segundo uma de 1 centavo e é razoável concluir que essas duas possibilidades são igualmente prováveis."

A verdade é que o valor correto da probabilidade de a outra moeda ser também uma de 1 centavo é 2/3 e deixamos ao leitor verificar esse resultado rotulando mentalmente as duas moedas de 1 centavo por P_1 e P_2 e as duas de 10 centavos por D_1 e D_2 e esboçando um diagrama de árvore exibindo os seis resultados possíveis e igualmente prováveis do experimento.

5.68 Discuta a afirmação a seguir. Se um meteorologista diz que a probabilidade de chuva no dia seguinte é 0,30, o que quer que aconteça no dia seguinte não prova que ele estava certo ou errado.

5.69 Discuta a afirmação a seguir. Como as probabilidades são medidas da incerteza, a probabilidade que associamos a um evento futuro crescerá à medida que recebermos mais informação a respeito.

5.70 A probabilidade de um paciente sobreviver a uma pequena intervenção cirúrgica é 0,98 para o hospital A e 0,86 para o hospital B; a probabilidade de um paciente sobreviver a uma grande intervenção cirúrgica é 0,73 para o hospital A e 0,66 para o hospital B. Podemos concluir que para sobreviver a uma intervenção cirúrgica pequena ou grande o hospital A é mais indicado do que o hospital B? (Caso isso pareça familiar, olhe novamente o Exercício R.22.)

5.71 Nenhum teste clínico é perfeito para diagnosticar uma doença. Suponha que a probabilidade de um certo teste diagnosticar corretamente uma pessoa diabética como sendo diabética é de 0,95 e que a probabilidade de diagnosticar uma pessoa que não é diabética como sendo diabética é de 0,05. É sabido que cerca de 10% da população é diabética. Adivinhe a probabilidade de uma pessoa diagnosticada como sendo diabética realmente ser diabética. (Esse problema voltará a ser discutido no Exercício 6.75.)

5.72 Algumas pessoas alegam que se a probabilidade da ocorrência de um certo evento for maior do que 0,50, então a probabilidade será confirmada se o evento realmente ocorrer e refutada se o evento não ocorrer. Também, se a probabilidade da ocorrência de um certo evento for menor do que 0,50, então a probabilidade será confirmada se o evento não ocorrer e refutada se o evento ocorrer. Discuta esse método de confirmar e refutar probabilidades.

5.5 LISTA DE TERMOS-CHAVE (com indicação das páginas de suas definições)

Chances, 124
Coeficientes binomiais, 118
  tabela de, 514
Combinações, 117
Conceito de probabilidade clássica, 125
Diagrama de árvore, 111
Escolha aleatória, 125
Interpretação freqüencial da probabilidade, 126
Lei dos Grandes Números, 127

Multiplicação de escolhas, 112
  generalizada, 114
Notação de fatorial, 115
Permutações, 115
Probabilidade, 110, 124
Probabilidade pessoal, 129
Probabilidade subjetiva, 129
Simulação por computador, 127
Teoria de Probabilidade, 110
Triângulo de Pascal, 124

5.6 REFERÊNCIAS

Introduções informais à probabilidade, escritas especialmente para leigos, podem ser encontradas em

GARVIN, A. D., *Probability in Your Life*. Portland, Maine: J. Weston Walch Publisher, 1978.

HUFF, D., and GEIS, I., *How to Take a Chance*. New York: W.W. Norton & Company, Inc., 1959.

KOTZ, S., and STROUP, D. E., *Educated Guessing: How to Cope in an Uncertain World*. New York: Marcel Dekker, Inc., 1983.

LEVINSON, H. C., *Chance, Luck, and Statistics*. New York: Dover Publications, Inc., 1963.

MOSTELLER, F., KRUSKAI, W. H., LINK, R. F., PIETERS, R. S., and RISING, G. R., *Statistics by Example: Weighing Chances*. Reading, Mass.: Addison-Wesley Publishing Company, Inc., 1973.

WEAVER, W., *Lady Luck: The Theory of Probability*. New York: Dover Publications, Inc., 1982.

Para uma leitura fascinante sobre a história da probabilidade, consulte

DAVID, F. N., *Games, Gods and Gambling*. New York: Hafner Press, 1962.

e os três primeiros capítulos de

STIGLER, S. M., *The History of Statistics*. Cambridge, Mass.: Harvard University Press, 1986.

Para complementar os Exercícios 5.65 até 5.72, na referência a seguir podem ser encontrados exemplos adicionais sobre mitos e concepções errôneas sobre probabilidades, incluindo alguns fascinantes paradoxos.

BENNETT, J. D., *Randomness*. Cambridge, Mass.: Harvard University Press, 1998.

ALGUMAS REGRAS DE PROBABILIDADE

6.1 Espaços Amostrais e Eventos 135
6.2 Os Postulados de Probabilidade 142
6.3 Probabilidades e Chances 144
6.4 Regras de Adição 149
6.5 Probabilidade Condicional 154
6.6 Regras de Multiplicação 156
*6.7 O Teorema de Bayes 161
6.8 Lista de Termos-Chave 166
6.9 Referências 166

No estudo de Probabilidade, existem basicamente três tipos de questões:

> **O que queremos dizer quando afirmamos que a probabilidade de um evento é, por exemplo, 0,50; 0,78; ou 0,24?**
>
> **Como determinar ou medir, na prática, os números que chamamos de probabilidades?**
>
> **Quais são as regras matemáticas a que as probabilidades devem obedecer?**

No Capítulo 5 já estudamos, em sua maior parte, os dois primeiros tipos de questões. No conceito de probabilidade clássica, estamos interessados em possibilidades iguais, contamos as que são favoráveis e aplicamos a fórmula $\frac{s}{n}$. Na interpretação freqüencial, lidamos com proporções de "sucessos" a longo prazo e baseamos nossas estimativas no que ocorreu no passado. Quando tratamos com probabilidades subjetivas, lidamos com uma medição da crença de uma pessoa e, na Seção 6.3 (e mais adiante, na Seção 7.1), vemos como tais probabilidades subjetivas podem efetivamente ser determinadas.

Neste capítulo, após alguns preliminares na Seção 6.1, concentramos nossa atenção nas regras matemáticas que as probabilidades devem obedecer, ou seja, no que chamamos de **Teoria de Probabilidade**. Assim, estudamos os postulados básicos de probabilidades na Seção 6.2, a relação entre probabilidades e chances na Seção 6.3, as regras de adição na Seção 6.4, as probabilidades condicionais na Seção 6.5, as regras de multiplicação na Seção 6.6 e, finalmente, o Teorema de Bayes na Seção 6.7.

6.1 ESPAÇOS AMOSTRAIS E EVENTOS

Em Estatística, utilizamos a palavra "experimento" de maneira muito pouco convencional. Na falta de uma palavra mais apropriada, a aplicamos a qualquer processo de observação ou medida. Assim, um **experimento** pode consistir em contar quantos funcionários de uma agência governamental faltam ao trabalho num determinado dia, conferir se uma certa chave está ligada ou desligada ou descobrir se uma pessoa é ou não casada. Um experimento pode consistir também no processo muito complicado de prever tendências na Economia, em encontrar a origem de uma perturbação social, ou diagnosticar a causa de uma doença. A informação obtida de um experimento, quer seja a leitura de um instrumento, uma resposta "sim ou não", ou um valor obtido por meio de cálculos muito extensos, é denominada **resultado** do experimento.

Para cada experimento, o conjunto de todos os resultados possíveis é chamado o **espaço amostral**, denotado em geral pela letra S. Por exemplo, se um zoólogo deve escolher três dentre 24 porquinhos-da-índia para um experimento em sala de aula, o espaço amostral consiste nas $\binom{24}{3} = 2.024$ maneiras de fazer a escolha. Se o reitor de uma universidade deve indicar dois de seus 84 professores para servir como conselheiros de um clube de Ciências Políticas, o espaço amostral consiste nas $\binom{84}{2} = 3.486$ maneiras de fazer tal escolha.

Quando estudamos os resultados de um experimento, costumamos identificar as várias possibilidades por números, pontos ou algum outro tipo de símbolo, a fim de poder tratar de maneira matemática todas as questões relacionadas com elas sem precisar recorrer a longas descrições verbais sobre o que ocorreu, está ocorrendo ou ocorrerá. Por exemplo, se há oito candidatos a uma bolsa de estudos, e se denotarmos por a, b, c, d, e, f, g, ou h o fato de ser concedida à aluna Alice, ao aluno Paulo, às alunas Carolina e Letícia, ao aluno Guilherme, às alunas Fabiana, Georgina ou Alice, respectivamente, então o espaço amostral desse experimento (ou seja, dessa seleção) é o conjunto $S = \{a, b, c, d, e, f, g, h\}$. O uso de pontos em vez de letras ou números para denotar os elementos de um espaço amostral tem a vantagem de facilitar a visualização das diversas possibilidades, permitindo talvez descobrir padrões especiais dentre os diversos resultados.

EXEMPLO 6.1 Uma revenda de caminhões usados tem três caminhões Ford 1998 para serem vendidos por qualquer um de seus dois vendedores. Queremos saber quantos desses caminhões cada um dos vendedores venderá em uma dada semana. Usando duas coordenadas, de modo que (1, 1), por exemplo, indique o resultado que cada um dos dois vendedores venderá um caminhão e (2, 0) indique o resultado que o primeiro vendedor venderá dois caminhões e o segundo nenhum, relacione todos os possíveis resultados desse "experimento." Também esboce um diagrama que exiba os pontos correspondentes do espaço amostral.

Solução Os dez resultados possíveis são (0, 0), (0, 1), (0, 2), (0, 3), (1, 0), (1, 1), (1, 2), (2, 0), (2, 1) e (3, 0) e os pontos correspondentes estão exibidos na Figura 6.1.

Em geral, classificamos os espaços amostrais de acordo com o número de elementos ou pontos que contêm. Os espaços que consideramos até agora nesta seção tinham 2.024, 3.486, 32, 8 e 10 elementos, e todos são designados como espaços **finitos**. Neste capítulo, vamos considerar ape-

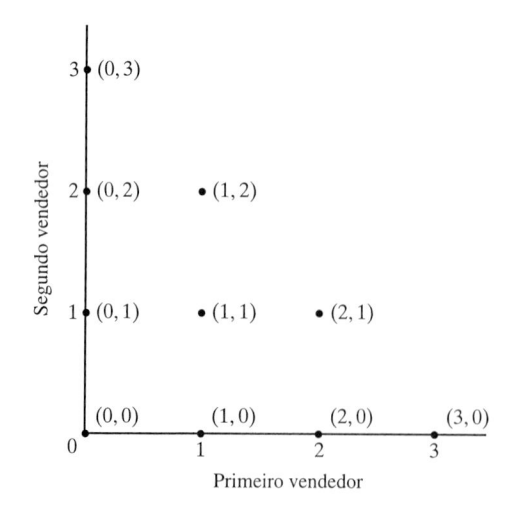

Figura 6.1
Espaço amostral do Exemplo 6.1.

nas espaços amostrais finitos, mas em capítulos posteriores trataremos também com espaços amostrais **infinitos**. Um espaço amostral infinito surge, por exemplo, quando tratamos com quantidades como temperaturas, pesos ou distâncias medidos em escala contínua. Mesmo quando jogamos um dardo contra um alvo, existe um contínuo de pontos que podemos atingir.

Em Estatística, qualquer **subconjunto** de um espaço amostral é denominado **evento**. Aqui, um subconjunto significa qualquer parte de um conjunto, inclusive o próprio conjunto como um todo e o **conjunto vazio**, denotado pelo símbolo Ø, que não contém elemento algum. Por exemplo, no caso dos oito candidatos à bolsa de estudos, $M = \{b, e\}$ denota o evento de algum aluno (nenhuma aluna) receber a bolsa; no Exemplo 6.1, $T = \{(0, 3), (1, 2), (2, 1), (3, 0)\}$ denota o evento de os três caminhões serem vendidos na semana dada.

EXEMPLO 6.2 Com referência ao Exemplo 6.1 e à Figura 6.1, expresse em palavras que eventos são representados por $A = \{(2, 0), (1, 1), (0, 2)\}$, $B = \{(0, 0), (1, 0), (2, 0), (3, 0)\}$ e $C = \{(0, 2), (1, 2), (0,3)\}$.

Solução A é o evento descrito por ambos vendedores juntos venderem dois caminhões, B é o evento descrito pelo segundo vendedor não vender caminhão algum e C é o evento descrito pelo segundo vendedor vender no mínimo dois caminhões.

No Exemplo 6.2, os eventos B e C não têm elementos (resultados) em comum; eventos desse tipo são denominados **mutuamente excludentes**, o que significa que a ocorrência de um deles impede a ocorrência do outro. Evidentemente, se o segundo vendedor não vender caminhão algum então ele certamente não venderá no mínimo dois caminhões. Note também que os eventos A e B não são mutuamente excludentes, e tampouco os eventos A e C, pois o primeiro par tem em comum o resultado (2, 0) e o segundo par compartilha o resultado (0, 2).

Em muitos problemas de probabilidade, interessam-nos eventos que possam ser expressos pela formação de **uniões**, **interseções** e **complementares**. Provavelmente o leitor tem alguma familiaridade com essas operações elementares de conjuntos; se não tiver, lembramos que a união de dois eventos X e Y, denotada por $X \cup Y$, é o evento que consiste em todos os elementos (resultados) contidos em X, em Y, ou em ambos. A interseção de dois eventos X e Y, denotado por $X \cap Y$, é o evento que consiste em todos os elementos contidos tanto em X quanto em Y e o complementar de X, denotado por X', é o evento que consiste em todos os elementos do espaço amostral que não estão contidos em X. Costumamos ler $\cup$ como "ou", $\cap$ como "e" e X' como "não X."

EXEMPLO 6.3 Com referência aos Exemplos 6.1 e 6.2, relacione os resultados relativos a ∪ e ∩. Também expresse cada um desses eventos em palavras.

Solução Como $B \cup C$ contém todos elementos (resultados) que estão em B, em C, ou em ambos, obtemos

$$B \cup C = \{(0, 0), (1, 0), (2, 0), (3, 0), (0, 2), (1, 2), (0, 3)\}$$

e esse é o evento dado pelo segundo vendedor vender 0, 2 ou 3 caminhões, ou seja, que o segundo vendedor não irá vender exatamente um caminhão. Como já observamos, os eventos A e C compartilham o resultado (0, 2) e, como compartilham somente esse resultado, temos

$$A \cap C = \{(0, 2)\}$$

e esse é o evento dado pelo primeiro vendedor não vender caminhão algum e o segundo vendedor vender dois. Como B' contém todos elementos não contidos em B, podemos escrever

$$B' = \{(0, 1), (1, 1), (2, 1), (0, 2), (1, 2), (0, 3)\}$$

e esse é o evento descrito pelo segundo vendedor vender pelo menos um dos caminhões. ■

Os espaços amostrais e os eventos, e especialmente as relações entre eventos, costumam ser ilustrados por **diagramas de Venn**, como os das Figuras 6.2 e 6.3. Em cada caso, o espaço amostral é representado por um retângulo, e os eventos são representados por círculos ou partes de círculos interiores ao retângulo. As partes sombreadas dos quatro diagramas de Venn da Figura 6.2 representam o evento X, o complementar do evento X, a união dos eventos X e Y e a interseção dos eventos X e Y.

EXEMPLO 6.4 Se X é o evento descrito por Paulo ser um aluno de pós-graduação da USP e Y é o evento descrito por Paulo gostar de ir à praia de Caraguatatuba, que eventos são representados pelas regiões sombreadas dos quatro diagramas de Venn da Figura 6.2?

Solução A região sombreada do primeiro diagrama representa o evento descrito por Paulo ser um aluno de pós-graduação da USP. A região sombreada do segundo diagrama representa o evento descrito por Paulo não ser um aluno de pós-graduação da USP. A região sombreada do terceiro diagrama

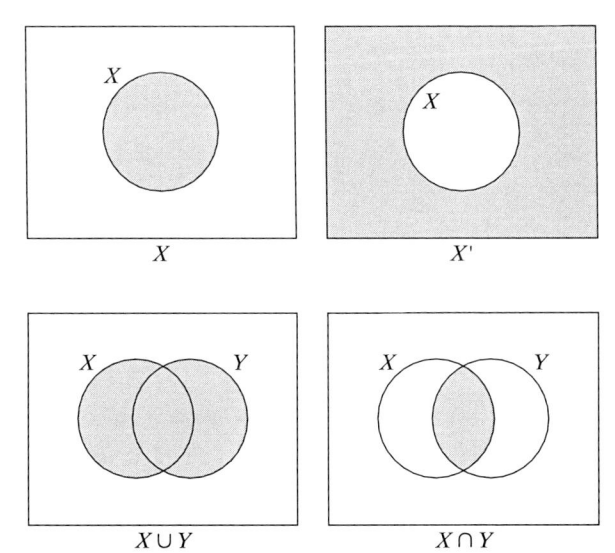

Figura 6.2
Diagramas de Venn.

representa o evento descrito por Paulo ser um aluno de pós-graduação da USP e/ou gostar de ir à praia de Caraguatatuba. A região sombreada do quarto diagrama representa o evento descrito por Paulo ser um aluno de pós-graduação da USP e gostar de ir à praia de Caraguatatuba.

Quando lidamos com três eventos, traçamos os círculos como na Figura 6.3. Nesse diagrama, os círculos dividem o espaço amostral em oito regiões, numeradas de 1 a 8, e é fácil determinar se os eventos correspondentes estão em X ou em X', em Y ou em Y', e em Z ou em Z'.

EXEMPLO 6.5 Se X é o evento dado pelo aumento do nível de desemprego, Y é o evento dado pelo aumento na movimentação do mercado acionário e Z é o evento dado pelo aumento da taxa de juros, expresse em palavras os eventos representados pela região 4, pelas regiões 1 e 3 juntas e pelas regiões 3, 5, 6 e 8 juntas na Figura 6.3.

Solução Como a região 4 está contida em X e Z mas não em Y, ela representa o evento de aumentar o nível de desemprego e a taxa de juros mas não aumentar a movimentação do mercado acionário. Como as regiões 1 e 3 juntas constituem a região comum a Y e a Z, elas representam o evento de aumentar a movimentação do mercado acionário e a taxa de juros. Como as regiões 3, 5, 6 e 8 juntas constituem toda a região fora de X, elas representam o evento de não aumentar o nível de desemprego.

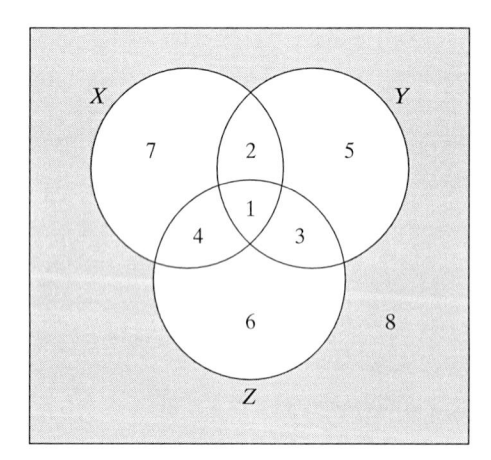

Figura 6.3
Diagrama de Venn.

EXERCÍCIOS

6.1 Com referência ao exemplificado à página 135, relativo à bolsa de estudos, considere $U = \{b, e, h\}$ e $V = \{e, f, g, h\}$ e relacione os resultados que compreendem U', $U \cap V$ e $U \cup V'$. Também expresse cada um desses eventos em palavras.

6.2 Com referência ao Exercício 6.1, os eventos U e V são mutuamente excludentes?

6.3 Com referência ao espaço amostral da Figura 6.1, relacione os conjuntos de pontos que constituem os seguintes eventos:
(a) um dos caminhões não é vendido;
(b) os dois vendedores vendem o mesmo número de caminhões;
(c) cada vendedor vende pelo menos um caminhão.

6.4 Pelo menos um de dois professores e dois dos cinco assistentes pós-graduados devem estar presentes quando for utilizado um certo laboratório de Química.
(a) Usando duas coordenadas, como no Exemplo 6.1, de modo que (1, 4), por exemplo, denote a presença de um dos professores e quatro dos assistentes, relacione todas as oito possibilidades.

(b) Esboce um diagrama análogo ao da Figura 6.1.

6.5 Com referência ao Exercício 6.4, expresse em palavras os eventos representados por
   (a) $K = \{(1, 2), (2, 3)\}$;
   (b) $L = \{(1, 3), (2, 2)\}$;
   (c) $M = \{(1, 2), (2, 2)\}$.

Também determine quais dos três pares de eventos, K e L; K e M; e L e M, são mutuamente excludentes.

6.6 Um crítico literário dispõe de dois dias para dar uma olhada em alguns dos sete livros recentemente lançados. Ele deseja conferir pelo menos cinco dos livros, mas não mais do que quatro em cada dia.
   (a) Usando duas coordenadas, de modo que (2, 3), por exemplo, represente o evento de o crítico dar uma olhada em dois livros no primeiro dia e em três livros no segundo dia, relacione as nove possibilidades e esboce um diagrama do espaço amostral análogo ao da Figura 6.1.
   (b) Relacione os pontos do espaço amostral que constituem o evento T caracterizado por o crítico dar uma olhada em cinco dos livros, o evento U caracterizado por olhar mais livros no primeiro que no segundo dia e o evento V caracterizado por dar uma olhada em três livros no segundo dia.

6.7 Com referência ao Exercício 6.6, relacione os pontos do espaço amostral que constituem os eventos $T \cap U$, $U \cap V$ e $V \cap T'$.

6.8 Uma pequena marina tem três barcos de pesca que às vezes estão num estaleiro para reparos.
   (a) Utilizando duas coordenadas, de forma que (2, 1), por exemplo, represente o evento dado por dois dos barcos estarem no estaleiro e um estar alugado para o dia e (0, 2) represente o evento dado por nenhum dos barcos estar no estaleiro e dois estarem alugados para o dia, esboce um diagrama análogo ao da Figura 6.1 mostrando os 10 pontos do espaço amostral correspondente.
   (b) Se K é o evento dado por pelo menos dois dos barcos estarem alugados para o dia, L é o evento dado por haver mais barcos no estaleiro do que alugados para o dia, e M é o evento dado por todos os barcos que não estiverem no estaleiro estarem alugados para o dia, relacione os resultados que compreendem cada um desses eventos.
   (c) Quais dos três pares de eventos, K e L; K e M; e L e M, são mutuamente excludentes?

6.9 Com referência ao Exercício 6.8, relacione os pontos do espaço amostral que constituem os eventos K' e $L \cap M$. Também expresse cada um desses eventos em palavras.

6.10 Para construir espaços amostrais para experimentos em que tratamos com categorias, costumamos codificar as diversas alternativas associando-lhes números. Por exemplo, se perguntarmos a pessoas de um certo grupo se a sua cor favorita é vermelho, amarelo, azul, verde, marrom, branco, roxo ou alguma outra, podemos atribuir a essas alternativas os códigos 1, 2, 3, 4, 5, 6, 7 e 8. Se
$$A = \{3, 4\}, B = \{1, 2, 3, 4, 5, 6, 7\} \text{ e } C = \{6, 7, 8\}$$
relacione os resultados que compreendem cada um dos eventos B', $A \cap B$, $B \cap C'$ e $A \cap B'$. Também expresse cada um desses eventos em palavras.

6.11 Dentre seis candidatos a um posto executivo, A tem curso universitário, é estrangeiro e solteiro; B não tem curso universitário, é estrangeiro e casado; C tem curso universitário, é brasileiro e casado; D não tem curso universitário, é brasileiro e solteiro; E tem curso universitário, é brasileiro e casado e *F* não tem curso universitário, é brasileiro e casado. Um dos candidatos deve obter o emprego, e o evento que o emprego será dado a um candidato com curso universitário, por exemplo, é denotado por {*A, C, E*}. Represente de maneira análoga o evento que o emprego é dado a um candidato

(a) solteiro;
(b) brasileiro com curso universitário;
(c) estrangeiro casado.

6.12 Quais dos seguintes pares de eventos são mutuamente excludentes? Explique suas respostas.
(a) Um motorista ser multado por excesso de velocidade e ser multado por avançar um sinal vermelho.
(b) Ser estrangeiro e ser Presidente do Brasil.
(c) Um jogador de futebol marcar um gol e ser expulso da partida.
(d) Um jogador de futebol marcar um gol e não sair do banco de reservas.

6.13 Quais dos seguintes pares de eventos são mutuamente excludentes? Explique suas respostas.
(a) Chover e fazer sol em 7 de setembro de 2007.
(b) Uma pessoa vestindo meias verdes e calçando sapatos pretos.
(c) Uma pessoa saindo de avião às 11 da noite de São Paulo e chegando em Nova York no mesmo dia.
(d) Uma pessoa ter um diploma de curso superior da UFRGS e da USP.

6.14 Com referência à Figura 6.4, *D* é o evento dado por um estudante formado em curso universitário falar inglês muito bem e *H* é o evento que ele fará pós-graduação em Harvard. Descreva em palavras que eventos são representados pelas regiões 1 e 3 juntas, as regiões 3 e 4 juntas e as regiões 2, 3 e 4 juntas?

6.15 Os diagramas de Venn também são úteis para determinar o número de resultados possíveis associados a vários eventos. Digamos que um dos 360 sócios de um clube de golfe deve ser eleito Jogador do Ano. Se 224 sócios jogam pelo menos uma vez por semana, 98 são canhotos e 50 dos canhotos jogam pelo menos uma vez por semana, quantas das possíveis escolhas para Jogador do Ano seriam de sócios:
(a) canhotos que não jogam pelo menos uma vez por semana;
(b) que jogam pelo menos uma vez por semana mas não são canhotos;
(c) que não jogam pelo menos uma vez por semana e não são canhotos?

6.16 Um dos 200 estudantes de Administração de uma faculdade deve ser escolhido para o diretório acadêmico. Se 77 desses estudantes estão matriculados numa cadeira de Contabilidade, 64 estão matriculados numa cadeira de Direito Administrativo e 92 não estão ma-

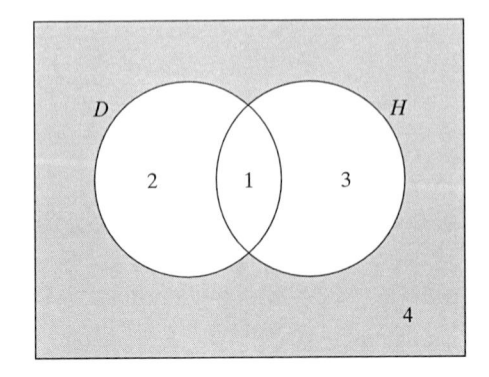

Figura 6.4
Diagrama de Venn para o Exercício 6.14.

triculados em qualquer uma dessas duas cadeiras, quantos resultados correspondem à escola de um estudante de Administração que esteja matriculado em ambas cadeiras?

6.17 Na Figura 6.5, os conjuntos E, T e N representam os eventos dados por um carro levado a uma oficina necessitar de revisão geral, de reparos na transmissão ou de pneus novos. Expresse, em palavras, quais eventos são representados pela região 1, pela região 3, pela região 7, pelas regiões 1 e 4 juntas, pelas regiões 2 e 5 juntas e pelas regiões 7, 4, 6 e 8 juntas?

6.18 Com referência ao Exercício 6.17 e à Figura 6.5, relacione as regiões ou combinações de regiões que representam os eventos dados por um carro levado à oficina necessitar
(a) reparos na transmissão mas não revisão geral nem pneus novos;
(b) revisão geral e reparos na transmissão;
(c) reparos na transmissão ou pneus novos, mas não revisão geral;
(d) pneus novos.

6.19 Conforme salientamos no Exercício 6.15, os diagramas de Venn também são úteis para determinar o número de resultados associados a várias circunstâncias. Dentre 60 casas colocadas à venda, há 8 com piscinas, três ou mais quartos e carpete; 5 com piscinas, três ou mais quartos, mas sem carpete; 3 com piscinas, carpete mas menos do que três quartos; 8 com piscinas, mas sem carpete e com menos de três quartos; 24 com três ou mais quartos, mas sem piscina e sem carpete; 2 com três ou mais quartos, carpete, mas sem piscina; 3 com carpete, mas sem piscina e com menos do que três quartos e 7 sem nenhuma dessas características. Se uma dessas casas for escolhida para um comercial de televisão, quantos resultados correspondem à escolha de uma casa
(a) com piscina;
(b) com carpete?

6.20 Os diagramas de Venn costumam ser utilizados para verificar relações entre conjuntos e subconjuntos, ou eventos, sem exigir demonstrações formais baseadas na álgebra dos conjuntos. Simplesmente verificamos se as expressões que se supõem iguais são representadas pela mesma região de um diagrama de Venn. Com auxílio de diagramas de Venn, mostre que
(a) $A \cup (A \cap B) = A$;
(b) $(A \cap B) \cup (A \cap B') = A$;
(c) $(A \cap B)' = A' \cup B'$ e também $(A \cup B)' = A' \cap B'$;
(d) $A \cup B = (A \cap B) \cup (A \cap B') \cup (A' \cap B)$;
(e) $A \cap (B \cup C) = (A \cap B) \cup (A \cap C)$.

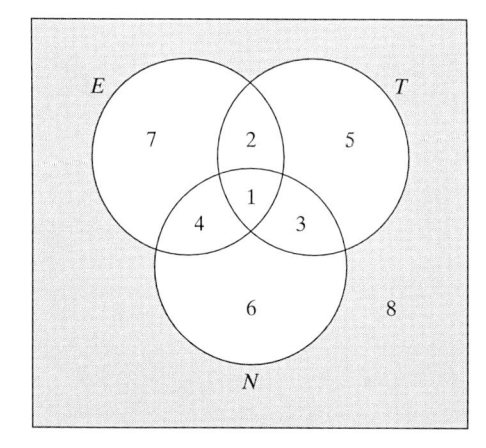

Figura 6.5
Diagrama de Venn para o Exercício 6.17.

6.2 OS POSTULADOS DE PROBABILIDADE

As probabilidades sempre se referem à ocorrência de eventos, e agora que estamos em condições de lidar matematicamente com eventos, voltemos nossa atenção para as regras que as probabilidades devem obedecer. Para formular tais regras, continuamos a denotar os eventos por letras maiúsculas e escrevemos a probabilidade de um evento A como P(A), a probabilidade de um evento B como P(B), e assim por diante. Como antes, denotamos pela letra maiúscula, S, o conjunto de todos os resultados possíveis, ou seja, o espaço amostral.

As regras mais básicas de Probabilidade são os três postulados que, na forma como são enunciados aqui, se aplicam quando o espaço amostral S é finito; começamos com os dois primeiros, como segue.

OS DOIS PRIMEIROS POSTULADOS DE PROBABILIDADE

1. *As probabilidades são números reais positivos ou zero; simbolicamente, $P(A) \geq 0$ para qualquer evento A.*
2. *Qualquer espaço amostral tem probabilidade 1; simbolicamente, $P(S) = 1$ para qualquer espaço amostral S.*

Para justificar esses dois postulados, bem como o terceiro que será dado adiante, mostraremos que eles estão de acordo com o conceito de probabilidade clássica e também com a interpretação freqüencial. Na Seção 6.3, veremos até que ponto os postulados também são compatíveis com probabilidades subjetivas.

Os dois primeiros postulados estão de acordo com o conceito de probabilidade clássica porque a fração $\frac{s}{n}$ é sempre positiva ou zero, e para o espaço amostral inteiro (que inclui todos os n resultados) a probabilidade é $\frac{s}{n} = \frac{n}{n} = 1$. Quando se trata da interpretação freqüencial, a proporção de vezes que um evento ocorre não pode ser um número negativo e, como um dos resultados no espaço amostral sempre deve ocorrer (ou seja, 100% das vezes), a probabilidade de ocorrer algum dos resultados do espaço amostral é 1.

Embora a probabilidade 1 fique assim identificada com a certeza absoluta, na prática atribuímos uma probabilidade 1 também a eventos cuja ocorrência seja "praticamente certa". Por exemplo, associamos a probabilidade 1 ao evento de que pelo menos uma pessoa irá assistir ao noticiário de uma emissora de televisão numa dada noite, embora isso não esteja logicamente correto. Analogamente, atribuímos uma probabilidade 1 ao evento de que nem todo estudante brasileiro que concluir o Segundo Grau e que pretender ingressar numa faculdade no primeiro semestre de 2007 faça o vestibular na UFRJ.

O terceiro postulado de Probabilidade é especialmente importante, embora não seja tão exatamente tão óbvio como os outros dois.

O TERCEIRO POSTULADO DE PROBABILIDADE

3. *Se dois eventos são mutuamente excludentes, a probabilidade de ocorrência de um ou do outro é igual à soma de suas probabilidades. Simbolicamente,*

$$P(A \cup B) = P(A) + P(B)$$

para dois eventos A e B quaisquer mutuamente excludentes.

Por exemplo, se a probabilidade de as condições meteorológicas melhorarem no decorrer de certa semana é 0,62 e a probabilidade de se manterem inalteradas é 0,23, então a probabilidade de as condições melhorarem ou se manterem inalteradas é 0,62 + 0,23 = 0,85. Da mesma forma, se as probabilidades de um estudante obter um conceito A ou um B numa disciplina são 0,13 e 0,29, respectivamente, então a probabilidade de o estudante obter um dos dois conceitos A ou B é 0,13 + 0,29 = 0,42.

Para mostrar que o terceiro postulado também é compatível com o conceito de probabilidade clássica, denotemos por s_1 e s_2 os números de resultados igualmente possíveis que compreendem os eventos A e B. Sendo A e B mutuamente excludentes, não há duas dessas possibilidades que sejam iguais e todas as $s_1 + s_2$ compreendem o evento $A \cup B$. Assim,

$$P(A) = \frac{s_1}{n} \quad P(B) = \frac{s_2}{n} \quad P(A \cup B) = \frac{s_1 + s_2}{n}$$

e $P(A) + P(B) = P(A \cup B)$.

No que diz respeito à interpretação freqüencial, se um evento ocorre, digamos, 36% das vezes, um outro evento ocorre 41% das vezes, e ambos não podem ocorrer simultaneamente (isto é, são mutuamente excludentes), então ocorrerá um ou outro em 36 + 41 = 77% das vezes. Isso está de acordo com o terceiro postulado.

Utilizando os três postulados de Probabilidade, podemos deduzir muitas regras adicionais que devem ser "obedecidas" pelas probabilidades: algumas delas são fáceis de provar e outras não o são, mas todas têm importantes aplicações. Entre as conseqüências imediatas dos três postulados, temos que as probabilidades nunca podem ser superiores a 1, que um evento que não pode ocorrer tem probabilidade 0, e que as probabilidades de ocorrer e de não ocorrer um certo evento sempre têm 1 por soma. Simbolicamente,

$$P(A) \leq 1 \quad \text{para qualquer evento } A$$
$$P(\emptyset) = 0$$
$$P(A) + P(A') = 1 \quad \text{para qualquer evento } A$$

A primeira dessas afirmações expressa o fato que não pode haver mais resultados favoráveis do que resultados, ou que um evento não pode ocorrer mais do que 100% das vezes. A segunda expressa o fato que, quando um evento não pode ocorrer, há $s = 0$ resultados favoráveis, ou que tal evento ocorre 0% das vezes. Na prática, também costumamos atribuir probabilidade 0 a eventos que são tão improváveis que estamos "praticamente certos" de que não ocorrerão. Por exemplo, atribuiríamos probabilidade 0 ao evento de um macaco deixado à frente de um teclado acabar datilografando palavra por palavra toda a obra de Machado de Assis, sem um único erro datilográfico. Ou, numa jogada de uma moeda, atribuiríamos a probabilidade zero ao evento de a moeda cair de pé.

O terceiro resultado também pode ser deduzido dos postulados de Probabilidade e pode ser visto com facilidade que é compatível tanto com o conceito clássico como com a interpretação freqüencial. No conceito clássico, se há s "sucessos" então há $n - s$ "fracassos", as probabilidades correspondentes são $\frac{s}{n}$ e $\frac{n-s}{n}$ e sua soma é

$$\frac{s}{n} + \frac{n-s}{n} = \frac{n}{n} = 1$$

De acordo com a interpretação freqüencial, podemos dizer que se alguns determinados investimentos são bem-sucedidos 22% das vezes, então 78% das vezes esses investimentos não são bem-sucedidos, as probabilidades correspondentes são 0,22 e 0,78, e sua soma é 1.

Os exemplos que seguem mostram como são postos em prática os postulados e as regras dadas acima.

EXEMPLO 6.6 Se A e B são os eventos que uma certa revista de automobilismo cotar o sistema de som de um automóvel como sendo bom ou ruim e se $P(A) = 0,24$ e $P(B) = 0,35$, determine as seguintes probabilidades:

(a) $P(A')$;
(b) $P(A \cup B)$;
(c) $P(A \cap B)$.

Solução (a) Usando a terceira das três regras à página 142, vemos que $P(A')$, ou seja, a probabilidade de a revista cotar o sistema de som como não sendo bom, é $1 - 0{,}24 = 0{,}76$.

(b) Como os eventos A e B são mutuamente excludentes, podemos usar o terceiro postulado de Probabilidade e escrever $P(A \cup B) = P(A) + P(B) = 0{,}24 + 0{,}35 = 0{,}59$ para a probabilidade de o sistema de som ser cotado como bom ou ruim.

(c) Como os eventos A e B são mutuamente excludentes, não podem ocorrer ambos e $P(A \cap B) = P(\emptyset) = 0$.

Em problemas como esse, geralmente é útil construir um diagrama de Venn, preencher as probabilidades associadas às várias regiões, e então ler as respostas diretamente do diagrama.

EXEMPLO 6.7 Se C e D são os eventos de o Dr. Paulo estar em seu consultório às 9 horas da manhã ou de estar no hospital, se $P(C) = 0{,}48$ e $P(D) = 0{,}27$, encontre $P(C' \cap D')$.

Solução Construindo o diagrama de Venn da Figura 6.6, começamos colocando a probabilidade 0 na região 1, porque os eventos C e D são mutuamente excludentes. Decorre que a probabilidade 0,48 do evento C deve ir para a região 2 e a probabilidade 0,27 do evento D deve ir para a região 3. Portanto, a probabilidade remanescente de $1 - (0{,}48 + 0{,}27) = 0{,}25$ deve ir para a região 4. Como $C' \cap D'$ é representado pela região fora de ambos círculos, ou seja, pela região 4, vemos que a resposta é $P(C' \cap D') = 0{,}25$.

6.3 PROBABILIDADES E CHANCES

Se um evento tem duas vezes mais chances de ocorrer do que de não ocorrer, dizemos que as **chances** são de 2 para 1 de ocorrer; se um evento tem três vezes mais chances de ocorrer do que de não ocorrer, dizemos que as chances são de 3 para 1 de ocorrer; se um evento tem dez vezes mais chances de ocorrer do que de não ocorrer, dizemos que as chances são de 10 para 1 de ocorrer, e assim por diante. De um modo geral,

> **As chances de ocorrência de um evento são dadas pelo quociente da probabilidade de que vá ocorrer o evento pela probabilidade de que não vá ocorrer.**

Simbolicamente,

A EXPRESSÃO DE CHANCES EM TERMOS DE PROBABILIDADES

> *Se a probabilidade de um evento é p, então a chance de sua ocorrência é de a para b, onde a e b são valores positivos tais que*
>
> $$\frac{a}{b} = \frac{p}{1-p}$$

Costuma-se expressar as chances em termos do quociente de dois inteiros positivos sem fatores comuns. Também, se um evento tem mais chances de não ocorrer do que de ocorrer, é costume trabalhar com as chances de que não vá ocorrer, em vez de com as chances de que vá ocorrer.

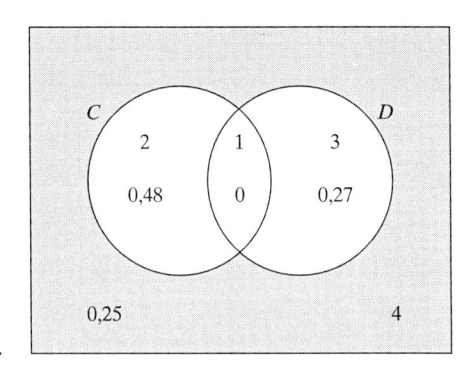

Figura 6.6
Diagrama de Venn para o Exemplo 6.7.

EXEMPLO 6.8 Quais são as chances de ocorrer um evento se sua probabilidade é
(a) $\frac{5}{9}$;
(b) 0,85;
(c) 0,20?

Solução (a) Por definição, as chances são $\frac{5}{9}$ para $1 - \frac{5}{9} = \frac{4}{9}$, ou 5 para 4.

(b) Por definição, as chances são 0,85 para $1 - 0,85 = 0,15$, 85 para 15, ou melhor, 17 para 3.

(c) Por definição, as chances são 0,20 para $1 - 0,20 = 0,80$, 20 para 80, ou 1 para 4, e dizemos que as chances são de 4 para 1 *contra* a ocorrência do evento. Em geral, é assim que relatamos as chances quando um evento tem mais chances de *não* ocorrer.

Em apostas, o termo "chance" também é usado para denotar o quociente do valor apostado por um parceiro pelo valor apostado pelo outro. Por exemplo, se um jogador diz que aposta 3 contra 1 na ocorrência de um evento, ele quer dizer que está disposto a apostar $3 contra $1 (ou talvez $30 contra $10, ou $1.500 contra $500) que o evento vá ocorrer. Se tal **chance de aposta** é de fato igual à chance de ocorrência do evento, dizemos que a aposta é **honesta** (ou **equilibrada**). Se um jogador realmente acredita que uma aposta é honesta, ele estará disposto a apostar, pelo menos em princípio, em qualquer um dos dois lados. Em tal situação, o jogador apostaria igualmente $1 contra $3 (ou $10 contra $30, ou $500 contra $1.500) que o evento não vá ocorrer.

EXEMPLO 6.9 Os registros indicam que $\frac{1}{12}$ dos caminhões pesados em um posto de controle rodoviário acusam excesso de carga. É uma aposta honesta alguém apostar $40 contra $4 que o próximo caminhão a ser pesado não terá excesso de carga?

Solução Como a probabilidade de o caminhão não levar excesso de carga é $1 - \frac{1}{12} = \frac{11}{12}$, as chances são de 11 para 1, e a aposta seria honesta se a pessoa oferecesse apostar $44 contra $4 que o próximo caminhão não acusasse excesso de carga. Assim, $40 contra $4 não é uma aposta honesta, pois favorece a pessoa que a faz.

Essa discussão de chances e chances em apostas proporciona o fundamento para uma maneira de medir **probabilidades subjetivas**. Se um comerciante "sente" que as chances de sucesso de uma nova loja de roupas são de 3 para 2, ele está disposto a apostar (ou que considera uma aposta honesta apostar) $300 contra $200, ou talvez $3.000 contra $2.000, que a nova loja será bem-sucedida. Dessa forma, ele expressa sua crença a respeito das incertezas ligadas ao sucesso da nova loja e, para convertê-la em uma probabilidade, tomamos a equação

$$\frac{a}{b} = \frac{p}{1-p}$$

com $a = 3$ e $b = 2$ e a resolvemos em relação a p. Em geral, resolvendo a equação $\frac{a}{b} = \frac{p}{1-p}$ em p, obtemos o resultado seguinte, que o leitor pode verificar no Exercício 6.39.

EXPRESSANDO PROBABILIDADES EM TERMOS DE CHANCES

> Se as chances são de a para b que um evento vá ocorrer, então a probabilidade de sua ocorrência é
>
> $$p = \frac{a}{a+b}$$

Substituindo agora $a = 3$ e $b = 2$ nessa fórmula para p encontramos que, de acordo com o comerciante, a probabilidade de sucesso da nova loja de roupas é de $\frac{3}{3+2} = \frac{3}{5}$ ou 0,60.

EXEMPLO 6.10 Se um candidato a treinador de um time de futebol acredita que suas chances são de 7 para 1 de conseguir o emprego, qual é a probabilidade subjetiva que ele está atribuindo a conseguir o emprego?

Solução Substituindo $a = 7$ e $b = 1$ na fórmula precedente, obtemos $p = \frac{7}{7+1} = \frac{7}{8} = 0{,}875$.

Vejamos agora se as probabilidades subjetivas determinadas dessa forma se "comportam" de acordo com os postulados de Probabilidade. Como a e b são números positivos, $\frac{a}{a+b}$ não pode ser negativo e, assim, o primeiro postulado é satisfeito. Quanto ao segundo postulado, observe que quanto mais certos estivermos da ocorrência de um evento, "melhores" chances estaremos dispostos a lhe atribuir: digamos, 99 para 1, 9.999 para 1, e quem sabe até 999.999 para 1. As probabilidades correspondentes são 0,99, 0,9999 e 0,999999 e vemos que, quanto mais certos estivermos da ocorrência de um evento, mais próxima de 1 será a sua probabilidade.

O terceiro postulado não necessariamente se aplica a probabilidades subjetivas, mas os proponentes do ponto de vista subjetivo impõem-no como um **critério de consistência**. Em outras palavras, se as probabilidades subjetivas de uma pessoa "se comportam" de acordo com o terceiro postulado, dizemos que essa pessoa é consistente; caso contrário, devemos encarar os julgamentos de probabilidades dessa pessoa com um certo cuidado.

EXEMPLO 6.11 Um colunista de jornal acredita que as chances são de 2 para 1 que a taxa de juros vá aumentar antes do fim do ano, de 1 para 5 que a taxa permanecerá a mesma e de 8 para 3 que aumentará ou permanecerá no mesmo patamar. São consistentes as probabilidades correspondentes?

Solução As probabilidades correspondentes à taxa de juros aumentar antes do fim do ano, de permanecer a mesma ou de permanecer inalterada são, respectivamente, $\frac{2}{2+1} = \frac{2}{3}$, $\frac{1}{1+5} = \frac{1}{6}$ e $\frac{8}{8+3} = \frac{8}{11}$. Como $\frac{2}{3} + \frac{1}{6} = \frac{5}{6}$, e não $\frac{8}{11}$, as probabilidades não são consistentes. Portanto, o julgamento do colunista deve ser questionado.

EXERCÍCIOS

6.21 Num estudo das necessidades futuras de um aeroporto, C é o evento de que existirão fundos suficientes para a expansão planejada e E é o evento de que a expansão planejada incluirá um estacionamento suficientemente amplo. Expresse em palavras o que significam as probabilidades $P(C')$, $P(E')$, $P(C' \cap E)$ e $P(C \cap E')$.

6.22 Com referência ao Exercício 6.21, expresse simbolicamente as probabilidades de que haverá
(a) fundos suficientes mas não suficientes vagas de estacionamento;
(b) nem fundos suficientes nem estacionamento suficiente.

6.23 Em relação a um concerto sinfônico programado, seja A o evento que haverá um bom comparecimento de público e W o evento que mais do que a metade da platéia irá embora durante o intervalo. Expresse em palavras o que significam as probabilidades $P(A')$, $P(A' \cap W)$ e $P(A \cap W')$.

6.24 Com referência ao Exercício 6.23, seja F o evento de que o solista não conseguirá se apresentar e expresse simbolicamente as probabilidades de que
(a) o solista não conseguirá se apresentar e mais do que a metade da platéia irá embora durante o intervalo;
(b) o solista conseguirá se apresentar e haverá um bom comparecimento de público.

6.25 Quais postulados de Probabilidade são violados pelas afirmações seguintes?
(a) Como seu carro enguiçou, a probabilidade de chegar atrasado é – 40.
(b) A probabilidade de um espécime mineral conter cobre é 0,26 e a probabilidade de não conter cobre é 0,64.
(c) A probabilidade de uma conferência ser interessante é 0,35 e a probabilidade de não ser interessante é quatro vezes maior.
(d) As probabilidades de um estudante passar uma noite estudando ou vendo televisão são 0,22 e 0,48, respectivamente, e a probabilidade de acontecer uma ou a outra coisa é 0,80.

6.26 Quais das três regras à página 142 são violadas pelas afirmações seguintes?
(a) A probabilidade de uma cirurgia resultar em sucesso é 0,73 e a probabilidade de não resultar em sucesso é 0,33.
(b) A probabilidade de dois eventos mutuamente excludentes ocorrerem simultaneamente é sempre igual a 1.
(c) A probabilidade de uma nova vacina ser eficaz é 1,09.
(d) A probabilidade de um evento ocorrer e de ele não ocorrer é sempre igual a 1.

6.27 Use diagramas de Venn para provar que $P(A \cup B) = P(A) + P(B \cap A')$ e expresse essa igualdade em palavras.

6.28 Use diagramas de Venn para provar que $P(A \cap B) = P(A) - P(A \cap B')$ e expresse essa igualdade em palavras.

6.29 Explique em palavras por que cada uma das seguintes desigualdades deve ser falsa:
(a) $P(A \cup B) < P(A)$;
(b) $P(A \cap B) > P(A)$.

6.30 Encontre exemplos numéricos em que dois eventos A e B sejam mutuamente excludentes e os eventos A' e B'
(a) não sejam mutuamente excludentes;
(b) também sejam mutuamente excludentes.

6.31 Sob quais circunstâncias os eventos A e B e também os eventos A e B' são mutuamente excludentes?

6.32 Ao digitar dados num computador, a probabilidade de um estudante cometer pelo menos três erros a cada 1.000 toques no teclado é de 0,64 e a probabilidade de ele cometer de 4 a 6 erros em cada 1.000 toques é de 0,21. Encontre as probabilidades de o estudante cometer em 1.000 toques
(a) pelo menos 4 erros;
(b) no máximo 6 erros;
(c) pelo menos 7 erros.

6.33 Converta as seguintes probabilidades em chances ou chances em probabilidades:
(a) A probabilidade de obter pelo menos duas caras em quatro jogadas de uma moeda honesta é $\frac{11}{16}$.
(b) Se três ladrilhos cerâmicos são escolhidos aleatoriamente de uma caixa com doze ladrilhos, dos quais três apresentam defeitos, as chances de pelo menos um deles apresentar defeito é de 34 para 21.
(c) Se um entrevistador escolher aleatoriamente cinco de 24 famílias para incluir numa pesquisa, a probabilidade de uma família em particular ser incluída na pesquisa é de $\frac{5}{24}$.
(d) Se uma secretária colocar aleatoriamente seis cartas em seis envelopes já endereçados, as chances são de 719 para 1 de que nem todas cartas acabem nos envelopes corretos.

6.34 Um torcedor de futebol recebe a oferta de uma aposta de $15 contra seus $5 que o time dos EUA perderá sua primeira partida na Copa do Mundo de futebol. Se o torcedor relutar em aceitar a aposta, o que essa aposta nos diz quanto à probabilidade subjetiva que o torcedor atribui ao time dos EUA ganhar essa partida?

6.35 Um produtor de televisão está disposto a apostar $1.200 contra $1.000, mas não $1.500 contra $1.000, que um certo novo programa será um sucesso. O que isso nos diz sobre a probabilidade que o produtor atribui ao sucesso do programa?

6.36 Consultado sobre seu futuro político, um político responde que as chances são de 2 para 1 de ele não concorrer à Câmara dos Deputados, e as chances são de 4 para 1 de ele não concorrer ao Senado. Além disso, ele supõe que há uma chance de 7 para 5 de ele concorrer a um ou outro cargo. As probabilidades correspondentes são consistentes?

6.37 O diretor de um colégio acha que existe uma chance de 7 para 5 contra ele obter um aumento de salário de $1.000, e uma chance de 11 para 1 contra obter um aumento de $2.000. Além disso, ele considera que é uma aposta equilibrada que obterá um ou o outro aumento. Discuta a consistência das probabilidades subjetivas correspondentes.

6.38 Alguns eventos são tão improváveis que convencionamos atribuir-lhes probabilidade zero. O leitor atribuiria probabilidade zero aos eventos
(a) de digitar aleatoriamente uma página em seu teclado e a impressão sair com o Hino da Independência;
(b) a mesma árvore ser atingida por um raio em quatro dias consecutivos;
(c) treze cartas servidas aleatoriamente de um baralho comum de 52 cartas serem todas de espadas?

6.39 Verifique algebricamente que a equação $\frac{a}{b} = \frac{p}{1-p}$, resolvida em p, dá $p = \frac{a}{a+b}$.

6.4 REGRAS DE ADIÇÃO

O terceiro postulado de Probabilidade é aplicável apenas a dois eventos mutuamente excludentes, mas pode facilmente ser generalizado de duas maneiras de modo que seja aplicável a mais do que dois eventos mutuamente excludentes e também a dois eventos não necessariamente mutuamente excludentes. Dizemos que k eventos são mutuamente excludentes quando não há dois quaisquer deles que tenham algum elemento em comum. Nesse caso, podemos aplicar repetidamente o terceiro postulado e, assim, mostrar que

GENERALIZAÇÃO DO POSTULADO 3

> *Se k eventos são mutuamente excludentes, a probabilidade de ocorrência de um deles é igual à soma de suas probabilidades individuais; simbolicamente,*
>
> $$P(A_1 \cup A_2 \cup \cdots \cup A_k) = P(A_1) + P(A_2) + \cdots + P(A_k)$$
>
> *para quaisquer eventos mutuamente excludentes $A_1, A_2, \ldots,$ e A_k.*

Novamente, aqui lemos $\cup$ como "ou".

EXEMPLO 6.12 As probabilidades de uma pessoa que deseja adquirir um carro novo escolher um Chevrolet, um Ford ou um Honda são 0,17, 0,22 e 0,08, respectivamente. Supondo que ela compre apenas um carro, qual é a probabilidade de ser de uma dessas três marcas?

Solução Como as três possibilidades são mutuamente excludentes, uma substituição direta dá 0,17 + 0,22 + 0,08 = 0,47.

EXEMPLO 6.13 As probabilidades de um serviço de teste do consumidor classificar uma nova máquina fotográfica como ruim, razoável, boa, muito boa ou excelente são 0,07, 0,16, 0,34, 0,32 e 0,11. Qual é a probabilidade de a nova máquina ser classificada como boa, muito boa ou excelente?

Solução Como as cinco possibilidades são mutuamente excludentes, a probabilidade é 0,34 + 0,32 + 0,11 = 0,77.

A tarefa de atribuir probabilidades a todos os eventos possíveis relacionados com uma dada situação pode ser bastante entediante. Com efeito, pode-se mostrar que se um espaço amostral tem 10 elementos (pontos ou resultados) podemos formar mais de 1.000 eventos distintos; e se um espaço amostral tem 20 elementos, podemos formar mais de 1 milhão de eventos.* Felizmente, quase nunca é necessário atribuir probabilidades a todos os eventos possíveis (ou seja, a todos os subconjuntos possíveis de um espaço amostral). A regra seguinte, que é uma aplicação direta da generalização precedente do terceiro postulado de Probabilidade, facilita a determinação da probabilidade de qualquer evento com base nas probabilidades associadas com resultados individuais de um espaço amostral:

REGRA PARA CALCULAR A PROBABILIDADE DE UM EVENTO

> *A probabilidade de um evento A é dada pela soma das probabilidades dos resultados individuais que constituem A.*

---

* Em geral, se um espaço amostral tem n elementos, podemos formar 2^n eventos diferentes. Cada elemento ou está incluído ou está excluído em um dado evento, de modo que, pela multiplicação de escolhas, há $2 \cdot 2 \cdot 2 \cdot \ldots \cdot 2 = 2^n$ possibilidades. Note que $2^{10} = 1.024$ e $2^{20} = 1.048.576$.

EXEMPLO 6.14 Referindo-nos novamente ao Exemplo 6.1, que tratava de dois vendedores e três caminhões Ford 1998 numa revenda de caminhões usados, suponha que os dez pontos do espaço amostral, mostrados originalmente na Figura 6.1, tenham as probabilidades exibidas na Figura 6.7. Encontre as probabilidades de

(a) ambos vendedores juntos venderem dois caminhões;
(b) o segundo vendedor não vender caminhão algum;
(c) o segundo vendedor vender pelo menos dois caminhões.

Solução (a) Somando as probabilidades associadas aos pontos (2, 0), (1, 1) e (0, 2), obtemos 0,08 + 0,06 + 0,04 = 0,18.
(b) Somando as probabilidades associadas aos pontos (0, 0), (1, 0), (2, 0) e (3, 0), obtemos 0,44 + 0,10 + 0,88 + 0,05 = 0,67.
(c) Somando as probabilidades associadas aos pontos (0, 2), (1, 2) e (0, 3), obtemos 0,04 + 0,02 + 0,09 = 0,15.

No caso especial em que todos os resultados são equiprováveis, a regra precedente leva à fórmula $P(A) = \frac{s}{n}$, que já utilizamos acima em conexão com o conceito de probabilidade clássica. Aqui, n é o número total de resultados individuais no espaço amostral e s é o número de "sucessos", isto é, o número de resultados que constituem o evento A.

EXEMPLO 6.15 Dado que os 44 pontos (resultados) do espaço amostral da Figura 6.8 são todos equiprováveis, encontre $P(A)$.

Solução Como os 44 pontos (resultados) são equiprováveis, cada um tem a probabilidade $\frac{1}{44}$ e como podemos contar que há 10 resultados em A, temos $P(A) = \frac{1}{44} + \ldots + \frac{1}{44} = \frac{10}{44}$ ou, aproximadamente, 0,23.

Como o terceiro postulado e sua generalização são aplicáveis apenas a eventos mutuamente excludentes, não podem ser utilizados, por exemplo, para determinar a probabilidade de um observador de pássaros, num único passeio, avistar um sabiá ou um pica-pau. Também não podem ser utilizadas para determinar a probabilidade de um cliente de uma loja de um shopping comprar uma camisa, um suéter, um cinto ou uma gravata. No primeiro caso, o ornitólogo poderia avistar ambos pássaros e, no segundo caso, o cliente poderia comprar vários dos itens mencionados.

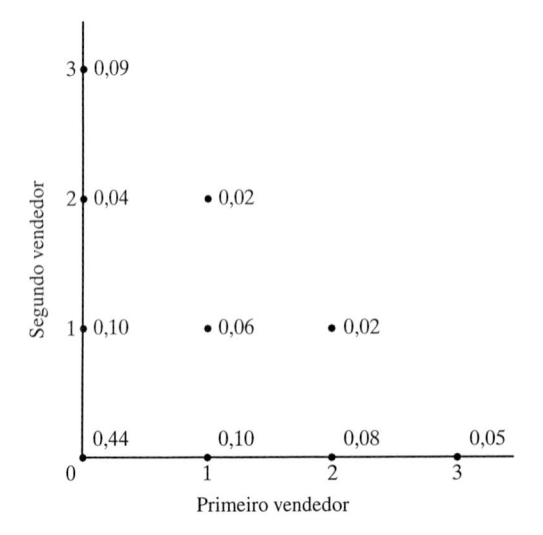

Figura 6.7
Espaço amostral do Exemplo 6.14.

Figura 6.8
Espaço amostral com 44 resultados equiprováveis.

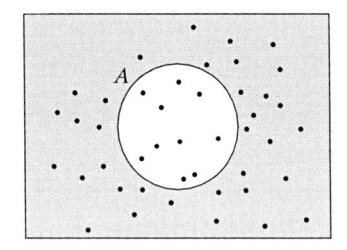

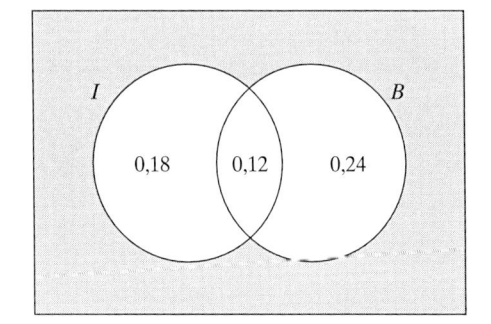

Figura 6.9
Diagrama de Venn para o exemplo.

Para encontrar uma fórmula para $P(A \cup B)$ que seja válida independentemente de os eventos A e B serem ou não mutuamente excludentes, considere o diagrama de Venn da Figura 6.9. Esse diagrama refere-se às propostas de emprego de um recém-formado de uma universidade, com I e B denotando a possibilidade de o recém-formado receber uma proposta de emprego de uma indústria e de um banco, respectivamente. Pode ser visto do diagrama de Venn da Figura 6.9 que

$$P(I) = 0{,}18 + 0{,}12 = 0{,}30$$
$$P(B) = 0{,}12 + 0{,}24 = 0{,}36$$

e

$$P(I \cup B) = 0{,}18 + 0{,}12 + 0{,}24 = 0{,}54$$

onde foi possível somar as respectivas probabilidades porque pertencem a eventos mutuamente excludentes (regiões que não se superpõem no diagrama de Venn).

Se tivéssemos aplicado erroneamente o terceiro postulado para calcular $P(I \cup B)$, teríamos obtido $P(I) + P(B) = 0{,}30 + 0{,}36 = 0{,}66$, que excede o valor correto em 0,12. Esse erro resulta de somar duas vezes $P(I \cap B) = 0{,}12$, uma vez em $P(I) = 0{,}30$ e outra em $P(B) = 0{,}36$; a correção se faz subtraindo 0,12 de 0,66. Assim, poderíamos escrever

$$P(I \cup B) = P(I) + P(B) - P(I \cap B)$$
$$= 0{,}30 + 0{,}36 - 0{,}12 = 0{,}54$$

o que está de acordo com o resultado anteriormente obtido.

Como o argumento usado nesse exemplo vale para dois eventos A e B quaisquer, podemos agora enunciar a seguinte **regra geral de adição**, que se aplica quer A e B sejam eventos mutuamente excludentes ou não.

REGRA GERAL DE ADIÇÃO

$$P(A \cup B) = P(A) + P(B) - P(A \cap B)$$

Quando A e B são mutuamente excludentes, $P(A \cap B) = 0$ e a fórmula precedente se reduz à do terceiro postulado de Probabilidade. Nesse contexto, o terceiro postulado é também designado **regra especial de adição**. Para ampliar a terminologia, a generalização do terceiro postulado, à página 149, é às vezes chamada **regra generalizada** (especial) **de adição**.

EXEMPLO 6.16 As probabilidades de que choverá no Recife num certo dia de agosto, de que haverá trovoadas nesse dia, e de que choverá e haverá trovoadas nesse dia são de 0,27, 0,24 e 0,15, respectivamente. Qual é a probabilidade de chover e/ou haver trovoadas nesse dia no Recife?

Solução Se R denota chuva e T denota trovoadas, temos $P(R) = 0{,}27$, $P(T) = 0{,}24$ e $P(R \cap T) = 0{,}15$. Substituindo esses valores na fórmula da regra geral de adição obtemos

$$P(R \cup T) = P(R) + P(T) - P(R \cap T)$$
$$= 0{,}27 + 0{,}24 - 0{,}15$$
$$= 0{,}36$$

EXEMPLO 6.17 Numa pesquisa por amostras realizada num certo bairro de uma cidade, as probabilidades são 0,92, 0,53 e 0,48 de que uma família selecionada ao acaso possua um automóvel sedan, um 4 por 4 ou ambos. Qual é a probabilidade de uma tal família possuir um automóvel sedan, um 4 por 4, ou ambos?

Solução Substituindo esses valores na fórmula da regra geral de adição, obtemos 0,92 + 0,53 – 0,48 = 0,97. Se tivéssemos aplicado *erroneamente* o terceiro postulado de Probabilidade, teríamos obtido o resultado impossível 0,92 + 0,53 = 1,45.

A regra geral de adição pode ser generalizada de modo a ser aplicável a três ou mais eventos que não precisam ser mutuamente excludentes, mas não entraremos nesse detalhe aqui.

EXERCÍCIOS

6.40 O departamento de polícia de uma cidade necessita de pneus novos para seus carros-patrulha. As probabilidades de o departamento comprar pneus Firestone, Goodyear, Michelin, Goodrich ou Pirelli são, respectivamente, 0,19, 0,26, 0,25, 0,20 e 0,07. Encontre as probabilidades de o departamento comprar pneus
  (a) Goodyear ou Goodrich;
  (b) Firestone ou Michelin;
  (c) Goodyear, Michelin ou Pirelli.

6.41 Em relação ao Exercício 6.40, qual é a probabilidade de o departamento de polícia comprar pneus de uma outra marca?

6.42 As probabilidades de obter um total de 2, 3, 4,..., 11 ou 12 pontos jogando um par de dados equilibrados são, respectivamente, $\frac{1}{36}, \frac{2}{36}, \frac{3}{36}, \frac{4}{36}, \frac{5}{36}, \frac{6}{36}, \frac{5}{36}, \frac{4}{36}, \frac{3}{36}, \frac{2}{36}$, e $\frac{1}{36}$. Quais são as probabilidades de obter um total
  (a) de 7 ou 11;
  (b) de 2, 3 ou 12;
  (c) que é um número ímpar, ou seja, 3, 5, 7, 9 ou 11?

6.43 Uma assistente de um laboratório de uma firma às vezes almoça no refeitório da firma, às vezes traz seu próprio lanche, às vezes almoça num restaurante perto da firma, às vezes ela vai para casa almoçar, e às vezes pula o almoço para fazer regime. Se as probabilidades respectivas são 0,23, 0,31, 0,15, 0,24 e 0,07, encontre as probabilidades de ela

(a) almoçar no refeitório da firma ou no restaurante próximo da firma;
(b) trazer seu próprio lanche, ir para casa almoçar, ou pular o almoço;
(c) almoçar no refeitório da firma ou ir para casa almoçar;
(d) pular o almoço para fazer regime.

6.44 A Figura 6.10 se refere ao número de pessoas convidadas para conhecer um novo e luxuoso projeto imobiliário e ao número de pessoas que acabam aceitando o convite. Se os 45 resultados (pontos do espaço amostral) são todos equiprováveis, encontre as probabilidades de
(a) no máximo seis das pessoas aceitarem o convite;
(b) no mínimo sete das pessoas aceitarem o convite;
(c) somente duas das pessoas não aceitarem o convite.

6.45 Se K representa cara e C representa coroa, os 32 resultados possíveis de cinco jogadas de uma moeda são KKKKK, KKKKC, KKKCK, KKCKK, KCKKK, CKKKK, KKKCC, KKCKC, KKCCK, KCKKC, KCKCK, KCCKK, CKKKC, CKKCK, CKCKK, CCKKK, KKCCC, KCKCC, KCCKC, KCCCK, CKKCC, CKCKC, CKCCK, CCKKC, CCKCK, CCCKK, KCCCC, CKCCC, CCKCC, CCCKC, CCCCK e CCCCC. Se todos esses 32 resultados são igualmente prováveis, quais são as probabilidades de obter 0, 1, 2, 3, 4 ou 5 caras?

6.46 As probabilidades de uma pessoa acusada de dirigir alcoolizada passar uma noite na cadeia, ter sua carteira de motorista cassada ou ambos são, respectivamente, 0,68, 0,51 e 0,22. Qual é a probabilidade de uma pessoa acusada de dirigir alcoolizada passar uma noite na cadeia e/ou ter sua carteira cassada?

6.47 Um leiloeiro conta com dois avaliadores de jóias com pedras preciosas. A probabilidade de o mais velho dos dois estar indisponível é 0,33, a probabilidade de o outro estar indisponível é 0,27 e a probabilidade de ambos estarem indisponíveis é de 0,19. Qual é a probabilidade de um dos dois ou ambos estar indisponíveis?

6.48 Um professor acredita que tem uma chance de 3 para 2 contra conseguir uma promoção, uma chance equilibrada de obter um aumento e uma chance de 4 para 1 contra obter ambos. Quais são as chances de o professor obter uma promoção e/ou um aumento?

6.49 Para casais sócios de um clube de golfe, as probabilidades de o marido, a esposa, ou ambos votarem nas eleições para presidente do clube são 0,39, 046 e 0,31, respectivamente. Qual é a probabilidade de um deles ou ambos votarem nessas eleições?

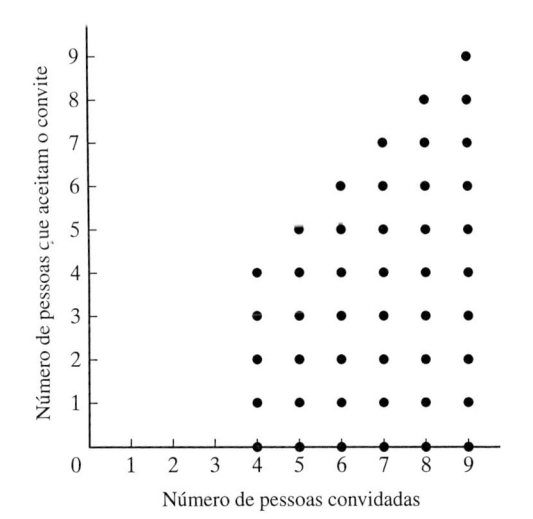

Figura 6.10
Espaço amostral do Exercício 6.44

6.50 Explique por que deve haver um erro em cada uma das afirmações seguintes.
  (a) As probabilidades de a diretoria de um time de futebol profissional demitir o treinador, o gerente de futebol, ou ambos, são 0,85, 0,49 e 0,27.
  (b) As probabilidades de um paciente de um hospital ter febre, ter pressão alta, ou ambos, são 0,63, 0,29 e 0,45.

6.5 PROBABILIDADE CONDICIONAL

Se quisermos saber a probabilidade de um evento, mas não especificarmos o espaço amostral, é bem possível que encontremos respostas diferentes que podem estar todas corretas. Por exemplo, se perguntarmos pela probabilidade de um advogado ganhar mais de $200.000,00 por ano dentro dos 10 anos seguintes à sua habilitação, podemos obter uma resposta que se aplica a todos os que praticam a lei no país, outra que é aplicável a advogados que trabalham para empresas, outra aplicável a advogados empregados pelo governo federal, outra para advogados especializados em casos de divórcio, e assim por diante. Como a escolha do espaço amostral de modo algum é sempre evidente, é conveniente utilizar o símbolo $P(A|S)$ para denotar a **probabilidade condicional** do evento A em relação ao espaço amostral S ou, como costumamos dizer, "a probabilidade de A dado S". O símbolo $P(A|S)$ explicita que estamos nos referindo a um determinado espaço amostral S, e em geral é preferível à notação abreviada $P(A)$, a menos que a escolha tácita de S fique perfeitamente entendida. Essa nova notação também é preferível quando nos referirmos a diferentes espaços amostrais no mesmo problema.

Para elaborar a idéia de uma probabilidade condicional, suponhamos que um instituto de pesquisa de consumidores tenha estudado os serviços prestados dentro da garantia por 200 lojas de pneus em uma grande cidade e que seus resultados estejam resumidos na tabela a seguir.

	Bom serviço dentro da garantia	Serviço deficiente dentro da garantia	Total
Lojas especializadas numa marca	64	16	80
Lojas não especializadas	42	78	120
Total	106	94	200

Selecionado aleatoriamente uma dessas lojas de pneus (isto é, cada loja tem a probabilidade $\frac{1}{200}$ de ser selecionada), constatamos que as probabilidades do evento N (escolher uma loja especializada numa marca), do evento G (escolher uma loja que preste bom serviço dentro da garantia) e do evento $N \cap G$ (escolher uma loja especializada numa marca que preste bom serviço dentro da garantia) são

$$P(N) = \frac{80}{200} = 0{,}40$$

$$P(G) = \frac{106}{200} = 0{,}53$$

e

$$P(N \cap G) = \frac{64}{200} = 0{,}32$$

Todas essas probabilidades foram calculadas por meio da fórmula $\frac{s}{n}$ para possibilidades equiprováveis.

Como a segunda dessas possibilidades é particularmente desconcertante — há uma chance quase equilibrada de se escolher uma loja que não presta serviço adequado dentro da garantia — vejamos o que acontece se limitamos a escolha a lojas especializadas numa marca. Isso reduz o espaço amostral às 80 escolhas correspondentes à primeira linha da tabela e vemos que a probabilidade de se escolher uma loja especializada numa marca que preste bons serviços dentro da garantia é

$$P(G|N) = \frac{64}{80} = 0{,}80$$

Isso é uma melhora considerável em relação a $P(G) = 0{,}53$, como, aliás, era de se esperar. Note que a probabilidade condicional que obtivemos aqui,

$$P(G|N) = 0{,}80$$

também pode ser escrita como

$$P(G|N) = \frac{\frac{64}{200}}{\frac{80}{200}} = \frac{P(N \cap G)}{P(N)}$$

a saber, como a razão da probabilidade de escolher uma loja especializada numa marca que preste bons serviços dentro da garantia e a probabilidade de escolher uma loja especializada numa marca.

Generalizando esse exemplo, formulemos a seguinte definição de probabilidade condicional, que se aplica a dois eventos quaisquer A e B pertencentes a um dado espaço amostral S.

DEFINIÇÃO DE PROBABILIDADE CONDICIONAL

Se $P(B)$ é diferente de zero, então a probabilidade condicional de A em relação a B, isto é, a probabilidade de A dado B, é

$$P(A|B) = \frac{P(A \cap B)}{P(B)}$$

Quando $P(B)$ é igual a zero, não é definida a probabilidade de A em relação a B.

EXEMPLO 6.18 Com referência às lojas de pneus apresentadas anteriormente, qual é a probabilidade de uma loja que não é especializada numa marca prestar bons serviços sob garantia, ou seja, qual é a probabilidade $P(G|N')$?

Solução Como pode ser visto na tabela,

$$P(G \cap N') = \frac{42}{200} = 0{,}21 \quad \text{e} \quad P(N') = \frac{120}{200} = 0{,}60$$

de modo que substituindo essas probabilidades na fórmula obtemos

$$P(G|N') = \frac{P(G \cap N')}{P(N')} = \frac{0{,}21}{0{,}60} = 0{,}35$$

Naturalmente, poderíamos ter obtido esse resultado diretamente da segunda linha da tabela à página 154, escrevendo

$$P(G|N') = \frac{42}{120} = 0{,}35$$

EXEMPLO 6.19 Numa certa escola de primeiro grau, a probabilidade de um aluno selecionado aleatoriamente provir de um lar com somente o pai ou a mãe presente é 0,36 e a probabilidade de ele provir de um lar com somente o pai ou a mãe presente e ser um estudante fraco (que geralmente é reprovado) é 0,27. Qual é a probabilidade de um aluno selecionado aleatoriamente ser um estudante fraco, dado que ele provém de um lar com somente o pai ou a mãe presente?

Solução Denotando por L um estudante fraco e por O um estudante que provém de um lar com somente o pai ou a mãe presente, temos $P(O) = 0{,}36$ e $P(O \cap L) = 0{,}27$ e obtemos

$$P(L|O) = \frac{P(O \cap L)}{P(O)} = \frac{0{,}27}{0{,}36} = 0{,}75$$

EXEMPLO 6.20 A probabilidade de Henrique gostar de um filme que estreou nos cinemas é de 0,70 e a probabilidade de Janaína, sua namorada, gostar do filme é de 0,60. Se a probabilidade de Henrique gostar da estréia e de Janaína não gostar é de 0,28, qual é a probabilidade de que Henrique goste da estréia, dado que Janaína não irá gostar?

Solução Se H e J são os eventos de Henrique gostar da estréia de Janaína gostar da estréia, temos $P(J') = 1 - 0{,}60 = 0{,}40$ e $P(H \cap J') = 0{,}28$ e obtemos

$$P(H|J') = \frac{P(H \cap J')}{P(J')} = \frac{0{,}28}{0{,}40} = 0{,}70$$

O que é especial e interessante nesse resultado é que $P(H)$ e $P(H | J')$ são ambas iguais a 0,70 e que, como o leitor poderá conferir no Exercício 6.66, segue da informação dada que $P(H | J)$ também é igual a 0,70. Assim, a probabilidade do evento H é a mesma, independentemente de o evento J ter ou não ocorrido, de estar ou não ocorrendo, de ocorrer ou não no futuro, e dizemos que o evento H é independente do evento J. Em geral, pode ser verificado facilmente que, quando um evento é independente de um outro, o segundo evento também é independente do primeiro, e dizemos que os dois eventos são **independentes**. Quando dois eventos não são independentes, dizemos que eles são **dependentes**.

Quando formulamos essas definições, deveríamos ter especificado que nem H nem J têm probabilidade zero, pois nesse caso as probabilidades condicionais sequer existem. É por esse motivo que em geral é preferida uma definição alternativa de independência, uma que daremos à página 157.

6.6 REGRAS DE MULTIPLICAÇÃO

Na Seção 6.5, utilizamos a fórmula $\frac{P(A \cap B)}{P(B)}$ apenas para definir e calcular probabilidades condicionais, mas se multiplicarmos ambos os membros da equação por $P(B)$, obteremos a fórmula seguinte, que nos permite calcular a probabilidade da ocorrência simultânea de dois eventos.

REGRA GERAL DE MULTIPLICAÇÃO

$$P(A \cap B) = P(B) \cdot P(A|B)$$

Como indicamos, essa fórmula é denominada **regra geral de multiplicação** e afirma que a probabilidade da ocorrência de dois eventos é o produto da probabilidade da ocorrência de um deles pela probabilidade condicional da ocorrência do outro evento, dado que o primeiro ocorreu, está ocorrendo, ou ocorrerá. Como não interessa qual dos dois eventos designamos por A e qual designamos por B, a fórmula também pode ser escrita como

$$P(A \cap B) = P(A) \cdot P(B|A)$$

EXEMPLO 6.21 Um júri consiste em 15 pessoas que somente completaram o Ensino Médio e em 9 pessoas que tiveram alguma educação superior. Se um advogado seleciona ao acaso dois dos membros do júri para uma argüição, qual é a probabilidade de nenhum dos dois ter tido alguma educação superior?

Solução Se A é o evento de a primeira pessoa selecionada não ter tido alguma educação superior, então $P(A) = \frac{15}{24}$. Também, se B é o evento de a segunda pessoa selecionada não ter tido alguma educação superior, segue que $P(B|A) = \frac{14}{23}$, já que há somente 14 pessoas sem alguma educação superior dentre as 23 que restam depois de ter sido selecionada uma pessoa sem alguma educação superior. Portanto, a regra geral de multiplicação fornece

$$P(A \cap B) = P(A) \cdot P(B|A) = \frac{15}{24} \cdot \frac{14}{23} = \frac{105}{276}$$

ou, aproximadamente, 0,38.

EXEMPLO 6.22 Suponha que a probabilidade de uma doença tropical rara ser corretamente diagnosticada é de 0,45 e que, uma vez diagnosticada corretamente, a probabilidade de cura é de 0,60. Qual é a probabilidade de uma pessoa que contraiu essa doença ser diagnosticada corretamente e ser curada?

Solução Usando a regra geral de multiplicação, obtemos (0,45)(0,60) = 0,27.

Quando A e B são eventos independentes, podemos substituir $P(A)$ por $P(A|B)$ na primeira das duas fórmulas para $P(A \cap B)$, ou $P(B)$ por $P(B|A)$ na segunda, obtendo a fórmula a seguir.

REGRA ESPECIAL DE MULTIPLICAÇÃO (EVENTOS INDEPENDENTES)

> Se A e B são eventos independentes, então
> $$P(A \cap B) = P(A) \cdot P(B)$$

Em outras palavras, a regra diz que a probabilidade de ocorrência simultânea de dois eventos independentes é simplesmente o produto de suas probabilidades respectivas.

Como pode ser mostrado facilmente, também é verdade que se $P(A \cap B) = P(A) \cdot P(B)$, então A e B são eventos independentes. Dividindo por $P(B)$, obtemos

$$\frac{P(A \cap B)}{P(B)} = P(A)$$

e então, substituindo $\frac{P(A \cap B)}{P(B)}$ por $P(A|B)$, de acordo com a definição de probabilidade condicional, chegamos ao resultado que $P(A|B) = P(A)$, ou seja, que A e B são independentes. Portanto, podemos utilizar a regra de multiplicação especial como uma *definição* de independência, que torna muito fácil conferir se dois eventos A e B são independentes.

EXEMPLO 6.23 Confira cada par de eventos dados a seguir quanto à independência.

(a) Eventos A e B para os quais $P(A) = 0{,}40$, $P(B) = 0{,}90$ e $P(A \cap B) = 0{,}36$.
(b) Eventos C e D para os quais $P(C) = 0{,}75$, $P(D) = 0{,}80$ e $P(C \cap D') = 0{,}15$.
(c) Eventos E e F para os quais $P(E) = 0{,}30$, $P(F) = 0{,}35$ e $P(E' \cap F') = 0{,}40$.

Solução

(a) Como $(0{,}40)(0{,}90) = 0{,}36$, os dois eventos são independentes.

(b) Como $P(D') = 1 - 0{,}80 = 0{,}20$ e $(0{,}75)(0{,}20) = 0{,}15$, os eventos C e D' são independentes e, portanto, também o são os eventos C e D.

(c) Como $P(E') = 1 - 0{,}30 = 0{,}70$, $P(F') = 1 - 0{,}35 = 0{,}65$ e $(0{,}70)(0{,}65) = 0{,}455$ e não $0{,}40$, os eventos E' e F' não são independentes e, portanto, tampouco o são os eventos E e F.

A regra especial de multiplicação pode ser facilmente generalizada, de modo a aplicar-se à ocorrência de três ou mais eventos independentes. Novamente, basta multiplicar todas as probabilidades individuais.

EXEMPLO 6.24 Se for de 0,70 a probabilidade de uma pessoa entrevistada em um *shopping* ser contra o aumento de impostos para o financiamento de obras de saneamento, qual é a probabilidade de entrevistar quatro pessoas no *shopping* e as três primeiras pessoas entrevistadas serem contra o aumento de impostos, mas a quarta não ser contra?

Solução Admitindo a independência dos eventos, multiplicamos todas as probabilidades e obtemos $(0{,}70)(0{,}70)(0{,}70)(0{,}30) = 0{,}1029$.

EXEMPLO 6.25 Com relação ao Exemplo 6.21, se três dos membros do júri forem escolhidos ao acaso pelo advogado, qual é a probabilidade de nenhum deles ter tido alguma educação superior?

Solução Como é de $\frac{15}{24}$ a probabilidade de a primeira pessoa escolhida não ter tido alguma educação superior, é de $\frac{14}{23}$ a probabilidade de a segunda pessoa escolhida não ter tido alguma educação superior, dado que a primeira pessoa escolhida não ter tido alguma educação superior e é de $\frac{13}{22}$ a probabilidade de a terceira pessoa escolhida não ter tido alguma educação superior, dado que as duas primeiras pessoas escolhidas não terem tido alguma educação superior, a probabilidade solicitada é de $\frac{15}{24} \cdot \frac{14}{23} \cdot \frac{13}{22} = \frac{455}{2.024}$ ou, aproximadamente, 0,225.

EXERCÍCIOS

6.51 Se A é o evento de um astronauta ser integrante das forças armadas, T é o evento de ter sido um piloto de testes e W é o evento de ser um cientista renomado, expresse cada uma das probabilidades seguintes em símbolos: a probabilidade de que um astronauta
(a) que foi piloto de testes ser integrante das forças armadas;
(b) que é integrante das forças armadas ser um cientista renomado;
(c) que não é um cientista renomado ter sido um piloto de testes;
(d) que não é integrante das forças armadas e que nunca foi um piloto de testes ser um cientista renomado.

6.52 Com referência ao Exercício 6.51, expresse cada uma das probabilidades seguintes em palavras: $P(A|W)$, $P(A'|T')$, $P(A' \cap W|T)$ e $(A|W \cap T)$.

6.53 Um departamento de orientação profissional testa estudantes de várias maneiras. Se I é o evento de um estudante apresentar alto escore de inteligência, A é o evento de um estudante acusar escore elevado em adaptação social e N é o evento de um estudante apresentar tendências neuróticas, expresse simbolicamente a probabilidade de que um estudante

(a) com alto escore de inteligência apresentar tendências neuróticas;
(b) que não apresenta alto escore em adaptação social não apresentar alto escore de inteligência;
(c) com tendências neuróticas não apresentar escore elevado nem em inteligência nem em adaptação social.

6.54 Dentre os 30 candidatos a um cargo numa instituição financeira, alguns são casados e outros não são, alguns tem experiência no mercado bancário e outros não tem, segundo os dados exatos apresentados a seguir.

	Casados	Solteiros
Alguma experiência	6	3
Nenhuma experiência	12	9

Se o gerente da instituição escolher ao acaso o primeiro candidato a ser entrevistado, se M é o evento de o primeiro candidato a ser entrevistado ser casado, E é o evento de o primeiro candidato a ser entrevistado ter experiência no mercado bancário, expresse em palavras e calcule as probabilidades seguintes: $P(M \cap E)$ e $P(E|M)$.

6.55 Utilize os resultados obtidos no Exercício 6.54 para verificar que

$$P(E|M) = \frac{P(M \cap E)}{P(M)}$$

6.56 Com relação ao Exercício 6.54, expresse em palavras e calcule as probabilidades seguintes: $P(E')$, $P(M' \cap E')$ e $P(M'|E')$.

6.57 Utilize os resultados obtidos no Exercício 6.56 para verificar que

$$P(M'|E') = \frac{P(M' \cap E')}{P(E')}$$

6.58 A probabilidade de um ônibus da linha Rio – São Paulo partir no horário é de 0,80 e a probabilidade de o ônibus partir no horário e chegar também no horário é de 0,72.
(a) Qual é a probabilidade de um ônibus que parte no horário chegar também no horário?
(b) Se há uma probabilidade de 0,75 de que tal ônibus chegar no horário, qual é a probabilidade de um ônibus que chegar no horário ter partido também no horário?

6.59 Uma pesquisa realizada junto a mulheres em posição de chefia mostrou que há uma probabilidade de 0,80 de uma tal mulher gostar de tomar decisões financeiras e uma probabilidade de 0,44 de uma tal mulher gostar de tomar decisões financeiras e também estar disposta a assumir riscos sérios. Qual é a probabilidade de que uma mulher em posição de chefia, que goste de tomar decisões financeiras, esteja também disposta a assumir riscos sérios?

6.60 A probabilidade de uma estudante de uma faculdade adquirir um computador portátil é de 0,75; se ela comprar um tal computador, as chances de suas notas melhorarem são de 4 para 1. Qual é a probabilidade de essa aluna adquirir um computador portátil e melhorar suas notas?

6.61 Dentre os 40 volumes de bagagem embarcados num ônibus do aeroporto de Heathrow para o centro de Londres, 30 são destinados ao Hotel Dorchester e 10 são destinados ao Hotel Savoy. Se dois dos volumes são furtados do ônibus enquanto este aguarda uma luz verde, qual é a probabilidade de ambos terem por destino o Hotel Dorchester?

6.62 Se duas cartas são retiradas ao acaso de um baralho comum de 52 cartas, qual são as probabilidades de ambas cartas serem de copas se a primeira carta retirada
(a) for recolocada antes de retirar a segunda;
(b) não for recolocada antes de retirar a segunda?

A distinção entre as duas partes desse exercício é importante em Estatística. O que fizemos na parte (a) chama-se **amostragem com reposição**, e o que foi feito na parte (b), chama-se **amostragem sem reposição**.

6.63 Os eventos A e C são independentes se $P(A) = 0,80$, $P(C) = 0,95$ e $P(A \cap C) = 0,76$?

6.64 Os eventos M e N são independentes se $P(M) = 0,15$, $P(N) = 0,82$ e $P(M \cap N) = 0,12$?

6.65 No Exemplo 6.20, fornecemos $P(H \cap J') = 0,28$ e por isso escrevemos 0,28 na região correspondente a $H \cap J'$ no diagrama de Venn da Figura 6.11. Utilizando a informação fornecida no Exemplo 6.20, a saber, que $P(H) = 0,70$ e $P(J) = 0,60$, complete as probabilidades associadas com as três outras regiões do diagrama de Venn da Figura 6.11.

6.66 Consultando o Exercício 6.65 e utilizando as probabilidades associadas com as quatro regiões do diagrama de Venn da Figura 6.11, mostre que
(a) $P(H|J) = 0,70$, o que confere com o que foi dito à página 156 sobre o evento H ser independente do evento J.
(b) $P(J) = P(J|H) = P(J|H') = 0,60$, o que confere com o que foi dito à página 156 sobre o evento J ser independente do evento H.

6.67 Numa certa cidade, a probabilidade de ser aprovado na primeira tentativa no exame de direção para a carteira de motorista é de 0,75. Depois disso, a probabilidade de ser aprova-

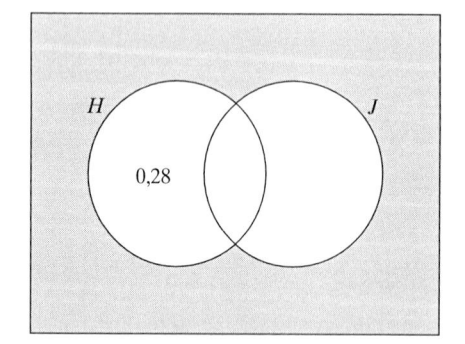

Figura 6.11
Diagrama de Venn do Exercício 6.65.

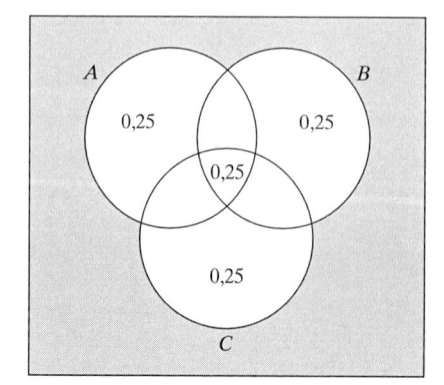

Figura 6.12
Diagrama de Venn do Exercício 6.68.

do é de 0,60, independentemente de quantas vezes a pessoa tenha sido reprovada. Qual é a probabilidade de conseguir ser aprovado no exame de direção na quarta tentativa?

6.68 Por mais estranho que pareça, é possível um evento A ser independente de dois eventos B e C quando considerados individualmente, mas não quando considerados em conjunto. Verifique que essa é a situação retratada na Figura 6.12, mostrando que $P(A|B) = P(A)$ e $P(A|C) = P(A)$ mas $P(A|B \cup C) \neq P(A)$.

6.13 Em certa cidade, a probabilidade de um dia chuvoso de julho ser seguido por um outro dia chuvoso é de 0,70, e a probabilidade de um dia ensolarado ser seguido por um dia chuvoso é de 0,40. Supondo que todos os dias nessa cidade são ensolarados ou chuvosos e que o tempo de um dia depende somente do tempo do dia anterior, qual é a probabilidade de um dia chuvoso ser seguido por dois outros dias chuvosos, depois por dois dias ensolarados e, finalmente, por outro dia chuvoso?

*6.7 O TEOREMA DE BAYES

Embora $P(A|B)$ e $P(B|A)$ sejam símbolos um pouco parecidos, há uma grande diferença entre as probabilidades que representam. Por exemplo, na página 155, calculamos a probabilidade $P(G|N)$ de uma loja especializada numa marca de pneus fornecer bom serviço dentro da garantia, mas o que queremos dizer quando escrevemos $P(N|G)$? Essa é a probabilidade de uma loja de pneus que presta bons serviços dentro da garantia ser uma loja especializada numa marca de pneus. Para dar um outro exemplo, suponha que B seja o evento de uma pessoa cometer um furto e G o evento de a pessoa ser condenada pelo furto. Então $P(G|B)$ é a probabilidade de a pessoa que cometeu um furto ser condenada pelo crime, e $P(B|G)$ é a probabilidade de uma pessoa que foi condenada por um furto ter efetivamente cometido o crime. Portanto, em ambos exemplos, invertemos a situação; por assim dizer, a causa se tornou o efeito e o efeito se tornou a causa.

Como, em Estatística, há muitos problemas que envolvem tais pares de probabilidades condicionais, procuremos uma fórmula que expresse $P(B|A)$ em termos de $P(A|B)$ para quaisquer dois eventos A e B. Para tanto, igualamos as expressões de $P(A \cap B)$ nas duas formas da regra geral de multiplicação à página 157, e obtemos

$$P(A) \cdot P(B|A) = P(B) \cdot P(A|B)$$

e portanto

$$P(B|A) = \frac{P(B) \cdot P(A|B)}{P(A)}$$

depois de dividir por $P(A)$.

EXEMPLO 6.26 Num certo estado onde os automóveis devem ser testados quanto à emissão de gases poluentes, 25% de todos os automóveis emitem quantidades excessivas de gases poluentes. Ao serem testados, 99% de todos os automóveis que emitem quantidades excessivas de gases poluentes são reprovados, mas 17% dos que não emitem quantidades excessivas de gases poluentes também são reprovados. Qual é a probabilidade de um automóvel que é reprovado no teste efetivamente emitir uma quantidade excessiva de gases poluentes?

Solução Denotando por A o evento de o automóvel ser reprovado no teste e por B o evento de o automóvel emitir uma quantidade excessiva de gases poluentes, inicialmente traduzimos as percentagens dadas em probabilidades e escrevemos $P(B) = 0,25$, $P(A|B) = 0,99$ e $P(A|B') = 0,17$. Para calcular

$P(B|A)$ pela fórmula

$$P(B|A) = \frac{P(B) \cdot P(A|B)}{P(A)}$$

precisamos primeiro determinar $P(A)$ e, para isso, consideremos o diagrama de árvore da Figura 6.13. Nesse diagrama, podemos alcançar A ou ao longo do ramo que passa por B, ou ao longo do ramo que passa por B', e as probabilidades de isso ocorrer são, respectivamente, de $(0,25)(0,99) = 0,2475$ e $(0,75)(0,17) = 0,1275$.

Como as duas alternativas representadas pelos dois ramos são mutuamente excludentes, vemos que $P(A) = 0,2475 + 0,1275 = 0,3750$. Assim, substituindo na fórmula de $P(B|A)$ obtemos

$$P(B|A) = \frac{P(B) \cdot P(A|B)}{P(A)} = \frac{0,2475}{0,3750} = 0,66$$

Essa é a probabilidade de um automóvel reprovado no teste realmente emitir uma quantidade excessiva de gases poluentes.

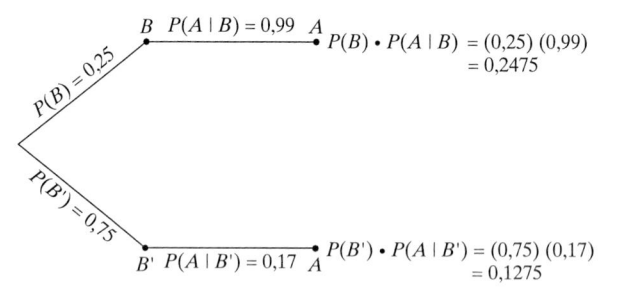

Figura 6.13
Diagrama de árvore para o exemplo de teste de emissão.

Com referência ao diagrama de árvore da Figura 6.13, podemos dizer que $P(B|A)$ é a probabilidade de o evento A ter sido alcançado através do ramo superior da árvore e mostramos que essa probabilidade é igual à razão da probabilidade associada àquele ramo da árvore pela soma das probabilidades associadas com ambos ramos. Esse argumento pode ser generalizado para o caso em que há mais de duas "causas" possíveis, ou seja, mais de dois ramos conduzindo ao evento A. Com referência à Figura 6.14, podemos dizer que $P(B_i | A)$ é a probabilidade de o evento A ter sido alcançado através do i-ésimo ramo da árvore (com $i = 1, 2, 3, \ldots$, ou k) e pode ser mostrado que essa probabilidade é igual à razão da probabilidade associada ao i-ésimo ramo pela soma das probabilidades associadas com todos os k ramos que alcançam A. Formalmente, escrevemos

TEOREMA DE BAYES

> Se $B_1, B_2, \ldots$, e B_k são eventos mutuamente excludentes dos quais um deve ocorrer, então
>
> $$P(B_i|A) = \frac{P(B_i) \cdot P(A|B_i)}{P(B_1) \cdot P(A|B_1) + P(B_2) \cdot P(A|B_2) + \cdots + P(B_k) \cdot P(A|B_k)}$$
>
> para $i = 1, 2, \ldots$, ou k.

Observe que a expressão no denominador é, na verdade, igual a $P(A)$. Essa fórmula para calcular $P(A)$, quando A é alcançado através de um dentre vários passos intermediários, é denominada **regra de eliminação** ou **regra de probabilidade total**.

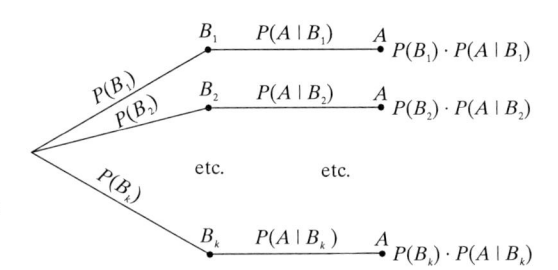

Figura 6.14
Diagrama de árvore para o teorema de Bayes.

EXEMPLO 6.27 Numa fábrica de enlatados, as linhas de produção I, II e III respondem por 50, 30 e 20% da produção total. Se 0,4% das latas da linha I são lacradas inadequadamente e as percentagens correspondentes às linhas II e III são de 0,6% e 1,2%, respectivamente, qual é a probabilidade de uma lata lacrada impropriamente (e descoberta na inspeção final de produtos prontos) provir da linha de produção I?

Solução Denotando por A o evento de uma lata ser lacrada inadequadamente e por B_1, B_2 e B_3 os eventos de uma lata provir das linhas I, II ou III, podemos traduzir as percentagens dadas em probabilidades e escrever $P(B_1) = 0{,}50$, $P(B_2) = 0{,}30$, $P(B_3) = 0{,}20$, $P(A|B_1) = 0{,}004$, $P(A|B_2) = 0{,}006$ e $P(A|B_3) = 0{,}012$. Assim, as probabilidades associadas aos três ramos do diagrama de árvore da Figura 6.15 são $(0{,}50)((0{,}004) = 0{,}0020$, $(0{,}30)(0{,}006) = 0{,}0018$ e $(0{,}20)(0{,}012) = 0{,}0024$, e a regra de eliminação fornece $P(A) = 0{,}0020 + 0{,}0018 + 0{,}0024 = 0{,}0062$. Em seguida, substituindo esse resultado junto com a probabilidade associada ao primeiro ramo do diagrama de árvore, obtemos

$$P(B_1|A) = \frac{0{,}0020}{0{,}0062} = 0{,}32$$

arredondado até a segunda casa decimal

Como pode ser visto nos dois exemplos desta seção, a fórmula de Bayes é uma regra matemática relativamente simples. Sua validade é inquestionável, mas freqüentemente têm surgido críticas quanto à sua aplicabilidade. Isso ocorre porque ela envolve uma espécie de raciocínio "inverso", a saber, um raciocínio que parte do efeito para a causa. Isso ocorreu no Exemplo 6.26, onde ficamos imaginando se o fato de um automóvel ser reprovado no teste de emissão foi ocasionado ou causado pela emissão de uma quantidade excessiva de gases poluentes. Analogamente, no exemplo precedente, ficamos imaginando se o fato de uma lata ter sido lacrada inadequadamente foi ocasionado ou causado pela linha de produção I. É precisamente esse aspecto do Teorema de Bayes que faz com que ele desempenhe um papel importante na inferência estatística, na qual nosso raciocínio vai dos dados amostrais observados para as populações de onde provêm.

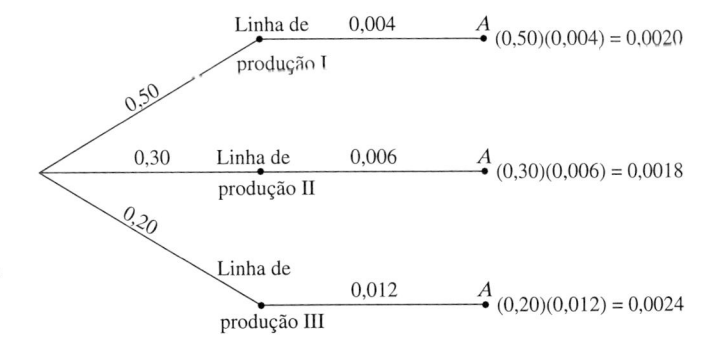

Figura 6.15
Diagrama de árvore para o Exemplo 6.27.

EXERCÍCIOS

*6.70 A probabilidade de um famoso maratonista nigeriano participar da Corrida de São Silvestre é de 0,60. Se ele não disputar a corrida, a probabilidade de o campeão do ano passado voltar a vencer é de 0,66 mas se ele disputar a corrida, a probabilidade de o campeão do ano passado voltar a vencer é de apenas 0,18. Qual é a probabilidade de o campeão do ano passado voltar a vencer?

*6.71 Com referência ao Exercício 6.70, suponha que não saibamos muito sobre a corrida mas que ouvimos pelo rádio que o campeão do ano passado voltou a vencer. Qual é a probabilidade de o famoso maratonista nigeriano não ter participado da corrida?

*6.72 Um rato de laboratório num labirinto ganha comida se dobrar à esquerda e uma descarga elétrica se dobrar à direita. Na primeira tentativa existe uma chance equilibrada de o rato dobrar para qualquer lado; depois, se tiver ganho comida na primeira tentativa, a probabilidade de dobrar à esquerda na segunda tentativa é de 0,68 e se tiver levado um choque na primeira tentativa, a probabilidade de dobrar à esquerda na segunda tentativa é de 0,84. Qual é a probabilidade de o rato dobrar à esquerda na segunda tentativa?

*6.73 Com referência ao Exercício 6.72, qual é a probabilidade de o rato que dobrar à esquerda na segunda tentativa também ter dobrado à esquerda na primeira tentativa?

*6.74 Numa fábrica de produtos eletrônicos, é sabido por experiência acumulada que a probabilidade de um operário novo que tenha freqüentado o curso de treinamento de pessoal cumprir sua quota de produção é de 0,86 e que a probabilidade de um operário novo que não tenha freqüentado o curso de treinamento de pessoal cumprir sua quota de produção é de 0,35. Se 80% de todos operários novos freqüentarem o curso de treinamento, qual é a probabilidade de um operário novo
(a) não cumprir sua quota;
(b) que cumprir sua quota não ter freqüentado o curso de treinamento de pessoal?

*6.75 No Exercício 5.71, pedimos ao leitor supor que a probabilidade de um certo teste diagnosticar corretamente uma pessoa diabética como sendo diabética é de 0,95 e que a probabilidade de diagnosticar uma pessoa que não é diabética como sendo diabética é de 0,05. Dado que cerca de 10% da população é diabética, pedimos ao leitor adivinhar a probabilidade de uma pessoa diagnosticada como sendo diabética realmente ser diabética. Agora utilize o Teorema de Bayes para responder corretamente essa questão.

*6.76 O jardineiro de uma certa casa não é confiável: a probabilidade de ele esquecer de molhar as roseiras durante a ausência dos donos da casa é de $\frac{2}{3}$. As roseiras dessa casa já estão em situação deplorável; se regadas, a probabilidade de morrerem é de $\frac{1}{2}$, mas se não forem regadas, a probabilidade de morrerem é de $\frac{3}{4}$. Quando retornam à casa, os donos constatam que as roseiras morreram. Qual é a probabilidade de o jardineiro não ter regado as roseiras? (Do livro *The Theory of Probability* de Hans Reichenbach, University of California Press, 1949.)

*6.77 As duas firmas *V* e *W* pretendem apresentar propostas para a concorrência de uma obra de construção de uma rodovia, que pode ou não ser concedida, dependendo do volume das propostas. A firma *V* apresenta sua proposta com uma probabilidade de $\frac{3}{4}$ de ganhar a concorrência, desde que a firma *W* não concorra. Há uma chance de 3 para 1 de que *W* concorra e, nesse caso, a probabilidade de *V* ganhar a concorrência é de apenas $\frac{1}{3}$.
(a) Qual é a probabilidade de *V* ganhar a concorrência?
(b) Se *V* ganhar a concorrência, qual é a probabilidade de *W* não ter concorrido?

*6.78 Uma firma de programas de computador tem uma linha telefônica 0800 à disposição de seus clientes. A firma constata que 48% das chamadas envolvem questões sobre a aplicação do programa, 38% envolvem problemas de incompatibilidade com o computador e 14% envolvem a impossibilidade de instalar o programa no computador do usuário. Essas três categorias de problema têm probabilidades de 0,90, 0,15 e 0,80 de serem resolvidas.

(a) Encontre a probabilidade de um telefonema para a linha 0800 envolver um problema que não pode ser resolvido.

(b) Se uma chamada envolver um problema que não pode ser resolvido, qual é a probabilidade de esse problema se referir à incompatibilidade com o computador?

*6.79 Uma explosão num tanque de gás natural liquefeito que estava sofrendo reparos pode ter sido o resultado de eletricidade estática, do mau funcionamento do equipamento elétrico, da chama direta em contato com o revestimento, ou de ação deliberada (sabotagem industrial). Entrevistas com os engenheiros que estiveram analisando o risco levaram às estimativas que uma tal explosão ocorre com probabilidade de 0,25 por causa de eletricidade estática, com probabilidade de 0,20 por causa de mau funcionamento do equipamento elétrico, com probabilidade de 0,40 por causa de chama direta e com probabilidade de 0,75 por causa de ação deliberada. Essas entrevistas também forneceram estimativas subjetivas das probabilidades dos quatro casos, como sendo de 0,30, 0,40, 0,15 e 0,15, respectivamente. Com base em toda essa informação, qual é a causa mais provável da explosão? (Do livro *Probability and Statistics for Engineers*, 3rd. Ed., de I. Miller and J. E. Freund, Upper Saddle River, N.J., Prentice Hall, Inc., 1985.)

*6.80 Para obter respostas a questões delicadas, utiliza-se às vezes um método denominado **técnica de resposta aleatorizada**. Suponha, por exemplo, que queiramos determinar a percentagem dos alunos de uma grande universidade que fumam maconha. Preparamos 20 cartões e escrevemos "Eu fumo maconha pelo menos uma vez por semana" em 12 deles, onde 12 é uma escolha arbitrária, e "Eu não fumo maconha no mínimo uma vez por semana" nos outros. Em seguida, pedimos a cada estudante (dos escolhidos para a entrevista) que escolha um dos cartões ao acaso e responda "sim" ou "não" sem revelar a pergunta que está no cartão.

(a) Estabeleça uma relação entre $P(Y)$, a probabilidade de um estudante responder "sim", e $P(M)$, a probabilidade de um estudante da universidade escolhido aleatoriamente fumar maconha pelo menos uma vez por semana.

(b) Se 106 dos 250 estudantes responderam "sim" sob essas condições, utilize o resultado da parte (a) e $\frac{160}{250}$ como uma estimativa de $P(Y)$ para estimar $P(M)$.

*6.81 "Uma dentre três caixas indistinguíveis contém 2 moedas de 1 centavo, a outra contém uma moeda de 1 centavo e uma de 10 centavos e a terceira contém duas moedas de 10 centavos. Escolhendo uma destas três caixas ao acaso, tiramos uma moeda ao acaso da caixa sem olhar para a outra moeda. Se a moeda que tirarmos for uma de 1 centavo, qual é a probabilidade de a outra moeda da caixa também ser uma de 1 centavo? Sem pensar muito a respeito, podemos argumentar que há uma probabilidade equilibrada de a outra moeda da caixa também ser de 1 centavo. Afinal de contas, a moeda que tiramos deve ter sido tirada da caixa com uma moeda de 1 centavo e uma de 10 centavos ou da caixa com duas moedas de 1 centavo. No primeiro caso, a outra moeda na caixa será uma de 10 centavos e no segundo uma de 1 centavo e é razoável dizer que estas duas possibilidades são igualmente prováveis."

Utilize o teorema de Bayes para mostrar que a probabilidade de a outra moeda também ser de um centavo é, na realidade, $\frac{2}{3}$.

6.8 LISTA DE TERMOS-CHAVE (com indicação das páginas de suas definições)

Amostragem com reposição, 160
Amostragem sem reposição, 160
Chance honesta (equilibrada), 145
Chances, 144
Chances de aposta, 145
Complementar, 136
Conjunto vazio, 136
Critério de consistência, 146
Diagrama de Venn, 137
Espaço amostral, 135
Espaço amostral finito, 135
Espaço amostral infinito, 136
Evento, 136
Eventos dependentes, 156
Eventos independentes, 156
Eventos mutuamente excludentes, 136
Experimento, 135
Interseção, 136

Postulados de Probabilidade, 142
Probabilidade condicional, 154
Probabilidade subjetiva, 145
*Regra de eliminação, 162
*Regra de probabilidade total, 162
Regra especial de adição, 152
Regra especial de multiplicação, 157
Regra generalizada de adição, 152
Regra geral de adição, 151
Regra geral de multiplicação, 156
Regras de adição, 149
Regras de multiplicação, 156
Resultado, 135
Subconjunto, 136
*Técnica da resposta aleatorizada, 165
*Teorema de Bayes, 162
Teoria de Probabilidade, 134
União, 136

6.9 REFERÊNCIAS

Tratamentos mais detalhados de Probabilidade, embora ainda elementares, pode ser encontrado em:

BARR, D. R., and ZEHNA, P. W., *Probability: Modeling Uncertainty.* Reading, Mass.: Addison-Wesley Publishing Company, Inc., 1983.

DRAPER, N. R., and LAWRENCE, W. E., *Probability: An Introductory Course.* Chicago: Markham Publishing Co., 1970.

FREUND, J. E., *Introduction to Probability.* New York: Dover Publications, Inc., 1993 Reprint.

GOLDBERG, S., *Probability–An Introduction.* Englewood Cliffs, N.J.: Prentice Hall, 1960.

HODGES, J. L., and LEHMANN, E. L., *Elements of Finite Probability*, 2nd ed. San Francisco: Holden-Day Inc., 1970.

MOSTELLER, F., ROURKE, R. E. K., and THOMAS, G. B., *Probability with Statistical Applications*, 2nd ed. Reading, Mass.: Addison-Wesley Publishing Company, Inc., 1970

SCHEAFFER, R. L., and MENDENHALL, W., *Introduction to Probability: Theory and Applications.* North Scituate, Mass.: Duxbury Press, 1975.

A obra a seguir é uma introdução à matemática de apostas e vários jogos de azar:

PACKEL, E. W., *The Mathematical of Games and Gambling.* Washington, D.C.: Mathematical Association of America, 1981.

7
ESPERANÇAS E DECISÕES

7.1 Esperança Matemática 168
***7.2** Tomada de Decisão 172
***7.3** Problemas de Decisão Estatística 176
7.4 Lista de Termos-Chave 179
7.5 Referências 179

O material deste capítulo raramente é coberto em cursos introdutórios de Estatística, exceto pela discussão acerca da esperança matemática na Seção 7.1. Decidimos incluí-lo aqui por causa do papel básico nos fundamentos da Estatística desempenhado pela teoria de decisão, que é uma abordagem formal de tomada de decisão. Como são pequenas as chances de o leitor ter contato com esse material em outros textos, exceto talvez em trabalhos avançados de Administração, esperamos que o material das Seções 7.2 e 7.3 não seja omitido de todo. Por outro lado, as Seções 7.2 e 7.3 foram marcadas com um asterisco como sendo opcionais, e poderiam ser omitidas sem perda de continuidade. Em outras palavras, uma abordagem mais informal de tomada de decisões é suficientemente adequada para o restante do texto.

Quando tomamos decisões em face de incerteza, elas raramente se baseiam apenas na probabilidade. Comumente, devemos também saber algo sobre as conseqüências potenciais (lucros, perdas, penalidades ou recompensas). Se precisarmos decidir se compramos ou não um carro novo, não basta sabermos que nosso carro velho dentro em breve necessitará de reparos; para tomar uma decisão sensata, precisamos saber, entre outras coisas, o custo dos reparos e o valor de troca de nosso carro velho. Suponhamos, também, que um construtor precise decidir se apresenta proposta para um trabalho que lhe promete um lucro de 120.000 unidades monetárias com probabilidade de 0,20, ou um prejuízo de 27.000 unidades monetárias (em conseqüência, por exemplo, de uma greve) com probabilidade de 0,80. A probabilidade de o construtor ter lucro não é muito grande, mas, por outro lado, a quantia que ele pode ganhar é muito maior do que a quantia que pode perder. Esses dois exemplos mostram a necessidade de um método que permita combinar probabilidades e conseqüências, e por isso introduzimos o conceito de **esperança matemática** na Seção 7.1.

Nos Capítulos 11 a 18, abordamos muitos problemas diferentes sobre inferência. Estimamos quantidades desconhecidas, testamos hipóteses (suposições ou alegações) e fazemos previsões, sendo que em tais problemas é essencial que, direta ou indiretamente, tenhamos em vista as conseqüências do que fazemos. Afinal, se não há nada em jogo, nem penalidades, nem recompensas e ninguém se importa, por que não estimar em 210 kg o peso médio de um gato doméstico, por que não aceitar a alegação de que, adicionando água à gasolina, poderemos fazer 250 km por litro de gasolina com nosso velho carro, e por que não prever que, por volta do ano 2250, as pessoas viverão até uma idade de 200 anos? **POR QUE NÃO, se não há nada em jogo, nem penalidades, nem recompensas e ninguém se importa?** Assim, na Seção 7.2 damos alguns exemplos que mostram como as esperanças matemáticas baseadas em penalidades, recompensas e outros tipos de pagamentos podem ser utilizados na tomada de decisões e, na Seção 7.3, mostramos como tais fatores podem ter de ser considerados a na escolha de técnicas estatísticas apropriadas.

7.1 ESPERANÇA MATEMÁTICA

Se uma tabela de mortalidade diz que uma mulher de 50 anos de idade pode esperar viver mais 31 anos, isso não quer dizer que realmente esperemos que uma mulher de 50 anos viva até completar 81 anos e morra no dia seguinte. Da mesma forma, se lemos que uma pessoa nos Estados Unidos pode esperar comer 47,4 kg de carne e beber 148,8 l de refrigerante por ano, ou que uma criança de 6 a 16 anos pode esperar ir ao dentista 2,2 vezes por ano, é óbvio que a palavra "esperar" não está sendo empregada no sentido usual. Uma criança não pode ir ao dentista 2,2 vezes, e seria realmente surpreendente se encontrássemos alguém que comesse 47,4 kg de carne e bebesse 148,8 l de refrigerante num determinado ano. No que diz respeito às mulheres de 50 anos, algumas viverão mais 12 anos, algumas viverão mais 20 anos, algumas viverão mais 33 anos,..., e a esperança de vida de "mais 31 anos" deve ser interpretada como uma média ou, como chamamos aqui, uma **esperança matemática**.

Originalmente, o conceito de esperança matemática surgiu em relação aos jogos de azar e, em sua forma mais simples, é o produto da quantia que um jogador pode ganhar pela probabilidade de o jogador ganhar.

EXEMPLO 7.1 Qual é a esperança matemática de um jogador que pode ganhar 50 unidades monetárias se, e somente se, uma moeda equilibrada apresentar coroa?

Solução Se a moeda for equilibrada e jogada aleatoriamente, ou seja, a probabilidade de dar coroa é $\frac{1}{2}$, então a esperança matemática do jogador é $50 \cdot \frac{1}{2} = 25$ unidades monetárias.

EXEMPLO 7.2 Qual é a esperança matemática de alguém que compra um dentre 2.000 bilhetes de uma rifa de uma viagem para Fernando de Noronha, estimada em 1.960 unidades monetárias?

Solução Como a probabilidade de ganhar a viagem é de $\frac{1}{2.000} = 0{,}0005$, a esperança matemática é $1.960(0{,}0005) = 0{,}98$. Assim, do ponto de vista financeiro, seria insensato pagar mais do que 98 centavos de unidade monetária por um bilhete dessa rifa, a menos que a rifa fosse para alguma causa nobre ou que a pessoa que comprasse o bilhete estivesse obtendo algum prazer com a aposta.

Em cada um desses dois exemplos, existe somente um prêmio, mas dois pagamentos (resultados) possíveis. No Exemplo 7.1, o prêmio era de 50 unidades monetárias e os dois resultados eram 50 unidades monetárias e coisa alguma; no Exemplo 7.2, o prêmio era a viagem no valor de

1.960 unidades monetárias e os dois resultados eram a viagem no valor de 1.960 unidades monetárias e coisa alguma. No Exemplo 7.2, poderíamos argumentar que um dos bilhetes da rifa pagará o equivalente a 1.960 unidades monetárias, e que cada um dos demais 1.999 bilhetes pagará coisa alguma, de modo que, na totalidade, os 2.000 bilhetes pagarão o equivalente a 1.960 unidades monetárias ou, em média, $\frac{1.960}{2.000} = 0{,}98$ unidades monetárias por bilhete. Essa média é a esperança matemática. Para generalizar o conceito de esperança matemática, considere a modificação na rifa do Exemplo 7.2 a seguir.

EXEMPLO 7.3 Qual é a esperança matemática por bilhete se a rifa também sorteia um jantar para dois num restaurante famoso, no valor de 200 unidades monetárias, como prêmio de segundo lugar, e duas entradas de cinema, no valor de 16 unidades monetárias, como prêmio de terceiro lugar?

Solução Agora podemos argumentar que um dos bilhetes pagará o equivalente a 1.960 unidades monetárias, um outro bilhete pagará o equivalente a 200 unidades monetárias, um terceiro pagará o equivalente a 16 unidades monetárias e cada um dos demais 1.997 bilhetes não pagará coisa alguma. Em sua totalidade, portanto, os 2.000 bilhetes pagarão o equivalente a $1.960 + 200 + 16 = 2.176$ unidades monetárias, ou uma média equivalente a $\frac{2.176}{2.000} = 1{,}088$ unidades monetárias por bilhete. Olhando para o exemplo de uma maneira diferente, poderíamos argumentar que, se o sorteio fosse repetido muitas vezes, uma pessoa com um dos bilhetes ganharia coisa alguma $\frac{1.997}{2.000} \cdot 100 = 99{,}85\%$ do tempo (ou com uma probabilidade de 0,9985) e cada um dos três prêmios $\frac{1}{2.000} \cdot 100 = 0{,}05\%$ do tempo (ou com uma probabilidade de 0,05). Em média, uma pessoa com um dos bilhetes ganharia o equivalente a $0(0{,}9985) + 1.960(0{,}0005) + 200(0{,}0005) + 16(0{,}0005) = 1{,}088$ unidades monetárias, que é a soma dos produtos obtidos multiplicando cada pagamento pela probabilidade correspondente. ∎

A generalização desse exemplo leva à definição a seguir.

ESPERANÇA MATEMÁTICA

> Se as probabilidades de ganhar as quantias $a_1, a_2, \ldots,$ ou a_k são $p_1, p_2, \ldots,$ e p_k, onde $p_1 + p_2 + \cdots + p_k = 1$, então a esperança matemática é
> $$E = a_1 p_1 + a_2 p_2 + \cdots + a_k p_k$$

Cada quantia é multiplicada pela probabilidade correspondente e a esperança matemática, E, é dada pela soma de todos esses produtos. Na notação $\sum$, temos $E = \sum a \cdot p$.

No que diz respeito às quantias a, é importante ter em mente que elas são positivas quando representam lucros, prêmios ou ganhos (isto é, importâncias que recebemos), e são negativas quando representam perdas, penalidades ou déficits (isto é, quantias que devemos pagar).

EXEMPLO 7.4 Qual é nossa esperança matemática se ganharmos 25 unidades monetárias quando um dado lançado aparecer com 1 ou 6 pontos e perdermos 12,50 unidades monetárias quando aparecer com 2, 3, 4 ou 5 pontos?

Solução As quantias são $a_1 = 25$ e $a_2 = -12{,}5$, e as probabilidades são $p_1 = \frac{2}{6} = \frac{1}{3}$ e $p_2 = \frac{4}{6} = \frac{2}{3}$ (supondo que o dado é equilibrado e que foi jogado ao acaso). Assim, nossa esperança matemática é

$$E = 25 \cdot \frac{1}{3} + (-12{,}5) \cdot \frac{2}{3} = 0$$

∎

EXEMPLO 7.5 As probabilidades de um investidor vender um terreno para uma casa na montanha com um lucro de 2.500, de 1.500, de 500 unidades monetárias ou com um prejuízo de 500 unidades monetárias são de 0,22, 0,36, 0,28 e 0,14, respectivamente. Qual é o lucro esperado do investidor?

Solução Substituindo $a_1 = 2.500$, $a_2 = 1.500$, $a_3 = 500$, $a_4 = -500$ $p_1 = 0,22$, $p_2 = 0,36$, $p_3 = 0,28$ e $p_4 = 0,14$ na fórmula de E obtemos

$$E = 2.500(0,22) + 1.500(0,36) + 500(0,28) - 500(0,14)$$

$$= 1.160 \text{ unidades monetárias}$$

O primeiro dos dois exemplos anteriores ilustra o que significa um **jogo equilibrado** ou **honesto**. É um jogo que não favorece nenhum dos jogadores, ou seja, um jogo em que a esperança matemática de cada jogador é zero.

Embora tenhamos nos referido às quantidades $a_1, a_2, \ldots$, e a_k como "quantias", não se trata necessariamente de quantias de dinheiro. À página 168 dissemos que uma criança da faixa etária dos 6 aos 16 anos de idade pode esperar ir ao dentista 2,2 vezes por ano. Esse valor é uma esperança matemática, a saber, a soma dos produtos obtidos multiplicando-se 0, 1, 2, 3, 4,..., pelas correspondentes probabilidades de a criança daquela faixa etária ir ao dentista aquele número de vezes por ano.

EXEMPLO 7.6 As probabilidades de a agência de uma companhia aérea num certo aeroporto receber 0, 1, 2, 3, 4, 5, 6, 7 ou 8 reclamações sobre extravio de bagagem por dia, são 0,06, 0,21, 0,24, 0,18, 0,14, 0,10, 0,04, 0,02 e 0,01, respectivamente. Quantas dessas reclamações essa agência pode esperar receber por dia?

Solução Substituindo na fórmula da esperança matemática, obtemos

$$E = 0(0,06) + 1(0,21) + 2(0,24) + 3(0,18) + 4(0,14)$$
$$+ 5(0,10) + 6(0,04) + 7(0,02) + 8(0,01)$$
$$= 2,75$$

Em todos os exemplos desta seção, foram dados os valores de todos as quantias a e as probabilidades p e calculamos E. Consideremos, agora, um exemplo em que são dados o valor da quantia a e de E, e procuramos algum resultado sobre a probabilidade p, e também um exemplo em que são dados p e E e procuramos chegar em algum resultado sobre a.

EXEMPLO 7.7 Para defender um cliente num processo por danos resultante de um acidente de carro, uma advogada deve decidir se cobra honorários fixos de 7.500 unidades monetárias ou de contingência, que ela receberá somente se seu cliente ganhar a causa. Como a advogada está estimando as chances de seu cliente se:

(a) ela prefere honorários fixos de 7.500 unidades monetárias a uma contingência de 25.000 unidades monetárias;

(b) ela prefere honorários de contingência de 60.000 unidades monetárias aos honorários fixos de 7.500 unidades monetárias?

Solução (a) Se ela acredita que a probabilidade de seu cliente ganhar é de p, a advogada associa uma esperança matemática de $25.000p$ à contingência de 25.000 unidades monetárias. Como ele acredita que os honorários fixos de 7.500 unidades monetárias são preferíveis a essa esperança, podemos escrever $7.500 > 25.000p$ e, portanto,

$$p < \frac{7.500}{25.000} = 0{,}30$$

(b) Agora a esperança matemática associada à contingência é de $60.000p$ e, como ela acredita que isso é preferível aos 7.500 fixos, podemos escrever $60.000p > 7.500$ e, portanto,

$$p > \frac{7.500}{60.000} = 0{,}125$$

Combinando os resultados das partes (a) e (b) do Exemplo 7.7, mostramos que $0{,}125 < p < 0{,}30$, onde p é a probabilidade subjetiva da advogada sobre o sucesso de seu cliente. Para reduzir ainda mais o intervalo de probabilidade, poderíamos variar os honorários como nos Exercícios 7.9 e 7.10.

EXEMPLO 7.8 Um amigo diz que "daria seu braço direito" por nossos dois ingressos para uma noite nos camarotes do Sambódromo. Para colocar isso em termos de dinheiro, propomos que ele nos pague 220 unidades monetárias (o preço real dos dois ingressos) mas que só receberá os ingressos se tirar um valete, uma dama, um rei ou um ás de um baralho de 52 cartas; caso contrário, ficamos com os ingressos e os 220. Qual é o valor dos dois ingressos para o nosso amigo se ele considera equilibrado esse acordo?

Solução Como há quatro valetes, quatro damas, quatro reis e quatro ases, a probabilidade de nosso amigo obter os ingressos é de $\frac{16}{52}$. Portanto, a probabilidade de ele não obter os ingressos é de $1 - \frac{16}{52} = \frac{36}{52}$ e a esperança matemática associada à aposta é

$$E = a \cdot \frac{16}{52} + 0 \cdot \frac{36}{52} = a \cdot \frac{16}{52}$$

onde a é o valor que ele atribui a esses ingressos. Igualando essa esperança matemática a 220 unidades monetárias, que ele considera um preço justo a pagar pelo risco, obtemos

$$a \cdot \frac{16}{52} = 220 \quad \text{e} \quad a = \frac{52 \cdot 220}{16} = 715 \text{ unidades monetárias}$$

Isso é quando valem os dois bilhetes para o nosso amigo.

EXERCÍCIOS

7.1 Uma associação imprimiu e vendeu 3.000 bilhetes de uma rifa para um quadro que vale 750 unidades monetárias. Qual é a esperança matemática de uma pessoa que compra um desses bilhetes?

7.2 Com referência ao Exercício 7.1, qual teria sido a esperança matemática de uma pessoa que tivesse comprado um desses bilhetes se a associação tivesse vendido somente 1.875 dos bilhetes da rifa?

7.3 Como parte de uma promoção, um fabricante de sabão oferece um primeiro prêmio de 3.000 unidades monetárias e um segundo prêmio de 1.000 unidades monetárias a pessoas escolhidas aleatoriamente dentre 15.000 pessoas dispostas a experimentar um novo produto e enviar seu nome e endereço no rótulo. Qual é a esperança matemática de uma pessoa que participa dessa promoção?

7.4 Um joalheiro quer liquidar 45 relógios masculinos, com custo unitário de 12 unidades monetárias. Esses 45 relógios, junto com outros cinco relógios masculinos de custo unitário de 600 unidades monetárias, são colocados em caixas idênticas não identificadas e cada cliente pode escolher uma caixa.

(a) Encontre a esperança matemática de cada cliente.
(b) Qual é o lucro esperado do joalheiro se ele cobra 100 unidades monetárias pelo privilégio de poder escolher uma caixa?

7.5 Dois jogadores chegam empatados na final de um torneio de golfe que paga 300.000 unidades monetárias ao vencedor e 120.000 ao segundo lugar. Nas finais, quais são as esperanças matemáticas dos dois jogadores se:
(a) eles têm as mesmas chances;
(b) o mais jovem é favorito com apostas de 3 a 2?

7.6 Se dois times chegam empatados numa série final do tipo melhor de sete partidas (ganha quem vencer quatro), as probabilidades de a série final durar 4, 5, 6 ou 7 jogos são 1/8, 1/4, 5/16 e 5/16, respectivamente. Nessas condições, quantos jogos podemos esperar que se tenha na série final?

7.7 Um importador paga 12.000 unidades monetárias por um carregamento de ameixas e as probabilidades de que ele conseguirá vendê-las por 16.000, 13.000, 12.000 ou somente 10.000 unidades monetárias são, respectivamente, 0,25, 0,46, 0,19 e 0,10. Qual é o lucro bruto esperado do importador?

7.8 Uma firma de segurança sabe de experiência que as probabilidades de ocorrência de 2, 3, 4, 5 ou 6 alarmes falsos numa dada noite são de 0,12, 0,26, 0,37, 0,18 e 0,07, respectivamente. Quantos alarmes falsos a firma pode esperar numa noite qualquer?

7.9 Com referência ao Exemplo 7.7, suponha que a advogada prefira honorários fixos de 7.500 unidades monetárias a honorários de contingência de 30.000 unidades monetárias. Como a advogada está estimando as chances de seu cliente vencer o processo?

7.10 Com referência ao Exemplo 7.7, suponha que a advogada prefira honorários de contingência de 37.500 unidades monetárias a honorários fixos de 7.500 unidades monetárias. Como a advogada está estimando as chances de seu cliente vencer o processo?

7.11 Uma construtora oferece consertar uma rodovia por 45.000 unidades monetárias e outra construtora oferece fazer o mesmo serviço por 50.000 unidades monetárias, mas com uma penalidade de 12.500 unidades monetárias se não terminar o serviço em tempo. Se a pessoa que decide o contrato escolher a segunda construtora, o que isso diz quanto à estimativa dessa pessoa sobre a probabilidade de a segunda construtora não terminar o serviço em tempo?

7.12 O Sr. Pereira acredita que é apenas uma questão equilibrada aceitar um prêmio em dinheiro de 26 unidades monetárias ou apostar em duas jogadas de uma moeda para receber uma furadeira elétrica se a moeda apresentar cara duas vezes ou, caso contrário, receber 5 unidades monetárias. Qual é o valor em dinheiro que ele atribui a possuir a furadeira?

7.13 O Sr. Santos gostaria de vencer o Sr. Silva no próximo torneio de golfe, mas suas chances são nulas, a menos que ele pague 400 unidades monetárias por algumas aulas que (de acordo com o treinador do clube) lhe darão uma chance equilibrada de vencer. Se o Sr. Santos puder contar com essas aulas para ficar em igualdade de condições e se ele apostar 1.000 contra x unidades monetárias com o Sr. Silva numa vitória, determine o valor de x.

*7.2 TOMADA DE DECISÃO

Diante de incerteza, muitas vezes as esperanças matemáticas podem ser usadas com muita vantagem em tomadas de decisões. Em geral, se devemos escolher entre duas ou mais alternativas, é considerado racional optar pela que oferece esperança matemática "mais promissora": a que maximiza o lucro esperado, minimiza os custos esperados, maximiza as vantagens tributárias, minimiza as perdas esperadas, e assim por diante. Essa abordagem a tomada de decisões tem um apelo intuitivo, mas não está livre de complicações. Em muitos problemas é difícil, se não impossível, associar valores numéricos a todas as quantias a e probabilidades p envolvidas na fórmula para a esperança E. Algumas dessas complicações serão ilustradas nos exemplos a seguir.

EXEMPLO 7.9 A divisão de pesquisa de uma companhia farmacêutica já gastou 400.000 unidades monetárias na determinação da eficácia de um novo medicamento contra enjôo do mar. Agora o diretor da divisão precisa decidir se devem gastar 200.000 unidades monetárias adicionais para completar os testes, sabendo que a probabilidade de sucesso é de somente $\frac{1}{3}$. Ele também sabe que se os testes continuarem e o medicamento provar ser eficaz, resultará um lucro de 1.500.000 unidades monetárias para sua companhia. É claro que se os testes continuarem e o medicamento acabar sendo ineficaz, isso significará que 600.000 unidades monetárias da companhia teriam ido "pelo cano". Ele também sabe que se os testes não continuarem e o medicamento for produzido com sucesso pela concorrência, isso acarretaria uma perda adicional de 100.000 unidades monetárias para a companhia por estar em desvantagem competitiva. O que o diretor da divisão deveria decidir para maximizar o lucro esperado da companhia?

Solução Em problemas deste tipo geralmente é útil apresentar as informações dadas em forma de tabela como a seguinte, denominada **tabela de pagamentos**:

	Continuar os testes	Acabar com os testes
Medicamento eficaz	1.500.000	– 500.000
Medicamento ineficaz	– 600.000	– 400.000

Utilizando essa informação e as probabilidades $\frac{1}{3}$ e $\frac{2}{3}$ para a eficácia e ineficácia do medicamento, o diretor da divisão de pesquisa pode argumentar que o lucro esperado é

$$1.500.000 \cdot \frac{1}{3} + (-600.000) \cdot \frac{2}{3} = 100.000 \text{ unidades monetárias}$$

se os testes continuarem e

$$(-500.000) \cdot \frac{1}{3} + (-400.000)\frac{2}{3} \approx -433.333 \text{ unidades monetárias}$$

se os testes não continuarem. Como um lucro esperado de 100.000 unidades monetárias é preferível a um prejuízo esperado de 433.333 unidades monetárias, o diretor decide pela continuação dos testes.

A maneira pela qual estudamos esse problema é chamada de **análise bayesiana**. Nesse tipo de análise, atribuímos probabilidades às alternativas sobre as quais pairam incertezas (os **estados da natureza** que, no nosso exemplo, são a eficácia e a ineficácia o medicamento) e então escolhemos a alternativa que prometa o maior lucro esperado ou a menor perda esperada. Como já foi dito, essa abordagem da tomada de decisões não é sem fatores complicadores. Se vamos utilizar esperanças matemáticas na tomada de decisões, é essencial que nossos julgamentos de todas as probabilidades e todos os resultados relevantes sejam razoavelmente precisos.

EXEMPLO 7.10 Com referência ao Exemplo 7.9, suponha que o diretor da divisão de pesquisa tem um assistente que está convencido de que o diretor sobreestimou a probabilidade de sucesso, a saber, que a eficácia do medicamento deveria ser de $\frac{1}{15}$ e não de $\frac{1}{3}$. Em que medida essa mudança na probabilidade de sucesso afeta o resultado?

Solução Com essa mudança, o lucro esperado passa a ser

$$1.500.000 \cdot \frac{1}{15} + (-600.000) \cdot \frac{14}{15} = -460.000 \text{ unidades monetárias}$$

se os testes continuarem e

$$(-500.000) \cdot \frac{1}{15} + (-400.000) \cdot \frac{14}{15} \approx -406.667 \text{ unidades monetárias}$$

se os testes não continuarem. Nenhuma dessas alternativas parece muito promissora, mas como uma perda esperada de 406.667 unidades monetárias é preferível a uma perda esperada de 460.000 unidades monetárias, a decisão alcançada no Exemplo 7.9 deveria ser revertida.

EXEMPLO 7.11 Agora suponha que o mesmo assistente diga ao diretor da divisão de pesquisa que a antecipação de lucro no montante de 1.500.000 unidades monetárias também esteja incorreta, já que ele está convencido de que deveria ter sido estimado em 2.300.000 unidades monetárias. Como essa mudança afeta o resultado?

Solução Com essa mudança e a probabilidade de sucesso de $\frac{1}{15}$ como no Exemplo 7.10, o lucro esperado passa a ser

$$2.300.000 \cdot \frac{1}{15} + (-600.000) \cdot \frac{14}{15} = -406.667 \text{ unidades monetárias}$$

se os testes continuarem e também de – 406.667 unidades monetárias se os testes não continuarem, exatamente como no Exemplo 7.10. Novamente mudou o resultado; agora parece que a decisão poderia ser tomada com uma jogada de moeda.

EXERCÍCIOS

*7.14 Uma cesta de ofertas contém 5 pacotes que valem 1 unidade monetária cada um, 5 pacotes que valem 3 unidades monetárias cada um e 10 pacotes que valem 5 unidades monetárias cada um. É racional pagar 4 unidades monetárias pelo privilégio de escolher aleatoriamente um desses pacotes?

*7.15 Um empreiteiro precisa escolher entre duas propostas de trabalho. A primeira promete um lucro de 120.000 unidades monetárias com uma probabilidade de $\frac{3}{4}$ ou um prejuízo de 30.000 unidades monetárias com uma probabilidade de $\frac{1}{4}$ (devido a greves e outras interrupções); a segunda proposta promete um lucro de 180.000 unidades monetárias com uma probabilidade de $\frac{1}{2}$ ou um prejuízo de 45.000 unidades monetárias com uma probabilidade de $\frac{1}{2}$. Qual das duas propostas o empreiteiro deve escolher para maximizar seu lucro esperado?

*7.16 Uma arquiteta paisagista deve decidir se concorrerá ao projeto paisagístico de um prédio público. O que ela deve fazer se acredita que o projeto oferece uma perspectiva de lucro de 10.800 unidades monetárias com uma probabilidade de 0,40, ou de perda de 7.000 unidades monetárias com uma probabilidade de 0,60 (devido às condições climáticas), e que a obra só compensa o investimento de tempo se o lucro esperado for de, pelo menos, 1.000 unidades monetárias?

*7.17 Um caminhoneiro deve entregar um carregamento de material de construção em um de dois locais, uma fazenda que está a 18 km do depósito, ou um *shopping* que está a 22 km do depósito. Ele perdeu a ordem de serviço que indicava o local de entrega. Além disso, ele deve voltar ao depósito após a entrega. A fazenda e o *shopping* distam 8 km um do outro. Para complicar ainda mais, o telefone do depósito não está funcionando. Se o caminhoneiro achar que há uma probabilidade de $\frac{1}{6}$ de que a carga deveria ir para a fazenda e de $\frac{5}{6}$ de que deveria ir para o *shopping*, para onde deve ele ir primeiro a fim de minimizar a distância a ser percorrida?

*7.18 Com referência ao Exercício 7.17, para onde o caminhoneiro deveria ir primeiro a fim de minimizar a distância percorrida esperada se as probabilidades fossem $\frac{1}{3}$ e $\frac{2}{3}$ em vez de $\frac{1}{6}$ e $\frac{5}{6}$?

*7.19 Com referência ao Exercício 7.17, para onde o caminhoneiro deveria ir primeiro a fim de minimizar a distância percorrida esperada se as probabilidades fossem $\frac{1}{4}$ e $\frac{3}{4}$ em vez de $\frac{1}{6}$ e $\frac{5}{6}$?

*7.20 O gerente de uma companhia de mineração deve decidir se continua uma operação numa certa localidade. Se continuar e tiver sucesso, a companhia fará um lucro de 4.500.000 unidades monetárias; se continuar e não tiverem sucesso, perderá 2.700.000 unidades monetárias; se interromper a operação tendo tido sucesso se tivesse continuado, perderá 1.800.000 unidades monetárias (por motivos de concorrência); e se interromper a operação não tendo tido sucesso se tivesse continuado, terá um lucro de 450.000 unidades monetárias (porque os fundos destinados à operação não teriam sido gastos). Qual decisão maximizaria o lucro esperado da companhia, se o gerente entender que são equilibradas as chances de sucesso?

*7.21 Com referência ao Exercício 7.20, mostre que não importa a decisão tomada, se o gerente entender que as probabilidades a favor e contra o sucesso são de $\frac{1}{3}$ e $\frac{2}{3}$.

*7.22 Um grupo de investidores precisa decidir se deve tentar financiar a construção de um novo estádio ou continuar a realizar suas promoções esportivas no estádio de um colégio. O grupo acredita que se construir o novo estádio e conseguir a franquia de um time de basquete profissional, terá um lucro de 2.050.000 unidades monetárias ao longo dos próximos cinco anos; se construir o novo estádio e não conseguir a franquia de um time de basquete profissional, terá um prejuízo de 500.000 unidades monetárias; se não construir o novo estádio e conseguir a franquia de um time de basquete profissional, terá um lucro de 1.000.000 unidades monetárias; e se não construir o novo estádio e não conseguir a franquia de um time de basquete profissional, poderá lucrar apenas 100.000 unidades monetárias com suas outras promoções.

(a) Apresente toda essa informação numa tabela como a da página 173.
(b) Se os investidores acreditarem num dirigente da liga de basquete profissional que lhes diz que as chances são de 2 a 1 contra eles conseguirem a franquia de um time de basquete profissional, o que o grupo deveria decidir a fim de maximizar o lucro esperado ao longo dos próximos cinco anos?
(c) Se os investidores acreditarem num editor de esportes de um jornal local que lhes diz que as chances são realmente só de 3 a 2 contra eles conseguirem a franquia, o que o grupo deveria decidir a fim de maximizar o lucro esperado ao longo dos próximos cinco anos?

*7.23 Na ausência de qualquer informação sobre as probabilidades relevantes, um pessimista pode muito bem querer minimizar a perda máxima ou maximizar o lucro mínimo, ou seja, querer utilizar o critério **minimax** ou **maximin**.

(a) Com referência ao Exemplo 7.9, suponha que o diretor da divisão de pesquisa da companhia farmacêutica não faz idéia da probabilidade da eficácia do medicamento. Qual decisão minimizaria sua perda máxima?

(b) Com referência ao Exercício 7.17, suponha que o caminhoneiro não faz idéia sobre as probabilidades de o material de construção ter de ser entregue em um dos dois locais de construção. Para onde deveria ir primeiro para minimizar a distância máxima a ser percorrida?

***7.24** Na ausência de qualquer informação sobre as probabilidades relevantes, um otimista pode muito bem querer minimizar a perda mínima ou maximizar o lucro máximo, ou seja, querer utilizar o critério **minimin** ou **maximax**.

(a) Com referência ao Exemplo 7.10, suponha que o assistente do diretor de pesquisa também não faz idéia da probabilidade da eficácia do medicamento. O que ele deveria recomendar, de modo a maximizar o lucro máximo?

(b) Com referência ao Exercício 7.17, suponha que o caminhoneiro não faz idéia sobre as probabilidades de o material de construção ter de ser entregue em um dos dois locais de construção. Para onde deveria ir primeiro para minimizar a distância mínima a ser percorrida?

***7.25** Com referência ao Exercício 7.20, suponha que não exista informação alguma sobre o as chances de sucesso da operação de mineração. Qual decisão o gerente da companhia deveria recomendar à diretoria se ele é sempre

(a) muito otimista;
(b) muito pessimista?

***7.26** Com referência ao Exercício 7.22, suponha que não exista informação alguma sobre o as chances de o grupo de investidores conseguir a franquia. Um dos investidores votaria a favor ou contra a construção de um novo estádio se ele é

(a) um otimista convicto;
(b) um pessimista convicto?

*7.3 PROBLEMAS DE DECISÃO ESTATÍSTICA

A Estatística moderna, com sua ênfase na inferência, pode ser encarada como a arte, ou a ciência, da tomada de decisões em face da incerteza. Essa abordagem da Estatística, chamada **teoria de decisão**, remonta apenas aos meados do século XX e à publicação, em 1944, do livro *Theory of Games and Economic Behavior*, de John von Neumann e Oscar Morgenstern e, em 1950, do livro *Statistical Decision Functions*, de Abraham Wald. Como o estudo da teoria de decisão é bastante complicado matematicamente, limitamos nossa discussão aqui a um exemplo em que se aplica o método da Seção 7.2 a um problema de natureza estatística.

EXEMPLO 7.12 Dos cinco grupos nomeados pelo governo para estudar o a discriminação de sexo no comércio, 1, 2, 5, 1 e 6 dos membros são mulheres. Os grupos são encaminhados aleatoriamente a várias cidades e o prefeito de uma das cidades contrata um consultor para prever quantos membros do grupo enviado à sua cidade serão mulheres. Se o consultor for pago com 300 unidades monetárias mais um bônus de 600 unidades monetárias, que ele só receberá se a sua previsão estiver certa (ou seja, exatamente correta), qual previsão maximiza a importância que o consultor pode esperar ganhar?

Solução Se a previsão do consultor é 1, o que é a moda dos cinco números, ele ganhará apenas 300 unidades monetárias com probabilidade $\frac{3}{5}$ ou 900 unidades monetárias com probabilidade $\frac{2}{5}$. Assim, ele pode esperar ganhar

$$300 \cdot \frac{3}{5} + 900 \cdot \frac{2}{5} = 540 \text{ unidades monetárias}$$

Como pode ser facilmente verificado, isso é o melhor que ele pode fazer. Se sua previsão for 2, 5 ou 6, ele pode esperar ganhar

$$300 \cdot \frac{4}{5} + 900 \cdot \frac{1}{5} = 420 \text{ unidades monetárias}$$

e, para qualquer outra previsão, sua esperança é de apenas 300 unidades monetárias.

Este exemplo ilustra o fato (talvez óbvio) de que, se uma pessoa deve escolher um valor exato "no chute" e se não há recompensa por resposta próxima, a melhor previsão é a moda. Para ilustrar melhor como as conseqüências de uma decisão podem ditar a escolha de um método estatístico de decisão ou previsão, consideremos a seguinte variação do Exemplo 7.12.

EXEMPLO 7.13 Suponha que o consultor receba 600 unidades monetárias menos uma importância igual a 40 vezes a magnitude de seu erro. Que previsão maximizará a importância que ele pode esperar ganhar?

Solução Agora é a mediana que dá as melhores previsões. Se a previsão do consultor for 2, que é a mediana dos cinco números 1, 1, 2, 5 e 6, a magnitude do erro será 1, 0, 3 ou 4, dependendo de serem mulheres 1, 2, 5 ou 6 dos membros do grupo enviado à cidade. Conseqüentemente, o consultor ganhará 560, 600, 480 ou 440 unidades monetárias com probabilidades $\frac{2}{5}, \frac{1}{5}, \frac{1}{5}$ e $\frac{1}{5}$, e ele pode esperar ganhar

$$560 \cdot \frac{2}{5} + 600 \cdot \frac{1}{5} + 480 \cdot \frac{1}{5} + 440 \cdot \frac{1}{5} = 528 \text{ unidades monetárias}$$

Pode ser mostrado que a esperança do consultor é inferior a 528 unidades monetárias para qualquer valor diferente de 2, mas vamos verificar isso apenas para a média dos cinco números, que é 3. Nesse caso, a magnitude do erro será 2, 1, 2 ou 3, dependendo de serem mulheres 1, 2, 5 ou 6 dos membros do grupo enviado à cidade. Assim, o consultor ganhará 520, 560, 520 ou 480 unidades monetárias com probabilidades $\frac{2}{5}, \frac{1}{5}, \frac{1}{5}$ e $\frac{1}{5}$, e ele pode esperar ganhar

$$520 \cdot \frac{2}{5} + 560 \cdot \frac{1}{5} + 520 \cdot \frac{1}{5} + 480 \cdot \frac{1}{5} = 520 \text{ unidades monetárias}$$

A média começa a ser valorizada quando a penalidade, ou seja, a quantia subtraída, aumenta mais rapidamente com o tamanho do erro; a saber, quando é proporcional ao quadrado do erro.

EXEMPLO 7.14 Suponha que o consultor receba 600 unidades monetárias menos uma importância igual a 20 vezes o quadrado de seu erro. Que previsão maximizará a importância que ele pode esperar ganhar?

Solução Se a previsão do consultor é $\frac{1+2+1+5+6}{5} = 3$, os quadrados dos erros serão 4, 1, 4 ou 9, dependendo de serem mulheres 1, 2, 5 ou 6 dos membros do grupo enviado à cidade. Correspondentemente, o consultor ganhará 520, 580, 520 ou 420 unidades monetárias com probabilidades $\frac{2}{5}, \frac{1}{5}, \frac{1}{5}$ e $\frac{1}{5}$, e ele pode esperar ganhar

$$520 \cdot \frac{2}{5} + 580 \cdot \frac{1}{5} + 520 \cdot \frac{1}{5} + 420 \cdot \frac{1}{5} = 512 \text{ unidades monetárias}$$

Como pode ser verificado, a esperança do consultor é inferior a 512 unidades monetárias para qualquer outra previsão (ver Exercício 7.27).

Este terceiro caso é de especial importância em Estatística, pois está estreitamente relacionado com o *método dos mínimos quadrados*. Vamos estudar esse método no Capítulo 16, em que será utilizado no ajuste de curvas a dados de observação mas, além disso, possui outras aplicações importantes na teoria de Estatística. A idéia de trabalhar com os quadrados dos erros é justificada porque, na prática, o grau de seriedade de um erro muitas vezes aumenta rapidamente com o tamanho do erro, mais rapidamente do que a magnitude do próprio erro.

A maior dificuldade na aplicação dos métodos deste capítulo a problemas reais de Estatística é que raramente sabemos os valores exatos de todos os riscos envolvidos, ou seja, raramente sabemos o valor exato dos "pagamentos" correspondentes às várias possibilidades. Por exemplo, se o Ministério de Saúde deve decidir se libera ou não um novo medicamento para uso geral, como poderia atribuir um valor em dinheiro ao dano decorrente do fato de não ter aguardado uma análise mais detalhada de possíveis efeitos colaterais ou das vidas que poderiam ser perdidas por não liberar imediatamente o medicamento para o público? Analogamente, se a banca de admissão deve decidir quais dentre vários candidatos devem ser admitidos como internos no hospital de uma faculdade de medicina ou até receber uma bolsa, como é possível prever todas as conseqüências que podem estar envolvidas?

O fato de quase nunca dispormos de informações precisas sobre probabilidades relevantes também cria obstáculos à obtenção de critérios adequados de decisão; sem eles, é razoável basear as decisões, digamos, no pessimismo ou no otimismo, como foi feito nos Exercícios 7.23 e 7.24? Questões como essas são difíceis de responder, mas sua análise subsidia o objetivo importante de revelar a lógica subjacente ao pensamento estatístico.

EXERCÍCIOS

7.27 Com referência ao Exemplo 7.14, em que o consultor recebe 600 unidades monetárias menos uma quantia igual a 20 vezes o quadrado do erro, quanto ele pode esperar ganhar se
(a) sua previsão é 1, a moda;
(b) sua previsão é 2, a média?

(Em geral, pode ser mostrado que, para qualquer conjunto de números $x_1, x_2, \ldots,$ e x_n, a quantidade $\sum (x - k)^2$ é mínima quando $k = \bar{x}$. Neste caso, a importância subtraída de 600 unidades monetárias é mínima quando a previsão é $\bar{x} = 3$.)

7.28 As idades dos sete competidores de um concurso de redação são 17, 17, 17, 18, 20, 21 e 23 e suas chances de ganhar são iguais. Se quisermos prever a idade do vencedor e existe uma recompensa por acertar, mas nenhuma por errar, por pouco ou não, qual previsão maximiza a recompensa esperada?

7.29 Com relação ao Exercício 7.28, qual previsão maximiza a recompensa esperada se
(a) há uma penalidade proporcional ao tamanho do erro;
(b) há uma penalidade proporcional ao quadrado do erro?

7.30 Alguns carros exibidos num pátio de um revendedor estão cotados a 1.895 unidades monetárias, alguns estão cotados a 2.395 unidades monetárias, alguns estão cotados a 2.795 unidades monetárias e alguns estão cotados a 3.495 unidades monetárias. Se quisermos prever a cotação do primeiro carro a ser vendido, qual é a previsão que minimiza o tamanho máximo do erro? Qual é o nome dessa estatística, mencionada num dos exercícios do Capítulo 3?

7.4 LISTA DE TERMOS-CHAVE (com indicação das páginas de suas definições)

*Análise bayesiana, 173
*Critério maximax, 176
*Critério maximin, 175
*Critério minimax, 175
*Critério minimin, 176
*Esperança matemática, 167

*Estados da natureza, 173
*Jogo equilibrado, 170
*Jogo honesto, 170
*Tabela de pagamentos, 173
*Teoria de decisão, 176

7.5 REFERÊNCIAS

Um tratamento mais detalhado do assunto deste capítulo pode ser encontrado em

BROSS, I. D. J., *Design for Decision*. New York: Macmillan Publishing Co, Inc., 1953.

JEFFREY, R. C., *The Logic of Decision*. New York: McGraw-Hill Book Company, 1965.

bem como em alguns textos de Estatística para Administração. Um material bastante elementar sobre teoria de decisão pode ser encontrado em

CHERNOFF, H., and MOSES, L. E., *Elementary Decision Theory*. New York: Dover Publications, Inc., 1987 reprint.

"O problema do dote" e "Um Empate é Como Beijar sua Irmã" (em inglês, "The Dowry Problem" e "A Tie is Like Kissing Your Sister") são dois exemplos divertidos de tomada de decisão dados em

HOLLANDER, M., and PROSCHAN, F., *The Statistical Exorcist: Dispelling Statistics Anxiety*. New York: Marcel Dekker, Inc., 1984.

Exercícios de Revisão para os Capítulos 5, 6 e 7

R.48 Com referência à Figura R.1, expresse simbolicamente os eventos representados pelas regiões 1, 2, 3 e 4 do diagrama de Venn.

R.49 Com referência à Figura R.1, associe as probabilidades 0,48, 0,12, 0,32 e 0,08 aos eventos representados pelas regiões 1, 2, 3 e 4 do diagrama de Venn, respectivamente, e encontre $P(C)$, $P(D')$ e $P(C \cap D')$.

R.50 Use os resultados do Exercício R.49 para conferir se os eventos C e D' são independentes.

R.51 As probabilidades de que a redação de um jornal local vá receber pelo menos 0, 1, 2,..., 7 ou 8 cartas a respeito de uma decisão impopular da direção da escola municipal são 0,01; 0,02; 0,05; 0,14; 0,16; 0,20; 0,18; 0,15; e 0,09, respectivamente. Quais são as probabilidades de o jornal receber
   (a) no máximo 4 cartas a respeito da decisão da direção da escola municipal;
   (b) pelo menos 6;
   (c) entre 3 e 5?

R.52 Determine se cada uma das igualdades seguintes é verdadeira ou falsa:
   (a) $\frac{1}{4!} + \frac{1}{6!} = \frac{31}{6!}$;
   (b) $\frac{20!}{17!} = 20 \cdot 19 \cdot 18 \cdot 17$;
   (c) $5! + 6! = 7 \cdot 5!$;
   (d) $3! + 2! + 1! = 6$.

R.53 Uma pequena imobiliária conta com cinco vendedores em regime de tempo parcial. Utilizando duas coordenadas, de modo que (3, 1), por exemplo, represente o evento de três vendedores estarem trabalhando e um estar atendendo um cliente, e (2, 0) represente o evento de dois vendedores estarem trabalhando mas nenhum deles estar atendendo um cliente, construa um diagrama análogo ao da Figura 6.1, mostrando os 21 pontos do espaço amostral correspondente.

R.54 Com referência ao Exercício R.53, suponha que cada um dos 21 pontos do espaço amostral tenha a probabilidade $\frac{1}{21}$ e encontre as probabilidades de
   (a) haver pelo menos três vendedores trabalhando;
   (b) pelo menos três vendedores estarem atendendo clientes;
   (c) nenhum dos vendedores estar atendendo algum cliente;
   (d) somente um vendedor trabalhando mas não atendendo cliente.

R.55 Um jogador reserva está disposto a apostar 3 contra 1, mas não 4 contra 1, que ele é capaz de correr mais rápido que um outro jogador reserva. O que isso nos diz sobre a probabilidade que ele associa a ser mais rápido que o outro jogador reserva?

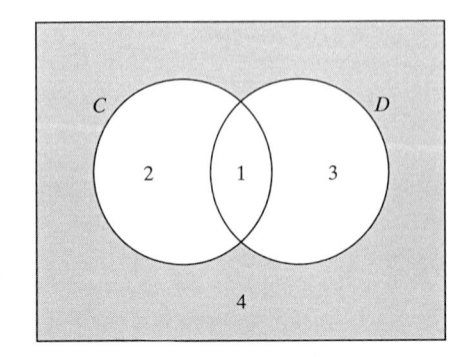

Figura R.1
Diagrama de Venn para os Exercícios R.48, R.49 e R.50.

*R.56 O fabricante de um novo aditivo para bateria precisa decidir se vende uma lata de seu produto ao preço de 1,00 unidade monetária ou então ao de 1,25 unidades monetárias com uma garantia do tipo "o dobro do seu dinheiro de volta se não ficar satisfeito". O que pensa ele das chances de um cliente efetivamente vir reclamar o dobro do seu dinheiro, se
  (a) ele decide vender o produto por 1,00 unidade monetária;
  (b) ele decide vender o produto por 1,25 com a garantia;
  (c) ele não consegue tomar uma decisão?

R.57 De quantas maneiras diferentes uma pessoa pode comprar 250 gramas de quatro dos 15 tipos de café disponíveis numa loja especializada?

R.58 Suponha que uma pessoa jogue uma moeda 100 vezes e obtenha 34 caras, que é um resultado muito abaixo do que ela poderia esperar. Em seguida essa pessoa joga a moeda outras 100 vezes e obtém 46 caras, que ainda está abaixo do número de caras que ela espera. Elabore uma resposta à alegação dessa pessoa de que a Lei dos Grandes Números a está decepcionando.

R.59 Se 1.134 dos 1.800 alunos de uma pequena universidade residem na cidade em que se encontra a universidade, estime a probabilidade de que um aluno qualquer da universidade, escolhido ao acaso, resida na cidade em que se encontra a universidade.

R.60 Numa dieta de baixo colesterol, uma pessoa pode comer quatro ovos em três semanas, com não mais do que dois ovos numa determinada semana qualquer. Esboce um diagrama de árvore para mostrar as várias maneiras em que essa pessoa pode planejar a distribuição dos quatro ovos ao longo das três emanas.

*R.61 O gerente da carteira hipotecária de um banco acredita que, se um candidato a uma hipoteca de 150.000 unidades monetárias é um bom risco e o banco o aceita, o lucro do banco será de 8.000. Se o candidato é um mau risco e o banco o aceita, o banco perderá 20.000. Se o gerente recusa a proposta do candidato, não haverá lucro nem perda para o banco. O que deveria fazer o gerente se ele deseja
  (a) maximizar o lucro esperado e sente que há uma probabilidade de 0,10 de o candidato ser um mau risco;
  (b) maximizar o lucro esperado e sente que há uma probabilidade de 0,30 de o candidato ser um mau risco;
  (c) minimizar a perda máxima e não faz idéia da probabilidade de o candidato ser um mau risco?

R.62 Como parte de uma campanha promocional no Maranhão e Piauí, uma companhia distribuidora de alimentos congelados oferecerá um grande prêmio de 100.000 unidades monetárias a alguma pessoa que enviar seu nome num formulário, com a opção de incluir um rótulo de um dos produtos da companhia. A distribuição dos 225.000 formulários recebidos está dada na tabela seguinte:

	Com rótulo	Sem rótulo
Maranhão	120.000	42.000
Piauí	30.000	33.000

Se o ganhador do grande prêmio for escolhido por sorteio, mas se o sorteio for arranjado de modo que as chances de uma pessoa receber o grande prêmio sejam triplicadas se ela tiver incluído um rótulo, quais são as probabilidades de que o grande prêmio seja dado a alguém

(a) que tenha incluído um rótulo;
(b) do Piauí?

R.63 Um teste consiste em oito questões do tipo verdadeiro ou falso e quatro questões de múltipla escolha, cada uma com quatro respostas diferentes. De quantas maneiras um estudante pode marcar uma resposta para cada uma das questões do teste?

R.64 Dentre 1.200 bacharéis entrevistados, 972 disseram que preferem ser tratados por "doutor" do que por "senhor". Estime a probabilidade de um bacharel preferir ser tratado por "doutor" em vez de por "senhor".

R.65 Um armazém dispõe de 12 caixas de leite integral e 15 caixas de leite desnatado. Se o primeiro de dois clientes comprar uma caixa de leite e o segundo cliente comprar uma caixa de leite de cada tipo, de quantas escolhas possíveis dispõe o segundo cliente se o primeiro cliente comprar
(a) uma caixa de leite integral;
(b) uma caixa de leite desnatado.

R.66 Um hotel utiliza três agências locadoras para fornecer carros para seus hóspedes: 20% dos carros provém da agência X, 40% da agência Y e 40% da agência Z. Se 14% dos carros de X, 4% dos carros de Y e 8% dos de Z necessitam de alguma regulagem, qual é a probabilidade de que
(a) um carro necessitando de alguma regulagem seja entregue a um dos hóspedes;
(b) se um carro necessitando de alguma regulagem for entregue a um dos hóspedes, o carro provenha da agência X?

R.67 Se for de 0,24 a probabilidade de um colunista esportivo qualquer considerar o Flamengo o melhor time de futebol do Rio de Janeiro, qual é a probabilidade de três colunistas esportivos escolhidos ao acaso escolherem todos o Flamengo como o melhor time de futebol do Rio de Janeiro?

R.68 Se Q é o evento de uma pessoa ser qualificada para um emprego no serviço público e A é o evento de a pessoa obter o emprego, expresse em palavras quais probabilidades são representadas por $P(Q')$, $P(A \mid Q)$, $P(A' \mid Q')$ e $P(Q' \mid A')$.

R.69 Transforme cada uma das chances seguintes em probabilidades.
(a) As chances são de 21 para 3 de que um determinado piloto não vá ganhar as 500 milhas de Indianápolis.
(b) Se são extraídas, com reposição, quatro cartas de um baralho comum de 52 cartas, há uma chance de 11 para 5 de que no máximo duas delas sejam pretas.

R.70 As probabilidades de que um serviço de auxílio mecânico vá receber 0, 1, 2, 3, 4, 5 ou 6 pedidos de ajuda durante o horário de pique do fim da tarde são de 0,05; 0,12; 0,31; 0,34; 0,12; 0,05; e 0,01, respectivamente. Quantos pedidos de ajuda o serviço de auxílio mecânico pode esperar receber durante o horário de pique do fim da tarde?

R.71 Se $P(A) = 0,37$, $P(B) = 0,25$ e $P(A \cup B)$ são os eventos A e B
(a) mutuamente excludentes;
(b) independentes?

R.72 Explique por que deve haver um erro em cada uma das afirmações seguintes:
(a) $P(A) = 0,53$ e $P(A \cap B) = 0,59$.
(b) $P(C) = 0,83$ e $P(C') = 0,27$.
(c) Para os eventos independentes E e F, temos $P(E) = 0,60$, $P(F) = 0,15$ e $P(E \cap F) = 0,075$.
(d) Se $P(G) = 0,40$ e $P(G \cap H) = 0,30$, então $P(G \mid H) = 0.75$.

R.73 Uma senhora considera que é uma questão equilibrada aceitar 30 unidades monetárias em dinheiro ou então fazer uma aposta extraindo uma bola de uma urna com 15 bolas vermelhas e 45 bolas azuis, com a promessa de receber 3 unidades monetárias se a bola extraída for vermelha ou um frasco de um perfume se a bola extraída for azul. Qual é o valor, ou utilidade, que ela atribui ao frasco de perfume?

R.74 Uma artista estima que possa receber 5.000 unidades monetárias para um de seus quadros expostos numa galeria de arte se o quadro receber um prêmio, mas somente 2.000 unidades monetárias se o quadro não receber um prêmio. Qual é a estimativa que a artista faz das chances de seu quadro receber um prêmio se ela decide vender o quadro por 3.000 unidades monetárias antes dos quadros premiados serem anunciados?

R.75 Os tipos de carros considerados para integrar uma frota de táxis de uma companhia fazem médias de 12, 10, 10, 13 e 10 quilômetros por litro de gasolina. Para preparar o orçamento da companhia o contador suporá que cada um dos cinco tipos de carros tem a mesma chance de ser escolhido. Qual é o consumo, em quilômetros por litro de gasolina, que ele deve usar para os novos carros se
(a) é muito mais importante para ele estar certo do que estar perto;
(b) ele quer minimizar o quadrado de seu erro?

R.76 A umidade relativa e a temperatura do ar de uma sala de cirurgia de um hospital podem ser reguladas de seis e oito maneiras, respectivamente. De quantas maneiras diferentes essas duas variáveis podem ser reguladas?

R.77 Quantas permutações diferentes podem ser obtidas com as letras da palavra
(a) poste;
(b) aposta;
(c) macaco;
(d) abacate?

R.78 Um piloto de carros de corrida sente que suas chances de não vencer a próxima corrida são de 5 para 1, de não chegar em segundo lugar são de 8 para 1 e de não chegar nem em primeiro nem em segundo são de 2 para 1. São consistentes as probabilidades correspondes?

R.79 O corpo docente do departamento de desenho industrial de uma escola de Engenharia conta com três doutores, dois mestres e cinco graduados. Se três professores são escolhidos aleatoriamente para uma banca de monitoria, obtenha as probabilidades de a banca incluir
(a) um professor de cada tipo de formação;
(b) somente professores graduados;
(c) um doutor e dois graduados.

R.80 Na Figura R.2, B é o evento de uma pessoa que viajar para o Pacífico Sul visitar a ilha de Bora Bora, M é o evento de ela visitar a ilha de Moorea e T é o evento de ela visitar o Taiti. Explique em palavras quais eventos são representados pela região 4, pelas regiões 1 e 3 conjuntamente, pelas regiões 3 e 6 conjuntamente, e pelas regiões 2, 5, 7 e 8 conjuntamente.

R.81 Os detectores de mentira foram utilizados durante a guerra para revelar riscos de segurança. Como é sabido, os detectores de mentira não são infalíveis. Suponhamos que haja uma probabilidade de 0,10 de um detector de mentiras não detectar uma pessoa que represente realmente um risco de segurança, e uma probabilidade de 0,08 de o detector classificar incorretamente uma pessoa que não represente um risco. Se 2% das pessoas que são submetidas ao teste constituem efetivamente risco de segurança, qual é a probabilidade de que

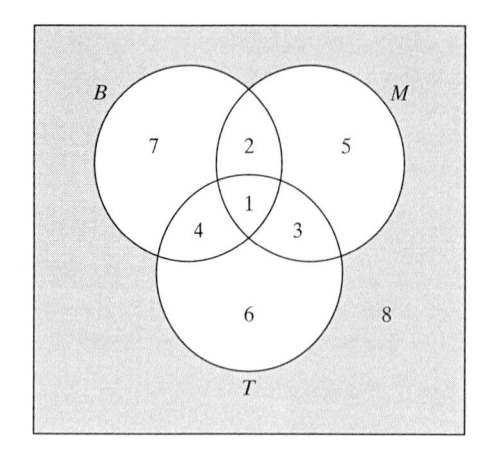

Figura R.2
Diagrama de Venn para o Exercício R.80.

(a) uma pessoa classificada pelo detector como constituindo um risco de segurança constitua realmente um risco de segurança;

(b) uma pessoa liberada pelo detector realmente não constitua um risco de segurança?

R.82 Um de dois parceiros de uma expedição em busca de um naufrágio pensa que as chances de terem localizado o navio correto no fundo do mar são de no máximo 3 para 1 e o outro parceiro pensa que são de no mínimo 13 para 7. Encontre chances de aposta que satisfaçam ambos parceiros. (Note que não há uma única resposta.)

R.83 Às vezes preferimos uma escolha que tem uma esperança matemática inferior. Suponha que possamos escolher entre investir 5.000 unidades monetárias num fundo de investimento garantido pelo governo que paga 4,5% ou em ações de uma companhia de mineração que não paga rendimentos mas que tem tido um crescimento médio de 6,2%. Por que alguém preferiria aplicar no fundo de investimentos?

R.84 As probabilidades de que o sucesso de um pesquisador leve a um aumento de salário, uma promoção, ou ambos são, respectivamente, de 0,33, 0,40 e 0,25. Qual é a probabilidade de que leve a um ou ambos?

R.85 Na Figura R.3, cada resultado do evento A tem o dobro das chances de cada resultado do evento A'. Qual é a probabilidade do evento A?

R.86 Esboce um diagrama de árvore para determinar o número de maneiras pelas quais podemos obter um total de 6 pontos em três jogadas de um dado.

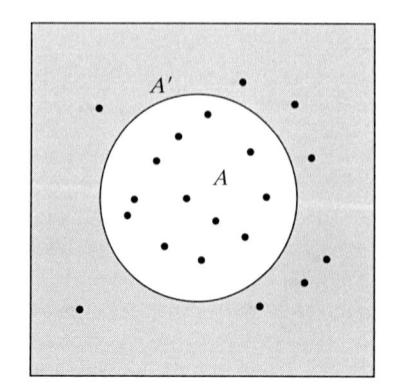

Figura R.3
Diagrama de Venn para o Exercício R.85.

R.87 Suponha que decidamos com o lançamento de uma moeda as respostas de um teste constituído por 18 questões do tipo verdadeiro ou falso. Qual é a probabilidade de acertar dez e errar oito questões?

R.88 Quatro pessoas estão se preparando para jogar *bridge*.
(a) De quantas maneiras diferentes elas podem escolher parceiros?
(b) De quantas maneiras diferentes elas podem ficar sentadas à mesa se só nos interessarmos por quem senta à esquerda de quem e quem senta à direita de quem?

R.89 De quantas maneiras distintas quatro motoristas podem estacionar seus quatro carros
(a) em quatro vagas;
(b) em cinco vagas de um estacionamento?

R.90 Dois amigos estão apostando em jogadas sucessivas de uma moeda equilibrada. Um deles começa com 7 unidades monetárias e o outro com 3 unidades monetárias e, a cada jogada, o perdedor paga 1 unidade monetária ao vencedor. Se p é a probabilidade de que aquele que começou com 7 unidades monetárias ganhe as 3 unidades monetárias de seu amigo antes de perder suas 7, explique por que $3p - 7(1-p)$ deveria ser igual a zero e então resolva a equação

$$3p - 7(1-p) = 0$$

em p. Generalize esse resultado para o caso em que os dois jogadores começam com a e b unidades monetárias, respectivamente.

8

DISTRIBUIÇÕES DE PROBABILIDADE*

- **8.1** Variáveis Aleatórias 187
- **8.2** Distribuições de Probabilidade 188
- **8.3** A Distribuição Binomial 190
- **8.4** A Distribuição Hipergeométrica 197
- **8.5** A Distribuição de Poisson 201
- ***8.6** A Distribuição Multinomial 205
- **8.7** A Média de uma Distribuição de Probabilidade 206
- **8.8** O Desvio Padrão de uma Distribuição de Probabilidade 208
- **8.9** Lista de Termos-Chave 213
- **8.10** Referências 213

Quando analisamos um conjunto de dados, em geral estamos interessados somente em um ou, no máximo, em dois ou três aspectos do experimento. Por exemplo, um estudante que fez um teste do tipo verdadeiro ou falso pode estar interessado apenas no número de questões que ele respondeu corretamente, e não em quais são essas questões; um geólogo pode estar interessado apenas na idade de uma amostra de rocha, e não em sua dureza ou composição; e um sociólogo pode estar interessado apenas no nível sócio-econômico das pessoas entrevistadas numa pesquisa, e não em seu QI, seu peso ou seu saldo bancário. Também um agrônomo pode estar interessado não só no rendimento por hectare de uma nova modalidade de trigo, mas também na temperatura em que germina; e um engenheiro de automóveis pode estar interessado no tipo e durabilidade dos faróis propostos para um novo carro-modelo e depois em seu custo projetado.

Nesses cinco exemplos, o estudante, o geólogo, o sociólogo, o agrônomo e o engenheiro estão todos interessados em números associados com os resultados de situações envolvendo um elemento de chance ou, mais precisamente, em valores de **variáveis aleatórias**. Como as variáveis aleatórias não são nem variáveis e nem aleatórias, por que têm esse nome? Isso é difícil de saber,

---

* Como neste capítulo e nos próximos aparece muito material produzido por computador e reproduções de janelas de calculadoras gráficas, vamos repetir o que já foi dito no Prefácio e no rodapé à página 25, a saber, que o objetivo do material de computador e das reproduções de calculadoras gráficas é conscientizar o leitor da existência desses recursos para trabalhar em Estatística. Entretanto, queremos deixar bem claro que não são requeridos nem computador nem calculadora gráfica para o uso deste livro. De fato, este livro pode ser utilizado efetivamente por leitores que não possuam nem tenham acesso fácil a computadores e a aplicativos estatísticos ou a calculadoras gráficas. Alguns dos exercícios estão marcados com ícones especiais que sugerem o uso de um computador ou de uma calculadora gráfica, mas são opcionais.

mas um certo professor de Matemática, dotado de um bom senso de humor, uma vez as comparou aos pés-de-cabra, que não são nem pés e nem cabras.

No estudo de variáveis aleatórias, em geral estamos interessados nas probabilidades com que assumem os diversos valores dentro de seu domínio de definição, ou seja, nas suas **distribuições de probabilidade**. A introdução geral às variáveis aleatórias e às distribuições de probabilidade nas Seções 8.1 e 8.2 é seguida do estudo de algumas das mais importantes distribuições de probabilidade nas Seções 8.3 até 8.6. Então abordaremos algumas maneiras de descrever as características mais importantes das distribuições de probabilidade nas Seções 8.7 e 8.8.

8.1 VARIÁVEIS ALEATÓRIAS

Para sermos mais explícitos sobre o conceito de variável aleatória, retornemos aos Exemplos 6.1 e 6.14, que tratavam de uma revenda de caminhões usados, com seus dois vendedores e os três caminhões Ford 1998. Desta vez, contudo, queremos saber quantos desses caminhões os dois vendedores *juntos* venderão durante a dada semana. Esse total é uma variável aleatória, e seus valores estão mostrados em azul na Figura 8.1, ao lado de cada ponto do espaço amostral dado originalmente na Figura 6.7.

Em trabalhos mais avançados de Matemática, a associação de números a pontos de um espaço amostral é apenas uma forma de definir uma função. Isso significa que, falando estritamente, as variáveis aleatórias são funções e não variáveis, mas a maioria dos principiantes considerada mais fácil pensar nas variáveis aleatórias simplesmente como quantidades que podem assumir diferentes valores, dependendo do acaso. Por exemplo, uma variável aleatória é o número de multas aplicadas por excesso de velocidade diariamente na Rodovia dos Imigrantes e outras são a produção anual brasileira de café, o número de pessoas que semanalmente visitam a Disneylândia, a velocidade do vento no aeroporto Kennedy, o tamanho da platéia de um jogo de futebol e o número de erros cometidos por uma pessoa digitando um texto.

Costumamos classificar as variáveis aleatórias de acordo com o número de valores que elas podem tomar e, neste capítulo, vamos considerar apenas variáveis aleatórias que são **discretas**, ou seja, variáveis aleatórias que podem tomar apenas um número finito de valores, ou então um

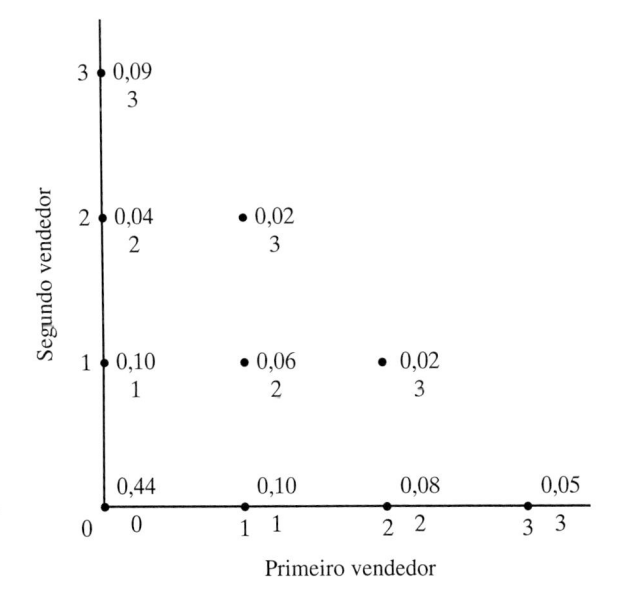

Figura 8.1
Espaço amostral com valores da variável aleatória em azul.

número infinito enumerável de valores (tantos valores quantos são os números inteiros). Para quase todas as variáveis aleatórias discretas, os valores possíveis constituem um subconjunto dos inteiros. Por exemplo, o número de caminhões que os dois vendedores, conjuntamente, venderão é uma variável aleatória discreta que apenas pode tomar um valor do conjunto finito de quatro valores 0, 1, 2 e 3. Em comparação, o número do lançamento em que um dado apresenta o 6 pela primeira vez é uma variável aleatória discreta que pode tomar um valor no conjunto infinito enumerável de valores 1, 2, 3, 4, ... É possível, embora extremamente improvável, que sejam necessários 1.000 lançamentos do dado, ou um milhão de lançamentos, ou talvez até mais, para que o 6 apareça pela primeira vez. Há também variáveis aleatórias contínuas, que surgem quando lidamos com grandezas medidas numa escala contínua, como o tempo, o peso ou a distância. Essas variáveis serão estudadas no Capítulo 9.

8.2 DISTRIBUIÇÕES DE PROBABILIDADE

Para obter a probabilidade assumida por uma variável aleatória num valor particular, simplesmente somamos as probabilidades associadas com todos pontos do espaço amostral nos quais a variável aleatória assume aquele valor. Por exemplo, para encontrar a probabilidade de ambos vendedores juntos venderem dois dos caminhões na semana dada, somamos as probabilidades associadas com os pontos (0, 2), (1, 1) e (2, 0) na Figura 8.1, obtendo 0,04 + 0,06 + 0,08 = 0,18. Analogamente, a variável aleatória toma o valor 1 com uma probabilidade de 0,10 + 0,10 = 0,20, e deixamos a cargo do leitor mostrar que para 0 e 3 as probabilidades são 0,44 e 0,18. Tudo isso está resumido na seguinte tabela:

Número de caminhões vendidos	Probabilidade
0	0,44
1	0,20
2	0,18
3	0,18

Esta tabela e as duas que seguem ilustram o que queremos dizer com uma **distribuição de probabilidade**, ou seja, é uma correspondência que associa probabilidades aos valores de uma variável aleatória.

Uma outra correspondência dessas é dada pela tabela a seguir, que mostra o número de pontos obtidos na jogada de um dado equilibrado:

Número de pontos na jogada de um dado	Probabilidade
1	$\frac{1}{6}$
2	$\frac{1}{6}$
3	$\frac{1}{6}$
4	$\frac{1}{6}$
5	$\frac{1}{6}$
6	$\frac{1}{6}$

Finalmente, para quatro lançamentos de uma moeda equilibrada há dezesseis resultados igualmente possíveis: KKKK, KKKC, KKCK, KCKK, CKKK, KKCC, KCKC, KCCK, CKKC, CK-

CK, CCKK, KCCC, CKCC, CCKC, CCCK e CCCC, onde K representa cara e C representa coroa. Contando o número de caras em cada caso e aplicando a fórmula $\frac{s}{n}$ para resultados equiprováveis, obtemos a seguinte distribuição de probabilidade para o número total de caras:

Número de formas	Probabilidade
0	$\frac{1}{16}$
1	$\frac{4}{16}$
2	$\frac{6}{16}$
3	$\frac{4}{16}$
4	$\frac{1}{16}$

Sempre que for possível, procuramos expressar as distribuições de probabilidade por meio de fórmulas que nos permitam calcular as probabilidades associadas aos diversos valores de uma variável aleatória. Por exemplo, para o número de pontos obtidos na jogada de um dado podemos escrever

$$f(x) = \frac{1}{6} \quad \text{para} \quad x = 1, 2, 3, 4, 5 \text{ e } 6$$

onde $f(1)$ denota a probabilidade de obter um 1, $f(2)$ denota a probabilidade de obter um 2, e assim por diante, na notação funcional usual. Aqui, a probabilidade de a variável aleatória tomar o valor x foi denotada por $f(x)$, mas poderíamos tê-la escrito igualmente como $g(x)$, $h(x)$, $m(x)$, etc.

EXEMPLO 8.1 Verifique que a distribuição de probabilidade do número de caras obtidas em quatro lançamentos de uma moeda equilibrada é dada por

$$f(x) = \frac{\binom{4}{x}}{16} \quad \text{para} \quad x = 0, 1, 2, 3 \text{ e } 4$$

Solução Calculando diretamente, ou utilizando a Tabela XI do final do livro, obtemos $\binom{4}{0} = 1$, $\binom{4}{1} = 4$, $\binom{4}{2} = 6$, $\binom{4}{3} = 4$ e $\binom{4}{4} = 1$. Assim, as probabilidades para $x = 0, 1, 2, 3$ e 4 são $\frac{1}{16}$, $\frac{4}{16}$, $\frac{6}{16}$, $\frac{4}{16}$ e $\frac{1}{16}$, o que concorda com os valores dados na tabela à página 514. ∎

Como os valores das distribuições de probabilidades são probabilidades, e como as variáveis aleatórias devem tomar um de seus valores, temos as duas regras seguintes que se aplicam a qualquer distribuição de probabilidade:

> **Os valores de uma distribuição de probabilidades devem ser números do intervalo de 0 a 1.**
> **A soma de todos os valores de uma distribuição de probabilidades deve ser igual a 1.**

Essas regras permitem-nos determinar se uma função (dada por uma equação ou por uma tabela) pode ou não servir como distribuição de probabilidades de alguma variável aleatória.

EXEMPLO 8.2 Verifique se a correspondência dada por

$$f(x) = \frac{x+3}{15} \quad \text{para } = 1, 2 \text{ e } 3$$

pode ser a distribuição de probabilidade de alguma variável aleatória.

Solução Substituindo $x = 1, 2$ e 3 em $\frac{x+3}{15}$, obtemos $f(1) = \frac{4}{15}$, $f(2) = \frac{5}{15}$ e $f(3) = \frac{6}{15}$. Como nenhum desses valores é negativo ou maior do que 1, e como sua soma é

$$\frac{4}{15} + \frac{5}{15} + \frac{6}{15} = 1$$

a função dada pode ser a distribuição de probabilidade de alguma variável aleatória.

8.3 A DISTRIBUIÇÃO BINOMIAL

Existem muitos problemas aplicados em que estamos interessados na probabilidade de que um evento vá ocorrer x vezes a cada n tentativas. Por exemplo, podemos estar interessados na probabilidade de obter 45 respostas a 400 questionários distribuídos como parte de um estudo sociológico, a probabilidade de 5 em 12 ratos sobreviverem por determinado prazo após a injeção de uma substância cancerígena, a probabilidade de 45 em 300 motoristas retidos numa barreira de trânsito estarem usando seus cintos de segurança, ou a probabilidade de 66 em 200 telespectadores entrevistados por um serviço de medição de audiência lembrarem quais produtos foram anunciados num determinado programa. Utilizando a linguagem dos jogos de azar, poderíamos dizer, em cada um desses exemplos, que estamos interessados na probabilidade de obter "x sucessos em n provas" ou, em outras palavras, "x sucessos e $n - x$ fracassos em n tentativas."

Nos problemas que estudaremos nesta seção, faremos sempre as seguintes hipóteses:

> **Há um número fixo de provas.**
> **A probabilidade de sucesso é a mesma em cada prova.**
> **As provas são todas independentes.**

Assim, a teoria que desenvolveremos não se aplica, por exemplo, ao número de vestidos que uma mulher pode experimentar antes de comprar um (em que o número de provas não é fixo), ou se verificarmos a cada hora se o tráfego está congestionado em certo cruzamento (em que a probabilidade de "sucesso" não é constante), ou se estivermos interessados no número de vezes que uma pessoa votou no candidato de um certo partido nas cinco últimas eleições presidenciais (em que as provas não são independentes).

No que segue, vamos conseguir estabelecer uma fórmula para resolver os problemas que verificam as condições indicadas anteriormente. Se p e $1 - p$ são as probabilidades de um sucesso e de um fracasso numa dada prova qualquer, então a probabilidade de obter x sucessos e $n - x$ fracassos *numa determinada ordem* é $p^x(1-p)^{n-x}$. Claramente, nesse produto de p com $(1 - p)$ há um fator p para cada sucesso e um fator $1 - p$ para cada fracasso e os x fatores p e os $n - x$ fatores $1 - p$ são todos multiplicados entre si em decorrência da generalização da regra especial de multiplicação para dois ou mais eventos independentes. Como essa probabilidade se aplica a qualquer ponto do espaço amostral que represente x sucessos e $n - x$ fracassos (em alguma ordem determinada), é suficiente contar quantos desses pontos há e multiplicar esse número por $p^x(1-p)^{n-x}$.

Claramente, o número de maneiras em que podemos escolher as x provas em que devem ocorrer os sucessos é $\binom{n}{x}$, e assim chegamos ao resultado seguinte:

DISTRIBUIÇÃO BINOMIAL

> *A probabilidade de obter x sucessos em n provas independentes é*
>
> $$f(x) = \binom{n}{x} p^x (1-p)^{n-x} \quad para \quad x = 0, 1, 2, \ldots, ou\ n$$
>
> *onde p é a probabilidade constante de sucesso em cada prova.*

Costuma-se dizer aqui que o número de sucessos em n provas é uma variável aleatória com a **distribuição binomial de probabilidade** ou, simplesmente, com a **distribuição binomial**. A distribuição binomial é assim denominada porque, para $x = 0, 1, 2, \ldots$, e n, os valores das probabilidades são os termos sucessivos da expansão binomial de $[(1-p) + p]^n$.

EXEMPLO 8.3 Verifique que a fórmula dada no Exemplo 8.1 para a probabilidade de obter x caras em quatro lançamentos de uma moeda equilibrada é, de fato, a fórmula da distribuição binomial com $n = 4$ e $p = \frac{1}{2}$.

Solução Fazendo $n = 4$ e $p = \frac{1}{2}$ na fórmula da distribuição binomial, obtemos

$$f(x) = \binom{4}{x}\left(\frac{1}{2}\right)^x \left(1 - \frac{1}{2}\right)^{4-x} = \binom{4}{x}\left(\frac{1}{2}\right)^4 = \frac{\binom{4}{x}}{16}$$

para $x = 0, 1, 2, 3$ e 4. Isso é precisamente a fórmula dada no Exemplo 8.1.

EXEMPLO 8.4 Se a probabilidade de um eleitor qualquer (escolhido aleatoriamente na relação oficial) votar em determinada eleição for de 0,70, qual é a probabilidade de dois dentre cinco eleitores da lista votarem na eleição?

Solução Substituindo $x = 2$, $n = 5$, $p = 0,70$ e $\binom{5}{2} = 10$ na fórmula da distribuição binomial, obtemos

$$f(2) = \binom{5}{2}(0,70)^2(1 - 0,70)^{5-2} = 10(0,70)^2(0,30)^3 = 0,132$$

Damos, a seguir, um exemplo em que calculamos todas as probabilidades de uma distribuição binomial.

EXEMPLO 8.5 A probabilidade de que uma pessoa fazendo compras num certo supermercado aproveite uma promoção especial de sorvete é de 0,30. Determine as probabilidades de que dentre seis pessoas fazendo compras nesse supermercado, haja 0, 1, 2, 3, 4, 5 ou as 6 aproveitando a promoção. Também esboce um histograma desta distribuição de probabilidade.

Solução Admitindo que a escolha seja aleatória, substituímos $n = 6$, $p = 0,30$ e, respectivamente, $x = 0, 1, 2, 3, 4, 5$ e 6 na fórmula da distribuição binomial, obtendo:

$$f(0) = \binom{6}{0}(0{,}30)^0(0{,}70)^6 = 0{,}118$$

$$f(1) = \binom{6}{1}(0{,}30)^1(0{,}70)^5 = 0{,}303$$

$$f(2) = \binom{6}{2}(0{,}30)^2(0{,}70)^4 = 0{,}324$$

$$f(3) = \binom{6}{3}(0{,}30)^3(0{,}70)^3 = 0{,}185$$

$$f(4) = \binom{6}{4}(0{,}30)^4(0{,}70)^2 = 0{,}060$$

$$f(5) = \binom{6}{5}(0{,}30)^5(0{,}70)^1 = 0{,}010$$

$$f(6) = \binom{6}{6}(0{,}30)^6(0{,}70)^0 = 0{,}001$$

todos valores arredondados até a terceira casa decimal. A Figura 8.2 mostra o histograma dessa distribuição.

No caso de o leitor não gostar muito de sorvete e não se interessar particularmente nos hábitos de compra pessoais, vamos salientar a importância da distribuição binomial como um **modelo estatístico**. Os resultados do exemplo precedente aplicam-se também ao caso de ser de 0,30 a probabilidade de uma pilha de relógio durar dois anos sob condições normais e quisermos saber as probabilidades de que, dentre seis dessas pilhas, 0,1, 2, 3, 4, 5 ou as 6 durarem dois anos sob condições normais; se houver uma probabilidade de 0,30 de um ladrão ser preso e levado a julga-

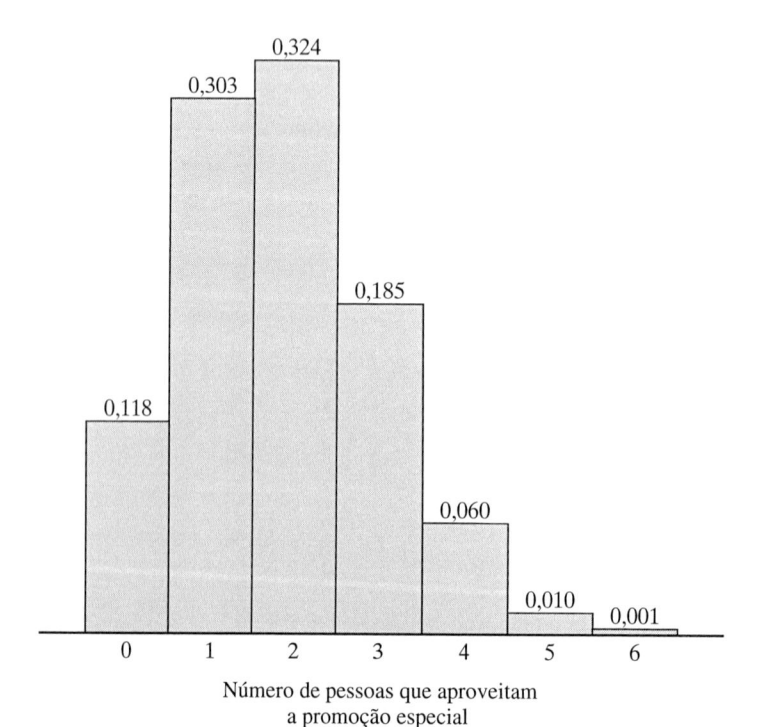

Figura 8.2
Histograma da distribuição binomial com $n = 6$ e $p = 0{,}30$.

Número de pessoas que aproveitam a promoção especial

mento e quisermos saber as probabilidades de que, dentre seis ladrões, 0, 1, 2, 3, 4, 5 ou os 6 serem presos e levados a julgamento; se houver uma probabilidade de 0,30 de um chefe de família possuir pelo menos uma apólice de seguro de vida e quisermos saber as probabilidades de que, dentre seis chefes de família, 0, 1, 2, 3, 4, 5 ou os 6 possuírem pelo menos uma apólice de seguro de vida; ou se houver uma probabilidade de 0,30 de uma pessoa com uma certa doença viver por mais dez anos e quisermos saber as probabilidades de que, dentre seis pessoas com essa doença, 0, 1, 2, 3, 4, 5 ou as 6 viverem por mais dez anos. O argumento que apresentamos aqui é exatamente como o utilizado na Seção 1.2, em que tentamos incutir no leitor o senso da generalidade das técnicas estatísticas.

Na prática, raramente se calculam as probabilidades binomiais por substituição direta na fórmula. Às vezes utilizamos aproximações como as que serão estudadas mais adiante neste capítulo e no Capítulo 9, e às vezes utilizamos tabelas especiais como a Tabela V ao final deste livro. Atualmente, a fonte mais comum de probabilidades binomiais são os aplicativos de computador. No final deste capítulo, relacionamos algumas referências para tabelas binomiais detalhadas em formato de livro (embora estejam caindo em desuso).

A Tabela V está limitada às probabilidades binomiais para $n = 2$ até $n = 20$ e $p = 0,05$; 0,1; 0,2; 0,3; 0,4; 0,5; 0,6; 0,7; 0,8; 0,9 e 0,95, todas arredondadas até a terceira casa decimal. Os valores omitidos na Tabela V são todos menores do que 0,0005 e, portanto, arredondados para 0,000 até a terceira casa decimal.

EXEMPLO 8.6 A probabilidade de um eclipse lunar ser ocultado por nuvens num observatório perto de São Paulo é de 0,60. Use a Tabela V para encontrar as probabilidades de

(a) no máximo três dentre dez eclipses lunares serem ocultados por nuvens naquele local;

(b) no mínimo sete dentre dez eclipses lunares serem ocultados por nuvens naquele local.

Solução (a) Para $n = 10$ e $p = 0,60$, as entradas na Tabela V correspondentes a $x = 0, 1, 2$ e 3 são 0,000; 0,002; 0,011 e 0,042. Assim, a probabilidade de no máximo três dentre dez eclipses lunares serem ocultados por nuvens naquele local é de aproximadamente

$$0,000 + 0,002 + 0,011 + 0,042 = 0,055$$

O resultado é somente aproximado porque as entradas na Tabela V estão todas arredondadas até a terceira casa decimal.

(b) Para $n = 10$ e $p = 0,60$, as entradas na Tabela V correspondentes a $x = 7, 8, 9$ e 10 são 0,215; 0,121; 0,040 e 0,006. Assim, a probabilidade de no mínimo sete dentre dez eclipses lunares serem ocultados por nuvens naquele local é de aproximadamente

$$0,215 + 0,121 + 0,040 + 0,006 = 0,382$$

Foi possível utilizar a Tabela V nesse exemplo pois $p = 0,60$ é um dos poucos valores para os quais a Tabela V fornece probabilidades binomiais. Se a probabilidade tivesse sido, digamos, 0,51 ou 0,63 de um eclipse lunar ser ocultado por nuvens num determinado local, precisaríamos usar uma das tabelas mais detalhadas listadas à página 213, ou um computador, como no exemplo a seguir ou, como último recurso, a fórmula da distribuição binomial.

EXEMPLO 8.7 Com referência ao Exemplo 8.6, suponha que a probabilidade de um eclipse lunar ser ocultado por nuvens num certo observatório é de 0,63. Use a tabela fornecida por computador na Figura 8.6 para refazer o Exemplo 8.6 com $p = 0,63$ no lugar de 0,60.

Solução (a) Para $n = 10$ e $p = 0{,}63$, as entradas na tabela de computador na Figura 8.3 correspondentes a $x = 0, 1, 2$ e 3 são $0{,}0000$; $0{,}0008$; $0{,}0063$ e $0{,}0285$. Assim, a probabilidade de no máximo três dentre dez eclipses lunares serem ocultados por nuvens naquele local é de aproximadamente

$$0{,}0000 + 0{,}0008 + 0{,}0063 + 0{,}0285 = 0{,}0356$$

Observe que essa resposta também aparece na parte inferior do material impresso na Figura 8.3. Ela é a probabilidade acumulada debaixo da legenda $P(X <= x)$ correspondente a $x = 3{,}00$.

(b) Para $n = 10$ e $p = 0{,}63$, as entradas na tabela de computador na Figura 8.3 correspondentes a $x = 7, 8, 9$ e 10 são $0{,}2394$; $0{,}1529$; $0{,}0578$ e $0{,}0098$. Assim, a probabilidade de no mínimo sete dentre dez eclipses lunares serem ocultados por nuvens naquele local é de

$$0{,}2394 + 0{,}1529 + 0{,}0578 + 0{,}0098 = 0{,}4599$$

Novamente, a resposta pode ser lida na parte inferior do material impresso. Ela é 1 menos a entrada correspondente a $x = 6$ na coluna $P(X <= x)$, a saber, $1 - 0{,}5400 = 0{,}4600$. É claro que a pequena diferença entre $0{,}4599$ e $0{,}4600$ é devida ao arredondamento. ■

Quando observamos um valor de uma variável aleatória com distribuição binomial como, por exemplo, quando observamos o número de caras em 25 lançamentos de uma moeda, ou o número de sementes (de um pacote com 24 sementes) que germinam, ou o número de estudantes (den-

```
Função Densidade de Probabilidade

Binomial with n = 10 and p = 0.630000

         x         P( X = x)
      0.00            0.0000
      1.00            0.0008
      2.00            0.0063
      3.00            0.0285
      4.00            0.0849
      5.00            0.1734
      6.00            0.2461
      7.00            0.2394
      8.00            0.1529
      9.00            0.0578
     10.00            0.0098

Função Distribuição Cumulativa

Binomial with n = 10 and p = 0.630000

         x        P( X <= x)
      0.00            0.0000
      1.00            0.0009
      2.00            0.0071
      3.00            0.0356
      4.00            0.1205
      5.00            0.2939
      6.00            0.5400
      7.00            0.7794
      8.00            0.9323
      9.00            0.9902
     10.00            1.0000
```

Figura 8.3 Impressão de computador para o Exemplo 8.7.

tre 200 entrevistados) que são contra uma alteração nas taxas escolares, ou o número de acidentes automobilísticos (dentre 20 investigados) causados por embriagues do motorista, dizemos que estamos extraindo uma **amostra de uma população binomial**. Essa terminologia é largamente utilizada em Estatística.

EXERCÍCIOS

8.1 Em cada caso, determine se os valores dados podem ser valores de uma distribuição de probabilidade de alguma variável aleatória que pode tomar os valores 1, 2 e 3, explicando suas respostas:
(a) $f(1) = 0{,}52, f(2) = 0{,}26$ e $f(3) = 0{,}32$;
(b) $f(1) = 0{,}18, f(2) = 0{,}02$ e $f(3) = 1{,}00$;
(c) $f(1) = \frac{10}{33}, f(2) = \frac{1}{3}$ e $f(3) = \frac{12}{33}$.

8.2 Em cada caso, determine se os valores dados podem ser valores de uma distribuição de probabilidade de alguma variável aleatória que pode tomar os valores 1, 2, 3 e 4, explicando suas respostas:
(a) $f(1) = 0{,}20, f(2) = 0{,}80, f(3) = 0{,}20$ e $f(4) = -0{,}20$;
(b) $f(1) = 0{,}25, f(2) = 0{,}17, f(3) = 0{,}39$ e $f(4) = 0{,}19$;
(c) $f(1) = \frac{1}{17}, f(2) = \frac{7}{17}, f(3) = \frac{6}{17}$ e $f(4) = \frac{2}{17}$.

8.3 Em cada caso, determine se pode servir como a distribuição de probabilidade de alguma variável aleatória:
(a) $f(x) = \frac{1}{7}$, para $x = 1, 2, 3, 4, 5, 6, 7$;
(b) $g(y) = \frac{1}{9}$, para $y = 0, 1, 2, 3, 4, 5, 6, 7, 8, 9$;
(c) $f(x) = \frac{x+2}{18}$, para $x = 1, 2, 3, 4$.

8.4 Em cada caso, determine se pode servir como a distribuição de probabilidade de alguma variável aleatória:
(a) $f(x) = \frac{x-1}{10}$, para $x = 0, 1, 2, 3, 4, 5$;
(b) $h(z) = \frac{z^2}{30}$, para $z = 0, 1, 2, 3, 4$;
(c) $f(y) = \frac{y+4}{y-4}$, para $y = 1, 2, 3, 4, 5$.

8.5 Em determinada cidade, as despesas médicas são consideradas como responsáveis por 75% de todas as falências pessoais. Use a fórmula para a distribuição binomial para calcular a probabilidade de as despesas médicas serem apontadas como responsáveis por duas das próximas três falências pessoais naquela cidade.

8.6 Use a fórmula da distribuição binomial para calcular a probabilidade de quatro de seis tomateiros morrerem uma geada se a probabilidade de qualquer uma dessas plantas sobreviver a uma geada é de 0,30. Também confira a sua resposta na Tabela V.

8.7 Um médico sabe por experiência que 10% dos pacientes para os quais ele prescreve um certo medicamento contra pressão alta terá efeitos colaterais indesejáveis. Use a fórmula da distribuição binomial para calcular a probabilidade de nenhum de quatro pacientes para os quais ele prescreve o medicamento ter efeitos colaterais indesejáveis. Também confira a sua resposta na Tabela V.

8.8 Tem sido alegado que 80% de todos os acidentes industriais podem ser evitados dando estrita atenção às normas de segurança. Se for assim, encontre a probabilidade de que quatro dentre seis acidentes industriais possam ser assim evitados, usando
(a) a fórmula da distribuição binomial;
(b) a Tabela V.

8.9 A experiência mostra que 30% dos lançamentos de foguete de uma base da NASA foram adiados em virtude do mau tempo. Use a Tabela V para determinar as probabilidades de que em dez lançamentos de foguete daquela base
(a) no máximo três sejam adiados em virtude do mau tempo;
(b) no mínimo seis sejam adiados em virtude do mau tempo.

8.10 Um estudo mostra que, de todas as melancias embaladas por uma cooperativa agrícola, 95% estão maduras e prontas para comer. Encontre as probabilidades de que entre 20 melancias embaladas pela cooperativa
(a) no máximo 16 estejam maduras e prontas para comer;
(b) todas elas estejam maduras e prontas para comer.

8.11 Um estudo mostra que em 60% dos casos de divórcio requeridos num certo município, a incompatibilidade é apontada como causa. Encontre as probabilidades de que entre 15 casos de divórcios requeridos naquele município
(a) no máximo cinco apontem a incompatibilidade como causa;
(b) de oito a onze apontem a incompatibilidade como causa;
(c) no mínimo onze apontem a incompatibilidade como causa.

8.12 Um distribuidor de comida congelada alega que 80% de seus pratos prontos contêm pelo menos 100 gramas de carne de galinha. Para verificar a alegação, um serviço de proteção ao consumidor decide examinar dez desses pratos prontos e rejeitar a alegação a menos que em pelo menos sete deles forem encontradas, pelo menos, 100 gramas de carne de galinha. Encontre as probabilidades de o serviço de proteção ao consumidor cometer o erro de
(a) rejeitar a alegação mesmo que ela seja verdadeira;
(b) não rejeitar a alegação quando na realidade apenas 70% dos pratos prontos contêm pelo menos 100 gramas de carne de frango.

8.13 Uma engenheira de controle de qualidade deseja verificar se, de acordo com as especificações, 90% dos produtos embarcados estão em perfeitas condições de funcionamento. Para tanto, ela seleciona 12 itens ao acaso de cada lote pronto para o embarque e aprova o lote somente se todos os 12 estão em perfeitas condições de funcionamento. Se um ou mais itens não estão em perfeitas condições de funcionamento, ela submete o lote inteiro a uma inspeção completa. Encontre as probabilidades de ela cometer o erro de
(a) reter um lote para inspeção completa, mesmo que 90% dos itens estejam em perfeitas condições de funcionamento;
(b) liberar um lote, mesmo que apenas 80% dos itens estejam em perfeitas condições de funcionamento;
(c) liberar um lote, mesmo que apenas 70% dos itens estejam em perfeitas condições de funcionamento.

8.14 Um estudo mostra que 70% de todos os pacientes que chegam numa certa clínica precisam esperar pelo menos 15 minutos para ver seu médico. Encontre as probabilidades de que, dentre dez pacientes que chegam nessa clínica, 0, 1, 2, 3,..., ou 10 precisam esperar pelo menos 15 minutos para ver seu médico, e esboce um histograma dessa distribuição de probabilidade.

8.15 Use a Figura 8.3 para determinar a probabilidade de que uma variável aleatória de distribuição binomial com $n = 10$ e $p = 0,63$ tome um valor menor do que cinco usando
(a) as probabilidades binomiais;
(b) as probabilidades acumuladas.

8.16 Use a Figura 8.3 para determinar a probabilidade de que uma variável aleatória de distribuição binomial com $n = 10$ e $p = 0,63$ tome um valor maior do que oito usando
(a) as probabilidades binomiais;
(b) as probabilidades acumuladas.

8.17 Em algumas situações em que se aplicaria a distribuição binomial, podemos estar interessados na probabilidade de o primeiro sucesso ocorrer em determinada tentativa. Para que isso ocorra na x-ésima tentativa, deve ser precedida por $x - 1$ fracassos, cuja probabilidade é de $(1 - p)^{x-1}$, e decorre que a probabilidade de o primeiro sucesso ocorrer na x-ésima tentativa é

$$f(x) = p(1-p)^{x-1} \quad \text{para} \quad x = 1, 2, 3, 4, \ldots$$

Essa distribuição é denominada **distribuição geométrica** (porque seus valores sucessivos constituem uma progressão geométrica) e deve ser observado que há uma infinidade enumerável de possibilidades.* Usando a fórmula, constatamos, por exemplo, que para jogadas repetidas de um dado equilibrado, a probabilidade de o primeiro 6 ocorrer na quinta jogada é

$$\frac{1}{6}\left(\frac{5}{6}\right)^{5-1} = \frac{625}{7.776} \approx 0,080$$

(a) Ao gravar um comercial de televisão, a probabilidade de um ator infantil acertar sua fala em uma tomada arbitrária é 0,40. Qual é a probabilidade de que esse ator infantil acerte sua fala pela primeira vez na quarta tomada?
(b) Suponhamos que haja uma probabilidade de 0,25 de que uma pessoa qualquer acredite num rumor sobre a vida particular de certo político. Qual é a probabilidade de que a quinta pessoa a ouvir o rumor seja a primeira a acreditar nele?
(c) A probabilidade de uma criança contrair uma doença contagiosa à qual está exposta, é de 0,70. Qual é a probabilidade de a terceira criança exposta à doença ser a primeira a contraí-la?

8.4 A DISTRIBUIÇÃO HIPERGEOMÉTRICA

No Exercício 6.62, introduzimos os termos "amostragem com reposição" e "amostragem sem reposição" em relação a cartas extraídas de um baralho. Para levar essa distinção para mais além, ressaltamos que a distribuição binomial se aplica quando extraímos amostras com reposição e as provas são todas independentes, mas que não se aplica quando a amostragem é sem reposição. Para introduzir uma distribuição de probabilidade aplicável ao caso de amostragem sem reposição, consideremos o exemplo seguinte: uma floricultura envia limoeiros de três anos em lotes de 24 e, quando eles chegam ao destino, um inspetor seleciona ao acaso três de cada lote. Se essas três árvores estão saudáveis, todo o lote é aceito; caso contrário, as outras 21 árvores do lote também são inspecionadas. Como um lote pode ser aceito sem inspeção adicional, mesmo que haja muitas árvores em más condições, esse procedimento de inspeção envolve um risco considerável. Para ilustrar a magnitude do risco, vamos supor que, na realidade, 6 das 24 árvores estejam em más condições e determinemos a probabilidade de que um lote inteiro seja, mesmo assim, aceito

---

* De acordo com a formulação no Capítulo 6, os postulados de Probabilidade aplicam-se somente quando o espaço amostral é finito. Quando o espaço amostral é infinito enumerável, como ocorre aqui, o terceiro postulado deve ser modificado de acordo. Isso será explicado à página 201.

sem inspeção adicional. Isso significa que devemos encontrar a probabilidade de três sucessos (árvores saudáveis) em três provas (árvores inspecionadas) e poderíamos ser tentados a argumentar que, como 18 das 24 árvores no lote estão saudáveis, a probabilidade é de $\frac{18}{24} = \frac{3}{4}$ que alguma delas esteja saudável e, portanto, a probabilidade procurada é

$$f(3) = \binom{3}{3}\left(\frac{3}{4}\right)^3 \left(1 - \frac{3}{4}\right)^{3-3} = 0{,}42$$

Esse resultado, obtido com a fórmula da distribuição binomial, seria correto se a amostragem fosse com reposição, mas não é isso que ocorre em problemas reais de inspeção por amostragem. Para obtermos a resposta correta de nosso problema quando a amostragem é sem reposição, devemos raciocinar como segue: há um total de $\binom{24}{3} = 2.024$ maneiras de escolher três das 24 árvores, e todas elas são equiprováveis em virtude da hipótese de que a seleção é aleatória. Entre estas, há $\binom{18}{3} = 816$ maneiras de selecionar três das 18 árvores saudáveis e decorre, portanto, que a probabilidade procurada é $\frac{816}{2.024} = 0{,}40$.

Para generalizar o método aqui utilizado, suponha que devamos escolher n objetos de um conjunto em que a objetos são de um tipo (sucessos) e b objetos são de outro tipo (fracassos), que a amostragem seja sem reposição, e que estejamos interessados na probabilidade de obter x sucessos e $n - x$ fracassos. Argumentando como anteriormente, vemos que é possível escolher n objetos do conjunto total com $a + b$ objetos de $\binom{a+b}{n}$ maneiras, e que x dos a sucessos e $n - x$ dos b fracassos podem ser escolhidos de $\binom{a}{x} \cdot \binom{b}{n-x}$ maneiras. Decorre que, na amostragem sem reposição, a probabilidade de "x sucessos em n provas" é

DISTRIBUIÇÃO HIPERGEOMÉTRICA

$$f(x) = \frac{\binom{a}{x} \cdot \binom{b}{n-x}}{\binom{a+b}{n}} \quad \text{para } x = 0, 1, 2, \ldots, \text{ou } n$$

onde x não pode exceder a e $n - x$ não pode exceder b. Essa é a fórmula da **distribuição hipergeométrica**.

Os dois próximos exemplos ilustram o uso da distribuição hipergeométrica em problemas em que tomamos uma amostragem sem reposição.

EXEMPLO 8.8 Um funcionário da expedição deveria remeter 6 de 15 pacotes por via expressa para a Europa, mas ele acaba misturando todos e aleatoriamente manda 6 dos pacotes por via expressa para a Europa. Qual é a probabilidade de que apenas três dos pacotes que deveriam ir por via expressa sigam realmente por via expressa?

Solução Substituindo $a = 6$, $b = 9$, $n = 6$ e $x = 3$ na fórmula da distribuição hipergeométrica, obtemos

$$f(3) = \frac{\binom{6}{3} \cdot \binom{9}{6-3}}{\binom{15}{6}} = \frac{20 \cdot 84}{5.005} \approx 0{,}336$$

EXEMPLO 8.9 Das 16 ambulâncias de um serviço de ambulâncias, cinco emitem uma quantidade excessiva de poluentes. Se oito das ambulâncias são escolhidas ao acaso para inspeção, qual é a probabilidade de que essa amostra inclua pelo menos três das ambulâncias que emitem uma quantidade excessiva de poluentes?

Solução A probabilidade que devemos encontrar é $f(3) + f(4) + f(5)$, onde cada parcela dessa soma é um valor da distribuição hipergeométrica com $a = 5$, $b = 11$ e $n = 8$. Substituindo essas quantidades, juntamente com $x = 3, 4$ e 5 na fórmula da distribuição hipergeométrica, obtemos

$$f(3) = \frac{\binom{5}{3} \cdot \binom{11}{5}}{\binom{16}{8}} = \frac{10 \cdot 462}{12.870} = 0,359$$

$$f(4) = \frac{\binom{5}{4} \cdot \binom{11}{4}}{\binom{16}{8}} = \frac{5 \cdot 330}{12.870} = 0,128$$

$$f(5) = \frac{\binom{5}{5} \cdot \binom{11}{3}}{\binom{16}{8}} = \frac{1 \cdot 165}{12.870} \approx 0,013$$

e a probabilidade de que a amostra vá incluir pelo menos três das ambulâncias que emitem uma quantidade excessiva de poluentes é

$$0,359 + 0,128 + 0,013 = 0,500$$

Esse resultado sugere que a inspeção talvez devesse incluir mais do que oito das ambulâncias e deixamos a cargo do leitor mostrar no Exercício 8.18 que a probabilidade de pegar pelo menos três das ambulâncias que emitem uma quantidade excessiva de poluentes teria sido de 0,76 se a inspeção tivesse incluído dez das ambulâncias.

No início desta seção, demos um exemplo em que a distribuição binomial foi usada erroneamente em lugar da distribuição hipergeométrica. O erro, contudo, foi bastante pequeno (0,42 em vez de 0,40) e, na prática, a distribuição binomial é usada seguidamente para aproximar a distribuição hipergeométrica. De modo geral, essa aproximação é considerada satisfatória desde que n não exceda 5 por cento de $a + b$, isto é, se

$$n \leq (0,05)(a + b)$$

As vantagens principais da aproximação são que existem tabelas muito mais extensas da distribuição binomial do que da hipergeométrica e que, das duas fórmulas, a da distribuição binomial é mais fácil de usar, ou seja, os cálculos binomiais geralmente são menos complicados. Observe também que a distribuição binomial é descrita por dois parâmetros (n e p), enquanto que a distribuição hipergeométrica requer três (a, b e n).

EXEMPLO 8.10 Numa prisão federal, 120 dos 300 internos estão cumprindo pena por crimes relacionados com drogas. Se oito dos internos devem ser escolhidos ao acaso para comparecerem perante um comitê legislativo, qual é a probabilidade de que três dentre os oito escolhidos estejam cumprindo pena por crimes relacionados com drogas?

Solução Como $n = 8$, $a + b = 300$ e 8 é menos do que $(0,05)(300) = 15$, podemos usar a aproximação binomial da distribuição hipergeométrica. Pela Tabela V, obtemos que para $n = 8$, $p = \frac{120}{300} = 0,40$ e $x = 3$, a probabilidade procurada é de 0,279. Com cálculos bastante extensos, poderíamos mostrar que o erro dessa aproximação é de apenas 0,003.

EXERCÍCIOS

8.18 No Exemplo 8.9, indicamos que, se dez das ambulâncias tivessem sido inspecionadas, então a probabilidade de pegar pelo menos três das que emitem uma quantidade excessiva de poluentes teria sido de 0,76. Verifique essa probabilidade.

8.19 Dentre os 14 mecânicos de uma revendedora, dez fizeram curso de treinamento na fábrica. Se três dos mecânicos são escolhidos ao acaso para um trabalho especial, encontre as probabilidades de
(a) todos três terem feito curso de treinamento na fábrica;
(b) somente dois deles terem feito curso de treinamento na fábrica.

8.20 Dentre 20 painéis solares apresentados numa exposição, 12 são do tipo de placa plana e os outros são do tipo concentrador. Se uma pessoa que visita a exposição escolher ao acaso seis painéis para verificar, qual é a probabilidade de três deles serem do tipo de placa plana?

8.21 Dentre 12 candidatos do sexo masculino a um emprego nos correios, nove têm esposas que trabalham. Se dois dos candidatos são escolhidos ao acaso para um exame mais detido, quais são as probabilidades de
(a) nenhum dos dois ter esposa que trabalha;
(b) apenas um ter esposa que trabalha;
(c) ambos terem esposas que trabalham?

8.22 Um inspetor alfandegário resolve inspecionar 3 de 16 carregamentos que chegam de Caracas por via aérea. Se a escolha é aleatória e se cinco dos carregamentos contêm contrabando, qual é a probabilidade de que o inspetor apanhe
(a) nenhum dos carregamentos com contrabando;
(b) somente um dos carregamentos com contrabando;
(c) dois dos carregamentos com contrabando;
(d) os três dos carregamentos com contrabando?

8.23 Em cada caso, verifique se é satisfeita a condição para aproximação da distribuição hipergeométrica pela distribuição binomial:
(a) $a = 140$, $b = 60$ e $n = 12$;
(b) $a = 220$, $b = 280$ e $n = 20$;
(c) $a = 250$, $b = 390$ e $n = 30$;
(d) $a = 220$, $b = 220$ e $n = 25$.

8.24 Um embarque de 250 bombas de piscina contém quatro bombas com pequenos defeitos. Se cinco delas forem escolhidas ao acaso para mandar para uma revenda de piscinas e componentes, use a aproximação binomial da distribuição hipergeométrica para encontrar a probabilidade de que elas incluirão uma bomba com pequeno defeito.

8.25 Com referência ao Exercício 8.24, encontre o erro dessa aproximação binomial da distribuição hipergeométrica.

8.26 Dentre os 200 empregados de uma firma, 120 são membros de um sindicato, ao passo que os outros não são. Se seis dos empregados são escolhidos por sorteio para servir no comitê administrativo do fundo de pensão, encontre a probabilidade de que três deles serem membros do sindicato, ao passo que os outros não são, usando

(a) a fórmula para a distribuição hipergeométrica;
(b) a distribuição binomial com $\frac{120}{200} = 0{,}60$ e $n = 6$ como uma aproximação.

8.5 A DISTRIBUIÇÃO DE POISSON

Quando n é grande e p é pequeno, as probabilidades binomiais costumam ser aproximadas por meio da fórmula

APROXIMAÇÃO DE POISSON PARA A DISTRIBUIÇÃO BINOMIAL

$$f(x) = \frac{(np)^x \cdot e^{-np}}{x!} \quad para \quad x = 0, 1, 2, 3, \ldots$$

que é uma forma especial da **distribuição de Poisson**, assim designada em homenagem ao matemático e físico francês S. D. Poisson (1781–1840). Nessa fórmula, o número irracional $e = 2{,}71828\ldots$ é a base do sistema dos logaritmos naturais, e os valores necessários de e^{-np} podem ser obtidos da Tabela XII no final do livro. Observe também que, como no Exercício 8.17, nos deparamos aqui com uma variável aleatória que pode tomar uma infinidade enumerável de valores (a saber, tantos valores quantos são os números inteiros). Correspondentemente, o terceiro postulado de Probabilidade deve ser modificado de modo que, para qualquer seqüência de eventos mutuamente excludentes $A_1, A_2, A_3, \ldots$, a probabilidade de ocorrência de um deles é

$$P(A_1 \cup A_2 \cup A_3 \cup \cdots) = P(A_1) + P(A_2) + P(A_3) + \cdots$$

É difícil dar condições precisas sob as quais podemos usar a aproximação de Poisson da distribuição binomial, ou seja, explicar precisamente o que queremos dizer com "quando n é grande e p é pequeno". Embora outros livros possam dar regras empíricas menos rigorosas, preferimos uma relativa segurança e usaremos a aproximação de Poisson para a distribuição binomial somente quando

$$n \geq 100 \quad e \quad np < 10$$

Para termos uma idéia sobre a precisão da aproximação binomial pela aproximação de Poisson, consideremos os impressos de computador da Figura 8.4, que mostram, uma ao lado da outra, as probabilidades binomiais com $n = 150$ e $p = 0{,}05$ e as probabilidades de Poisson com $np = 150(0{,}05) = 7{,}5$. [Comparando as probabilidades nas colunas encabeçadas por $P(X = x)$, vemos que a maior diferença, correspondente a $x = 8$, é $0{,}1410 - 0{,}1373 = 0{,}0037$.]

Na Figura 8.4, o programa MINITAB se refere às distribuições de probabilidade como funções de densidade probabilística (*probability density function*). Além disso, o parâmetro dessa forma especial da distribuição de Poisson é o produto np, que aqui é "mu" e denotado por μ, como será explicado na Seção 8.7.

Os dois exemplos a seguir ilustram a aproximação de Poisson da distribuição binomial.

EXEMPLO 8.11 Sabe-se por experiência que 2% dos livros encadernados em certa gráfica apresentam defeitos de encadernação. Use a aproximação de Poisson da distribuição binomial para encontrar a probabilidade de que cinco apresentem defeitos de encadernação, num lote de 400 livros encadernados nessa gráfica.

```
Função Densidade de Probabilidade    Probabilidade Densidade de Probabilidade
Binomial with n = 150 and p = 0.0500000   Poisson with mu = 7.50000

          x         P( X = x)                    x         P( X = x)
       0.00          0.0005                   0.00          0.0006
       1.00          0.0036                   1.00          0.0041
       2.00          0.0141                   2.00          0.0156
       3.00          0.0366                   3.00          0.0389
       4.00          0.0708                   4.00          0.0729
       5.00          0.1088                   5.00          0.1094
       6.00          0.1384                   6.00          0.1367
       7.00          0.1499                   7.00          0.1465
       8.00          0.1410                   8.00          0.1373
       9.00          0.1171                   9.00          0.1144
      10.00          0.0869                  10.00          0.0858
      11.00          0.0582                  11.00          0.0585
      12.00          0.0355                  12.00          0.0366
      13.00          0.0198                  13.00          0.0211
      14.00          0.0102                  14.00          0.0113
      15.00          0.0049                  15.00          0.0057
      16.00          0.0022                  16.00          0.0026
      17.00          0.0009                  17.00          0.0012
      18.00          0.0003                  18.00          0.0005
      19.00          0.0001                  19.00          0.0002
      20.00          0.0000                  20.00          0.0001
      21.00          0.0000                  21.00          0.0000
```

Figura 8.4
A aproximação de Poisson da distribuição binomial.

Solução Como $n = 400 \geq 100$ e $np = 400(0{,}02) = 8 < 10$, as condições para a aproximação estão satisfeitas. Assim, substituindo $np = 8$, $e^{-8} = 0{,}00033546$ (da Tabela XII) e $x = 5$ na fórmula da distribuição de Poisson, obtemos

$$f(5) = \frac{8^5 \cdot e^{-8}}{5!} = \frac{(32.768)(0{,}00033546)}{120} \approx 0{,}0916$$

EXEMPLO 8.12 Os registros mostram que há uma probabilidade de 0,00006 de um pneu de um carro furar durante a travessia de um certo túnel. Utilize a aproximação de Poisson para a distribuição binomial para encontrar a probabilidade de que ao menos 2 dentre 10.000 carros tenham um pneu furado durante a travessia daquele túnel.

Solução Como $n = 10.000 \geq 100$ e $np = 10.000(0{,}00006) = 0{,}6 < 10$, as condições para a aproximação estão satisfeitas. Em vez de somar as probabilidades para $x = 2, 3, 4,...$, subtrairemos de 1 as probabilidades para $x = 0$ e $x = 1$. Assim, substituindo $np = 0{,}6$, $e^{-0{,}6}$ (da Tabela XII) e, respectivamente, $x = 0$ e $x = 1$ na fórmula da distribuição de Poisson, obtemos

$$f(0) = \frac{(0{,}6)^0 \cdot e^{-0{,}6}}{0!} = \frac{1(0{,}5488)}{1} = 0{,}5488$$

$$f(1) = \frac{(0{,}6)^1 \cdot e^{-0{,}6}}{1!} \approx \frac{(0{,}6)(0{,}5488)}{1} = 0{,}3293$$

e, finalmente, $1 - (0{,}5488 + 0{,}3293) = 0{,}1219$.

Na prática, as probabilidades de Poisson (os valores da distribuição de Poisson) raramente são calculadas por substituição direta na fórmula da distribuição de Poisson ou usando uma tabela especial. Essas tarefas podem ser simplificadas enormemente usando um computador. Por exemplo, se tivéssemos utilizado os resultados de computador da Figura 8.5 no exemplo precedente, teríamos obtido diretamente $1 - 0{,}8781 = 0{,}1219$, onde 0,8781 é o valor correspondente a $x = 1{,}00$ na coluna de cabeçalho $P(X <= x)$.

Figura 8.5
Impressão de computador para a distribuição de Poisson com $np = 0{,}60$

```
Função Densidade de Probabilidade   Função Distribuição Cumulativa

Poisson with mu = 0.600000          Poisson with mu = 0.600000

      x       P( X = x)                    x       P( X <= x)
   0.00         0.5488                  0.00         0.5488
   1.00         0.3293                  1.00         0.8781
   2.00         0.0988                  2.00         0.9769
   3.00         0.0198                  3.00         0.9966
   4.00         0.0030                  4.00         0.9996
   5.00         0.0004                  5.00         1.0000
   6.00         0.0000                  6.00         1.0000
```

Em alguns casos, as distribuições hipergeométricas podem ser aproximadas por uma distribuição binomial que pode, por sua vez, ser aproximada por uma distribuição de Poisson. Consideremos o exemplo seguinte.

EXEMPLO 8.13 Uma auditoria em 2002 examinou 4.000 faturas de vendas de uma loja de departamentos, encontrando 28 faturas com erros. Agora um perito-contador quer investigar a auditoria voltando a conferir uma amostra aleatória de 150 das 4.000 faturas. Em particular, ele gostaria de saber a probabilidade de encontrar duas faturas com erros nessas 150 faturas.

Solução Esse problema pede a utilização da probabilidade hipergeométrica, com $x = 2$, $a = 28$, $b = 4.000 - 28 = 3.972$ e $n = 150$, mas como $150 \leq 0{,}05(4.000) = 200$, podemos usar a aproximação binomial da distribuição hipergeométrica. Além disso, como esta é a distribuição binomial com $n = 150$ e $p = 28/4.000 = 0{,}007$, para os quais $n \geq 100$ e $np = 150(0{,}007) = 1{,}05 < 10$, podemos aproximá-la pela distribuição de Poisson com $np = 1{,}05$. Assim, podemos aproximar a probabilidade hipergeométrica original pela probabilidade de Poisson com $x = 2$ e $np = 1{,}05$. Logo

$$f(2) = \frac{1{,}05^2 \cdot e^{-1{,}05}}{2!} = \frac{1{,}1025(0{,}349938)}{2} = 0{,}1929$$

onde o valor de $e^{-1{,}05}$ foi obtido com uma calculadora estatística.

Como há muitas situações em que n ou $a + b$ são grandes, a distribuição de Poisson fornece aproximações muito úteis. Também observe que a distribuição de Poisson envolve apenas um parâmetro, np, enquanto a distribuição binomial envolve dois, n e p, e a distribuição hipergeométrica envolve três, a, b e n.

A distribuição de Poisson tem muitas aplicações importantes que não apresentam ligação direta com a distribuição binomial. Nesses casos, np é substituído pelo parâmetro λ (letra grega minúscula *lambda*) e a probabilidade de obter x sucessos é calculada pela fórmula

DISTRIBUIÇÃO DE POISSON

$$f(x) = \frac{\lambda^x \cdot e^{-\lambda}}{x!} \quad para \ x = 0, 1, 2, 3, \ldots$$

onde λ é interpretado como o número esperado, ou médio, de sucessos, como será explicado no último parágrafo da Seção 8.7.

Essa fórmula se aplica a muitas situações em que podemos esperar um número fixo de "sucessos" por unidade de tempo (ou por qualquer outro tipo de unidade), digamos, quando um banco espera receber seis cheques sem cobertura por dia, quando são esperados 1,6 acidentes por dia em um cruzamento perigoso, quando são esperadas oito azeitonas numa pizza média portuguesa, quando esperamos 5,6 imperfeições em uma peça de tecido, ou quando se podem esperar 0,03 reclamações por passageiro em uma companhia aérea, e assim por diante.

EXEMPLO 8.14 Dado que um banco recebe em média $\lambda = 6$ cheques sem cobertura por dia, qual é a probabilidade de receber quatro cheques sem cobertura em um dia qualquer?

Solução Substituindo $x = 4$ e $\lambda = 6$ na fórmula precedente da distribuição de Poisson, obtemos

$$f(4) = \frac{6^4 \cdot e^{-6}}{4!} = \frac{1.296(0{,}002479)}{24} = 0{,}1339$$

onde o valor de e^{-6} foi obtido da Tabela XII.

EXEMPLO 8.15 Se podemos antecipar $\lambda = 5{,}6$ imperfeições por peça de um determinado material de cortina, qual é a probabilidade de uma peça conter $x = 3$ imperfeições?

Solução Substituindo $x = 3$ e $\lambda = 5{,}6$ na fórmula precedente da distribuição de Poisson, obtemos

$$f(3) = \frac{5{,}6^3 \cdot e^{-5{,}6}}{3!} = \frac{175{,}616(0{,}003698)}{6} \approx 0{,}1082$$

onde o valor de $e^{-5{,}6}$ foi obtido da Tabela XII.

EXERCÍCIOS

8.27 Verifique, em cada caso, se os valores de n e p satisfazem a regra empírica dada à página 201 para utilização da aproximação de Poisson da distribuição binomial:
  (a) $n = 250$ e $p = \frac{1}{20}$;
  (b) $n = 400$ e $p = \frac{1}{50}$;
  (c) $n = 90$ e $p = \frac{1}{10}$.

8.28 Verifique, em cada caso, se os valores de n e p satisfazem a regra empírica dada à página 201 para utilização da aproximação de Poisson da distribuição binomial:
  (a) $n = 3000$ e $p = 0{,}01$;
  (b) $n = 600$ e $p = 0{,}02$;
  (c) $n = 75$ e $p = 0{,}1$.

8.29 Um administrador de hospital, baseado em sua experiência, sabe que 5% de todos pacientes admitidos devem ser colocados em tratamento intensivo imediatamente. Use esse dado para estimar a probabilidade de que entre 120 pacientes novos admitidos, três tenham que ser postos em tratamento intensivo imediatamente.

8.30 Se 3% das pessoas que visitam um apartamento decorado de um prédio em construção estão seriamente interessadas em comprar um apartamento do prédio, qual é a probabilidade de Poisson de que dentre 180 pessoas que visitam um apartamento decorado de um prédio em construção, cinco estejam seriamente interessadas em comprar um apartamento do prédio?

8.31 Suponha que 5% de todos os motoristas habilitados de uma certa cidade se envolvem em pelo menos um acidente de carro num dado ano. Use a fórmula da distribuição de Poisson para aproximar a probabilidade de que, dentre 150 motoristas habilitados daquela cidade, no máximo dois se envolvam em, pelo menos, um acidente num ano dado?

8.32 Use a Figura 8.4 para
  (a) conferir o resultado obtido no Exercício 8.31;
  (b) encontrar o erro dessa aproximação de Poisson;
  (c) encontrar o erro percentual dessa aproximação de Poisson.

8.33 A distribuição hipergeométrica com $n = 120$, $a = 50$ e $b = 3.150$ pode ser aproximada por uma distribuição de Poisson?

8.34 A quantidade de reclamações encaminhadas por dia a uma lavanderia a seco é uma variável aleatória de distribuição de Poisson com $\lambda = 3{,}2$. Encontre as probabilidades de que, num dado dia, sejam encaminhadas à lavanderia
(a) somente duas reclamações;
(b) no máximo duas reclamações.

8.35 O número de quebras mensais do tipo de computador utilizado num escritório é uma variável aleatória de distribuição de Poisson com $\lambda = 1{,}6$. Encontre as probabilidades de que esse tipo de computador vá funcionar durante um mês
(a) sem quebrar;
(b) com apenas uma quebra;
(c) com duas quebras.

8.36 Com referência ao Exercício 8.35, suponha que o escritório tenha quatro daqueles computadores. Qual é a probabilidade de que todos quatro computadores funcionarão durante um mês sem quebrar? Qual hipótese deve ser imposta para poder determinar essa probabilidade?

*8.6 A DISTRIBUIÇÃO MULTINOMIAL

Uma generalização importante da distribuição binomial ocorre quando há mais de dois resultados possíveis em cada prova, as probabilidades dos vários resultados permanecem as mesmas para cada prova e as provas são todas independentes. É o caso, por exemplo, quando jogamos um dado repetidamente, em que cada prova tem seis resultados possíveis; quando estudantes são perguntados se gostam de um novo disco, não gostam, ou são indiferentes; ou quando um inspetor do Ministério de Agricultura classifica a carne como de primeira, especial, ou de segunda.

Se há k resultados possíveis para cada prova e suas probabilidades são $p_1, p_2, \ldots,$ e p_k, pode ser mostrado que a probabilidade de x_1 resultados do primeiro tipo, x_2 resultados do segundo tipo,..., e x_k resultados do k-ésimo tipo, em n tentativas, é dado por

DISTRIBUIÇÃO MULTINOMIAL

$$\frac{n!}{x_1! x_2! \cdots x_k!} p_1^{x_1} \cdot p_2^{x_2} \cdots p_k^{x_k}$$

Esta distribuição é denominada **distribuição multinomial**.

EXEMPLO 8.16 A rede de TV aberta de uma grande cidade tem 30% da audiência nas noites de sexta-feira, um canal local tem 20%, a TV a cabo tem 40% e 10% assistem a videocassetes. Qual é a probabilidade de que, entre sete espectadores de televisão selecionados aleatoriamente naquela cidade numa noite de sexta-feira, dois estejam assistindo à TV aberta, um esteja assistindo ao canal local, dois estejam vendo TV a cabo e um esteja assistindo a um videocassete?

Solução Substituindo $n = 7$, $x_1 = 3$, $x_2 = 1$, $x_3 = 2$, $x_4 = 1$, $p_1 = 0{,}30$, $p_2 = 0{,}20$, $p_3 = 0{,}40$ e $p_4 = 0{,}10$ na fórmula da distribuição multinomial, obtemos

$$\frac{7!}{3! \cdot 1! \cdot 2! \cdot 1!} \cdot (0{,}30)^3 (0{,}20)^1 (0{,}40)^2 (0{,}10)^1 = 0{,}036$$

arredondado até a terceira casa.

EXERCÍCIOS

*8.37 Um carro sendo testado num posto de inspeção estadual tem uma probabilidade de 0,70 de ser aprovado na primeira tentativa, uma probabilidade de 0,20 de ser aprovado na segunda tentativa, e uma probabilidade de 0,10 de ser aprovado na terceira tentativa. Qual é a probabilidade de que dentre dez carros sendo testados, seis sejam aprovados na primeira tentativa, três sejam aprovados na segunda e um seja aprovado na terceira?

*8.38 De acordo com a teoria mendeliana da hereditariedade, se cruzamos plantas com sementes amarelas redondas com plantas com sementes verdes estriadas, então as probabilidades de obtermos uma planta que produza sementes amarelas redondas, sementes amarelas estriadas, sementes verdes redondas ou sementes verdes estriadas, são, respectivamente, de $\frac{9}{16}, \frac{3}{16}, \frac{3}{16}$ e $\frac{1}{16}$. Qual é a probabilidade de que, dentre nove plantas assim obtidas, haja quatro que produzam sementes amarelas redondas, duas que produzam sementes amarelas estriadas, três que produzam sementes verdes redondas e nenhuma que produza sementes verdes estriadas?

*8.39 São de 0,60; 0,20; 0,10 e 0,10 as probabilidades de que o formulário para declaração de rendimento seja preenchido corretamente; que contenha somente erros que beneficiam o contribuinte; que contenha somente erros que beneficiam o fisco; e que contenha ambos tipos de erros. Qual é a probabilidade de que dentre dez tais formulários, selecionados ao acaso para uma auditoria, sete estejam preenchidos corretamente, um contenha somente erros que beneficiam o contribuinte, um que contenha somente erros que beneficiam o fisco e um que contenha ambos tipos de erros?

8.7 A MÉDIA DE UMA DISTRIBUIÇÃO DE PROBABILIDADE

Quando, no Exemplo 7.6, mostramos que a agência de uma companhia aérea num certo aeroporto pode esperar receber 2,75 reclamações sobre extravio de bagagem, chegamos àquele resultado usando a fórmula de uma esperança matemática, a saber, somando os produtos obtidos pela multiplicação de 0, 1, 2, 3, . . . pelas probabilidades correspondentes de a agência receber 0, 1, 2, 3, . . . reclamações sobre extravios de bagagem num dia qualquer dado. Aqui, o número de reclamações é uma variável aleatória, e 2,75 é seu **valor esperado**.

Se aplicarmos o mesmo argumento ao primeiro exemplo dado na Seção 8.2, constatamos que, em conjunto, os dois vendedores podem esperar vender

$$0(0,44) + 1(0,20) + 2(0,18) + 3(0,18) = 1,10$$

dos caminhões. Nesse caso, a quantidade de caminhões vendidos é uma variável aleatória e 1,10 é seu valor esperado.

Conforme explicamos no Capítulo 7, as esperanças matemáticas devem ser interpretadas como médias, e costumamos referir-nos ao valor esperado de uma variável aleatória como sua **média**, ou como a **média de sua distribuição de probabilidade**. Em geral, se uma variável aleatória assume os valores $x_1, x_2, x_3, \ldots$, ou x_k com as probabilidades $f(x_1), f(x_2), f(x_3), \ldots,$ e $f(x_k)$, seu valor esperado é

$$x_1 \cdot f(x_1) + x_2 \cdot f(x_2) + x_3 \cdot f(x_3) + \cdots + x_k \cdot f(x_k)$$

e, na notação sigma, escrevemos

MÉDIA DE UMA DISTRIBUIÇÃO DE PROBABILIDADE

$$\mu = \sum x \cdot f(x)$$

Tal como a média de uma população, a média de uma distribuição de probabilidade é denotada pela letra grega minúscula μ (mu). A notação é a mesma, pois, conforme salientamos em relação à distribuição binomial, quando observamos um valor de uma variável aleatória, referimo-nos à sua distribuição como a população da qual estamos extraindo uma amostra. Por exemplo, o histograma da Figura 8.2 à página 192 pode ser encarado como a população da qual estamos extraindo uma amostra quando observamos um valor de uma variável aleatória tendo a distribuição binomial com $n = 6$ e $p = 0,30$.

EXEMPLO 8.17 Encontre a média da segunda distribuição de probabilidade da Seção 8.2, a que se refere ao número de pontos obtidos na jogada de um dado equilibrado.

Solução Como as probabilidades de obter 1, 2, 3, 4, 5 ou 6 são todas iguais a $\frac{1}{6}$, obtemos

$$\mu = 1 \cdot \tfrac{1}{6} + 2 \cdot \tfrac{1}{6} + 3 \cdot \tfrac{1}{6} + 4 \cdot \tfrac{1}{6} + 5 \cdot \tfrac{1}{6} + 6 \cdot \tfrac{1}{6} = 3\tfrac{1}{2}$$

EXEMPLO 8.18 Com referência ao Exemplo 8.5, encontre o número médio de pessoas, dentre seis que estejam fazendo compras no supermercado, que aproveitarão a promoção especial.

Solução Substituindo $x = 0, 1, 2, 3, 4, 5$ e 6 e as probabilidades da página 192 na fórmula de μ, obtemos

$$\mu = 0(0,118) + 1(0,303) + 2(0,324) + 3(0,185$$
$$+ 4(0,060) + 5(0,010) + 6(0,001)$$
$$= 1,802$$

Quando uma variável aleatória pode assumir muitos valores distintos, o cálculo de μ pode tornar-se bastante laborioso. Por exemplo, se quisermos saber quantas pessoas podemos esperar que contribuam para um fundo beneficente, quando se solicita contribuição a 2.000 pessoas e há uma probabilidade de 0,40 de que qualquer uma delas vá dar uma contribuição, poderíamos pensar em calcular as 2.001 probabilidades correspondentes a 0, 1, 2, 3, . . . , 1.999 ou 2.000 dos que dão uma contribuição e então substituir na fórmula de μ. Não pensaríamos muito a respeito dessa opção e, em vez disso, poderíamos argumentar que, no final das contas, 40% das pessoas darão uma contribuição, 40% de 2.000 são 800 e, portanto, podemos esperar que 800 das 2.000 pessoas deem uma contribuição. Analogamente, se uma moeda equilibrada é jogada 1.000 vezes, poderíamos argumentar que, no final das contas, aparecerá cara em 50% das vezes e, portanto, podemos esperar 1.000(0,50) = 500 caras. Esses dois resultados estão corretos; ambos problemas dizem respeito a variáveis aleatórias com distribuições binomiais e pode ser mostrado que, em geral,

MÉDIA DE UMA DISTRIBUIÇÃO BINOMIAL

$$\mu = n \cdot p$$

Em palavras, a média de uma distribuição binomial é simplesmente o produto do número de provas pela probabilidade de sucesso numa prova individual.

EXEMPLO 8.19 Com referência ao Exemplo 8.5, use a fórmula da média de uma distribuição binomial para encontrar o número médio de pessoas, dentre seis que estão fazendo compras no supermercado, que se pode esperar que aproveitem a promoção especial.

Solução Como estamos tratando com a distribuição binomial com $n = 6$ e $p = 0{,}30$, obtemos $\mu = 6(0{,}30) = 1{,}80$. A pequena diferença entre os valores obtidos aqui e no Exemplo 8.18 é devida ao arredondamento das probabilidades usadas no Exemplo 8.18 até a terceira casa decimal.

É importante lembrar que a fórmula $\mu = n \cdot p$ se aplica somente a distribuições binomiais. Para outras distribuições, há outras fórmulas; por exemplo, para a distribuição hipergeométrica, a fórmula da média é

MÉDIA DE UMA DISTRIBUIÇÃO HIPERGEOMÉTRICA

$$\mu = \frac{n \cdot a}{a+b}$$

EXEMPLO 8.20 Dentre doze ônibus escolares, cinco têm freios gastos. Se seis desses doze ônibus escolares forem escolhidos ao acaso para uma inspeção, quantos podemos esperar que tenham freios gastos?

Solução Como estamos fazendo uma amostragem sem reposição, aqui temos uma distribuição hipergeométrica com $a = 5$, $b = 7$ e $n = 6$. Substituindo esses valores na fórmula especial da média de uma distribuição hipergeométrica, obtemos

$$\mu = \frac{6 \cdot 5}{5+7} = 2{,}5$$

Isso não deveria constituir uma surpresa: selecionamos metade dos ônibus escolares para a inspeção e, portanto, podemos esperar que metade dos que têm freios gastos tenha sido incluída na amostra.

A média da distribuição de Poisson com parâmetro λ também é $\lambda = \mu$ e isso está de acordo com o que sugerimos anteriormente, a saber, que λ deve ser interpretado como uma média. A dedução de todas essas fórmulas especiais pode ser encontrada em livros de Estatística Matemática.

8.8 O DESVIO-PADRÃO DE UMA DISTRIBUIÇÃO DE PROBABILIDADE

No Capítulo 4, vimos que as medidas de tendência mais usadas são a variância e sua raiz quadrada, o desvio-padrão, que medem a variabilidade através da média dos quadrados dos desvios em relação à média. Para as distribuições de probabilidade, medimos a variabilidade quase da mesma maneira, mas em lugar de tomarmos a média dos quadrados dos desvios da média, determinamos seus valores esperados. Em geral, se uma variável aleatória assume os valores $x_1, x_2, x_3, \ldots$, ou x_k, com as probabilidades $f(x_1), f(x_2), f(x_3), \ldots$, e $f(x_k)$, e se a média dessa distribuição de probabilidade é μ, então os desvios da média são $x_1 - \mu, x_2 - \mu, x_3 - \mu, \ldots$, e $x_k - \mu$, e o valor esperado de seus quadrados é

$$(x_1 - \mu)^2 \cdot f(x_1) + (x_2 - \mu)^2 \cdot f(x_2) + \cdots + (x_k - \mu)^2 \cdot f(x_k)$$

Assim, na notação $\sum$, escrevemos

VARIÂNCIA DE UMA DISTRIBUIÇÃO DE PROBABILIDADE

$$\sigma^2 = \sum (x - \mu)^2 \cdot f(x)$$

que designamos como a **variância da variável aleatória** ou a **variância de sua distribuição de probabilidade**. Como na seção precedente, e pela mesma razão, denotamos essa descrição de uma distribuição de probabilidade com o mesmo símbolo do que o da descrição correspondente de uma população. Da mesma forma que a raiz quadrada da variância de uma amostra, a raiz quadrada da variância de uma população é uma importante medida de tendência, que designamos como o **desvio-padrão populacional**.

EXEMPLO 8.21 Com referência ao Exemplo 8.5, encontre o desvio-padrão do número de pessoas, dentre seis que estão fazendo compras no supermercado, que aproveitarão a promoção especial.

Solução No Exemplo 8.19, mostramos que $\mu = 1,80$ para essa variável aleatória, de modo que podemos dispor os cálculos como segue:

Número de pessoas	Probabilidade	Desvio da média	Quadrado do desvio da média	$(x - \mu)^2 f(x)$
0	0,118	−1,8	3,24	0,38232
1	0,303	−0,8	0,64	0,19392
2	0,324	0,2	0,04	0,01296
3	0,185	1,2	1,44	0,26640
4	0,060	2,2	4,84	0,29040
5	0,010	3,2	10,24	0,10240
6	0,001	4,2	17,64	0,01764
				$\sigma^2 = 1,26604$

Os valores na coluna da direita foram obtidos multiplicando os quadrados dos desvios da média por suas probabilidades, e o total dessa coluna é a variância da distribuição. Assim, o desvio-padrão é

$$\sigma = \sqrt{1,26604} = 1,13$$

arredondado até a segunda casa decimal.

Neste exemplo, os cálculos foram fáceis, embora pudéssemos tê-los simplificado usando a fórmula reduzida

$$\sigma^2 = \sum x^2 \cdot f(x) - \mu^2$$

Teria sido ainda mais fácil usar a fórmula da variância de uma distribuição binomial, a saber

VARIÂNCIA DA DISTRIBUIÇÃO BINOMIAL

$$\sigma^2 = np(1 - p)$$

No Exemplo 8.21, em que tivemos $n = 6$ e $p = 0,30$, isso forneceria $\sigma^2 = 6(0,30)(0,70) = 1,26$ e $\sigma = 1,12$. A diferença entre os resultados obtidos aqui e anteriormente é devida a arredondamento. Se tivéssemos extraído a raiz quadrada com uma casa decimal a mais, a diferença entre os resultados teria sido de apenas 0,003.

O desvio-padrão de uma distribuição de probabilidade, falando intuitivamente, mede o tamanho esperado das flutuações ao acaso de uma variável aleatória correspondente. Quando σ é pequeno, existe uma alta probabilidade de que resulte um valor próximo da média; quando σ é grande, é mais provável que resulte bem afastado da média. Essa idéia importante é expressa formalmente pelo teorema de Tchebichev, que foi introduzido na Seção 4.3, em relação a dados numéricos. Para distribuições de probabilidade, o teorema de Tchebichev pode ser enunciado como segue:

TEOREMA DE TCHEBICHEV

> *A probabilidade de uma variável aleatória tomar um valor a menos de k desvios-padrão de qualquer um dos dois lados da média é pelo menos* $1 - \frac{1}{k^2}$.

Assim, a probabilidade de obter um valor a menos de dois desvios-padrão da média (um valor entre $\mu - 2\sigma$ e $\mu + 2\sigma$) é de pelo menos $1 - \frac{1}{2^2} = \frac{3}{4}$, a probabilidade de obter um valor a menos de cinco desvios-padrão da média (um valor entre $\mu - 5\sigma$ e $\mu + 5\sigma$) é de pelo menos $1 - \frac{1}{5^2} = \frac{24}{25}$, e assim por diante. Observe que, na formulação desse teorema, a frase "a menos de k desvios-padrão da média" não inclui os valores extremos $\mu - k\sigma$ e $\mu + k\sigma$.

EXEMPLO 8.22 A quantidade de chamadas telefônicas recebidas por um serviço de atendimento entre as 9 e as 10 horas da manhã é uma variável aleatória cuja distribuição tem a média $\mu = 27,5$ e o desvio padrão $\mu = 3,2$. O que o teorema de Tchebichev, com $k = 3$, nos diz sobre o número de chamadas telefônicas que o serviço de atendimento pode esperar receber entre as 9 e as 10 horas da manhã?

Solução Como $\mu - 3\sigma = 27,5 - 3(3,2) = 17,9$ e $\mu + 3\sigma = 27,5 + 3(3,2) = 37,1$, podemos garantir com uma probabilidade de pelo menos $1 - \frac{1}{3^2} = \frac{8}{9}$, ou de aproximadamente 0,89, que o serviço de atendimento vá receber entre 17,9 e 37,1 chamadas telefônicas, ou seja, qualquer quantidade entre 18 e 37 chamadas telefônicas. ∎

EXEMPLO 8.23 O que o teorema de Tchebichev, com $k = 5$, pode nos dizer sobre o número de caras e, portanto, sobre a proporção de caras que podemos obter em 400 jogadas de uma moeda equilibrada?

Solução Aqui estamos tratando de uma variável aleatória que tem uma distribuição binomial com $n = 400$ e $p = 0,50$, de modo que $\mu = 400(0,50) = 200$ e $\sigma = \sqrt{400(0,50)(0,50)} = 10$. Como $\mu - 5\sigma = 200 - 5 \cdot 10 = 150$ e $\mu + 5\sigma = 200 + 5 \cdot 10 = 250$, podemos garantir com uma probabilidade de pelo menos $1 - \frac{1}{5^2} = \frac{24}{25} = 0,96$ que vamos obter entre 150 e 250 caras ou que a proporção de caras vai ficar entre $\frac{150}{400} = 0,375$ e $\frac{250}{400} = 0,625$. ∎

Para continuar com este exemplo, no Exercício 8.53 pede-se ao leitor mostrar que, para $n = 10.000$ jogadas de uma moeda equilibrada, há uma probabilidade de pelo menos 0,96 de a proporção de caras estar entre 0,475 e 0,525 e que, para 1.000.000 de jogadas de uma moeda equilibrada, há uma probabilidade de, pelo menos, 0,96 de a proporção de caras estar entre 0,4975 e 0,5025. Tudo isso fornece justificativa para a lei dos grandes números, introduzida no Capítulo 5 em relação à interpretação freqüencial da probabilidade.

EXERCÍCIOS

8.40 Suponhamos que as probabilidades de que 1, 2, 3 ou 4 novos medicamentos para reduzir a taxa de colesterol sejam aprovados pelo Ministério da Saúde no próximo ano sejam de 0,40; 0,30; 0,20 e 0,10, respectivamente.
  (a) Use a fórmula que define a média de uma distribuição de probabilidade para encontrar a média dessa distribuição.
  (b) Use a fórmula que define a variância de uma distribuição de probabilidade para encontrar a variância dessa distribuição.

8.41 Em geral, vale a pena simplificar os cálculos da variância populacional ou do desvio-padrão populacional usando uma fórmula para calcular σ^2. Como a utilizada para a variância amostral, tem a vantagem de não precisar trabalhar com os desvios da média. Use essa fórmula de calcular para refazer a parte (b) do Exercício 8.40.

8.42 Sob condições bastante normais, as probabilidades de que, num dado ano, 0, 1, 2, 3 ou 4 furacões atinjam a ilha caribenha de Martinica são de 0,20; 0,50; 0,10; 0,10 e 0,10, respectivamente. Encontre a média e a variância dessa distribuição de probabilidade.

8.43 Um estudo mostra que 27% de todos pacientes que chegam a uma certa clínica precisam esperar, no mínimo, meia hora para serem atendidos pelo seu médico. Use as probabilidades da Figura 8.6 para calcular μ e σ para o número de pacientes, dentre 18 que chegam a essa clínica, que devem esperar pelo menos meia hora para serem atendidos pelo seu médico.

8.44 Na Seção 8.2, mostramos que as probabilidades de obter 0, 1, 2, 3 ou 4 caras em quatro jogadas de uma moeda equilibrada são $\frac{1}{16}$, $\frac{4}{16}$, $\frac{6}{16}$, $\frac{4}{16}$, e $\frac{1}{16}$ respectivamente. Use a fórmula que define μ e σ^2 para encontrar a média e o desvio-padrão dessa distribuição de probabilidade.

8.45 Refaça o Exercício 8.44 usando as fórmulas especiais da média e do desvio-padrão de uma distribuição binomial.

8.46 Se 80% de certos aparelhos de vídeo funcionarão bem durante os 90 dias de garantia de fábrica, encontre a média e o desvio-padrão do número desses aparelhos de vídeo que funcionarão bem durante os 90 dias de garantia de fábrica usando
  (a) a Tabela V, a fórmula que define μ e a fórmula para calcular σ^2;
  (b) as fórmulas especiais da média e do desvio-padrão de uma distribuição binomial.

```
Função Densidade de Probabilidade

Binomial with n = 18 and p = 0.270000

           x        P( X = x)
        0.00          0.0035
        1.00          0.0231
        2.00          0.0725
        3.00          0.1431
        4.00          0.1985
        5.00          0.2055
        6.00          0.1647
        7.00          0.1044
        8.00          0.0531
        9.00          0.0218
       10.00          0.0073
       11.00          0.0020
       12.00          0.0004
       13.00          0.0001
       14.00          0.0000
```

Figura 8.6
Impressão de computador para o Exercício 8.43.

8.47 Encontre a média e o desvio-padrão de cada uma das seguintes variáveis aleatórias binomiais:
(a) o número de caras obtidas em 484 jogadas de uma moeda equilibrada;
(b) o número de 3 obtidos em 720 lançamentos de um dado equilibrado;
(c) o número de pessoas que, dentre as 600 convidadas, pode-se esperar que compareçam à inauguração de uma nova agência de um banco, quando a probabilidade de que um convidado qualquer vá comparecer é de 0,30.
(d) o número de peças defeituosas numa amostra de 600 partes fabricadas automaticamente, quando a probabilidade de uma peça qualquer estar defeituosa é de 0,04;
(e) o número de alunos, dentre 800 entrevistados, que não gostam da refeição servida no refeitório da universidade, quando a probabilidade de um deles não gostar da comida é de 0,65.

8.48 Um estudo mostra que 60% toda correspondência de primeira classe entre duas cidades do Rio Grande do Sul é entregue dentro de 48 horas. Encontre a média e a variância do número de tais cartas, dentre oito, que são entregues dentro de 48 horas usando
(a) a Tabela V, a fórmula que define μ e a fórmula para calcular σ^2;
(b) as fórmulas especiais da média e do desvio-padrão de uma distribuição binomial.

8.49 No Exemplo 8.9, que trata da variável aleatória com uma distribuição hipergeométrica com $a = 5$, $b = 11$ e $n = 8$, mostramos que as probabilidades de que vá assumir os valores 3, 4 e 5 são de 0,359, 0,128 e 0,013, respectivamente. Como pode ser verificado facilmente, as probabilidades de 0, 1 ou 2 sucessos são de 0,013, 0,128 e 0,359, respectivamente. Use todas essas probabilidades para calcular a média dessa distribuição hipergeométrica. Também use a fórmula especial da média de uma distribuição hipergeométrica para conferir o resultado obtido.

8.50 Numa cidade do nordeste, o número de dias em que a temperatura passa dos 42 graus é uma variável aleatória, com $\mu = 138$ e $\sigma = 9$. O que o teorema de Tchebichev, com $k = 4$, nos diz sobre o número de dias em que a temperatura passa dos 42 graus naquela cidade num dado ano?

8.51 Se o número de raios gama emitidos por segundo por uma certa substância radiativa é uma variável aleatória com distribuição de Poisson com $\lambda = 2,5$, as probabilidades de que a substância vá emitir 0, 1, 2, 3, 4, 5, 6, 7, 8 ou 9 raios gama num dado segundo são, respectivamente, de 0,082; 0,205; 0,256; 0,214; 0,134; 0,067; 0,028; 0,010; 0,003 e 0,001. Calcule a média e use o resultado para verificar a fórmula especial $\mu = \lambda$ para uma variável aleatória com distribuição de Poisson com o parâmetro λ.

8.52 Dentre oito professores de uma faculdade que estão sendo considerados para uma promoção, quatro têm título de Doutor e quatro não têm.
(a) Se quatro dos oito professores são escolhidos ao acaso, encontre as probabilidades de que 0, 1, 2, 3 ou todos os 4 terem o título de Doutor.
(b) Use os resultados da parte (a) para determinar a média dessa distribuição de probabilidade.
(c) Use a fórmula especial da média de uma distribuição hipergeométrica para conferir o resultado da parte (b).

8.53 Use o teorema de Tchebichev para mostrar que há uma probabilidade de 0,96, no mínimo, de que
(a) em 10.000 lançamentos de uma moeda equilibrada, a proporção de caras fique entre 0,475 e 0,525;
(b) em 1.000.000 de lançamentos de uma moeda equilibrada, a proporção de caras fique entre 0,4975 e 0,5025.

8.9 LISTA DE TERMOS-CHAVE (com indicação das páginas de suas definições)

Amostra de uma população binomial, 195
Desvio-padrão de distribuição de probabilidade, 208
Desvio-padrão populacional, 209
Distribuição binomial, 191
Distribuição de Poisson, 201
Distribuição de probabilidade, 187
Distribuição geométrica, 197
Distribuição hipergeométrica, 198
Distribuição multinomial, 205

Média de uma distribuição de probabilidade, 206
Modelo estatístico, 192
Valor esperado de uma variável aleatória, 206
Variância de uma distribuição de probabilidade, 209
Variância de uma variável aleatória, 209
Variável aleatória, 186
Variável aleatória discreta, 187

8.10 REFERÊNCIAS

Uma grande quantidade de informação sobre as várias distribuições de probabilidade podem ser encontradas em

HASTINGS, N. A. J., and PEACOCK, J. B., *Statistical Distributions*. London: Butterworth & Company (Publishers) Ltd., 1975.

Tabelas mais detalhadas de probabilidades binomiais podem ser encontradas em

ROMIG, H. G., *50-100 Binomial Tables*. New York: John Wiley & Sons, Inc., 1953.
Tables of the Binomial Probability Distribution, National Bureau of Standards Applied Mathematics Series No. 6. Washington, D.C.: U.S. Government Printing Office, 1950.

e uma tabela detalhada de probabilidades de Poisson é dada em

MOLINA, E. C., *Poisson's Exponential Binomial Limit*. Princeton, N.J.: D. Van Nostrand Company, Inc., 1947.

Com a ampla disponibilidade de programas de computador para probabilidades binomiais e de Poisson, é pouco provável que as tabelas mencionadas acima venham a ser ampliadas ou atualizadas.

9
A DISTRIBUIÇÃO NORMAL

9.1 Distribuições Contínuas 215
9.2 A Distribuição Normal 217
*9.3 Verificação da Normalidade 226
9.4 Aplicações da Distribuição Normal 228
9.5 A Aproximação Normal da Distribuição Binomial 231
9.6 Lista de Termos-Chave 236
9.7 Referências 237

Os espaços amostrais contínuos e as **variáveis aleatórias contínuas** ocorrem quando lidamos com grandezas que são medidas numa escala contínua, por exemplo, quando medimos a velocidade do vento ou de um carro, a quantidade de álcool na corrente sangüínea de uma pessoa, o peso líquido de um pacote de lasagna congelada, ou a quantidade de alcatrão num cigarro. Em situações como essas, sempre existe um contínuo de possibilidades, mas na prática não nos resta outra escolha que não seja arredondar as medidas para o inteiro mais próximo ou para algumas casas decimais. Assim, se dissermos que num certo dia a temperatura máxima em Porto Alegre foi de 38 graus, arredondada até o grau mais próximo, isso significa que a temperatura poderia ter sido qualquer uma entre 37,5 e 38,5. Analogamente, se dissermos que um certo avião voava a 1.100 metros, arredondados até os 100 metros mais próximos, isso significa que sua altitude poderia ter sido qualquer uma entre 1.050 e 1.150 metros. Precisamos nos lembrar disso quando perguntamos pelas probabilidades referentes a variáveis contínuas. Em outras palavras, associamos probabilidades a intervalos ou regiões de um espaço amostral, e não a pontos individuais. Por exemplo, podemos querer saber a probabilidade de que, num dado momento, um carro esteja correndo a uma velocidade entre 80 e 85 km/h, e não que esteja correndo a exatamente $27\pi = 84,82300167...$ km/h. Analogamente, podemos querer saber se um pacote de alimento congelado pesa pelo menos 195 gramas e não que pese exatamente $\sqrt{38,5} = 196,21416873...$ gramas.

Neste capítulo, vemos como determinar e manusear probabilidades relativas a variáveis aleatórias contínuas. O lugar dos histogramas é ocupado por curvas contínuas, como na Figura 9.1 e podemos considerá-las como curvas que estão aproximadas por histogramas com intervalos de classe menores e menores. Depois de uma introdução geral às **distribuições contínuas** na Seção 9.1, dedicamos o restante deste capítulo à **distribuição normal**, fundamental para a maior parte

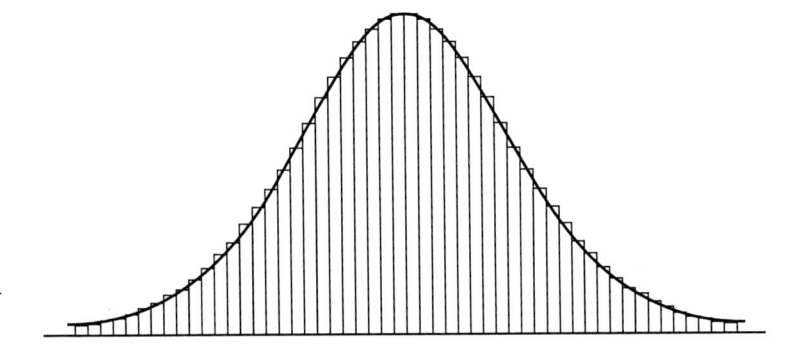

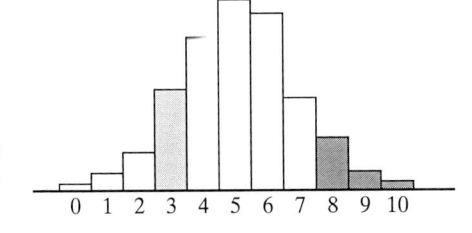

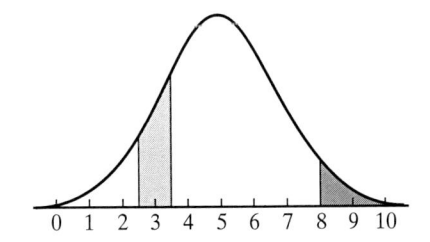

Figura 9.1
Curva de distribuição contínua.

das técnicas "arroz com feijão" da Estatística moderna. Discutem-se várias aplicações da distribuição normal nas Seções 9.4 e 9.5, e segue-se o material opcional da Seção 9.3, em que nos ocupamos de um método para decidir se os dados observados seguem o padrão geral da distribuição normal.

9.1 DISTRIBUIÇÕES CONTÍNUAS

Nos histogramas vistos até agora, as freqüências, percentagens, proporções ou probabilidades eram representadas pelas alturas os retângulos, ou por suas áreas. No caso contínuo, também representamos probabilidades por áreas, não por áreas de retângulos, mas por áreas sob curvas contínuas. Isso é ilustrado pela Figura 9.2, em que o diagrama à esquerda mostra um histograma da distribuição de probabilidade de uma variável aleatória discreta que toma apenas os valores 0, 1, 2, ... e 10. A probabilidade de que vá tomar o valor 3, por exemplo, é dada pela área do retângulo levemente colorido, e a probabilidade de que vá tomar um valor maior do que ou igual a 8 é dada pela soma das áreas dos três retângulos coloridos mais fortemente. O diagrama à direita na Figura 9.2 refere-se a uma variável aleatória contínua que pode tomar qualquer valor no intervalo de 0 a 10. A probabilidade de que vá tomar um valor no intervalo de 2,5 a 3,5, por exemplo, é dada pela área da região levemente colorida sob a curva, e a probabilidade de que vá tomar um valor maior do que ou igual a 8 é dada pela área colorida mais fortemente sob a curva.

As curvas contínuas, como a mostrada à direita na Figura 9.2, são gráficos de funções denominadas **densidades de probabilidade** ou, informalmente, **distribuições contínuas**. O termo "densidade de probabilidade" tem origem na Física, em que os termos "peso" e "densidade" são empregados praticamente da mesma forma com que usamos os termos "probabilidade" e "densidade de probabilidade" em Estatística. Conforme mostra a Figura 9.3, as densidades de probabilidade se caracterizam pelo fato de que **a área sob a curva entre dois valores quaisquer a e b dá a probabilidade de uma variável aleatória com essa distribuição contínua tomar um valor no intervalo de a a b**.

Figura 9.2
Histograma de uma distribuição de probabilidade e gráfico de uma distribuição contínua.

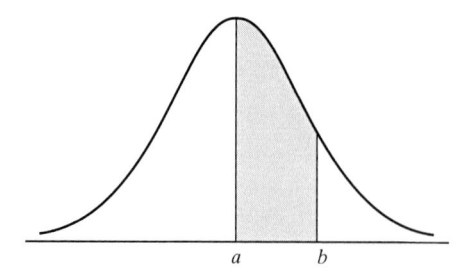

Figura 9.3
Distribuição contínua.

Observe na Figura 9.1 que, quando a e b estão muito próximos, também estão muito próximas à altura da curva e a altura do retângulo cuja base é o intervalo de a a b. Assim, a área sob a curva de a a b é quase igual à do retângulo correspondente.

Decorre que os valores de uma distribuição contínua devem ser não-negativos e que a área total sob a curva, que representa a certeza de que uma variável deve tomar um de seus valores, é sempre igual a 1. Por outro lado, contrastando com as duas regras à página 142, não há exigência de que os valores de uma distribuição contínua sejam menores do que ou iguais a 1.

EXEMPLO 9.1 Verifique que $f(x) = \frac{x}{8}$ pode ser a densidade de probabilidade de uma variável aleatória definida sobre o intervalo de $x = 0$ a $x = 4$.

Solução A primeira condição é verificada, pois $\frac{x}{8}$ é não-negativo (positivo ou nulo) para qualquer valor de x no intervalo de 0 a 4. No que diz respeito à segunda condição, pode-se ver na Figura 9.4 que a área total sob a curva de $x = 0$ a $x = 4$ é a área de um triângulo cuja base é 4 e cuja altura é $\frac{4}{8} = \frac{1}{2}$. A fórmula usual da área de um triângulo dá o valor $\frac{1}{2} \cdot 4 \cdot \frac{1}{2} = 1$ exigido da densidade.

EXEMPLO 9.2 Com referência ao Exemplo 9.1, encontre as probabilidades de uma variável aleatória com a densidade de probabilidade dada vá tomar um valor

(a) menor do que 2;

(b) menor do que ou igual a 2.

Solução **(a)** A probabilidade é dada pela área do triângulo delimitado pela reta tracejada $x = 2$. Sua base é 2, sua altura é $\frac{2}{8} = \frac{1}{4}$, e sua área é $\frac{1}{2} \cdot 2 \cdot \frac{1}{4} = \frac{1}{4}$.

(b) A probabilidade é a mesma que a da parte (a), a saber, $\frac{1}{4}$.

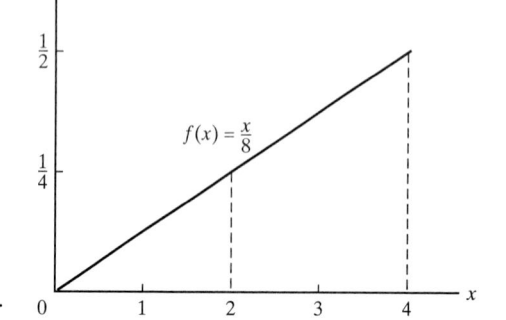

Figura 9.4
Diagrama para os Exemplos 9.1 e 9.2.

Este exemplo ilustra o fato importante de que, no caso contínuo, a probabilidade de que uma variável aleatória vá tomar um valor específico é zero. No nosso exemplo, há uma probabilidade zero de que a variável aleatória tome o valor 2, e com isso queremos dizer *exatamente* 2, não incluindo valores vizinhos como 1,9999998 ou 2,0000001.

Uma conseqüência de medição (em vês de contagem) é que devemos atribuir probabilidade zero a qualquer resultado específico. Afirmamos que há uma probabilidade zero de um indivíduo ter um peso de *exatamente* 65,87 kg ou de um cavalo terminar uma corrida em *exatamente* 58,442 segundos. Observe, contudo, que mesmo que cada resultado particular tenha probabilidade zero, o processo ainda assim produz um valor (quer possamos, ou não, medi-lo com um instrumento de alta precisão); assim, eventos com probabilidade zero não só podem, como devem ocorrer, quando estamos lidando com variáveis aleatórias (contínuas) medidas.

As descrições estatísticas de distribuições contínuas são tão importantes como as descrições de distribuições de probabilidade ou como as descrições de distribuições de dados observados, mas a maioria delas, inclusive a média e o desvio-padrão, não podem ser definidas sem usar o Cálculo. Informalmente, entretanto, podemos sempre ver distribuições contínuas como sendo aproximadas por histogramas de distribuições de probabilidade (ver Figura 9.1), cuja média e desvio-padrão sabemos calcular. Então, se escolhermos histogramas com classes cada vez mais estreitas, as médias e os desvios-padrão das distribuições de probabilidade correspondentes se aproximarão cada vez mais da média e do desvio-padrão da distribuição contínua. Na realidade, a média e o desvio-padrão de uma distribuição contínua medem as mesmas propriedades que a média e o desvio-padrão de uma distribuição de probabilidade, a saber, o valor esperado de uma variável aleatória tendo a distribuição dada e a raiz quadrada dos valores esperados dos quadrados dos desvios da média. Mais intuitivamente, a média μ de uma distribuição contínua é uma medida do seu centro, ou meio, e o desvio-padrão σ de uma distribuição contínua é uma medida de sua dispersão, ou espalhamento.

9.2 A DISTRIBUIÇÃO NORMAL

Entre as muitas distribuições contínuas diferentes usadas em Estatística, a mais importante é a **distribuição normal**, cujo estudo remonta a pesquisas desenvolvidas no século XVIII sobre os erros de mensuração. Constatou-se que as discrepâncias entre repetidas medições da mesma grandeza física apresentavam um grau surpreendente de regularidade. A distribuição das discrepâncias podia ser aproximada de perto por uma curva contínua, conhecida como a "curva normal dos erros" e atribuída às leis do acaso. A equação matemática desse tipo de curva é

$$f(x) = \frac{1}{\sigma\sqrt{2\pi}} e^{-\frac{1}{2}\left(\frac{x-\mu}{\sigma}\right)^2}$$

para $-\infty < x < \infty$, onde e é o número irracional 2,71828 . . ., que já encontramos à página 201 no estudo da distribuição de Poisson. Demos essa equação apenas para salientar algumas características essenciais da distribuição normal; ela não será utilizada em nossos cálculos.

O gráfico de uma distribuição normal é uma curva em forma de sino que se prolonga indefinidamente em ambas direções. Embora isso não seja visível num desenho pequeno como o da Figura 9.5, a curva se aproxima cada vez mais do eixo horizontal, sem jamais tocá-lo, por mais afastados que estejamos de um dos dois lados da média. Felizmente, quase nunca é preciso prolongar muito as caudas de uma distribuição normal, porque a área sob a curva a mais de quatro ou cinco desvios-padrão a contar da média é desprezível para a maioria dos fins práticos. (Ver Exercício 9.15.)

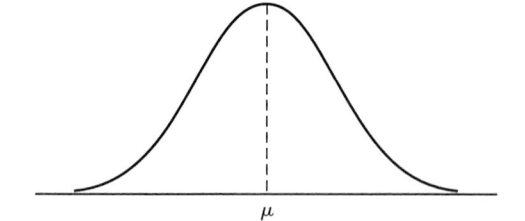

Figura 9.5
Curva da distribuição normal.

Uma característica importante das distribuições normais, visível na equação precedente, é que elas dependem apenas das duas quantidades μ e σ, que são, na realidade, a média e o desvio-padrão. Em outras palavras, há uma, e só uma, distribuição normal com uma dada média μ e um dado desvio-padrão σ. A Figura 9.6 mostra que obteremos curvas diferentes, dependendo dos valores de μ e σ. Em cima, vêem-se duas curvas normais com médias diferentes, mas desvios-padrão iguais; a curva à direita tem uma média maior. No centro, temos duas curvas normais com mesma média, mas desvios-padrão diferentes; a mais baixa e achatada tem um desvio-padrão maior. Embaixo vemos duas curvas normais com médias e desvios-padrão diferentes.

Em todo nosso trabalho com distribuições normais, estaremos interessados apenas nas áreas sob suas curvas, as chamadas **áreas sob a curva normal** que, na prática, se encontram em tabelas como a Tabela I no fim do livro. Como é fisicamente impossível, mas também desnecessário, construir tabelas separadas de áreas sob as curvas normais para todos os pares imagináveis de valores de μ e σ, tabelamos essas áreas apenas para a distribuição normal com $\mu = 0$ e $\sigma = 1$, denominada **distribuição normal padrão**. Podemos, então, obter áreas sob qualquer curva normal através de uma mudança de escala (ver Figura 9.7) que transforma as unidades de medições da escala original, ou escala x, em **unidades padronizadas**, **escores padronizados** ou **escores z**, por meio da fórmula

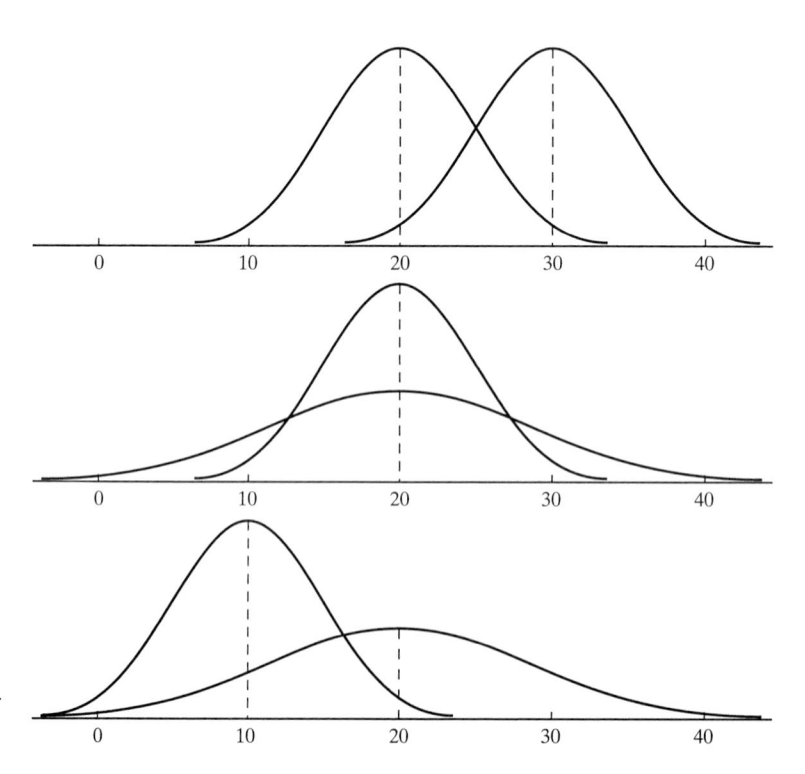

Figura 9.6
Três pares de distribuições normais.

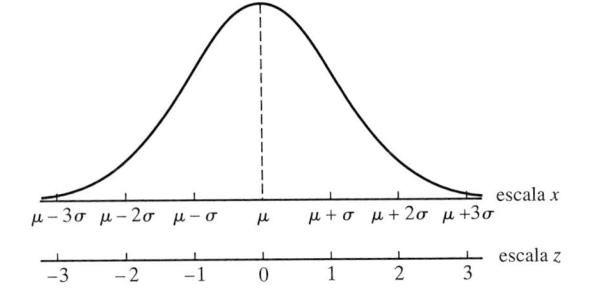

Figura 9.7
Mudança de escala para unidades padronizadas.

UNIDADES PADRONIZADAS

$$z = \frac{x - \mu}{\sigma}$$

Nesta nova escala, a escala z, um valor de z nos diz apenas a quantos desvios-padrão o valor correspondente de x está acima ou abaixo da média de sua distribuição.

Os valores na Tabela I são as áreas sob a curva normal padrão entre a média $z = 0$ e $z = 0,00$; $0,01$; $0,02$; ...; $3,08$ e $3,09$ e também $z = 4,00$, $z = 5,00$ e $z = 6,00$. Em outras palavras, os valores da Tabela I são áreas normalizadas como a da região colorida da Figura 9.8.

A Tabela I não tem entradas correspondentes a valores negativos de z, os quais são desnecessários em virtude da simetria de qualquer curva normal em torno de sua média. Isso decorre da equação à página 217, que permanece inalterada quando substituímos $-(x - \mu)$ por $x - \mu$. Especificamente, $f(\mu - a) = f(\mu + a)$, significando que obtemos o mesmo valor para $f(x)$ quando percorremos a distância x para a esquerda ou para a direita de μ.

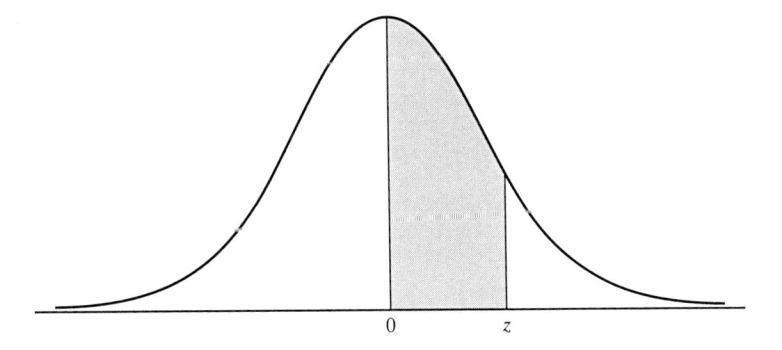

Figura 9.8
Áreas tabeladas da curva normal.

EXEMPLO 9.3 Encontre a área sob a curva normal padrão entre $z = -1,20$ e $z = 0$.

Solução Como pode ser visto na Figura 9.9, a área sob a curva entre $z = -1,20$ e $z = 0$ é igual à área sob a curva entre $z = 0$ e $z = 1,20$. Portanto, procuramos o valor correspondente a $z = 1,20$ na Tabela I e obtemos $0,3849$.

As questões que envolvem áreas sob distribuições normais surgem em vários contextos, e a capacidade de encontrar rapidamente qualquer área desejada pode ser muito útil. Embora a tabela dê somente áreas entre $z = 0$ e valores positivos selecionados de z, não raro precisamos encontrar áreas à esquerda ou à direita de valores dados de z, positivos ou negativos, ou então áreas entre dois valores dados de z. Isso não é difícil, desde que lembremos exatamente quais áreas estão

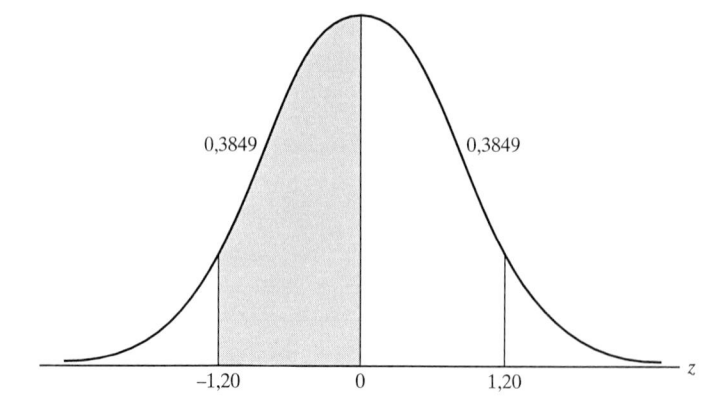

Figura 9.9
Diagrama para o Exemplo 9.3.

representadas pelas entradas na Tabela I, e que não esqueçamos que a distribuição normal padrão é simétrica em torno de $z = 0$, de modo que a área sob a curva à esquerda de $z = 0$ e a área sob a curva à direita de $z = 0$ são ambas iguais a 0,5000.

EXEMPLO 9.4 Encontre a área sob a curva normal padrão
(a) à esquerda de $z = 0,94$;
(b) à direita de $z = -0,65$;
(c) à direita de $z = 1,76$;
(d) à esquerda de $z = -0,85$;
(e) entre $z = 0,87$ e $z = 1,28$;
(f) entre $z = -0,34$ e $z = 0,62$.

Solução Para cada uma das seis partes, observe o diagrama correspondente na Figura 9.10.

(a) A área à esquerda de $z = 0,94$ é igual a 0,5000 mais o valor da Tabela I correspondente a $z = 0,94$, ou $0,5000 + 0,3264 = 0,8264$.

(b) A área à direita de $z = -0,65$ é 0,5000 mais o valor da Tabela I correspondente a $z = 0,65$, ou $0,5000 + 0,2422 = 0,7422$.

(c) A área à direita de $z = 1,76$ é 0,5000 menos o valor da Tabela I correspondente a $z = 1,76$, ou $0,5000 - 0,4608 = 0,0392$.

(d) A área à esquerda de $z = -0,85$ é 0,5000 menos o valor da Tabela I correspondente a $z = 0,85$, ou $0,5000 - 0,3023 = 0,1977$.

(e) A área entre $z = 0,87$ e $z = 1,28$ é a diferença entre os valores da Tabela I correspondentes a $z = 0,87$ e $z = 1,28$, ou $0,3997 - 0,3078 = 0,0919$.

(f) A área entre $z = -0,34$ e $z = 0,62$ é a soma dos valores da Tabela I correspondentes a $z = 0,34$ e $z = 0,62$, ou $0,1331 + 0,2324 = 0,3655$.

Em ambos os exemplos precedentes, lidamos diretamente com a distribuição normal padrão. Consideremos agora um exemplo em que μ e σ não são 0 e 1, o que nos obriga a transformar primeiro para unidades padronizadas.

EXEMPLO 9.5 Se uma variável aleatória tem a distribuição normal com $\mu = 10$ e $\sigma = 5$, qual é a probabilidade de que vá tomar um valor no intervalo de 12 a 15?

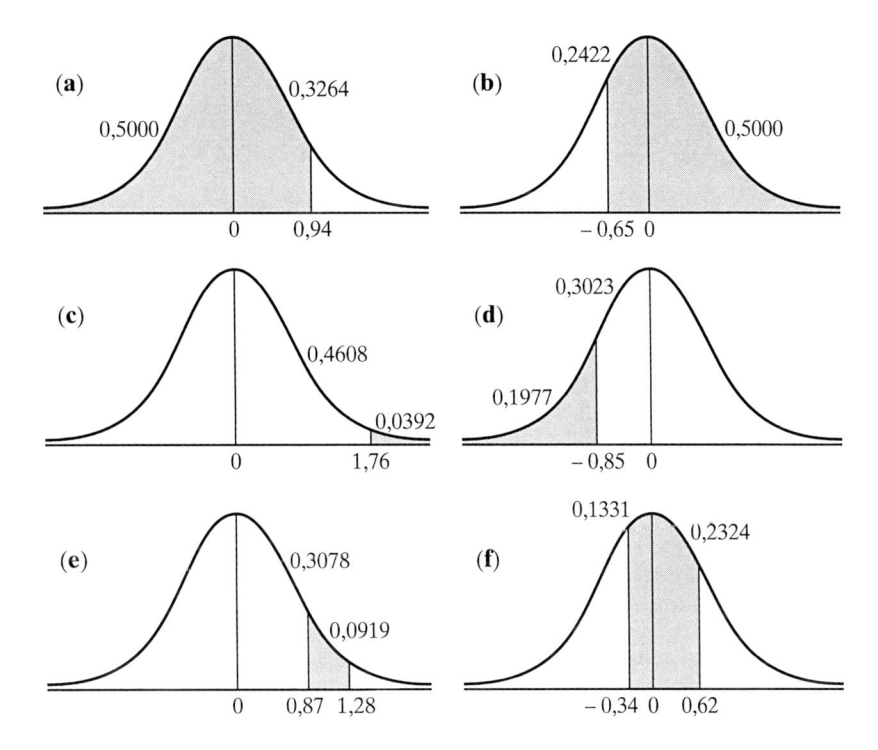

Figura 9.10
Diagrama para o Exemplo 9.4.

Solução A probabilidade é dada pela área da região colorida da Figura 9.11. Transformando $x = 12$ e $x = 15$ em unidades padronizadas, obtemos

$$z = \frac{12 - 10}{5} = 0{,}40 \quad \text{e} \quad z = \frac{15 - 10}{5} = 1{,}00$$

e como os valores correspondentes na Tabela I são 0,1554 e 0,3413, a probabilidade procurada é $0{,}3413 - 0{,}1554 = 0{,}1859$.

EXEMPLO 9.6 Se z_α denota o valor de z para o qual a área sob a curva normal padrão à sua direita é igual a α (letra grega *alfa* minúscula), encontre

(a) $z_{0,01}$;   (b) $z_{0,05}$.

Solução Para ambas as partes, veja o diagrama da Figura 9.12.

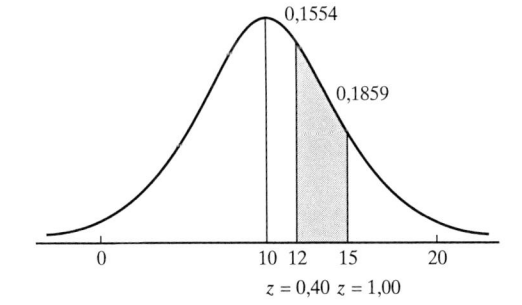

Figura 9.11
Diagrama para o Exemplo 9.5.

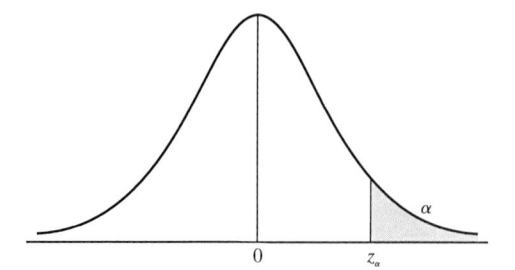

Figura 9.12
Diagrama para o Exemplo 9.6.

(a) Como $z_{0,01}$ corresponde a uma entrada de 0,5000 – 0,0100 = 0,4900 na Tabela I, procuramos o valor mais próximo de 0,4900 e encontramos 0,4901, que corresponde a $z = 2,33$; assim, tomamos $z_{0,01} = 2,33$.

(b) Como $z_{0,05}$ corresponde a uma entrada de 0,5000 – 0,0500 = 0,4500 na Tabela I, procuramos o valor mais próximo de 0,4500 e encontramos 0,4495 e 0,4505, que correspondem a $z = 1,64$ e $z = 1,65$; assim, tomamos $z_{0,05} = 1,645$.

A Tabela I também nos permite verificar a observação à página 90 de que, para distribuições de freqüência com a forma geral da seção transversal de um sino, cerca de 68% dos valores estão a menos de um desvio-padrão da média, cerca de 95% estão a menos de dois desvios-padrão da média, e cerca de 99,7% estão a menos de três desvios-padrão da média. Essas percentagens aplicam-se a distribuições de freqüência com a forma geral de uma distribuição normal, e o leitor pode verificá-las nas três primeiras partes do Exercício 9.15. As outras duas partes daquele exercício mostram que, embora as duas "caudas" se prolonguem indefinidamente em ambas as direções, a área sob a curva normal padrão à direita de $z = 4$ ou $z = 5$, ou à esquerda de $z = -4$ ou $z = -5$, é desprezível.

Embora este capítulo seja dedicado à distribuição normal, e sua importância não pode ser negada, seria um erro grave pensar que a distribuição normal é a única distribuição contínua que interessa ao estado da Estatística. No Capítulo 11 e em capítulos subseqüentes, vamos encontrar outras distribuições contínuas que desempenham papéis importantes em problemas de inferência estatística.

EXERCÍCIOS

9.1 Explique, em cada caso, por que a equação dada não serve como a densidade de probabilidade de uma variável aleatória definida sobre o intervalo de 1 a 4:

(a) $f(x) = 0,25$;

(b) $f(x) = \frac{1}{9}(4x - 7)$.

9.2 Explique, em cada caso, por que a equação dada não serve como a densidade de probabilidade de uma variável aleatória definida sobre o intervalo de 0 a 5:

(a) $f(x) = \frac{1}{10}(x - 4)$;

(b) $f(x) = \frac{1}{50}(x + 1)$.

9.3 A Figura 9.13 mostra o gráfico de uma **distribuição uniforme**, a saber, a de uma variável aleatória que toma um valor constante num intervalo de x dado. Encontre as probabilidades de que essa variável vá tomar

(a) um valor menor do que 6;

(b) o valor 6;

(c) um valor entre 3,5 e 6,8.

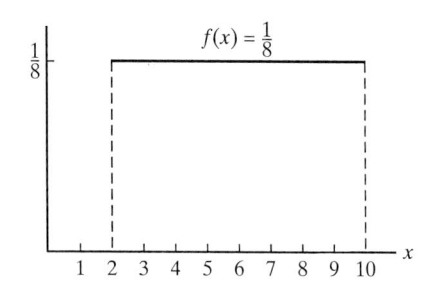

Figura 9.13
Diagrama para o Exercício 9.3.

9.4 Suponha que uma variável aleatória tenha distribuição uniforme (ver Exercício 9.3) no intervalo de 50 a 80. Encontre as probabilidades de que vá tomar um valor
   (a) de 60 a 80;
   (b) menor do que 50;
   (c) maior do que 75;
   (d) entre 35 e 45.

9.5 A Figura 9.14 mostra o gráfico da distribuição de uma variável aleatória contínua definida nos valores do intervalo contínuo de –1 a 1. Encontre as probabilidades de que essa variável aleatória vá tomar um valor
   (a) entre $\frac{1}{4}$ e 1;
   (b) entre –0,8 e 0,4;
   (c) menor do que 0,65.

9.6 Em cada caso que envolve áreas sob a curva normal padrão, decida se a primeira área é maior, se a segunda área é maior, ou se as duas áreas são iguais:
   (a) a área à direita de $z = 1,5$ ou a área à direita de $z = 2$;
   (b) a área à esquerda de $z = -1,5$ ou a área à esquerda de $z = -2$;
   (c) a área à direita de $z = 1$ ou a área à esquerda de $z = 1,5$;
   (d) a área à direita de $z = 2$ ou a área à esquerda de $z = -2$;
   (e) a área à direita de $z = -2,5$ ou a área à direita de $z = -1,5$;
   (f) a área à esquerda de $z = 0$ ou a área à direita de $z = -0,1$;
   (g) a área à direita de $z = 0$ ou a área à esquerda de $z = 0$;
   (h) a área à direita de $z = -1,4$ ou a área à esquerda de $z = -1,4$.

9.7 Em cada caso que envolve áreas sob a curva normal padrão, decida se a primeira área é maior, se a segunda área é maior, ou se as duas áreas são iguais:
   (a) a área entre $z = 0$ e $z = 1,3$ ou a área entre $z = 0$ e $z = 1$;
   (b) a área entre $z = -0,2$ e $z = 0,2$ ou a área entre $z = -0,4$ e $z = 0,4$;
   (c) a área entre $z = 0,15$ e $z = 1,5$ ou a área entre $z = 0$ e $z = 3$;
   (d) a área entre $z = 0,2$ e $z = 0,3$ ou a área entre $z = 1,2$ e $z = 1,3$;

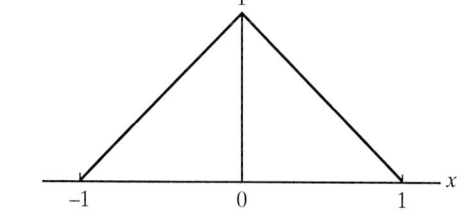

Figura 9.14
Diagrama para o Exercício 9.5.

(e) a área entre $z = -1$ e $z = -0,5$ ou a área entre $z = 0,5$ e $z = 1$;
(f) a área à esquerda de $z = -1,5$ ou a área à esquerda de $z = -0,5$;
(g) a área entre $z = -1$ e $z = 1,5$ ou a área entre $z = -1,5$ e $z = 1$.

9.8 Encontre a área sob a curva normal padrão que fica
(a) entre $z = 0$ e $z = 0,87$;
(b) entre $z = -1,66$ e $z = 0$;
(c) à direita de $z = 0,48$;
(d) à direita de $z = -0,27$;
(e) à esquerda de $z = 1,30$;
(f) à esquerda de $z = -0,79$.

9.9 Encontre a área sob a curva normal padrão que fica
(a) entre $z = 0,45$ e $z = 1,23$;
(b) entre $z = -1,15$ e $z = 1,85$;
(c) entre $z = -1,35$ e $z = 0,48$.

9.10 Encontre a área sob a curva normal padrão que fica
(a) entre $z = -0,77$ e $z = 0,77$;
(b) à direita de $z = -1,39$;
(c) à esquerda de $z = 0,27$;
(d) entre $z = 1,69$ e $z = 2,33$.

9.11 Em cada caso que envolve áreas sob a curva normal com $\mu = 115$, decida se a primeira área é maior, se a segunda área é maior, ou se as duas áreas são iguais:
(a) a área à direita de 135 ou a área à esquerda de 85;
(b) a área entre 103 e 127 ou a área entre 115 e 139;
(c) a área à direita de 105 ou a área à esquerda de 125.

9.12 Em cada caso que envolve variáveis aleatórias com distribuições normais, decida se a primeira probabilidade é maior, se a segunda probabilidade é maior, ou se as duas probabilidades são iguais:
(a) a probabilidade de que uma variável aleatória de distribuição normal com $\mu = 50$ e $\sigma = 10$ vá tomar um valor menor do que 60, ou a probabilidade de que uma variável aleatória de distribuição normal com $\mu = 500$ e $\sigma = 100$ vá tomar um valor menor do que 600;
(b) a probabilidade de que uma variável aleatória de distribuição normal com $\mu = 40$ e $\sigma = 5$ vá tomar um valor maior do que 40, ou a probabilidade de que uma variável aleatória de distribuição normal com $\mu = 50$ e $\sigma = 5$ vá tomar um valor maior do que 40;
(c) a probabilidade de que uma variável aleatória de distribuição normal com $\mu = 50$ e $\sigma = 10$ vá tomar um valor menor do que 60, ou a probabilidade de que uma variável aleatória de distribuição normal com $\mu = 50$ e $\sigma = 20$ vá tomar um valor menor do que 60;
(d) a probabilidade de que uma variável aleatória de distribuição normal com $\mu = 100$ e $\sigma = 5$ vá tomar um valor maior do que 110, ou a probabilidade de que uma variável aleatória de distribuição normal com $\mu = 108$ e $\sigma = 5$ vá tomar um valor maior do que 110.

9.13 Encontre z se a área sob a curva normal padrão
(a) entre 0 e z é 0,4788;
(b) à esquerda de z é 0,8365;
(c) entre $-z$ e z é 0,8584;
(d) à esquerda de z é 0,3409.

9.14 Encontre z se a área sob a curva normal padrão
  (a) entre 0 e z é 0,1480;
  (b) à direita de z é 0,7324;
  (c) à direita de z é 0,1225;
  (d) entre $-z$ e z é 0,9328.

9.15 Encontre a área sob a curva normal padrão entre $-z$ e z, se
  (a) $z = 1$;
  (b) $z = 2$;
  (c) $z = 3$;
  (d) $z = 4$;
  (e) $z = 5$.

9.16 Com z_α definido como no Exemplo 9.6, verifique que
  (a) $z_{0,025} = 1,96$;
  (b) $z_{0,005} = 2,575$.

9.17 Se uma variável aleatória tem a distribuição normal com $\mu = 82,0$ e $\sigma = 4,8$, encontre a probabilidade de que ela vá tomar um valor
  (a) menor do que 89,2;
  (b) maior do que 78,4;
  (c) entre 83,2 e 88,0;
  (d) entre 73,6 e 90,4.

9.18 Dada uma curva normal com $\mu = 36,3$ e $\sigma = 8,1$, encontre a área sob a curva entre 31,6 e 40,1.

9.19 Uma distribuição normal tem a média $\mu = 62,4$. Encontre seu desvio-padrão se 20% da área sob a curva estão à direita de 79,2.

9.20 Uma variável aleatória tem uma distribuição normal com $\sigma = 10$. Se a probabilidade de que ela vá tomar um valor menor do que 82,5 é 0,8212, qual é a probabilidade de que ela vá tomar um valor maior do que 58,3?

9.21 Uma outra distribuição contínua, denominada **distribuição exponencial**, tem muitas aplicações importantes. Se uma variável aleatória tem uma distribuição exponencial com média μ, a probabilidade de que ela vá tomar um valor entre 0 e um valor não-negativo de x qualquer é $1 - e^{-x/\mu}$ (ver Figura 9.15). Aqui, e é o número irracional que aparece também na fórmula da distribuição normal. Muitas calculadoras têm teclas para o cálculo de expressões de forma $e^{-x/\mu}$, e valores selecionados podem ser obtidos na Tabela XII. Encontre a probabilidade de que uma variável aleatória com distribuição exponencial com média $\mu = 10$ vá tomar um valor

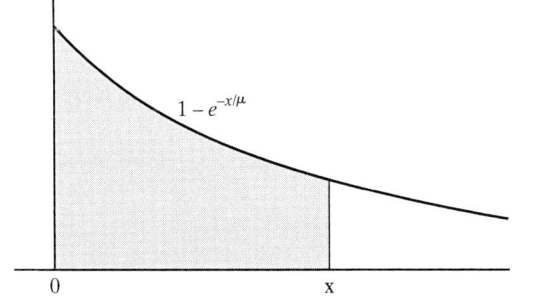

Figura 9.15 Distribuição exponencial.

(a) menor do que 4;
(b) entre 5 e 9;
(c) maior do que 16.

9.22 A duração de certo componente eletrônico é uma variável aleatória que tem distribuição exponencial com média $\mu = 2.000$ horas. Use a fórmula do Exercício 9.21 para encontrar as probabilidades de que um tal componente dure

(a) no máximo 2.400 horas;
(b) no mínimo 1.600 horas;
(c) entre 1.800 e 2.200 horas.

9.23 De acordo com uma pesquisa médica, o tempo entre ocorrências sucessivas de uma doença tropical rara é uma variável aleatória que tem distribuição exponencial com média $\mu = 120$ dias. Encontre as probabilidades de que o tempo entre ocorrências sucessivas da doença

(a) exceda 240 dias;
(b) exceda 360 dias;
(c) seja inferior a 60 dias.

9.24 Na região em torno de uma falha geológica, o tempo entre tremores secundários posteriores a um terremoto é uma variável aleatória que tem distribuição exponencial com $\mu = 36$ horas. Encontre as probabilidades de que o tempo entre tremores secundários sucessivos

(a) seja inferior a 18 horas;
(b) exceda 72 horas;
(c) fique entre 36 e 108 horas.

*9.3 VERIFICAÇÃO DA NORMALIDADE

Em muitos dos procedimentos que discutiremos em capítulos subseqüentes, suporemos que nossos dados vêm de populações normais, ou seja, que lidamos com valores de variáveis aleatórias que têm distribuições normais. Por muitos anos, essa hipótese era verificada com o uso de um tipo especial de papel de gráfico, denominado **papel de probabilidade normal** ou **papel de probabilidade aritmética**. Tal papel de gráfico podia ser encontrado na maioria das papelarias, livrarias de universidade ou em lojas especializadas de material de escritório. Hoje em dia, esse papel passou a ser uma curiosidade, sendo difícil se encontrar, pois o trabalho de verificar a normalidade tem sido feito por computadores (com aplicativos estatísticos especiais) e outras ferramentas. Como já indicamos várias vezes, os computadores com aplicativos apropriados ou algum outro recurso tecnológico podem ser muito úteis em Estatística, mas nenhuma dessas ferramentas é essencial para usar este livro. Por isso esta seção está marcada como opcional com o asterisco.

Na realidade, os gráficos mostrados nas Figuras 9.16 e 9.17 compartilham as escalas do papel de probabilidade normal. Os eixos horizontais, usados para os valores da variável aleatória, a mesma em ambos diagramas, têm escalas ordinárias com subdivisões iguais. Por outro lado, a escala nos eixos verticais está marcada de tal modo que o gráfico de qualquer distribuição normal cumulativa fica uma linha reta. Isso é precisamente como julgamos a "normalidade" de qualquer conjunto de dados. *Se o padrão obtido de nossos dados é aproximadamente o de uma linha reta, estamos justificados para concluir que os dados provêm de uma **população normal**.*

A Figura 9.16 dá um exemplo de um **gráfico de probabilidade normal** obtido com o uso de um computador e o aplicativo MINITAB. A Figura 9.17 faz o mesmo com o uso de uma cal-

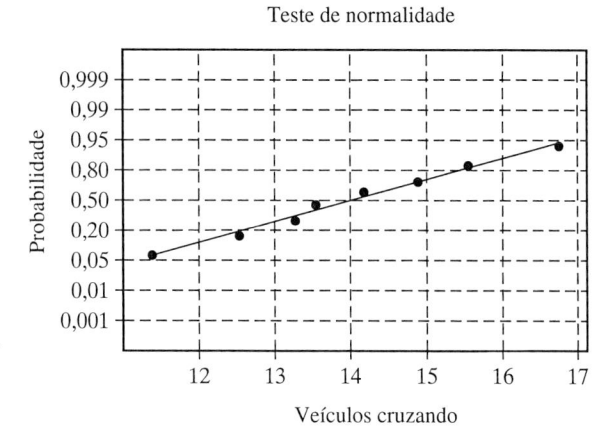

Figura 9.16
Gráfico de probabilidade normal obtido com computador e o aplicativo MINITAB.

culadora gráfica. Qualquer um desses dois gráficos de probabilidade normal poderia servir como procedimento preliminar para estimar, digamos, a durabilidade de uma nova tinta para pintar as linhas divisórias de tráfego das rodovias. Ocorre que o procedimento estatístico utilizado pelo órgão governamental que trata da manutenção das rodovias para julgar a durabilidade de tal tinta só funciona quando seus dados constituem uma amostra de uma população normal. Portanto, esse órgão pintou linhas em rodovias com tráfego pesado em oito locais diferentes e constatou que a pintura se deteriora depois de ter sido cruzada por 14,26; 16,78; 13,65; 11,53; 12,64; 13,37; 15,60 e 14,94 milhões de veículos. Então, digitando esses dados em seu computador e seguindo as instruções de seu aplicativo MINITAB para um gráfico de probabilidade normal, obtiveram o gráfico de probabilidade normal mostrado na Figura 9.16. Como pode ser observado, os oito pontos estão muito próximos de uma linha reta; com certeza suficientemente próximos para concluir que os dados constituem uma amostra de uma população normal. Num nível menos subjetivo, poderíamos continuar com um dos muitos procedimentos para testar a normalidade de um conjunto de dados amostrais. As informações para vários desses procedimentos, dos quais não necessitamos, foram omitidos da janela de MINITAB exibida na Figura 9.16

As calculadoras gráficas geram gráficos de probabilidade de uma maneira um pouco diferente do gráfico gerado por MINITAB da Figura 9.16. O gráfico exibido na Figura 9.17 se refere aos mesmos dados, mas a teoria subjacente é outra. Novamente, a linearidade do gráfico é um sinal de normalidade, ou seja, indica que os dados são valores de uma variável aleatória com uma distribuição normal ou muito próxima da normal.

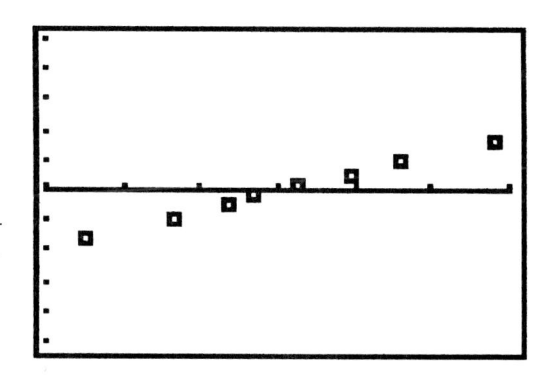

Figura 9.17
Gráfico de probabilidade normal obtido com uma calculadora gráfica TI-83Plus.

EXERCÍCIOS

*9.25 Use um aplicativo computacional apropriado ou uma calculadora gráfica para produzir um gráfico de probabilidade normal para os dados de ocupação de quartos de hotel à página 28. Esses dados podem ser interpretados como sendo os valores de uma variável aleatória com uma distribuição normal?

*9.26 Use um aplicativo computacional apropriado ou uma calculadora gráfica para produzir um gráfico de probabilidade normal para os dados do Exercício 2.22 à página 33, referente ao número de cirurgias feitas num hospital durante 80 semanas. Esses dados podem ser interpretados como sendo os valores de uma variável aleatória com uma distribuição normal?

*9.27 Use um aplicativo computacional apropriado ou uma calculadora gráfica para produzir um gráfico de probabilidade normal para os dados do Exercício 2.42 à página 41, referente aos comprimentos das raízes de 120 plantinhas. Esses dados podem ser interpretados como sendo os valores de uma variável aleatória com uma distribuição normal?

*9.28 Use um aplicativo computacional apropriado ou uma calculadora gráfica para produzir um gráfico de probabilidade normal para os dados do Exercício 2.36 à página 40, referente às percentagens de encolhimento de espécimes de cerâmica plástica. Esses dados podem ser interpretados como sendo os valores de uma variável aleatória com uma distribuição normal?

*9.29 Use um aplicativo computacional apropriado ou uma calculadora gráfica para produzir um gráfico de probabilidade normal para os comprimentos das 60 trutas marinhas que constituem o primeiro conjunto de dados da Seção 2.1, à página 26. Esses dados podem ser interpretados como sendo os valores de uma variável aleatória com uma distribuição normal?

9.4 APLICAÇÕES DA DISTRIBUIÇÃO NORMAL

Consideremos, agora, algumas aplicações em que podemos supor, em cada caso, que as variáveis aleatórias sob consideração têm distribuições normais ou podem ser muito bem aproximados por distribuições normais. As aplicações mais diretas das distribuições normais ocorrem quando nos são dados os valores de ambos seus parâmetros, μ e σ. Como já indicamos à página 217 em relação à equação da curva normal, esses dois parâmetros especificam completamente a distribuição normal, ou seja, a área sob a curva normal pode ser determinada convertendo para unidades padronizadas e então utilizando a Tabela I no final do livro. No que segue ilustramos esse tipo de aplicação.

EXEMPLO 9.7 Se a quantidade de radiação cósmica a que uma pessoa está exposta enquanto atravessar o território dos Estados Unidos de avião é uma variável aleatória de distribuição normal com $\mu = 4{,}35$ mrem e $\sigma = 0{,}59$ mrem, encontre as probabilidades de que uma pessoa num tal vôo esteja exposta a

(a) mais de 5,00 mrem de radiação cósmica;

(b) alguma quantidade de 3,00 a 4,00 mrem de radiação cósmica.

Solução (a) Essa probabilidade é dada pela área da região colorida sob a curva do diagrama no topo da Figura 9.18, a saber, a área sob a curva à direita de

$$z = \frac{5{,}00 - 4{,}35}{0{,}59} \approx 1{,}10$$

Como a entrada na Tabela I correspondente a $z = 1,10$ é 0,3643, vemos que a probabilidade de que uma pessoa esteja exposta a mais de 5,00 mrem de radiação cósmica num tal vôo é $0,5000 - 0,3646 = 0,1357$ ou, aproximadamente, 0,14.

(b) Essa probabilidade é dada pela área da região colorida sob a curva do diagrama na base da Figura 9.18, a saber, a área sob a curva à direita de

$$z = \frac{3,00 - 4,35}{0,59} \approx -2,29 \quad \text{e} \quad z = \frac{4,00 - 4,35}{0,59} \approx -0,59$$

Como as entradas na Tabela I correspondente a $z = 2,29$ e $z = 0,59$ são, respectivamente, 0,4890 e 0,2224, vemos que a probabilidade de que uma pessoa esteja exposta a alguma quantidade de 3,00 a 4,00 mrem de radiação cósmica num tal vôo é $0,4890 - 0,2224 = 0,2666$ ou, aproximadamente, 0,27.

Embora a distribuição normal seja uma distribuição contínua que é aplicável a variáveis aleatórias contínuas, muitas vezes ela é usada para aproximar distribuições de variáveis aleatórias discretas, que podem tomar apenas um número finito de valores, ou tantos valores quantos são os inteiros positivos. Para tanto, devemos usar a **correção de continuidade** ilustrada no exemplo seguinte. Além disso, esse exemplo é novamente uma aplicação com dados valores (na verdade, estimados) da média e do desvio-padrão.

EXEMPLO 9.8 Num estudo de comportamento agressivo, constatou-se que um conjunto de camundongos brancos do sexo masculino, quando retornaram ao grupo em que viviam após quatro semanas de isolamento, envolveram-se numa média de 18,6 brigas nos primeiros cinco minutos, com desvio-padrão de 3,3 brigas. Se puder ser admitido que a distribuição dessa variável aleatória (o número de brigas em que um tal camundongo se envolve nas condições enunciadas) pode ser muito bem aproximada por uma distribuição normal, qual é a probabilidade de que um tal camundongo vá se envolver em pelo menos 15 brigas nos primeiros cinco minutos?

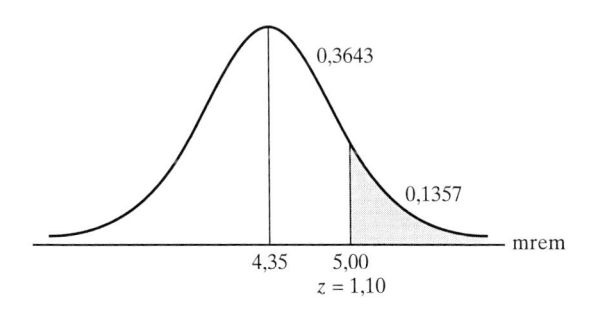

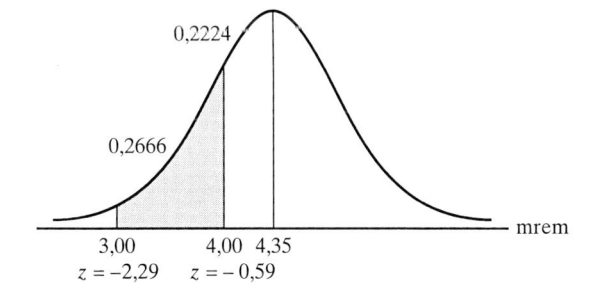

Figura 9.18
Diagrama para o Exemplo 9.7.

Solução A resposta é dada pela área da região colorida sob a curva na Figura 9.19, a saber, pela área sob a curva à direita de 14,5, e não de 15. A razão disso é que o número de brigas é um número inteiro. Portanto, se quisermos aproximar a distribuição dessa variável aleatória por uma distribuição normal, devemos "espalhar" seus valores ao longo de uma escala contínua e, para tanto, representamos cada número inteiro k pelo intervalo de $k - \frac{1}{2}$ até $k + \frac{1}{2}$. Por exemplo, 5 é representado pelo intervalo de 4,5 a 5,5, 10 é representado pelo intervalo de 9,5 a 10,5, 20 é representado pelo intervalo de 19,5 a 20,5, e a probabilidade de 15 ou mais é dada pela área sob a curva à direita de 14,5. Conseqüentemente, obtemos

$$z = \frac{14,5 - 18,6}{3,3} \approx -1,24$$

e segue pela Tabela I que a área da região colorida sob a curva na Figura 9.19, ou seja, a probabilidade de que um tal camundongo vá se envolver em pelo menos 15 brigas nos primeiros cinco minutos, é de 0,5000 + 0,3925 = 0,8925 ou, aproximadamente, 0,89.

Um pouco mais difíceis são as aplicações em que somente é dado um dos dois parâmetros μ e σ, além de um valor de x e da área sob a curva à sua esquerda ou direita. O que segue ilustra esse tipo de aplicação com dados valores de σ e de x, bem como da área sob a curva à esquerda desse valor de x.

EXEMPLO 9.9 A quantidade efetiva de massa de rejunte que uma máquina deposita em sacos de 6 quilogramas varia de saco para saco, e pode ser considerada uma variável aleatória normal com desvio-padrão de 0,04 quilogramas. Se apenas 2% dos sacos podem conter menos do que 6 quilogramas de massa de rejunte, qual deve ser a quantidade média a ser depositada nesses sacos?

Solução Aqui temos dado $\sigma = 0,04$, $x = 6,00$, uma área sob a curva normal (a da região colorida na Figura 9.20) e devemos encontrar μ. O valor de z para o qual a entrada na Tabela I está mais próximo de 0,5000 − 0,0200 = 0,4800 é $z = 2,05$, que corresponde a 0,4798, de modo que

$$-2,05 = \frac{6,00 - \mu}{0,04}$$

Então, resolvendo em μ, obtemos $6,00 - \mu = -2,05(0,04) = -0,082$ e $\mu = 6,00 + 0,082 = 6,082$ ou, aproximadamente, 6,08. A quantidade média a ser depositada deve ser de 6,08 quilogramas.

Todos os exemplos desta seção trataram de variáveis aleatórias com distribuições normais, ou distribuições que podem ser muito bem aproximadas por curvas normais. Quando observamos um valor (ou valores) de uma variável aleatória tendo uma distribuição normal, podemos dizer que estamos **extraindo uma amostra de uma população normal**, o que é consistente com a terminologia introduzida ao final da Seção 8.3.

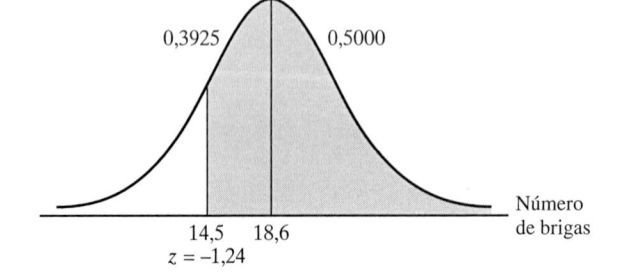

Figura 9.19
Diagrama para o Exemplo 9.8.

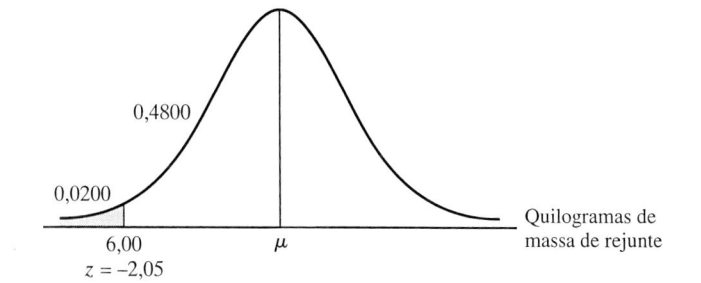

Figura 9.20
Diagrama para o Exemplo 9.9.

9.5 A APROXIMAÇÃO NORMAL DA DISTRIBUIÇÃO BINOMIAL

A distribuição normal fornece uma aproximação bastante boa da distribuição binomial quando n, o número de provas, é grande e p, a probabilidade de sucesso numa prova individual, está próxima de $\frac{1}{2}$. A Figura 9.21 mostra os histogramas das distribuições binomiais com $p = \frac{1}{2}$ e $n = 2, 5, 10$ e 25, e pode ser observado que, com n crescente, essas distribuições tendem para o padrão simétrico em forma de sino da distribuição normal. Na verdade, as distribuições normais com a média $\mu = np$ e o desvio-padrão $\sigma = \sqrt{np(1-p)}$ podem, muitas vezes, ser usadas para aproximar probabilidades binomiais, quando n não é tão grande e p é bastante diferente de $\frac{1}{2}$. Como "não é tão grande" e "é bastante diferente" não são expressões muito precisas, vamos enunciar a seguinte regra empírica:

> É considerada prática segura utilizar a aproximação normal da distribuição binomial somente quando np e $n(1-p)$ forem ambos maiores do que 5; simbolicamente, quando
>
> $$np > 5 \text{ e } n(1-p) > 5$$

A Figura 9.21 mostra claramente como o formato da distribuição binomial tende ao formato de uma distribuição normal e chama a atenção para o fato de que estamos aproximando a distribuição de uma variável aleatória discreta (de fato, uma variável aleatória finita) com a distribuição de uma variável que é contínua. Isso foi antecipado na solução do Exemplo 9.8, em que introduzimos a correção de continuidade de espalhar cada número inteiro k ao longo do intervalo contínuo de $k - \frac{1}{2}$ até $k + \frac{1}{2}$.

EXEMPLO 9.10 Use a distribuição normal para aproximar a probabilidade binomial de obter 6 caras e 10 coroas em 16 lançamentos de uma moeda equilibrada, e compare o resultado com o valor correspondente na Tabela V.

Figura 9.21
Distribuição binomial com $p = \frac{1}{2}$.

Solução Com $n = 16$ e $p = \frac{1}{2}$, verificamos que $np = 16 \cdot \frac{1}{2} = 8$ e $n(1-p) = 16(1 - \frac{1}{2}) = 8$ são ambos maiores do que 5 e, portanto, que a aproximação normal está justificada. A aproximação normal à probabilidade de 6 caras e 10 coroas é dada pela área da região colorida sob a curva na Figura 9.22, com 6 caras representadas pelo intervalo de 5,5 até 6,5. Como $\mu = 16 \cdot \frac{1}{2} = 8$ e $\sigma = \sqrt{16 \cdot \frac{1}{2} \cdot \frac{1}{2}} = 2$, obtemos

$$z = \frac{5{,}5 - 8}{2} = -1{,}25 \quad \text{e} \quad z = \frac{6{,}5 - 8}{2} = -0{,}75$$

em unidades padronizadas para $x = 5{,}5$ e $x = 6{,}5$. As entradas correspondentes a $z = 1{,}25$ e $z = 0{,}75$ na Tabela I são 0,3944 e 0,2734 e, portanto, obtemos $0{,}3944 - 0{,}2734 = 0{,}1210$ para a aproximação normal da probabilidade binomial de obter 6 caras e 10 coroas em 16 lançamentos de uma moeda equilibrada. Como o valor correspondente na Tabela V é 0,122, segue que o **erro percentual** é $\frac{0{,}001}{0{,}122} \cdot 100\% = 0{,}82\%$.

A aproximação normal à distribuição binomial é de grande valia quando, sem ela, as probabilidades binomiais individuais teriam de ser calculadas para muitos valores de x. Isso ocorre no exemplo a seguir, em que teríamos que determinar e somar as probabilidades individuais para 9, 10, 11, . . ., 148, 149 e 150 sucessos em 150 provas, a menos que usássemos diretamente algum tipo de aproximação para obter a probabilidades de pelo menos 9 sucessos em 150 provas, digamos, em termos de alguma área de curva normal.

EXEMPLO 9.11 Suponhamos que 5% dos tijolos crus despachados por um fabricante apresentem ligeiros defeitos. Use a aproximação normal da distribuição binomial para aproximar a probabilidade de que dentre 150 tijolos crus despachados pelo fabricante, pelo menos nove apresentem ligeiros defeitos. Também utilize o impresso de computador da Figura 8.4 à página 202 para calcular o erro e o erro percentual desta aproximação.

Solução Como $150(0{,}05) = 7{,}5$ e $150(1 - 0{,}05) = 142{,}5$ são ambos maiores do que 5, está satisfeita a regra empírica que autoriza o uso da aproximação normal à distribuição binomial. De acordo com a correção de continuidade explicada à página 230, representamos 9 dos tijolos pelo intervalo de 8,5 a 9,5; assim, devemos determinar a região colorida sob a curva na Figura 9.23. Como $\mu = 150(0{,}05) = 7{,}5$ e $\sigma = \sqrt{150(0{,}05)(0{,}95)} \approx 2{,}67$, obtemos

$$z = \frac{8{,}5 - 7{,}5}{2{,}67} \approx 0{,}37$$

em unidades padronizadas para $x = 8{,}5$. A entrada correspondente na Tabela I é 0,1443 e, portanto, obtemos $0{,}5000 - 0{,}1443 = 0{,}3557$ para a aproximação normal da probabilidade de que pelo

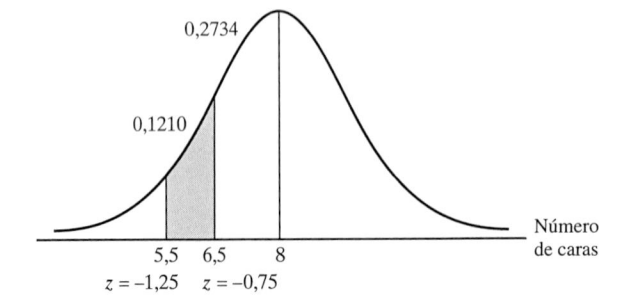

Figura 9.22
Diagrama para o Exemplo 9.10.

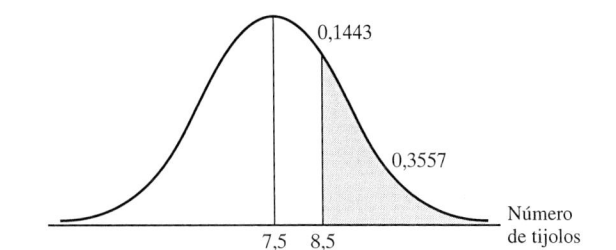

Figura 9.23
Diagrama para o Exemplo 9.11.

menos 9 dos tijolos crus apresentarão ligeiros defeitos. Como o impresso da Figura 8.4 mostra que a probabilidade binomial correspondente é 0,1171 + 0,0869 + 0,0582 + ··· + 0,0001 = 0,3361, verificamos que o erro da nossa aproximação é 0,3557 − 0,3361 = 0,0196 ou, aproximadamente, 0,02. O erro percentual correspondente é $\frac{0,0196}{0,3361}$ 5,8%.

O erro percentual obtido nesse exemplo é um pouco substancial e serve para alertar que satisfazer a regra empírica da página 231 não necessariamente garante que obtenhamos uma boa aproximação. Por exemplo, se p é muito pequeno e se quisermos aproximar a probabilidade de um valor que não está muito próximo da média, a aproximação poderá ser bastante pobre, mesmo se a regra empírica da página 231 tiver sido satisfeita. Conforme o leitor é convidado a verificar no Exercício 9.53, se quiséssemos aproximar a probabilidade de haver apenas um tijolo com um ligeiro defeito dentre os 150 despachados pelo fabricante, o erro percentual teria sido maior do que 100%. Como não estamos esperando que o leitor se transforme instantaneamente num perito do uso da aproximação normal à distribuição binomial, adicionamos que essa aproximação foi apresentada aqui principalmente porque ela será necessária em capítulos subseqüentes para inferências relativas a proporções de grandes amostras.

EXERCÍCIOS

9.30 O tempo necessário para montar uma estante "fácil de montar" de uma fábrica de móveis é uma variável aleatória de distribuição normal com $\mu = 17{,}40$ minutos e $\sigma = 2{,}20$ minutos. Qual é a probabilidades de que esse tipo de estante possa ser montada por uma pessoa em
   (a) menos do que 19,0 minutos;
   (b) em algum tempo entre 12,0 e 15,0 minutos?

9.31 Com referência ao Exercício 9.30, para qual intervalo de tempo a probabilidade de que uma tal montagem possa ser concluída é de 0,20?

9.32 A redução do consumo de oxigênio de uma pessoa durante períodos de meditação transcendental pode ser considerada como uma variável aleatória de distribuição normal com $\mu = 38{,}6$ cm^3 por minuto e $\sigma = 6{,}5$ cm^3 por minuto. Encontre as probabilidades de que, durante um período de meditação transcendental, o consumo de oxigênio de uma pessoa sofra uma redução de
   (a) pelo menos 33,4 cm^3 por minuto;
   (b) no máximo 34,7 cm^3 por minuto.

9.33 As uvas dos cachos de certa cepa criados num vinhedo pesam em média 18,2 gramas com desvio-padrão de 1,2 gramas. Supondo que a distribuição do peso dessas uvas tem aproximadamente o formato de uma distribuição normal, qual é a percentagem das uvas que pesa
   (a) pelo menos 16,1 gramas;
   (b) mais do que 17,3 gramas;
   (c) algum peso entre 16,7 e 18,8 gramas?

9.34 Com referência ao Exercício 9.33, encontre o peso acima do qual podemos esperar que estejam 80% das uvas mais pesadas?

9.35 Um montador necessita de molas helicoidais que suportem uma carga de pelo menos 20,0 kgf. Dentre dois fornecedores, o Fornecedor A pode garantir molas que, em média, suportam uma carga de 24,5 kgf com desvio-padrão de 2,1 kgf, enquanto que o Fornecedor B pode garantir molas que, em média, suportam uma carga de 23,3 kgf com desvio-padrão de 1,6 kgf. Supondo que as distribuições dessas cargas possam ser aproximadas com distribuições normais, determine qual dos dois fornecedores pode garantir ao montador a menor percentagem de molas insatisfatórias.

9.36 Os comprimentos de zangões adultos de uma certa variedade têm uma média de 1,96 cm com desvio-padrão de 0,08 cm. Supondo que a distribuição desses comprimentos tenha aproximadamente o formato de uma distribuição normal, encontre a percentagem desses zangões que têm pelo menos 2,0 cm de comprimento.

9.37 Com referência ao Exercício 9.36, encontre o comprimento acima do qual podemos esperar que estejam os 5% zangões mais compridos.

9.38 Em 1945, depois da Segunda Guerra Mundial, todos soldados dos EUA receberam uma pontuação baseada em tempo de serviço, número de condecorações, número de confrontos, etc. Supondo que a distribuição desses pontos possa ser muito bem aproximada por uma distribuição normal com $\mu = 63$ e $\sigma = 20$, quantos soldados de um exército de 8.000.000 seriam dispensados se fossem dispensados todos soldados com mais do que 79,0 pontos? (Os dados são cortesia do Departamento de Matemática da Academia Militar dos EUA.)

9.39 A distribuição dos QI de 4.000 funcionários de uma firma grande tem uma média de 104,5, desvio-padrão de 13,9 e seu formato é aproximadamente o de uma distribuição normal. Sabendo que um certo serviço requer um QI mínimo de 95 e entedia os de QI acima de 110, quantos dos funcionários dessa firma poderiam ser indicados para fazer esse serviço se o único critério fosse o QI? (Use correção de continuidade.)

9.40 O número de reclamações diárias numa loja de departamentos tem uma distribuição aproximadamente normal com $\mu = 25,8$. Também, as chances são de 4 para 1 de que num dia qualquer ocorram 18 reclamações.
(a) Qual é o desvio-padrão dessa distribuição normal?
(b) Qual é a probabilidade de que ocorram pelo menos 30 reclamações num dado dia?

9.41 O número anual mundial de terremotos é uma variável aleatória com uma distribuição aproximadamente normal de $\mu = 20,8$. Qual é o desvio-padrão dessa distribuição se a probabilidade de que ocorram pelo menos 18 terremotos é de 0,70?

9.42 Sabe-se que o número de ligações externas para fora de um escritório entre as 15 e as 17 horas é uma variável aleatória (ou muito próximo de uma) com uma média de 338. Se a probabilidade de que ocorram mais do que 400 ligações é de 0,06, qual é a probabilidade de que ocorram menos do que 300 ligações?

9.43 Uma variável aleatória tem uma distribuição normal com $\sigma = 4,0$. Se a probabilidade de que essa variável tome um valor menor do que 82,6 é de 0,9713, qual é a probabilidade de essa variável vá tomar um valor entre 70,0 e 80,0?

9.44 Um aluno pretende responder um teste de questões do tipo verdadeiro ou falso usando o resultado de lançamentos de uma moeda. Qual é a probabilidade de que o aluno acerte pelo menos 12 de $n = 20$ questões usando
(a) a aproximação normal à distribuição binomial com $n = 20$ e $p = 0,50$;
(b) a Tabela V?

9.45 Com referência ao Exercício 9.44, encontre a percentagem de erro da aproximação.

9.46 Verifique, em cada caso, se estão satisfeitas as condições para a aproximação normal da distribuição binomial:
(a) $n = 32$ e $p = \frac{1}{7}$;
(b) $n = 75$ e $p = 0,10$;
(c) $n = 50$ e $p = 0,08$.

9.47 Verifique, em cada caso, se estão satisfeitas as condições para a aproximação normal da distribuição binomial:
(a) $n = 150$ e $p = 0,05$;
(b) $n = 60$ e $p = 0,92$;
(c) $n = 120$ e $p = \frac{1}{20}$.

9.48 Os registros mostram que 80% dos fregueses de um restaurante pagam com cartão de crédito. Use a aproximação normal da distribuição binomial para encontrar a probabilidade de que pelo menos 170 dentre 200 fregueses do restaurante paguem com cartão de crédito.

9.49 A probabilidade de que uma nuvem borrifada com iodeto de prata deixe de apresentar um crescimento espetacular é de 0,26. Use a aproximação normal da distribuição binomial para encontrar a probabilidade de que entre 30 nuvens borrifadas com iodeto de prata
(a) no máximo 8 deixem de apresentar um crescimento espetacular;
(b) somente 8 deixem de apresentar um crescimento espetacular.

9.50 Com referência ao Exercício 9.49, use a tabela impressa por MINITAB mostrado na Figura 9.24 para encontrar o erro percentual em ambas partes daquele exercício.

9.51 Estudos mostram que 22% de todos pacientes que tomam um certo antibiótico ficam com dor de cabeça. Use a aproximação normal da distribuição binomial para encontrar a probabilidade de que entre 50 pacientes tomando este antibiótico
(a) pelo menos 10 vão ficar com dor de cabeça;
(b) no máximo 15 vão ficar com dor de cabeça.

```
Função Densidade de Probabilidade
Binomial with n = 30 and p = 0.260000
            x         P(X = x)
         0.00          0.0001
         1.00          0.0013
         2.00          0.0064
         3.00          0.0210
         4.00          0.0499
         5.00          0.0911
         6.00          0.1334
         7.00          0.1606
         8.00          0.1623
         9.00          0.1394
        10.00          0.1028
        11.00          0.0657
        12.00          0.0365
        13.00          0.0178
        14.00          0.0076
        15.00          0.0028
        16.00          0.0009
```

Figura 9.24 Distribuição binomial com $n = 30$ e $p = 0,26$.

9.52 Com referência ao Exercício 9.51, use o impresso mostrado na Figura 9.25 para encontrar o erro percentual em ambas partes daquele exercício.

9.53 Use o impresso da Figura 8.4 para mostrar que se utilizarmos a aproximação normal da probabilidade binomial com $x = 1$, $n = 150$ e $p = 0{,}05$, então o erro percentual é de cerca de 117%.

9.54 Use a distribuição normal para aproximar a probabilidade de que pelo menos 55 dentre 90 pessoas que cruzam o Atlântico de avião venham a sentir os efeitos da diferença de fuso horário durante, pelo menos, 24 horas, se é de 0,70 a probabilidade de que uma pessoa qualquer cruzando o Atlântico num avião vá sentir o efeito da diferença de fuso horário durante, pelo menos, 24 horas.

9.55 Use uma calculadora gráfica ou os dados fornecidos por computador da distribuição binomial com $n = 90$ e $p = 0{,}70$ para encontrar o erro percentual da aproximação do Exercício 9.54.

```
Função Distribuição Cumulativa

Binomial with n = 50 and p = 0.220000
         x        P(X <= x)
      5.00         0.0233
      6.00         0.0555
      7.00         0.1126
      8.00         0.1991
      9.00         0.3130
     10.00         0.4448
     11.00         0.5799
     12.00         0.7037
     13.00         0.8058
     14.00         0.8819
     15.00         0.9335
     16.00         0.9653
     17.00         0.9832
     18.00         0.9925
     19.00         0.9969
     20.00         0.9988
```

Figura 9.25
Distribuição binomial com $n = 50$ e $p = 0{,}22$

9.6 LISTA DE TERMOS-CHAVE (com indicação das páginas de suas definições)

Amostragem de uma população normal, 230
Aproximação normal da distribuição binomial, 231
Área sob a curva normal, 218
Correção de continuidade, 229
Densidade de probabilidade, 215
Distribuição contínua, 214, 215
Distribuição exponencial, 225
Distribuição normal, 214, 217
Distribuição normal padrão, 218

Distribuição uniforme, 222
Erro percentual, 232
Escores padronizados, 218
Escores z, 218
*Gráfico de probabilidade normal, 226
*Papel de probabilidade aritmética, 226
*Papel de probabilidade normal, 226
População normal, 226
Unidades padronizadas, 218
Variável aleatória contínua, 214

9.7 Referências

Informação detalhada sobre várias distribuições contínuas pode ser encontrada em

HASTINGS, N. A. J., and PEACOCK, J. B., *Statistical Distributions*. London: Butterworth & Company (Publishers) Ltd., 1975.

e informações adicionais sobre a aproximação normal da distribuição binomial em

GREEN, J., and ROUND-TURNER, J., "The Error in Approximating Cumulative Binomial and Poisson Probabilities," *Teaching Statistics*, May 1986.

Tabelas mais extensas de áreas sob curvas normais, bem como tabelas de outras distribuições contínuas, podem ser encontradas em

FISHER, R. A., and YATES, F., *Statistical Tables for Biological, Agricultural and Medical Research*. Cambridge: The University Press, 1954.

PEARSON, E. S., and HARTLEY, H. O., *Biometrika Tables for Statisticians*, Vol. 1, New York, John Wiley & Sons, Inc. 1968.

10
AMOSTRAGEM E DISTRIBUIÇÕES AMOSTRAIS

10.1 Amostragem Aleatória 239
*10.2 Planejamento de Amostras 245
*10.3 Amostragem Sistemática 245
*10.4 Amostragem Estratificada 245
*10.5 Amostragem por Conglomerado 248
10.6 Distribuições Amostrais 250
10.7 O Erro Padrão da Média 253
10.8 O Teorema do Limite Central 255
10.9 Algumas Considerações Adicionais 257
*10.10 Nota Técnica (Simulação) 260
10.11 Lista de Termos-Chave 262
10.12 Referências 262

A maior parte do trabalho em Estatística tem por objetivo fazer generalizações sensatas, baseadas em amostras, sobre as populações das quais provêm as amostras. Repare na palavra "sensata", pois não é uma questão fácil de responder quando e sob quais circunstâncias as amostras permitem tais generalizações. Por exemplo, se quiséssemos estimar o valor médio dos gastos de uma pessoa durante suas férias, tomaríamos como amostra os valores gastos por passageiros de primeira classe de aviões de longo percurso; tentaríamos estimar o preço médio de produtos hortigranjeiros baseados somente no preço de aspargos frescos; ou tentaríamos prever as temperaturas de janeiro no Recife baseando-nos nas temperaturas de janeiro na Antártica? Obviamente que não, mas exatamente quais pessoas de férias, quais produtos hortigranjeiros, e quais temperaturas de janeiro deveríamos incluir em nossas amostras não é intuitivamente claro nem, de modo algum, evidente.

Na maioria dos métodos estudados no restante deste livro, supomos que as amostras com as quais lidamos são as que se denominam **amostras aleatórias**. Damos tanta ênfase às amostras aleatórias, definidas e estudadas na Seção 10.1 porque elas permitem generalizações válidas, ou lógicas. Como veremos, entretanto, a amostragem aleatória nem sempre é viável, ou sequer desejável, e alguns procedimentos alternativos de amostragem são mencionados nas Seções 10.2 até 10.5.

Na Seção 10.6 introduzimos o conceito relacionado de **distribuição amostral**, que nos diz como as quantidades determinadas de amostras variam de uma para outra amostra. Finalmente, nas Seções 10.7 até 10.9, vemos como tais variações aleatórias podem ser medidas, previstas e talvez até controladas.

10.1 AMOSTRAGEM ALEATÓRIA

Na Seção 3.1, fizemos uma distinção entre populações e amostras, afirmando que uma população consiste em todas as observações concebivelmente possíveis (ou hipoteticamente possíveis) de um determinado fenômeno, enquanto uma amostra é simplesmente parte de uma população. No que segue, distinguiremos ainda entre dois tipos de populações, as **populações finitas** e as **populações infinitas**.

Uma população finita consiste em um número finito, ou fixo, de elementos, medidas ou observações. Exemplos de populações finitas são os pesos líquidos das 3.000 latas de tinta de um certo lote de produção, os escores obtidos por todos os candidatos no vestibular de inverno de 2004 de uma certa universidade, as 52 cartas diferentes num baralho comum e o registro diário das temperaturas máximas num posto meteorológico durante os anos de 1995 a 1999.

Por outro lado, uma população é infinita se contém, pelo menos hipoteticamente, uma quantidade infinita de elementos. Esse seria o caso, por exemplo, quando observamos os valores de uma variável aleatória contínua, digamos, quando medimos repetidamente o ponto de ebulição de um composto de silicone. Também é o caso quando observamos os totais obtidos em repetidas jogadas de um par de dados e quando tomamos amostras com reposição de uma população finita. Não há limite para o número de vezes que podemos medir o ponto de ebulição de um composto de silicone, não há limite para o número de vezes que podemos jogar um par de dados, e não há limite para o número de vezes que podemos extrair um elemento de uma população e repô-lo antes de extrair o seguinte.

Para apresentar a idéia de **amostragem aleatória de uma população finita**, vejamos primeiro quantas amostras diferentes de tamanho n podem ser extraídas de uma população finita de tamanho N. Recorrendo à regra à página 117 para encontrar o número de combinações de n objetos tomados r de cada vez, vemos que, com uma troca de letras, a resposta é $\binom{N}{n}$.

EXEMPLO 10.1 Quantas amostras de tamanho n diferentes podem ser extraídas de uma população finita de tamanho N, se
(a) $n = 2$ e $N = 12$;
(b) $n = 3$ e $N = 50$?

Solução (a) Há $\binom{12}{2} = \dfrac{12 \cdot 11}{2} = 66$ amostras diferentes.

(b) Há $\binom{50}{3} = \dfrac{50 \cdot 49 \cdot 48}{3!} = 19.600$ amostras diferentes.

Com base no resultado de que há $\binom{N}{n}$ amostras de tamanho n diferentes numa população finita de tamanho N, vamos dar a seguinte definição de uma **amostra aleatória** (às vezes também denominada **amostra aleatória simples**) de uma população finita:

> Uma amostra de tamanho n extraída de uma população finita de tamanho N é aleatória se é escolhida de tal modo que cada uma das $\binom{N}{n}$ amostras possíveis tem a mesma probabilidade $\dfrac{1}{\binom{N}{n}}$ de serem escolhida.

Por exemplo, se uma população consiste nos $N = 5$ elementos a, b, c, d e e (que podem ser as rendas anuais de cinco pessoas, os pesos de cinco vacas, ou cinco modelos diferentes de aviões), há $\binom{5}{3}$ = 10 amostras possíveis de tamanho $n = 3$. Essas amostrar consistem nos elementos $abc, abd, abe, acd, ace, ade, bcd, bce, bde$ e cde. Se escolhermos uma dessas amostras de tal maneira que cada uma tenha a probabilidade $\frac{1}{10}$ de ser escolhida, dizemos que essa amostra é uma amostra aleatória.

Em seguida vem o problema de como as amostras aleatórias são efetivamente extraídas na prática. Numa situação simples como a que acabamos de escrever, poderíamos escrever cada uma das 10 amostras num pedacinho de papel, colocá-los num chapéu, misturá-los totalmente e então tirar um sem olhar. No entanto, obviamente isso seria impraticável numa situação real mais complexa, em que n e N, ou apenas N, são grandes. Por exemplo, para $n = 4$ e $N = 100$, teríamos de escrever e extrair um dentre $\binom{100}{4} = 3.921.225$ pedacinhos de papel.

Felizmente, é possível extrair uma amostra aleatória de uma população finita sem relacionar todas as amostras possíveis, e mencionamos isso apenas para enfatizar que a escolha de uma amostra aleatória deve depender completamente do acaso. Em vez de listar todas as amostras possíveis, podemos escrever cada um dos N elementos da população finita num pedacinho de papel, e extrair n deles, um de cada vez, sem reposição, certificando-nos de que, em cada uma das extrações sucessivas, todos os elementos restantes da população tenham a mesma chance de serem escolhidos. É fácil de mostrar matematicamente que isso também leva à probabilidade $\frac{1}{\binom{N}{n}}$ para cada amostra possível. Por exemplo, para extrair uma amostra aleatória de $n = 12$ de $N = 138$ locais de escavação arqueológica, poderíamos escrever os números 1, 2, 3, . . ., 137 e 138 em 138 pedacinhos de papel, misturá-los completamente (digamos, no chapéu proverbial) e então extrair 12, um de cada vez, sem reposição, sem espiar.

Mesmo um procedimento simples como esse pode ser ainda mais simplificado. Hoje em dia, a maneira mais simples de tomar uma amostra aleatória de uma população finita é basear a seleção em **números aleatórios** gerados por meio de calculadoras estatísticas ou computadores. Por exemplo, a calculadora HP 21S STAT/MATH fornece números aleatórios de quatro dígitos de tal modo que cada número de quatro dígitos entre 0000 e 9999 tem a probabilidade de 0,0001. Para evitar a possibilidade de obter os mesmos números aleatórios em aplicações diferentes, podemos dar a "semente" para a calculadora, digitando um número de quatro dígitos arbitrário com o qual começar a operação.

EXEMPLO 10.2 Com referência aos locais de escavação arqueológica mencionados anteriormente, que supomos terem sido numerados de 001 a 138, use uma calculadora estatística para gerar uma amostra aleatória de $n = 12$ desses locais.

Solução Usando somente os três primeiros dígitos dos números aleatórios de quatro dígitos gerados, omitindo 000 e os maiores do que 138, e também omitindo qualquer número que já tenha sido selecionado, obtemos 041, 021, 079, 084, 016, 108, 029, 003, 100, 046, 136 e 075. Os locais de escavação arqueológica associados com esses números constituem uma amostra aleatória. ■

Figura 10.1
Amostra gerada com computador para o Exemplo 10.2.

Inteiros Aleatórios 1-138

	C1	C2	C3	C4	C5	C6
1	24	131	69	113	127	5
2	57	52	7	13	11	64

Se quiséssemos usar um computador, em vez de uma calculadora estatística, no Exemplo 10.2, um aplicativo como MINITAB poderia ter fornecido um resultado como o mostrado na Figura 10.1. O que mostramos nessa figura consiste nos locais de escavação arqueológica associados com os números 24, 131, 69, 113, 127, 5, 57, 52, 7, 13, 11 e 64. (Os outros números na figura são simplesmente as linhas e colunas da planilha em que o aplicativo colocou os dados.)

Há poucas décadas, as amostras aleatórias eram geradas quase que exclusivamente usando números aleatórios publicados em tabelas. Tais tabelas consistiam em páginas e mais páginas de nada mais do que os dígitos 0, 1, 2, 3, . . ., 8 e 9 arranjados em linhas e colunas. Essas tabelas eram construídas usando dados de censos, expansões decimais de números irracionais, tabelas de logaritmos, resultados de loterias e outras coleções de números. Havia até alguns procedimentos aritméticos, como o em que se começava com um número de três ou quatro dígitos, se elevava o número ao quadrado, e então se tomavam os três ou quatro dígitos do meio para começar a seqüência de dígitos aleatórios. Então, repetidamente se elevava esse número ao quadrado e se repetia o processo. Nos últimos anos esses métodos foram substituídos por métodos computacionais que geravam tabelas de números aleatórios e até esses métodos agora foram substituídos por métodos como o que utilizamos no Exemplo 10.2, em que geramos nossos próprios números aleatórios.

Mesmo assim, como a tecnologia necessária pode não estar sempre à mão, ilustramos aqui como utilizar uma tabela publicada de números aleatórios. Para isso, vamos utilizar a Figura 10.2, que consiste em uma página reproduzida do livro intitulado *Tables of 105,000 Random Decimal Digits*, publicado em 1949 pela Interstate Commerce Comission do Bureau of Transport Economics and Statistics, em Washington, D.C.

EXEMPLO 10.3 Repita o Exemplo 10.2, lendo os números de três dígitos da Figura 10.2, com as mesmas restrições que as dadas na solução do Exemplo 10.2. Use as colunas de número 11, 12 e 13, começando na linha de número 6 e descendo pela página. Se necessário, continue com as colunas 16, 17 e 18, também começando na linha 6 e descendo pela página.

Solução Novamente omitindo o número 000 e todos números maiores do que 138 e tomando cuidado para não escolher valor algum mais de uma vez, pode ser facilmente verificado que os números aleatórios que obtemos para a amostra são 007, 012, 031, 135, 114, 120, 047, 124, 070, 009, 118 e 094. Assim, a amostra consiste nos locais de escavação arqueológica de números 7, 12, 31, 135, 114, 120, 47, 124, 79, 9, 118 e 94. ■

Quando os itens estão ordenados segundo listas numeradas, é fácil extrair amostras aleatórias utilizando calculadoras, computadores ou tabelas de números aleatórios. Infelizmente, contudo, há muitas situações em que é impossível proceder da maneira que acabamos de descrever. Por exemplo, se quisermos utilizar uma amostra para estimar a média do diâmetro externo de milhares de mancais embalados num grande engradado, ou se quisermos estimar a altura média das árvores de uma floresta, seria impossível numerar os mancais ou as árvores, escolher números aleatórios e então localizar e medir os mancais ou árvores correspondentes. Nessas e em muitas outras situações análogas, tudo que podemos fazer é proceder de acordo com a definição do dicionário da palavra "aleatório", a saber, "casualmente, sem objetivo ou propósito". Isto é, não devemos selecionar ou rejeitar qualquer elemento de uma população em razão de sua aparência ser típica ou não, nem tampouco devemos favorecer ou desprezar qualquer parcela de uma população em razão de ser acessível ou não, e assim por diante. Com algumas reservas, tais amostras são comumente consideradas como se fossem, na realidade, amostras aleatórias.

Até aqui abordamos a amostragem aleatória apenas em relação a populações finitas. Para populações infinitas, dizemos que

> **Uma amostra de tamanho *n* de uma população infinita é aleatória se consiste em valores de variáveis aleatórias independentes que têm a mesma distribuição.**

94620	27963	96478	21559	19246	88097	44926
60947	60775	73181	43264	56895	04232	59604
27499	53523	63110	57106	20865	91683	80688
01603	23156	89223	43429	95353	44662	59433
00815	01552	06392	31437	70385	45863	75971
83844	90942	74857	52419	68723	47830	63010
06626	10042	93629	37609	57215	08409	81906
56760	63348	24949	11859	29793	37457	59377
64416	29934	00755	09418	14230	62887	92683
63569	17906	38076	32135	19096	96970	75917
22693	35089	72994	04252	23791	60249	83010
43413	59744	01275	71326	91382	45114	20245
09224	78530	50566	49965	04851	18280	14039
67625	34683	03142	74733	63558	09665	22610
86874	12549	98699	54952	91579	26023	81076
54548	49505	62515	63903	13193	33905	66936
73236	66167	49728	03581	40699	10396	81827
15220	66319	13543	14071	59148	95154	72852
16151	08029	36954	03891	38313	34016	18671
43635	84249	88984	80993	55431	90793	62603
30193	42776	85611	57635	51362	79907	77364
37430	45246	11400	20986	43996	73122	88474
88312	93047	12088	86937	70794	01041	74867
98995	58159	04700	90443	13168	31553	67891
51734	20849	70198	67906	00880	82899	66065
88698	41755	56216	66852	17748	04963	54859
51865	09836	73966	65711	41699	11732	17173
40300	08852	27528	84648	79589	95295	72895
02760	28625	70476	76410	32988	10194	94917
78450	26245	91763	73117	33047	03577	62599
50252	56911	62693	73817	98693	18728	94741
07929	66728	47761	81472	44806	15592	71357
09030	39605	87507	85446	51257	89555	75520
56670	88445	85799	76200	21795	38894	58070
48140	13583	94911	13318	64741	64336	95103
36764	86132	12463	28385	94242	32063	45233
14351	71381	28133	68269	65145	28152	39087
81276	00835	63835	87174	42446	08882	27067
55524	86088	00069	59254	24654	77371	26409
78852	65889	32719	13758	23937	90740	16866
11861	69032	51915	23510	32050	52052	24004
67699	01009	07050	73324	06732	27510	33761
50064	39500	17450	18030	63124	48061	59412
93126	17700	94400	76075	08317	27324	72723
01657	92602	41043	05686	15650	29970	95877
13800	76690	75133	60456	28491	03845	11507
98135	42870	48578	29036	69876	86563	61729
08313	99293	00990	13595	77457	79969	11339
90974	83965	62732	85161	54330	22406	86253
33273	61993	88407	69399	17301	70975	99129

Figura 10.2
Exemplo de página com dígitos aleatórios.

Como salientamos em relação às distribuições binomial e normal, é a essa "mesma" distribuição que nos referimos como a população da qual estamos extraindo uma amostra. Além disso, por "independente" queremos dizer que a probabilidade relativa a qualquer uma das variáveis aleatórias é a mesma, independentemente de quais valores podem ter sido observados para as outras variáveis aleatórias.

Por exemplo, se obtemos 2, 5, 1, 3, 6, 4, 4, 5, 2, 4, 1 e 2 em doze jogadas de um dado, esses números constituem uma amostra aleatória se são valores de variáveis aleatórias independentes com a mesma distribuição de probabilidade

$$f(x) = \frac{1}{6} \quad \text{para} \quad x = 1, 2, 3, 4, 5 \text{ ou } 6$$

Como outro exemplo de amostra aleatória de uma população infinita, suponhamos que oito estudantes tenham obtido as seguintes medições do ponto de ebulição de um composto de silício: 136, 153, 170, 148, 157, 152, 143 e 150 graus Celsius. De acordo com a definição, esses valores constituem uma amostra aleatória se forem valores de variáveis aleatórias independentes com a mesma distribuição, digamos, a distribuição normal com $\mu = 152$ e $\sigma = 10$. Para julgar se esse é realmente o caso, teríamos de averiguar, entre outras coisas, se as técnicas de medida adotadas pelos oito estudantes são igualmente precisas (de modo que σ seja o mesmo para cada uma das variáveis aleatórias) e se não há colaboração (que poderia tornar dependentes as variáveis aleatórias). Na prática, não é tarefa fácil julgar se um conjunto de dados pode ser encarado como uma amostra aleatória e voltaremos a esse assunto com maior detalhe no Capítulo 18.

EXERCÍCIOS

10.1 Quantas amostras diferentes de tamanho $n = 2$ podem ser extraídas de uma população finita de tamanho
  (a) $N = 6$;   (c) $N = 32$;
  (b) $N = 20$; (d) $N = 75$?

10.2 Quantas amostras diferentes de tamanho $n = 3$ podem ser extraídas de uma população finita de tamanho
  (a) $N = 8$;   (c) $N = 30$;
  (b) $N = 26$; (d) $N = 40$?

10.3 Qual é a probabilidade de cada amostra possível se extraímos uma amostra aleatória de tamanho $n = 4$ de uma população finita de tamanho
  (a) $N = 12$;
  (b) $N = 20$?

10.4 Qual é a probabilidade de cada amostra possível se extraímos uma amostra aleatória de tamanho $n = 6$ de uma população finita de tamanho
  (a) $N = 10$;
  (b) $N = 15$?

10.5 Liste as $\binom{6}{3} = 20$ amostras possíveis e tamanho $n = 3$ que podem ser extraídas de uma população finita cujos elementos são denotados por u, v, w, x, y e z.

10.6 Com referência ao Exercício 10.5, qual é a probabilidade de que uma amostra aleatória vá incluir os elementos denotados por u?

10.7 Com referência ao Exercício 10.5, qual é a probabilidade de que uma amostra aleatória vá incluir os elementos denotados por u e v?

10.8 Uma livraria de campus universitário mantém em estoque sete livros diferentes de historia da arte, oferecendo um desconto de 10% na compra de quaisquer três deles. De quantas escolhas diferentes dispõe um cliente?

10.9 Uma pessoa planejando uma viagem aos EUA tem amigos em Los Angeles, San Francisco, Chicago, Nova York e Boston. Se ela escolhe três dessas cidades ao acaso, quais são as probabilidades

(a) de cada uma das seleções possíveis;
(b) de que a seleção vá incluir San Francisco;
(c) de que a seleção vá incluir San Francisco e Chicago?

10.10 Uma organização quer incluir 6 dos 50 estados norte-americanos numa pesquisa de mercado. Se os estados fossem numerados 01, 02, 03,..., 49 e 50 em ordem alfabética e se a organização usasse as colunas 6 e 7 e descesse a página começando na linha 3 da tabela na Figura 10.2, quais estados seriam incluídos na pesquisa? Uma lista que associa números aos elementos de uma população para fins de obtenção de uma amostragem é denominada uma **estrutura amostral**. Para este exercício, tal lista pode ser obtida da lista de prefixos nacionais de um catálogo telefônico.

10.11 Uma hematologista deseja conferir novamente uma amostra de $n = 10$ dos 653 espécimes de sangue analisados em seu laboratório num determinado mês. Em seus registros, esses espécimes de sangue estão numerados 3250, 3251, 3252, . . ., 3901 e 3902. Quais espécimes ela selecionaria se usasse as colunas 21, 22 e 23 e descesse a página começando na linha 16 da tabela na Figura 10.2? (Como todos números começam com 3, esse dígito pode ser omitido na seleção da amostra.)

10.12 Use uma calculadora estatística, uma calculadora gráfica ou um computador para refazer o Exercício 10.11.

10.13 Ao longo de duas semanas, a seção de calçados de uma loja de departamentos registrou trezentas vendas, com respectivas notas fiscais numeradas de 251 a 550. Se um auditor quisesse conferir $n = 12$ dessas notas fiscais selecionadas ao acaso, quais ele conferiria se escolhesse as colunas 18, 19 e 20 e descesse pelas colunas começando na linha do alto da tabela na Figura 10.2?

10.14 Use uma calculadora estatística, uma calculadora gráfica ou um computador para refazer o Exercício 10.13.

10.15 Um assessor da prefeitura deseja reavaliar uma amostra aleatória de 50 das 7.964 residências unifamiliares do município e ele pede sua ajuda na seleção da amostra. Primeiro, você cria uma estrutura amostral atribuindo a essas residências os números 0001, 0002, 0003, . . ., 7963 e 7964, e então usa as quatro primeiras colunas da tabela na Figura 10.2, descendo pela página a partir da linha do alto, continuando com as próximas quatro colunas, também descendo pela página a partir da linha do alto. Em termos da numeração, quais residências seriam selecionadas dessa maneira?

10.16 Use um computador para refazer o Exercício 10.15.

10.17 Na página 240, dissemos que se pode extrair uma amostra aleatória de uma população finita sem listar todas as amostras possíveis; em vez disso, simplesmente numeramos (ou etiquetamos) os N elementos da população finita e então extraímos n deles, um de cada vez, sem reposição, certificando-nos de que, em cada uma das extrações sucessivas, todos os elementos restantes da população tenham a mesma probabilidade de serem escolhidos. Confira isso para o exemplo à página 240, em que tratamos de amostras aleatórias de tamanho $n = 3$ da população finita que consiste nos elementos a, b, c, d e e, mostrando que a probabilidade de que uma amostra particular seja escolhida por esse método (digamos, a amostra bce) é, como antes, $\frac{1}{10}$.

10.18 Com o mesmo tipo de argumento que o do Exercício 10.17, verifique que cada amostra aleatória possível de tamanho $n = 3$, extraída, um elemento de cada vez, de uma população finita de tamanho $N = 100$, tem a probabilidade $1 \Big/ \binom{100}{3} = \frac{1}{161.700}$.

10.19 Com o mesmo tipo de argumento que o do Exercício 10.17, verifique que cada amostra aleatória possível de tamanho n, extraída, um elemento de cada vez, de uma população finita de tamanho N, tem a probabilidade $1 \Big/ \binom{N}{n}$.

*10.2 PLANEJAMENTO DE AMOSTRAS

O único tipo de amostras que estudamos até agora são as amostras aleatórias, e sequer consideramos a possibilidade de que, sob certas circunstâncias, possa haver amostras melhores (isto é, mais fáceis de serem obtidas, mais baratas ou mais informativas) do que as amostras aleatórias e tampouco entramos em detalhes sobre o que deve ser feito quando a amostragem aleatória for impossível. Na verdade, há muitas outras maneiras de extrair uma amostra de uma população, e existe uma extensa literatura dedicada ao assunto de planejamento de procedimentos de amostragem.

Em Estatística, um **planejamento de amostra** é um plano definido, completamente determinado antes da coleta de quaisquer dados, de obter uma amostra de uma dada população. Assim, o plano para extrair uma amostra aleatória simples de tamanho 12 das 247 farmácias de uma cidade, utilizando uma tabela de números aleatórios de uma maneira predeterminada, constitui um planejamento de amostra. Nas três seções seguintes, discutiremos alguns planejamentos de amostras que se aplicam especialmente a operações de larga escala, levantamentos e semelhantes, e costumamos denominar esse material **amostragem por levantamento**. A seção foi marcada como opcional não por que não é importante. Todo o assunto de amostragem por levantamento raramente é coberto em disciplinas introdutórias gerais de Estatística, simplesmente por que não há tempo suficiente no tipo de disciplina para a qual foi projetado este livro.

*10.3 AMOSTRAGEM SISTEMÁTICA

Em alguns casos, a maneira mais prática de se extrair uma amostra consiste em selecionar, digamos, cada $20^º$ nome de uma lista, cada $12^º$ casa de um lado de uma rua, cada $50^º$ peça que sai de uma linha de montagem, e assim por diante. Isso é o que se denomina **amostragem sistemática**, e um elemento de aleatoriedade pode ser introduzido nesse tipo de amostragem, utilizando-se números aleatórios para escolher a unidade com que se começa. Embora uma amostra sistemática possa não ser uma amostra aleatória de acordo com a definição, muitas vezes é razoável tratar as amostras sistemáticas como se fossem amostras aleatórias; na verdade, em alguns casos, as amostras sistemáticas de fato apresentam uma melhora em relação às amostras aleatórias simples, pois as amostras se dispersam mais uniformemente sobre toda a população.

O perigo real da amostragem sistemática reside na possível presença de periodicidades ocultas. Por exemplo, se inspecionássemos cada 40ª peça produzida por determinada máquina, os resultado seriam enganosos se, em virtude de um falha regularmente recorrente, toda 10ª peça produzida pela máquina apresentasse defeito. Também, a amostragem sistemática poderia produzir resultados tendenciosos, se entrevistássemos os moradores de cada 12ª casa ao longo de certa rua e acontecesse que toda 12ª casa ao longo dessa rua fosse justamente uma casa de esquina de dois lotes.

*10.4 AMOSTRAGEM ESTRATIFICADA

Se dispusermos de dados sobre a composição de uma população, e isto é relevante para nossa pesquisa, poderemos eventualmente melhorar uma amostragem aleatória mediante **estratificação**. Trata-se de um processo que consiste em estratificar (ou dividir) a população em um certo número de subpopulações que não se sobrepõem, chamadas **estratos** ou **camadas**, e então extrair uma amostra de cada estrato. Se os elementos selecionados em cada estrato constituírem amostras aleatórias simples, então o processo global – estratificação seguida de amostragem aleatória – é denominado **amostragem aleatória estratificada (simples)**.

Suponha, por exemplo, que queiramos estimar o peso médio de quatro pessoas com base em uma amostra de tamanho 2, e que os pesos (desconhecidos) das quatro pessoas sejam 115, 135, 185 e 205 libras (lembre que uma libra equivale a um pouco menos do que meio quilograma). Assim, o peso médio que queremos estimar é

$$\mu = \frac{115 + 135 + 185 + 205}{4} = 160 \text{ libras}$$

Se extrairmos uma amostra aleatória de tamanho 2 dessa população, as $\binom{4}{2} = 6$ amostras possíveis são 115 e 135, 115 e 185, 115 e 205, 135 e 185, 135 e 205 e 185 e 205, e as médias correspondentes são 125, 150, 160, 160, 170 e 195. Observe que, como cada uma dessas amostras tem probabilidade $\frac{1}{6}$, as probabilidades são $\frac{1}{3}$, $\frac{1}{3}$ e $\frac{1}{3}$ de que nosso erro (a diferença entre a média amostral e $\mu = 160$) seja 0, 10 ou 35.

Suponhamos, agora, que saibamos que duas dessas pessoas são homens e duas são mulheres, e suponha que os pesos (desconhecidos) dos homens sejam 185 e 205 libras, enquanto que os pesos (desconhecidos) das mulheres sejam 115 e 135 libras. Estratificando nossa amostra (por sexo) e escolhendo aleatoriamente um dos dois homens e uma das duas mulheres, vemos que há apenas quatro amostras estratificadas, 115 e 185, 115 e 205, 135 e 185 e 135 e 205. As médias dessas amostras são 150, 160, 160 e 170, e agora as probabilidades são de $\frac{1}{2}$ e $\frac{1}{2}$ de que nosso erro seja 0 ou 10. É claro que a estratificação melhorou enormemente nossa chance de obter uma boa (precisa) estimativa do peso médio das quatro pessoas. Veja, entretanto, o Exercício 10.24.

Essencialmente, o objetivo de estratificar é formar os estratos de tal modo que haja alguma relação entre o fato de estar em determinado estrato e a resposta procurada no estudo estatístico, e que, dentro de cada estrato, haja tanta homogeneidade (uniformidade) quanto possível. Em nosso exemplo existe essa conexão entre sexo e peso, e há muito menos variabilidade de peso dentro de cada um dos dois grupos do que dentro da população como um todo.

No exemplo precedente, utilizamos uma **alocação proporcional**, o que significa que os tamanhos das amostras dos diferentes estratos são proporcionais aos tamanhos dos estratos. Em geral, se dividirmos uma população de tamanho N em k estratos de tamanhos $N_1, N_2, \ldots,$ e N_k e extrairmos uma amostra de tamanho n_1 do primeiro estrato, uma amostra de tamanho n_2 do segundo estrato, ..., e uma amostra de tamanho n_k do k-ésimo estrato, dizemos que a alocação é proporcional se

$$\frac{n_1}{N_1} = \frac{n_2}{N_2} = \cdots = \frac{n_k}{N_k}$$

ou se essas razões são tão aproximadamente iguais quanto possível. No exemplo relativo aos pesos, tínhamos $N_1 = 2$, $N_2 = 2$, $n_1 = 1$ e $n_2 = 1$, de forma que

$$\frac{n_1}{N_1} = \frac{n_2}{N_2} = \frac{1}{2}$$

e a alocação foi, de fato, proporcional.

Como pode ser facilmente verificado, uma alocação é proporcional se

TAMANHOS DE AMOSTRA PARA ALOCAÇÃO PROPORCIONAL

$$n_i = \frac{N_i}{N} \cdot n \quad \text{para } i = 1, 2, \ldots, e\, k$$

onde $n = n_1 + n_2 + \cdots + n_k$ é o tamanho total da amostra. Quando necessário, utilizamos os inteiros mais próximos dos valores dados por essa fórmula.

EXEMPLO 10.4 Deve-se extrair uma amostra estratificada de tamanho $n = 60$ de uma população de tamanho $N = 4.000$, que consiste em três estratos de tamanhos $N_1 = 2.000$, $N_2 = 1.200$ e $N_3 = 800$. Para que a alocação seja proporcional, qual deve ser o tamanho da amostra a ser extraída de cada estrato?

Solução Substituindo na fórmula, obtemos

$$n_1 = \frac{2.000}{4.000} \cdot 60 = 30 \qquad n_2 = \frac{1.200}{4.000} \cdot 60 = 18$$

e

$$n_3 = \frac{800}{4.000} \cdot 60 = 12$$

Este exemplo ilustra a alocação proporcional, mas é preciso acrescentar que existem outras maneiras de alocar porções de uma amostra a estratos diferentes. Uma delas, denominada **alocação ótima**, é descrita no Exercício 10.29. Ela leva em conta não só o tamanho dos estratos, como na alocação proporcional, mas também a variabilidade (de qualquer que seja a característica de interesse) dentro dos estratos.

Além disso, estratificar não está limitado a uma única variável de classificação, ou característica e, muitas vezes, as populações são estratificadas de acordo com várias características. Por exemplo, numa pesquisa no âmbito de todo sistema escolar, projetada para determinar a atitude dos estudantes em relação a, digamos, um novo plano de pagamentos, um sistema estadual de 17 faculdades poderia estratificar sua amostra não só em relação a essas faculdades, mas também em relação aos conceitos dos alunos por turma, ao seu sexo e ao seu curso. Assim, parte da amostra seria alocada às mulheres calouras na faculdade A cursando Engenharia, outra parte aos alunos homens do segundo ano da faculdade L fazendo curso de Letras, e assim por diante. Até certo ponto, uma estratificação como essa, denominada **estratificação cruzada**, aumenta a precisão (confiabilidade) das estimativas e outras generalizações, e é utilizada amplamente, particularmente em amostragem de opinião e pesquisa de mercado.

Na amostragem estratificada, o custo da extração de amostras aleatórias dos estratos individuais é, muitas vezes, tão elevado que os entrevistadores simplesmente recebem quotas a serem preenchidas dos diferentes estratos, com poucas restrições (se houver alguma) sobre como devem ser preenchidas. Por exemplo, na determinação da atitude dos eleitores em relação a uma ampliação da assistência média a pessoas idosas, um entrevistador que trabalha em determinada área pode ser instruído a entrevistar 6 homens com menos de 30 anos de idade que trabalhem por conta própria e que tenham casa própria, 10 mulheres assalariadas na faixa etária dos 45 aos 60 anos que vivem em apartamentos, 3 homens aposentados de mais de 60 anos que vivem casas alugadas, e assim por diante, deixando a critério do entrevistador a efetiva escolha dos indivíduos. Isto é o que se denomina **amostragem por quotas**, e é um processo conveniente, relativamente barato e, por vezes, necessário, mas da maneira pela qual é muitas vezes posto em prática, as amostras resultantes não têm as características essenciais de amostras aleatórias. Na ausência de qualquer controle sobre suas escolhas, os entrevistadores tendem naturalmente a selecionar indivíduos mais imediatamente disponíveis, como pessoas que trabalham no mesmo edifício, fazem compras no mesmo supermercado, ou talvez residam na mesma grande área. As amostras por quotas são, portanto, essencialmente **amostras de julgamento**, e as inferências baseadas em tais amostras geralmente não se prestam a qualquer tipo de avaliação estatística formal.

*10.5 AMOSTRAGEM POR CONGLOMERADO

Para ilustrar um outro tipo importante de amostragem, suponhamos que uma grande fundação queira estudar a variação dos padrões de despesas de famílias na área de Salvador. Ao tentar completar um cronograma para entrevistar 1.200 famílias, a fundação constata que a amostragem aleatória simples é praticamente impossível, pois não há disponibilidade de listas adequadas e o custo de contatar as famílias espalhadas numa área grande (com possíveis retornos devido a não encontrar ninguém em casa) é muito elevado. Uma forma de extrair uma amostra nessa situação consiste em dividir a área total de interesse em diversas áreas menores, sem sobreposição, digamos, em quarteirões. Selecionam-se, então, aleatoriamente alguns desses quarteirões, com a amostra final consistindo em todas as famílias (ou uma amostra delas) residentes nesses quarteirões.

Nesse tipo de amostragem, denominado **amostragem por conglomerado**, a população total é dividida em várias subdivisões relativamente pequenas, e algumas dessas subdivisões, ou conglomerados, são selecionadas aleatoriamente para integrarem a amostra global. Se os conglomerados forem subdivisões geográficas, como no exemplo precedente, esse tipo de amostragem é também denominado **amostragem por área**. Para dar um outro exemplo de amostragem por conglomerado, suponhamos que o pró-reitor de graduação de uma universidade deseje saber o que os alunos que freqüentam diretórios acadêmicos pensam sobre um novo regulamento. Ele pode obter uma amostra por conglomerado entrevistando alguns ou todos os alunos de vários diretórios acadêmicos escolhidos aleatoriamente.

Embora as estimativas baseadas em amostras por conglomerado em geral não sejam tão confiáveis quanto as baseadas em amostras aleatórias simples de mesmo tamanho (ver Exercício 10.28), muitas vezes elas são mais confiáveis por custo unitário. Voltando à pesquisa das despesas familiares na área de Salvador, é fácil ver que é possível extrair, pelo mesmo custo, uma amostra por conglomerado de tamanho correspondente a várias amostras aleatórias simples. É muito mais barato visitar e entrevistar famílias que vivem próximas em conglomerados do que famílias selecionadas aleatoriamente numa grande área.

Na prática, num mesmo estudo podemos perfeitamente usar vários dos métodos de amostragem estudados. Por exemplo, se os estatísticos do governo quiserem estudar a atitude dos professores do ensino fundamental em relação a certos programas federais, podem começar estratificando o país por estados ou alguma outra subdivisão geográfica. Para extrair uma amostra de cada estrato, eles podem, então, usar a amostragem por conglomerado, subdividindo cada estrato em várias partes geográficas menores (digamos, distritos escolares) e, finalmente, utilizar a amostragem aleatória simples ou sistemática para selecionar uma amostra de professores do ensino fundamental dentro de cada conglomerado.

EXERCÍCIOS

*10.20 A seguir estão as percentagens de pessoas com 25 anos de idade ou mais com alguma formação superior, mas sem título, nos 50 estados norte-americanos, listados em ordem alfabética por estado, como revela o censo dos EUA de 1990:

16,8	27,6	25,4	16,6	22,6	24,0	15,9	16,9	19,4	17,0
20,1	24,2	19,4	16,6	17,0	21,9	15,2	17,2	16,1	18,6
15,8	20,4	19,0	16,9	18,4	22,1	21,1	25,8	18,0	15,5
20,9	15,7	16,8	20,5	17,0	21,3	25,0	12,9	15,0	15,8
18,8	16,9	21,1	27,9	14,7	18,5	25,0	13,2	16,7	24,2

Relacione as dez amostras sistemáticas possíveis de tamanho $n = 5$ que podem ser extraídas dessa lista, partindo de um dos primeiros dez números da primeira linha e então tomando cada décimo número na lista.

*10.21 Com referência ao Exercício 10.20, liste as cinco amostras sistemáticas possíveis de tamanho $n = 10$ que podem ser extraídas dessa lista começando com um dos primeiros cinco números da primeira linha e então tomando cada quinto número da lista.

*10.22 A seguir estão os números relativos ao volume mensal de correio aéreo (em milhões de toneladas) transportada em rotas domésticas dos EUA durante um período de quatro anos:

67	62	75	67	70	68	64	70	66	73	73	97
76	73	80	78	78	72	75	75	73	83	76	108
84	78	86	85	81	78	78	75	78	86	76	111
79	77	87	84	82	77	79	77	80	84	78	117

Relacione as seis amostras sistemáticas possíveis de tamanho $n = 8$ que podem ser extraídas dessa lista começando com um dos seis primeiros números da primeira linha e então tomando cada sexto número.

*10.23 Se uma das seis amostras sistemáticas do Exercício 10.23 for escolhida aleatoriamente para estimar o volume médio mensal de correio, explique por que existe um sério risco de se obter um resultado muito enganador.

*10.24 Para generalizar o exemplo à página 246, suponha que queiramos estimar o peso médio de seis pessoas, cujos pesos (desconhecidos) são 115, 125, 135, 185, 195 e 205 libras.
(a) Relacione todas as amostras aleatórias possíveis de tamanho 2 que podem ser extraídas dessa população, calcule suas médias e determine a probabilidade de que a média de uma tal amostra vá diferir por mais de 5 de 160, o peso médio real das seis pessoas.
(b) Suponha que os três primeiros pesos sejam de mulheres e que os outros três sejam de homens. Relacione todas as amostras estratificadas possíveis de tamanho 2 que podem ser extraídas escolhendo aleatoriamente uma das três mulheres e um dos três homens, calcule suas médias e determine a probabilidade de que a média de tal amostra vá diferir por mais de 5 de 160, o peso médio real das seis pessoas.
(c) Suponha que três das pessoas, aquelas com pesos 125, 135 e 185 libras, tenham menos de 25 anos de idade, enquanto que as restantes tenham mais do que 25 anos de idade. Relacione todas as amostras estratificadas possíveis de tamanho 2 que podem ser extraídas escolhendo aleatoriamente uma das três pessoas mais jovens e uma das três mais velhas, calcule suas médias e determine a probabilidade de que a média de tal amostra vá diferir por mais de 5 de 160, o peso médio real das seis pessoas.
(d) Compare os resultados das partes (a), (b) e (c).

*10.25 Baseando-se em seus volumes de vendas, 9 de 12 revendedores de automóveis zero quilômetro de uma cidade estão classificados como sendo pequenos, e as outros três como sendo grandes. Quantas amostras estratificadas diferentes de quatro desses revendedores de automóveis zero quilômetro podemos escolher, se
(a) a metade da amostra deve ser alocada a cada um dos estratos;
(b) a alocação deve ser proporcional?

*10.26 Dentre 36 pessoas escolhidas para as secretarias de um município, 18 são advogados, 12 são executivos de firmas e 6 são professores. Quantas amostras estratificadas diferentes de seis dessas pessoas podemos escolher, se
(a) um terço da amostra deve ser atribuído a cada um dos estratos;
(b) a alocação deve ser proporcional?

*10.27 Uma amostra de tamanho $n = 40$ deve ser extraída de uma população de tamanho $N = 1.000$, que consiste em quatro estratos de tamanhos $N_1 = 250$, $N_2 = 600$, $N_3 = 100$ e $N_4 = 50$. Se a alocação deve ser proporcional, qual deve ser o tamanho da amostra a ser extraída de cada um dos quatro estratos?

*10.28 Com referência à parte (b) do Exercício 10.24, relacione todas as amostras por conglomerado possíveis de tamanho 2 que podem ser extraídas escolhendo aleatoriamente duas das três mulheres ou dois dos três homens, calcule suas médias e determine a probabilidade de que a média de tal amostra vá diferir por mais de 5 de 160, o peso médio real das seis pessoas. Compare essa probabilidade com aquelas obtidas nas partes (a) e (b) do Exercício 10.24. O que isso mostra quanto aos méritos relativos da amostragem aleatória simples, da amostragem estratificada e da amostragem por conglomerado na situação dada?

*10.29 Na amostragem estratificada com alocação proporcional, a importância das diferenças entre os tamanhos dos estratos é levada em conta fazendo os estratos maiores contribuírem com um número relativamente maior de elementos para a amostra. No entanto, os estratos não diferem somente em tamanho, mas também em variabilidade e, portanto, pareceria razoável tomar amostras maiores de extratos mais variáveis, e amostras menores de estratos menos variáveis. Denotando por $\sigma_1, \sigma_2, \ldots,$ e σ_k os desvios-padrão dos k estratos, podemos levar em conta tanto as diferenças nos tamanhos dos estratos quanto as diferenças na variabilidade dos mesmos, exigindo que

$$\frac{n_1}{N_1\sigma_1} = \frac{n_2}{N_2\sigma_2} = \cdots = \frac{n_k}{N_k\sigma_k}$$

Os tamanhos das amostras para esse tipo de alocação, denominada **alocação ótima**, são dados pela fórmula

$$n_i = \frac{n \cdot N_i\sigma_i}{N_1\sigma_1 + N_2\sigma_2 + \cdots + N_k\sigma_k}$$

para $i = 1, 2, \ldots,$ e k, onde, se necessário, arredondamos para o inteiro mais próximo.

(a) Deve-se extrair uma amostra de tamanho $n = 100$ de uma população que consiste em dois estratos para os quais $N_1 = 10.000$, $N_2 = 30.000$, $N_3 = 45$ e $\sigma_2 = 60$. Para obter uma alocação ótima, qual é o tamanho da amostra que deve ser extraída de cada um dos dois estratos?

(b) Deve-se extrair uma amostra de tamanho $n = 84$ de uma população que consiste em três estratos para os quais $N_1 = 5.000$, $N_2 = 2.000$, $N_3 = 3.000$, $\sigma_1 = 15$, $\sigma_2 = 18$ e $\sigma_3 = 5$. Para obter uma alocação ótima, qual é o tamanho da amostra que deve ser extraída de cada um dos três estratos?

10.6 DISTRIBUIÇÕES AMOSTRAIS

A média amostral, a mediana amostral e o desvio-padrão amostral são exemplos de variáveis aleatórias cujos valores variam de amostra a amostra. Suas distribuições, que refletem tais variações aleatórias, desempenham papel fundamental na inferência estatística, e são denominadas **distribuições amostrais**. Neste capítulo, enfocamos principalmente a média amostral e sua distribuição amostral mas, em alguns dos exercícios às páginas 261-262, e em capítulos posteriores, vamos considerar também as distribuições amostrais de outras estatísticas.

Para dar um exemplo de uma distribuição amostral, vamos construir a da média de uma amostra aleatória de tamanho $n = 2$ extraída, sem reposição, de uma população finita de tamanho $N = 5$, cujos elementos são os números 3, 5, 7, 9 e 11. A média dessa população é

$$\mu = \frac{3+5+7+9+11}{5} = 7$$

e seu desvio-padrão é

$$\sigma = \sqrt{\frac{(3-7)^2 + (5-7)^2 + (7-7)^2 + (9-7)^2 + (11-7)^2}{5}} = \sqrt{8}$$

Se tomamos, agora, uma amostra aleatória de tamanho $n = 2$ dessa população, existem $\binom{5}{2} = 10$ possibilidades 3 e 5, 3 e 7, 3 e 9, 3 e 11, 5 e 7, 5 e 9, 5 e 11, 7 e 9, 7 e 11 e 9 e 11. Suas médias são 4, 5, 6, 7, 6, 7, 8, 8, 9 e 10 e, como a amostragem é aleatória, cada um desses dez valores tem a probabilidade $\frac{1}{10}$. Assim, chegamos à seguinte distribuição amostral da média:

$\bar{x}$	Probabilidade
4	$\frac{1}{10}$
5	$\frac{1}{10}$
6	$\frac{2}{10}$
7	$\frac{2}{10}$
8	$\frac{2}{10}$
9	$\frac{1}{10}$
10	$\frac{1}{10}$

A Figura 10.3 mostra um histograma dessa distribuição.

Um exame dessa distribuição amostral revela algumas informações apropriadas sobre as variações ao acaso da média de uma amostra aleatória de tamanho $n = 2$ de uma dada população finita. Por exemplo, vemos que a probabilidade é de $\frac{6}{10}$ de que uma média amostral vá diferir por 1 ou menos da média populacional $\mu = 7$, e que a probabilidade é de $\frac{8}{10}$ de que uma média amostral vá diferir por 2 ou menos da média populacional $\mu = 7$. O primeiro caso corresponde a $\bar{x} = 6$, 7 ou 8, e o segundo caso corresponde a $\bar{x} = 5, 6, 7, 8$ ou 9. Assim, se não conhecêssemos a média da população dada e se quiséssemos estimá-la com uma amostra aleatória de tamanho $n = 2$, isso nos daria uma idéia do tamanho potencial de nosso erro.

Podemos obter informação adicional útil sobre essa distribuição amostral da média calculando sua média e seu desvio-padrão, denotados, respectivamente, por $\mu_{\bar{x}}$ e $\sigma_{\bar{x}}$. Aqui, o índice $\bar{x}$ é usado para distinguir entre os parâmetros da distribuição amostral e os da população original. Usando novamente as definições de média e de desvio-padrão de uma distribuição de probabilidade, obtemos

$$\mu_{\bar{x}} = 4 \cdot \frac{1}{10} + 5 \cdot \frac{1}{10} + 6 \cdot \frac{2}{10} + 7 \cdot \frac{2}{10} + 8 \cdot \frac{2}{10} + 9 \cdot \frac{1}{10} + 10 \cdot \frac{1}{10}$$
$$= 7$$

Figura 10.3
Distribuição amostral da média.

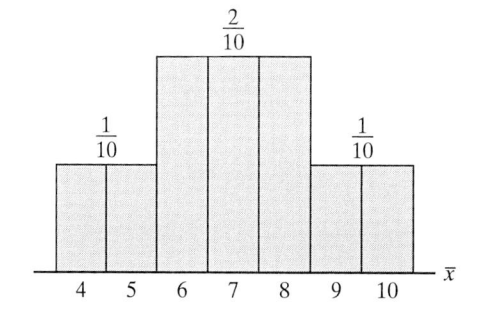

e

$$\sigma_{\bar{x}}^2 = (4-7)^2 \cdot \frac{1}{10} + (5-7)^2 \cdot \frac{1}{10} + (6-7)^2 \cdot \frac{2}{10} + (7-7)^2 \cdot \frac{2}{10}$$
$$+ (8-7)^2 \cdot \frac{2}{10} + (9-7)^2 \cdot \frac{1}{10} + (10-7)^2 \cdot \frac{1}{10}$$
$$= 3$$

de forma que $\sigma_{\bar{x}} = \sqrt{3}$. Observe que, pelo menos para este exemplo,

> $\mu_{\bar{x}}$, a **média da distribuição amostral de** $\bar{x}$, **é igual a** μ, **a média da população;**
>
> $\sigma_{\bar{x}}$, **o desvio-padrão da distribuição amostral de** $\bar{x}$, **é menor do que** σ, **o desvio-padrão populacional.**

Essas relações são de importância fundamental, e voltaremos a elas na Seção 10.7.

Para ilustrar o conceito de distribuição amostral, tomamos uma amostra muito pequena, de tamanho $n = 2$, de uma população finita muito pequena, de tamanho $N = 5$, mas seria difícil reproduzir esse método para construir uma distribuição amostral da média de uma amostra aleatória grande de uma população grande. Por exemplo, para $n = 10$ e $N = 100$, teríamos de relacionar mais do que 17 trilhões de amostras.

Para termos alguma idéia da distribuição amostral da média de uma amostra um pouco maior de uma população finita grande, lançaremos mão de uma **simulação por computador**. Em outras palavras, deixaremos para um computador a tarefa de extrair repetidas amostras de uma dada população, determinar suas médias e descrever de várias maneiras a distribuição dessas médias. Isso nos dará alguma idéia sobre a forma global e sobre algumas das características essenciais da autêntica distribuição amostral da média para amostras aleatórias extraídas do tamanho dado da população dada.

Sem um computador, podemos imaginar a simulação como segue: em primeiro lugar, escrevermos os números de 1 a 1.000 em 1.000 pedacinhos de papel (ou fichas de pôquer, pequenas bolinhas, ou o que quer que se preste a extrair amostras aleatórias). Então extraímos, sem reposição, uma amostra aleatória de tamanho $n = 15$ dessa população e registramos seus valores. Recolocamos a amostra antes de extrair a próxima e repetimos esse processo até que tenhamos obtido 100 amostras aleatórias.

A população com que estamos tratando aqui é denominada **distribuição inteira** (também dita **distribuição discreta uniforme**), em que cada inteiro de 1 até N tem a probabilidade $\frac{1}{N}$. Usando as fórmulas para a soma e a soma dos quadrados dos inteiros de 1 a N, é fácil mostrar que a média e o desvio-padrão dessa distribuição são $\mu = \frac{N+1}{2}$ e $\sigma = \sqrt{\frac{N^2-1}{12}}$. Para $N = 1.000$, seus valores são $\mu = 500,5$ e $\sigma = 288,67$, arredondados até a segunda casa decimal.

Na verdade, usando um pacote computacional adequado, como MINITAB 13, neste caso, obtemos o impresso mostrado na Figura 10.4. O computador seguiu as instruções de gerar 100 amostras aleatórias de tamanho $n = 15$, cada uma sem reposição, mas repondo cada amostra antes de extrair a próxima.

Como pode ser visto na Figura 10.4, a distribuição de 100 médias amostrais é bastante simétrica e em forma de sino. Na verdade, o padrão global segue de perto o de uma curva normal. O computador também nos diz (ver Figura 10.5) que a média das 100 médias amostrais é 502,40 e que seu desvio-padrão é 75,64. De acordo com a relação indicada anteriormente, a média das 100 médias amostrais é muito parecida com a média populacional, e seu desvio-padrão é (muito) menos do que o da população.

Histograma das Médias, com Curva Normal

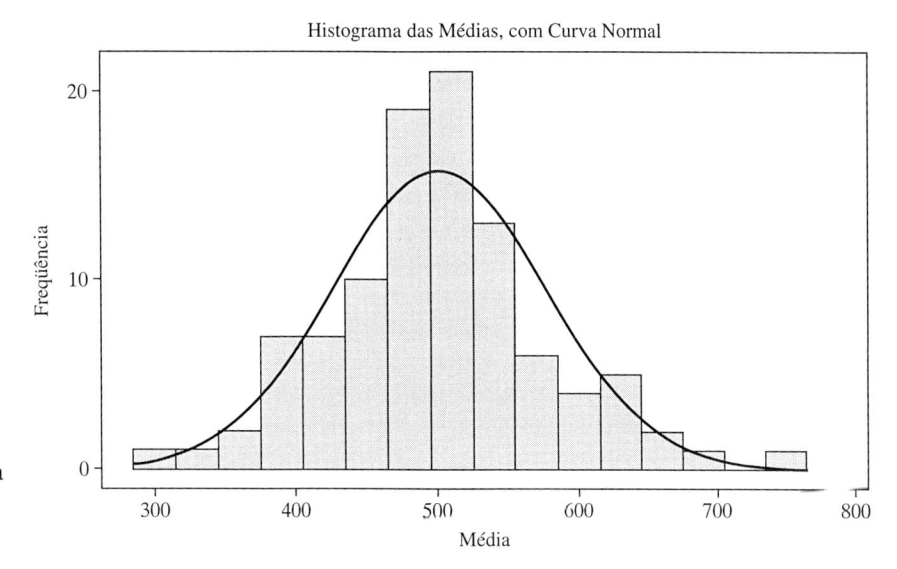

Figura 10.4
Simulação por computador de uma distribuição amostral da média.

10.7 O ERRO-PADRÃO DA MÉDIA

Na maioria das situações práticas, não podemos proceder como nas duas exemplificações da Seção 10.6. Ou seja, não podemos enumerar todas as amostras possíveis ou simular uma distribuição amostral a fim de julgar quão próxima uma média amostral está da média da população da qual provém a amostra. Felizmente, entretanto, em geral podemos obter a informação da qual necessitamos de teoremas, que expressam fatos essenciais sobre distribuições amostrais da média. Um desses teoremas é abordado nesta seção e o outro será desenvolvido na Seção 10.8.

O primeiro desses dois teoremas expressa formalmente o que descobrimos em ambos os exemplos da seção precedente, ou seja, que a média da distribuição amostral de $\bar{x}$ é igual à média da população da qual provém a amostra, e o desvio-padrão da distribuição amostral de $\bar{x}$ é menor do que o desvio-padrão daquela população. Podemos reformulá-lo como segue: para amostras aleatórias de tamanho n extraídas de uma população com a média μ e o desvio padrão σ, a distribuição amostral de $\bar{x}$ tem média

MÉDIA DA DISTRIBUIÇÃO AMOSTRAL DE $\bar{x}$

$$\mu_{\bar{x}} = \mu$$

Figura 10.5
Descrição da distribuição amostral.

Estatística Descritiva: Médias

```
Variable         N       Mean     Median     TrMean      StDev    SE Mean
Means          100     502.40     497.47     501.15      75.64       7.56

Variable   Minimum    Maximum         Q1         Q3
Means       307.93     750.93     461.68     540.75
```

e o desvio-padrão

ERRO-PADRÃO DA MÉDIA

$$\sigma_{\bar{x}} = \frac{\sigma}{\sqrt{n}} \quad ou \quad \sigma_{\bar{x}} = \frac{\sigma}{\sqrt{n}} \cdot \sqrt{\frac{N-n}{N-1}}$$

dependendo de a população ser infinita ou finita de tamanho N.

Costumamos referir-nos a $\sigma_{\bar{x}}$ como o **erro-padrão da média**, sendo que a expressão "padrão" é empregada no sentido de uma média, como em "desvio-padrão". Seu papel é fundamental na Estatística, pois mede a extensão da flutuação ou variação esperada das médias amostrais, em função do acaso. Se $\sigma_{\bar{x}}$ é pequeno, há boas chances de a média de uma amostra estar próxima da média da população; se $\sigma_{\bar{x}}$ é grande, é mais provável que obtenhamos uma média amostral consideravelmente diferente da média da população.

Podemos ver o que determina o tamanho de $\sigma_{\bar{x}}$ a partir das duas fórmulas precedentes. Ambas as fórmulas (para populações infinitas e finitas) mostram que $\sigma_{\bar{x}}$ cresce quando a variabilidade da população aumenta, e decresce quando o tamanho da população aumenta. Na realidade, é diretamente proporcional a σ e inversamente proporcional à raiz quadrada de n. (Para populações finitas, decresce ainda mais rapidamente por virtude do n que aparece em $\sqrt{\frac{N-n}{N-1}}$.)

EXEMPLO 10.5 Quando extraímos uma amostra aleatória de uma população infinita, o que acontece com o erro-padrão da média e, portanto, com o erro que poderíamos esperar quando utilizamos a média da amostra para estimar a média da população, se o tamanho da amostra é

(a) aumentado de 50 para 200;

(b) diminuído de 360 para 40?

Solução (a) A razão dos dois erros-padrão é

$$\frac{\frac{\sigma}{\sqrt{200}}}{\frac{\sigma}{\sqrt{50}}} = \frac{\sqrt{50}}{\sqrt{200}} = \sqrt{\frac{50}{200}} = \sqrt{\frac{1}{4}} = \frac{1}{2}$$

e quando n é quadruplicado, o erro-padrão da média é reduzido, mas apenas dividido por 2.

(b) A razão dos dois erros padrão é

$$\frac{\frac{\sigma}{\sqrt{40}}}{\frac{\sigma}{\sqrt{360}}} = \frac{\sqrt{360}}{\sqrt{40}} = \sqrt{9} = 3$$

e quando n é dividido por 9, o erro padrão da média é aumentado, mas apenas multiplicado por 3.

O fator $\sqrt{\frac{N-n}{N-1}}$ na segunda fórmula para $\sigma_{\bar{x}}$ é denominado **fator de correção para população finita**, porque, sem ele, as duas fórmulas para $\sigma_{\bar{x}}$ (para populações infinitas e finitas) são iguais. Na prática, omitimos esse fator, a menos que a amostra constitua pelo menos 5% da população, pois, de outra forma, tal fator está tão próximo de 1 que quase não influi no valor de $\sigma_{\bar{x}}$.

EXEMPLO 10.6 Encontre o valor do fator de correção para população finita para $N = 10.000$ e $n = 100$.

Solução Substituindo $N = 10.000$ e $n = 100$ na fórmula do fator de correção para população finita, obtemos

$$\sqrt{\frac{N-n}{N-1}} = \sqrt{\frac{10.000-100}{10.000-1}} = 0,995$$

e esse valor está tão próximo de 1 que o fator de correção pode ser omitido para fins práticos.

Já que enunciamos as fórmulas para o erro-padrão da média sem prova, verifiquemos a que se refere a populações finitas usando os resultados das duas exemplificações da Seção 10.6.

EXEMPLO 10.7 Com referência ao exemplificado à página 250, em que tínhamos $N = 5$, $n = 2$ e $\sigma = \sqrt{8}$, verifique que a segunda das duas fórmulas para $\sigma_{\bar{x}}$ fornece $\sigma = \sqrt{3}$, ou seja, o valor que obtivemos à página 252.

Solução Substituindo $N = 5$, $n = 2$ e $\sigma = \sqrt{8}$, na segunda das duas fórmulas para $\sigma_{\bar{x}}$, obtemos

$$\sigma_{\bar{x}} = \frac{\sqrt{8}}{\sqrt{2}} \cdot \frac{\sqrt{5-2}}{5-1} = \frac{\sqrt{8}}{\sqrt{2}} \cdot \frac{\sqrt{3}}{4} = \sqrt{\frac{8}{2} \cdot \frac{3}{4}} = \sqrt{3}$$

EXEMPLO 10.8 Com referência à simulação por computador da Figura 10.4, onde tínhamos $N = 1.000$, $n = 15$ e $\sigma = 288,67$, que valor poderíamos ter esperado para o desvio-padrão das 100 médias amostrais?

Solução Substituindo $N = 1.000$, $n = 15$ e $\sigma = 288,67$ na segunda das duas fórmulas para $\sigma_{\bar{x}}$, obtemos

$$\sigma_{\bar{x}} = \frac{288,67}{\sqrt{15}} \cdot \sqrt{\frac{1.000-15}{1.000-1}} = 74,01$$

e isso está bem próximo de 75,64, que é o valor realmente obtido na simulação por computador da Figura 10.5.

10.8 O TEOREMA DO LIMITE CENTRAL

Quando utilizamos uma média amostral para estimar a média de uma população, as incertezas sobre o erro potencial podem ser expressas de várias maneiras. Se soubéssemos a distribuição amostral exata da média, o que, é claro, nunca sabemos, poderíamos proceder como na primeira exemplificação da Seção 10.6 e calcular as probabilidades associadas com erros de diversos tamanhos. Uma outra coisa que raramente, ou nunca, fazemos é usar o teorema de Tchebichev e afirmar, com uma probabilidade de pelo menos $1 - \frac{1}{k^2}$, que a média de uma amostra aleatória diferirá da média da população correspondente por menos do que $k \cdot \sigma_{\bar{x}}$.

EXEMPLO 10.9 Usando o teorema de Tchebichev com $k = 2$, o que podemos dizer sobre o tamanho potencial de nosso erro, se utilizarmos uma amostra aleatória de tamanho $n = 64$ para estimar a média de uma população infinita com $\sigma = 20$?

Solução Substituindo $n = 64$ e $\sigma = 20$ na fórmula apropriada do erro-padrão da média, obtemos

$$\sigma_{\bar{x}} = \frac{20}{\sqrt{64}} = 2,5$$

e segue que podemos afirmar, com uma probabilidade de pelo menos $1-\frac{1}{2^2}=0{,}75$, que o erro será inferior a $k \cdot \sigma_{\bar{x}} = 2(2{,}5) = 5$.

A importância desse exemplo é que ele mostra *como* podemos fazer afirmações probabilísticas exatas sobre o erro potencial quando estimamos a média de uma população. O problema com o uso do teorema de Tchebichev é que "pelo menos 0,75" não nos diz o suficiente quando na realidade aquela probabilidade pode ser, digamos, 0,998, ou mesmo 0,999. Enquanto o teorema de Tchebichev estabelece uma conexão lógica entre os erros e as probabilidades que podem ser cometidos, existe um outro teorema matemático que, em muitas circunstâncias, nos permite fazer afirmações probabilísticas muito mais fortes sobre tais erros potenciais.

Esse teorema, que é o segundo dos dois teoremas mencionados à página 253, é denominado o **teorema do limite central** e, informalmente, afirma que para grandes amostras, a distribuição amostral da média pode ser muito bem aproximada por uma distribuição normal. Lembrando que na Seção 10.7 vimos que

$$\mu_{\bar{x}} = \mu \quad \text{e} \quad \sigma_{\bar{x}} = \frac{\sigma}{\sqrt{n}}$$

para amostras aleatórias de populações infinitas, podemos, então, dizer formalmente que

TEOREMA DO LIMITE CENTRAL

Se $\bar{x}$ é a média de uma amostra aleatória de tamanho n de uma população infinita com a média μ e o desvio-padrão σ e se n é grande, então

$$z = \frac{\bar{x} - \mu}{\sigma/\sqrt{n}}$$

tem aproximadamente a distribuição normal padrão.

Esse teorema é de importância fundamental em Estatística, pois justifica a aplicação de métodos da curva normal a uma ampla gama de problemas; esse teorema se aplica a populações infinitas e também a populações finitas quando *n*, embora grande, constitui uma porção pequena da população. Não podemos dizer precisamente quão grande *n* deve ser para que possamos aplicar o teorema do limite central mas, a menos que a distribuição da população tenha um formato muito raro, em geral, $n = 30$ é considerado suficientemente grande. Quando a própria população da qual estamos extraindo amostras tem aproximadamente o formato de uma curva normal, a distribuição amostral da média pode ser aproximada muito bem com uma distribuição normal, independentemente do tamanho de *n*.

O teorema do limite central também pode ser usado para populações finitas, mas é bastante complicado dar uma descrição precisa das situações em que isso é possível. A utilização adequada mais comum é o caso em que *n* é grande enquanto $\frac{n}{N}$ é pequeno.

Vejamos, agora, qual probabilidade tomará o lugar de "pelo menos 0,75" se utilizarmos o teorema do limite central, em vez do teorema de Tchebichev, no Exemplo 10.9.

EXEMPLO 10.10 Usando o teorema do limite central, qual é a probabilidade de o erro ser inferior a 5 quando usamos a média de uma amostra aleatória de tamanho $n = 64$ para estimar a média de uma população infinita com $\sigma = 20$?

Solução A probabilidade é dada pela área da região colorida sob a curva na Figura 10.6, ou seja, pela área sob a curva normal padrão entre

$$z = \frac{-5}{20/\sqrt{64}} = -2 \quad \text{e} \quad z = \frac{5}{20/\sqrt{64}} = 2$$

Como a entrada na Tabela I correspondente a $z = 2,00$ é 0,4772, a probabilidade procurada é $0,4772 + 0,4772 = 0,9544$. Assim, a afirmação de que a probabilidade é de "pelo menos 0,75" é substituída pela afirmação muito mais forte de que a probabilidade é da ordem de 0,95.

10.9 ALGUMAS CONSIDERAÇÕES ADICIONAIS

Nas Seções 10.6 até 10.8, nosso objetivo principal foi introduzir o conceito de uma distribuição amostral, e a que escolhemos como ilustração foi a distribuição amostral da média. Devemos deixar claro, entretanto, que, em lugar da média, poderíamos ter utilizado a mediana, o desvio-padrão, ou alguma outra estatística, e estudado suas flutuações aleatórias. No que diz respeito à teoria envolvida, isso teria exigido uma fórmula diferente para o desvio-padrão e uma teoria análoga, ainda que diferente, ao teorema do limite central.

Por exemplo, para grandes amostras de populações contínuas, o **erro-padrão da mediana** é aproximadamente

$$\sigma_{\tilde{x}} = 1,25 \cdot \frac{\sigma}{\sqrt{n}}$$

onde n é o tamanho da amostra e σ é o desvio-padrão populacional. Note que a comparação das fórmulas

$$\sigma_{\bar{x}} = \frac{\sigma}{\sqrt{n}} \quad \text{e} \quad \sigma_{\tilde{x}} = 1,25 \cdot \frac{\sigma}{\sqrt{n}}$$

reflete o fato de que a média é geralmente mais confiável do que a mediana (isto é, ela tende a nos expor a erros menores) quando estimamos a média de uma população simétrica. Para populações simétricas, as médias das distribuições amostrais de $\bar{x}$ e $\tilde{x}$ são ambas iguais à média populacional μ

EXEMPLO 10.11 Quão grande precisamos tomar uma amostra aleatória para que sua média seja uma estimativa tão confiável da média de uma população contínua simétrica quanto a mediana de uma amostra aleatória de tamanho $n = 200$?

Solução Igualando as duas fórmulas do erro padrão e substituindo $n = 200$ na fórmula do erro padrão da mediana, obtemos

$$\frac{\sigma}{\sqrt{n}} = 1,25 \cdot \frac{\sigma}{\sqrt{200}}$$

que, resolvida em relação a n, dá $n = 128$. Assim, para o objetivo proposto, a média de uma amostra aleatória de tamanho $n = 128$ é tão "boa" quanto a mediana de uma amostra aleatória de tamanho $n = 200$.

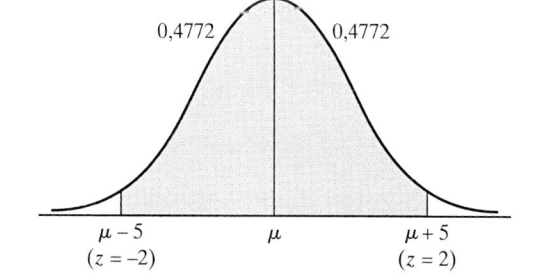

Figura 10.6
Diagrama para o Exemplo 10.10.

Além disso, um ponto que vale a pena enfatizar é que as exemplificações da Seção 10.6 foram utilizadas como recurso didático, projetadas para transmitir a idéia de uma distribuição amostral, mas elas não refletem o que fazemos na prática. Na prática, raramente podemos relacionar todas as amostras possíveis e é comum basearmos uma inferência numa única amostra, e não em 100 amostras. No Capítulo 11 e em capítulos subseqüentes, abordaremos em maior profundidade o problema de traduzir a teoria sobre distribuições amostrais em métodos de avaliar os méritos e as deficiências de processos estatísticos.

Um outro ponto que vale a pena enfatizar se refere a $\sqrt{n}$ que aparece no denominador das fórmulas do erro-padrão da média. É claro que, quando n se torna cada vez maior, nossas generalizações estarão sujeitas a erros cada vez menores, mas a $\sqrt{n}$ nas fórmulas do erro-padrão da média nos diz que o ganho em confiabilidade não é proporcional ao aumento no tamanho da amostra. Como vimos, quadruplicar o tamanho da amostra apenas duplica a confiabilidade de uma média amostral como uma estimativa da média de uma população. Na realidade, para quadruplicar a confiabilidade, deveríamos multiplicar por 16 o tamanho da amostra. Usando a linguagem dos economistas, essa relação entre confiabilidade e tamanho da amostra indica que há diminuição de lucros com um aumento do tamanho da amostra. Raramente compensa trabalhar com amostras extremamente grandes.

EXERCÍCIOS

10.30 Suponha que na exemplificação à página 245, em que extraímos, sem reposição, amostras aleatórias de tamanho $n = 2$ da população finita cujos elementos são os números 3, 5, 7, 9 e 11, a extração tivesse sido feita com reposição.

(a) Relacione as 25 amostras ordenadas que podem ser extraídas com reposição da população dada e calcule suas médias. (Aqui, "ordenada" significa que 3 e 7 é uma amostra diferente de 7 e 3.)

(b) Supondo que a amostragem é aleatória, a saber, que cada uma das amostras ordenadas da parte (a) tenha a probabilidade $\frac{1}{25}$, construa a distribuição amostral da média para amostras aleatórias de tamanho $n = 2$ extraídas, com reposição, da população dada.

10.31 Com referência ao Exercício 10.30, encontre as probabilidades de que a média de uma amostra aleatória de tamanho $n = 2$ extraída, com reposição, da população dada, seja diferente de $\mu = 7$ por

(a) 1 ou menos;

(b) no máximo 2.

10.32 Calcule o desvio-padrão da distribuição amostral obtida na parte (b) do Exercício 10.30 e verifique o resultado substituindo $n = 2$ e $\sigma = \sqrt{8}$ na fórmula do erro-padrão à página 254.

10.33 Uma população finita consiste nos $N = 8$ elementos 12, 12, 12, 12, 12, 14, 20 e 42. Como pode ser facilmente verificado, a média dessa população é $\mu = 17$ e seu desvio-padrão é $\sigma = \sqrt{96} = 4\sqrt{6}$.

(a) Relacione as $\binom{8}{2}$ amostras possíveis de tamanho $n = 2$ que podem ser extraídas, sem reposição, dessa população finita. [*Sugestão*: em $\binom{5}{2} = 10$ dessas amostras, ambos os valores são iguais a 12.]

(b) Calcule a média de cada uma das amostras obtidas na parte (a).

(c) Atribuindo a cada uma das amostras obtidas na parte (a) a probabilidade $\frac{1}{28}$, construa a distribuição amostral da média para amostras aleatórias de tamanho $n = 2$ extraídas, sem reposição, da população dada.

(d) Encontre a média e o desvio-padrão da distribuição amostral da média obtida na parte (c).

10.34 Use a fórmula do erro padrão à página 254 para conferir o resultado na parte (d) do Exercício 10.33.

10.35 Quando extraímos amostras de uma população infinita, o que acontece com o erro-padrão da média quando o tamanho da amostra é
(a) aumentado de 30 para 120;
(b) diminuído de 245 para 5?

10.36 Quando extraímos amostras de uma população infinita, o que acontece com o erro-padrão da média quando o tamanho da amostra é
(a) diminuído de 1.000 para 10;
(b) aumentado de 80 para 500?

10.37 Qual é o valor do fator de correção para população finita quando
(a) $N = 200$ e $n = 10$;
(b) $N = 300$ e $n = 25$;
(c) $N = 5.000$ e $n = 100$?

10.38 Mostre que se a média de uma amostra aleatória de tamanho n é usada para estimar a média de uma população infinita com desvio-padrão σ e n é grande, então há uma chance meio a meio de que a magnitude do erro seja menor do que

$$0{,}6745 \cdot \frac{\sigma}{\sqrt{n}}$$

É costume designar essa quantidade como o **erro provável da média**; hoje em dia, é usada principalmente em aplicações militares.

(a) Se uma amostra aleatória de tamanho $n = 64$ é extraída de uma população infinita com $\sigma = 24{,}8$, qual é o erro provável da média?
(b) Se uma amostra aleatória de tamanho $n = 144$ é extraída de uma população muito grande (consistindo, digamos, nas multas pagas por várias infrações de tráfego num certo estado em 1999) com $\sigma = 219{,}12$ unidades monetárias, qual é o erro provável da média? Explique seu significado.

10.39 Na exemplificação à página 246, comparamos amostras estratificadas de uma população de quatro pesos com amostras aleatórias comuns de mesmo tamanho.

(a) Atribuindo a cada uma das amostras aleatórias da página 246 a probabilidade $\frac{1}{6}$, mostre que a média e o desvio-padrão dessa distribuição amostral da média são $\mu_{\bar{x}} = 160$ e $\sigma_{\bar{x}} = 21{,}0$.
(b) Atribuindo a cada uma das amostras aleatórias da página 246 a probabilidade $\frac{1}{4}$, mostre que a média e o desvio-padrão dessa distribuição amostral da média são $\mu_{\bar{x}} = 160$ e $\sigma_{\bar{x}} = 7{,}1$.

10.40 A média de uma amostra aleatória de tamanho $n = 36$ é usada para estimar a média de uma população infinita com desvio-padrão $\sigma = 9$. O que pode ser dito sobre a probabilidade de o erro dessa estimativa ser menor do que 4,5, se aplicarmos
(a) o teorema de Tchebichev;
(b) o teorema do limite central?

10.41 A média de uma amostra aleatória de tamanho $n = 25$ é usada para estimar o intervalo de tempo médio durante o qual uma pessoa com mais de 65 anos de idade consegue se concentrar. Sabendo que o desvio-padrão dessa população é $\sigma = 2,4$ minutos, o que pode ser afirmado sobre a probabilidade de o erro da estimativa ser menor do que 1,2 minutos, se aplicarmos
(a) o teorema de Tchebichev;
(b) o teorema do limite central?

10.42 A média de uma amostra aleatória de tamanho $n = 100$ será utilizada para estimar a produção média diária de leite num rebanho muito grande de vacas leiteiras. Sabendo que o desvio-padrão dessa população é $\sigma = 3,6$ litros, o que pode ser afirmado sobre a probabilidade de o erro da estimativa ser
(a) maior do que 0,72 litros;
(b) menor do que 0,45 litros?

10.43 Se as medições da gravidade específica de uma lata de metal podem ser consideradas como uma amostra aleatória de uma população normal com desvio-padrão $\sigma = 0,025$ unidades de medição, qual é a probabilidade de a média de uma amostra aleatória de tamanho $n = 16$ estar errada em, no máximo, 0,01 unidades de medição?

10.44 Verifique que a média de uma amostra aleatória de tamanho $n = 256$ é uma estimativa tão confiável da média de uma população contínua simétrica quanto a mediana de uma amostra aleatória de tamanho $n = 400$.

10.45 Quão grande deve ser uma amostra aleatória para que sua mediana seja uma estimativa tão confiável da média de uma população contínua simétrica quanto a média de uma amostra aleatória de tamanho $n = 144$?

*10.10 NOTA TÉCNICA (SIMULAÇÃO)

A simulação fornece uma das maneiras mais efetivas de ilustrar e, conseqüentemente, de ensinar, alguns dos conceitos básicos da Estatística. Ela serve para demonstrar a validade da teoria quando as provas matemáticas rigorosas estão além dos pré-requisitos deste livro.

Também, como veremos em capítulos que seguem, a avaliação e a interpretação de técnicas estatísticas freqüentemente exigirão que imaginemos o que aconteceria se os experimentos fossem repetidos um grande número de vezes. Como, na maioria das vezes, tais repetições não são nem práticas nem viáveis, podemos recorrer, em vez disso, a simulações, preferivelmente com o uso de computadores. A simulação tem importância, também, no desenvolvimento da teoria estatística, pois há situações em que a simulação é mais fácil do que uma análise matemática detalhada.

As simulações de amostras aleatórias também podem ser feitas usando tabelas de números aleatórios, mas para o uso nos exercícios a seguir, apresentamos na Figura 10.7 quarenta amostras aleatórias simuladas por computador, cada uma delas consistindo em $n = 5$ valores de uma variável aleatória com distribuição de Poisson com $\lambda = 16$, e portanto $\mu = 16$ e $\sigma = 4$. (O leitor pode imaginar esses números como dados referentes ao número de chamadas de emergência que um serviço de ambulâncias recebe numa tarde, o número de ligações que uma operadora recebe durante um intervalo de dez minutos, ou o número de panfletos de propaganda que um motorista recebe num certo sinal de trânsito.)

EXERCÍCIOS

*10.46 Cada linha na Figura 10.7 constitui uma amostra aleatória de tamanho $n = 5$ de uma população de Poisson com $\lambda = 16$, e portanto com $\mu = 16$ e $\sigma = 4$.
  (a) Calcule as médias das 40 amostras na Figura 10.7.
  (b) Calcule a média e o desvio-padrão das 40 médias obtidas na parte (a) e compare os resultados com os correspondentes valores esperados a partir da teoria da Seção 10.7.

*10.47 Determine as medianas das 40 amostras mostradas na Figura 10.7, calcule seu desvio-padrão e compare o resultado com o correspondente valor esperado a partir da teoria da Seção 10.9.

Amostras Simuladas de Poisson com n = 5

```
MTB > Random 40 c1-c5;
SUBC>   Poisson 16.
MTB > Print c1-c5.


Row

    1       9      15       6      19      11
    2      16      15      19      14      14
    3      14      20      11      22      19
    4      14      20      17      22      14
    5      21      11      13      18      14
    6      13      11      13      15      12
    7      14      12      14      17      10
    8      17      13      25      17      20
    9      21      16      16      18      21
   10      15      12      16      11      14
   11      21      12      19      14      14
   12      20      22      16      19      17
   13      25      15       8      16      21
   14      15      19      18      12      18
   15      17      23      20      11      13
   16      18      16      16      21      22
   17      20      19      21      17       9
   18      19      17      11      14      19
   19      12      18      16      10      14
   20      11      14      11      12      26
   21      17      16      11      11       9
   22      15      16      16      19      18
   23      16      12      18      16      15
   24      20      19      23      14      14
   25      19      18      16      24      13
   26      13      18      14      17      25
   27      16      17      18      14      22
   28      15      17      11      15      13
   29      23      12      13      13      16
   30      16      28      11      14      11
   31      14      15      18       7      16
   32      19      17      11      16      13
   33      13      14      16      12      17
   34      25      14       8      15      16
   35      12      17      12      12      13
   36      12      16      17      15      25
   37      20      14      14      16      17
   38      13      19      19      16      17
   39      12      14      11      19      14
   40      14       9      17      24      19
```

Figura 10.7 Simulação por computador de dados de Poisson.

*10.48 No Exercício 11.35 apresentaremos uma maneira de estimar o desvio-padrão populacional em termos da amplitude (maior valor menos menor valor). Com esse propósito, a amplitude é dividida por uma constante, que depende do tamanho da amostra; por exemplo, dividimos por 2,33 para $n = 5$. Uma outra maneira de dizer isso é que para amostras de tamanho $n = 5$, a média da distribuição amostral da amplitude é $2,33\sigma$. Para verificar isso, determine as amplitudes das 40 amostras mostradas na Figura 10.7 e então calcule sua média. Isso é uma estimativa da média da distribuição amostral e, como o tamanho da amostra é $n = 5$, dividindo-a por 2,33 fornece uma estimativa para σ, que se sabe ser igual a 4. Encontre o erro percentual dessa estimativa.

*10.49 Nas páginas 87/88 explicamos que a divisão por $n - 1$ nas fórmulas do desvio-padrão amostral e da variância amostral serve para tornar s^2 um estimador não tendencioso para σ^2, ou seja, para fazer a média da distribuição amostral de s^2 igual a σ^2. Para verificar isso, encontre a média das variâncias das 40 amostras na Figura 10.7, que são 26,0; 4,3; 20,7; 12,8; 16,3; 2,2; 6,8; 19,8; 6,3; 4,3; 14,5; 5,7; 41,5; 8,3; 24,2; 7,8; 23,2; 12,0; 10,0; 40,7; 12,2; 2,7; 4,8; 15,5; 16,5; 22,3; 8,8; 5,2; 20,3; 49,5; 17,5; 10,2; 4,3; 37,3; 4,7; 23,5; 6,2; 6,2; 9,5 e 31,3. Como σ^2 é sabidamente igual a 16, calcule o erro percentual dessa estimativa.

10.11 LISTA DE TERMOS-CHAVE (com indicação das páginas de suas definições)

*Alocação ótima, 247, 250
Alocação proporcional, 246
Amostra aleatória, 238, 239
Amostra aleatória simples, 239
Amostragem aleatória (simples) estratificada, 246
Amostragem aleatória de uma população finita, 239
*Amostragem estratificada, 245
*Amostragem por área, 248
*Amostragem por conglomerado, 248
*Amostragem por cotas, 247
*Amostragem por julgamento, 247
Amostragem por levantamento, 245
*Amostragem sistemática, 245
Distribuição amostral, 238

Distribuição discreta uniforme, 252
Distribuição inteira, 252
*Erro provável da média, 259
Erro-padrão da média, 254
Erro-padrão da mediana, 257
*Estratificação, 245
*Estratificação cruzada, 247
*Estratos, 246
Estrutura amostral, 244
Fator de correção para população finita, 254
Números aleatórios, 240
*Planejamento de amostra, 245
População finita, 239
População infinita, 239
Simulação por computador, 252
Teorema do limite central, 256

10.12 REFERÊNCIAS

Dentre as muitas tabelas publicadas de números aleatórios, uma das mais largamente utilizadas é

RAND CORPORATION, *A Million Random Digits with 100,000 Normal Deviates*. New York: Macmillan Publishing Co., Inc., third printing, 1996.

Também existem calculadoras programadas para gerar números aleatórios e é razoavelmente fácil programar um computador para que permita ao usuário gerar seus próprios números aleatórios. Um dos muitos artigos a respeito desse assunto é o seguinte

KIMERLING, C., "Generate Your Own Random Numbers", *Mathematics Teacher*, February 1984.

Material interessante sobre o início do desenvolvimento de tabelas de números aleatórios pode ser encontrado em

BENNETT, J. D., *Randomness*. Cambridge, Mass.: Harvard University Press, 1998.

Conseqüências das várias fórmulas do erro-padrão e formulações (e provas) mais gerais do teorema do limite central podem ser encontradas na maioria dos livros didáticos de Estatística matemática. Tudo que é tipo de informação sobre amostragem é dada em

COCHRAN, W. G., *Sampling Techniques*, 3rd ed. New York: John Wiley & Sons, Inc., 1977.

SCHAFFER, R. L., MENDENHALL, W., and OTT, L., *Elementary Survey Sampling*, 4th ed. Boston: PWS-Kent Publishing Co., 1990.

SLONIN, M. J., *Sampling in a Nutshell*. New York: Simon and Schuster, 1973.

WILLIAMS, W. H., *A Sampler on Sampling*. New York: John Wiley & Sons, Inc., 1978.

Exercícios de Revisão para os Capítulos 8, 9 e 10

R.91 Dentre 18 trabalhadores num piquete de grevistas, dez são homens e oito são mulheres. Se uma equipe de TV selecionar aleatoriamente quatro deles para serem filmados, qual é a probabilidade de que vá incluir
(a) somente homens;
(b) dois homens e duas mulheres?

R.92 Encontre a área sob a curva normal padrão que está
(a) à esquerda de $z = 1,65$;
(b) à esquerda de $z = -0,44$;
(c) entre $z = 1,15$ e $z = 1,85$;
(d) entre $z = -0,66$ e $z = 0,66$.

R.93 Encontre z_α sabendo que $\alpha = 0,2709$.

R.94 Um agente alfandegário quer inspecionar 12 de 875 volumes listados no manifesto da carga de um navio. Quais volumes (por números) o agente alfandegário inspecionará se ele usar as colunas 28, 29 e 30 e descer pela página a partir da sexta linha da tabela na Figura 10.2?

R.95 Verifique, em cada caso, se está satisfeita a condição para a aproximação binomial da distribuição hipergeométrica:
(a) $a = 40$, $b = 160$ e $n = 8$;
(b) $a = 100$, $b = 60$ e $n = 10$;
(c) $a = 68$, $b = 82$ e $n = 12$;

R.96 Se a quantidade de tempo que um turista permanece no interior de uma catedral é uma variável aleatória de distribuição normal com $\mu = 23,4$ minutos e $\sigma = 6,8$ minutos, encontre a probabilidade de que o turista vá permanecer
(a) pelo menos 15 minutos;
(b) algum tempo entre 20 e 30 minutos.

R.97 Qual é a probabilidade de cada amostra possível se são extraídas amostras aleatórias de tamanho $n = 6$ de uma população finita de tamanho $N = 45$?

*R.98 A probabilidade de que um certo jogador de basquete vá converter um lance livre qualquer em cesta é de 0,36. Qual é a probabilidade de que o primeiro lance livre que ele vá converter em cesta seja
(a) seu segundo lance livre;
(b) seu quinto lance livre?
(*Sugestão*: Use a fórmula da distribuição geométrica.)

R.99 Encontre a média da distribuição binomial com $n = 8$ e $p = 0,40$, usando
(a) a Tabela V e a fórmula que define μ;
(b) a fórmula especial para a média de uma distribuição binomial.

R.100 Use a distribuição normal para aproximar a distribuição binomial de que pelo menos 25 dentre 60 picadas de abelha causem algum desconforto, se a probabilidade é de 0,48 de que uma picada de abelha qualquer vá causar algum desconforto.

R.101 Verifique, em cada caso, se estão satisfeitas as condições para a aproximação de Poisson da distribuição binomial:
(a) $n = 180$ e $p = \frac{1}{9}$;

(b) $n = 480$ e $p = \frac{1}{60}$;

(c) $n = 575$ e $p = \frac{1}{100}$.

R.102 Sabe-se que 6% de todos os ratos são portadores de determinada doença. Se examinarmos uma amostra aleatória de 120 ratos, estaremos satisfazendo a condição exigida para utilizar a aproximação de Poisson à distribuição binomial? Caso estejamos, use a distribuição de Poisson para aproximar a probabilidade de que somente 5 dos ratos sejam portadores da doença.

R.103 Uma variável aleatória tem uma distribuição normal com $\sigma = 4,0$. Se há uma probabilidade de 0,9713 de que essa variável assuma um valor menor do que 82,6, qual é a probabilidade de que ela vá assumir um valor entre 70,0 e 80,0?

R.104 Transforme as 40 amostras na Figura 10.7 em 20 amostras de tamanho $n = 10$ combinando as amostras 1 e 2, as amostras 3 e 4, . . ., e as amostras 39 e 40. Calcule a média de cada uma dessas 20 amostras e determine sua média e seu desvio-padrão. Compare os resultados com os valores que poderíamos esperar obter de acordo com o teorema à página 253/254.

R.105 Um pequeno navio de cruzeiro tem cabines externas de luxo, cabines externas normais e cabines internas, e as probabilidades de que um agente de viagens vá receber pedidos de reservas para a primeira, a segunda e a terceira dessas categorias são de 0,30, 0,60 e 0,10. Se um agente de viagens receber pedidos de nove reservas, qual é a probabilidade de que quatro deles sejam para as cabinas externas de luxo, quatro para as cabinas externas normais e um para uma cabina interna?

R.106 Num certo bairro, o tempo de que uma ambulância leva para atender um chamado pode ser considerado uma variável aleatória de distribuição normal com $\mu = 5,8$ minutos e desvio padrão $\sigma = 1,2$ minutos. Qual é a probabilidade de que uma ambulância vá levar no máximo 8,0 minutos para atender uma chamada?

R.107 Um certo zoológico tem uma coleção grande de tamanduás, com cinco machos e quatro fêmeas. Se um veterinário escolher ao acaso três deles para examinar, quais são as probabilidades de que
(a) nenhum deles seja fêmea;
(b) dois deles sejam fêmeas?

R.108 Alega-se que
(a) se o tamanho da amostra é aumentado em 44%, então o erro-padrão da média é reduzido em 20%;
(b) se o erro-padrão da média deve ser reduzido em 20%, então o tamanho da amostra deve ser aumentado em 56,25%.

Qual dessas duas afirmações é verdadeira e qual é falsa?

R.109 A Figura R.4 mostra a densidade de probabilidade de uma variável aleatória contínua definida no intervalo de 0 a 3.
(a) Verifique que a área total sob a curva é igual a 1.
(b) Encontre a probabilidade de que a variável aleatória vá tomar um valor maior do que 1,5.

*****R.110** Suponha que queiramos encontrar a probabilidade de que uma variável aleatória de distribuição hipergeométrica com $n = 14$, $a = 180$ e $b = 120$ vá tomar o valor $x = 5$.
(a) Verifique que a distribuição binomial com $n = 14$ e $p = \frac{180}{180+120} = \frac{3}{5}$ pode ser usada para aproximar essa distribuição hipergeométrica.
(b) Verifique que a distribuição normal com $\mu = np = 14 \cdot \frac{3}{5} = 8,4$ e $\sigma = \sqrt{np(1-p)} = \sqrt{14(0,6)(0,4)} \approx 1,83$ pode ser usada para aproximar a distribuição binomial da parte (a).

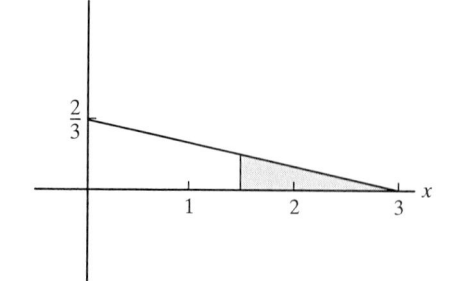

Figura R.4
Diagrama para o Exercício R.109.

(c) Use a distribuição normal com $\mu = 8,4$ e $\sigma = 1,83$ para aproximar a probabilidade hipergeométrica com $x = 5$, $n = 14$, $a = 180$ e $b = 120$.

R.111 O tempo que um eletricista leva para consertar um ventilador de teto pode ser tratado como uma variável aleatória de distribuição normal com $\mu = 24,55$ minutos e $\sigma = 3,16$ minutos. Encontre a probabilidade de que um eletricista leve algum tempo entre 20,00 e 30,00 minutos para consertar um ventilador de teto.

R.112 Quantas amostras diferentes de tamanho
(a) $n = 3$ podem ser extraídas dentre $N = 14$ revistas diferentes da sala de espera de um consultório médico?
(b) $n = 5$ podem ser extraídas para um comprador em potencial dentre $N = 24$ casas à venda num certo bairro da periferia?

R.113 Um grupo de 300 pessoas sorteadas para um júri inclui apenas 30 pessoas com idade inferior a 25 anos. Para um caso específico relacionado a narcóticos, o júri de 12 realmente selecionado do grupo não incluiu pessoa alguma com idade inferior a 25 anos. O jovem advogado de defesa queixou-se de que este júri de 12 não é representativo. Ele argumentou que a probabilidade de que um dos jurados tenha idade inferior a 25 anos deve ser *muitas vezes* a probabilidade de que nenhum deles tenha idade inferior a 25 anos.
(a) Encontre a razão dessas duas probabilidades, usando a distribuição hipergeométrica.
(b) Encontre a razão dessas duas probabilidades, usando a distribuição binomial como aproximação.

R.114 Durante uma noite de sexta-feira, 50 motos de tele-entrega de uma rede de farmácias percorreram

23,2	26,7	21,5	23,8	19,1	22,3	27,4	22,4	20,6	23,5
16,5	22,2	21,9	14,4	25,6	23,0	25,4	21,2	16,8	28,4
20,5	21,5	22,6	19,8	20,5	21,7	16,3	18,9	24,0	21,3
22,2	24,8	17,5	18,0	21,4	22,5	20,6	17,7	15,9	22,5
26,7	21,3	24,5	19,3	25,4	20,0	16,5	21,1	23,8	20,5

quilômetros. Use um computador ou uma calculadora gráfica para conferir se esses dados podem ser considerados como os valores de uma variável aleatória de distribuição normal.

R.115 Utilizando a parte superior do impresso na Figura R.5, encontre as probabilidades de que uma variável aleatória de distribuição de Poisson com $\lambda = 1,6$ vá tomar
(a) um valor menor do que 3;
(b) o valor 3, 4 ou 5;
(c) um valor maior do que 4.

R.116 Repita o Exercício R.115 usando a parte inferior do impresso na Figura R.5, a saber, as probabilidades cumulativas.

R.117 Use a parte superior da Figura R.5 para calcular a média da distribuição de Poisson com $\lambda = 1,6$ verificando, assim, a fórmula $\mu = \lambda$.

R.118 Use a parte superior da Figura R.5 e a fórmula de cálculo à página 199 para calcular a variância da distribuição de Poisson com $\lambda = 1,6$ verificando, assim, a fórmula $\sigma^2 = \lambda$.

R.119 Qual é o fator de correção para população finita se
(a) $N = 120$ e $n = 30$;
(b) $N = 400$ e $n = 50$?

R.120 Determine, em cada caso, se as seguintes funções podem ser distribuições de probabilidade (definidas, em cada caso, para os valores dados de x) e explique suas respostas:
(a) $f(x) = \frac{1}{8}$ para $x = 0, 1, 2, 3, 4, 5, 6$ e 7;
(b) $f(x) = \frac{x+1}{16}$ para $x = 1, 2, 3$ e 4;
(c) $f(x) = \frac{(x-1)(x-2)}{20}$ para $x = 2, 3, 4$ e 5.

R.121 O número de flores num cacto raro é uma variável aleatória de distribuição de Poisson com $\lambda = 2,3$. Qual é a probabilidade de que tal planta vá ter
(a) nenhuma flor;
(b) pelo menos duas flores?

R.122 As probabilidades de que 0, 1, 2, 3, 4 ou 5 dos pacientes de um médico peguem a gripe durante a semana de férias de fim de ano do médico são, respectivamente, de 0,22; 0,34; 0,24; 0,13; 0,06 e 0,01.
(a) Encontre a média dessa distribuição de probabilidade.

Figura R.5
Distribuição de Poisson com $\lambda = 1,6$.

Função Densidade de Probabilidade

```
Poisson with mu = 1.60000

        x      P( X = x )
     0.00          0.2019
     1.00          0.3230
     2.00          0.2584
     3.00          0.1378
     4.00          0.0551
     5.00          0.0176
     6.00          0.0047
     7.00          0.0011
     8.00          0.0002
     9.00          0.0000
```

Função Distribuição Cumulativa

```
Poisson with mu = 1.60000

        x      P( X <= x )
     0.00          0.2019
     1.00          0.5249
     2.00          0.7834
     3.00          0.9212
     4.00          0.9763
     5.00          0.9940
     6.00          0.9987
     7.00          0.9997
     8.00          1.0000
     9.00          1.0000
```

(b) Use a fórmula de cálculo para determinar a variância dessa distribuição de probabilidade.

*R.123 Dentre 80 pessoas entrevistadas para ocuparem certos empregos numa repartição pública, 40 são casadas, 20 são solteiras, 10 divorciadas e 10 viúvas. De quantas maneiras podemos extrair dessas pessoas entrevistadas uma amostra estratificada de 10 por cento se:
(a) um quarto da amostra deve ser alocado a cada grupo;
(b) a alocação deve ser proporcional?

R.124 Use a aproximação normal da distribuição binomial para aproximar as probabilidades de uma variável aleatória de distribuição binomial com $n = 18$ e $p = 0,27$ tomar um valor
(a) menor do que 6;
(b) entre 4 e 8;
(c) maior do que 6.

R.125 Use a parte superior da Figura R.6 para determinar as probabilidades de que uma variável aleatória de distribuição binomial com $n = 12$ e $p = 0,46$ vá tomar
(a) o valor 6, 7 ou 8;
(b) um valor maior do que ou igual a 9.

```
Função Densidade de Probabilidade

Binomial with n = 12 and p = 0.460000

           x     P ( X = x)
        0.00         0.0006
        1.00         0.0063
        2.00         0.0294
        3.00         0.0836
        4.00         0.1602
        5.00         0.2184
        6.00         0.2171
        7.00         0.1585
        8.00         0.0844
        9.00         0.0319
       10.00         0.0082
       11.00         0.0013
       12.00         0.0001
```

Função Distribuição Cumulativa

```
Binomial with n = 12 and p = 0.460000

           x    P ( X <= x)
        0.00         0.0006
        1.00         0.0069
        2.00         0.0363
        3.00         0.1199
        4.00         0.2802
        5.00         0.4986
        6.00         0.7157
        7.00         0.8742
        8.00         0.9585
        9.00         0.9905
       10.00         0.9986
       11.00         0.9999
       12.00         1.0000
```

Figura R.6
Distribuição binomial com $n = 12$ e $p = 0,46$.

R.126 Use a parte inferior da Figura R.6 para repetir o Exercício R.125.

R.127 Verifique, em cada caso, se estão satisfeitas as condições para a aproximação normal da distribuição binomial:
(a) $n = 55$ e $p = \frac{1}{5}$;
(b) $n = 105$ e $p = \frac{1}{35}$;
(c) $n = 210$ e $p = \frac{1}{30}$;
(d) $n = 40$ e $p = 0{,}95$.

R.128 Qual é a probabilidade de cada amostra possível se são extraídas amostras aleatórias de tamanho $n = 3$ de uma população finita de tamanho $N = 70$?

R.129 Dentre 12 moedas do império, sete são autênticas, três são falsificações banhadas em ouro e as duas restantes são falsificações em bronze puro. Se um comprador leigo escolher três dessas moedas, qual é a probabilidade de que ele pegue uma de cada tipo?

R.130 Encontre a média da distribuição binomial com $n = 9$ e $p = 0{,}40$, usando
(a) a Tabela V e a fórmula que define μ;
(b) a fórmula especial para a média de uma distribuição binomial.

11
PROBLEMAS DE ESTIMATIVA

11.1 Estimativa de Médias 271
11.2 Estimativa de Médias (σ Desconhecido) 275
11.3 Estimativa de Desvios-Padrão 281
11.4 Estimativa de Proporções 286
11.5 Lista de Termos-Chave 292
11.6 Referências 292

Os problemas de inferência estatística tradicionalmente tem sido classificados como problemas de **estimativa**, em que tentamos determinar (dentro de limites razoáveis) os valores de parâmetros populacionais; ou como **testes de hipóteses**, em que aceitamos ou rejeitamos afirmações sobre os parâmetros ou formas de populações; ou ainda problemas de **previsão**, em que prevemos valores futuros de variáveis aleatórias. Em cada caso, as inferências são baseadas em dados amostrais, embora em alguns métodos, os assim denominados **métodos bayesianos**, não tratados neste livro, as inferências também são baseadas em informação colateral e/ou julgamentos subjetivos. Neste capítulo, enfocamos os problemas de estimativa. Os testes de hipóteses são tratados em capítulos subseqüentes, e os problemas de previsão são estudados nos Capítulos 16 e 17.

Os problemas de estimativas são fáceis de exemplificar porque surgem praticamente em qualquer lugar, na ciência, na administração e na vida cotidiana. Em ciência, um psicólogo pode querer determinar o tempo médio de reação de um adulto a um estímulo visual; em administração, um sindicalista pode querer saber quanta variabilidade existe no tempo que os operários filiados ao sindicato levam para chegar ao trabalho; e na vida cotidiana, podemos querer descobrir qual é a percentagem de todos acidentes envolvendo um único carro causados por cansaço do motorista. Nesses três exemplos, o problema do psicólogo diz respeito a uma média populacional, o problema do sindicalista diz respeito a uma medida de variação (talvez um desvio-padrão), e nosso problema de vida cotidiana aborda uma percentagem. Conceitualmente, todos esses problemas são tratados da mesma maneira, mas há diferenças nos métodos específicos que são utilizados. Os métodos de estimar médias populacionais ocupam as Seções 11.1 e 11.2; os relacionados a medições da variabilidade são tratados na Seção 11.3 e os relacionados a estimativas de percentagens (também de proporções e probabilidades) são discutidos na Seção 11.4.

11.1 ESTIMATIVA DE MÉDIAS

Para ilustrar alguns dos problemas com que nos deparamos quando estimamos a média de uma população a partir de dados amostrais, vamos recorrer a um estudo em que planejadores industriais procuram determinar o tempo médio que um adulto leva para montar um brinquedo que é "fácil de montar". Com uma amostra aleatória, eles obtêm os dados seguintes (em minutos) para 36 pessoas que montaram o brinquedo:

```
17  13  18  19  17  21  29  22  16  28
21  15  26  23  24  20   8  17  17  21
32  18  25  22  16  10  20  22  19  14
30  22  12  24  28  11
```

A média dessa amostra é $\bar{x} = 19,9$ minutos e, na ausência de qualquer outra informação, podemos tomar esse número como uma estimativa de μ, o "verdadeiro" tempo médio que um adulto leva para montar aquele brinquedo.

Esse tipo de estimativa é denominado **estimativa pontual**, pois consiste em um único número, ou um único ponto na escala dos números reais. Embora se trate da forma mais comum de expressar estimativas, ela deixa margem para não poucas questões. O número em si não nos diz em quanta informação se baseia a estimativa, nem tampouco nos informa sobre o tamanho possível do erro. E, naturalmente, devemos esperar um erro. Isso deveria ter ficado claro de nossa discussão da distribuição amostral da média no Capítulo 10, em que vimos que as flutuações aleatórias da média (e, conseqüentemente, sua confiabilidade como estimativa de μ) dependem de duas coisas: do tamanho da amostra e do tamanho do desvio-padrão populacional σ. Assim, poderíamos suplementar a estimativa, $\bar{x} = 19,9$ minutos, com a informação de que se trata da média de uma amostra aleatória de tamanho $n = 36$, cujo desvio-padrão é $s = 5,73$ minutos. Embora isso não nos dê o valor efetivo de σ, o desvio-padrão amostral pode servir como uma estimativa desse parâmetro.

Muitas vezes, os relatórios científicos apresentam as médias amostrais dessa maneira, juntamente com os valores de n e s, mas isso não fornece um quadro coerente aos leitores do relatório, a menos que eles tenham algum treinamento formal em Estatística. Para levar isso em conta, utilizamos a teoria das Seções 10.7 e 10.8 e a definição no Exemplo 9.6, segundo as quais z_α é tal que a área à sua direita sob a curva normal padrão é α e, portanto, a área sob a curva normal padrão entre $-z_{\alpha/2}$ e $z_{\alpha/2}$ é igual a $1 - \alpha$. Levando em conta que, para amostras aleatórias grandes de populações infinitas, a distribuição amostral da média é aproximadamente uma distribuição normal com $\mu_{\bar{x}} = \mu$ e $\sigma_{\bar{x}} = \frac{\sigma}{\sqrt{n}}$, vemos, pela Figura 11.1, que é de $1 - \alpha$ a probabilidade de que a média de uma amostra aleatória grande de uma população infinita vá diferir da média populacional por no máximo $z_{\alpha/2} \cdot \frac{\sigma}{\sqrt{n}}$. Em outras palavras,

> Quando utilizamos $\bar{x}$ como uma estimativa de μ, a probabilidade é $1 - \alpha$ de que essa estimativa vá diferir para um ou para o outro lado por, no máximo

ERRO MÁXIMO DE ESTIMATIVA

$$E = z_{\alpha/2} \cdot \frac{\sigma}{\sqrt{n}}$$

Esse resultado é aplicável se n for grande, $n \geq 30$, e a população for infinita (ou suficientemente grande para não ser preciso aplicar o fator de correção para população finita). Os dois valores mais comumente usados, embora não necessariamente, para $1 - \alpha$ são 0,95 e 0,99, e os valores correspondentes de $\alpha/2$ são 0,025 e 0,005. Conforme foi solicitado ao leitor mostrar no Exercício 9.16, temos $z_{0,025} = 1,96$ e $z_{0,005} = 2,575$.

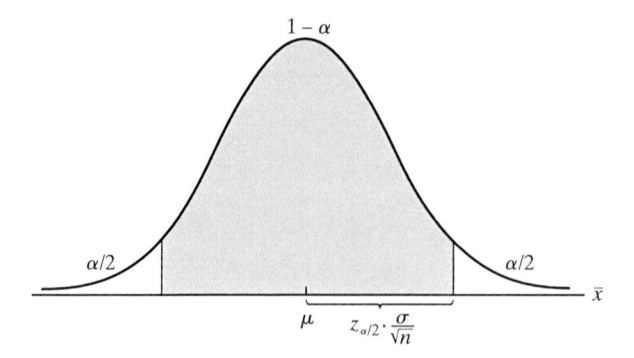

Figura 11.1 Distribuição amostral da média.

EXEMPLO 11.1 Um grupo de técnicos em eficiência pretende utilizar a média de uma amostra aleatória de tamanho $n = 150$ para estimar a aptidão mecânica média (avaliada por certo teste padronizado) dos operários da linha de montagem de uma grande indústria. Se, com base na experiência, os técnicos podem supor que $\sigma = 6,2$ para tais dados, o que podem eles afirmar, com uma probabilidade de 0,99, sobre o erro máximo de sua estimativa?

Solução Substituindo $n = 150$, $\sigma = 6,2$ e $z_{0,005} = 2,575$ na fórmula de E, temos

$$E = 2,575 \cdot \frac{6,2}{\sqrt{150}} \approx 1,30$$

Assim, os técnicos em eficiência podem afirmar, com 0,99 de probabilidade, que seu erro será de, no máximo, 1,30.

Suponhamos, agora, que os técnicos coletem efetivamente os dados necessários para que obtenham $\bar{x} = 69,5$. Podem eles ainda afirmar, com 0,99 de probabilidade, que o erro de sua estimativa é, no máximo, 1,30? Afinal de contas, $\bar{x} = 69,5$ difere de μ, a média populacional, por no máximo 1,30, ou não, e os técnicos não têm como saber se é um ou o outro. Na verdade, eles podem fazer essa afirmação, mas deve ficar entendido que a probabilidade de 0,99 se aplica ao *método* utilizado (obtenção dos dados amostrais e utilização da fórmula de E), e não diretamente ao problema particular que está sendo tratado.

Para fazer essa distinção, tornou-se praxe usar aqui a palavra **confiança**, em vez de "probabilidade".

> **Em geral, fazemos afirmações probabilísticas sobre valores futuros de variáveis aleatórias (digamos, o erro potencial de uma estimativa) e afirmações de confiança, assim que os dados tenham sido obtidos.**

Conseqüentemente, em nosso exemplo, diríamos que os técnicos em eficiência podem ter uma confiança de 99% em que o erro de sua estimativa, $\bar{x} = 69,5$, seja de 1,30, no máximo.

O uso da fórmula de E para o erro máximo envolve uma complicação. Precisamos saber o valor do desvio-padrão populacional σ e isso só ocorre raramente. Assim, podemos substituí-lo por um palpite plausível e, sendo conservativos, podemos ser levados a sobrestimar o erro. Alternativamente, podemos substituir σ com uma estimativa, comumente o desvio-padrão amostral s. Em geral, isso é considerado razoável, desde que o tamanho da amostra seja suficientemente grande, e com isso queremos dizer, novamente, $n \geq 30$.

EXEMPLO 11.2 Com referência ao exemplificado na página 271, o que podemos afirmar, com 95% de confiança, sobre o erro máximo, se tomarmos $\bar{x} = 19,9$ minutos como uma estimativa do tempo médio que um adulto leva para montar o dado tipo de brinquedo?

Solução Substituindo $n = 36$, $s = 5,73$ no lugar de σ, e $z_{0,025} = 1,96$ na fórmula de E, vemos que é possível afirmar, com 95% de confiança, que o erro é, no máximo,

$$E = 1,96 \cdot \frac{5,73}{\sqrt{36}} \approx 1,87 \text{ minuto}$$

Naturalmente, o erro é de, no máximo, 1,87 minuto, ou não, e não sabemos qual é o caso, mas se tivéssemos que apostar, uma aposta equilibrada de que o erro é, no máximo, de 1,87 minuto, seria de 95 contra 5 (ou 19 contra 1).

Pode-se aplicar a fórmula de E também para determinar o tamanho da amostra que é necessário para atingir um grau de precisão desejado. Suponha que queiramos utilizar a média de uma amostra aleatória grande para estimar a média de uma população, e que pretendamos ser capazes de afirmar, com $1 - \alpha$ de probabilidade, que o erro dessa estimativa não excederá uma quantidade pré-determinada E. Como anteriormente, escrevemos $E = z_{\alpha/2} \cdot \frac{\sigma}{\sqrt{n}}$ e, resolvendo essa equação em n, obtemos

TAMANHO DA AMOSTRA PARA ESTIMAR μ

$$n = \left[\frac{z_{\alpha/2} \cdot \sigma}{E}\right]^2$$

EXEMPLO 11.3 A diretora de uma faculdade pretende utilizar a média de uma amostra aleatória para estimar o tempo médio que os alunos gastam para ir de uma sala de aula a outra, e ela quer ser capaz de afirmar com 0,95 de probabilidade que seu erro será de no máximo 0,30 minuto. Se, por estudos anteriores, ela sabe que é razoável supor $\sigma = 1,50$ minuto, qual é o tamanho da amostra de que ela necessita?

Solução Substituindo $E = 0,30$, $\sigma = 1,50$ e $z_{0,025} = 1,96$ na fórmula de n, obtemos

$$n = \left(\frac{1,96 \cdot 1,50}{0,30}\right)^2 \approx 96,04$$

que arredondamos até o inteiro mais próximo, 97. Assim, é requerida uma amostra aleatória de tamanho $n = 97$ para a estimativa. (Note que o tratamento teria sido o mesmo se tivéssemos dito "ela quer ser capaz de afirmar com 95% de confiança que seu erro é, no máximo, de 0,30 minuto", em vez de "ela quer ser capaz de afirmar com 0,95 de probabilidade que seu erro *será* de no máximo 0,30 minuto". Tudo depende de quando a afirmativa é feita, antes ou depois de ela coletar os dados.)

Como pode ser visto na fórmula para n e também no Exemplo 11.3, esse método tem o mesmo inconveniente que a fórmula para E, ou seja, que precisamos saber (pelo menos aproximadamente) o valor do desvio-padrão populacional, σ. Por esse motivo, às vezes começamos com uma amostra relativamente pequena e então usamos seu desvio-padrão para ver se serão necessários mais dados.

Vamos, agora, introduzir uma maneira diferente de apresentar uma média amostral juntamente com uma avaliação do erro que poderíamos cometer se a utilizássemos para estimar a média da população da qual provém a amostra. Tal como na página 271, lançamos mão do fato de que, para amostras aleatórias grandes de populações infinitas, a distribuição amostral da média é aproximadamente uma distribuição normal com a média $\mu_{\bar{x}} = \mu$ e desvio padrão $\sigma_{\bar{x}} = \frac{\sigma}{\sqrt{n}}$, de forma que

$$z = \frac{\bar{x} - \mu}{\sigma/\sqrt{n}}$$

é um valor de uma variável aleatória que tem aproximadamente a distribuição normal padrão. Como há uma probabilidade de $1 - \alpha$ de que uma variável aleatória com essa distribuição vá assumir um valor entre $-z_{\alpha/2}$ e $z_{\alpha/2}$, a saber, que

$$-z_{\alpha/2} < z < z_{\alpha/2}$$

podemos substituir nessa desigualdade a expressão precedente de z e obter

$$-z_{\alpha/2} < \frac{\bar{x} - \mu}{\sigma/\sqrt{n}} < z_{\alpha/2}$$

Agora, se multiplicarmos cada termo por $\sigma/\sqrt{n}$, subtrairmos $\bar{x}$ de cada termo e, finalmente, multiplicarmos cada termo por -1, obteremos

$$\bar{x} + z_{\alpha/2} \cdot \frac{\sigma}{\sqrt{n}} > \mu > \bar{x} - z_{\alpha/2} \cdot \frac{\sigma}{\sqrt{n}}$$

[Como multiplicamos por -1, tivemos que reverter os sinais das desigualdades, como é sempre o caso quando multiplicamos as expressões em ambos lados de uma desigualdade por um número negativo. Por exemplo, enquanto 4 é maior do que (está à direita de) 3, -4 é menor do que (está à esquerda de) -3.] O resultado que acabamos de obter também pode ser escrito como

Intervalo de confiança para μ

$$\boxed{\bar{x} - z_{\alpha/2} \cdot \frac{\sigma}{\sqrt{n}} < \mu < \bar{x} + z_{\alpha/2} \cdot \frac{\sigma}{\sqrt{n}}}$$

e podemos afirmar, com probabilidade $1 - \alpha$, que ela será satisfeita por qualquer amostra dada. Em outras palavras, podemos afirmar com $(1 - \alpha)100\%$ de confiança que o intervalo de $\bar{x} - z_{\alpha/2} \cdot \frac{\sigma}{\sqrt{n}}$ a $\bar{x} + z_{\alpha/2} \cdot \frac{\sigma}{\sqrt{n}}$, determinado a partir de uma amostra aleatória grande, contém a média populacional que estamos procurando estimar. Quando σ é desconhecido e n é, no mínimo, 30, substituímos σ pelo desvio-padrão amostral s.

Um intervalo como esse é denominado **intervalo de confiança**, suas extremidades são os **limites de confiança**, e $1 - \alpha$ ou $(1 - \alpha)100\%$ é denominado o **grau de confiança**. Como anteriormente, os valores mais usados para o grau de confiança são 0,95 e 0,99 (ou 95% e 99%), e os valores correspondentes de $z_{\alpha/2}$ são 1,96 e 2,575. Ao contrário do que ocorre com as estimativas pontuais, as estimativas dadas sob forma de intervalo de confiança são chamadas **estimativas intervalares**. Elas têm a vantagem de não exigir maiores elaborações sobre sua confiabilidade. Esta é garantida, indiretamente, por sua amplitude e pelo grau de confiança.

Como n deve ser grande para justificar a aproximação normal da distribuição amostral da média, denominamos um intervalo calculado por meio da fórmula precedente como um **intervalo de confiança de grandes amostras** para μ. Também é denominado **intervalo z**, por ser baseado na estatística z que tem a distribuição normal padrão.

EXEMPLO 11.4 Com referência ao Exemplo 11.1, no qual tínhamos $n = 150$ e $\sigma = 6,2$, use a informação adicional de que os técnicos em eficiência obtiveram a média amostral $\bar{x} = 69,5$ para calcular um intervalo de 95% de confiança para a aptidão mecânica média dos operários da linha de montagem da dada indústria.

Solução Substituindo $n = 150$, $\sigma = 6{,}2$, $\bar{x} = 69{,}5$ e $z_{0{,}025} = 1{,}96$ na fórmula do intervalo de confiança, obtemos

$$69{,}5 - 1{,}96 \cdot \frac{6{,}2}{\sqrt{150}} < \mu < 69{,}5 + 1{,}96 \cdot \frac{6{,}2}{\sqrt{150}}$$

$$68{,}5 < \mu < 70{,}5$$

onde os limites de confiança foram arredondados até a primeira casa decimal. É claro que a afirmação de que o intervalo de 68,5 a 70,5 contém o verdadeiro escore médio de aptidão mecânica dos operários da linha de montagem da dada indústria é ou verdadeira ou falsa e não se sabe se é verdadeira ou falsa, mas podemos ter 95% de confiança em que seja verdadeira. Por quê? Porque o método que usamos funciona 95% das vezes. Dito de outra forma, o intervalo pode conter, ou não, μ, mas, se tivéssemos que apostar, uma aposta equilibrada de que o intervalo contém, seria de 95 contra 5 (ou 19 contra 1).

Se quiséssemos construir um intervalo de 99% de confiança no Exemplo 11.4, deveríamos tomar 2,575 no lugar de 1,96 para $z_{\alpha/2}$, e obteríamos $68{,}2 < \mu < 70{,}8$. O intervalo de 99% de confiança é mais amplo do que o intervalo de 95% de confiança, indo de 68,2 a 70,8 em vez de ir de 68,5 a 70,5, assim ilustrando o fato importante de que

> **Quando aumentamos o grau de confiança, o intervalo de confiança se torna mais amplo, dando-nos, assim, menos informação sobre a grandeza que estamos procurando estimar.**

Na verdade, podemos dizer que, "quanto mais seguros quisermos ficar, de menos coisas podemos estar seguros".

11.2 ESTIMATIVA DE MÉDIAS (σ DESCONHECIDO)

Na Seção 11.1, admitimos que as amostras fossem suficientemente grandes, $n \geq 30$, para podermos aproximar a distribuição amostral da média por uma distribuição normal e, quando necessário, substituir σ por s. Para estabelecer métodos correspondentes que se apliquem em geral quando σ é desconhecido, precisamos supor que as populações das quais estamos extraindo amostras tenham aproximadamente a forma de distribuições normais. Podemos, então, basear nossos métodos na **estatística t** dada por

$$t = \frac{\bar{x} - \mu}{s/\sqrt{n}}$$

que é um valor de uma variável aleatória com a **distribuição t**. Mais especificamente, essa distribuição é denominada a **distribuição t de Student**, ou **distribuição de Student**, porque foi estabelecida originalmente por um estatístico, W. S. Gosset, que publicava seus trabalhos sob o pseudônimo de "Student" ("estudante", em inglês). Conforme mostra a Figura 11.2, a forma dessa distribuição contínua é muito semelhante à da distribuição normal padrão, tendo, como esta, a forma de um sino e sendo simétrica em relação à média zero. A forma exata da distribuição t depende de um parâmetro denominado **número de graus de liberdade**, ou simplesmente, **graus de liberdade**, o qual, para os métodos desta seção, é igual a $n - 1$, o tamanho da amostra menos 1.

Para a distribuição normal padrão, definimos $z_{\alpha/2}$ de tal forma que a área sob a curva à sua direita seja igual a $\alpha/2$ e, portanto, a área sob a curva entre $-z_{\alpha/2}$ e $z_{\alpha/2}$ seja igual a $1 - \alpha$. Como se vê na Figura 11.3, os valores correspondentes para a distribuição t são $-t_{\alpha/2}$ e $t_{\alpha/2}$. Como esses valores dependem de $n - 1$, o número de graus de liberdade, eles devem ser obtidos numa tabela es-

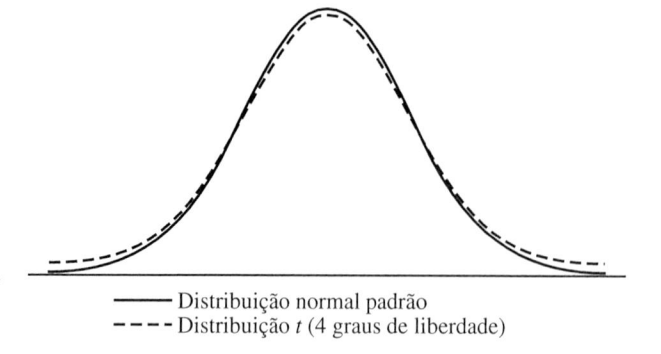

Figura 11.2
Distribuição normal padrão e distribuição t.

—— Distribuição normal padrão
---- Distribuição t (4 graus de liberdade)

pecial, como a Tabela II no final do livro, ou talvez, num computador. A Tabela II contém, entre outros, os valores de $t_{0,025}$ e $t_{0,005}$ de 1 a 30 graus de liberdade e alguns valores selecionados de graus de liberdade maiores. Como pode ser visto, $t_{0,025}$ e $t_{0,005}$ aproximam os valores correspondentes da distribuição normal padrão quando o número de graus de liberdade se torna grande.

Procedendo como nas páginas 273/274, podemos afirmar com probabilidade $1 - \alpha$ de que uma variável aleatória com distribuição t vá assumir um valor entre $-t_{\alpha/2}$ e $t_{\alpha/2}$, isto é, que

$$-t_{\alpha/2} < t < t_{\alpha/2}$$

Então, substituindo isso na desigualdade da expressão de t à página 275, obtemos

$$-t_{\alpha/2} < \frac{\overline{x} - \mu}{s/\sqrt{n}} < t_{\alpha/2}$$

e os mesmos passos que usamos nas páginas 274 e 275 fornecem o seguinte intervalo de confiança para μ:

INTERVALO DE CONFIANÇA PARA μ (σ DESCONHECIDO)

$$\overline{x} - t_{\alpha/2} \cdot \frac{s}{\sqrt{n}} < \mu < \overline{x} + t_{\alpha/2} \cdot \frac{s}{\sqrt{n}}$$

O grau de confiança é $1 - \alpha$ e a única diferença entre esse intervalo de confiança e o intervalo z com s substituído por σ é que $t_{\alpha/2}$ toma o lugar de $z_{\alpha/2}$. Esse intervalo de confiança para μ costuma ser denominado **intervalo t** e, como a maioria das tabelas da distribuição t dão os valores de $t_{\alpha/2}$ somente para um número pequeno de graus de liberdade, também é conhecido como um **in-**

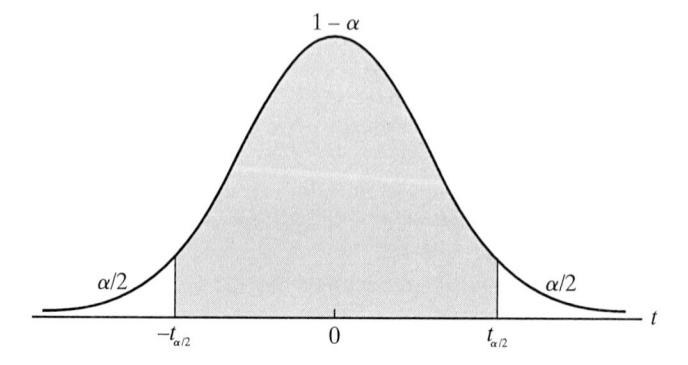

Figura 11.3
Distribuição t.

tervalo de confiança para pequenas amostras de μ. Hoje em dia, os computadores e outros recursos tecnológicos fornecem os valores de $t_{\alpha/2}$ para centenas de graus de liberdade, de modo que essa distinção não é mais relevante.

Deve ser lembrado, entretanto, que para o intervalo t existe a hipótese adicional de que a amostra tenha sido extraída de uma população normal, ou pelo menos de uma população que tenha aproximadamente o formato de uma distribuição normal. Isso é importante e será discutido mais nos dois exemplos que seguem.

No Exemplo 11.5 receberemos somente os valores de n, $\bar{x}$ e s, mas não os dados originais, de modo que realmente não há como conferir a "normalidade" da população na amostra. Tudo que podemos fazer nesse caso é esperar pelo melhor. No Exemplo 11.6 receberemos os próprios dados, de modo que, agora, poderemos formar um gráfico de probabilidade normal (ver Seção 9.3) para julgar se é razoável interpretar os dados como uma amostra de uma população normal. Isso requererá o uso de tecnologias apropriadas (aplicativos de computador ou calculadora gráfica) mas há procedimentos alternativos que costumam ser ensinados somente em disciplinas mais avançadas de Estatística.

EXEMPLO 11.5 Durante a execução de determinada tarefa sob condições simuladas de imponderabilidade, a média da taxa de batimentos cardíacos de 12 astronautas aumentou em 27,33 batimentos por minuto, com desvio-padrão de 4,28 batimentos por minuto. Construa um intervalo de 99% de confiança para o verdadeiro aumento médio da taxa de batimentos cardíacos dos astronautas no desempenho daquela tarefa (nas mesmas condições enunciadas).

Solução Como já observamos anteriormente, sem os próprios dados não há como julgar a normalidade da população estudada. Mesmo assim, deixando claro que o resultado está sujeito à validação da suposição, procedemos como segue. Substituindo $n = 12$, $\bar{x} = 27,33$, $s = 4,28$ e $t_{0,005} = 3,106$ (a entrada na Tabela II para $12 - 1 = 11$ graus de liberdade) na fórmula do intervalo t, obtemos

$$27,33 - 3,106 \cdot \frac{4,28}{\sqrt{12}} < \mu < 27,33 + 3,106 \cdot \frac{4,28}{\sqrt{12}}$$

e, portanto,

$$23,49 < \mu < 31,17$$

batimentos por minuto.

No Exemplo 11.6 a seguir vamos nos referir à exemplificação na Seção 9.3, em que já verificamos que os dados podem ser tratados como uma amostra aleatória de uma população normal. Naquela ilustração, que tratava da durabilidade de uma tinta utilizada pelo órgão governamental que trata da manutenção das rodovias para pintar as linhas divisórias de tráfego.

EXEMPLO 11.6 À página 227, mostramos que nos oito locais a pintura deteriorou-se depois de ter sido cruzada por 14,26; 16,78; 13,65; 11,53; 12,64; 13,37; 15,60 e 14,94 milhões de veículos, e que esses são os dados para os quais os gráficos de probabilidade normal das Figuras 9.16 e 9.17 mostraram que podem ser tratados como uma amostra aleatória de uma população normal. Todos esses números estão arredondados até a segunda casa decimal, bem como sua média $\bar{x} = 14,10$ e seu desvio-padrão $s = 1,67$ milhões de veículos. Calcule um intervalo de 95% de confiança para a média da população considerada.

Solução Substituindo $\bar{x} = 14,10$, $s = 1,67$, $n = 8$ e $t_{0,025} = 2,365$ para $8 - 1 = 7$ graus de liberdade na fórmula do intervalo t, obtemos

$$14{,}10 - 2{,}365 \cdot \frac{1{,}67}{\sqrt{8}} < \mu < 14{,}10 + 2{,}365 \cdot \frac{1{,}67}{\sqrt{8}}$$

$$12{,}70 < \mu < 15{,}50$$

milhões de veículos cruzando.

Esse resultado é o intervalo de 95% de confiança desejado para o valor médio do tráfego (número de veículos que cruzam) que a tinta pode suportar antes de se deteriorar. Novamente, não podemos afirmar com certeza se o intervalo de 12,70 milhões a 15,50 milhões contém o verdadeiro número médio de veículos que a tinta pode suportar antes de se deteriorar, mas 95 contra 5 seria uma aposta equilibrada de que vai se deteriorar. Essas chances se baseiam no fato de que o método utilizado, o de extrair uma amostra aleatória de uma população normal e aplicar a fórmula anteriormente dada, funciona em 95% das vezes.

O método usado anteriormente para determinar o erro máximo que corremos com $(1 - \alpha)100\%$ de confiança, quando usamos uma média amostral para estimar a média de uma população, é facilmente adaptado a problemas em que σ é desconhecido, desde que a população amostrada tenha aproximadamente a forma de uma distribuição normal. Tudo que precisamos fazer é substituir s no lugar de σ e $t_{\alpha/2}$ no lugar de $z_{\alpha/2}$ na fórmula do erro máximo à página 271.

EXEMPLO 11.7 Com referência ao Exemplo 11,5, suponha que $\bar{x} = 27{,}33$ esteja sendo usada como uma estimativa do verdadeiro aumento médio da taxa de batimentos cardíacos de astronautas no desempenho da tarefa dada. O que pode ser dito sobre o erro máximo do aumento médio com 99% de confiança?

Solução Substituindo $s = 4{,}28$, $n = 12$ e $t_{0{,}005} = 3{,}106$ (a entrada na Tabela II para $12 - 1 = 11$ graus de liberdade) na fórmula modificada de E, obtemos

$$E = t_{\alpha/2} \cdot \frac{s}{\sqrt{n}} = 3{,}106 \cdot \frac{4{,}28}{\sqrt{12}} \approx 3{,}84$$

Assim, se usarmos $\bar{x} = 27{,}33$ batimentos por minuto como estimativa do verdadeiro aumento médio da taxa de batimentos cardíacos dos astronautas no desempenho da tarefa dada (sob as condições indicadas), podemos afirmar, com 99% de confiança, que nosso erro é, no máximo, de 3,84 batimentos por minuto.

EXERCÍCIOS

11.1 Um estudo feito por um oficial de uma divisão de veículos blindados mostrou que numa amostra aleatória de $n = 40$ dias, a divisão possuía, em média, 1.126 veículos em condições operacionais. Sabendo que $\sigma = 135$ para tais dados, o que esse oficial pode afirmar com 95% de confiança sobre o erro máximo se ele utilizar $\bar{x} = 1.126$ como uma estimativa do verdadeiro número médio diário de veículos que essa divisão de veículos blindados possui em condições operacionais?

11.2 Com referência ao Exercício 11.1, construa um intervalo de 99% de confiança para o verdadeiro número médio diário de veículos que essa divisão de veículos blindados possui em condições operacionais.

11.3 Um estudo sobre o crescimento anual de certo tipo de orquídeas mostrou que (sob condições controladas) uma amostra aleatória de $n = 40$ dessas orquídeas cresceu uma média de 32,5 mm por ano. Sabendo que $\sigma = 3{,}2$ mm para tais dados, o que podemos concluir com 99% de confiança sobre o erro máximo se $\bar{x} = 35$ mm for usado como uma estimativa do verdadeiro crescimento anual médio desse tipo de orquídea (sob as condições controladas dadas)?

11.4 Com referência ao Exercício 11.3, construa um intervalo de 98% de confiança para o verdadeiro crescimento anual médio desse tipo de orquídea.

11.5 Num estudo de custos de seguro contra colisão de automóveis, uma amostra de $n = 35$ consertos de colisões frontais contra um muro a uma velocidade específica teve um custo médio de 1.438 unidades monetárias. Sabendo que $\sigma = 269$ unidades monetárias para esses dados, o que pode ser dito com 98% de confiança sobre o erro máximo se $\bar{x} = 1.438$ unidades monetárias for usado como uma estimativa do custo médio de tais consertos? Também construa um intervalo de 90% de confiança para o custo médio de tais consertos.

11.6 O que acontece com o erro-padrão da média quando o tamanho da amostra é reduzido de 288 para 32?

11.7 Uma amostra aleatória de tamanho 64 deve ser extraída de uma população que é suficientemente grande para ser tratada como sendo infinita. Sabendo que a média e o desvio-padrão dessa população são $\mu = 23,5$ e $\sigma = 3,3$, encontre a probabilidade de que a média dessa amostra vá cair entre 23,0 e 24,0.

11.8 Antes de apresentar sua proposta, um empreiteiro quer ter 95% de confiança em que seu erro máximo não é maior do que 6 minutos, ao tomar a média de uma amostra aleatória para estimar o tempo médio necessário para o endurecimento de certo tipo de tijolo cru. Qual deve ser o tamanho da amostra que ele necessita se ele puder admitir que $\sigma = 22$ minutos é o tempo que tais tijolos levam para endurecer?

11.9 Deseja-se estimar o número médio de horas de vôo contínuo que um certo modelo de avião leva até precisar de consertos. Se pudermos supor que $\sigma = 138$ horas para esses dados, qual deve ser o tamanho da amostra que precisamos para poder afirmar com uma probabilidade de 0,99 que o erro da média amostral é no máximo de 40 horas?

11.10 Antes de comprar um grande lote de carne de porco moída, um salsicheiro quer "ter certeza" de que seu erro não é maior do que 2,5 gramas ao usar a média de uma amostra aleatória para estimar o real conteúdo de gordura por quilo. Se o desvio-padrão do conteúdo de gordura é sabidamente de 7,7 gramas por quilo, quantas amostras de um quilo ele necessita se ele interpreta "ter certeza" por ter 95% de confiança.

11.11 Refaça o Exercício 11.10 trocando "ter certeza" por ter 99% de confiança.

11.12 Quando uma amostra compreende uma porção razoável de uma população finita, devemos usar a fórmula do erro-padrão à página 254 e, portanto, para determinar o erro máximo devemos usar a fórmula

$$E = z_{\alpha/2} \cdot \frac{\sigma}{\sqrt{n}} \cdot \sqrt{\frac{N-n}{N-1}}$$

Tomando uma amostra aleatória de $n = 200$ dentre $N = 800$ contas fraudulentas, uma perita-contadora investigando uma companhia de energia descobriu que as quantias devidas tinham uma média de 48,15 unidades monetárias com desvio-padrão de 6,19 unidades monetárias. Usando $s = 6,19$ unidades monetárias como estimativa de σ, o que ela pode afirmar com 95% de confiança sobre o erro máximo se utilizar 48,15 como uma estimativa da quantidade devida por todas as 800 contas fraudulentas?

11.13 Um computador é programado para dar valores de uma variável aleatória com uma distribuição normal, da qual só o programador conhece a média e o desvio-padrão. Pede-se a cada um de 30 alunos que use o computador para simular uma amostra aleatória de tamanho $n = 5$ e utilizá-la para construir em seguida um intervalo de 90% de confiança para μ. Os resultados obtidos pelos alunos são os seguintes:

$6,30 < \mu < 8,26,$ $6,50 < \mu < 7,72,$ $6,93 < \mu < 8,01,$
$6,60 < \mu < 8,00,$ $6,51 < \mu < 7,51,$ $6,82 < \mu < 8,66,$
$7,02 < \mu < 8,11,$ $6,94 < \mu < 7,64,$ $6,24 < \mu < 7,26,$
$6,87 < \mu < 8,17,$ $6,77 < \mu < 8,13,$ $6,14 < \mu < 6,82,$
$6,83 < \mu < 7,93,$ $6,66 < \mu < 8,10,$ $6,73 < \mu < 7,49,$
$6,41 < \mu < 7,67,$ $6,76 < \mu < 7,57,$ $6,97 < \mu < 7,47,$
$6,01 < \mu < 7,43,$ $7,15 < \mu < 7,89,$ $6,87 < \mu < 7,81,$
$7,35 < \mu < 7,99,$ $6,60 < \mu < 8,16,$ $6,47 < \mu < 7,81,$
$7,01 < \mu < 8,33,$ $6,97 < \mu < 7,55,$ $6,56 < \mu < 7,48,$
$7,13 < \mu < 8,03,$ $7,39 < \mu < 8,01,$ $5,98 < \mu < 7,68.$

(a) Quantos desses 30 intervalos de confiança poderíamos esperar que contivessem a verdadeira média da população amostrada?

(b) Considerando que o computador foi programado de forma que $\mu = 7,30$, quantos dos intervalos de confiança realmente contêm a média da população amostrada? Discuta o resultado.

11.14 Com referência ao Exemplo 11.4, em que usamos $n = 150$, $\bar{x} = 69,5$ e $\sigma = 6,2$, suponha que tivéssemos pedido um intervalo de 97% de confiança.

(a) Encontre o valor de $z_{0,015}$ pela Tabela I.

(b) Use o valor de $z_{0,015}$ obtido na parte (a) para calcular um intervalo z de 97% para a aptidão mecânica média dos operários da linha de montagem da dada indústria.

11.15 Num estudo da poluição do ar numa certa área do centro, um técnico da Agência de Proteção do Meio Ambiente obteve uma média de 2,34 microgramas de matéria orgânica solúvel em benzeno suspensa no ar, com desvio-padrão de 0,48 microgramas para uma amostra de tamanho $n = 9$. Supondo que a população amostrada é normal,

(a) construa um intervalo de 95% de confiança para a média dessa população;

(b) o que o técnico pode assegurar com 99% de confiança sobre o erro máximo se $\bar{x} = 2,34$ microgramas por metro cúbico for usado como uma estimativa da média dessa população?

11.16 Um serviço de testes de produtos de consumo quer estudar o nível de ruído de um novo aspirador de pó. Medindo o nível de ruído de $n = 12$ desses aparelhos, obtém os seguintes dados, em decibéis: 74,0; 78,6; 76,8; 75,5; 73,8; 75,6; 77,3; 75,8; 73,9; 70,2; 81,0 e 73,9.

(a) Use um gráfico de probabilidade normal para verificar se é razoável tratar esses dados como uma amostra de uma população normal.

(b) Construa um intervalo de 95% de confiança para o nível de ruído médio de tais aspiradores de pó.

11.17 Uma amostra aleatória de $n = 9$ pedaços de cabo de manilha (para uso marítimo) tem uma resistência à ruptura média de 41,250 kgf e um desvio-padrão de 1,527 kgf. Supondo que é razoável tratar esses dados como uma amostra de uma população normal, o que pode ser afirmado com 95% de confiança sobre o erro máximo se $\bar{x} = 41,250$ kgf for usado como uma estimativa da resistência à ruptura média desses cabos?

11.18 Com referência ao Exercício 11.17, construa um intervalo de 98% de confiança para a resistência à ruptura média dos cabos dados.

11.19 Use a Tabela II para encontrar

(a) $t_{0,050}$ para 13 graus de liberdade;

(b) $t_{0,025}$ para 18 graus de liberdade;
(c) $t_{0,010}$ para 22 graus de liberdade;
(d) $t_{0,005}$ para 15 graus de liberdade.

11.20 Dez mancais fabricados por determinado processo têm um diâmetro médio de 0,406 cm com desvio-padrão de 0,003 cm. Construa um intervalo de 99% de confiança para o diâmetro médio de mancais fabricados por esse processo. Suponha que é normal a população da qual foi extraída a amostra.

11.21 As medidas da eficiência térmica de $n = 15$ máquinas a diesel fabricadas por uma empresa renomada são as seguintes: 30,7; 35,0; 34,9; 33,6; 28,7; 32,1; 29,0; 31,4; 31,7; 31,8; 33,6; 29,7; 33,4; 28,2 e 31,6.
  (a) Use um gráfico de probabilidade normal para verificar se é razoável tratar esses dados como uma amostra de uma população normal.
  (b) Construa um intervalo de 99% de confiança para a eficiência térmica média de tais máquinas a diesel.

11.22 Cinco recipientes de um solvente comercial selecionados aleatoriamente de um lote de produção grande, pesaram 19,5; 19,3; 20,0; 19,0 e 19,7 quilogramas. Supondo que esses dados podem ser vistos como uma amostra de uma população normal, construa um intervalo t de 99% o peso médio dos recipientes de solvente do lote de produção.

11.23 Na digitação de um texto, um autor cometeu 10, 11, 14, 8, 12, 17, 9, 12, 15 e 12 erros numa amostra aleatória de dez páginas. Supondo que é razoável aproximar a população da qual foi extraída essa amostra por uma distribuição normal, construa um intervalo de 98% de confiança para o número médio de tais erros que o autor comete por página.

11.24 Com referência ao Exercício 11.23, mude o grau de confiança para 0,93 e use um aplicativo de computador ou uma calculadora gráfica para refazer o exercício.

11.25 Em sete estações climáticas na Serra do Mar, o nível de precipitação durante uma tempestade de verão foi medido em 1,2; 1,4; 1,8; 2,0; 1,5; 1,2 e 1,4 cm. Supondo que é razoável tratar esses dados como uma amostra aleatória de uma população normal, construa um intervalo de 95% de confiança para o nível de precipitação médio na Serra do Mar durante aquela tempestade de verão.

11.26 Use um aplicativo de computador ou uma calculadora gráfica para refazer o Exercício 11.25 com o grau de confiança alterado para 0,98.

11.27 Durante uma visita rotineira a um presídio, uma dentista constata que 12 detentos, escolhidos aleatoriamente, necessitam de 2, 3, 6, 1, 4, 2, 4, 5, 0, 3, 5 e 1 obturações. Se ela supuser que esses dados constituem uma amostra de uma população que pode ser muito bem aproximada por uma distribuição normal, o que ela pode afirmar com 99% de confiança sobre o erro máximo cometido usando a média dessa amostra como uma estimativa do número médio de obturações de que os detentos desse presídio grande necessitam.

11.3 ESTIMATIVA DE DESVIOS-PADRÃO

Até aqui neste capítulo, estivemos aprendendo como julgar o erro máximo na estimativa da média de uma população e como construir um intervalo de confiança para a média populacional. Essas técnicas são importantes, pois seguidamente fazemos inferências sobre médias, mas ainda mais importante é o fato de que os conceitos nos quais elas se baseiam podem ser traduzidos para outros parâmetros populacionais.

Nesta seção, apresentamos métodos para estimar desvios-padrão e variâncias populacionais e, na Seção 11.4, estaremos ocupados com a estimativa do parâmetro binomial *p*, a saber, com a estimativa das proporções, probabilidades e percentagens populacionais.

Começamos com intervalos de confiança para σ baseados em *s*, que exigem que a população da qual extraímos as amostras tenha aproximadamente a forma de uma distribuição normal. Nesse caso, a estatística

ESTATÍSTICA QUI-QUADRADO

$$\chi^2 = \frac{(n-1)s^2}{\sigma^2}$$

denominada **estatística qui-quadrado** (χ é a letra grega minúscula *qui*) é um valor de uma variável aleatória que tem aproximadamente a **distribuição qui-quadrado**. O parâmetro dessa importante distribuição contínua é denominado número de graus de liberdade, exatamente como o parâmetro da distribuição *t*, e da forma como é usada aqui a distribuição qui-quadrado, o número de graus de liberdade é $n-1$. Um exemplo de uma distribuição qui-quadrado é mostrado na Figura 11.4. Ao contrário das distribuições normal e *t*, seu domínio consiste apenas nos números reais não-negativos.

Analogamente a z_α e t_α, vamos definir agora χ^2_α como o valor para o qual a área sob a curva e à sua direita (ver Figura 11.4) é igual a α; como t_α, esse valor depende do número de graus de liberdade e deve ser encontrado numa tabela ou, talvez, com um computador. Assim, $\chi^2_{\alpha/2}$ é tal que a área sob a curva e à sua direita é $\alpha/2$, enquanto $\chi^2_{1-\alpha/2}$ é tal que a área sob a curva e à sua esquerda é $\alpha/2$ (ver Figura 11.5). Por exemplo, $\chi^2_{0,975}$ é o valor para o qual a área sob a curva e à sua esquerda é 0,025. Fazemos essa distinção porque, ao contrário das distribuições normal e *t*, a distribuição qui-quadrado não é simétrica. A Tabela III, no fim do livro, dá os valores de $\chi^2_{0,995}$, $\chi^2_{0,975}$, $\chi^2_{0,025}$, e $\chi^2_{0,005}$, entre outros, para 1, 2, 3, ..., e 30 graus de liberdade.

Podemos agora proceder como nas páginas 273 e 274. Como é de $1-\alpha$ a probabilidade de que uma variável aleatória com uma distribuição qui-quadrado vá assumir um valor entre $\chi^2_{1-\alpha/2}$ e $\chi^2_{\alpha/2}$, ou seja, tal que

$$\chi^2_{1-\alpha/2} < \chi^2 < \chi^2_{\alpha/2}$$

podemos substituir nesta desigualdade a expressão de χ^2 à página 274, obtendo

$$\chi^2_{1-\alpha/2} < \frac{(n-1)s^2}{\sigma^2} < \chi^2_{\alpha/2}$$

Então, com um cálculo algébrico relativamente simples, podemos reescrever essa desigualdade como

INTERVALO DE CONFIANÇA PARA σ^2

$$\frac{(n-1)s^2}{\chi^2_{\alpha/2}} < \sigma^2 < \frac{(n-1)s^2}{\chi^2_{1-\alpha/2}}$$

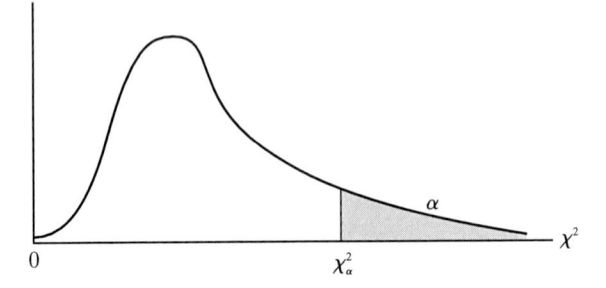

Figura 11.4
Distribuição qui-quadrado.

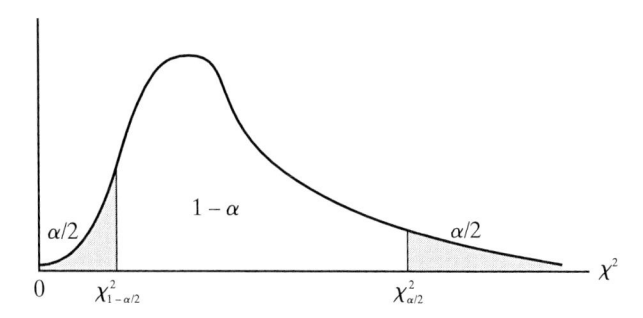

Figura 11.5
Distribuição qui-quadrado.

Este é um intervalo de $(1 - \alpha)100\%$ de confiança para σ^2, e se extrairmos as raízes quadradas, obteremos um intervalo correspondente de $(1 - \alpha)100\%$ de confiança para σ. Antigamente, esse tipo de intervalo de confiança era denominado **intervalo de confiança para pequenas amostras para** σ, porque quase todas as tabelas qui-quadrado são limitadas a um pequeno o número de graus de liberdade. Como também foi o caso com a distribuição t, isso não ocorre mais, em função da ampla disponibilidade de computadores e outros recursos tecnológicos.

É importante lembrar, entretanto, que a população da qual se extrai a amostra deve ter o formato aproximado de uma distribuição normal. No Exemplo 11.8, são fornecidos somente os valores de n e de s, de modo que não há como conferir a "normalidade" da população da qual se obteve a amostra. No Exemplo 11.9 são fornecidos os dados originais, de modo que podemos esboçar um gráfico de probabilidade normal (ver Seção 9.3) para julgar se é razoável ver os dados como uma amostra de uma população normal.

EXEMPLO 11.8 Com referência ao Exemplo 11.5, em que tínhamos $n = 12$ e $s = 4,28$ batimentos por minuto, construa um intervalo de 99% de confiança para σ, o real desvio médio do acréscimo da taxa de batimentos cardíacos dos astronautas no desempenho de uma dada tarefa (nas condições enunciadas).

Solução Como observamos à página 278, sem os dados originais não há como julgar a "normalidade" da população da qual se extrai os dados. Assim, precisamos esclarecer de novo que o resultado está sujeito à validação da suposição de que os dados provêm de uma população normal. Então, substituindo $n = 12$, $s = 4,28$ e $\chi^2_{0,995} = 2,603$ e $\chi^2_{0,005} = 26,757$ para $12 - 1 = 11$ graus de liberdade, na fórmula do intervalo de confiança de σ^2, obtemos

$$\frac{11(4,28)^2}{26,757} < \sigma^2 < \frac{11(4,28)^2}{2,603}$$

$$7,53 < \sigma^2 < 77,41$$

Finalmente, extraindo raízes quadradas, obtemos $2,74 < \sigma < 8,80$ batimentos por minuto para o intervalo de 99% de confiança solicitado para σ.

EXEMPLO 11.9 Num estudo sobre a eficácia de um lubrificante de dobradiças, uma organização de pesquisas quer investigar a variabilidade do número de ciclos, consistindo em abrir e fechar uma porta, que leva para uma dobradiça começar a chiar. Usando $n = 15$ dobradiças, os números de ciclos obtidos foram

4295	4390	4338	4426	4698
4405	4694	4468	4863	4230
4664	4494	4535	4479	4600

(a) Verifique se é razoável tratar esses dados como uma amostra de uma população normal.
(b) Se for razoável, construa um intervalo de 95% de confiança para σ.

Solução (a) Usando aplicativos apropriados, obtivemos o gráfico de probabilidade normal gerado por computador da Figura 11.6. Como pode ser visto, o padrão dos quinze pontos segue o de uma linha reta, e isso constitui uma evidência para a suposição de que os dados constituem uma amostra de uma população normal.

(b) Parte do impresso de computador da Figura 11.6, que omitimos junto com outra informação que não é essencial, mostrava que o desvio-padrão dos dados é $s = 172,3$. Substituindo esse valor junto com $n = 15$, e $\chi^2_{0,975} = 5,629$ e $\chi^2_{0,025} = 26,119$ para $15 - 1 = 14$ graus de liberdade, na fórmula do intervalo de confiança, obtemos

$$\frac{14(172,3)^2}{26,119} < \sigma^2 < \frac{14(172,3)^2}{5,629}$$

$$15.913 < \sigma^2 < 73.836$$

Finalmente, extraindo raízes quadradas, obtemos

$$126,1 < \sigma < 271,7 \text{ ciclos}$$

Existe uma outra abordagem para a construção dos intervalos de confiança para um desvio-padrão populacional. Para grandes amostras, quando $n \geq 30$, podemos usar a teoria de que a distribuição amostral de s pode ser aproximada por uma distribuição normal com média σ e desvio-padrão

$$\sigma_s = \frac{\sigma}{\sqrt{2n}}$$

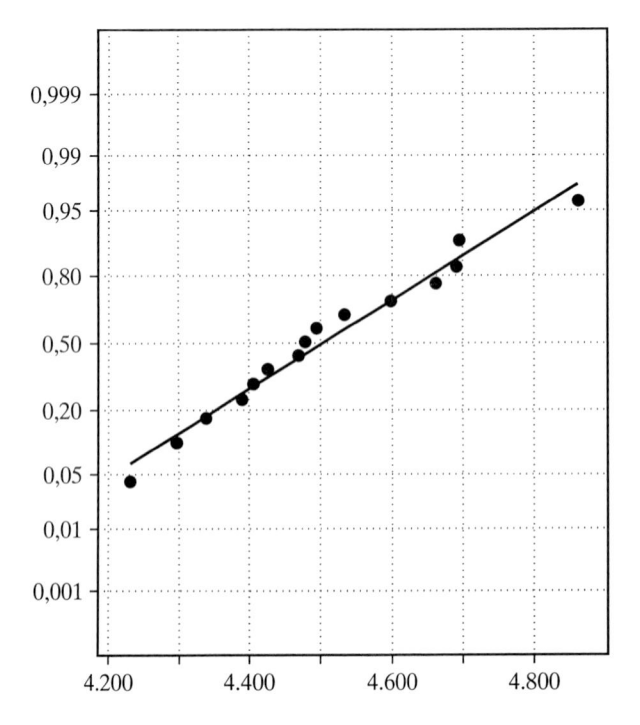

Figura 11.6
Gráfico de probabilidade normal para o Exemplo 11.9.

Então, convertendo para unidades padronizadas, podemos afirmar, com probabilidade $1 - \alpha$, que

$$-z_{\alpha/2} < \frac{s - \sigma}{\frac{\sigma}{\sqrt{2n}}} < z_{\alpha/2}$$

e um cálculo algébrico razoavelmente simples conduz ao seguinte **intervalo de confiança de grandes amostras para** σ:

INTERVALO DE CONFIANÇA DE GRANDES AMOSTRAS PARA σ

$$\frac{s}{1 + \frac{z_{\alpha/2}}{\sqrt{2n}}} < \sigma < \frac{s}{1 - \frac{z_{\alpha/2}}{\sqrt{2n}}}$$

EXEMPLO 11.10 Com referência ao Exemplo 4.7, em que mostramos que $s = 14{,}35$ minutos para os $n = 110$ tempos de espera entre erupções do gêiser *Old Faithful*, construa um intervalo de 95% de confiança para o desvio-padrão da população (de tempos de espera) amostrada.

Solução Substituindo $n = 110$, $s = 14{,}35$ e $z_{0{,}025} = 1{,}96$ na fórmula do intervalo de confiança de grandes amostras para σ, obtemos

$$\frac{14{,}35}{1 + \frac{1{,}96}{\sqrt{220}}} < \sigma < \frac{14{,}35}{1 - \frac{1{,}96}{\sqrt{220}}}$$

e, portanto, $12{,}68 < \sigma < 16{,}53$ minutos. Isso significa que temos uma confiança de 95% (e consideraríamos equilibrado apostar 19 contra 1) de que o intervalo de 12,68 minutos a 16,53 minutos contenha o verdadeiro desvio-padrão dos tempos de espera entre erupções do gêiser.

EXERCÍCIOS

11.28 Os índices de refração de $n = 15$ pedaços de vidro, selecionados aleatoriamente de um grande lote adquirido por uma firma de ótica, têm um desvio padrão de 0,012. Supondo que essas medidas podem ser vistas como uma amostra de uma população normal, construa um intervalo de 95% de confiança para σ, o desvio-padrão da população amostrada.

11.29 No Exercício 11.16, tratamos do nível de ruído de alguns novos aspiradores de pó e o leitor foi convidado a verificar que é razoável tratar aqueles dados como uma amostra de uma população normal. Calcule s para as $n = 12$ medições e construa um intervalo de 99% de confiança para σ, que aqui mede a variabilidade do nível de ruído dos aspiradores de pó.

11.30 No Exercício 11.21, tratamos da eficiência térmica de algumas máquinas a diesel e o leitor foi convidado a verificar que é razoável tratar aqueles dados como uma amostra de uma população normal. Calcule s para as $n = 18$ medições dadas e construa um intervalo de 98% de confiança para σ, que aqui mede a variabilidade da eficiência térmica do dado tipo de máquinas.

11.31 Com referência ao Exercício 11.22 e sujeitos às mesmas suposições, construa um intervalo de 95% de confiança para σ^2, a variância dos pesos dos recipientes do lote de produção.

11.32 Com referência aos exercícios indicados abaixo, sujeitos à suposição de que seus dados constituem amostras aleatórias de populações normais, construa intervalos de 98% de confiança para σ, o respectivo desvio-padrão populacional.
(a) Exercício 11.15, em que tínhamos $n = 9$ e $s = 0{,}48$ microgramas;
(b) Exercício 11.20, em que tínhamos $n = 10$ e $s = 0{,}003$ cm.

11.33 Com referência ao Exercício 11.27 e sujeito à mesma suposição, construa um intervalo de 99% de confiança para σ, o desvio-padrão da população amostrada.

11.34 Com referência aos exercícios indicados abaixo, construa intervalos de 95% de confiança para σ, o respectivo desvio-padrão populacional.
(a) Exercício 11.1, em que $n = 40$ e $s = 135$ veículos;
(b) Exercício 11.5, em que tínhamos $n = 35$ e $s = 269$ unidades monetárias.

11.35 Quando lidamos com amostras muito pequenas, em geral é possível obter boas estimativas do desvio-padrão populacional com base na amplitude amostral (o maior valor amostral menos o menor). Tais estimativas rápidas de σ são dadas pelo quociente da divisão da amplitude amostral pelo divisor d, que depende do tamanho da amostra. Para amostras de populações que tenham aproximadamente a forma de uma distribuição normal, os valores de d são mostrados na tabela seguinte para $n = 2, 3, \ldots$ e 12:

n	2	3	4	5	6	7	8	9	10	11	12
d	1,13	1,69	2,06	2,33	2,53	2,70	2,85	2,97	3,08	3,17	3,26

Por exemplo, durante a época das chuvas, ocorreram 8, 11, 9, 5, 6, 12, 7 e 9 tempestades no norte do estado do Arizona, nos EUA, em oito semanas consecutivas. A amplitude dessa amostra é $12 - 5 = 7$, e como $d = 2,85$ para $n = 8$, podemos estimar o desvio-padrão populacional como sendo $\frac{7}{2,85} = 2,46$. Isso está bem próximo do desvio-padrão amostral, que é $s = 2,39$, como pode ser facilmente verificado.
(a) Com referência ao Exercício 11.16, use a amplitude para estimar σ para o nível de ruído de um novo aspirador de pó, e compare o resultado com o desvio-padrão amostral s.
(b) As quatro medições do peso de uma antiga moeda fenícia acusaram 14,28; 14,34; 14,26 e 14,32 gramas. Como pode ser facilmente verificado, $s = 0,0365$ gramas para esses dados. Use a amplitude amostral para obter uma outra estimativa do desvio-padrão da população amostrada e compare essa estimativa com o valor de s.

11.36 Freqüentemente, é possível obtermos estimativas bastante razoáveis do desvio-padrão populacional dividindo a **amplitude interquartil**, $Q_3 - Q_1$, por 1,35. Para os tempos de espera entre erupções do gêiser *Old Faithful*, obtivemos $Q_1 = 69,71$ e $Q_3 = 87,58$ no Exemplo 3.24, e $s = 14,35$ no Exemplo 4.7. Estime o verdadeiro desvio-padrão dos tempos de espera entre erupções do *Old Faithful* em termos desses quartis e compare o resultado com o valor obtido para s.

11.4 ESTIMATIVA DE PROPORÇÕES

Nesta seção, vamos tratar com **dados de contagem**, a saber, com dados obtidos contando em vez de medindo. Por exemplo, podemos querer nos ocupar com o número de pessoas que sofre algum efeito colateral de uma vacina da gripe, o número de itens defeituosos num carregamento de produtos manufaturados, o número de telespectadores que gostam de uma certa comédia, o número de pneus que duram mais do que 60.000 km, e assim por diante.

Em particular, vamos tratar da estimativa do parâmetro binomial p, a probabilidade de sucesso numa tentativa isolada, ou a proporção de tempo em que um evento ocorre, ou da estimativa de $100p$, a percentagem correspondente. Conseqüentemente, poderemos usar o que já aprendemos sobre a distribuição binomial no Capítulo 8, em especial, sua aproximação pela distribuição normal.

Até aqui neste capítulo, seguimos a convenção de usar letras gregas minúsculas para denotar os parâmetros de populações, — μ para a média populacional e σ para o desvio-padrão populacional. No contexto de populações binomiais, os textos mais rigorosos utilizam θ (a letra grega minúscula *teta*) para a probabilidade de sucesso numa tentativa isolada, mas tendo utilizado *p* em todo Capítulo 8, continuaremos fazendo isso neste capítulo e no Capítulo 14.

A informação de que em geral dispomos para a estimativa de uma proporção, percentagem ou probabilidade populacional é uma **proporção amostral**, $\frac{x}{n}$, onde *x* é o número de vezes que um evento ocorreu em *n* provas. Por exemplo, se um estudo revela que 54 dentre 120 líderes de torcida (presumivelmente uma amostra aleatória) sofreram o que os fonoaudiólogos chamam "dano de moderado a sério" em suas vozes, então $\frac{x}{n} = \frac{54}{120} = 0,45$, e podemos utilizar esse número como uma estimativa pontual da verdadeira proporção de líderes de torcida que sofreram com aquele dano, ou a probabilidade de que um líder de torcida qualquer vá sofrer com aquele dano. Analogamente, uma cadeia de supermercados pode estimar em 0,68 a proporção de seus clientes que utilizam regularmente o cartão de compras da rede, se uma amostra aleatória de 300 clientes compreende 204 que utilizam aqueles cartões.

Para podermos utilizar métodos baseados na distribuição binomial, vamos supor em toda esta seção que há um número fixo de tentativas independentes e que para cada tentativa a probabilidade de sucesso, que é o parâmetro que queremos estimar, tem o valor constante *p*. Sob essas condições, sabemos do Capítulo 8 que a distribuição amostral do número de sucessos tem a média $\mu = np$ e o desvio-padrão $\sigma = \sqrt{np(1-p)}$, e que essa distribuição pode ser aproximada por uma distribuição normal quando *np* e $n(1-p)$ são ambos maiores do que 5. Em geral, isso exige que *n* seja grande. Para *n* = 50, por exemplo, as aproximações usadas nesta seção podem se usadas enquanto $50p > 5$ e $50(1-p) > 5$, ou seja, enquanto *p* estiver entre 0,10 e 0,90. Analogamente, para *n* = 100, tais métodos podem ser utilizados desde que *p* esteja entre 0,05 e 0,95 e, para *n* = 200, desde que *p* esteja entre 0,025 e 0,975. Isso deveria dar ao leitor uma idéia do significado da expressão "para *n* grande".

Transformando em unidades padronizadas, para grandes valores de *n*, a estatística

$$z = \frac{x - np}{\sqrt{np(1-p)}}$$

é um valor de uma variável aleatória que tem aproximadamente distribuição normal padrão. Substituindo essa expressão no lugar de *z* na desigualdade

$$-z_{\alpha/2} < z < z_{\alpha/2}$$

(como à página 274), um cálculo algébrico relativamente simples, fornece

$$\frac{x}{n} - z_{\alpha/2} \cdot \sqrt{\frac{p(1-p)}{n}} < p < \frac{x}{n} + z_{\alpha/2} \cdot \sqrt{\frac{p(1-p)}{n}}$$

que parece ser um intervalo de confiança para *p*. Na verdade, se a utilizássemos repetidamente, a desigualdade seria satisfeita em $(1 - \alpha)100\%$ das vezes, mas convém observar que o parâmetro desconhecido *p* aparece não só no meio, mas também na expressão

$$\sqrt{\frac{p(1-p)}{n}}$$

que ocorre à esquerda do primeiro sinal de desigualdade e à direita do outro. A grandeza $\sqrt{\frac{p(1-p)}{n}}$ é denominada o **erro-padrão de uma proporção**, pois é, na realidade, o desvio-padrão da distribuição amostral de uma proporção amostral (ver Exercício 11.53).

Para contornar essa dificuldade e, ao mesmo tempo, simplificar a fórmula resultante, substituímos

$$\hat{p} = \frac{x}{n} \quad \text{para } p \text{ em } \sqrt{\frac{p(1-p)}{n}}$$

onde $\hat{p}$ se lê "pe chapéu". (Esse tipo de notação é amplamente utilizado em Estatística. Por exemplo, quando usamos a média de uma amostra para estimar a média de uma população, podemos denotá-la por $\hat{\mu}$, e quando usamos o desvio-padrão de uma amostra para estimar o desvio-padrão populacional, podemos denotá-lo por $\hat{\sigma}$.) Obtemos, assim, o seguinte **intervalo de (1 − α)100% de confiança de grandes amostras para p**:

INTERVALO DE CONFIANÇA DE GRANDES AMOSTRAS PARA p

$$\hat{p} - z_{\alpha/2} \cdot \sqrt{\frac{\hat{p}(1-\hat{p})}{n}} < p < \hat{p} + z_{\alpha/2} \cdot \sqrt{\frac{\hat{p}(1-\hat{p})}{n}}$$

EXEMPLO 11.11 Numa amostra aleatória, 136 dentre 400 pessoas que tomaram uma vacina contra gripe sentiram algum efeito colateral. Construa um intervalo de 95% de confiança para a verdadeira proporção das pessoas que experimentam efeito colateral com a referida vacina.

Solução Substituindo $n = 400$, $\hat{p} = \frac{136}{400} = 0{,}34$ e $z_{0,025} = 1{,}96$ na fórmula do intervalo de confiança, obtemos

$$0{,}34 - 1{,}96\sqrt{\frac{(0{,}34)(0{,}66)}{400}} < p < 0{,}34 + 1{,}96\sqrt{\frac{(0{,}34)(0{,}66)}{400}}$$

$$0{,}294 < p < 0{,}386$$

ou, arredondando até a segunda casa decimal, $0{,}29 < p < 0{,}39$.

Como já observamos anteriormente, um intervalo como esse contém, ou não, o parâmetro que pretende estimar. Em qualquer utilização isolada desse intervalo, não sabemos qual será o caso, mas o intervalo de 95% de confiança implica que o intervalo foi obtido por um método que funciona 95% das vezes. Note também que, para $n = 400$ e p no intervalo de 0,29 a 0,39, np e $n(1 − p)$ são ambos muito maiores do que 5, de forma que não pode pairar dúvida alguma que estamos justificados no uso da aproximação normal à distribuição binomial.

Quando se trata de pequenas amostras, podemos construir intervalos de confiança para p utilizando uma tabela especial, mas os intervalos resultantes são, em geral, tão amplos que não têm muito valor. Por exemplo, para $x = 4$ e $n = 10$, o intervalo de 95% de confiança é $0{,}12 < p < 0{,}75$. Obviamente, esse intervalo é tão grande que pouco nos diz sobre o verdadeiro valor p.

A teoria de grandes amostras apresentada aqui também pode ser usada para avaliar o erro que podemos estar cometendo quando utilizamos uma proporção amostral para estimar uma proporção populacional, a saber, o parâmetro binomial p. Procedendo como à página 272, podemos afirmar, com probabilidade $1 − \alpha$, que a diferença entre uma proporção amostral e p será no máximo

$$E = z_{\alpha/2} \cdot \sqrt{\frac{p(1-p)}{n}}$$

Todavia, como p é desconhecido, voltamos a substituir p pela proporção amostral $\hat{p}$ e chegamos ao seguinte resultado:

Se tomamos $\hat{p}$ como estimativa de p, podemos afirmar com (1 − α)100% de confiança, que o erro é no máximo o

ERRO MÁXIMO DE ESTIMATIVA

$$E = z_{\alpha/2} \cdot \sqrt{\frac{\hat{p}(1-\hat{p})}{n}}$$

Tal como no caso da fórmula do intervalo de confiança à página 288, esta fórmula exige que n seja suficientemente grande para permitir o uso da aproximação normal à distribuição binomial.

EXEMPLO 11.12 Numa amostra aleatória de 250 pessoas entrevistadas ao saírem de postos de votação em todo um estado, 145 afirmaram ter votado pela reeleição do governador em exercício. Ao nível de 99% de confiança, o que podemos dizer sobre o erro máximo, se tomarmos $\hat{p} = \frac{145}{250} = 0{,}58$ como uma estimativa da verdadeira proporção de votos que o atual governador obterá?

Solução Substituindo $n = 250$, $\hat{p} = 0{,}58$ e $z_{0,005} = 2{,}575$ na fórmula de E, obtemos

$$E = 2{,}575 \sqrt{\frac{(0{,}58)(0{,}42)}{250}} \approx 0{,}080$$

Assim, se tomarmos $\hat{p} = 0{,}58$ como uma estimativa da verdadeira proporção de votos que o governador em exercício obterá, podemos afirmar, com 99% de confiança, que nosso erro é, no máximo, de 0,080. ∎

Com referência a esse exemplo, observe também que, para $n = 250$, a aproximação normal à distribuição binomial está justificada para qualquer valor p entre 0,02 e 0,98.

Tal como na Seção 11.1, podemos aplicar a fórmula do erro máximo para determinar o tamanho da amostra que é necessária para atingirmos um desejado grau de precisão. Se quisermos usar uma proporção amostral para estimar uma proporção populacional p, com probabilidade $1 - \alpha$ de que nosso erro não vá exceder determinada quantidade E prescrita, escrevemos, como anteriormente

$$E = z_{\alpha/2} \cdot \sqrt{\frac{p(1-p)}{n}}$$

Resolvendo essa equação em relação a n, obtemos

TAMANHO DA AMOSTRA

$$n = p(1-p)\left[\frac{z_{\alpha/2}}{E}\right]^2$$

Essa fórmula não pode ser usada como está, porque envolve a quantidade p que estamos tentando estimar. Contudo, como $p(1-p)$ sempre *cresce* de 0 a $\frac{1}{4}$ quando p cresce de 0 a $\frac{1}{2}$ ou quando p decresce de 1 a $\frac{1}{2}$, podemos proceder como segue:

> **Se tivermos alguma informação sobre os valores que p possa tomar então, na fórmula de n, substituímos p pelo valor que estiver mais próximo de $\frac{1}{2}$; se não tivermos informação alguma sobre os valores que p possa tomar, substituímos $p(1-p)$ por $\frac{1}{4}$ na fórmula de n.**

Em qualquer um dos dois casos, como o valor que obtemos para n pode, muito bem, ser maior do que o necessário, podemos dizer que há uma probabilidade de, pelo menos, $1 - \alpha$, de que nosso erro não vá exceder E.

EXEMPLO 11.13 Suponha que o departamento estadual de estradas de rodagem deseje estimar qual é a proporção dos caminhões que trafegam entre duas cidades que transporta carga excessivamente pesada, e que queira afirmar, com pelo menos 0,95 de probabilidade, de que seu erro não vá exceder 0,04. Qual deve ser o tamanho da amostra, se o departamento

(a) sabe que a verdadeira proporção está no intervalo de 0,10 a 0,25;

(b) não tem a menor idéia sobre qual poderia ser a verdadeira proporção?

Solução (a) Substituindo $z_{0,025} = 1,96$, $E = 0,04$ e $p = 0,25$ na fórmula de n, obtemos

$$n = (0,25)(0,75)\left(\frac{1,96}{0,04}\right)^2 \approx 450,19$$

que, arredondado até o inteiro mais próximo, dá 451.

(b) Substituindo $z_{0,025} = 1,96$, $E = 0,04$ e $p(1-p) = \frac{1}{4}$ na fórmula de n, obtemos

$$n = \frac{1}{4}\left(\frac{1,96}{0,04}\right)^2 = 600,25$$

que, arredondado até o inteiro mais próximo, dá 601.

Isso mostra como algum conhecimento sobre p pode reduzir substancialmente o tamanho da amostra necessária para atingir um desejado nível de precisão. Note também que, em problemas como esse, arredondamos a solução até o inteiro mais próximo.

EXERCÍCIOS

11.37 De acordo com a regra de que ambos np e $n(1-p)$ devam ser maiores do que 5, para quais valores de p podemos usar a aproximação normal à distribuição binomial se
(a) $n = 400$;
(b) $n = 500$?

11.38 De acordo com a regra de que np e $n(1-p)$ devem ser maiores do que 5, para quais valores de n podemos usar a aproximação normal à distribuição binomial se
(a) $p = 0,04$;
(b) $p = 0,92$?

11.39 Numa amostra aleatória de 400 eleitores registrados entrevistados numa grande cidade, 228 objetaram ao uso de recursos públicos para a construção de um novo estádio de futebol profissional. Construa um intervalo de 95% de confiança para a proporção correspondente dos eleitores registrados de toda cidade.

11.40 Com referência ao Exercício 11.39, o que pode ser dito com 99% de confiança sobre o erro máximo, se utilizamos $\frac{x}{n} = \frac{228}{400} = 0,57$ como uma estimativa da proporção de todos eleitores registrados daquela cidade que são contra o uso de recursos públicos para a construção de um novo estádio de futebol profissional?

11.41 Dentre 400 peixes pescados num certo lago, 56 eram impróprios para o consumo por causa da poluição química do meio ambiente. Construa um intervalo de 99% de confiança para a verdadeira proporção correspondente.

11.42 Com referência ao Exercício 11.41, o que pode ser dito com 95% de confiança sobre o erro máximo, se utilizamos $\frac{x}{n} = \frac{56}{400} = 0,14$ como uma estimativa da verdadeira proporção populacional?

11.43 Numa amostra aleatória de 120 líderes de torcidas, 54 sofreram danos de moderados a sérios em suas vozes. Com 90% de confiança, o que podemos afirmar sobre o erro máximo, se utilizarmos a proporção $\frac{54}{120} = 0{,}45$ como uma estimativa da verdadeira proporção das líderes de torcida que sofreram esse tipo de dano?

11.44 Uma amostra aleatória de 300 clientes de um supermercado grande inclui 234 que utilizam regularmente o cartão de compras do supermercado. Construa um intervalo de 98% de confiança para a probabilidade de que um cliente escolhido ao acaso vá confirmar que ele utiliza regularmente o cartão de compras do supermercado.

11.45 Numa amostra aleatória de 1.600 adultos entrevistados nacionalmente, somente 432 indicaram que os salários de certos membros do executivo deveriam ser aumentados. Construa um intervalo de 95% de confiança para a verdadeira percentagem de adultos que compartilham daquela opinião.

11.46 Numa amostra aleatória de 400 telespectadores entrevistados nacionalmente, 152 assistiram a um certo programa controvertido. Com 98% de confiança, o que pode ser dito sobre o erro máximo, se utilizamos $\frac{152}{400} \cdot 100 = 38\%$ como uma estimativa da verdadeira percentagem correspondente?

11.47 Numa amostra aleatória de 140 objetos não-identificados supostamente avistados, 119 podem ser facilmente explicados em termos de fenômenos naturais. Construa um intervalo de 99% de confiança para a probabilidade de que um objeto não-identificado supostamente avistado possa ser facilmente explicado em termos de fenômenos naturais.

11.48 Numa amostra aleatória de 80 pessoas condenadas numa corte estadual sob acusações relacionadas ao tráfico de drogas, 36 obtiveram *sursis*. Ao nível de 98% de confiança, o que podemos dizer sobre o erro máximo, se tomarmos $\frac{36}{80} = 0{,}45$ como uma estimativa da probabilidade de uma pessoa condenada numa corte estadual sob acusações relacionadas ao tráfico de drogas venha a obter *sursis*?

11.49 Quando uma população constitui mais do que 5% de uma população finita e a própria amostra é grande, utilizamos o mesmo fator de correção para população finita que na Seção 10.7 e, portanto, os seguintes limites de confiança para p:

$$\hat{p} \pm z_{\alpha/2} \cdot \sqrt{\frac{\hat{p}(1-\hat{p})(N-n)}{n(N-1)}}$$

Aqui, N é, como antes, o tamanho da população amostrada.

(a) Dentre as $N = 360$ famílias moradoras de um condomínio, uma amostra aleatória de $n = 100$ famílias são entrevistadas e constata-se que 34 delas têm filhos em idade universitária. Use a fórmula precedente para construir um intervalo de 95% de confiança para a proporção de todas as famílias moradoras daquele condomínio que têm filhos em idade universitária.

(b) Com referência ao Exercício 11.47, suponha que exista um total de 350 objetos não identificados supostamente avistados. Use essa informação adicional para recalcular o intervalo de confiança solicitado naquele exercício.

11.50 Uma política contrata um pesquisador para estimar a proporção dos eleitores registrados em seu distrito que planejam votar nela numa eleição próxima. Encontre o tamanho da amostra necessária se ela deseja, com pelo menos 95% de confiança, uma precisão na pesquisa de

(a) 8 pontos percentuais;
(b) 2 pontos percentuais.

11.51 Suponha que queiramos estimar a proporção de todos os motoristas que excedem o limite de velocidade num certo trecho de uma certa rodovia no estado de São Paulo. Qual é o tamanho da amostra necessária para que o erro de nossa estimativa seja de no máximo 0,05 com pelo menos
(a) 90% de confiança;
(b) 95% de confiança;
(c) 99% de confiança.

11.52 Um fabricante nacional deseja determinar qual é a percentagem das compras de barbeadores descartáveis para homens que na verdade são feitas por mulheres. Qual é o tamanho da amostra de homens que utilizam barbeadores descartáveis de que o fabricante necessita para ter pelo menos 98% de confiança de que a percentagem amostral não apresente erro superior a 2,5 pontos percentuais, se
(a) nada se sabe sobre a verdadeira percentagem;
(b) há boas razões para crer que a verdadeira proporção seja de no máximo 30%?

11.53 Como a proporção de sucessos é simplesmente o número de sucessos dividido por n, a média e o desvio-padrão da distribuição amostral da proporção de sucessos podem ser obtidos dividindo por n a média e o desvio-padrão da distribuição amostral do número de sucessos. Use esse argumento para verificar a fórmula do erro-padrão dada à página 287.

11.5 LISTA DE TERMOS-CHAVE (com indicação das páginas de suas definições)

Amplitude interquartil, 286
Confiança, 272
Dados de contagem, 286
Distribuição qui-quadrado, 282
Distribuição t, 275
Distribuição t de Student, 275
Erro-padrão de um desvio-padrão, 287
Erro-padrão de uma proporção, 287
Estatística qui-quadrado, 282
Estatística t, 275
Estimativa, 270
Estimativa intervalar, 274
Estimativa pontual, 271
Grau de confiança, 274
Graus de liberdade, 275

Intervalo de $(1 - \alpha)100\%$ de confiança de grandes amostras para p, 288
Intervalo de confiança, 274
Intervalo de confiança para grandes amostras, 274, 285
Intervalo de confiança para pequenas amostras, 276/277, 283
Intervalo t, 276
Intervalo z, 274
Limites de confiança, 274
Métodos bayesianos, 270
Número de graus de liberdade, 275
Previsão, 270
Proporção amostral, 287
Testes de hipóteses, 270

11.6 REFERÊNCIAS

Uma introdução informal à estimativa intervalar é dada (em inglês) sob o título "Como ser preciso, embora vago", em

MORONEY, M. J., *Facts from Figures*, London: Penguin Books, Ltd., 1956.

e também em

GONICK, L., and SMITH, WOOLCOTT, *A Cartoon Guide to Statistics*. New York: HarperCollins Publishers, 1993.

Discussões detalhadas das distribuições qui-quadrado e t podem ser encontradas na maioria dos livros didáticos de Estatística matemática e tabelas mais completas dessas distribuições são dadas em

PEARSON, E. S., and HARTLEY, H. O., *Biometrika Tables for Statisticians*, Vol. I. New York: John Wiley & Sons, Inc. 1968.

As tabelas de intervalos de confiança para proporções, inclusive as para pequenas amostras, foram publicadas pela primeira vez no Vol. 26 (1934) de Biometrika. Hoje em dia, podem ser encontradas, por exemplo, em

MAXWELL, E. A., *Introduction to Statistical Thinking*, Englewood Cliffs, N.J.: Prentice Hall, 1983.

12
TESTES DE HIPÓTESES: MÉDIAS

12.1 Testes de Hipóteses 295
12.2 Testes de Significância 299
12.3 Testes Relativos a Médias 306
12.4 Testes Relativos a Médias (σ Desconhecido) 309
12.5 Diferenças Entre Médias 313
12.6 Diferenças Entre Médias (σ Desconhecido) 316
12.7 Diferenças Entre Médias (Dados Emparelhados) 318
12.8 Lista de Termos-Chave 321
12.9 Referências 322

Na introdução do Capítulo 11, vimos três exemplos de inferência estatística, todos eles problemas de estimativa. No entanto, aqueles exemplos seriam problemas de hipóteses se o psicólogo quisesse determinar se o tempo médio de reação de um adulto a um estímulo visual é realmente de 0,38 segundos, se o sindicalista quisesse conferir se o desvio-padrão do tempo que os operários filiados ao sindicato levam para chegar ao trabalho é realmente de 8,3 minutos e se quiséssemos descobrir se é verdade que 38% de todos acidentes envolvendo um único carro são causados por cansaço do motorista.

Aqui e no Capítulo 11, o primeiro exemplo diz respeito a uma média populacional, o segundo diz respeito a um desvio-padrão populacional, e o terceiro diz respeito a uma percentagem populacional. Conceitualmente, os três problemas são tratados da mesma maneira mas, assim como vimos no caso de problemas de estimativa, há diferenças nos métodos específicos que são utilizados. Depois de uma introdução geral aos testes de hipóteses nas Seções 12.1 e 12.2, o restante deste capítulo é dedicado a testes que dizem respeito à média de uma população, ou às médias de duas populações. Os testes relativos a desvios-padrão populacionais são tratados no Capítulo 13 e os testes relativos a percentagens (proporções ou probabilidades) são tratados no Capítulo 14. Nos capítulos subseqüentes, tratamos de outros testes de hipóteses mais especializados.

12.1 TESTES DE HIPÓTESES

Na introdução precedente, fizemos referência a três problemas de decisão como sendo testes de hipóteses, sem realmente ter dado uma definição formal do que queremos dizer com hipótese. Em geral,

> Uma hipótese estatística é uma afirmação ou conjectura sobre um parâmetro, ou parâmetros, de uma população (ou populações); pode também se referir ao tipo, ou natureza, da população (ou populações).

Quanto à segunda parte dessa definição, veremos, na Seção 14.5, como testar se se é razoável tratar uma população amostrada como sendo uma população binomial, uma população de Poisson, ou talvez uma população normal. Neste capítulo, abordaremos apenas as hipóteses sobre parâmetros populacionais; em particular, a média de uma população ou as médias de duas populações.

Para desenvolver os processos de testes de hipóteses estatísticas, devemos sempre saber precisamente o que esperar quando uma hipótese é verdadeira, e é por essa razão que freqüentemente formulamos a hipótese contrária àquilo que gostaríamos de provar. Suponha, por exemplo, que suspeitemos que um jogo de dados não é honesto. Se formularmos a hipótese de que os dados são viciados, tudo dependeria de quão viciados são, mas, se supusermos que eles são perfeitamente equilibrados, poderíamos calcular todas as probabilidades necessárias e, a partir disso, tirar nossas conclusões. Também, se pretendermos mostrar que um método de ensinar programação computacional é mais eficiente do que outro, formularemos a hipótese de que ambos os métodos são igualmente eficientes; se quisermos mostrar que uma dieta é mais saudável do que uma outra, faremos a hipótese de que ambas sejam igualmente saudáveis; e se pretendermos mostrar que determinada liga de aço-cobre é mais resistente do que o aço comum, faremos a hipótese de que ambos sejam igualmente resistentes. Já que fazemos a hipótese de que não haja diferença na eficiência dos dois métodos de ensino, ou entre as duas dietas, ou na resistência dos dois tipos de aço, designamos tais hipóteses como sendo **hipóteses nulas** e as denotamos por H_0. Na verdade, a expressão "hipótese nula" é usada para qualquer hipótese estabelecida prioritariamente para ver se ela pode ser rejeitada.

A idéia de estabelecer uma hipótese nula é comum mesmo no pensamento não-estatístico. É precisamente o que se faz em processos criminais, no qual se presume que o réu seja inocente até que se sua culpa seja estabelecida sem sombra de dúvida. A suposição de inocência é uma hipótese nula.

A hipótese que adotamos como alternativa da hipótese nula, isto é, a hipótese que aceitamos quando a hipótese nula é rejeitada, é chamada a **hipótese alternativa**, denotada por H_A. Ela deve ser sempre formulada juntamente com a hipótese nula, pois, de outra forma, não saberíamos quando rejeitar H_0. Por exemplo, se o psicólogo do exemplo à página 294 testar a hipótese nula $\mu = 0,38$ segundos contra a hipótese alternativa $\mu > 0,38$ segundos, ele rejeitará a hipótese nula somente no caso de obter uma média amostral que é visivelmente maior do que 0,38 segundos. Por outro lado, se ele utilizar a hipótese alternativa $\mu \neq 0,38$ segundos, rejeitará a hipótese nula no caso de obter uma média amostral visivelmente maior, ou visivelmente menor, do que 0,38 segundos.

Tal como na exemplificação precedente, a hipótese alternativa em geral especifica que a média populacional (ou qualquer que seja o parâmetro de interesse) é menor do que o valor admitido sob a hipótese nula, maior do que ele, ou diferente dele. Para qualquer problema específico, a escolha de uma dessas alternativas depende do que esperamos poder mostrar, ou talvez de definir a quem cabe o ônus da prova.

EXEMPLO 12.1 O tempo médio de secagem de uma tinta de um certo fabricante é de 20 minutos. Investigando a eficácia de uma modificação na composição química de sua tinta, o fabricante quer testar a hipótese nula $\mu = 20$ minutos contra uma alternativa adequada, onde μ é o tempo médio de secagem da tinta modificada.

(a) Qual hipótese alternativa o fabricante deverá usar se ele quiser fazer a modificação só se realmente decrescer o tempo de secagem da tinta?

(b) Qual hipótese alternativa o fabricante deverá usar se o processo novo for realmente mais barato e ele quiser fazer a modificação, a menos que ela na verdade aumentar o tempo de secagem da tinta?

Solução (a) O fabricante deveria utilizar a hipótese alternativa $\mu < 20$ e fazer a modificação somente se a hipótese nula puder ser rejeitada.

(b) O fabricante deveria utilizar a hipótese alternativa $\mu > 20$ e fazer a modificação a menos que a hipótese nula seja rejeitada.

Em geral, se o teste de uma hipótese se refere ao parâmetro μ, o valor que esse parâmetro toma no caso da hipótese nula é denotado por μ_0 e a própria hipótese nula é denotada por $\mu = \mu_0$.

Para ilustrar detalhadamente os problemas com que nos deparamos ao testar uma hipótese estatística, voltemos ao exemplo do tempo de reação à página 294 e suponhamos que o psicólogo queira testar a hipótese nula

$$H_0: \mu = 0{,}38 \text{ segundos}$$

contra a hipótese alternativa

$$H_A: \mu \neq 0{,}38 \text{ segundos}$$

em que μ é o tempo médio de reação de um adulto ao estímulo visual. Para realizar o teste, o psicólogo decide tomar uma amostra aleatória de $n = 40$ adultos com o objetivo de aceitar a hipótese nula se a média da amostra cair nalgum ponto entre 0,36 e 0,40 segundos; caso contrário, a hipótese será rejeitada.

Isso dá um critério preciso para aceitar ou rejeitar a hipótese nula, mas, infelizmente, não é infalível. Como a decisão se baseia em uma amostra, há a possibilidade de a média amostral ser menor do que 0,36 segundos ou maior do que 0,40 segundos, mesmo se a verdadeira média for 0,38 segundos. Também existe a possibilidade de que a média amostral vá cair entre 0,36 segundos e 0,40 segundos, embora a verdadeira média seja, digamos, 0,41 segundos. Assim, antes de adotarmos qualquer critério de teste (e, mais geralmente, qualquer critério de decisão), é conveniente investigar as chances de ele nos levar a uma decisão errada.

Supondo que seja conhecido, com base em estudos análogos, que $\sigma = 0{,}08$ segundos para esse tipo de dados, investiguemos primeiro a possibilidade de rejeitar falsamente a hipótese nula. Assim, suponhamos, com objetivo de argumentação, que o verdadeiro tempo médio de reação seja 0,38 segundos; então encontramos a probabilidade de que a média amostral vá ser menor do que ou igual a 36,0 segundos ou maior do que ou igual a 40,0 segundos. A probabilidade de que isso vá ocorrer, devido exclusivamente ao acaso, é dada pela soma das áreas das duas regiões coloridas da Figura 12.1, e pode ser facilmente determinada aproximando a distribuição amostral da média por uma distribuição normal. Supondo que a população amostrada possa ser tratada como sendo infinita, o que nesse caso é razoável, obtemos

$$\sigma_{\bar{x}} = \frac{\sigma}{\sqrt{n}} = \frac{0{,}08}{\sqrt{40}} \approx 0{,}0126$$

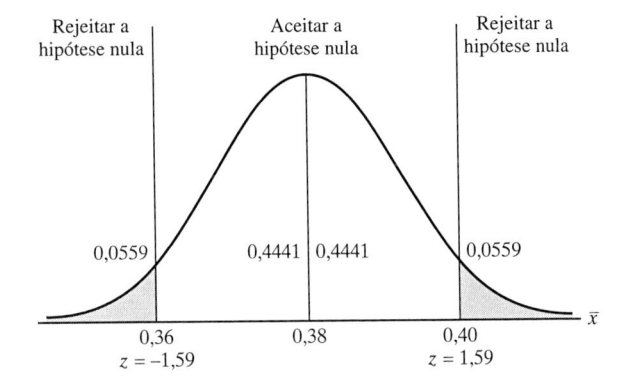

Figura 12.1
Critério de teste e distribuição amostral de $\bar{x}$ com $\mu = 0{,}38$ segundos.

e segue que as linhas divisórias do critério, em unidades padronizadas, são

$$z = \frac{0{,}36 - 0{,}38}{0{,}0126} \approx -1{,}59 \quad \text{e} \quad z = \frac{0{,}40 - 0{,}38}{0{,}0126} \approx 1{,}59$$

Da Tabela I decorre que a área em cada cauda da distribuição amostral da Figura 12.1 é $0{,}5000 - 0{,}4441 = 0{,}0559$ e, portanto, a probabilidade de obter um valor em uma ou em outra cauda da distribuição amostral é $2(0{,}0559) = 0{,}1118$, ou $0{,}11$, arredondando até a segunda casa decimal.

Consideremos, agora, a outra possibilidade, em que o teste deixa de detectar que a hipótese nula é falsa, ou seja, que $\mu \neq 0{,}38$ segundos. Portanto, suponhamos, com objetivo de argumentação, que o verdadeiro tempo médio de reação seja $0{,}41$ segundos. Agora, obtendo uma média amostral no intervalo de $36{,}0$ segundos a $40{,}0$ segundos levaria à aceitação errônea da hipótese nula que $\mu = 0{,}38$ segundos. A probabilidade de que isso vá ocorrer, devido exclusivamente ao acaso, é dada pela área da região colorida da Figura 12.2. A média da distribuição amostral é agora $0{,}41$ segundos, mas seu desvio-padrão é, como antes,

$$\sigma_{\bar{x}} = \frac{0{,}08}{\sqrt{40}} \approx 0{,}0126$$

e as linhas divisórias do critério, em unidades padronizadas, são

$$z = \frac{0{,}36 - 0{,}41}{0{,}0126} \approx -3{,}97 \quad \text{e} \quad z = \frac{0{,}40 - 0{,}41}{0{,}0126} \approx -0{,}79$$

Como a área sob a curva à esquerda de $-3{,}97$ é desprezível, decorre da Tabela I que a área da região colorida da Figura 12.2 é $0{,}5000 - 0{,}2852 = 0{,}2148$, ou $0{,}21$, arredondando até a segunda casa decimal. Essa é a probabilidade de aceitar erroneamente a hipótese nula quando, efetivamen-

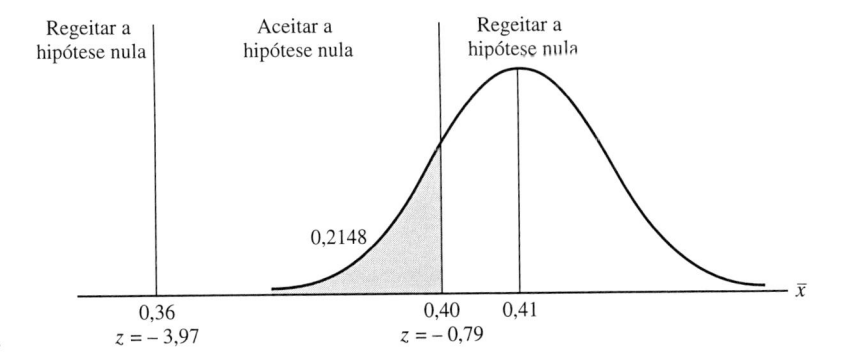

Figura 12.2
Critério de teste e distribuição amostral de $\bar{x}$ com $\mu = 0{,}41$ segundos.

te, $\mu = 0{,}41$. Cabe, agora, ao psicólogo decidir qual é um risco aceitável, se a probabilidade 0,11 de rejeitar erroneamente a hipótese nula $\mu = 0{,}38$ ou a probabilidade 0,21 de erroneamente aceitá-la quando na realidade é $\mu = 0{,}41$.

A situação descrita aqui é típica dos testes de hipóteses, e pode ser resumida como na tabela seguinte:

	Aceitar H_0	Rejeitar H_0
H_0 é verdadeiro	Decisão correta	Erro tipo I
H_0 é falso	Erro tipo II	Decisão correta

Se a hipótese nula H_0 é verdadeira e aceita, ou é falsa e rejeitada, a decisão é correta em ambos casos; se é verdadeira e rejeitada, ou é falsa e aceita, a decisão é errada em ambos casos. O primeiro desses erros é denominado **erro tipo I** e a probabilidade de cometê-lo é designada pela letra grega α (*alfa*); o segundo é denominado **erro tipo II** e a probabilidade de cometê-lo é designada pela letra grega β (*beta*). Assim, em nosso exemplo mostramos que, para o dado critério de teste, $\alpha = 0{,}11$ e $\beta = 0{,}21$ quando $\mu = 0{,}41$.

O esquema que acabamos de esboçar é parecido com o que foi feito na Seção 7.2. Analogamente à decisão que o diretor da divisão de pesquisa de uma companhia farmacêutica teve que tomar no Exemplo 7.9, agora o psicólogo deve decidir se aceita ou rejeita a hipótese nula $\mu = 0{,}38$. Entretanto, é difícil levar essa analogia muito mais longe, pois, na prática, raramente podemos associar valores monetários às várias possibilidades, como foi feito no Exemplo 7.9.

EXEMPLO 12.2 Suponhamos que o psicólogo tenha efetivamente tomado a amostra e obtido $\bar{x} = 0{,}408$. Que decisão ele tomará e a decisão estará errada se

(a) $\mu = 0{,}38$ segundos;

(b) $\mu = 0{,}42$ segundos?

Solução Como $\bar{x} = 0{,}408$ excede 0,40, o psicólogo rejeitará a hipótese nula $\mu = 0{,}38$ segundos.

(a) Como a hipótese nula é verdadeira e foi rejeitada, o psicólogo estará cometendo um erro tipo I.

(b) Como a hipótese nula é falsa e foi rejeitada, o psicólogo não estará cometendo erro algum.

Ao calcularmos a probabilidade de um erro tipo II em nossa exemplificação, escolhemos arbitrariamente o valor alternativo $\mu = 0{,}41$ segundos. Todavia, neste problema, bem como na maioria dos outros, há inúmeras alternativas diferentes, e para cada uma delas há uma probabilidade positiva β de aceitarmos H_0 erroneamente. Assim, na prática, escolhemos alguns valores alternativos especiais e calculamos as correspondentes probabilidades β de cometermos um erro tipo II, ou então evitamos o problema procedendo de uma forma que será explicada na Seção 12.2.

Se calcularmos efetivamente β para diversos valores alternativos de μ e traçarmos o gráfico dessas probabilidades como na Figura 12.3, obteremos uma curva chamada **curva característica de operação** do critério de teste, ou simplesmente, **curva CO**. Como a probabilidade de um erro tipo II é a probabilidade de aceitar H_0 quando ela é falsa, "completamos a figura" na Figura 12.3 rotulando a escala vertical como "Probabilidade de aceitar H_0" e marcamos em $\mu = 0{,}38$ segundos a probabilidade de aceitar H_0 quando ela é verdadeira, a saber, $1 - \alpha = 1 - 0{,}11 = 0{,}89$.

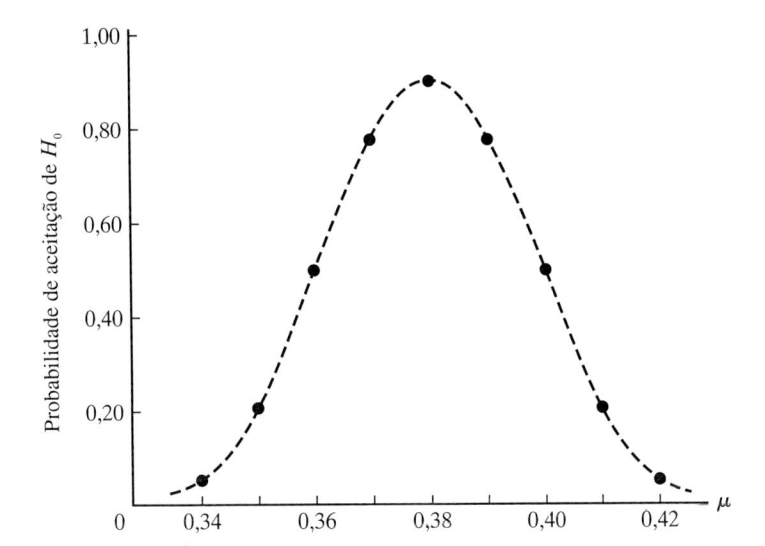

Figura 12.3
Curva característica de operação.

Examinando a curva da Figura 12.3 vemos que a probabilidade de aceitar H_0 é máxima quando H_0 é verdadeira, e que ainda é bastante alta para pequenos desvios de $\mu = 0{,}38$. Todavia, para afastamentos cada vez maiores de $\mu = 0{,}38$ em qualquer um dos dois sentidos, as probabilidades de não conseguir detectá-los e aceitar H_0 se tornam cada vez menores. No Exercício 12.10, pede-se ao leitor verificar algumas das probabilidades indicadas na Figura 12.3.

Se tivéssemos esboçado as probabilidades de rejeitar H_0 em vez das probabilidades de aceitar H_0, teríamos obtido o gráfico da **função potência** do critério de teste, em vez de sua curva característica de operação. O conceito de curva CO é utilizado mais amplamente em aplicações, especialmente nas aplicações de natureza industrial, enquanto que o conceito de função potência é usado mais amplamente em questões de interesse teórico. Um estudo detalhado das curvas características de operação e das funções potência ultrapassa o âmbito deste texto, e a principal finalidade do nosso exemplo é mostrar como podemos usar os métodos estatísticos para medir e controlar os riscos a que estamos expostos quando testamos hipóteses. Obviamente, os métodos discutidos aqui não estão limitados ao problema específico de tempo médio de reação a estímulos visuais, já que — H_0 poderia ter sido a hipótese de que a idade média na qual as mulheres se divorciam é 28,5, a hipótese de que um antibiótico tem 87% de eficácia, a hipótese de que um método de ensino assistido por computador elevará em 7,4 pontos, em média, as notas dos estudantes num teste de desempenho padrão, e assim por diante.

12.2 TESTES DE SIGNIFICÂNCIA

No problema que trata do tempo de reação de adultos a estímulos visuais, tivemos menos problemas com erros tipo I do que com erros tipo II, porque formulamos a hipótese nula como uma **hipótese simples** sobre o parâmetro μ; isto é, a formulamos de tal modo que μ tomou um único valor, o valor $\mu = 0{,}38$ segundos, e o valor correspondente de um erro tipo I podia ser calculado.*
Se, em vez disso, tivéssemos formulado uma **hipótese composta** sobre o parâmetro μ, digamos, $\mu \neq 0{,}38$ segundos, $\mu < 0{,}38$ segundos ou $\mu > 0{,}38$ segundos, onde, em cada caso, há mais de um valor possível para μ, não poderíamos ter calculado a probabilidade de um erro tipo I sem especificar em quanto μ difere de, é menor do que, ou é maior do que 0,38 segundos.

---

* Note que estamos aplicando a expressão "hipótese simples" a hipóteses sobre parâmetros específicos. Alguns estatísticos usam a expressão "hipótese simples" apenas quando a hipótese especifica completamente a população.

Na mesma exemplificação, a hipótese alternativa foi a hipótese composta $\mu \neq 0{,}38$ segundos, e deu algum trabalho calcular as probabilidades de erros tipo II (para vários valores alternativos de μ) mostradas na curva CO da Figura 12.3. Como isso é típico da maioria das situações práticas (isto é, as hipóteses alternativas são geralmente compostas), vamos demonstrar como os erros tipo II muitas vezes podem ser evitados.

As pesquisas mostraram que, numa certa cidade, os motoristas habilitados pegam 0,9 multas de trânsito anuais em média, mas uma cientista social suspeita que os motoristas com mais de 65 anos de idade têm uma média maior do que 0,9 multas de trânsito anuais. Assim, ela confere os registros de uma amostra aleatória de motoristas habilitados com mais de 65 anos da dada cidade e baseia sua decisão no critério seguinte:

> **Rejeitar a hipótese nula $\mu = 0{,}9$ (e aceitar a hipótese alternativa $\mu > 0{,}9$) se os motoristas habilitados com mais de 65 anos da amostra tiverem uma média de, digamos, pelo menos 1,2 multas de trânsito anuais; caso contrário, reservar o julgamento (na dependência, talvez, de investigação posterior).**

Se reservarmos o julgamento como neste critério, não haverá possibilidade de cometer um erro tipo II, pois, não importando o que possa acontecer, a hipótese nula nunca será aceita. Isso poderia parecer correto no exemplo precedente, em que a cientista social deseja ver principalmente se sua suspeita é justificada, a saber, se a hipótese nula pode ser rejeitada. Se não puder ser rejeitada, isso não quer dizer que ela deva necessariamente aceitá-la. De fato, sua suspeita pode não estar completamente dissipada.

O procedimento que esboçamos aqui é denominado **teste de significância**. Se a diferença entre o que se espera sob a hipótese nula e o que se observa numa amostra for grande demais para que possa razoavelmente ser atribuída ao acaso, rejeitamos a hipótese nula. Se a diferença entre o que se espera e o que se observa for tão pequena que possa razoavelmente ser atribuída ao acaso, dizemos que o resultado é **estatisticamente não-significante**, ou simplesmente, que **não é significante**. Aceitamos, então, a hipótese nula, ou reservamos o julgamento, conforme devamos chegar a uma decisão definitiva de alguma forma ou de outra.

Como, na linguagem cotidiana, o termo "significante" é comumente usado com o sentido de "significativo", ou "importante", deve ficar entendido que o estamos empregando aqui como um termo técnico. Especificamente, a palavra "significante" é empregada nas situações em que a hipótese nula é rejeitada. Se um resultado é estatisticamente significante, isso não quer dizer que seja necessariamente de grande importância ou que tenha algum valor prático. Suponhamos que o psicólogo do nosso exemplo de tempos de reação tenha de fato extraído sua amostra, como no Exemplo 12.2, e obtido $\bar{x} = 0{,}408$. De acordo com o critério da página 296, esse resultado é estatisticamente significante, o que quer dizer que a diferença entre $\bar{x} = 0{,}408$ e $\mu = 0{,}38$ é grande demais para ser atribuída ao acaso. É possível, contudo, que ninguém se interesse por esse resultado, nem mesmo um advogado envolvido num processo em que os tempos de reação possam ser de relevância crítica na determinação da culpa de seu cliente. Sua reação pode ser de que simplesmente não vale a pena pensar a respeito da coisa toda.

Voltando ao critério original usado no exemplo dos tempos de reação, o da página 296, poderíamos transformá-lo num critério de teste de significância, escrevendo

> **Rejeitar a hipótese nula $\mu = 0{,}38$ segundos (e aceitar a hipótese alternativa $\mu \neq 0{,}38$ segundos) se a média dos 40 valores amostrais for menor do que ou igual a 0,36 segundos ou maior do que ou igual a 0,40 segundos; reservar o julgamento se a média amostral cair nalgum ponto entre 0,36 segundos e 0,40 segundos.**

No que diz respeito à rejeição da hipótese nula, o critério permaneceu inalterado e a probabilidade de um erro tipo I ainda é 0,11. Todavia, quanto à sua aceitação, o psicólogo agora está procurando segurança ao reservar o julgamento.

A reserva de julgamento num teste de significância é análoga ao que ocorre nos processos judiciais, em que a promotoria não tem evidência suficiente para pedir uma condenação, mas em que estaria indo longe demais se dissesse que o acusado realmente não cometeu o crime. Em geral, se uma pessoa pode dar-se ao luxo de reservar o julgamento numa determinada situação, depende inteiramente da natureza da situação. Se, de alguma forma ou de outra, devemos chegar a uma decisão, não há maneira de evitar o risco de cometer um erro tipo II.

Como quase todo o restante deste livro é dedicado a testes de significância – na realidade, a maioria dos problemas estatísticos que não são problemas de estimativa nem de previsão refere-se a testes desse tipo – será conveniente aplicar tais testes procedendo sistematicamente conforme detalhado nos cinco passos seguintes. O primeiro deles pode parecer simples e direto, no entanto apresenta as maiores dificuldades para a maioria dos principiantes.

1. Formulamos uma hipótese nula simples e uma hipótese alternativa apropriada que deverá ser aceita quando a hipótese nula for rejeitada.

No exemplo dos tempos de reação, a hipótese nula foi $\mu = 0{,}38$ segundos e a hipótese alternativa foi $\mu \neq 0{,}38$ segundos. Escolhemos essa alternativa como uma ilustração; na prática, ela refletiria a intenção do psicólogo de rejeitar a hipótese nula se 0,38 segundos for um valor muito alto ou muito baixo. Nos referimos a esse tipo de alternativa como uma **alternativa bilateral**. No exemplo da multa de trânsito, a hipótese nula foi $\mu = 0{,}9$ multas e a hipótese alternativa foi $\mu > 0{,}9$ (para confirmar a suspeita da cientista social de que os motoristas com mais de 65 anos de idade têm uma média maior do que 0,9 multas de tráfego anuais). Isso é denominado **alternativa unilateral**. Também podemos escrever uma alternativa unilateral com uma desigualdade invertida. Por exemplo, se esperamos mostrar que o tempo médio necessário para o desempenho de uma certa tarefa é inferior a 15 minutos, testaríamos a hipótese nula $\mu = 15$ minutos contra a hipótese alternativa $\mu < 15$ minutos.

Essa não é a primeira vez que lidamos com a formulação de hipóteses. Antes do Exemplo 12.1, mencionamos alguns pontos que devem ser levados em conta na escolha de H_A, mas em todo este capítulo, até aqui, a hipótese nula foi sempre especificada.

Basicamente, há dois aspectos que devemos observar em relação a H_0. Em primeiro lugar, sempre que for possível, formulamos as hipóteses nulas como hipóteses simples sobre o parâmetro com o qual estamos nos ocupando; em segundo lugar, formulamos as hipóteses nulas de maneira que suas rejeições provem o que quer que estejamos querendo provar. Como já observamos anteriormente, escolhemos as hipóteses nulas como hipóteses simples para que possamos calcular, ou especificar, as probabilidades de erros tipo I. Já vimos como isso funciona no exemplo dos tempos de reação. A razão de escolher as hipóteses nulas de forma que suas rejeições provem o que quer que estejamos querendo provar é que, em geral, é muito mais fácil provar que algo é falso do que provar que é verdadeiro.

Suponhamos, por exemplo, que alguém afirme que todos os 6.000 alunos do sexo masculino de certa faculdade pesam, no mínimo, 67 kg. Para mostrar que esta alegação é verdadeira, teríamos literalmente de pesar cada um dos 6.000 estudantes; entretanto, para mostrar que ela é falsa, basta encontrarmos um estudante que pese menos do que 67 kg, e isso não deveria ser muito difícil.

EXEMPLO 12.3 Uma máquina de uma padaria enche caixas de bolachas com uma média de 454 gramas (aproximadamente meio quilograma) de bolachas por caixa.

(a) Se a gerência da padaria está preocupada com a possibilidade de que a média efetiva seja diferente de 454 gramas, qual hipótese nula e qual hipótese alternativa ela deveria adotar para testar isso?

(b) Se a gerência da padaria está preocupada com a possibilidade de que a média efetiva ser inferior a 454 gramas, qual hipótese nula e qual hipótese alternativa ela deveria adotar para testar isso?

Solução (a) A expressão "diferente de" sugere que a hipótese $\mu \neq 454$ gramas é necessária juntamente com a única outra possibilidade, a saber, a hipótese $\mu = 454$ gramas. Como a segunda dessas hipóteses é uma hipótese simples, e sua rejeição (e a aceitação da outra hipótese) confirma a preocupação da gerência, seguimos as duas regras da página 301 escrevendo

$$H_0: \quad \mu = 454 \text{ gramas}$$
$$H_A: \quad \mu \neq 454 \text{ gramas}$$

(b) A expressão "inferior a" sugere que necessitamos da hipótese $\mu < 454$ gramas, mas para a outra hipótese há inúmeras possibilidades, incluindo $\mu \geq 454$ gramas, $\mu = 454$ gramas e, digamos $\mu = 456$ gramas. Duas dessas (e muitas outras) são hipóteses simples, mas como seria prejudicial para a padaria colocar bolachas demais nas caixas, uma escolha sensata seria

$$H_0: \quad \mu = 454 \text{ gramas}$$
$$H_A: \quad \mu < 454 \text{ gramas}$$

Note que a hipótese nula é uma hipótese simples, e que sua rejeição (e a aceitação da alternativa) confirma a suspeita da gerência.

É importante acrescentar que H_0 e H_A devem ser formuladas antes de passar a coletar qualquer dado, ou, pelo menos, antes de olhar os dados. Em particular, a escolha de uma alternativa unilateral ou de uma alternativa bilateral deveria ser sugerida pelos dados. No entanto, seguidamente acontece que nos deparamos com os dados antes de ter a oportunidade de contemplar as hipóteses, e nessas situações devemos tentar estimar os motivos (ou objetivos) sem utilizar os dados. Se existir qualquer dúvida sobre se a situação exige uma alternativa unilateral ou bilateral, a ação escrupulosa pede uma alternativa bilateral.

Assim como o primeiro passo dado à página 301, o segundo passo parece ser simples e direto, mas não é sem complicações.

2. Especificamos a probabilidade de um erro tipo I.

Quando H_0 é uma hipótese simples, isso sempre pode ser feito, e geralmente fixamos em $\alpha = 0,05$ ou $\alpha = 0,01$ a probabilidade de um erro tipo I, também denominada **nível de significância**. O teste de uma hipótese simples ao nível de significância de 0,05 (ou 0,01) significa simplesmente que estamos fixando em 0,05 (ou 0,01) a probabilidade de rejeitar H_0 quando ela é verdadeira.

A decisão de trabalhar com 0,05, 0,01 ou algum outro valor depende, em grande parte, das conseqüências de cometer um erro tipo I. Embora possa parecer aconselhável reduzir a probabilidade de um erro tipo I, não podemos fazê-lo demasiadamente pequeno, pois isso tenderia a aumentar grandemente as probabilidades de um erro tipo II sério, tornando muito difícil, talvez difícil demais, obter resultados significantes. Até um certo ponto, a escolha de 0,05 ou 0,01, e não, digamos, de 0,08 ou 0,03, é ditada pela disponibilidade de tabelas estatísticas. Contudo, com a crescente disponibilidade de computadores e de vários tipos de calculadoras estatísticas, essa restrição não é mais válida.

Existem situações nas quais não podemos, ou não queremos, especificar a probabilidade de um erro tipo I. Isso poderia acontecer quando não temos informação suficiente sobre as conseqüências de erros tipo I, ou quando uma pessoa processa os dados enquanto uma outra toma as decisões. À página 308 discutimos o que pode ser feito em tal caso.

Depois de especificar a hipótese nula, a hipótese alternativa e a probabilidade de um erro tipo I, o passo seguinte é

3. **Com base na distribuição amostral de uma estatística apropriada, construímos um critério para testar a hipótese nula contra a hipótese alternativa escolhida, ao nível de significância especificado.**

Observe que no exemplo de tempos de reação alternamos os passos 2 e 3. Primeiro especificamos o critério e depois calculamos a probabilidade de erro tipo I, mas isso não é o que se faz na prática real. Finalmente,

4. **Calculamos o valor da estatística na qual é baseada a decisão.**

e

5. **Decidimos se rejeitamos a hipótese nula, se a aceitamos, ou se reservamos julgamento.**

No exemplo dos tempos de reação rejeitamos a hipótese nula $\mu = 0{,}38$ segundos para valores de x^- menores do que ou iguais a 0,36 e também para valores de x^- maiores do que ou iguais a 0,40. Um tal critério é conhecido como **critério bilateral**, que aqui acompanha a hipótese alternativa bilateral $\mu \neq 0{,}38$ segundos. No exemplo das multas de trânsito rejeitamos a hipótese nula $\mu = 0{,}9$ multas para valores de x^- maiores do que ou iguais a 1,2 e dizemos que esse critério é um **critério unilateral**. Esse critério acompanhou a hipótese alternativa unilateral $\mu > 0{,}9$ multas.

Em geral, dizemos que um teste é um **teste bilateral** ou um **teste bicaudal** se o critério no qual foi baseado é bilateral, a saber, se a hipótese nula é rejeitada para valores da **estatística de teste** que caiam em uma das duas caudas de sua distribuição amostral. Correspondentemente, um teste é denominado um **teste unilateral** ou um **teste unicaudal** se o critério no qual foi baseado é unilateral, a saber, se a hipótese nula é rejeitada para valores da estatística de teste que caiam numa cauda especificada de sua distribuição amostral. Por "estatística de teste" queremos dizer a estatística (por exemplo, a média amostral) na qual foi baseado o teste. Embora haja exceções, os testes bicaudais geralmente são utilizados junto com hipóteses alternativas bilaterais, e os testes unicaudais geralmente são utilizados junto com hipóteses alternativas unilaterais.

Como parte do terceiro passo, devemos especificar se a alternativa a rejeitar a hipótese nula é aceitá-la ou reservar julgamento. Isso, como já dissemos, depende de termos de tomar uma decisão, de alguma forma ou de outra, ou da eventualidade de as circunstâncias permitirem um retardamento da decisão, na dependência de um estudo mais aprofundado. Nos exercícios e exemplos, a expressão "se há ou não" é algumas vezes usada para indicar que devemos chegar a uma decisão, em um ou outro sentido.

Em relação ao quinto passo, salientamos que, muitas vezes, aceitamos hipóteses nulas com a esperança tácita de não nos expormos a riscos excepcionalmente altos de cometer erros tipo II sérios. Naturalmente, se necessário, podemos calcular probabilidades suficientes de erros tipo II para obter um quadro geral da curva característica de operação do critério de teste.

Antes de considerarmos diversos testes especiais para médias no restante deste capítulo, é oportuno salientar que os conceitos introduzidos aqui não se restringem a testes relativos a médias populacionais; aplicam-se, igualmente, a testes sobre outros parâmetros ou a testes sobre a natureza, ou a forma, de populações.

EXERCÍCIOS

12.1 Um serviço de entregas está pensando em trocar suas vans por equipamento novo. Se μ_0 é a média do custo de manutenção semanal de uma das vans velhas e μ é o custo de manutenção semanal que pode ser esperado de uma van nova, o serviço quer testar a hipótese nula $\mu = \mu_0$ contra uma alternativa apropriada.
  (a) Qual hipótese alternativa deverá ser utilizada se o serviço só quer comprar as vans novas de puder ser mostrado que isso reduzirá a média do custo de manutenção semanal.
  (b) Qual hipótese alternativa deverá ser utilizada se o serviço está ansioso para comprar as vans novas (que têm acessórios legais), a menos que possa ser mostrado que com isso pode ser esperado um aumento na média do custo de manutenção semanal.

12.2 O gerente de um grande restaurante suspeita que um de seus garçons esteja cometendo mais erros do que todos seus outros garçons. Se μ_0 é a média diária do número de erros cometidos por todos os outros garçons e μ é a média diária do número de erros cometidos pelo garçom sob suspeita, o gerente do restaurante quer testar a hipótese nula $\mu = \mu_0$.
  (a) Se o gerente do restaurante decidiu que só demitirá o garçom se a suspeita for confirmada, qual é a hipótese alternativa que ele deveria usar?
  (b) Se o gerente do restaurante decidiu que demitirá o garçom a menos que ele realmente cometa uma média de erros menor do que a dos outros garçons, qual é a hipótese alternativa que ele deveria usar?

12.3 Refaça o Exemplo 12.2 supondo que a média da amostra do psicólogo seja $\bar{x} = 0,365$ segundos.

12.4 Um botânico pretende testar a hipótese nula de que o diâmetro médio das flores de uma determinada planta é de 8,5 cm. Ele decide tomar uma amostra aleatória e aceitar a hipótese nula se a média da amostra se situar entre 8,2 cm e 8,8 cm. Se a média amostral é menor do que ou igual a 8,2 cm ou então maior do que ou igual a 8,8 cm, ele rejeitará a hipótese nula; caso contrário, ele a aceitará. Qual decisão o botânico tomará e estará cometendo um erro se
  (a) $\mu = 8,5$ cm e ele obtiver $\bar{x} = 9,1$ cm;
  (b) $\mu = 8,5$ cm e ele obtiver $\bar{x} = 8,3$ cm;
  (c) $\mu = 8,7$ cm e ele obtiver $\bar{x} = 9,1$ cm;
  (d) $\mu = 8,7$ cm e ele obtiver $\bar{x} = 8,3$ cm?

12.5 Suponhamos que um serviço de testes psicológicos deva verificar se um administrador está apto emocionalmente para assumir a presidência de uma grande empresa. Que tipo de erro seria cometido se o serviço rejeitasse erroneamente a hipótese nula de que o administrador está apto para o posto? Que tipo de erro seria cometido se o serviço aceitasse erroneamente a hipótese nula de que o administrador está apto para o posto?

12.6 Suponha que queiramos testar a hipótese nula de que um dispositivo de antipoluição para carros é eficiente. Explique sob que condições poderíamos cometer um erro tipo I e sob que condições cometeríamos um erro tipo II.

12.7 O tipo de um erro, I ou II, depende da maneira como é formulada a hipótese nula. Para ilustrar isso, reformule a hipótese nula do Exercício 12.6 de tal modo que o erro tipo I se transforme num erro tipo II, e vice-versa.

12.8 Para uma dada população com $\sigma = 12$ unidades monetárias, queremos testar a hipótese nula $\mu = 75$ unidades monetárias com base numa amostra aleatória de tamanho $n = 100$. Se a hipótese nula é rejeitada quando $\bar{x}$ é maior do que ou igual a 76,50 unidades monetárias, e caso contrário é aceita, encontre

(a) a probabilidade de um erro tipo I;
(b) a probabilidade de um erro tipo II quando $\mu = 75,30$ unidades monetárias;
(c) a probabilidade de um erro tipo II quando $\mu = 77,22$ unidades monetárias.

12.9 Suponha que no exemplo do tempo de reação seja alterado o critério de tal modo que a hipótese nula $\mu = 0,38$ segundos é rejeitada se a média amostral é menor do que ou igual a 0,355 ou então maior do que ou igual a 0,405; caso contrário, a hipótese nula é aceita. O tamanho da amostra ainda é $n = 40$ e o desvio padrão populacional ainda é $\sigma = 0,08$.
(a) Como isso afeta a probabilidade de erro tipo I?
(b) Como isso afeta a probabilidade de erro tipo II se $\mu = 0,41$?

12.10 Com referência à curva característica de operação da Figura 12.3, verifique que as probabilidades de erro tipo II são
(a) 0,78 quando $\mu = 0,37$ segundos ou $\mu = 0,39$ segundos;
(b) 0,50 quando $\mu = 0,36$ segundos ou $\mu = 0,40$ segundos;
(c) 0,06 quando $\mu = 0,34$ segundos ou $\mu = 0,42$ segundos;

12.11 A média das idades dos três filhos do casal Sampaio é de 15,9 anos, enquanto que a idade média dos quatro filhos do casal Medeiros é de 12,8 anos. Faz algum sentido perguntar se a diferença entre essas duas médias é significante?

12.12 Num determinado experimento, uma hipótese nula é rejeitada ao nível 0,05 de significância. Significa isto que a probabilidade de a hipótese nula ser verdadeira é, no máximo, de 0,05?

12.13 Num estudo de percepção extra-sensorial, 280 pessoas foram solicitadas a prever o valor de cartas extraídas aleatoriamente de um baralho. Se duas delas conseguiram melhor resultado do que se poderia esperar ao nível 0,01 de significância, comente a conclusão de que essas duas pessoas devem ter poderes extra-sensoriais.

12.14 Durante o processo de fabricação de balanças postais de mola, obtiveram-se amostras a intervalos regulares de tempo para verificar, ao nível 0,05 de significância, se o processo de fabricação está sob controle. Há alguma causa de preocupação se, em 80 tais amostras, a hipótese nula de que o processo está sob controle é rejeitada
(a) três vezes;
(b) sete vezes?

12.15 Afirma-se que, em média, 2,6 trabalhadores faltam ao serviço numa linha de montagem. Se um técnico de eficácia é solicitado a testar essa afirmação, qual hipótese nula e qual hipótese alternativa ele deve usar?

12.16 Com referência ao Exercício 12.15, o técnico de eficiência iria usar um teste unicaudal ou um teste bicaudal se ele fosse basear sua decisão na média de uma amostra aleatória?

12.17 O fabricante de um medicamento para pressão alega que, em média, o remédio contribuirá para reduzir a pressão do paciente em mais de 20 milímetros. Se uma equipe médica suspeitar dessa alegação e resolver pô-la à prova, qual hipótese nula e qual hipótese alternativa deveria ser usada?

12.18 Com referência ao Exercício 12.17, se a equipe médica quer basear sua decisão na média de uma amostra aleatória, deveria usar um teste unicaudal ou um teste bicaudal?

12.19 Suponha que um fabricante inescrupuloso queira "provas científicas" de que um aditivo químico totalmente inútil melhore a quilometragem por litro de gasolina.

(a) Se um grupo de pesquisa faz uma experiência para investigar o aditivo ao nível 0,05 de significância, qual é a probabilidade de que o grupo obtenha "resultados significantes" (que o fabricante pode usar para promover o aditivo embora seja totalmente ineficaz)?

(b) Se dois grupos independentes de pesquisa investigam o aditivo, ambos usando o nível 0,05 de significância, qual é a probabilidade de que pelo menos um dos grupos obtenha "resultados significantes", mesmo que o aditivo seja totalmente ineficaz?

(c) Se 32 grupos independentes de pesquisa investigam o aditivo, todos usando o nível 0,05 de significância, qual é a probabilidade de que pelo menos um dos grupos obtenha "resultados significantes", mesmo que o aditivo seja totalmente ineficaz?

12.20 Suponha que um fabricante de produtos farmacêuticos queira encontrar um novo tipo de pomada para reduzir inchaços. Ele tenta 20 medicamentos diferentes e testa cada um quanto a redução de inchaço ao nível 0,10 de significância.

(a) Qual é a probabilidade de que pelo menos uma delas "prove ser eficaz", mesmo se todas elas forem totalmente inúteis?

(b) Qual é a probabilidade de que mais de uma "prove ser eficaz", mesmo se todas elas forem totalmente inúteis?

12.3 TESTES RELATIVOS A MÉDIAS

Depois de usar os testes relativos a médias para ilustrar os princípios básicos de teste de hipótese, vamos agora mostrar como proceder na prática. Na verdade, vamos afastar-nos um pouco do procedimento utilizado nas Seções 12.1 e 12.2. No exemplo dos tempos de reação, bem como no das multas de tráfego, formulamos o critério de teste em termos de $\bar{x}$ — no primeiro caso rejeitando a hipótese nula para $\bar{x} \leq 0,36$ ou $\bar{x} \geq 0,40$ e, no segundo caso, rejeitando a hipótese nula para $\bar{x} \geq 1,2$. Agora, vamos basear nosso critério de teste na estatística

ESTATÍSTICA PARA O TESTE RELATIVO A MÉDIAS

$$z = \frac{\bar{x} - \mu_0}{\sigma/\sqrt{n}}$$

onde μ_0 é o valor da média que ocorre sob a hipótese nula. A razão para trabalhar com unidades padronizadas, ou valores z, é que essas nos permitem formular critérios que se aplicam a uma grande variedade de problemas, e não a apenas um.

O teste desta seção é essencialmente um **teste de grandes amostras**, ou seja, exigimos que as amostras sejam suficientemente grandes, $n \geq 30$, a fim de que a distribuição amostral da média possa ser bem aproximada por uma distribuição normal e que z seja um valor de uma variável aleatória que tenha, aproximadamente, uma distribuição normal padrão. (Nos casos especiais em que extraímos amostras de uma população normal, z é um valor de uma variável aleatória com a distribuição normal padrão, independentemente do tamanho de n.) Alternativamente, nos referimos a esse teste como um **teste z** ou então um **teste z de uma amostra**, para distingui-lo do teste que discutiremos na Seção 12.5. Às vezes nos referimos ao teste z como um teste relativo à média com σ conhecido, para enfatizar essa sua característica essencial.

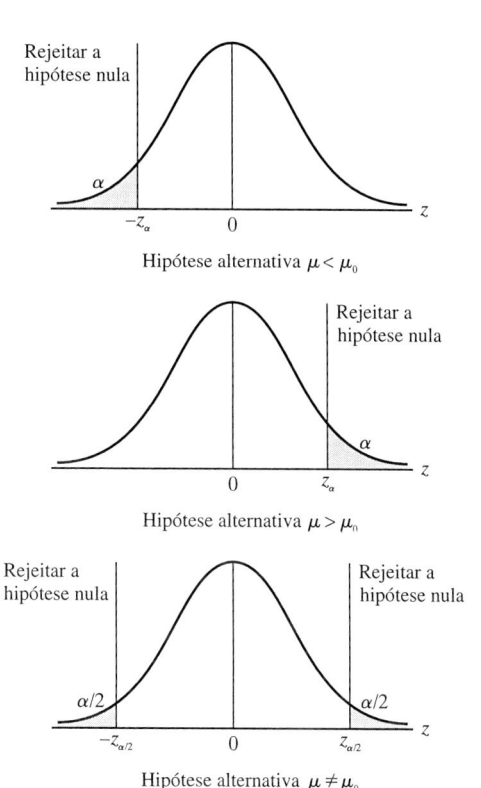

Figura 12.4
Critérios de teste do teste z para a média populacional.

[Três gráficos de distribuição normal mostrando:
- Hipótese alternativa $\mu < \mu_0$: região de rejeição à esquerda de $-z_\alpha$, com área α
- Hipótese alternativa $\mu > \mu_0$: região de rejeição à direita de z_α, com área α
- Hipótese alternativa $\mu \neq \mu_0$: regiões de rejeição em ambas as caudas, à esquerda de $-z_{\alpha/2}$ e à direita de $z_{\alpha/2}$, cada uma com área $\alpha/2$]

Assim, usando valores z (unidades padronizadas), podemos visualizar testes da hipótese nula $\mu = \mu_0$ com os critérios de teste mostrados na Figura 12.4. Dependendo da hipótese alternativa, as linhas divisórias de um critério de testes, ou seus **valores críticos**, são $-z_\alpha$ ou z_α para as alternativas unilaterais, e $-z_{\alpha/2}$ ou $z_{\alpha/2}$ para as alternativas bilaterais. Como anteriormente, z_α e $z_{\alpha/2}$ são tais que a área à sua direita, sob a distribuição normal padrão são α e $\alpha/2$. Simbolicamente, podemos formular esses critérios de testes como na tabela a seguir:

Hipótese alternativa	Rejeitar a hipótese nula se	Aceitar a hipótese nula ou reservar julgamento se
$\mu < \mu_0$	$z \leq -z_\alpha$	$z > -z_\alpha$
$\mu > \mu_0$	$z \geq z_\alpha$	$z < z_\alpha$
$\mu \neq \mu_0$	$z \leq -z_{\alpha/2}$ ou $z \geq z_{\alpha/2}$	$-z_{\alpha/2} < z < z_{\alpha/2}$

Se o nível de significância é 0,05, as linhas divisórias do teste são $-1,645$ ou $1,645$ para as alternativas unilaterais e $-1,96$ e $1,96$ para as alternativas bilaterais; se o nível de significância é 0,01, as linhas divisórias do teste são $-2,33$ ou $2,33$ para as alternativas unilaterais e $-2,575$ e $2,575$ para as alternativas bilaterais. Todos esses valores são obtidos diretamente da Tabela I.

EXEMPLO 12.4 Uma oceanógrafa, com base numa amostra aleatória de tamanho $n = 35$ e ao nível 0,05 de significância, quer testar se a profundidade média do oceano numa determinada área é de 72,4 metros, conforme registrado. O que ela decidirá se obtiver $\bar{x} = 73,2$ metros e se puder supor, usando informações de estudos anteriores análogos, que $\sigma = 2,1$ metros?

Solução
1. $H_0 \quad \mu = 72,4$ metros
   $H_A \quad \mu \neq 72,4$ metros

2. $\alpha = 0,05$

3. Rejeitar a hipótese nula se $z \leq -1,96$ ou $z \geq 1,96$, onde

$$z = \frac{\bar{x} - \mu_0}{\sigma/\sqrt{n}}$$

e, caso contrário, aceitar a hipótese nula (ou reservar o julgamento).

4. Substituindo $\mu_0 = 72,4$, $\sigma = 2,1$, $n = 35$ e $\bar{x} = 73,2$ na fórmula de z, ela obtém

$$z = \frac{73,2 - 72,4}{2,1/\sqrt{35}} \approx 2,25$$

5. Como $z = 2,25$ excede 1,96, a hipótese nula deve ser rejeitada; dito de outra maneira, a diferença entre $\bar{x} = 73,2$ e $\mu = 72,4$ é significante.

Se a oceanógrafa tivesse usado o nível 0,01 de significância nesse exemplo, ela não teria podido rejeitar a hipótese nula, porque $z = 2,25$ está entre $-2,575$ e $2,575$. Isso evidencia a importância da especificação do nível de significância antes de se fazer qualquer cálculo, evitando, assim, a tentação de escolher posteriormente um nível de significância que justamente convém aos nossos propósitos.

Em problemas como esse, muitas vezes acompanhamos o valor calculado da estatística de teste com o correspondente **valor p**, ou probabilidade da cauda, a saber, a probabilidade de obter uma diferença entre $\bar{x}$ e μ_0 que é numericamente maior do que ou igual à diferença efetivamente observada. Assim, no Exemplo 12.4 o valor p é dado pela área total sob a curva normal padrão à esquerda de $z = -2,25$ e à direita de $z = 2,25$, que a Tabela I dá como sendo igual a $2(0,5000 - 0,4878) = 0,0244$. Essa prática certamente não é nova, mas vem sendo cada vez mais defendida em anos recentes em razão da disponibilidade geral de computadores. Para muitas distribuições, os computadores podem dar os valores p que não se encontram diretamente nas tabelas.

A indicação dos valores p é o método citado na página 303 para problemas em que não podemos, ou não queremos, especificar o nível de significância. Isso se aplica, por exemplo, a problemas em que estudamos um conjunto de dados sem precisar chegar a alguma decisão, ou quando processamos um conjunto de dados para que uma outra pessoa tome uma decisão. Os valores p são dados por praticamente todos os aplicativos estatísticos e também por calculadoras gráficas, tornando desnecessário comparar os resultados com valores tabelados e tornando possível utilizar níveis de significância para os quais não existam valores p tabulados. É claro que, se for necessário tomar uma decisão, continuamos tendo a responsabilidade de especificar o nível de significância antes de coletarmos (ou até olharmos) os dados.

Em geral, podemos definir os valores p como segue:

> **Para um determinado valor de uma estatística de teste, o valor p é o mais baixo nível de significância no qual a hipótese nula poderia ter sido rejeitada.**

No Exemplo 12.4, o valor p foi 0,0244, e poderíamos ter rejeitado a hipótese nula ao nível 0,0244 de significância. É claro que poderíamos ter rejeitado a hipótese nula em qualquer nível de significância maior do que aquele, como o fizemos para $\alpha = 0{,}05$.

Se quisermos fundamentar os testes de significância em valores p, em vez de nos valores críticos obtidos de tabelas, os passos 1 e 2 permanecem inalterados, mas os passos 3, 4 e 5 devem ser modificados como segue:

3'. Especificamos a estatística de teste.

4'. Calculamos o valor da estatística de teste especificada e o valor p correspondente com base nos dados da amostra.

5'. Comparamos o valor p obtido no passo 4' com o nível de significância especificado no passo 2. Se o valor p é menor do que ou igual ao nível de significância, a hipótese nula deve ser rejeitada; caso contrário, aceitamos a hipótese nula ou reservamos o julgamento.

EXEMPLO 12.5 Refaça o Exemplo 12.4 baseando o resultado no valor p em vez de usar a abordagem de valor crítico.

Solução Os passos 1 e 2 permanecem os mesmos como no Exemplo 12.4, mas os passos 3, 4 e 5 são substituídos pelos seguintes:

3'. A estatística de teste é
$$z = \frac{\overline{x} - \mu_0}{\sigma/\sqrt{n}}$$

4'. Substituindo $\mu_0 = 72{,}4$, $\sigma = 2{,}1$, $n = 35$ e $\overline{x} = 73{,}2$ na fórmula para z, obtemos
$$z = \frac{73{,}2 - 72{,}4}{2{,}1/\sqrt{35}} \approx 2{,}25$$

e na Tabela I encontramos que o valor p, que é a área sob a curva à esquerda de –2,25 e à direita de 2,25, é $2(0{,}5000 - 0{,}4878) = 0{,}0244$.

5'. Como 0,0244 é menor do que $\alpha = 0{,}05$, a hipótese nula deve ser rejeitada.

Como já indicamos anteriormente, a abordagem do valor p pode ser usada com vantagem quando estudamos dados sem precisar chegar a alguma decisão. Para ilustrar, considere os apuros em que se colocaria um cientista social para explorar as relações entre o nível econômico familiar e o desempenho escolar. Ele poderia testar centenas de hipóteses envolvendo dúzias de variáveis. O trabalho é muito complicado, e não há conseqüências imediatas de política a ser adotada. Nessa situação, o cientista social pode tabelar os testes de hipótese de acordo com seus valores p. Aqueles testes que levam aos valores mais baixos de p são os mais estimulantes e certamente serão objeto de discussão futura. O cientista social não precisa, na verdade, aceitar ou rejeitar as hipóteses, e a utilização dos valores p fornece uma alternativa conveniente.

12.4 TESTES RELATIVOS A MÉDIAS (σ DESCONHECIDO)

Quando não conhecemos o valor do desvio-padrão populacional, procedemos como na Seção 11.2 e baseamos os testes relativos a médias numa estatística t apropriada. Para esse teste, devemos ser capazes de justificar a suposição de que a população da qual provém a amostra tem a forma aproximada de uma distribuição normal. Podemos, então, basear o teste da hipótese nula $\mu = \mu_0$ na estatística

ESTATÍSTICA PARA TESTE RELATIVO À MÉDIA (σ DESCONHECIDO)

$$t = \frac{\bar{x} - \mu_0}{s/\sqrt{n}}$$

que é um valor de uma variável aleatória que tem a distribuição t (ver página 275) com $n-1$ graus de liberdade. Caso contrário, poderemos ter de usar um dos testes alternativos descritos no Capítulo 18.

Os testes baseados na estatística t são denominados **testes t** e para distinguir o teste relativo a uma média do teste dado na Seção 12.6, dizemos que o primeiro é um **teste t de uma amostra**. (Como a maioria das tabelas de valores críticos para o teste t de uma amostra são limitadas a valores pequenos de graus de liberdade e pequenos valores de $n-1$, o teste t de uma amostra também é conhecido como um **teste relativo a médias para pequenas amostras**. É claro que com o fácil acesso a computadores e outros recursos tecnológicos, essa distinção carece de sentido.)

Os critérios para o teste t de uma amostra são muito parecidos com aqueles mostrados na Figura 12.4 e na tabela à página 307. Agora, entretanto, as curvas representam distribuições t em vez de distribuições normais, e z, z_α e $z_{\alpha/2}$ são substituídos por t, t_α e $t_{\alpha/2}$. Conforme definido à página 272, t_α e $t_{\alpha/2}$ são valores para os quais a área à sua direita sob a curva da distribuição t são α e $\alpha/2$. Para valores de graus de liberdade relativamente pequenos e α igual a 0,10; 0,05 e 0,01, os valores críticos podem ser obtidos da Tabela II; para valores mais altos de graus de liberdade e outros valores de α precisamos de aplicativos computacionais adequados, uma calculadora gráfica ou uma calculadora estatística especial.

EXEMPLO 12.6 A safra de alfafa de uma amostra aleatória de seis lotes de teste é dada por 1,4; 1,6; 0,9; 1,9; 2,2; e 1,2 tonelada por acre.
(a) Confira se esses dados podem ser considerados como uma amostra de uma população normal.
(b) Se isso ocorrer, teste ao nível 0,05 de significância, se isso corrobora a alegação de que a safra média para esse tipo de alfafa é de 1,5 tonelada por acre.

Solução (a) O gráfico de probabilidade normal na Figura 12.5 não acusa desvio considerável da linearidade, portanto esses dados podem ser considerados como uma amostra de uma população normal.

(b)
1. H_0 $\mu = 1,5$

   H_A $\mu \neq 1,5$

2. $\alpha = 0,05$

3. Rejeitar a hipótese nula se $t \leq -2,571$ ou $t \geq 2,571$, onde

$$t = \frac{\bar{x} - \mu_0}{s/\sqrt{n}}$$

e 2,571 é o valor de $t_{0,025}$ para $6-1 = 5$ graus de liberdade; caso contrário, afirme que os dados apóiam a alegação.

Figura 12.5
Gráfico de probabilidade normal para o Exemplo 12.6 reproduzido da janela de uma calculadora gráfica TI-83.

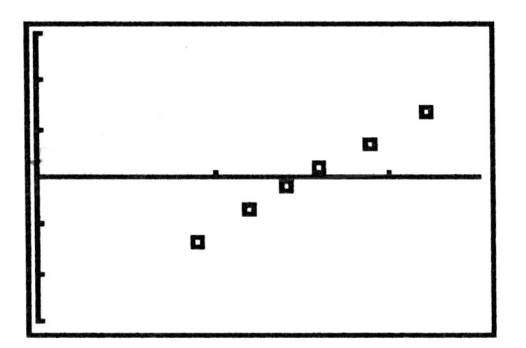

4. Calculando inicialmente a média e o desvio-padrão dos dados, obtemos $\bar{x} = 1{,}533$ e $s = 0{,}472$. Então, substituindo esses valores, junto com $n = 6$ e $\mu_0 = 1{,}5$ na fórmula de t, obtemos

$$t = \frac{1{,}533 - 1{,}5}{0{,}472/\sqrt{6}} \approx 0{,}171$$

5. Como $t = 0{,}171$ cai entre $-2{,}571$ e $2{,}571$, não podemos rejeitar a hipótese nula; em outras palavras, os dados tendem a apoiar a alegação de que a safra média para esse tipo de alfafa é de 1,5 tonelada por acre.

A Figura 12.6 mostra a solução do Exemplo 12.6 obtida usando uma calculadora gráfica. Exceto pelo arredondamento, essa solução confirma os valores que obtivemos para $\bar{x}$, s e t e ela mostra que o valor p é 0,869, arredondado até a terceira casa decimal. Como 0,869 excede 0,05 concluímos, como anteriormente, que a hipótese nula não pode ser rejeitada.

Figura 12.6
Solução do Exemplo 12.6 reproduzido da janela de uma calculadora gráfica TI-83.

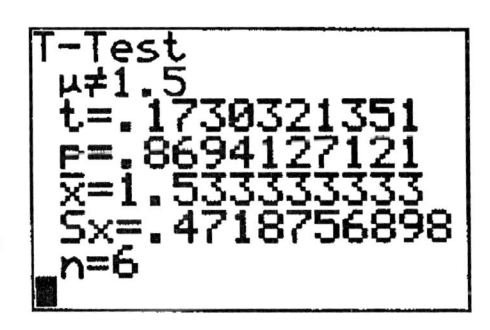

EXERCÍCIOS

12.21 Uma estudante de Direito quer conferir a alegação de sua professora de que fraudadores condenados passam uma média de 12,3 meses na cadeia. Assim, ela decide testar a hipótese nula $\mu = 12{,}3$ contra a hipótese alternativa $\mu \neq 12{,}3$ ao nível 0,05 de significância, usando uma amostra aleatória de $n = 35$ casos dos arquivos judiciários. O que ela concluirá se obtiver $\bar{x} = 11{,}5$ meses e usar o teste de significância de 5 passos descrito nas páginas 301 a 303, sabendo que $\sigma = 3{,}8$ meses?

12.22 Refaça o Exercício 12.21 baseando a decisão no valor p em vez da média amostral.

12.23 Num estudo de novas fontes de alimento, foi relatado que um quilograma de certo tipo de peixe fornece, em média, 352 gramas de CPP (concentrado peixe-proteína) usado para enriquecer vários produtos alimentícios, com um desvio-padrão de $\sigma = 7$ gramas. Para conferir se $\mu = 352$ gramas está correto, um nutricionista decide usar a hipótese alternativa $\mu \neq 352$ gramas, uma amostra aleatória de tamanho $n = 32$, e o nível 0,05 de significância. O que ele concluirá se obtiver uma média amostral de 355 gramas de CPP por quilo daquele peixe?

12.24 Refaça o Exercício 12.23 baseando a decisão no valor p em vez da estatística z.

12.25 De acordo com as normas estabelecidas para um teste de compreensão de leitura, os alunos da oitava série deveriam apresentar uma média de 83,2, com desvio-padrão $\sigma = 8,6$. Um inspetor municipal acha que os alunos da oitava série desse município estão acima da média na compreensão de leitura, mas não dispõe de provas. Portanto, ele decide testar a hipótese nula $\mu = 83,2$ contra uma hipótese alternativa ao nível 0,01 de significância, usando o formato de 5 passos descrito nas páginas 301 a 303 e uma amostra aleatória de 45 alunos desse município. O que ele pode concluir se $\bar{x} = 86,7$?

12.26 Se pretendemos testar a hipótese nula $\mu = \mu_0$ de tal modo que a probabilidade de um erro tipo I seja α e a probabilidade de um erro tipo II seja β para o valor alternativo especificado $\mu = \mu_A$, devemos extrair uma amostra aleatória de tamanho n, onde

$$n = \frac{\sigma^2(z_\alpha + z_\beta)^2}{(\mu_A - \mu_0)^2}$$

se a hipótese alternativa é unilateral e

$$n = \frac{\sigma^2(z_\alpha + z_\beta)^2}{(\mu_A - \mu_0)^2}$$

se a hipótese alternativa é bilateral.

Suponha que queiramos testar a hipótese nula $\mu = 540$ mm contra a hipótese alternativa $\mu < 540$ mm para uma população cujo desvio-padrão é $\sigma = 88$ mm. Quão grande precisa ser uma amostra se a probabilidade de um erro tipo I deve ser 0,05 e a probabilidade de um erro tipo II deve ser 0,01, quando $\mu = 520$ mm? Determine também para quais valores de $\bar{x}$ a hipótese nula será rejeitada.

12.27 Uma amostra aleatória de $n = 12$ formados de um curso de datilografia datilografaram uma média de $\bar{x} = 78,2$ palavras por minuto com desvio-padrão de $s = 7,9$ palavras por minuto. Supondo que esses dados possam ser considerados uma amostra aleatória de uma população normal, use o teste t de uma amostra para testar a hipótese nula $\mu = 80$ palavras por minuto contra a hipótese alternativa $\mu < 80$ palavras por minuto para os formados desse curso de datilografia. Use o nível 0,05 de significância.

12.28 Uma máquina de café expresso, testada $n = 9$ vezes, forneceu uma média de 62 ml de líquido com um desvio-padrão de 1,5 ml. Supondo que esses dados possam ser considerados uma amostra aleatória de uma população normal, teste a hipótese nula $\mu = 60$ ml contra a hipótese alternativa $\mu > 60$ ml ao nível 0,01 de significância.

12.29 Extrai-se uma amostra aleatória de cinco potes de sorvete de um grande lote de produção. Se seu conteúdo médio de gordura é 13,1%, com desvio-padrão de 0,51%, podemos rejeitar a hipótese nula de que o conteúdo médio de gordura de todo o lote é 12,5% contra a alternativa de que é maior do que 12,5%, ao nível 0,01 de significância?

12.30 Um grupo grande de pessoas de terceira idade se inscreveu num programa para adultos de uma universidade. Para conferir rapidamente se houve um aumento na média de idade do ano passado, que foi de 65,4 anos, o diretor do programa extrai uma amostra aleatória de 15 dos inscritos, obtendo 68, 62, 70, 64, 61, 58, 65, 86, 88, 62, 60, 71, 60, 84 e 61 anos. Usando esses dados, ele quer usar o teste t de uma amostra para testar a hipótese nula $\mu = 65,4$ contra a hipótese alternativa $\mu > 65,4$

(a) Usando aplicativos computacionais apropriados ou uma calculadora gráfica, verifique se ele pode considerar esses dados como uma amostra de uma população normal.

(b) Se isso ocorrer, execute um teste t de uma amostra ao nível 0,05 de significância.

12.31 Uma amostra aleatória extraída dos registros extensos de uma agência de viagens mostrou que sua cota de cabines em cruzeiros pelo Canal do Panamá, da Flórida ao México, foi reservada em 16, 16, 14, 17, 16, 19, 18, 16, 17, 14, 15, 12, 16, 18, 11 e 9 dias. Supondo que a população amostrada é uma população normal, teste a hipótese nula $\mu = 14$ contra a hipótese alternativa $\mu > 14$ ao nível 0,05 de significância.

12.32 Um novo tranqüilizante administrado a $n = 16$ pacientes reduziu a média da taxa de batimentos cardíacos em 4,36 batimentos por minuto com um desvio-padrão de 0,36 batimentos por minuto. Supondo que esses dados possam ser considerados uma amostra aleatória de uma população normal, use o nível 0,10 de significância para testar a alegação da companhia farmacêutica de que seu novo tranqüilizante reduz a taxa de batimentos cardíacos em 4,50 batimentos por minuto.

12.33 Um professor quer determinar se a velocidade média de leitura de certos estudantes é de pelo menos 600 palavras por minuto. Ele tomou uma amostra aleatória de seis desses estudantes, que leram, respectivamente, 604, 615, 620, 603, 600 e 560 palavras por minuto.
(a) Antes de aplicar um teste t de uma amostra construa um gráfico de probabilidade normal.
(b) Se o gráfico de probabilidade normal não dá indicação de a população amostrada não seja normal, use o teste t de uma amostra para testar a hipótese nula $\mu = 600$ contra a hipótese alternativa $\mu < 600$ ao nível 0,05 de significância.

12.34 Cinco cães São Bernardo pesam 64, 66, 65, 63 e 62 quilogramas. Mostre que a média dessa amostra difere significativamente de $\mu = 60$ quilogramas, que é a média da população amostrada, ao nível 0,05 de significância.

12.35 Suponha que, no Exercício 12.34, o terceiro número foi gravado erroneamente como sendo 80 quilogramas em vez de 65. Mostre que, agora, não é mais significante a diferença entre a média dessa amostra e $\mu = 60$ quilogramas. Explique o paradoxo aparente de que, mesmo tendo aumentado a diferença entre $\bar{x}$ e μ, ela não é mais significante.

12.5 DIFERENÇAS ENTRE MÉDIAS

Há muitos problemas em que devemos decidir se uma diferença observada entre duas médias amostrais pode ser atribuída ao acaso, ou se é uma indicação do fato de que as duas amostras provêm de populações com médias distintas. Por exemplo, pode interessar-nos saber se há realmente diferença no consumo médio de combustível de duas marcas de automóveis, se os dados amostrais indicam que um deles faz uma média de 10,4 quilômetros por litro enquanto que o outro, nas mesmas condições, faz uma média de 10,9 quilômetros por litro. Da mesma forma, podemos querer decidir com base em dados amostrais se os homens podem executar certa tarefa mais rapidamente do que as mulheres, se um tipo de isolante de cerâmica é mais frágil do que outro, se a dieta alimentar média num país é mais nutritiva do que num outro país, e assim por diante.

O método que vamos utilizar para testar se uma diferença observada entre duas médias amostrais pode ser atribuída ao acaso, ou se é estatisticamente significante, se baseia na teoria seguinte: Se $\bar{x}_1$ e $\bar{x}_2$ são as médias de duas amostras aleatórias independentes, então a média e o desvio-padrão da distribuição amostral da estatística $\bar{x}_1 - \bar{x}_2$ são

$$\mu_{\bar{x}_1 - \bar{x}_2} = \mu_1 - \mu_2 \quad \text{e} \quad \sigma_{\bar{x}_1 - \bar{x}_2} = \sqrt{\frac{\sigma_1^2}{n_1} + \frac{\sigma_2^2}{n_2}}$$

onde μ_1, μ_2, σ_1 e σ_2 são as médias e os desvios-padrão das duas populações amostradas. É costume denominar o desvio-padrão dessa distribuição amostral de **erro padrão da diferença entre duas médias**.

A expressão amostras "independentes" significa que a escolha de uma amostra não é de modo algum afetada pela escolha da outra. Assim, a teoria não se aplica a comparações do tipo "antes e depois" nem tampouco, digamos, ao caso de querermos comparar o consumo diário de calorias de maridos e mulheres. Na Seção 12.7, explicamos um método para comparar médias de amostras dependentes.

Então, se nos limitamos a grandes amostras, $n_1 \geq 30$ e $n_2 \geq 30$, podemos basear os testes da hipótese nula $\mu_1 - \mu_2 = \delta$ (*delta*, letra grega minúscula para *d*) na estatística

ESTATÍSTICA PARA TESTE RELATIVO À DIFERENÇA ENTRE DUAS MÉDIAS

$$z = \frac{\overline{x}_1 - \overline{x}_2 - \delta}{\sqrt{\frac{\sigma_1^2}{n_1} + \frac{\sigma_2^2}{n_2}}}$$

que é um valor de uma variável aleatória com distribuição aproximadamente normal padrão. Note que obtivemos essa fórmula para *z* fazendo a transformação para unidades padronizadas, ou seja, subtraindo de $\overline{x}_1$ e $\overline{x}_2$ a média de sua distribuição amostral que, sob a hipótese nula, é $\mu_1 - \mu_2 = \delta$, e então dividindo pelo desvio-padrão de sua distribuição amostral.

Dependendo se a hipótese alternativa é $\mu_1 - \mu_2 < \delta$, $\mu_1 - \mu_2 > \delta$ ou $\mu_1 - \mu_2 \neq \delta$, os critérios que usamos para os testes correspondentes são mostrados na Figura 127.

Note que esses critérios são semelhantes aos apresentados na Figura 12.4, com $\mu_1 - \mu_2$ substituído por μ e δ substituído por μ_0. Analogamente à tabela da página 307, os critérios para testar a hipótese nula $\mu_1 - \mu_2 = \delta$ são os seguintes:

Hipótese alternativa	Rejeitar a hipótese nula se	Aceitar a hipótese nula ou reservar julgamento se
$\mu_1 - \mu_2 < \delta$	$z \leq -z_\alpha$	$z > -z_\alpha$
$\mu_1 - \mu_2 > \delta$	$z \geq z_\alpha$	$z < z_\alpha$
$\mu_1 - \mu_2 \neq \delta$	$z \leq -z_{\alpha/2}$ ou $z \geq z_{\alpha/2}$	$-z_{\alpha/2} < z < z_{\alpha/2}$

Embora δ possa ser qualquer constante, vale notar que, na grande maioria dos problemas, seu valor é zero, e testamos a hipótese nula de "sem diferença", a saber, a hipótese nula $\mu_1 - \mu_2 = 0$ (ou, simplesmente, $\mu_1 = \mu_2$).

O teste que descrevemos aqui, denominado **teste z de duas amostras**, é essencialmente um teste para grandes amostras. Ele é exato somente quando ambas as populações amostradas são populações normais. Às vezes nos referimos a esse teste como um **teste relativo à diferença entre médias com σ_1 e σ_2 conhecidos**, para enfatizar essa característica essencial.

EXEMPLO 12.7 Num estudo para testar se há ou não diferença entre as alturas médias de mulheres adultas em dois países diferentes, amostras aleatórias de tamanhos $n_1 = 120$ e $n_1 = 150$ deram $\overline{x}_1 = 62,7$ cm e $\overline{x}_2 = 61,8$ cm. Estudos intensos desse tipo mostraram que é razoável tomar $\sigma_1 = 2,50$ cm e $\sigma_2 = 2,62$ cm. Teste ao nível 0,05 de significância se a diferença entre essas duas amostras é significante.

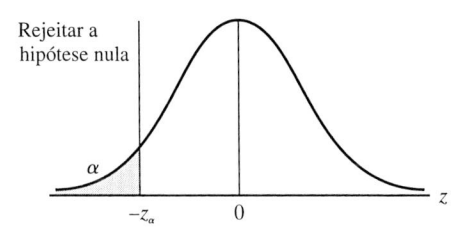

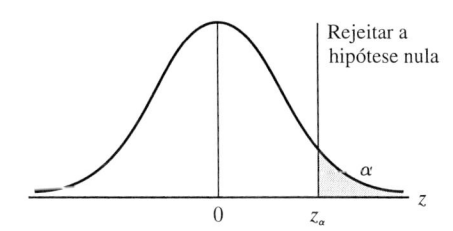

Figura 12.7
Critérios de teste do teste z de duas amostras.

Hipótese alternativa
$\mu_1 - \mu_2 < \delta$

Hipótese alternativa
$\mu_1 - \mu_2 > \delta$

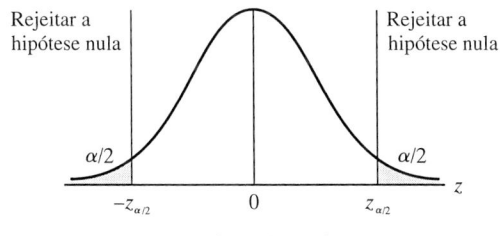

Hipótese alternativa
$\mu_1 - \mu_2 \neq \delta$

Solução 1. Em vista da formulação "se há ou não" do problema, usamos

$$H_0: \mu_1 = \mu_2 \text{(a saber, } \delta = 0\text{)}$$
$$H_A: \mu_1 \neq \mu_2$$

2. $\alpha = 0{,}05$

3. Rejeitar a hipótese nula se $z \leq -1{,}96$ ou $z \geq 1{,}96$, onde

$$z = \frac{\bar{x}_1 - \bar{x}_2 - \delta}{\sqrt{\frac{\sigma_1^2}{n_1} + \frac{\sigma_2^2}{n_2}}}$$

com $\delta = 0$; caso contrário, aceitar a hipótese nula ou reservar julgamento.

4. Substituindo $n_1 = 120$, $n_2 = 150$, $\bar{x}_1 = 62{,}7$, $\bar{x}_2 = 61{,}8$, $\sigma_1 = 2{,}50$, $\sigma_2 = 2{,}62$ e $\delta = 0$ na fórmula de z, obtemos

$$z = \frac{62{,}7 - 61{,}8}{\sqrt{\frac{(2{,}50)^2}{120} + \frac{(2{,}62)^2}{150}}} \approx 2{,}88$$

5. Como $z = 2,88$ excede $1,96$, a hipótese nula deve ser rejeitada; em outras palavras, a diferença entre $\bar{x}_1 = 62,7$ e $\bar{x}_2 = 61,8$ é estatisticamente significante. (Se também é de algum significado prático, digamos, para um fabricante de roupas femininas, é um outro assunto.) ■

Se a pessoa que fez essa análise não tivesse sido solicitada a tomar uma decisão, ela simplesmente teria informado que o valor p correspondente ao valor da estatística de teste é $2(0,5000 − 0,4980) = 0,0040$.

Acrescentemos a isso que há uma certa estranheza no fato de compararmos médias quando os desvios-padrão populacionais são diferentes. Considere, por exemplo, duas populações normais com as médias $\mu_1 = 50$ e $\mu_2 = 52$ e os desvios-padrão $\sigma_1 = 5$ e $\sigma_2 = 15$. Embora a segunda população tenha uma média maior, é muito mais provável que ela apresente um valor abaixo de 40, como pode ser verificado facilmente. Defrontado com situações como essa, o pesquisador deveria decidir se a comparação de μ_1 e μ_2 realmente trata de algo com alguma relevância.

12.6 DIFERENÇAS ENTRE MÉDIAS (σ DESCONHECIDO)

Quando os desvios-padrão populacionais são desconhecidos, procedemos como nas Seções 11.2 e 12.4 e baseamos os testes relativos às diferenças entre duas médias numa estatística t apropriada. Para esse teste, devemos ser capazes de justificar a suposição de que as populações que estamos amostrando têm a forma aproximada de distribuições normais. Podemos, então, basear o teste das hipóteses nulas $\mu_1 − \mu_2 = \delta$ e $\mu_1 = \mu_2$, em particular, na estatística

ESTATÍSTICA PARA TESTE RELATIVO À DIFERENÇA ENTRE MÉDIAS (σ DESCONHECIDO)

$$t = \frac{\bar{x}_1 - \bar{x}_2 - \delta}{s_p\sqrt{\frac{1}{n_1} + \frac{1}{n_2}}} \quad \text{onde} \quad s_p = \sqrt{\frac{(n_1 - 1)s_1^2 + (n_2 - 1)s_2^2}{n_1 + n_2 - 2}}$$

que é um valor de uma variável aleatória de distribuição t com $(n_1 − 1) + (n_2 − 1) = n_1 + n_2 − 2$ graus de liberdade. Caso contrário, pode ser que precisemos usar um dos testes alternativos descritos no Capítulo 18.

Um teste baseado nessa nova estatística t é denominado **teste t de duas amostras**. (Como a maioria das tabelas de valores críticos para o teste t de duas amostras é limitada a valores pequenos de graus de liberdade e pequenos valores de $n_1 + n_2 − 2$, o teste t de duas amostras também é conhecido como um **teste relativo à diferença entre médias para pequenas amostras**. Como no caso do teste t de uma amostra, com o fácil acesso a computadores e outros recursos tecnológicos, essa distinção carece de sentido.)

Os critérios para o teste t de duas amostras são muito parecidos com aqueles mostrados na Figura 12.7 e na tabela da página 314; é claro que agora as curvas representam distribuições t em vez de distribuições normais, e z, z_α e $z_{\alpha/2}$ são substituídos por t, t_α e $t_{\alpha/2}$.

Como pode ser visto na própria definição, o cálculo da estatística para o teste t de duas amostras consiste em dois passos. Primeiro calculamos o valor de s_p, denominado **desvio-padrão combinado**, que é uma estimativa de $\sigma_1 = \sigma_2$, o desvio-padrão das duas populações, que por hipótese é o mesmo. Depois substituímos esse valor, junto com os dois valores de $\bar{x}$ e de n na fórmula para t. O exemplo a seguir ilustra esse procedimento.

EXEMPLO 12.8 As amostras aleatórias seguintes são medições da capacidade de gerar calor (em milhões de calorias por tonelada) do carvão de duas minas:

Mina 1: 8.380   8.180   8.500   7.840   7.990
Mina 2: 7.660   7.510   7.910   8.070   7.790

Use o nível 0,05 de significância para testar se a diferença entre as médias dessas duas amostras é significante.

Solução Gráficos de probabilidade normal mostram que não há razão para suspeitar da suposição de que os dados constituem amostras de populações normais. Além disso, um teste que será descrito mais adiante mostra, no Exemplo 13.3, que não há razão para suspeitar da suposição de que $\sigma_1 = \sigma_2$.

1. H_0: $\mu_1 = \mu_2$
   H_A: $\mu_1 \neq \mu_2$

2. $\alpha = 0,05$

3. Rejeitar a hipótese nula se $t \leq -2,306$ ou $t \geq 2,306$, onde t é dado pela fórmula da página 316 com $\delta = 0$, e 2,306 é o valor de $t_{0,025}$ para $5 + 5 - 2 = 8$ graus de liberdade; caso contrário, afirmar que a diferença entre as médias das duas amostras não é significante.

4. As médias e os desvios-padrão das duas amostras são $\bar{x}_1 = 8.178$, $\bar{x}_2 = 7.788$, $s_1 = 271,1$ e $s_2 = 216,8$. Substituindo os valores de s_1 e de s_2 junto com $n_1 = n_2 = 5$ na fórmula de s_p, obtemos

$$s_p = \sqrt{\frac{4(271,1)^2 + 4(216,8)^2}{8}} \approx 245,5$$

e, portanto,

$$t = \frac{8.178 - 7.788}{245,5\sqrt{\frac{1}{5} + \frac{1}{5}}} \approx 2,51$$

5. Como $t = 2,51$ excede 2,306, a hipótese nula deve ser rejeitada; em outras palavras, concluímos que a diferença entra as duas médias amostrais é significante. ■

A Figura 12.8 é um impresso de computador para o Exemplo 12.8 usando MINITAB. Ele confirma nossos cálculos, incluindo o valor que obtivemos para t, e mostra que o valor p corres-

```
Teste T de duas amostras para C1 e C2

Two-sample T for C1 vs C2

      N     Mean      StDev    SE Mean
C1    5     8178      271      121
C2    5     7788      217       97

Difference = mu C1 - mu C2
Estimate for difference: 390
95% CI for difference: (32, 748)
T-Test of difference = 0 (vs not =): T-Value = 2.51
 P-Value = 0.036  DF = 8
Both use Pooled StDev = 245
```

Figura 12.8
Impresso de computador para o Exemplo 12.8.

pondente a $t = 2,51$ (e a hipótese alternativa bilateral $\mu_1 \neq \mu_2$) é 0,036. Como esse valor p é menor do que $\alpha = 0,05$, isso volta a confirmar que a hipótese nula precisa ser rejeitada.

12.7 DIFERENÇAS ENTRE MÉDIAS (DADOS EMPARELHADOS)

Os métodos das Seções 12.5 e 12.6 podem ser usados somente quando as duas amostras são independentes. Portanto, não podem ser usados quando lidamos com comparações do tipo "antes e depois", como as idades de maridos e esposas, prisão de assaltantes de banco e condenações em vários estados, taxas de juro cobradas e pagas por instituições financeiras, chutes a gol no primeiro e no segundo tempos, carros estocados e carros vendidos por negociantes de carros usados, e inúmeras outras situações em que os dados se apresentam naturalmente emparelhados. Para lidar com dados desse tipo, trabalhamos com as diferenças (com sinal) entre os pares e testamos se essas diferenças podem ser interpretadas como uma amostra aleatória de uma população com média $\mu = \delta$, em geral $\mu = 0$. Os testes que usamos para esse fim são o teste z de uma amostra ou o teste t de uma amostra da Seção 12.4, o que for mais apropriado.

EXEMPLO 12.9 A seguir estão as perdas semanais médias de horas-homem devido a acidentes em dez indústrias antes e depois da adoção de um programa de segurança abrangente.

| 45 e 36 | 73 e 60 | 46 e 44 | 124 e 119 | 33 e 35 |
| 57 e 51 | 83 e 77 | 34 e 29 | 26 e 24 | 17 e 11 |

Teste a eficácia do programa de segurança ao nível 0,05 de significância.

Solução As diferenças entre os respectivos pares são 9, 13, 2, 5, –2, 6, 6, 5, 2 e 6, e um gráfico de probabilidade normal (não disponibilizado) mostra um padrão marcantemente linear. Assim, podemos usar o teste t de uma amostra e proceder como segue:

1. H_0: $\mu = 0$

   H_A: $\mu > 0$ (A alternativa é que, em média, tenha havido mais acidentes "antes" do que "depois".)

2. $\alpha = 0,05$

3. Rejeitar a hipótese nula se $\geq 1,833$, onde

$$t = \frac{\bar{x} - \mu_0}{s/\sqrt{n}}$$

e 1,833 é o valor de $t_{0,05}$ para $10 - 1 = 9$ graus de liberdade; caso contrário, aceitar a hipótese nula ou reservar julgamento (conforme a situação recomendar).

4. Calculando inicialmente a média e o desvio-padrão das dez diferenças, obtemos $\bar{x} = 5,2$ e $s = 4,08$. Substituindo, então, na fórmula de t esses valores, junto com $n = 10$ e $\mu_0 = 0$, obtemos

$$t = \frac{5,2 - 0}{4,08/\sqrt{10}} \approx 4,03$$

5. Como $t = 4,03$ excede 1,833, a hipótese nula deve ser rejeitada; em outras palavras, mostramos que o programa de segurança industrial é eficaz.

Quando o teste t de uma amostra é utilizado num problema como esse, costuma ser designado **teste t de pares de amostras**.

EXERCÍCIOS

12.36 Amostras aleatórias mostraram que 40 executivos do ramo de seguros debitaram uma média de 9,4 almoços de negócios como despesas dedutíveis a cada duas semanais, enquanto que 50 executivos do setor bancário debitaram uma média de 7,9 almoços de negócios como despesas dedutíveis a cada duas semanais. Se com base em informação colateral pudermos supor que $\sigma_1 = \sigma_2 = 3,0$ para esses dados, teste ao nível 0,05 de significância se é significante a diferença entre as duas médias amostrais.

12.37 Refaça o Exercício 12.36, usando os desvios-padrão amostrais $s_1 = 3,3$ e $s_2 = 2,9$, em vez dos valores dados de σ_1 e σ_2.

12.38 Uma investigação de dois tipos de equipamento reprográfico mostraram que uma amostra aleatória de 60 quebras de um dos tipos de equipamento levou uma média de 84,2 minutos para consertar, enquanto que uma amostra aleatória de 60 quebras de outro tipo de equipamento levou uma média de 91,6 minutos para consertar. Se com base em informação colateral pudermos supor que $\sigma_1 = \sigma_2 = 19,0$ minutos para esses dados, teste ao nível 0,02 de significância se a diferença entre as duas médias amostrais é significante.

12.39 Refaça o Exercício 12.38, usando os desvios-padrão amostrais $s_1 = 19,4$ e $s_2 = 18,8$, em vez dos valores dados dos desvios-padrão populacionais.

12.40 Amostras aleatórias de 12 medições do conteúdo de hidrogênio (em números percentuais de átomos) coletadas das erupções de cada um de dois vulcões deram $\bar{x}_1 = 41,2$, $\bar{x}_2 = 45,8$, $s_1 = 5,2$ e $s_2 = 6,7$. Supondo que as condições requeridas para poder aplicar o teste t de duas amostras tenham sido satisfeitas, decida ao nível 0,05 de significância se podemos aceitar ou não a hipótese nula de que não há diferença no conteúdo médio de hidrogênio dos gases das duas erupções.

12.41 Com referência ao Exercício 12.40, determine o valor p correspondente ao valor obtido para a estatística t. Use-o para determinar se a hipótese nula poderia ter sido rejeitada ao nível 0,10 de significância?

12.42 Na comparação de dois tipos de tinta, um serviço de teste do consumidor constatou que 160 litros da marca A pintavam em média 514 metros quadrados, com desvio-padrão de 32 metros quadrados, enquanto que 160 litros da marca B pintavam 487 metros quadrados, com desvio-padrão de 27 metros quadrados. Supondo que as condições requeridas para poder aplicar o teste t tenham sido satisfeitas, teste ao nível 0,02 de significância se é significante a diferença entre as duas médias amostrais.

12.43 Com referência ao Exercício 12.42, qual é o menor nível de significância no qual a hipótese nula poderia ter sido rejeitada?

12.44 Seis porquinhos-da-índia, injetados com 0,5 mg de um medicamento, levaram, em média, 15,4 segundos para adormecer, com desvio-padrão de 2,2 segundos, enquanto outros seis porquinhos, injetados com 1,5 mg do mesmo medicamento, levaram em média 10,6 segundos para adormecer, com desvio-padrão de 2,6 segundos. Supondo que as duas amostras são amostras aleatórias independentes e que as condições requeridas para poder aplicar o teste t tenham sido satisfeitas, teste ao nível 0,05 de significância se esse aumento da dosagem irá, em geral, reduzir em 2,0 segundos o tempo médio que um porquinho-da-índia leva para adormecer.

12.45 A seguir estão duas amostras aleatórias de tamanhos $n_1 = 6$ e $n_2 = 8$ geradas por computador a partir de populações normais:

Amostra 1.	51,6	45,5	49,3	53,8	52,6	49,5	
Amostra 2.	42,5	38,5	39,6	32,8	41,0	39,0	36,7	41,9

Use o teste t de duas amostras para testar a hipótese nula $\mu_1 - \mu_2 = 5$ contra a hipótese alternativa $\mu_1 - \mu_2 > 5$ ao nível 0,025 de significância. Enuncie as suposições feitas.

12.46 Com referência ao Exercício 12.45, use um aplicativo computacional apropriado ou uma calculadora gráfica para encontrar o valor p correspondente ao valor obtido para a estatística t daquele exercício. Também use esse valor p para confirmar a decisão alcançada naquele exercício.

12.47 Para comparar dois tipos de pára-choques, montaram-se dez de cada tipo num certo carro médio. Então cada carro foi colidido num muro de concreto, a uma velocidade de 8 quilômetros por hora, e os números a seguir são os custos de reparo (em unidades monetárias):

Pára-choque A:	545	495	506	447	530
	510	487	539	559	531
Pára-choque B:	536	475	513	558	546
	514	517	473	562	529

Supondo que as condições requeridas para poder aplicar o teste t tenham sido satisfeitas, use o nível 0,05 de significância para testar se é significante a diferença entre as correspondentes médias amostrais.

12.48 A seguir estão as medições da envergadura de asa de duas variedades de pardais em milímetros:

Variedade 1:	162	159	154	176	165	164	145	157
Variedade 2:	147	180	153	135	157	153	141	138

Supondo que as condições requeridas para poder aplicar o teste t tenham sido satisfeitas, teste ao nível 0,05 de significância se é significante a diferença entre as médias dessas duas amostras aleatórias.

12.49 Os dados a seguir foram obtidos num experimento planejado para verificar se há uma diferença sistemática nos pesos (em gramas) obtidos com duas balanças.

Espécime de pedra	*Balança I*	*Balança II*
1	12,13	12,17
2	17,56	17,61
3	9,33	9,35
4	11,40	11,42
5	28,62	28,61
6	10,25	10,27
7	23,37	23,42
8	16,27	16,26
9	12,40	12,45
10	24,78	24,75

Supondo que as diferenças entre os respectivos pesos possam ser considerados como uma amostra aleatória de uma população normal, teste ao nível $\alpha = 0,01$ se a hipótese nula $\delta = 0$ deve ser rejeitada ou não.

12.50 Com referência ao Exercício 12.49, use um aplicativo computacional apropriado ou uma calculadora gráfica para encontrar o valor p correspondente ao valor obtido para a estatística t daquele exercício. Usando esse valor p, decida se a hipótese nula do Exercício 12.49 poderia ter sido rejeitada ao nível 0,05 de significância.

12.51 Num estudo da eficácia de exercício físico na redução de peso, 36 pessoas de uma amostra aleatória seguiram um programa de exercícios físicos durante um mês. Os resultados (em libras) encontrados foram os seguintes:

Antes	Depois	Antes	Depois	Antes	Depois
209	196	178	171	169	170
212	207	180	177	192	190
158	159	180	180	211	203
193	183	245	229	188	190
201	194	222	219	190	195
199	197	170	164	153	152
183	179	165	162	201	199
179	173	243	231	144	140
179	180	202	197	169	175
187	190	213	205	174	170
196	197	201	201	236	227
201	196	164	166	188	185

Usando o teste z de uma amostral com s substituído por σ, teste ao nível 0,01 de significância se o programa de exercícios físicos é eficaz na redução de peso.

12.8 LISTA DE TERMOS-CHAVE (com indicação das páginas de suas definições)

Alternativa bilateral, 301
Alternativa unilateral, 301
Critério bilateral, 303
Critério unilateral, 303
Curva característica de operação, 298
Curva CO, 298
Desvio-padrão combinado, 316
Erro-padrão da diferença entre médias, 314
Erro tipo I, 298
Erro tipo II, 298
Estatística de teste, 303
Estatisticamente não-significante, 300
Estatisticamente significante, 300
Função potência, 299
Hipótese alternativa, 295
Hipótese composta, 299
Hipótese estatística, 295
Hipótese nula, 295
Hipótese simples, 299
Nível de significância, 302
Teste bicaudal, 303

Teste bilateral, 303
Teste de grandes amostras, 306
Teste de significância, 300
Teste relativo à diferença entre médias com σ_1 e σ_2 conhecidos, 314
Teste relativo à diferença entre médias para pequenas amostras, 316
Teste relativo a médias para pequenas amostras, 310
Teste t, 310
Teste t de duas amostras, 316
Teste t de pares de amostras, 318
Teste t de uma amostra, 310
Teste unicaudal, 303
Teste unilateral, 303
Teste z, 306
Teste z de duas amostras, 314
Teste z de uma amostra, 306
Valor crítico, 307
Valor p, 308, 309

12.9 Referências

Algumas leituras fáceis sobre os testes de hipóteses podem ser encontradas em

Brook, R. J., Arnold, G. C., Hassard, T. H. and Pringle, R. M., eds., *The Fascination of Statistics*. New York: Marcel Dekker, Inc., 1986.

Gonick, L., and Smith, W., *The Cartoon Guide to Statistics*. New York: HarperCollins Publishers, 1993.

Um tratamento detalhado de testes de significância, escolha do nível de significância, valores p, e assim por diante, pode ser encontrado nos Capítulos 26 e 29 de

Freedman, D., Pisani, R., and Purves, R., *Statistics*. New York: Norton & Company, Inc., 1978.

13

TESTES DE HIPÓTESES: DESVIOS-PADRÃO

13.1 Testes Relativos a Desvios-Padrão 323
13.2 Testes Relativos a Dois Desvios-Padrão 327
13.3 Lista de Termos-Chave 330
13.4 Referências 331

No Capítulo 12, vimos como efetuar testes de hipóteses relativos a média, como a média de uma população e as médias de duas populações. Esses testes são técnicas estatísticas úteis, mas ainda mais importantes são os conceitos em que se fundamentam: hipóteses estatísticas, hipóteses nulas e hipóteses alternativas, erros tipo I e tipo II, teste de significância, nível de significância, valores p e, acima de tudo, o conceito de significância estatística. Igualmente importante é a conscientização das suposições sobre as quais esses testes se fundamentam.

Como veremos aqui e em capítulos subseqüentes, todas esses conceitos passam para testes sobre outros parâmetros populacionais, testes sobre a natureza (ou formato) das populações e até testes sobre a aleatoriedade das amostras. Neste capítulo, concentraremos nossa atenção em testes relativos a desvios-padrão populacionais. Esses testes têm grande importância não só por si mesmos, mas também porque às vezes precisamos utilizá-los antes de efetuar testes sobre outros parâmetros. Isso ocorreu, por exemplo, em relação ao teste t para duas amostras, que exigia que as duas populações consideradas tivessem desvios-padrão iguais.

A Seção 13.1 é dedicada a testes sobre os desvios-padrão de uma população e a Seção 13.2 trata de testes relativos a desvios-padrão de duas populações.

13.1 TESTES RELATIVOS A DESVIOS-PADRÃO

Os testes que consideramos nesta seção tratam do problema de saber se um desvio-padrão populacional é igual a uma determinada constante σ_0. Esse tipo de teste pode ser necessário sempre que estudamos a uniformidade de um produto, de um processo ou de uma operação. Se precisarmos, por exemplo, decidir se um certo tipo de vidro é suficientemente homogêneo para ser usado na fabricação de um equipamento ótico delicado, se o grau de conhecimento de um grupo de estudantes é suficientemente uniforme para permitir incluí-los numa única turma, se a falta de uniformidade no desempenho de alguns operários pode exigir uma supervisão mais rigorosa, e assim por diante.

O teste da hipótese nula $\sigma = \sigma_0$, de que o desvio-padrão de uma população é igual a determinada constante, baseia-se nas mesmas suposições, na mesma estatística e na mesma teoria amostral que o intervalo de confiança para σ^2 à página 282. Supondo novamente que estamos lidando com uma amostra aleatória de uma população normal (ou pelo menos de uma população com formato aproximadamente de uma distribuição normal), recorremos à **estatística qui-quadrado**

ESTATÍSTICA DO TESTE RELATIVO AO DESVIO-PADRÃO

$$\chi^2 = \frac{(n-1)s^2}{\sigma_0^2}$$

que é como o da página 282, com σ sendo substituído por σ_0. Como anteriormente, a distribuição amostral dessa estatística é a distribuição qui-quadrado com $n - 1$ graus de liberdade.

Os critérios de teste estão exibidos na Figura 13.1; dependendo da hipótese alternativa, os valores críticos são $\chi^2_{1-\alpha}$ e χ^2_α para as alternativas unilaterais, e $\chi^2_{1-\alpha/2}$ e $\chi^2_{\alpha/2}$ para as alternativas bilaterais. Simbolicamente, podemos formular esses critérios para testar a hipótese nula $\sigma = \sigma_0$ como segue:

Hipótese alternativa	Rejeitar a hipótese nula se	Aceitar a hipótese nula ou reservar julgamento se
$\sigma < \sigma_0$	$\chi^2 \leq \chi^2_{1-\alpha}$	$\chi^2 > \chi^2_{1-\alpha}$
$\sigma > \sigma_0$	$\chi^2 \geq \chi^2_\alpha$	$\chi^2 < \chi^2_\alpha$
$\sigma \neq \sigma_0$	$\chi^2 \leq \chi^2_{1-\alpha/2}$ ou $\chi^2 \geq \chi^2_{\alpha/2}$	$\chi^2_{1-\alpha/2} < \chi^2 < \chi^2_{\alpha/2}$

A Tabela III, no final do livro, dá os valores de $\chi^2_{0,995}$, $\chi^2_{0,99}$, $\chi^2_{0,975}$, $\chi^2_{0,95}$, $\chi^2_{0,05}$, $\chi^2_{0,025}$, $\chi^2_{0,01}$, e $\chi^2_{0,005}$, para 1, 2, 3, ... e 30 graus de liberdade.

EXEMPLO 13.1 Para avaliar certas características de segurança de um carro, uma engenheira precisa saber se o tempo de reação dos motoristas a uma determinada situação de emergência tem desvio-padrão de 0,010 segundo, ou se é superior a 0,010 segundo. O que a engenheira pode concluir ao nível 0,05 de significância se ela obtiver a seguinte amostra aleatória de $n = 15$ tempos de reação?

0,32 0,30 0,31 0,28 0,30
0,31 0,28 0,31 0,29 0,28
0,30 0,29 0,27 0,29 0,29

Solução O gráfico de probabilidade normal da Figura 13.2 mostra um padrão claramente linear e, portanto, justifica supor que a população amostrada tenha a forma de uma distribuição normal.

1. H_0 $\sigma = 0,010$
H_A $\sigma > 0,010$

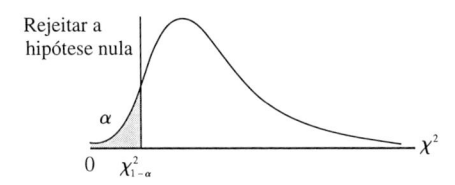

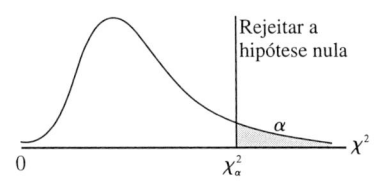

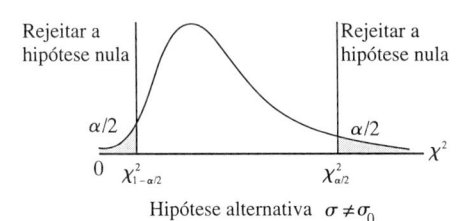

Figura 13.1
Critério para testes relativos a desvios-padrão.

Rejeitar a hipótese nula

Hipótese alternativa $\sigma < \sigma_0$

Rejeitar a hipótese nula

Hipótese alternativa $\sigma > \sigma_0$

Rejeitar a hipótese nula | Rejeitar a hipótese nula

Hipótese alternativa $\sigma \neq \sigma_0$

2. $\alpha = 0,05$

3. Rejeitar a hipótese nula se $\chi^2 \geq 23,685$, onde

$$\chi^2 = \frac{(n-1)s^2}{\sigma_0^2}$$

e 23,685 é o valor de $\chi^2_{0,05}$ para $15 - 1 = 14$ graus de liberdade; caso contrário, aceitar a hipótese nula.

4. Calculando o desvio-padrão dos dados amostrais, obtemos $s = 0,014$ e, substituindo esse valor junto com $n = 15$ e $\sigma_0 = 0,010$ na fórmula de χ^2, obtemos

$$\chi^2 = \frac{14(0,014)^2}{(0,010)^2} \approx 27,44$$

Figura 13.2
Gráfico de probabilidade normal para o Exemplo 13.1 reproduzido da janela de uma calculadora gráfica TI-83.

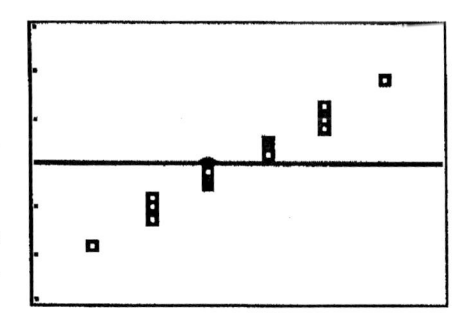

5. Como $\chi^2 = 27,44$ excede 23,685, a hipótese nula deve ser rejeitada; em outras palavras, a engenheira pode concluir que o desvio-padrão dos tempos de reação de motoristas a determinada situação de emergência é maior do que 0,010 segundos.

Como a maioria das tabelas de valores críticos para o teste qui-quadrado são limitadas a valores pequenos de graus de liberdade, o teste que descrevemos aqui tem muitas vezes sido denominado **teste relativo ao desvio-padrão para pequenas amostras**. Como já observamos anteriormente, com o fácil acesso a computadores e outro recurso tecnológico, essa distinção não é mais válida.

Quando n é grande, $n \geq 30$, os testes da hipótese nula $\sigma = \sigma_0$ podem basear-se na mesma teoria que a dos intervalos de confiança para grandes amostras para σ dada na Seção 11.3. Isto é, utilizamos a estatística

ESTATÍSTICA DO TESTE RELATIVO AO DESVIO-PADRÃO PARA GRANDES AMOSTRAS

$$z = \frac{s - \sigma_0}{\sigma_0/\sqrt{2n}}$$

que é um valor de uma variável aleatória com distribuição normal padrão. Assim, os critérios desse teste da hipótese nula $\sigma = \sigma_0$ para grandes amostras são análogos aos mostrados na Figura 12.4 e, na tabela à página 307, a única diferença é que μ e μ_0 são substituídos por σ e σ_0.

EXEMPLO 13.2 As especificações para a fabricação em massa de certo tipo de mola exigem, entre outras coisas, que o desvio-padrão de seus comprimentos sob compressão não exceda 0,040 cm. Se uma amostra aleatória de tamanho $n = 35$ extraída de um certo lote de produção acusa $s = 0,053$, isso constitui evidência ao nível 0,01 de significância em favor da hipótese nula $\sigma = 0,040$ ou em favor da hipótese alternativa $\sigma > 0,040$?

Solução 1. $H_0:$ $\sigma = 0,040$

$H_A:$ $\sigma > 0,040$

2. $\alpha = 0,01$

3. A hipótese nula deve ser rejeitada se $z \geq 2,33$, onde

$$z = \frac{s - \sigma_0}{\sigma_0/\sqrt{2n}}$$

e aceita em caso contrário.

4. Substituindo $n = 35$, $s = 0,053$ e $\sigma_0 = 0,040$ na fórmula de z, obtemos

$$z = \frac{0,053 - 0,040}{0,040/\sqrt{70}} \approx 2,72$$

5. Como $z = 2,272$ excede 2,33, a hipótese nula deve ser rejeitada; em outras palavras, os dados mostram que aquele lote de produção não atende às especificações.

O valor p correspondente a $z = 2,72$ é $0,5000 - 4967 = 0,0033$ e, por ser menor do que 0,01, também teria levado à rejeição da hipótese nula.

13.2 TESTES RELATIVOS A DOIS DESVIOS-PADRÃO

Nesta seção, discutiremos testes relativos à igualdade de dois desvios-padrão. Dentre outras aplicações, esses testes muitas vezes são usados em conexão com o teste t de duas amostras, em que é preciso supor que as duas populações amostradas têm o mesmo desvio-padrão. Por exemplo, no Exemplo 12.8, que tratava da capacidade de gerar calor do carvão de duas minas, tínhamos $s_1 = 271,1$ (milhões de calorias por tonelada) e $s_2 = 216,8$. A despeito do que possa parecer uma grande diferença, admitimos que os desvios-padrão populacionais fossem iguais. Tudo isso será agora submetido a um teste rigoroso.

Dadas as amostras aleatórias independentes de tamanhos n_1 e n_2 de populações que têm aproximadamente a forma de distribuições normais e os desvios-padrão σ_1 e σ_2, baseamos os testes da hipótese nula $\sigma_1 = \sigma_2$ na **estatística F**:

ESTATÍSTICA DO TESTE RELATIVO À IGUALDADE DE DOIS DESVIOS-PADRÃO

$$F = \frac{s_1^2}{s_2^2} \quad \text{ou} \quad F = \frac{s_2^2}{s_1^2}, \text{ de acordo com } H_A$$

onde s_1 e s_2 são os desvios-padrão amostrais correspondentes. Baseados na suposição de que as populações amostradas têm aproximadamente a forma de distribuições normais e que a hipótese nula é $\sigma_1 = \sigma_2$, pode ser mostrado que tais razões, chamadas apropriadamente de **razões de variâncias**, são valores de uma variável aleatória com **distribuição F**. Essa distribuição contínua depende de dois parâmetros, denominados **graus de liberdade do numerador e do denominador**. Esses valores são $n_1 - 1$ e $n_2 - 1$, ou $n_2 - 1$ e $n_1 - 1$, dependendo de qual das duas variâncias amostrais figura no numerador e no denominador da estatística F.

Se fundamentássemos todos os testes na estatística

$$F = \frac{s_1^2}{s_2^2}$$

poderíamos rejeitar a hipótese nula $\sigma_1 = \sigma_2$ para $F \leq F_{1-\alpha}$ quando a hipótese alternativa fosse $\sigma_1 < \sigma_2$, e para $F \geq F_\alpha$ quando a hipótese alternativa fosse $\sigma_1 > \sigma_2$. Com essa notação, $F_{1-\alpha}$ e F_α são definidos da mesma maneira pela qual definimos os valores críticos $\chi^2_{1-\alpha}$ e χ^2_α para a distribuição qui-quadrado. Infelizmente, as coisas não são tão simples. Como existe uma relação matemática bastante direta entre $F_{1-\alpha}$ e F_α, a maioria das tabelas de F dá apenas os valores correspondentes às caudas direitas com α menor do que 0,50; por exemplo, a Tabela IV no final do livro contém apenas valores de $F_{0,05}$ e $F_{0,01}$.

Por essa razão, utilizamos

$$F = \frac{s_2^2}{s_1^2} \quad \text{ou} \quad F = \frac{s_1^2}{s_2^2}$$

dependendo de a hipótese alternativa ser $\sigma_1 < \sigma_2$ ou $\sigma_1 > \sigma_2$ e, em cada caso, rejeitamos a hipótese nula para $F \geq F_\alpha$ (ver Figura 13.3). Quando a hipótese alternativa é $\sigma_1 \neq \sigma_2$, utilizamos a maior das duas razões de variâncias,

$$F = \frac{s_1^2}{s_2^2} \quad \text{ou} \quad F = \frac{s_2^2}{s_1^2}$$

e rejeitamos a hipótese nula para $F \geq F_{\alpha/2}$ (ver Figura 13.3). Em todos esses testes, os graus de liberdade são $n_1 - 1$ e $n_2 - 1$, ou $n_2 - 1$ e $n_1 - 1$, dependendo de qual variância amostral figura no nu-

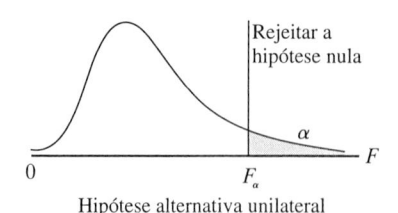

Figura 13.3
Critério para testes relativos à igualdade de dois desvios-padrão.

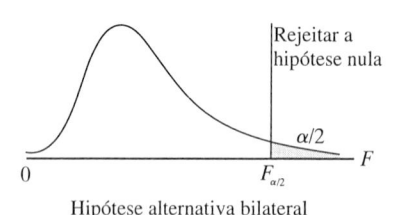

Hipótese alternativa unilateral

Hipótese alternativa bilateral

merador e qual figura no denominador. Simbolicamente, esses critérios para testar a hipótese nula $\sigma_1 = \sigma_2$ estão resumidos na tabela seguinte:

Hipótese alternativa	Estatística de teste	Rejeitar a hipótese nula se	Aceitar a hipótese nula ou reservar julgamento se
$\sigma_1 < \sigma_2$	$F = \frac{s_2^2}{s_1^2}$	$F \geq F_\alpha$	$F < F_\alpha$
$\sigma_1 > \sigma_2$	$F = \frac{s_1^2}{s_2^2}$	$F \geq F_\alpha$	$F < F_\alpha$
$\sigma_1 \neq \sigma_2$	O maior das duas razões	$F \geq F_{\alpha/2}$	$F < F_{\alpha/2}$

Os graus de liberdade são os indicados anteriormente.

EXEMPLO 13.3 No Exemplo 12.8 tínhamos $s_1 = 271{,}1$ e $s_2 = 216{,}8$ para duas amostras aleatórias independentes de tamanhos $n_1 = 5$ e $n_2 = 5$, e na solução justificamos a suposição de que aos dados constituem amostras de populações normais. Use o nível 0,02 de significância para testar se há alguma evidência de que os desvios-padrão das duas populações não sejam iguais.

Solução Já tendo justificado a suposição sobre normalidade, procedemos como segue:

1. $H_0 : \sigma_1 = \sigma_2$
   $H_A : \sigma_1 \neq \sigma_2$
2. $\alpha = 0{,}02$
3. Rejeitar a hipótese nula se $F \geq 16{,}0$, onde

$$F = \frac{s_1^2}{s_2^2} \quad \text{ou} \quad F = \frac{s_2^2}{s_1^2}$$

o que for maior, e 16,0 é o valor de $F_{0,01}$ para $5 - 1 = 4$ e $5 - 1 = 4$ graus de liberdade; caso contrário, aceitar a hipótese nula.

4. Como $s_1 = 271,1$ e $s_2 = 216,8$, substituímos esses valores na primeira das duas razões de variâncias e obtemos

$$F = \frac{(271,1)^2}{(216,8)^2} \approx 1,56$$

5. Como $F = 1,56$ não excede 16,0, a hipótese nula não pode ser rejeitada; não há razão para não utilizar o teste t de duas amostras no Exemplo 12.8.

Num problema como esse, no qual a hipótese alternativa é $\sigma_1 \neq \sigma_2$, a Tabela IV limita-nos aos níveis de 0,02 e 0,10 de significância. Se tivéssemos pretendido usar um outro nível de significância, teríamos que recorrer a uma tabela mais extensa, um computador, ou algum outro recurso tecnológico. Uma calculadora HP STAT/MAT fornece o valor p de 0,3386, de modo que o resultado teria sido o mesmo em praticamente qualquer nível de significância.

EXEMPLO 13.4 Deseja-se determinar se há menor variabilidade no revestimento a ouro feito pela companhia 1 do que no revestimento a ouro feito pela companhia 2. Se amostras independentes acusaram $s_1 = 0,033$ mm (com base em $n_1 = 12$) e $s_2 = 0,061$ mm (com base em $n_2 = 10$), teste a hipótese nula $\sigma_1 = \sigma_2$ contra a hipótese alternativa $\sigma_1 < \sigma_2$ ao nível 0,05 de significância.

Solução Supondo que as populações amostradas tenham aproximadamente a forma de distribuições normais, procedemos como segue.

1. H_0 : $\sigma_1 = \sigma_2$

   H_A : $\sigma_1 < \sigma_2$

2. $\alpha = 0,05$

3. Rejeitar a hipótese nula se $F \geq 2,90$, onde

$$F = \frac{s_2^2}{s_1^2}$$

e 2,90 é o valor de $F_{0,05}$ para $10 - 1 = 9$ e $12 - 1 = 11$ graus de liberdade; caso contrário, aceitar a hipótese nula ou reservar julgamento.

4. Substituindo $s_1 = 0,033$ e $s_2 = 0,061$ na fórmula de F, obtemos

$$F = \frac{(0,061)^2}{(0,033)^2} \approx 3,42$$

5. Como $F = 3,42$ excede 2,90, a hipótese nula deve ser rejeitada; em outras palavras, concluímos que há menor variabilidade no revestimento a ouro feito pela companhia 1.

Como o procedimento descrito nesta seção é muito sensível a afastamentos das hipóteses subjacentes, deve ser utilizado com bastante cautela. Dito de outra maneira, o teste não é **robusto**.

EXERCÍCIOS

13.1 Num experimento de laboratório, $s = 0,0086$ para $n = 10$ determinações do calor específico do ferro. Supondo que a população amostrada tem aproximadamente a forma de uma distribuição normal, use o nível 0,05 de significância para testar a hipótese nula $\sigma = 0,0100$ para tais determinações contra a hipótese alternativa $\sigma < 0,0100$.

13.2 Numa amostra aleatória do tempo que $n = 18$ mulheres levaram para completar o teste escrito para a carteira de motorista, o desvio-padrão foi $s = 3,8$ minutos. Supondo que esses dados podem ser vistos como uma amostra de uma população que tem aproximadamente a forma de uma distribuição normal, teste a hipótese nula $\sigma = 2,7$ minutos contra a hipótese alternativa $\sigma \neq 2,7$ ao nível 0,01 de significância.

13.3 Usando recursos tecnológicos adequados, encontre o valor p correspondente à estatística de teste obtida no Exercício 13.2 e use-o para refazer aquele exercício ao nível 0,03 de significância.

13.4 Uma nutricionista toma uma amostra aleatória de tamanho $n = 35$ (peças de meio quilograma de um certo tipo de peixe) para estudar a variabilidade de produzir um concentrado de proteínas de peixe. Dado que o desvio-padrão de seus dados foi determinado em $s = 0,082$, teste a hipótese nula $\sigma = 0,065$ contra a hipótese alternativa $\sigma > 0,065$ ao nível 0,05 de significância.

13.5 Tem sido relatado que o crescimento anual constante de certas árvores frutíferas em seu quinto ano até o décimo ano tem o desvio-padrão de $\sigma = 0,80$ cm. Sabendo que uma floricultura obteve $s = 0,74$ cm para $n = 40$ dessas árvores, teste a hipótese nula $\sigma = 0,80$ contra a alternativa $\sigma < 0,80$ ao nível 0,01 de significância.

13.6 Dado um experimento que consiste em uma amostra aleatória de $n = 10$ observações, para a qual $s^2 = 1,44$ kg^2, o que mais deve ser suposto se quisermos testar a hipótese nula $\sigma = 1,4$ kg contra a hipótese alternativa $\sigma < 1,4$ kg?

13.7 Comparam-se duas técnicas de iluminação medindo-se a intensidade da luz em pontos selecionados de áreas iluminadas pelos dois métodos. Se $n_1 = 12$ medições tomadas pela primeira técnica têm um desvio-padrão de $s_1 = 2,6$ velas, $n_2 = 16$ medições tomadas pela segunda técnica têm um desvio-padrão de $s_2 = 4,4$ velas, e se pudermos supor que ambas amostras possam ser consideradas amostras aleatórias independentes de populações normais, teste, ao nível 0,05 de significância, se as duas técnicas de iluminação são igualmente variáveis, ou se a primeira é menos variável do que a segunda.

13.8 Os tempos necessários para o Dr. L. fazer os *check-ups* de rotina para planos de seguros médicos em $n_1 = 25$ pacientes têm desvio-padrão de $s_1 = 4,2$ minutos, enquanto os tempos do Dr. M. para desempenhar a mesma atividade em $n_2 = 21$ pacientes têm desvio-padrão de $s_2 = 3,0$ minutos. Supondo que esses dados constituam amostras aleatórias independentes de populações normais, teste, ao nível 0,05 de significância, se os intervalos de tempo gastos por esses dois médicos são igualmente variáveis ou se são mais variáveis para o Dr. L.

13.3 LISTA DE TERMOS-CHAVE (com indicação das páginas de suas definições)

Distribuição F, 327
Estatística F, 327
Estatística qui-quadrado, 324
Graus de liberdade do denominador, 327
Graus de liberdade do numerador, 327

Razão de variâncias, 327
Robusto, 329
Teste relativo ao desvio-padrão para pequenas amostras, 326

13.4 Referências

Discussões teóricas das distribuições qui-quadrado e F podem ser encontradas na maioria dos livros sobre Estatística Matemática; por exemplo, em

MILLER, I., and MILLER, M., *John E. Freund's Mathematical Statistics*, 6th ed. Upper Saddle River, N.J.: Prentice Hall, 1999.

Para tabelas mais completas das distribuições qui-quadrado e F ver, por exemplo,

PEARSON, E. S., and HARTLEY, H. O., *Biometrika Tables for Statisticians*, Vol. I. New York: John Wiley & Sons, Inc. 1968.

14

TESTES DE HIPÓTESES BASEADOS EM DADOS CONTADOS

14.1 Testes Relativos a Proporções 333

14.2 Testes Relativos a Proporções (Grandes Amostras) 334

14.3 Diferenças Entre Proporções 335

14.4 Análise de uma Tabela $r \times c$ 339

14.5 Aderência 350

14.6 Lista de Termos-Chave 355

14.7 Referências 355

Nos Capítulos 11, 12 e 13 tratamos quase que exclusivamente com inferências baseadas em mensurações. As mensurações foram utilizadas para estimar as médias populacionais e seus desvios-padrão, bem como para testar hipóteses sobre esses parâmetros. A única exceção foi na Seção 11.4, em que usamos proporções amostrais para estimar proporções populacionais. Tais dados foram denominados **dados de contagem**, pois foram obtidos contando, e não medindo.

Neste capítulo, utilizamos dados de contagem em testes de hipóteses. Nas Seções 14.1 e 14.2 tratamos com testes relativos a proporções, que também servem como testes relativos a percentagens (proporções multiplicadas por 100) e como testes relativos a probabilidades (proporções a longo prazo). Esses testes são baseados no número observado de sucessos em n tentativas, ou a proporção observada de sucessos em n tentativas, e vamos supor sempre que esses testes são independentes e que a probabilidade de sucesso é a mesma em cada tentativa. Em outras palavras, vamos supor sempre que estamos testando hipóteses sobre o parâmetro p da população binomial.

Na Seção 14.3 e no começo da Seção 14.4, estudamos testes relativos a duas ou mais proporções populacionais. Então, no restante da Seção 14.4 e na Seção 14.5, generalizamos a discussão ao caso multinomial, em que há dois ou mais resultados possíveis em cada tentativa. Esse tipo de problema surge, por exemplo, quando estamos interessados na relação entre o escore obtido por uma pessoa num teste de aptidão para um emprego (digamos, abaixo da média, médio, acima da média) e o desempenho dessa pessoa naquele emprego (digamos, fraco, razoável, bom, excelente). Finalmente, na Seção 14.6 tratamos da comparação de distribuições de freqüência observadas e as distribuições que poderiam ser esperadas de acordo com a teoria ou com suposições.

14.1 TESTES RELATIVOS A PROPORÇÕES

Os testes que discutimos aqui e na Seção 14.2 tornam possível, por exemplo, decidir com base em dados amostrais se é verdade que a proporção dos alunos do ano final do Ensino Médio que sabem dizer o nome dos três senadores de seu Estado é somente 0,28, se é verdade que 12% das informações fornecidas aos contribuintes pelo serviço de atendimento da Receita Federal são incorretas, ou se a probabilidade é realmente de 0,25 de que um vôo de Salvador a Recife se atrase.

Sempre que possível, tais testes são baseados diretamente nas tabelas de probabilidades binomiais ou na informação sobre probabilidades binomiais obtidas através de computadores ou outros recursos tecnológicos. Além disso, esses testes são mais simples quando usamos a abordagem dos valores p.

EXEMPLO 14.1 Tem-se afirmado que mais de 70% dos alunos de uma grande universidade estadual opõem-se a um plano para aumentar as taxas escolares para aumentar a capacidade dos estacionamentos do campus. Se 15 dentre 18 estudantes daquela universidade, escolhidos aleatoriamente, opõem-se ao plano, teste a afirmação ao nível 0,05 de significância.

Solução
1. H_0: $p = 0,70$
   H_A: $p > 0,70$
2. $\alpha = 0,05$
3'. A estatística de teste é o número observado de estudantes da amostra que se opõem ao projeto.
4'. A estatística de teste é $x = 15$ e a Tabela V mostra que o valor p, a probabilidade de 15 ou mais "sucessos" para $n = 18$ e $p = 0,70$, é $0,105 + 0,046 + 0,013 + 0,002 = 0,166$.
5'. Como 0,166 é maior do que 0,05, a hipótese nula não pode ser rejeitada; em outras palavras, os dados não apóiam a afirmação que mais de 70% dos estudantes da universidade opõem-se ao plano. ∎

EXEMPLO 14.2 Afirma-se que 38% de todos os fregueses conseguem identificar uma marca comercial amplamente anunciada. Se, numa amostra aleatória, 25 dentre 45 fregueses foram capazes de identificar a marca, teste, ao nível 0,05 de significância, se devemos aceitar ou rejeitar a hipótese nula $p = 0,38$.

Solução Como a Tabela V não dá as probabilidades binomiais para $p = 0,38$ ou $n > 20$, poderíamos usar a tabela do National Bureau of Standards (dos EUA) referido à página 213 ou algum recurso tecnológico apropriado.

1. H_0: $p = 0,38$
   H_A: $p \neq 0,38$
2. $\alpha = 0,05$
3'. A estatística de teste é $x = 25$, o número de fregueses na amostra que conseguem identificar a marca comercial.
4'. Para um teste bilateral como esse, o valor p é o dobro da menor das probabilidades para $x \leq 25$ e para $x \geq 25$. Como a Tabela V não dá as probabilidades binomiais para $p = 0,38$ ou para $n > 20$, usamos o impresso de computador da Figura 14.1, de acordo com o qual a probabilidade de $x \leq 25$ é 0,9944 e a probabilidade de $x \geq 25$ é 1 menos a probabilidade de $x \leq 24$, ou seja, $1 - 0,9875 = 0,0125$. Assim, o valor p é $2(0,0125) = 0,0250$.

Figura 14.1
Impresso de computador para o Exemplo 14.2.

```
Função Distribuição Cumulativa

Binomial with n = 45 and p = 0.380000
        x        P( X <= x)
    24.00         0.9875
    25.00         0.9944
```

5′. Como 0,025 é menor do que $\alpha = 0,05$, a hipótese nula deve ser rejeitada. A percentagem correta de fregueses que conseguem identificar a marca comercial não é 38%. Na verdade, como $\frac{25}{45} \cdot 100 = 55,6\%$, ela é maior do que 38%.

14.2 TESTES RELATIVOS A PROPORÇÕES (GRANDES AMOSTRAS)

Quando n é suficientemente grande a ponto de justificar a aproximação da distribuição binomial pela curva normal, $np > 5$ e $n(1 - p) > 5$, os testes da hipótese nula $p = p_0$ podem ser baseados na estatística

ESTATÍSTICA PARA TESTES RELATIVOS A PROPORÇÕES PARA GRANDES AMOSTRAS

$$z = \frac{x - np_0}{\sqrt{np_0(1 - p_0)}}$$

que é um valor de uma variável aleatória que tem aproximadamente a distribuição normal padrão. Como x é uma variável aleatória discreta, muitos estatísticos preferem efetuar a correção de continuidade que representa x pelo intervalo de $x - \frac{1}{2}$ até $x + \frac{1}{2}$ e, portanto, usar a estatística alternativa

ESTATÍSTICA PARA TESTES RELATIVOS A PROPORÇÕES PARA GRANDES AMOSTRAS (COM CORREÇÃO DE CONTINUIDADE)

$$z = \frac{x \pm \frac{1}{2} - np_0}{\sqrt{np_0(1 - p_0)}}$$

onde o sinal + é usado quando $x < np_0$ e o sinal – é usado quando $x > np_0$. Observe que a correção de continuidade sequer precisa ser considerada quando, sem ela, a hipótese nula não puder ser rejeitada. Caso contrário, ela precisa ser considerada principalmente quando, sem ela, o valor que obtivermos para z estiver muito próximo do valor crítico (ou de um dos valores críticos) do critério de teste.

Os critérios para esse teste de grandes amostras são novamente análogos aos exibidos na Figura 12.4, com p e p_0 substituindo μ e μ_0. Analogamente à tabela da página 307, os critérios de teste da hipótese nula $p = p_0$ são como segue:

CAPÍTULO 14 TESTES DE HIPÓTESES BASEADOS EM DADOS CONTADOS   **335**

Hipótese alternativa	Rejeitar a hipótese nula se	Aceitar a hipótese nula ou reservar reserve julgamento se
$p < p_0$	$z \leq -z_\alpha$	$z > -z_\alpha$
$p > p_0$	$z \geq z_\alpha$	$z < z_\alpha$
$p \neq p_0$	$z \leq -z_{\alpha/2}$ ou $z \geq z_{\alpha/2}$	$-z_{\alpha/2} < z < z_{\alpha/2}$

EXEMPLO 14.3 Para testar a alegação de uma nutricionista de que pelo menos 75% das crianças com menos de seis anos de idade de um certo estado têm dietas deficientes em proteínas, um levantamento amostral revelou que 206 de 300 crianças com menos de seis anos daquele estado têm dietas deficientes em proteínas. Teste a hipótese nula $p = 0,75$ contra a hipótese alternativa $p < 0,75$ ao nível 0,01 de significância.

Solução 1. H_0: $p = 0,75$

H_A: $p < 0,75$

2. $\alpha = 0,01$

3. Rejeitar a hipótese nula se $z \leq -2,33$, onde

$$z = \frac{x - np_0}{\sqrt{np_0(1 - p_0)}}$$

Caso contrário, aceitar a hipótese nula ou reservar julgamento.

4. Substituindo $x = 206$, $n = 300$ e $p_0 = 0,75$ na fórmula para z, obtemos

$$z = \frac{206 - 300(0,75)}{\sqrt{300(0,75)(0,25)}} \approx -2,53$$

5. Como –2,53 é menor do que –2,33, a hipótese nula deve ser rejeitada. Em outras palavras, concluímos que menos do que 75% das crianças com menos de seis anos de idade daquele estado têm dietas deficientes em proteínas. (Se tivéssemos usado a correção de continuidade, teríamos obtido $z = -2,47$, e a conclusão teria sido a mesma.)

14.3 DIFERENÇAS ENTRE PROPORÇÕES

Depois de apresentar testes relativos a médias no Capítulo 12 e testes relativos a desvios-padrão no Capítulo 13, aprendemos como executar testes relativos a médias de duas populações e testes relativos a desvios-padrão de duas populações. Continuando com esse padrão, apresentamos agora um teste relativo a duas proporções populacionais.

Existem muitos problemas em que devemos decidir se uma diferença observada entre duas proporções amostrais pode ser atribuída ao acaso, ou se é indicativa do fato de que as proporções populacionais correspondentes não são iguais. É o caso, por exemplo, de querermos decidir, com base em dados amostrais, se há alguma diferença entre as proporções reais de pessoas que foram e não foram vacinadas contra a gripe e que contraem a doença ou se quisermos testar baseados em amostras se dois fabricantes de equipamento eletrônico produzem proporções iguais de itens defeituosos.

O método que vamos usar aqui para testar se uma diferença observada entre duas proporções amostrais é significativa ou se pode ser atribuída ao acaso baseia-se na teoria seguinte: se x_1 e x_2 são os números de sucessos obtidos em n_1 provas de um tipo e n_2 provas de um outro tipo, se todas provas são independentes, e se as probabilidades de sucesso correspondentes são p_1 e p_2, respectivamente, então a distribuição amostral da diferença

$$\frac{x_1}{n_1} - \frac{x_2}{n_2}$$

tem a média $p_1 - p_2$ e o desvio-padrão

$$\sqrt{\frac{p_1(1-p_1)}{n_1} + \frac{p_2(1-p_2)}{n_2}}$$

É costumeiro denominar esse desvio-padrão de **erro-padrão da diferença entre duas proporções**.

Quando testamos a hipótese nula $p_1 = p_2 (= p)$ contra uma hipótese alternativa apropriada, a média da distribuição da diferença entre duas proporções amostrais é $p_1 - p_2 = 0$, e seu desvio-padrão pode ser escrito como

$$\sqrt{p(1-p)\left(\frac{1}{n_1} + \frac{1}{n_2}\right)}$$

onde p é geralmente estimado pela **combinação** dos dados e pela substituição de p pela proporção amostral combinada

$$\hat{p} = \frac{x_1 + x_2}{n_1 + n_2}$$

que, como anteriormente, lê-se "p chapéu". Então, convertendo em unidades padronizadas, obtemos a estatística

ESTATÍSTICA PARA O TESTE RELATIVO À DIFERENÇA ENTRE DUAS PROPORÇÕES

$$z = \frac{\dfrac{x_1}{n_1} - \dfrac{x_2}{n_2}}{\sqrt{\hat{p}(1-\hat{p})\left(\dfrac{1}{n_1} + \dfrac{1}{n_2}\right)}} \quad \text{com} \quad \hat{p} = \frac{x_1 + x_2}{n_1 + n_2}$$

a qual, para grandes amostras, é um valor de uma variável aleatória que tem aproximadamente a distribuição normal padrão. Para dar a essa fórmula uma aparência mais compacta, podemos substituir no numerador $\hat{p}_1$ por x_1/n_1 e $\hat{p}_2$ por x_2/n_2.

Novamente, aqui os critérios de teste são análogos aos exibidos na Figura 12.4, com p_1 e p_2 substituindo μ e μ_0. Analogamente à tabela da página 307, os critérios de teste da hipótese nula $p_1 = p_2$ são como segue:

Hipótese alternativa	Rejeitar a hipótese nula se	Aceitar a hipótese nula ou reservar reserve julgamento se
$p_1 < p_2$	$z \leq -z_\alpha$	$z > -z_\alpha$
$p_1 > p_2$	$z \geq z_\alpha$	$z < z_\alpha$
$p_1 \neq p_2$	$z \leq -z_{\alpha/2}$ ou $z \geq z_{\alpha/2}$	$-z_{\alpha/2} < z < z_{\alpha/2}$

EXEMPLO 14.4 Um estudo mostrou que 56 dentre 80 pessoas que viram uma propaganda de um molho de espaguete na televisão durante uma novela e 38 dentre 80 pessoas que viram a propaganda durante um jogo de futebol lembraram da marca do molho duas horas depois. Ao nível 0,01 de significância, o que podemos concluir sobre a alegação de que é mais eficaz anunciar esse produto durante o horário de uma novela do que durante um jogo de futebol? Suponha que o custo da propaganda seja o mesmo em ambos programas.

Solução
1. H_0: $p_1 = p_2$
   H_A: $p_1 > p_2$
2. $\alpha = 0,01$
3. Rejeitar a hipótese nula se $z \geq 2,33$, onde z é dado pela fórmula à página 336; caso contrário, aceitar a hipótese nula ou reservar julgamento.
4. Substituindo $x_1 = 56$, $x_2 = 38$, $n_1 = 80$ e $n_2 = 80$ e

$$\hat{p} = \frac{56 + 38}{80 + 80} = 0,5875$$

na fórmula para z, obtemos

$$z = \frac{\frac{56}{80} - \frac{38}{80}}{\sqrt{(0,5875)(0,4125)\left(\frac{1}{80} + \frac{1}{80}\right)}} \approx 2,89$$

5. Como $z = 2,89$ é maior do que 2,33, a hipótese nula deve ser rejeitada; em outras palavras, concluímos que anunciar o molho de espaguete durante o horário de uma novela é mais eficaz do que anunciá-lo durante um jogo de futebol.

EXERCÍCIOS

14.1 Um agente de viagens alega que dentre todas as pessoas que solicitam informações sobre cruzeiros transatlânticos, no máximo 5% delas realmente faz um desses cruzeiros dentro de um ano. Se, numa amostra aleatória de 16 pessoas que solicitaram informações sobre tais cruzeiros, 3 realmente fizeram um cruzeiro, isso é evidência suficiente para rejeitar a alegação da agente de viagens $p = 0,05$ contra a alternativa $p > 0,05$ ao nível 0,01 de significância?

14.2 Com referência ao Exercício 14.1, poderíamos rejeitar a alegação da agente de viagens ao nível 0,05 de significância?

14.3 Um cientista social alega que, entre pessoas residindo em áreas urbanas, 50% são contra a pena de morte (enquanto que os outros são a favor ou indecisos). Teste a hipótese nula $p = 0,50$ contra a hipótese alternativa $p \neq 0,50$ ao nível 0,10 de significância se, numa amostra aleatória de $n = 20$ pessoas residindo em áreas urbanas, 14 são contra a pena de morte.

14.4 Num estudo de aerofobia, um psicólogo afirma que 27% de todas as mulheres têm medo de voar. Se 18 mulheres são entrevistadas, quantas devem ter medo de voar para que a hipótese nula $p = 0,27$ possa ser rejeitada contra a hipótese alternativa $p \neq 0,27$ ao nível 0,05 de significância? Use o impresso de computador da distribuição binomial com $n = 18$ e $p = 0,27$ dado na Figura 8.6.

14.5 Uma comissão investigando acidentes nas escolas de Ensino Fundamental alega que pelo menos 36% de todos acidentes nessas escolas são decorrentes, pelo menos em parte, de supervisão inadequada. Se uma amostra aleatória de 300 desses acidentes inclui 94 que foram devido, pelo menos parcialmente, à supervisão inadequada, isso corrobora a alegação da comissão? Para responder essa questão, teste a hipótese nula $p = 0,36$ contra a hipótese alternativa $p < 0,36$ ao nível 0,05 de significância, usando
(a) a fórmula para z sem a correção de continuidade;
(b) a fórmula para z com a correção de continuidade.

14.6 Na construção de tabelas de números aleatórios, existem várias maneiras de testar possíveis desvios de aleatoriedade. Uma dessas consiste em verificar se há o mesmo número de algarismos pares (0, 2, 4, 6 ou 8) quanto ímpares (1, 3, 5, 7 ou 9). Assim, conte o número de algarismos pares entre os 350 números nas primeiras 10 linhas da página de exemplo de números aleatórios reproduzida na Figura 10.2 e teste ao nível 0,05 de significância se existe algum indício significativo de falta de aleatoriedade.

14.7 Para cada uma de 500 amostras aleatórias simuladas, uma turma de Estatística determinou um intervalo de confiança de 95% para a média e constatou que apenas 464 deles continham a média da população amostrada; os outros 36 não a continham. Ao nível 0,01 de significância, há alguma evidência real para duvidar de que o método aplicado realmente produza intervalos de 95% de confiança?

14.8 Numa amostra aleatória de 600 pessoas entrevistadas num jogo de vôlei, 157 se queixaram da falta de conforto de seus assentos. Teste a alegação de que 30% das pessoas no jogo pensariam o mesmo, usando o
(a) nível 0,05 de significância;
(b) nível 0,01 de significância.

14.9 Um método de borrifar nuvens (para provocar chuva) obteve sucesso em 54 dentre 150 tentativas, enquanto que outro método obteve sucesso em 33 dentre 100 tentativas. Ao nível 0,05 de significância, pode-se concluir que o primeiro método é superior ao segundo?

14.10 Um pedido de auxílio, feito pelo correio, teve 412 respostas a 5.000 cartas enviadas, e outro pedido, mais dispendioso, teve 312 respostas a 3.000 cartas enviadas. Com o nível 0,01 de significância, teste a hipótese nula de que os dois pedidos foram igualmente eficazes, contra a alternativa de que o mais dispendioso é mais eficaz.

14.11 Numa amostra aleatória de visitantes de um museu, 22 de 100 famílias provenientes da Região Sul e 33 de 120 famílias do estado de São Paulo compraram alguma coisa nas lojas do museu. Use o nível 0,05 de significância para testar a hipótese nula $p_1 = p_2$ de que não há diferença entre as proporções populacionais correspondentes, contra a hipótese alternativa $p_1 \neq p_2$.

14.12 O departamento de atendimento ao público de uma concessionária BMW oferece chocolates aos clientes que estão esperando o retorno do carro da revisão. Quando oferecem 12 dúzias de bombons da marca A, constatam que 96 são comidos completamente enquanto que os demais são comidos parcialmente ou descartados. Quando oferecem 12 dúzias de bombons da marca B, constatam que 105 são comidos completamente enquanto que os demais são comidos parcialmente ou descartados. Ao nível 0,05 de significância, teste se a diferença entre as proporções amostrais correspondentes são significantes.

14.13 Uma amostra aleatória de 100 alunos do Ensino Médio foi consultada sobre se pediria ajuda dos pais num trabalho de Matemática para casa, e outra amostra aleatória de 100 alunos do Ensino Médio foi consultada sobre o mesmo ponto relativo a um trabalho de língua portuguesa. Se 62 estudantes da primeira amostra e 44 da segunda responderam que pediriam a ajuda dos pais, teste, ao nível 0,05 de significância, se a diferença entre as duas proporções amostrais $\frac{62}{100}$ e $\frac{44}{100}$ pode ser atribuída ao acaso.

14.14 Numa amostra aleatória de 200 certidões de casamento emitidas em 1987, 62 das mulheres eram pelo menos um ano mais velhas do que os homens, e numa amostra aleatória de 300 certidões de casamento emitidas em 1997, 99 das mulheres eram pelo menos um ano mais velhas do que os homens. Ao nível 0,01 de significância, verifique se a tendência crescente é estatisticamente significante.

14.4 ANÁLISE DE UMA TABELA $r \times c$

O método que vamos descrever nesta seção aplica-se a vários tipos de problemas que diferem conceitualmente, mas que são analisados da mesma maneira. Inicialmente, consideramos um problema que é uma generalização imediata do tipo de problema que estudamos na Seção 14.3. Suponha que amostras aleatórias independentes de pessoas solteiras, casadas e viúvas ou divorciadas foram perguntadas se "amigos e vida social" ou "emprego ou atividade principal" contribuem mais para seu bem-estar geral, e que os resultados obtidos foram como segue:

	Solteiro	Casado	Viúvo ou divorciado
Amigos e vida social	47	59	56
Emprego ou atividade principal	33	61	44
Total	80	120	100

Aqui temos amostras de tamanho $n_1 = 80$, $n_2 = 120$ e $n_3 = 100$ de três populações binomiais, e queremos determinar se as diferenças entre as proporções de pessoas escolhendo "amigos e vida social" são estatisticamente significantes. A hipótese que devemos testar é a hipótese nula $p_1 = p_2 = p_3$ onde p_1, p_2 e p_3 são as proporções reais correspondentes às três populações binomiais. A hipótese alternativa será que p_1, p_2 e p_3 não são todos iguais.

A distribuição binomial só é aplicável se cada prova tiver dois resultados possíveis. Quando há mais de dois resultados possíveis, utilizamos a distribuição multinomial (ver Seção 8.6) em vez da distribuição binomial, desde que todas provas sejam independentes, que o número de provas seja fixo e que, para cada resultado possível, a probabilidade não mude de prova a prova. Para ilustrar uma tal situação multinomial, suponha que no exemplo precedente houvesse uma terceira alternativa "saúde e condição física" e que os resultados obtidos tivessem sido os dados na tabela seguinte:

	Solteiro	Casado	Viúvo ou divorciado	
Amigos e vida social	41	49	42	132
Emprego ou atividade principal	27	50	33	110
Saúde e condição física	12	21	25	58
	80	120	100	300

Como antes, temos três amostras separadas, os totais das colunas são os tamanhos amostrais fixos, mas cada prova (cada pessoa entrevistada) permite três resultados distintos. Observe que os totais de linhas, 41 + 49 + 42 = 132, 27 + 50 + 33 = 110 e 12 + 21 + 25 = 58 dependem das respostas das pessoas entrevistadas e, portanto, do acaso. Em geral, uma tabela como essa, como r linhas e c colunas, é denominada uma **tabela $r \times c$** (ler "tabela r por c"). Em particular, a tabela precedente é dita uma tabela 3×3.

A hipótese nula que queremos testar nessa situação multinomial é que para cada uma das três escolhas ("amigos e vida social", "emprego ou atividade principal" e "saúde e condição física"), as probabilidades são as mesmas para cada um dos três grupos de pessoas entrevistadas. Simbolicamente, se p_{ij} é a probabilidade de obter uma resposta relativa à i-ésima linha e j-ésima coluna da tabela, a hipótese nula é

$$H_0: p_{11} = p_{12} = p_{13}, \; p_{21} = p_{22} = p_{23} \text{ e}$$
$$p_{31} = p_{32} = p_{33}$$

onde os p devem somar 1 para cada coluna. Mais compactamente, podemos escrever essa hipótese nula como

$$H_0: p_{i1} = p_{i2} = p_{i3} \quad \text{para} \quad i = 1, 2 \text{ e } 3$$

A hipótese alternativa é que os p não sejam todos iguais ao menos em um linha, a saber,

$$H_A: p_{i1}, p_{i2} \text{ e } p_{i3} \text{ não são todos iguais para ao menos um valor de } i$$

Antes de mostrar como todos esses problemas são analisados, vamos mencionar mais uma situação em que se aplica o método desta seção. O que a distingue dos exemplos precedentes é que os totais das colunas, bem como os das linhas, são deixados ao acaso. Para exemplificar isso, suponha que queiramos investigar se há alguma relação entre as notas no teste de qualificação de pessoas que passaram por um programa de treinamento e seu desempenho subseqüente num emprego. Suponha, ainda, que uma amostra aleatória de 400 casos extraídos de arquivos muito extensos tenha dado o seguinte resultado:

		Desempenho			
		Fraco	*Razoável*	*Bom*	
	Abaixo da média	67	64	25	156
Notas no teste	*Média*	42	76	56	174
	Acima da média	10	23	37	70
		119	163	118	400

Aqui há apenas uma amostra, o **total geral** de 400 é seu tamanho fixo, e cada prova (cada caso extraído dos arquivos) admite nove resultados diferentes. É principalmente em decorrência de problemas como esse que as tabelas $r \times c$ são denominadas **tabelas de contingência**.

O objetivo da investigação que levou à tabela imediatamente precedente foi ver ser existe uma relação entre as notas no teste de pessoas que passaram pelo programa de treinamento e seu desempenho subseqüente no emprego. Em geral, as hipóteses que testamos na análise de uma tabela de contingência são

H_0: As duas variáveis sob consideração são independentes.
H_A: As duas variáveis não são independentes.

A despeito das diferenças apontadas, a análise de uma tabela $r \times c$ é a mesma para cada um dos três exemplos apresentados, e vamos ilustrá-la aqui detalhadamente analisando o segundo exemplo, o que tratou de diversos fatores que contribuem para o bem-estar de uma pessoa. Se a hipótese nula é verdadeira, podemos combinar as três amostras e estimar a probabilidade de que alguma pessoa vá escolher "amigos e vida social" como o fator que mais contribui para seu bem estar por

$$\frac{41 + 49 + 42}{300} = \frac{132}{300}$$

Aqui, dentre as 80 pessoas solteiras e as 120 pessoas casadas podemos esperar, respectivamente, que $\frac{132}{300} \cdot 80 = \frac{132 \cdot 80}{300} = 35,2$ e $\frac{132}{300} \cdot 120 = \frac{132 \cdot 120}{300} = 52,8$ escolham "amigos e vida social" como o fator que mais contribui para seu bem estar. Observe que em ambos casos obtemos a freqüência esperada com a multiplicação do total da linha pelo total da coluna e então dividindo pelo total geral de toda a tabela. Na verdade, o argumento que nos levou a esse resultado pode ser usado para mostrar que, em geral,

> **Obtém-se a freqüência esperada de qualquer célula de uma tabela $r \times c$ multiplicando o total da linha à qual pertence pelo total da coluna à qual pertence e, em seguida, dividindo o resultado pelo total geral da tabela**

Com essa regra, obtemos as freqüências esperadas de $\frac{110 \cdot 80}{300} \approx 29,3$ e $\frac{110 \cdot 120}{300} = 44,0$ para a primeira e a segunda células da segunda linha.

Não é preciso calcular dessa maneira todas as freqüências esperadas, pois pode ser mostrado (ver Exercícios 14.34 e 14.35) que a soma das freqüências esperadas para qualquer linha ou coluna é igual à soma das freqüências observadas correspondentes. Assim, algumas freqüências esperadas podem ser obtidas por subtração de totais de linhas ou de colunas. Assim é que, em nosso exemplo, temos

$$132 - 35,2 - 52,8 = 44,0$$

para a terceira célula da primeira linha,

$$110 - 29,3 - 44,0 = 36,7$$

para a terceira célula da segunda linha, e

$$80 - 35,2 - 29,3 = 15,5$$
$$120 - 52,8 - 44,0 = 23,2$$
$$100 - 44,0 - 36,7 = 19,3$$

para as três células da terceira linha. Esses resultados estão resumidos na tabela a seguir, em que as freqüências esperadas aparecem entre parênteses, abaixo das freqüências observadas correspondentes:

	Solteiro	Casado	Viúvo ou divorciado
Amigos e vida social	41 (35,2)	49 (52,8)	42 (44,0)
Emprego ou atividade principal	27 (29,3)	50 (44,0)	33 (36,7)
Saúde e condição física	12 (15,5)	21 (23,2)	25 (19,3)

ESTATÍSTICA PARA ANÁLISE DE UMA TABELA $r \times c$

Para testar a hipótese nula sob a qual as **freqüências esperadas das células** foram calculadas, podemos compará-las com as **freqüências observadas das células**. Faz sentido esperar que a hipótese nula deva ser rejeitada se as discrepâncias entre as freqüências observadas e esperadas forem grandes, e que devamos aceitar a hipótese nula (ou, pelo menos, reservar julgamento) se as discrepâncias entre as freqüências observadas e esperadas forem pequenas.

Denotando pela letra o as freqüências observadas e pela letra e as freqüências esperadas, baseamos essa comparação na seguinte **estatística qui-quadrado**:

$$\chi^2 = \sum \frac{(o-e)^2}{e}$$

Se a hipótese nula é verdadeira, essa estatística é um valor de uma variável aleatória que tem aproximadamente a distribuição qui-quadrado (ver página 282) com $(r-1)(c-1)$ graus de liberdade. Quando $r = 3$ e $c = 3$ como em nosso exemplo, o número de graus de liberdade é $(3-1)(3-1) = 4$. Observe que, após termos calculado quatro freqüências esperadas de acordo com a regra à página 341, todas as freqüências restantes esperadas foram determinadas automaticamente mediante subtração dos totais de linhas ou de colunas.

Como pretendemos rejeitar a hipótese nula quando as discrepâncias entre os o e os e são grandes, usamos aplicamos o critério de teste unilateral da Figura 14.2; simbolicamente, rejeitamos a hipótese nula ao nível α de significância se $\chi^2 \geq \chi_\alpha^2$ para $(r-1)(c-1)$ graus de liberdade. Tenha em mente, entretanto, que esse teste é apenas um teste aproximado para grandes amostras, sendo desaconselhada a sua aplicação quando uma (ou mais) das freqüências esperadas é inferior a 5. (Quando isso ocorrer, às vezes podemos salvar a situação combinando algumas das células, linhas ou colunas de modo que nenhuma das freqüências de células esperadas seja inferior a 5. Nesse caso, existe uma perda correspondente no número de graus de liberdade.)

EXEMPLO 14.5 Com referência ao problema que trata dos fatores que mais contribuem para o bem-estar de uma pessoa, teste, ao nível 0,01 de significância, se para cada uma das três alternativas as probabilidades são as mesmas para uma pessoa solteira, casada ou viúva ou divorciada.

Solução 1. H_0: $p_{i1} = p_{i2} = p_{i3}$ para $i = 1, 2$ e 3.

H_A: p_{i1}, p_{i2} e p_{i3} não são todos iguais para pelo menos um valor de i.

2. $\alpha = 0,01$

3. Rejeitar a hipótese nula se $\chi^2 \geq 13,277$, onde

$$\chi^2 = \sum \frac{(o-e)^2}{e}$$

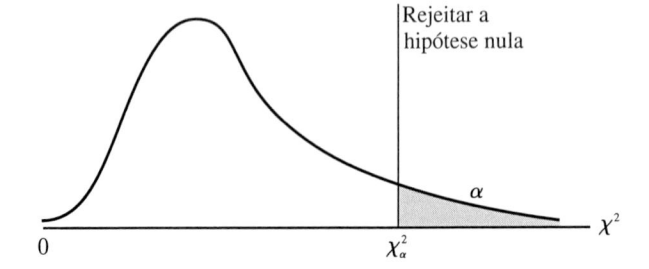

Figura 14.2
Critério do teste qui-quadrado.

e 13,277 é o valor de $\chi^2_{0,01}$ para $(3-1)(3-1) = 4$ graus de liberdade; caso contrário, aceitar a hipótese nula ou reservar julgamento.

4. Substituindo as freqüências observadas e esperadas resumidas na tabela à página 341 na fórmula de χ^2, obtemos

$$\chi^2 = \frac{(41-35,2)^2}{35,2} + \frac{(49-52,8)^2}{52,8} + \frac{(42-44,0)^2}{44,0}$$
$$+ \frac{(27-29,3)^2}{29,3} + \frac{(50-44,0)^2}{44,0} + \frac{(33-36,7)^2}{36,7}$$
$$+ \frac{(12-15,5)^2}{15,5} + \frac{(21-23,2)^2}{23,2} + \frac{(25-19,3)^2}{19,3}$$
$$\approx 5,37$$

5. Como $\chi^2 = 5,37$ é menor do que 13,277, a hipótese nula não pode ser rejeitada; isto é, concluímos que para cada uma das três alternativas as probabilidades são as mesmas para uma pessoa solteira, casada ou enviuvada ou divorciada, ou reservamos julgamento.

A Figura 14.3 mostra um impresso de MINITAB da análise qui-quadrado precedente. A diferença entre os valores de χ^2 obtidos anteriormente e os valores 5,37 e 5,337 da Figura 14.3 é devida ao arredondamento. O impresso também mostra que o valor p correspondente ao valor da estatística qui-quadrado é 0,254. Como isso excede o nível 0,05 de significância especificado, concluímos como antes que a hipótese nula não pode ser rejeitada.

Alguns estatísticos preferem a fórmula alternativa

FÓRMULA ALTERNATIVA PARA A ESTATÍSTICA QUI-QUADRADO

$$\chi^2 = \sum \frac{o^2}{e} - n$$

```
Teste Qui-Quadrado: C1, C2, C3

Expected counts are printed below observed counts

              C1         C2         C3     Total
    1         41         49         42       132
            35.20      52.80      44.00

    2         27         50         33       110
            29.33      44.00      36.67

    3         12         21         25        58
            15.47      23.20      19.33

Total         80        120        100       300

ChiSq =    0.956 +    0.273 +    0.091 +
           0.186 +    0.818 +    0.367 +
           0.777 +    0.209 +    1.661  =    5.337
DF = 4,  P-Value = 0.254
```

Figura 14.3
Impresso de computador para a análise do Exemplo 14.5.

onde n é o total geral das freqüências de toda a tabela. Essa fórmula alternativa realmente simplifica os cálculos, mas a fórmula original mostra mais claramente como χ^2 é realmente afetado pelas discrepâncias entre os o e os e.

EXEMPLO 14.6 Use a fórmula alternativa para recalcular χ^2 para o Exemplo 14.5.

Solução
$$\chi^2 = \frac{41^2}{35,2} + \frac{49^2}{52,8} + \frac{42^2}{44,0} + \frac{27^2}{29,3} + \frac{50^2}{44,0}$$
$$+ \frac{33^2}{36,7} + \frac{12^2}{15,5} + \frac{21^2}{23,2} + \frac{25^2}{19,3} - 300$$
$$\approx 5,37$$

Isso confere com o resultado obtido anteriormente.

Antes de testar a independência em nosso terceiro exemplo, o que trata das notas no teste e desempenho no emprego, demonstremos primeiro que a regra da página 341, para calcular as freqüências esperadas das células, também é aplicável a esse tipo de situação. Sob a hipótese nula de independência, a probabilidade de escolher aleatoriamente o arquivo de uma pessoa cuja nota do teste está abaixo da média e cujo desempenho no emprego é fraco é dada pelo produto da probabilidade de escolher o arquivo de uma pessoa cuja nota do teste está abaixo da média pela probabilidade de escolher o arquivo de uma pessoa cujo desempenho no emprego é fraco. Usando o total da primeira linha, o total da primeira coluna e o total geral da tabela toda para estimar essas probabilidades, obtemos

$$\frac{67 + 64 + 25}{400} = \frac{156}{400}$$

para a probabilidade de escolher o arquivo de uma pessoa cuja nota do teste está abaixo da média. Analogamente, obtemos

$$\frac{67 + 42 + 10}{400} = \frac{119}{400}$$

para a probabilidade de escolher o arquivo de uma pessoa cujo desempenho no emprego é fraco. Portanto, estimamos a probabilidade de escolher o arquivo de uma pessoa cuja nota do teste está abaixo da média e cujo desempenho no emprego é fraco como sendo $\frac{156}{400} \cdot \frac{119}{400}$, e numa amostra de tamanho 400 esperaríamos encontrar

$$400 \cdot \frac{156}{400} \cdot \frac{119}{400} = \frac{156 \cdot 119}{400} \approx 46,4$$

pessoas que satisfazem essa distribuição. Observe que no passo final dessas contas, $\frac{156 \cdot 119}{400}$ é precisamente o produto do total da primeira linha pelo total da primeira coluna, dividido pelo total geral de toda a tabela. Isso ilustra que a regra da página 341, para calcular as freqüências esperadas das células, também é aplicável ao caso em que os totais das linhas, bem como os totais das colunas, dependem do acaso.

EXEMPLO 14.7 Com referência ao problema que trata das notas nos testes de qualificação num programa de treinamento e do desempenho subseqüente num emprego, teste, ao nível 0,01 de significância, se esses dois tipos de avaliação são independentes.

Solução 1. H_0: Notas no teste e desempenho no emprego são independentes.

H_A: Notas no teste e desempenho no emprego não são independentes.

2. $\alpha = 0{,}01$

3. Rejeitar a hipótese nula se $\chi^2 \geq 13{,}277$, onde

$$\chi^2 = \sum \frac{(o-e)^2}{e}$$

e 13,277 é o valor de $\chi^2_{0,01}$ para $(3-1)(3-1) = 4$ graus de liberdade; caso contrário, aceitar a hipótese nula ou reservar julgamento.

4. Multiplicando os totais de linhas pelos totais de colunas e então dividindo pelo total geral de toda tabela, obtemos as freqüências de células esperadas que estão mostradas entre parênteses na tabela a seguir, abaixo das correspondentes freqüências de células observadas:

Notas no teste de qualificação

	Desempenho		
	Fraco	*Razoável*	*Bom*
Abaixo da média	67 (46,4)	64 (63,6)	25 (46,0)
Média	42 (51,8)	76 (70,9)	56 (51,3)
Acima da média	10 (20,8)	23 (28,5)	37 (20,7)

Então, substituindo as freqüências observadas e as freqüências esperadas na fórmula original de χ^2, obtemos

$$\chi^2 = \frac{(67-46{,}4)^2}{46{,}4} + \frac{(64-63{,}6)^2}{63{,}6} + \frac{(25-46{,}0)^2}{46{,}0}$$
$$+ \frac{(42-51{,}8)^2}{51{,}8} + \frac{(76-70{,}9)^2}{70{,}9} + \frac{(56-51{,}3)^2}{51{,}3}$$
$$+ \frac{(10-20{,}8)^2}{20{,}8} + \frac{(23-28{,}5)^2}{28{,}5} + \frac{(37-20{,}7)^2}{20{,}7}$$
$$\approx 40{,}89$$

5. Como $\chi^2 = 40{,}89$ excede 13,277, a hipótese nula deve ser rejeitada; ou seja, concluímos que existe uma relação entre as notas de teste e o desempenho no emprego.

Imediatamente após o Exemplo 14.5, repetimos o trabalho feito com o impresso de computador da análise qui-quadrado. Dessa vez, repetimos o trabalho usando uma calculadora gráfica. No alto da Figura 14.4 encontramos os dados observados digitados na **MATRIZ [A]**, e no pé da figura encontramos os resultados da análise qui-quadrado $\chi^2 = 41{,}01$ arredondada até a segunda casa decimal e o valor *p* correspondente de 0,000000027. (Esse valor de qui-quadrado difere do obtido anteriormente pelo arredondamento, e o valor *p* não pode ser tomado muito literalmente, pois nossa estatística somente aproxima a distribuição qui-quadrado com 4 graus de liberdade.) Embora a parte do meio da Figura 14.4 não seja realmente necessária, ela mostra as freqüências de células esperadas na **MATRIZ [B]**.

```
MATRIX[A]  3 ×3
[ 67      64      25    ]
[ 42      76      56    ]
[ 10      23      37    ]
```

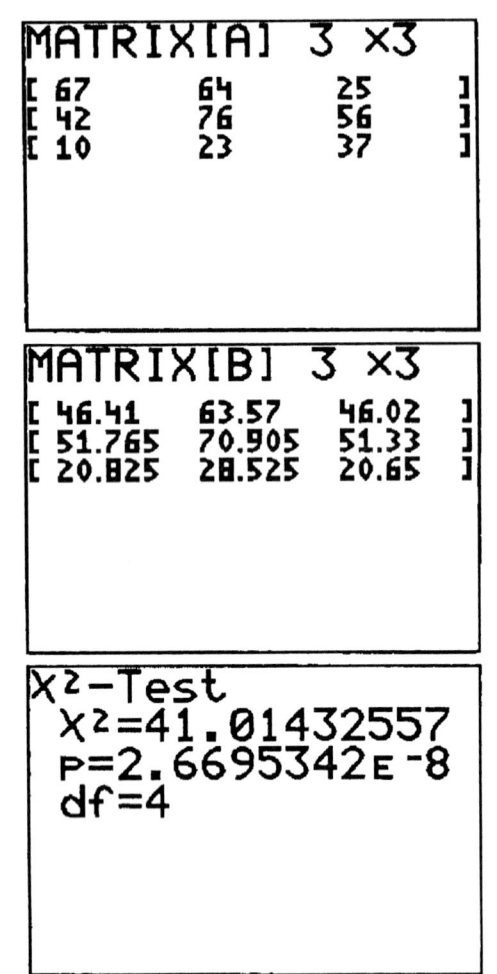

```
MATRIX[B]  3 ×3
[ 46.41    63.57    46.02  ]
[ 51.765   70.905   51.33  ]
[ 20.825   28.525   20.65  ]
```

```
X²-Test
 X²=41.01432557
 P=2.6695342E-8
 df=4
```

Figura 14.4
Análise da tabela $r \times c$ do Exemplo 14.7 reproduzido da janela de uma calculadora gráfica TI-83.

Na análise de tabelas $r \times c$, o caso especial em que $r = 2$ e os totais de coluna são tamanhos amostrais fixos tem muitas aplicações importantes. Aqui estamos testando, na verdade, para diferenças significantes entre c proporções amostrais, e podemos simplificar a notação denotando por $p_1, p_2, \ldots$, e p_c as proporções populacionais correspondentes. Também para $c = 2$ temos um método alternativo para testar a significância da diferença entre duas proporções (como na Seção 14.3), mas o método somente é aplicável quando a hipótese alternativa é $p_1 \neq p_2$. Nesse caso, a relação entre a estatística z da Seção 14.3 e a estatística χ^2 desta seção é $z^2 = \chi^2$, como o leitor está convidado a verificar no Exercício 14.32 para os dados do Exemplo 14.4.

Uma característica notável, embora indesejável, da análise qui-quadrado de uma tabela $r \times c$ é que a estatística χ^2 não é afetada pela permuta de linhas e/ou colunas. Isso faz com que a análise desperdice informação sempre que as categorias de linhas e/ou as categorias de colunas refletirem uma ordem definida, ou seja, quando tratamos com dados categóricos ordenados. Esse foi o caso no Exemplo 14.7, em que as notas de teste variavam desde abaixo da média até acima da média e o desempenho no emprego variava de fraco a bom. Para evitar esse defeito da análise qui-quadrado de tabelas $r \times c$, os estatísticos desenvolveram procedimentos alternativos. Nesses procedimentos, números substituem as categorias ordenadas. Em geral, mas não necessariamente, esses números são inteiros consecutivos, de preferência inteiros que tornem a aritmética o mais simples possível. (Por exemplo, para três categorias ordenadas poderíamos usar os inteiros −1, 0 e 1.) Não entraremos em detalhes sobre isso, mas uma exemplificação pode ser encontrada no Exemplo 17.2. Também indicamos dois livros que tratam da análise de dados categóricas ordenados nas referencias ao final deste capítulo.

EXERCÍCIOS

14.15 Use a fórmula alternativa de qui-quadrado à página 343 para recalcular o valor da estatística qui-quadrado obtida no Exemplo 14.7.

14.16 Suponha que entrevistemos 50 mecânicos da Chevrolet, 50 mecânicos da Ford e 50 mecânicos da Volkswagen e perguntemos se é muito fácil, fácil, razoavelmente difícil ou muito difícil de trabalhar nos modelos mais recentes de sua marca. Qual hipótese queremos testar se pretendemos efetuar uma análise qui-quadrado da tabela 3 × 4 resultante?

14.17 Suponha que tomemos uma amostra aleatória de 400 moradores de um conjunto habitacional popular e classifiquemos cada um segundo tenha emprego de tempo parcial, emprego de tempo integral ou não tenha emprego, e também de acordo com o número de filhos: 0, 1, 2, 3 ou 4 ou mais. Que hipóteses devemos testar se quisermos fazer uma análise qui-quadrado da tabela 3 × 5 resultante?

14.18 Num grupo de 200 pessoas que sofrem de desordens de ansiedade, 100 foram submetidas a psicoterapia e 100 receberam aconselhamento psicológico. Passados seis meses, uma comissão de psiquiatras determinou se sua condição havia piorado, permanecia inalterada, ou havia melhorado. Os resultados estão exibidos na tabela a seguir. Use o nível 0,05 de significância para testar se os dois tipos de tratamento foram igualmente eficazes.

	Psicoterapia	Aconselhamento psicológico
Piorou	8	11
Inalterado	58	62
Melhorou	34	27

14.19 Use um computador para refazer a análise qui-quadrado do Exercício 14.18.

14.20 Um grupo de pesquisa, interessado em saber se as proporções de filhos que seguem a profissão paterna é a mesma para grupos selecionados de profissões, tomou amostras aleatórias de tamanhos 200, 150, 180 e 100, respectivamente, em que os pais eram médicos, banqueiros, professores e advogados, obtendo o seguinte resultado:

	Médicos	Banqueiros	Professores	Advogados
Mesma profissão	37	22	26	23
Profissão diferente	163	128	154	77

Use o nível 0,05 de significância para testar se as diferenças entre as quatro proporções, $\frac{37}{200} = 0,185$, $\frac{22}{150} \approx 0,147$, $\frac{26}{180} \approx 0,144$ e $\frac{23}{100} = 0,23$ são significantes.

14.21 Um pró-reitor de uma universidade quer determinar se há alguma conexão entre a titulação e a opinião dos professores sobre uma proposta de alteração curricular. Entrevistando uma amostra de 80 professores auxiliares, 140 professores assistentes, 100 professores adjuntos e 80 professores titulares, ele obtem os resultados mostrados na tabela seguinte:

	Auxiliar	Assistente	Adjunto	Titular
Contrário	8	19	15	12
Indiferente	40	41	24	16
Favorável	32	80	61	52

Use o nível 0,01 de significância para testar a hipótese nula de que realmente não há diferenças de opinião sobre as alterações curriculares entre os quatro grupos.

14.22 Use um computador ou uma calculadora gráfica para refazer o Exercício 14.21.

14.23 Utilizando a informação fornecida na tabela a seguir, que é o resultado de um levantamento amostral conduzido numa universidade estadual grande, decida se há alguma relação entre o interesse e a capacidade de estudantes para estudar alguma língua estrangeira. Use o nível 0,05 de significância.

		Capacidade		
		Pouca	Média	Alta
	Pouco	28	17	15
Interesse	Médio	20	40	20
	Alto	12	28	40

14.24 Num estudo para determinar se há alguma relação entre o padrão de vestuário de empregados de bancos e sua progressão profissional, uma amostra de tamanho $n = 500$ forneceu os resultados mostrados na tabela seguinte:

	Velocidade de progressão		
	Lenta	Média	Rápida
Muito bem vestido	38	135	129
Bem vestido	32	68	43
Mal vestido	13	25	17

Use o nível 0,025 de significância para testar se realmente há uma relação entre o padrão de vestuário de empregados de bancos e sua progressão profissional.

14.25 Use um computador ou uma calculadora gráfica para refazer o Exercício 14.24 com o nível de significância alterado para 0,01.

14.26 Uma grande fábrica contrata muitos empregados com necessidades especiais. Para ver se suas necessidades afetam seu desempenho, o setor de pessoal obteve os seguintes dados amostrais, em que os totais de colunas são tamanhos amostrais fixos:

		Surdo	Cego	Outros	Nenhum
	Acima da média	11	3	14	36
Performance	Médio	24	11	39	134
	Abaixo da média	5	6	7	30

Explique por que não pode ser feita uma análise qui-quadrado "padrão" com $(3-1)(4-1) = 6$ graus de liberdade.

14.27 Com referência ao Exercício 14.26, combine as três primeiras colunas e então teste ao nível 0,05 de significância se necessidades especiais afetam o desempenho dos empregados.

14.28 Se a análise de uma tabela de contingência mostra que há uma relação entre as duas variáveis sob consideração, a intensidade da relação pode ser medida pelo **coeficiente de contingência**

$$C = \sqrt{\frac{\chi^2}{\chi^2 + n}}$$

onde χ^2 é o valor da estatística qui-quadrado obtido para a tabela e n é o total geral de todas as freqüências. Esse coeficiente assume valores entre 0 (que corresponde à independência) e um valor máximo menor do que 1, que depende do tamanho da tabela; por exemplo, pode ser mostrado que para uma tabela 3×3 o valor máximo de C é $\sqrt{2/3} \approx 0,82$.

(a) Calcule o valor de C para o Exemplo 14.7, que trata das notas no teste de qualificação e do desempenho no emprego de pessoas que passaram por um programa de treinamento, onde tivemos $n = 400$ e $\chi^2 = 40,89$.

(b) Encontre o coeficiente de contingência para a tabela de contingência do Exercício 14.24.

14.29 Encontre o coeficiente de contingência para a seguinte tabela de contingência relativa ao desempenho de 190 aparelhos de rádio:

	Fidelidade		
	Baixa	*Média*	*Alta*
Baixa	7	12	31
Média	35	59	18
Alta	15	13	0

14.30 Refaça o Exercício 14.11 analisando os dados como uma tabela 2×2 e verifique que o valor obtido agora para χ^2 é igual ao quadrado do valor obtido originalmente para z.

14.31 Refaça o Exercício 14.12 analisando os dados como uma tabela 2×2 e verifique que o valor obtido agora para χ^2 é igual ao quadrado do valor obtido originalmente para z.

14.32 Refaça o Exemplo 14.4 à página 337 analisando os dados como uma tabela 2×2 e verifique que o valor obtido agora para χ^2 é igual ao quadrado do valor obtido originalmente para z.

14.33 A tabela a seguir dá os resultados de uma pesquisa em que amostras aleatórias dos membros de cinco grandes sindicatos foram consultados sobre se são favoráveis ou contrários a determinado candidato político:

	Sindicato 1	*Sindicato 2*	*Sindicato 3*	*Sindicato 4*	*Sindicato 5*
A favor do candidato	74	81	69	75	91
Contra o candidato	26	19	31	25	9

Ao nível 0,01 de significância, podemos concluir que as diferenças entre as cinco proporções amostrais são significativas?

14.34 Verifique que, se as freqüências esperadas numa tabela $r \times c$ são calculadas pela regra da página 341, a soma das freqüências esperadas para qualquer linha é igual à soma das freqüências observadas correspondentes.

14.35 Verifique que, se as freqüências esperadas numa tabela $r \times c$ são calculadas pela regra da página 341, a soma das freqüências esperadas para qualquer coluna é igual à soma das freqüências observadas correspondentes.

14.5 ADERÊNCIA

Nesta seção, abordamos uma outra aplicação do critério qui-quadrado, em que comparamos uma distribuição de freqüências observadas com uma distribuição que poderíamos esperar de acordo com a teoria ou com alguma suposição. Tal comparação é denominada teste de **aderência**.

A título de ilustração, suponha que a administração de um aeroporto queira conferir a alegação de um controlador de vôo de que o número de mensagens de rádio recebidas por minuto é uma variável aleatória de distribuição de Poisson com a média $\lambda = 1,5$. Se a alegação for correta, isso pode implicar a contratação de mais funcionários. Aparelhagem adequada forneceu os seguintes dados sobre o número de mensagens de rádio recebidas numa amostra aleatória de 200 intervalos de um minuto:

```
0 0 1 1 5   3 1 1 2 0   1 0 3 1 0   2 2 2 2 0   1 2 2 0 1
0 2 1 0 2   3 1 1 3 1   0 0 0 1 0   1 2 0 1 3   1 0 0 0 3
0 0 0 1 2   2 0 0 3 0   3 1 1 1 5   2 2 0 2 4   1 1 1 4 2
3 0 0 0 1   0 1 1 1 0   1 0 2 0 2   2 0 1 1 0   2 2 2 1 4
0 0 2 2 0   1 2 0 2 0   0 2 1 1 1   2 1 2 4 0   0 2 0 0 2
0 2 0 0 2   1 3 0 2 0   1 1 3 0 1   0 2 1 0 1   2 2 3 1 1
4 0 1 2 0   0 1 0 2 2   1 0 3 1 1   0 1 0 0 3   2 1 3 1 0
0 2 3 0 0   3 3 0 2 1   0 3 0 0 2   1 1 1 0 1   0 0 2 2 3
```

Resumindo, esses dados forneceram

Número de mensagens de rádio	Freqüência observada
0	70
1	57
2	46
3	20
4	5
5	2

Se a alegação do controlador de vôo for verdadeira, as freqüências esperadas correspondentes são obtidas multiplicando por 200 cada uma das probabilidades mostradas na Figura 14.5. Isso fornece

Número de mensagens de rádio	Freqüência esperada
0	44,6
1	66,9
2	50,2
3	25,1
4 ou mais	13,1

em que combinamos "4 ou mais" numa única classe, já que a freqüência esperada para "5 ou mais" é de 3,7, que é inferior a 5 e, portanto, muito pequena.

Para testar se as discrepâncias entre as freqüências observadas e as freqüências esperadas podem ser atribuídas ao acaso, utilizamos a mesma estatística qui-quadrado da Seção 14.4:

$$\chi^2 = \sum \frac{(o-e)^2}{e}$$

calculando $\frac{(o-e)^2}{e}$ separadamente para cada classe da distribuição. Em seguida, se o valor de χ^2 é maior do que ou igual a χ^2_α, rejeitamos a hipótese nula sobre a qual se baseiam as freqüências esperadas, ao nível α de significância. O número de graus de liberdade é $k - m - 1$, onde k é o número de termos

$$\frac{(o-e)^2}{e}$$

somados na fórmula para χ^2 e m é o número de parâmetros da distribuição de probabilidade (no caso presente a distribuição de Poisson) que devem ser estimados dos dados amostrais.

EXEMPLO 14.8 Com base nos dois conjuntos de freqüências dados anteriormente, as que foram observadas e as que foram esperadas para uma população de Poisson com $\lambda = 1,5$, teste a alegação do controlador de vôo ao nível 0,01 de significância.

Figura 14.5
Impresso de computador para probabilidades de Poisson com $\lambda = 1,5$

```
Função Densidade de Probabilidade

Poisson with mu = 1.50000

       x     P( X = x)
    0.00       0.2231
    1.00       0.3347
    2.00       0.2510
    3.00       0.1255
    4.00       0.0471
    5.00       0.0141
    6.00       0.0035
    7.00       0.0008
    8.00       0.0001
```

Solução 1. H_0: A população amostrada tem a distribuição de Poisson com $\lambda = 1,5$.

H_A: A população amostrada não tem a distribuição de Poisson com $\lambda = 1,5$.

2. $\alpha = 0,01$

3. Com "4 ou mais" combinados numa única classe, temos $k = 5$ na fórmula dos graus de liberdade, e como nenhum dos parâmetros da distribuição de Poisson precisou ser estimado a partir dos dados, temos $m = 0$. Portanto, rejeitamos a hipótese nula se

$$\chi^2 \geq 13,277, \quad \text{onde} \quad \chi^2 = \sum \frac{(o-e)^2}{e}$$

e 13,277 é o valor de $\chi^2_{0,01}$ para $k - m - 1 = 5 - 0 - 1 = 4$ graus de liberdade; caso contrário, aceitamos a hipótese nula ou reservamos julgamento.

4. Substituindo as freqüências observadas e as freqüências esperadas na fórmula para χ^2, obtemos

$$\chi^2 = \frac{(70 - 44,6)^2}{44,6} + \frac{(57 - 66,9)^2}{66,9} + \frac{(46 - 50,2)^2}{50,2}$$
$$+ \frac{(20 - 25,1)^2}{25,1} + \frac{(7 - 13,1)^2}{13,1}$$
$$\approx 20,2$$

5. Como 20,2 excede 13,277, a hipótese nula deve ser rejeitada; concluímos que ou a população não tem uma distribuição de Poisson ou tem uma distribuição de Poisson com λ diferente de 1,5.

Para conferir se uma distribuição de Poisson com λ diferente de 1,5 pode fornecer um ajuste melhor, calculamos a média da distribuição observada e obtemos

$$\frac{0 \cdot 70 + 1 \cdot 57 + 2 \cdot 46 + 3 \cdot 20 + 4 \cdot 5 + 5 \cdot 2}{200} = \frac{239}{200} \approx 1,2$$

Assim, vamos ver o que acontece se usarmos $\lambda = 1,2$ em vez de $\lambda = 1,5$.

Para $\lambda = 1,2$ obtemos as freqüências esperadas multiplicando por 200 as probabilidades na Figura 14.6 (depois de combinar "4 ou mais" numa única categoria). Isso fornece

Número de mensagens de rádio	Freqüência esperada
0	60,2
1	72,3
2	43,4
3	17,3
4 ou mais	6,7

EXEMPLO 14.9 Com base nas freqüências observadas à página 350 e as freqüências esperadas dadas imediatamente acima, teste ao nível 0,01 de significância se os dados constituem uma amostra de uma distribuição de Poisson.

Solução 1. H_0: A população amostrada tem uma distribuição de Poisson.

H_A: A população amostrada não tem uma distribuição de Poisson.

```
Função Densidade de Probabilidade
Poisson with mu = 1.20000
     x       P( X = x)
  0.00        0.3012
  1.00        0.3614
  2.00        0.2169
  3.00        0.0867
  4.00        0.0260
  5.00        0.0062
  6.00        0.0012
  7.00        0.0002
  8.00        0.0000
```

Figura 14.6 Impresso de computador para probabilidades de Poisson com $\lambda = 1{,}2$.

2. $\alpha = 0{,}01$

3. Como a freqüência esperada correspondente a "5 ou mais" é novamente inferior a 5, as classes correspondentes a 4 e "5 ou mais" devem ser combinadas e $k = 5$; também, como o parâmetro λ foi estimado a partir dos dados, $m = 1$. Portanto, rejeitamos a hipótese nula se $\chi^2 \geq 11{,}345$, onde

$$\chi^2 = \sum \frac{(o-e)^2}{e}$$

e 11,345 é o valor de $\chi^2_{0{,}01}$ para $k - m - 1 = 5 - 1 - 1 = 3$ graus de liberdade; caso contrário, aceitamos a hipótese nula ou reservamos julgamento.

4. Substituindo as freqüências observadas e as freqüências esperadas na fórmula para χ^2, obtemos

$$\chi^2 = \frac{(70 - 60{,}2)^2}{60{,}2} + \frac{(57 - 72{,}3)^2}{72{,}3} + \frac{(46 - 43{,}4)^2}{43{,}4}$$
$$+ \frac{(20 - 17{,}3)^2}{17{,}3} + \frac{(7 - 6{,}7)^2}{6{,}7}$$

5. Como 5,4 é menor do que 11,345, a hipótese nula não pode ser rejeitada. Usando uma calculadora estatística HP, verificamos que o valor p correspondente a $\chi^2 = 5{,}4$ e a 3 graus de liberdade é 0,1272, de modo que o ajuste não é tão ruim, mas estaríamos inclinados a reservar julgamento sobre a natureza da população.

O método ilustrado nesta seção é usado em geral para testar quão bem as distribuições, esperadas com base na teoria ou em suposições, se ajustam aos (ou descrevem os) dados observados. Nos exercícios que seguem, testaremos também se as distribuições observadas têm (pelo menos aproximadamente) a forma de distribuições binomiais e normais.

14.36 Os dados de 10 anos revelam que numa certa cidade não houve assaltos a bancos em 57 meses, houve um assalto a banco em 36 meses, dois assaltos a banco em 15 meses e três ou mais assaltos a banco em 12 meses. Ao nível 0,05 de significância, esses dados apóiam a alegação de que as probabilidades de 0, 1, 2 ou 3 ou mais assaltos a bancos num mês qualquer sejam 0,40, 0,30, 0,20 e 0,10?

14.37 A distribuição do número de fêmeas em 160 ninhadas de quatro camundongos cada é a seguinte:

Número de fêmeas	Número de ninhadas
0	12
1	37
2	55
3	47
4	9

Teste ao nível 0,01 de significância se esses dados podem ser considerados amostras aleatórias de uma população binomial com $n = 4$ e $p = 0,50$.

14.38 Um cirurgião agenda no máximo quatro cirurgias diárias, e suas atividades em 300 dias estão resumidas na tabela seguinte:

Número de cirurgias	Número de dias
0	2
1	10
2	33
3	136
4	119

Teste ao nível 0,05 de significância se esses dados podem ser considerados amostras aleatórias de uma população binomial com $n = 4$ e $p = 0,70$.

14.39 Com referência ao Exercício 14.38, teste ao nível 0,05 de significância se os dados podem ser considerados amostras aleatórias de uma população binomial. (*Sugestão*: calcule a média da distribuição dada e use a fórmula $\mu = np$ para estimar p.)

14.40 A distribuição do número de ursos avistados durante 100 excursões turísticas no Parque Nacional Denali, localizado no Alaska, EUA, é a seguinte:

Número de fêmeas	Número de excursões
0	70
1	23
2	7
3	0

Sabendo que para a distribuição de Poisson com $\lambda = 0,5$, as probabilidades de 0, 1, 2 e 3 "sucessos" são, respectivamente, 0,61; 0,30; 0,08 e 0,01, teste ao nível 0,05 de significância se os dados relativos a ursos avistados podem ser considerados uma amostra aleatória de uma população de Poisson com $\lambda = 0,5$.

14.41 A distribuição das leituras obtidas com um contador Geiger de número de partículas emitidas por uma substância radioativa em 100 intervalos sucessivos de 40 segundos é a seguinte:

Número de partículas	Freqüência
5–9	1
10–14	10
15–19	37
20–24	36
25–29	13
30–34	2
35–39	1

(a) Verifique que a média e o desvio-padrão dessa distribuição são $\bar{x} = 20$ e $s = 5$.

(b) Encontre as probabilidades de que uma variável aleatória de distribuição normal com $\mu = 20$ e $\sigma = 5$ vá tomar um valor menor do que 9,5; um valor entre 9,5 e 14,5; um valor entre 14,5 e 19,5; um valor entre 19,5 e 24,5, um valor entre 24,5 e 29,5; um valor entre 29,5 e 34,5; um valor maior do que 34,5.

(c) Encontre as freqüências esperadas da curva normal para as várias classes multiplicando as probabilidades obtidas na parte (b) pelas freqüências totais, e então teste ao nível 0,05 de significância se os dados podem ser considerados uma amostra aleatória de uma população normal.

14.6 LISTA DE TERMOS-CHAVE (com indicação das páginas de suas definições)

Aderência, 350
Célula, 342
Coeficiente de contingência, 349
Combinação, 336
Dados de contagens, 332
Erro-padrão da diferença entre duas proporções, 336

Estatística qui-quadrado, 342
Freqüências esperadas de células, 342
Freqüências observadas de células, 342
Tabela de contingência, 340
Tabela $r \times c$, 340
Total geral, 340

14.7 REFERÊNCIAS

A teoria subjacente aos diversos testes deste capítulo é discutida na maioria dos livros sobre Estatística Matemática; por exemplo, em

MILLER, I., and MILLER, M., *John E. Freund's Mathematical Statistics*, 6th ed. Upper Saddle River, N. J.: Prentice Hall, 1999.

Detalhes sobre as tabelas de contingência podem ser encontrados em

EVERITT, B. S., *The Analysis of Contingency Tables*. New York: John Wiley & Sons, Inc, 1977.

Pesquisa sobre a análise de tabelas $r \times c$ com categorias ordenadas pode ser encontrada em

AGRESTI, A., *Analysis of Ordinary Categorical Data*. New York: John Wiley & Sons. Inc., 1984.

GOODMAN L. A., *The Analysis of Cross-Classified Data Having Ordered Categories*, Cambridge, Mass.: Harvard University Press, 1984.

Exercícios de Revisão para os Capítulos 11, 12, 13 e 14

R.131 O objetivo de um projeto de pesquisa é determinar a percentagem de trabalhadores que são imigrantes ilegais dentre os apanhadores de algodão que trabalham no sul do estado norte-americano do Arizona. Qual é o tamanho da amostra requerida se há uma suspeita de que essa percentagem seja de 22% e se o diretor do projeto deseja afirmar com uma probabilidade de 0,95% que o erro máximo de sua estimativa é de 2,5%?

R.132 Qual a hipótese nula e qual a hipótese alternativa que devemos utilizar se quisermos testar a alegação de que, na média, as crianças das escolas de Ensino Fundamental de um certo município moram a mais de 1,5 quilômetros da escola que freqüentam?

R.133 Seis pacotes de sementes de girassol escolhidos aleatoriamente de um grande carregamento pesaram 159, 155, 162, 158, 160 e 157 gramas. Use um gráfico de probabilidade normal gerado por computador ou calculadora gráfica para justificar a suposição de que esses dados constituem uma amostra de uma população normal.

R.134 Com referência ao Exercício R.133, o que pode ser dito com 95% de confiança sobre o erro máximo se utilizarmos a média da amostra, $\bar{x} = 158,5$ gamas, para estimar a média da população amostrada?

R.135 Em cinco competições, um atleta levantou 84, $81\frac{1}{2}$, 82, $80\frac{1}{2}$ e 83 quilogramas, Mostre que a hipótese nula $\mu = 78$ pode ser rejeitada contra a hipótese alternativa $\mu > 78$ ao nível 0,01 de significância.

R.136 Com referência ao Exercício R.135, mostre que a hipótese nula $\mu = 78$ não pode ser rejeitada contra a hipótese alternativa $\mu > 78$ ao nível 0,01 de significância se o quinto dado tiver sido registrado incorretamente como 93 em vez de 83. Explique o aparente paradoxo de que embora as diferenças entre $\bar{x}$ e μ tenham aumentado, isso não é mais significante.

R.137 Num estudo da reação dos pais em relação a uma disciplina obrigatória de educação sexual lecionada para seus filhos, os 360 pais de uma amostra aleatória são classificados de acordo com eles terem um, dois ou três ou mais filhos no sistema escolar e também se eles consideram a disciplina fraca, adequada ou boa. Os resultados estão na tabela a seguir:

	Número de filhos		
	1	*2*	*3 ou mais*
Fraca	48	40	12
Adequada	55	53	29
Boa	57	46	20

Teste, ao nível 0,05 de significância, se existe alguma relação entre a reação dos pais quanto à disciplina e o número de filhos que possuem no sistema escolar.

R.138 Num estudo conduzido num grande aeroporto, 81 pessoas de uma amostra aleatória de 300 pessoas que acabavam de desembarcar de um avião, e 32 pessoas de uma amostra aleatória de 200 que estavam prestes a embarcar, confessaram ter medo de voar. Utilize a estatística z para testar, ao nível 0,01 de significância, se a diferença entre as proporções amostrais correspondentes é significante.

R.139 Use a estatística χ^2 para refazer o Exercício R.138 e verificar que o valor agora obtido para χ^2 é igual ao quadrado do valor obtido para z no Exercício R.138.

R.140 A tabela a seguir mostra quantas vezes um certo vôo diário de Salvador a Recife esteve atrasado em 50 semanas:

Atrasos semanais	Número de semanas
0	12
1	16
2	13
3	8
4	1

Use o nível 0,05 de significância para testar a hipótese nula de que os vôos estão atrasados somente 10% das vezes, ou seja, a hipótese nula de que os dados constituem uma amostra aleatória de uma população normal com $n = 7$ e $p = 0,10$.

R.141 Com referência ao Exercício R.140, use o nível 0,05 de significância para testar a hipótese nula de que os dados constituem uma amostra aleatória de uma população binomial com $n = 7$. (*Sugestão*: estime p calculando a média da distribuição dada e então use a fórmula $\mu = np$.)

R.142 A fim de avaliar os efeitos clínicos de um certo esteróide no tratamento de pessoas cronicamente abaixo do peso normal, uma amostra aleatória de 60 dessas pessoas recebeu uma dosagem de 25 mg ao longo de um período de 12 semanas, enquanto uma outra amostra aleatória de 60 dessas pessoas recebeu uma dosagem de 50 mg ao longo do mesmo período de tempo. Os resultados mostraram que aqueles do primeiro grupo ganharam em média 4,25 kg, enquanto os do segundo grupo ganharam em média 5,65 kg. Se testes anteriores mostraram que $\sigma_1 = \sigma_2 = 0,7$ kg, teste ao nível 0,05 de significância se a diferença entre as duas amostras é significante.

R.143 Um estudo foi elaborado para comparar a eficácia de programas de redução de peso de três clínicas. A tabela a seguir mostra as perdas de peso de clientes que participaram dos respectivos programas de dieta e exercícios por seis semanas:

	Clínica 1	*Clínica 2*	*Clínica 3*
Inferior a cinco quilos	86	91	125
Cinco quilos ou mais	18	21	38

Use o nível 0,05 de significância para testar a hipótese nula de que os três programas são igualmente eficazes.

R.144 Uma amostra aleatória usada como parte de um estudo nutricional mostrou que 400 pessoas adultas jovens de uma certa cidade ingeriram uma média de 1,274 gramas de proteína por quilograma de peso. Sabendo que $\sigma = 0,22$ gramas por quilograma de peso, o que pode ser afirmado com 95% de confiança sobre o erro máximo se $\bar{x} = 1,274$ gramas for usado como uma estimativa da ingestão média de proteína por quilograma de peso para a população amostrada?

R.145 Um microbiologista encontrou 13, 17, 7, 11, 15 e 9 microorganismos em seis culturas. Use aplicativos computacionais apropriados ou uma calculadora gráfica para obter um gráfico de probabilidade normal e, assim, verificar que esses dados podem ser considerados uma amostra de uma população normal.

R.146 Numa amostra aleatória de 150 pessoas fazendo compras num *shopping*, pelo menos 118 efetuaram alguma compra. Construa um intervalo de 95% de confiança para a probabilidade de que uma pessoa escolhida aleatoriamente dentre as pessoas fazendo compras naquele *shopping* vá efetuar pelo menos uma compra.

R.147 Numa eleição para a diretoria de um clube, o candidato independente recebeu 10.361 votos (cerca de 48%) e o candidato da situação recebeu 11.225 votos (cerca de 52%). É razoável perguntar se é significante a diferença entre essas duas percentagens?

R.148 De acordo com a regra de que np e $n(1-p)$ devem ser maiores do que 5, para quais valores de p podemos usar a aproximação normal à distribuição binomial quando $n = 400$?

R.149 Num estudo sobre o comprimento de burriquetes pescados numa certa região, constatou-se que os comprimentos de 60 deles tinham o desvio-padrão de $s = 10,4$ milímetros. Construa um intervalo de 99% de confiança para a variância da população amostrada.

R.150 Uma equipe de médicos deve decidir se um certo jogador muito bem pago está fisicamente capacitado a jogar num certo campeonato de futebol. Qual tipo de erro estaria sendo cometido a hipótese de que o jogador está fisicamente capacitado a jogar no campeonato for aceita erroneamente? Qual tipo de erro estaria sendo cometido a hipótese de que o jogador está fisicamente capacitado a jogar no campeonato for rejeitada erroneamente?

R.151 Num teste de múltipla escolha aplicado a alunos do final do Ensino Médio depois de uma visita a um Museu de História Natural, 23 de 80 meninos e 19 de 80 meninas, ambas amostras aleatórias, confundiram um geode com uma massa italiana. Teste, ao nível 0,05 de significância se a diferença entre as proporções amostrais correspondentes é significante.

R.152 Numa amostra aleatória de $n = 25$ porções de cereal matinal, o conteúdo de açúcar teve uma média de 10,42 gramas com desvio-padrão de 1,76 gramas. Supondo que esses dados constituam uma amostra aleatória de uma população normal, construa um intervalo de 95% de confiança para σ, o desvio-padrão da população amostrada.

R.153 A tabela a seguir mostra como amostras de residentes de três conjuntos habitacionais populares responderam quando perguntados se continuariam morando no conjunto se tivessem uma opção:

	Conjunto 1	Conjunto 2	Conjunto 3
Sim	63	84	69
Não	37	16	31

Teste, ao nível 0,01 de significância, se as diferenças entes as três proporções amostrais (de respostas "sim") podem ser atribuídas ao acaso.

R.154 Um laboratório de testes quer estimar a duração média de uma ferramenta cortante de várias lâminas. Se uma amostra aleatória de tamanho $n = 6$ mostraram durações de 2.470, 2.520, 2.425, 2.505, 2.440 e 2.400 cortes, e supondo que esses dados constituam uma amostra aleatória de uma população normal, o que o laboratório pode afirmar com 99% de confiança sobre o erro máximo de a média dessa amostra for usado como uma estimativa da média da população amostrada?

R.155 Num estudo sobre os hábitos de leitura de conselheiros financeiros, deseja-se estimar o número médio de relatórios financeiros que eles lêem por semana. Supondo que é razoável usar $\sigma = 3,4$, qual deve ser o tamanho de uma amostra aleatória se quisermos afirmar com probabilidades 0,99 que o erro máximo da média amostral é de 1,2%?

R.156 Uma geneticista constatou que, em amostras aleatórias independentes de 100 homens e 100 mulheres, 31 homens e 24 mulheres apresentavam certo problema hereditário de sangue. Ao nível 0,01 de significância, ela pode concluir que a verdadeira proporção correspondente dos homens é significativamente maior do que a das mulheres?
(a) Faça um comentário sobre a formulação desta questão.
(b) Reformule a questão tal como deveria ser formulada e responda-a aplicando o teste apropriado.

R.157 As emissões diárias de óxidos sulfúricos de uma certa fábrica são as seguintes:

Toneladas de óxidos sulfúricos	Freqüência
5,0–8,9	3
9,0–12,9	10
13,0–16,9	14
17,0–20,9	25
21,0–24,9	17
25,0–28,9	9
29,0–32,9	2

Como pode ser verificado facilmente, a média dessa distribuição é $\bar{x} = 18,85$ e seu desvio-padrão é $s = 5,55$. Para testar a hipótese nula de que esses dados constituem uma amostra aleatória de uma população normal, siga os seguintes passos:
(a) Encontre as probabilidades de que uma variável aleatória de distribuição normal com $\mu = 18,85$ e $\sigma = 5,5$ tome um valor menor do que 8,95, entre 8,95 e 12,95, entre 12,95 e 16,95, entre 16,95 e 20,95, entre 20,95 e 24,95, entre 24,95 e 28,95, e maior do que 28,95.
(b) Mudando a primeira e a última classe da distribuição para "8,95 ou menos" e "28,95 ou mais", encontre as freqüências de curva normal esperadas correspondentes ás sete classes da distribuição, multiplicando as probabilidades obtidas na parte (a) pela freqüência total de 80.
(c) Teste ao nível 0,05 de significância se os dados podem ser considerados uma amostra aleatória de uma população normal.

R.158 Dentre as 210 pessoas com problemas de alcoolismo admitidas na sala de emergência psiquiátrica de um hospital, 36 foram admitidas numa segunda-feira, 19 numa terça, 18 numa quarta, 24 numa quinta, 33 numa sexta, 40 num sábado e 40 num domingo. Ao nível 0,05 de significância, teste a hipótese nula de que essa sala de emergência psiquiátrica pode esperar receber o mesmo número de pessoas com problemas de alcoolismo em qualquer dia da semana.

R.159 As forças necessárias para romper dois tipos de cola são as seguintes (em kgf):

Cola 1:	25,3	20,2	21,1	27,0	16,9	30,1
	17,8	22,9	27,2	20,0		
Cola 2:	24,9	22,5	21,8	23,6	19,8	21,6
	20,4	22,1				

Como uma preliminar do teste t de duas amostras, teste, ao nível 0,02 de significância, se é razoável supor que os desvios-padrão populacionais correspondentes são iguais.

R.160 Baseado nos resultados de $n = 14$ testes, queremos testar a hipótese nula $p = 0,30$ contra a hipótese alternativa $p > 0,30$. Se rejeitarmos a hipótese nula quando o número de sucessos é oito ou mais e caso contrário a aceitarmos, encontre a probabilidade de um
(a) erro tipo I;
(b) erro tipo II quando $p = 0,40$;
(c) erro tipo II quando $p = 0,50$;
(d) erro tipo II quando $p = 0,60$.

R.161 Repetidos testes com oito modelos de um motor experimental mostraram que eles funcionaram durante 25, 18, 31, 19, 32, 27, 24 e 28 minutos com um galão de um certo tipo de combustível. Estime o desvio-padrão da população amostrada utilizando
(a) o desvio-padrão amostral;
(b) a amplitude amostral e o método descrito no Exercício 11.35.

R.162 Um fiscal do governo pretende determinar a percentagem dos vendedores numa feira que mantém registros dos negócios para fins tributários. Qual deve ser o tamanho da amostra aleatória necessária para que ele possa afirmar, com 95% de confiança, que o erro de sua estimativa é, no máximo, de 6% e
(a) ele não tem idéia do verdadeiro valor;
(b) ele tem certeza de que a verdadeira percentagem e de no mínimo 60%?

R.163 Para determinar se os habitantes de duas ilhas do Pacífico Sul podem ser considerados como tendo os mesmos ancestrais raciais, um antropólogo determina os índices encefálicos de seis homens adultos de cada uma das duas ilhas, obtendo $\bar{x}_1 = 77,4$ e $\bar{x}_2 = 72,2$ e desvios-padrão correspondentes $s_1 = 3,3$ e $s_2 = 2,1$. Supondo que os dados constituam amostras aleatórias independentes de populações normais, teste a hipótese nula $\sigma_1 = \sigma_2$ contra a hipótese alternativa $\sigma_1 \neq \sigma_2$ ao nível 0,10 de significância (como uma preliminar a um teste t de duas amostras).

R.164 Num experimento, um entrevistador de candidatos a um emprego é solicitado a registrar sua primeira impressão (favorável ou desfavorável) ao cabo de dois minutos e sua impressão final no término da entrevista. Com os dados abaixo, e ao nível 0,01 de significância, teste a alegação do entrevistador, de que sua primeira impressão e a impressão final são as mesmas em 85% das vezes:

	Impressão inicial	
	Favorável	*Desfavorável*
Favorável	184	32
Desfavorável	56	128

R.165 Numa amostra aleatória de 10 rodadas de golfe disputadas no campo de seu clube, uma golfista profissional alcançou a média de 70,8 com desvio-padrão de 1,28. Supondo que seus escores possam ser considerados como uma amostra aleatória de uma população normal, teste, ao nível 0,01 de significância, a hipótese nula $\sigma = 1,0$ contra a hipótese alternativa de que seu jogo é, na verdade, menos consistente.

R.166 Uma pesquisadora política deseja determinar a proporção da população que favorece uma mudança legal no uso medicinal da maconha por pacientes com câncer. Qual é o tamanho da amostra que ela necessita para ser capaz de afirmar com uma probabilidade de no mínimo 0,90 de que a proporção amostral diferirá da proporção populacional por no máximo 0,04?

R.167 Um banco está considerando a substituição de seus terminais por modelos novos. Se μ_0 é o tempo médio de funcionamento de seus terminais velhos entre revisões, contra qual hipótese alternativa deveria ser testada a hipótese nula $\mu = \mu_0$, onde μ é o correspondente tempo médio de funcionamento dos terminais novos, se
  (a) o banco não quer trocar seus terminais velhos a menos que os terminais novos comprovem sua superioridade;
  (b) o banco quer trocar seus terminais velhos a menos que os terminais novos realmente sejam inferiores.

R.168 Num estudo da relação entre tamanho de família e inteligência, 40 filhos únicos acusaram um QI médio de 101,5 e 50 primogênitos em famílias de dois filhos acusaram QI médio de 105,9. Se for possível supor que $\sigma_1 = \sigma_2 = 5,9$ para tais dados, teste, ao nível 0,01 de significância, se a diferença entre as duas médias amostrais é significante.

15
ANÁLISE DE VARIÂNCIA

15.1 Diferenças Entre *k* Médias: um Exemplo 363
15.2 Planejamento de Experimentos: Aleatorização 366
15.3 Análise de Variância de um Critério 368
15.4 Comparações Múltiplas 374
15.5 Planejamento de Experimentos: Bloqueamento 379
15.6 Análise de Variância de Dois Critérios 380
15.7 Análise de Variância de Dois Critérios sem Interação 381
15.8 Planejamento de Experimentos: Replicação 384
15.9 Análise de Variância de Dois Critérios com Interação 385
15.10 Planejamento de Experimentos: Considerações Adicionais 389
15.11 Lista de Termos-Chave 396
15.12 Referências 396

Neste capítulo, generalizamos o material das Seções 12.5 e 12.6, considerando problemas em que precisamos decidir se diferenças observadas entre mais do que duas médias amostrais podem ser atribuídas ao acaso, ou se são indicativas de diferenças reais entre as médias das populações amostradas. Por exemplo, podemos querer decidir, com base em dados amostrais, se há realmente alguma diferença na eficácia de três métodos de ensino de uma língua estrangeira. Podemos, também, querer comparar o rendimento médio por hectare de oito variedades de trigo, querer determinar se há realmente diferença na quilometragem média obtida com cinco tipos de gasolina, ou podemos querer determinar se existe realmente alguma diferença na durabilidade de seis marcas de tinta para pintura externa. O método que utilizamos na análise de problemas desse tipo é denominado **Análise de Variância** (que, em inglês, costuma ser abreviado por **ANOVA**, das iniciais de *analysis of variance*).

Além disso, uma análise de variância pode ser utilizada para determinar várias questões simultaneamente. Por exemplo, com referência ao primeiro dos quatro exemplos do parágrafo precedente, podemos querer perguntar também se as diferenças observadas entre as médias amostrais são devidas realmente a diferenças no ensino da língua estrangeira, e não à qualidade do ensino, ou ao mérito dos livros didáticos utilizados ou, quem sabe, à inteligência dos alunos sendo ensinados. Analogamente, com referência às diferentes variedades de trigo, podemos querer perguntar se as diferenças que observamos no rendimento são devidas realmente à sua qualidade, e não ao uso de diversos fertilizantes, a diferenças na composição do solo, ou talvez a diferenças na quantidade de irrigação que é aplicada ao solo. Considerações como essas levam ao importante assunto do **planejamento de experimentos**, a saber, o problema de planejar experimentos de modo que possamos formular questões de significado real e submetê-las a teste.

Depois de um exemplo introdutório na Seção 15.1 e da discussão da **aleatorização** na Seção 15.2, apresentamos a **análise de variância de um critério** na Seção 15.3, seguido de uma discussão de **comparação múltipla** na Seção 15.4. Essas comparações são projetadas para arrumar interpretações quando uma análise de variância levar a resultados significantes. Subseqüentemente, o conceito de **bloqueamento** na Seção 15.5 leva à análise de **experimentos de dois critérios** na Seção 15.6. Vários tópicos relacionados são introduzidos no restante deste capítulo

15.1 DIFERENÇAS ENTRE k MÉDIAS: UM EXEMPLO

Para ilustrar o tipo de situação em que podemos fazer uma análise de variância, considere o segmento a seguir de um estudo da contaminação por cálcio de água de um certo rio. Os dados referem-se às quantidades de cálcio (parte média por milhão) medidas em três locais ao longo do rio Mississipi:

Local 1:	42	37	41	39	43	41
Local 2:	37	40	39	38	41	39
Local 3:	32	28	34	32	30	33

Como pode ser verificado facilmente, as médias dessas três amostras são 40,5, 39,0 e 31,5 e o que nos interessa saber é se as diferenças entre elas são significantes ou se podem ser atribuídas ao acaso.

Em problemas como esse, denotamos as médias das k populações amostradas por $\mu_1, \mu_2, \ldots,$ e μ_k e testamos a hipótese nula $\mu_1 = \mu_2 = \cdots = \mu_k$ contra a hipótese alternativa de que essas μ não são todas iguais.* Essa hipótese nula estaria confirmada se as diferenças entre as médias amostrais fossem pequenas, enquanto que a hipótese alternativa prevaleceria se pelo menos algumas das diferenças entre as médias amostrais fossem grandes. Assim, necessitamos de uma medida das discrepâncias entre os $\bar{x}$, juntamente com que uma regra que indique quando as discrepâncias são tão grandes a ponto de podermos rejeitar a hipótese nula.

Para começar, façamos duas suposições que são críticas para o método pelo qual vamos analisar nosso problema:

> **Os dados constituem amostras aleatórias de populações normais. Essas populações normais têm todas o mesmo desvio-padrão.**

Na nossa exemplificação temos amostras de $k = 3$ populações, uma de cada local, e vamos supor que essas populações são populações normais com o mesmo desvio-padrão σ. As três populações podem, ou não, ter médias iguais; na realidade, isso é precisamente o que esperamos descobrir com uma análise de variância.

É claro que o valor de σ é desconhecido, mas numa análise de variância estimaremos de duas maneiras σ^2, a variância populacional, e então basearemos nossa decisão de rejeitar ou não a hi-

---

* Para o trabalho desenvolvido mais adiante neste capítulo, é conveniente escrever as k médias como $\mu_1 = \mu + \alpha_1, \mu_2 = \mu + \alpha_2, \ldots,$ e $\mu_k = \mu + \alpha_k$, onde

$$\mu = \frac{\mu_1 + \mu_2 + \cdots + \mu_k}{k}$$

é denominada **média global** e os α, cuja soma é zero (ver Exercício 15.27), são denominados **efeitos de tratamento**. Nessa notação, testamos a hipótese nula $\alpha_1 = \alpha_2 = \cdots = \alpha_k$ contra a alternativa de que os α não são todos iguais a zero.

pótese nula na razão dessas duas estimativas. A primeira dessas duas estimativas será baseada na variação *entre* os $\bar{x}$ e ela tende a ser maior do que esperaríamos quando a hipótese nula for *falsa*. A segunda estimativa será baseada na variação *dentro* das amostras e, portanto, não será afetada pela validade ou falsidade da hipótese nula.

Comecemos com a primeira das duas estimativas de σ^2 calculando a variância dos $\bar{x}$. Como a média dos três $\bar{x}$ é

$$\frac{40{,}5 + 39{,}0 + 31{,}5}{3} = 37{,}0$$

a substituição disso na fórmula do desvio-padrão amostral e elevando ao quadrado dá

$$s_{\bar{x}}^2 = \frac{(40{,}5 - 37{,}0)^2 + (39{,}0 - 37{,}0)^2 + (31{,}5 - 37{,}0)^2}{3 - 1}$$
$$= 23{,}25$$

onde o subscrito $\bar{x}$ serve para indicar que $s_{\bar{x}}^2$ é a variância das médias amostrais.

Se a hipótese nula é verdadeira, podemos considerar essas três amostras como amostras de uma única e mesma população e, portanto, considerar $s_{\bar{x}}^2$ como uma estimativa de $\sigma_{\bar{x}}^2$, o quadrado do erro-padrão da média. Agora, como

$$\sigma_{\bar{x}} = \frac{\sigma}{\sqrt{n}}$$

para amostras aleatórias de tamanho n de populações infinitas, podemos considerar $s_{\bar{x}}^2$ como uma estimativa de

$$\sigma_{\bar{x}}^2 = \left(\frac{\sigma}{\sqrt{n}}\right)^2 = \frac{\sigma^2}{n}$$

e, portanto, considerar $n \cdot s_{\bar{x}}^2$ como uma estimativa de σ^2. Para nossa exemplificação, temos, portanto, $n \cdot s_{\bar{x}}^2 = 6(23{,}25) = 139{,}5$ como uma estimativa de σ^2, a variância comum das três populações amostradas.

Essa é uma estimativa de σ^2 baseada na variação entre as médias amostrais e se conhecêssemos σ^2, poderíamos comparar $n \cdot s_{\bar{x}}^2$ com σ^2 e rejeitar a hipótese nula se $n \cdot s_{\bar{x}}^2$ fosse muito maior do que σ^2. Contudo, na prática não conhecemos σ^2, e não temos escolha a não ser obter uma outra estimativa de σ^2, que não seja afetada pela validade ou falsidade da hipótese nula. Como já mencionamos anteriormente, uma tal segunda estimativa seria baseada na variação dentro das amostras, conforme mensurado por s_1^2, s_2^2 e s_3^2. Os valores dessas três variações amostrais são $s_1^2 = 4{,}7$, $s_2^2 = 2{,}0$ e $s_3^2 = 4{,}7$ no nosso exemplo mas, em vez de escolher uma delas, tomamos sua média, ou *combinamos* os três valores, obtendo

$$\frac{s_1^2 + s_2^2 + s_3^2}{3} = \frac{4{,}7 + 2 + 4{,}7}{3} = 3{,}8$$

como nossa segunda estimativa de σ^2.

Temos, agora, duas estimativas de σ^2, $n \cdot s_{\bar{x}}^2 = 139{,}5$ e $\frac{s_1^2 + s_2^2 + s_3^2}{3} = 3{,}8$ e deveria ser observado que a primeira estimativa, baseada na variação entre as médias amostrais, é muito maior do que a segunda, baseada na variação dentro das amostras. Isso sugere que as três médias populacionais não são, provavelmente, todas iguais; a saber, que a hipótese nula deveria ser rejeitada. Para dar uma base rigorosa a tal comparação, usamos a **estatística F**

ESTATÍSTICA PARA O TESTE RELATIVO À DIFERENÇA ENTRE DUAS MÉDIAS

$$F = \frac{\text{estimativa de } \sigma^2 \text{ baseada na variação entre as } \bar{x}\text{'s}}{\text{estimativa de } \sigma^2 \text{ baseada na variação dentro das amostras}}$$

Se a hipótese nula é verdadeira e se as suposições feitas são válidas, a distribuição amostral dessa estatística é a **distribuição F**, que encontramos anteriormente, no Capítulo 13, em que a utilizamos para comparar duas variâncias e nos referimos à estatística F como a **razão de variâncias**. Como a hipótese nula só será rejeitada quando F for grande (isto é, quando a variação entre as $\bar{x}$ é demasiadamente grande para ser atribuída apenas ao acaso), baseamos nossa decisão no critério da Figura 15.1. Para $\alpha = 0{,}05$ ou $0{,}01$, os valores de F_α podem ser encontrados na Tabela IV no final do livro e, se comparamos as médias de k amostras aleatórias de tamanho n, os **graus de liberdade do denominador e do numerador** são, respectivamente, $k - 1$ e $k(n - 1)$.

Voltando à nossa exemplificação numérica, vemos que $F = \frac{139{,}5}{3{,}8} \approx = 36{,}7$ arredondado até a primeira casa decimal e, como isso excede 6,36, que é o valor de $F_{0{,}01}$ para $k - 1 = 3 - 1 = 2$ e $k(n - 1) = 3(6 - 1) = 15$ graus de liberdade, a hipótese nula deve ser rejeitada ao nível 0,01 de significância. Em outras palavras, as diferenças entre as três médias amostrais são demasiadamente grandes para serem atribuídas ao acaso. (Como veremos adiante, o valor p para $F = 36{,}7$ e 2 e 15 graus de liberdade é realmente menor do que 0,000002.)

A técnica que descrevemos nesta seção constitui a forma mais simples de uma análise de variância. Embora pudéssemos ir adiante e efetuar testes F para diferenças entre k médias sem maiores discussões, será instrutivo considerar o problema de um ponto de vista de análise de variância um pouco distinto, o que será feito na Seção 15.3.

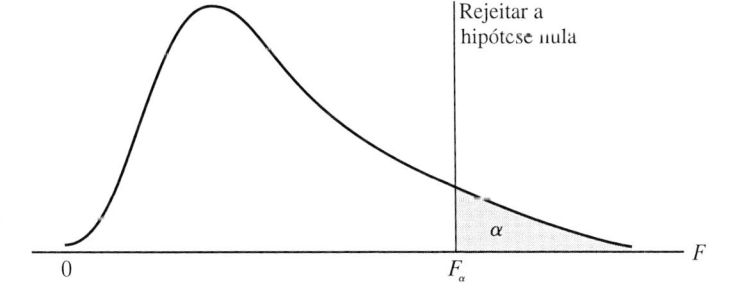

Figura 15.1
Critério de teste baseado na distribuição F

EXERCÍCIOS

15.1 Amostras de manteiga de amendoim produzida por três produtores diferentes foram testadas quanto ao conteúdo de uma certa toxina (em partes por milhão) com os seguintes resultados.

Produtor 1: 4,4   0,6   6,4   1,2   2,8   4,4
Produtor 2: 0,8   2,6   1,9   3,7   5,3   1,3
Produtor 3: 1,1   3,4   1,6   0,5   4,3   2,3

(a) Calcule $n \cdot s_{\bar{x}}^2$ para esses dados, a média das variâncias dessas três amostras e o valor de F.
(b) Supondo que os dados constituam amostras aleatórias de três populações normais com o mesmo desvio-padrão, teste ao nível 0,05 de significância se as diferenças entre as três médias amostrais podem ser atribuídas ao acaso.

15.2 Quais são os graus de liberdade do numerador e do denominador da distribuição F quando comparamos as médias de
(a) $k = 4$ amostras aleatórias de tamanho $n = 20$;
(b) $k = 8$ amostras aleatórias de tamanho $n = 15$?

15.3 Um agrônomo plantou cada uma de três lavouras de teste com quatro variedades de trigo e obteve os seguintes rendimentos (em sacas por lavoura):

Varidade A:	65	64	60
Varidade B:	55	56	63
Varidade C:	56	59	59
Varidade D:	62	59	62

(a) Calcule $n \cdot s_{\bar{x}}^2$ para esses dados, a média das variâncias das quatro amostras e o valor de F.
(b) Supondo que os dados constituam amostras aleatórias de quatro populações normais com o mesmo desvio-padrão, teste ao nível 0,01 de significância se as diferenças entre as quatro médias amostrais podem ser atribuídas ao acaso.

15.4 Os valores calóricos dos conteúdos de gordura de refeições servidas em três escolas elementares são os seguintes:

Escola 1:	127	143	142	117	140	146	141	148
Escola 2:	127	146	138	143	142	124	130	130
Escola 3:	147	132	132	134	157	137	144	145

(a) Sabendo que $\bar{x}_1 = 138$, $\bar{x}_2 = 135$, $\bar{x}_3 = 141$, $s_1^2 = 111{,}43$, $s_2^2 = 68{,}29$ e $s_3^2 = 77{,}71$, calcule $n \cdot s_{\bar{x}}^2$ para esses dados, a média das variâncias das três amostras e o valor de F.
(b) Supondo que os dados constituam amostras aleatórias de três populações normais com o mesmo desvio-padrão, teste ao nível 0,05 de significância se as diferenças entre as três médias amostrais podem ser atribuídas ao acaso.

15.5 As notas de um teste padronizado de interpretação de leitura obtidas de amostras aleatórias de alunos da quarta série de três grandes escolas são as seguintes:

Escola 1:	81	83	77	72	86	92	83	78	80	75
Escola 2:	73	112	66	104	95	81	62	76	129	90
Escola 3:	84	89	81	76	79	83	85	74	80	78

Explique por que o método descrito na Seção 15.1 provavelmente não deveria ser usado para testar a existência de diferenças significativas entre as três médias amostrais.

15.2 PLANEJAMENTO DE EXPERIMENTOS: ALEATORIZAÇÃO

Suponha que sejamos convidados a comparar a eficácia de três detergentes com base nos seguintes registros de graus de branqueamento feitos em 15 pedaços de tecido de algodão branco, que primeiro foram manchados com tinta preta e então lavados em máquina com os respectivos três detergentes.

Detergente X:	77	81	71	76	80
Detergente Y:	72	58	74	66	70
Detergente Z:	76	85	82	80	77

As médias das três amostras são 77, 68 e 80, e uma análise de variância mostrou que as médias das três populações amostradas não são todas iguais.

Pode parecer natural concluir que os três detergentes não são igualmente eficazes, mas uma rápida reflexão mostrará que essa conclusão não é tão "natural" assim. Pelo que sabemos, os pedaços de tecido lavados com o detergente Y podem ter estado mais sujos do que os outros, os tempos de lavagem podem ter sido mais longos para o detergente Z, pode ter havido diferenças na composição ou na temperatura da água e até mesmo os instrumentos usados para leitura do grau de brancura podem ter-se desajustado depois de feitas as leituras para os detergentes X e Z.

É perfeitamente possível, é claro, que as diferenças entre as três médias amostrais, 77, 68 e 80, sejam devidas, em grande parte, a diferenças na qualidade dos três detergentes, mas acabamos de relacionar vários outros fatores que poderiam ser responsáveis. É importante lembrar que *um teste de significância pode indicar que as diferenças entre médias amostrais sejam demasiadamente grandes para serem atribuídas ao acaso, mas o teste não pode dizer por que as diferenças ocorrem.*

De modo geral, se quisermos mostrar que determinado fator (dentre vários outros) possa ser considerado como a causa de um fenômeno observado, devemos, de alguma forma, ter a certeza de que nenhum dos outros fatores possa ser considerado responsável. Há várias maneiras de conseguirmos isso; por exemplo, podemos realizar um **experimento controlado** de modo rigoroso, no qual todas as variáveis, exceto a que estamos estudando, são mantidas fixas. Para tanto, no exemplo tratando dos três detergentes, poderíamos manchar os tecidos com quantidades exatamente iguais de tinta preta, sempre levar o mesmo tempo para lavagem, utilizar água exatamente com a mesma temperatura e composição e inspecionar os instrumentos de medida após cada medição. Sob essas condições rígidas, as diferenças significantes entre médias amostrais não podem ser causadas por pedaços de tecido desigualmente manchados, nem a diferenças entre os tempos de lavagem, nem à temperatura ou à composição da água, nem aos instrumentos de medida. Do lado positivo, as diferenças mostram que os detergentes não são igualmente eficazes quando usados dessa forma muito restrita. Naturalmente, não podemos dizer se existiriam as mesmas diferenças no caso de o tempo de lavagem ser maior ou menor, ou de a água apresentar temperatura ou composição diferentes, e assim por diante.

Na maioria dos casos, experimentos "hipercontrolados" como o que acabamos de descrever não nos dão, realmente, o tipo de informação que buscamos. Também, na prática tais experimentos raramente são possíveis; por exemplo, em nosso caso, seria difícil termos a certeza de que os instrumentos realmente estivessem medindo a mesma coisa em lavagens repetidas, ou que algum outro fator, que não nos tenha ocorrido, ou que não tenha sido corretamente controlado, não tenha sido responsável pelas diferenças observadas na brancura. Portanto, procuramos alternativas. Num extremo oposto, podemos conduzir um experimento em que não controlamos fator irrelevante, ou externo, algum, mas no qual nos protegemos contra seus efeitos usando a **aleatorização**. Ou seja, planejamos nosso experimento de tal modo que as variações causadas por esses fatores irrelevantes possam ser todos combinados sob a classificação geral de "acaso".

Em nosso exemplo tratando dos três detergentes, conseguiríamos isso numerando de 1 a 15 os pedaços de tecido (que não necessitariam estar igualmente manchados), especificando a ordem aleatória em que devem ser lavados e medidos e escolhendo aleatoriamente os cinco pedaços a serem lavados com cada um dos três detergentes. Quando pudermos classificar como variação aleatória todas as variações devidas a fatores irrelevantes que não controlamos, nos referimos ao planejamento do experimento como um **planejamento completamente aleatorizado**.

Como deveria ser evidente, a aleatorização nos protege contra os efeitos dos fatores irrelevantes apenas de uma forma probabilística. Assim é que, em nosso exemplo, é possível, embora extremamente improvável, que o detergente X seja aleatoriamente associado aos cinco pedaços de tecido que são os menos embebidos, ou que a água esteja mais fria quando lavarmos os cinco pedaços de tecido com o detergente Y. É parcialmente por essa razão que costumamos procurar controlar alguns dos fatores e aleatorizar os outros, utilizando, assim, planejamentos que estão entre os dois extremos descritos.

A aleatorização nos protege contra os efeitos de fatores que não podem ser completamente controlados, mas não desobriga a pessoa que planeja o experimento da responsabilidade de planejar cuidadosamente o experimento simplesmente porque vai utilizar a aleatorização. Em nosso exemplo, devemos fazer um esforço sério para tentar manchar tão igualmente quanto possível os pedaços de tecido.

Finalmente, devemos indicar que a aleatorização deveria ser utilizada mesmo quando todos os fatores irrelevantes estão cuidadosamente controlados. Em nosso exemplo, mesmo se tomarmos cuidado especial em controlar a quantidade de tinta preta com que manchamos os pedaços de tecido, a temperatura de lavagem, a composição da água, e assim por diante, ainda assim devemos utilizar a aleatorização para associar os pedaços de tecido aos detergentes.

15.3 ANÁLISE DE VARIÂNCIA DE UM CRITÉRIO

Uma **análise de variância** expressa uma medida da variação total num conjunto de dados como uma soma de termos, cada um dos quais é atribuído a uma fonte ou causa específica de variação. Aqui, descrevemos isso em relação ao exemplo da contaminação por cálcio e, como veremos, *a abordagem é diferente mas, fora isso, alcançamos exatamente o que alcançamos na Seção 15.1.* Naquele exemplo, havia duas tais fontes de variação: (1) as diferenças na localização ao longo do rio Mississipi e (2) o acaso, que em problemas desse tipo é denominado **erro experimental**. Quando há somente uma fonte de variação além do acaso, nos referimos à análise como uma **análise de variância de um critério**. Outras versões da análise de variância serão tratadas mais adiante neste capítulo.

Como uma medida da variação total de kn observações consistindo em k amostras de tamanho n, utilizaremos a **soma de quadrados total***

$$STQ = \sum_{i=1}^{k} \sum_{j=1}^{n} (x_{ij} - \overline{x}..)^2$$

onde x_{ij} é a j-ésima observação da i-ésima amostra ($i = 1, 2, \ldots, k$ e $j = 1, 2, \ldots, n$) e $\overline{x}$ é a **média global**, ou seja, a média de todas as kn medições ou observações. Note que se dividirmos a soma de quadrados total STQ por $kn - 1$, obteremos a variância dos dados combinados.

Denotando por $\overline{x}$ a média da i-ésima amostra (para $i = 1, 2, \ldots, k$), podemos agora escrever a seguinte identidade, que constitui a base da análise de variância de um critério:**

IDENTIDADE PARA A ANÁLISE DE VARIÂNCIA DE UM CRITÉRIO

$$STQ = n \cdot \sum_{i=1}^{k} (\overline{x}_{i.} - \overline{x}..)^2 + \sum_{i=1}^{k} \sum_{j=1}^{n} (x_{ij} - \overline{x}_{i.})^2$$

---

* Na Seção 3.8, tratamos sucintamente do uso de subscritos duplos e somatórios duplos.

** Essa identidade pode ser deduzida escrevendo a soma de quadrados total como

$$STQ = \sum_{i=1}^{k} \sum_{j=1}^{n} (x_{ij} - \overline{x}..)^2 = \sum_{i=1}^{k} \sum_{j=1}^{n} [(\overline{x}_{i.} - \overline{x}..) + (x_{ij} - \overline{x}_{i.})]^2$$

e, então, desenvolvendo os quadrados $[(\overline{x}_{i.} - \overline{x}..) + (x_{ij} - \overline{x}_{i.})]^2$ por meio do teorema binomial e simplificando algebricamente.

Costumamos designar o primeiro termo à direita, a quantidade que mede a variação entre as médias amostrais, como a **soma de quadrados de tratamentos** $SQ(Tr)$, e o segundo termo, que mede a variação dentro das amostras individuais, como a **soma de quadrados de erros**, SQE. A escolha da palavra "tratamento" é justificada pela origem de muitas técnicas de análise de variância em experimentos de agricultura, em que diferentes fertilizantes, por exemplo, são considerados como **tratamentos** diferentes aplicados ao solo. Assim é que consideraremos os três locais ao longo do rio Mississipi como três tratamentos e, em outros problemas, podemos nos referir a quatro nacionalidades diferentes como quatro tratamentos diferentes, cinco campanhas publicitárias como cinco tratamentos diferentes, e assim por diante. A palavra "erro" na expressão "soma de quadrados dos erros" refere-se ao erro experimental, ou por acaso.

Nessa notação, a identidade da análise de variância de um critério escreve-se

$$STQ = SQ(Tr) + SQE$$

e, como sua demonstração exige um cálculo algébrico um tanto elaborado, vamos apenas verificá-la numericamente para o exemplo da Seção 15.1. Substituindo os dados originais, as três médias amostrais e da média global (ver páginas 363 e 364) nas fórmulas das três somas de quadrados, obtemos

$$\begin{aligned} STQ &= (42-37)^2 + (37-37)^2 + (41-37)^2 + (39-37)^2 \\ &\quad + (43-37)^2 + (41-37)^2 + (37-37)^2 + (40-37)^2 \\ &\quad + (39-37)^2 + (38-37)^2 + (41-37)^2 + (39-37)^2 \\ &\quad + (32-37)^2 + (28-37)^2 + (34-37)^2 + (32-37)^2 \\ &\quad + (30-37)^2 + (33-37)^2 \\ &= 336 \\ SQ(Tr) &= 6[(40{,}5-37)^2 + (39{,}0-37)^2 + (31{,}5-37)^2] \\ &= 279 \\ SQE &= (42-40{,}5)^2 + (37-40{,}5)^2 + (41-40{,}5)^2 + (39-40{,}5)^2 \\ &\quad + (43-40{,}5)^2 + (41-40{,}5)^2 + (37-39{,}0)^2 + (40-39{,}0)^2 \\ &\quad + (39-39{,}0)^2 + (38-39{,}0)^2 + (41-39{,}0)^2 + (39-39{,}0)^2 \\ &\quad + (32-31{,}5)^2 + (28-31{,}5)^2 + (34-31{,}5)^2 + (32-31{,}5)^2 \\ &\quad + (30-31{,}5)^2 + (33-31{,}5)^2 \\ &= 57 \end{aligned}$$

donde pode ser visto que

$$SQ(Tr) + SQE = 279 + 57 = 336 = SST$$

Embora não seja imediatamente visível, o que fizemos aqui é muito semelhante ao que fizemos na Seção 15.1. Na verdade, $SQ(Tr)$ dividida por $k-1$ é igual à grandeza que denotamos por $n \cdot s_{\bar{x}}^2$ e que colocamos no numerador da estatística F da página 365. Denominada **quadrado médio de tratamento**, essa quantidade mede a variação entre as médias amostrais e é denotada por $QM(Tr)$. Assim,

$$QM(Tr) = \frac{SQ(Tr)}{k-1}$$

e, para o exemplo da contaminação por cálcio, obtemos $QM(Tr) = \frac{279}{2} = 139{,}5$. Isso é igual ao valor que obtivemos para $n \cdot s_{\bar{x}}^2$ à página 364.

Analogamente, SQE dividida por $k(n-1)$ é igual à média das k variâncias amostrais, $\frac{1}{3}(s_1^2 + s_2^2 + s_3^2)$ em nosso exemplo, que colocamos no denominador da estatística F na página 365. Denominada **quadrado médio de erro**, essa quantidade mede a variação dentro das amostras e denota-se por QME. Assim,

$$QME = \frac{SQE}{k(n-1)}$$

e, para o exemplo da contaminação por cálcio, obtemos $QME = \frac{57}{3(6-1)} = 3{,}8$. Isso é igual ao valor que obtivemos para $\frac{1}{3}(s_1^2 + s_2^2 + s_3^2)$ à página 364.

Como, à página 365, F foi definida como a razão dessas duas medidas da variação entre as médias amostrais e dentro das amostras, podemos agora escrever

Estatística para o teste relativo à diferença entre médias

$$F = \frac{QM(Tr)}{QME}$$

Na prática, apresentamos os cálculos para a determinação de F na forma da tabela seguinte, denominada **tabela de análise de variância**:

Fonte de variação	Graus de liberdade	Soma de quadrados	Quadrado médio	F
Tratamentos	$k-1$	$SQ(Tr)$	$QM(Tr)$	$\dfrac{QM(Tr)}{QME}$
Erro	$k(n-1)$	SQE	QME	
Total	$kn-1$	STQ		

Os graus de liberdade para tratamentos e erro são os graus de liberdade do numerador e do denominador referidos à página 365. Note que esses valores são iguais às quantidades que dividimos em somas de quadrados para obter os quadrados médios correspondentes.

Uma vez calculado F, procedemos como na Seção 15.1. Novamente supondo que os dados constituem amostras de populações normais, com o mesmo desvio-padrão, rejeitamos a hipótese nula

$$\mu_1 = \mu_2 = \cdots = \mu_k$$

em favor da hipótese alternativa de que essas μ não são todas iguais, ou rejeitamos a hipótese nula

$$\mu_1 = \mu_2 = \cdots = \mu_k$$

em favor da hipótese alternativa que esses efeitos de tratamento não são todos iguais a zero, se o valor de F é maior do que ou igual a F_α para $k-1$ e $k(n-1)$ graus de liberdade.

EXEMPLO 15.1 Use as somas de quadrados calculadas à página 369 para construir uma tabela de análise de variância para o exemplo da contaminação por cálcio, e teste, ao nível 0,01 de significância, se as diferenças entre as médias obtidas nos três locais ao longo do rio Mississipi são significantes.

Solução Como $k = 3$, $n = 6$, $STQ = 336$, $SQ(Tr) = 279$ e $SQE = 57$, obtemos $k - 1 = 2$, $k(n - 1) = 15$, $QM(Tr) = \frac{279}{2} = 139,5$, $QME = \frac{57}{15} = 3,8$ e $F = \frac{139,5}{3,8} = 36,71$, arredondado até a segunda casa decimal. Todos esses resultados estão resumidos na tabela a seguir:

Fonte de variação	Graus de liberdade	Soma de quadrados	Quadrado médio	F
Tratamentos	2	279	139,5	36,71
Erro	15	57	3,8	
Total	17	336		

Note que o número total de graus de liberdade, $kn - 1$, é a soma dos graus de liberdade para tratamentos e para o erro.

Finalmente, como $F = 36,71$ excede 6,36, o valor de $F_{0,01}$ para 2 e 15 graus de liberdade, concluímos, como na Seção 15.1, que a hipótese nula deve ser rejeitada.

Os números que usamos no exemplo tratando da contaminação por cálcio da água do rio Mississipi foram arredondados intencionalmente para simplificar as contas. Na prática, os cálculos das somas de quadrados podem ser bastante cansativos, a menos que utilizemos as seguintes fórmulas de cálculo, em que T_i denota a soma dos valores para o i-ésimo tratamento (ou seja, a soma dos valores na i-ésima amostra) e $T..$ denota o **total geral** de todos os dados:

FÓRMULAS DE CÁLCULO PARA SOMAS DE QUADRADOS (AMOSTRAS DE MESMO TAMANHO)

$$STQ = \sum_{i=1}^{k} \sum_{j=1}^{n} x_{ij}^2 - \frac{1}{kn} \cdot T_{..}^2$$

$$SQ(Tr) = \frac{1}{n} \cdot \sum_{i=1}^{k} T_{i\cdot}^2 - \frac{1}{kn} \cdot T_{..}^2$$

e, por subtração,

$$SQE = STQ - SQ(Tr)$$

EXEMPLO 15.2 Aplique essas fórmulas de cálculo para verificar as somas de quadrados obtidas à página 369.

Solução Calculando primeiro os vários totais, obtemos

$$T_{1\cdot} = 42 + 37 + 41 + 39 + 43 + 41 = 243$$
$$T_{2\cdot} = 37 + 40 + 39 + 38 + 41 + 39 = 234$$
$$T_{3\cdot} = 32 + 28 + 34 + 32 + 30 + 33 = 189$$
$$T_{..} = 243 + 234 + 189 = 666$$

e

$$\sum \sum x^2 = 42^2 + 37^2 + 41^2 + \cdots + 32^2 + 30^2 + 33^2$$
$$= 24.978$$

Agora, subtraindo esses totais, junto com $k = 3$ e $n = 6$ nas fórmulas das somas de quadrados, obtemos

$$STQ = 24.978 - \frac{1}{18}(666)^2$$
$$= 24.978 - 24.642$$
$$= 336$$
$$SQ(Tr) = \frac{1}{6}(243^2 + 234^2 + 189^2) - 24.642$$
$$= 24.921 - 24.642$$
$$= 279$$

e

$$SQE = 336 - 279 = 57$$

Como pode ser visto, esses resultados são idênticos aos obtidos anteriormente.

A Figura 15.2 exibe um impresso de MINITAB da análise de variância do Exemplo 15.2. Além dos graus de liberdade, das somas de quadrados, dos quadrados médios, do valor de F e dos valores p correspondentes, fornece também alguma informação adicional irrelevante que foi apagada. O valor p é dado como 0,000 arredondado até a terceira casa decimal; a calculadora HP STAT/MATH dá o valor como sendo 0,0000017 arredondado até a sétima casa decimal.

O método discutido até aqui só é aplicável quando os tamanhos das amostras são todos iguais, mas com pequenas modificações pode ser aplicado também quando os tamanhos das amostras não são todos iguais. Se a i-ésima amostra tem tamanho n_i, as fórmulas de cálculo passam a ser

FÓRMULAS DE CÁLCULO PARA SOMAS DE QUADRADOS (AMOSTRAS DE TAMANHO DESIGUAL)

$$STQ = \sum_{i=1}^{k} \sum_{j=1}^{n_i} x_{ij}^2 - \frac{1}{N} \cdot T_{..}^2$$

$$SQ(Tr) = \sum_{i=1}^{k} \frac{T_{i\cdot}^2}{n_i} - \frac{1}{N} \cdot T_{..}^2$$

$$SQE = STQ - SQ(Tr)$$

onde $N = n_1 + n_2 + \cdots + n_k$. A única outra modificação é que o número total de graus de liberdade é $N - 1$ e que os graus de liberdade para tratamentos e erro são $k - 1$ e $N - k$.

Figura 15.2 Análise de variância dos dados da contaminação por cálcio.

Análise de Variância de um Critério: C1, C2, C3

```
Analysis of Variance
Source    DF        SS        MS        F        P
Factor     2    279.00    139.50    36.71    0.000
Error     15     57.00      3.80
Total     17    336.00
```

EXEMPLO 15.3 Um técnico de laboratório quer comparar a resistência à ruptura de três marcas de fio e, inicialmente, tinha planejado repetir cada medição seis vezes. Entretanto, não dispondo de tempo suficiente, ele limita sua análise aos seguintes resultados (em quilogramas):

Fio 1: 18,0   16,4   15,7   19,6   16,5   18,2
Fio 2: 21,1   17,8   18,6   20,8   17,9   19,0
Fio 3: 16,5   17,8   16,1

Supondo que esses dados constituem amostras aleatórias de três populações normais com o mesmo desvio-padrão, efetue uma análise de variância para testar, ao nível 0,05 de significância, se as diferenças entre as médias amostrais são significantes.

Solução

1. H_0: $\mu_1 = \mu_2 = \mu_3$
   H_A: Os μ não são todos iguais.

2. $\alpha = 0,05$

3. Rejeitar a hipótese nula se $F \geq 3,89$, onde F deve ser determinado com uma análise de variância e 3,89 é o valor de $F_{0,05}$ para $k - 1 = 3 - 1 = 2$ e $N - k = 15 - 3 = 12$ graus de liberdade; caso contrário, aceitar a hipótese nula ou reservar julgamento.

4. Substituindo $n_1 = 6$, $n_2 = 6$, $n_3 = 3$, $N = 15$, $T_1. = 104,4$, $T_2. = 115,2$, $T_3. = 50,4$, $T.. = 270,0$ e $\sum\sum x^2 = 4.897,46$ na fórmula para calcular a soma de quadrados, obtemos

$$STQ = 4.897,46 - \frac{1}{15}(270,0)^2 = 37,46$$

$$SQ(Tr) = \frac{104,4^2}{6} + \frac{115,2^2}{6} + \frac{50,4^2}{3} - \frac{1}{15}(270,0)^2$$
$$= 15,12$$

e

$$STQ = 37,46 - 15,12 = 22,34$$

Como os graus de liberdade são $k - 1 = 3 - 1 = 2$, $N - k = 15 - 3 = 12$ e $N - 1 = 14$, obtemos, então,

$$QM(Tr) = \frac{15,12}{2} = 7,56 \quad QME = \frac{22,34}{12} = 1,86 \quad \text{e} \quad F = \frac{7,56}{1,86} = 4,06$$

e todos esses resultados estão resumidos na seguinte tabela de análise de variância:

Fonte de variação	Graus de liberdade	Soma de quadrados	Quadrado médio	F
Tratamentos	2	15,12	7,56	4,06
Erro	12	22,34	1,86	
Total	14	37,46		

5. Como $F = 4,06$ excede 3,89, a hipótese nula deve ser rejeitada; em outras palavras, concluímos que há uma diferença na resistência dos três fios.

Nesse exemplo, se o nível de significância não tivesse sido especificado, poderíamos ter observado que $F = 4{,}06$ cai entre 3,89 e 6,93, que são os valores de $F_{0,05}$ e $F_{0,01}$ para 2 e 12 graus de liberdade, e poderíamos simplesmente ter afirmado para o valor p que vale $0{,}01 < p < 0{,}05$. Ou, usando a mesma calculadora do Exemplo 15.2, teríamos obtido que o valor p é 0,0450, arredondado até a quarta casa decimal.

15.4 COMPARAÇÕES MÚLTIPLAS

Uma análise de variância fornece um método para determinar se as diferenças entre k médias amostrais são significantes. Contudo, não nos diz quais médias são significantemente deferentes de quais outras. Consideremos, para exemplificar, os dados seguintes, relativos ao tempo (em minutos) que uma certa pessoa levou para dirigir para o local de trabalho em cinco dias, selecionados ao acaso, ao longo de quatro trajetos diferentes:

Trajeto 1: 25 26 25 25 28
Trajeto 2: 27 27 28 26 26
Trajeto 3: 28 29 33 30 30
Trajeto 4: 28 29 27 30 27

Inicialmente, devemos verificar se são significantes as diferenças entre as quatro médias amostrais 25,8; 26,8; 30,0 e 28,2. Para isso, efetuamos uma análise de variância usando uma calculadora gráfica, cujo resultado aparece na Figura 15.3. Como a janela de uma calculadora gráfica TI-83 é bastante pequena, somente uma parte dos resultados aparece imediatamente, como na parte superior da Figura 15.3. O resto dos resultados podem ser obtidos rolando a tela para baixo, e aparecem na parte inferior da Figura 15.3. Assim, vemos que $F = 8{,}74$, arredondado até a segunda casa decimal, e que o valor p correspondente para a distribuição F com 3 e 16 graus de liberdade é 0,001, arredondado até a terceira casa decimal. Isso significa que as diferenças entre as quatro médias amostrais são significantes, mais certamente ao nível 0,01 de significância.

Enquanto o trajeto com a menor média de tempo dirigindo, o Trajeto 1, certamente parece ser mais rápido do que o Trajeto 3, já não temos muita certeza de se podemos declarar que o Trajeto 1 é mais rápido do que o Trajeto 2. É correto que 25,8 é menos do que 26,8, mas por enquanto não temos a mínima idéia de se as diferenças entre essas duas médias são significantes. É claro que

Figura 15.3
Análise de variância dos dados dos tempos dirigindo, reproduzida da janela de uma calculadora gráfica TI-83.

```
One-way ANOVA
 F=8.736842105
 p=.0011581109
 Factor
   df=3
   SS=49.8
↓  MS=16.6
```

```
Error
  df=16
  SS=30.4
  MS=1.9
Sxp=1.37840488
```

poderíamos fazer um simples teste t de duas amostras para comparar esses dois trajetos, mas há um total de $\binom{4}{2} = 6$ pares possíveis e, se fizermos tantos testes, há uma boa chance de cometer pelo menos um erro tipo I. [Se os testes t são feitos ao nível 0,05 de significância, a probabilidade é $1 - (0,95)^6$, ou aproximadamente 0,26, de cometer pelo menos um erro tipo I.]

Nos últimos anos, foi desenvolvida toda uma área de estudo, denominada **comparações múltiplas**, para controlar as probabilidades de erros tipo I ao conduzir comparações como as que acabamos de descrever. Esse é um tópico complicado que é geralmente mal compreendido, e persistem algumas questões que não foram explicadas nem pelos pesquisadores da área. Aqui, apresentamos um desses métodos, baseado no que é denominado o **intervalo estudentizado**.*

Conforme explicaremos aqui, esse teste é aplicável somente quando as amostras são todas de mesmo tamanho. Os livros citados nas referências à página 396/397 explicam também como tratar o caso em que os tamanhos das amostras não são todos iguais e discutem vários testes de comparações múltiplas alternativos, denominados segundo o estatístico que mais contribuiu para seu desenvolvimento.

O processo do intervalo estudentizado foi projetado para controlar a probabilidade global de cometermos pelo menos um erro tipo I quando comparamos os diferentes pares de médias. Ele é baseado no argumento que a diferença entre as médias de dois tratamentos (digamos, os tratamentos i e j) é significante se

$$|\bar{x}_i - \bar{x}_j| \geq \frac{q_\alpha}{\sqrt{n}} \cdot s$$

onde s é a raiz quadrada do erro quadrático médio QME da análise de variância, α é o nível geral de significância e q_α é obtido da Tabela IX para os dados valores de k (o número de tratamentos na análise de variância) e gl (o número de graus de liberdade para o erro na tabela da análise de variância).

Quando utilizamos a técnica do intervalo estudentizado (ou, então, qualquer outro dos muitos testes de comparação múltipla), começamos arranjando os tratamentos de acordo com o tamanho de suas médias, ordenados de baixo para cima. Para os nossos tempos dirigindo ao trabalho, obtemos, portanto,

Trajeto 1	Trajeto 2	Trajeto 3	Trajeto 4
25,8	26,8	28,2	30,0

Em seguida, calculamos o intervalo menos significante, $\frac{q_\alpha}{\sqrt{n}} \cdot s$, para a técnica do intervalo estudentizado. Como $n = 5$ em nosso exemplo, $s = \sqrt{1,9}$ de acordo com a Figura 15.3, ou 1,38 arredondado até a segunda casa decimal, e $q_{0,05} = 4,05$ para $k = 4$ e gl = 16 na Tabela IX, obtemos

$$\frac{q_\alpha}{\sqrt{n}} \cdot s = \frac{4,05}{\sqrt{5}} \cdot 1,38 = 2,50$$

arredondado até a segunda casa decimal.

Calculando os valores absolutos das diferenças entre as médias de todos os pares de trajetos possíveis, obtemos 1,0 para os Trajetos 1 e 2; 2,4 para os Trajetos 1 e 4; 4,2 para os Trajetos 1 e 3; 1,4 para os Trajetos 2 e 4; 3,2 para os Trajetos 2 e 3; e 1,8 para os Trajetos 4 e 3. Como pode

---

* A **estudentização** é o processo que consiste em dividir uma estatística por uma estimativa de escala estatisticamente independente. A expressão provém do pseudônimo (Student) de W. S. Gosset, que foi o primeiro a introduzir o processo, em 1907, ao discutir a distribuição da média dividida pelo desvio-padrão amostral.

ser visto, somente os dos Trajetos 1 e 3 e os dos Trajetos 2 e 3 excedem 2,50 e são, portanto, significantes. Para resumir toda essa informação, traçamos uma reta por baixo de todos conjuntos de tratamentos para os quais as diferenças entre as médias não são significantes, obtendo, assim, para o nosso exemplo

Trajeto 1	Trajeto 2	Trajeto 3	Trajeto 4
25,8	26,8	28,2	30,0

Como estamos interessados em minimizar o tempo dirigindo para o trabalho, isso nos diz que os Trajetos 1, 2 e 4, *como um grupo*, são preferíveis ao Trajeto 3, e que os Trajetos 3 e 4 *como um grupo* são menos indicados que os outros dois. Para ir mais adiante, podemos precisar considerar outros fatores; talvez a beleza do cenário ao longo do caminho.

EXERCÍCIOS

15.6 Realiza-se um experimento para determinar qual dentre três marcas de bola de golfe, A, B ou C, atinge maior distância ao ser lançada. Critique o experimento se:
  (a) um golfista profissional joga todas as bolas de marca A, um outro joga todas as da marca B e um terceiro joga todas as bolas da marca C;
  (b) todas as bolas da marca A são jogadas primeiro, as da marca B em seguida e, por último, as da marca C.

15.7 Uma botânica deseja comparar três gêneros de bulbos de tulipa de flores vermelhas, brancas e amarelas, respectivamente. Ela dispõe de quatro bulbos de cada tipo e planta-os num canteiro com a seguinte disposição, onde V, B e A denotam as três cores:

V	V	V	V
B	B	B	B
A	A	A	A

Quando as plantas alcançam a maturidade, ela mede sua altura e faz uma análise de variância. Critique esse experimento e indique como poderia ser melhorado.

15.8 Para comparar três dietas de emagrecimento, cinco dentre 15 pessoas são designadas aleatoriamente para cada dieta. Após duas semanas seguindo a dieta, faz-se uma análise de variância de um critério em suas perdas de peso, a fim de testar a hipótese nula de que as três dietas são igualmente eficazes. Alegou-se que esse processo não pode oferecer uma conclusão válida, porque as cinco pessoas que inicialmente pesavam mais poderiam receber a mesma dieta. Verifique que a probabilidade de isso ocorrer por acaso é da ordem de 0,001.

15.9 Com referência ao exercício precedente, suponha que cinco das 15 pessoas sejam designadas aleatoriamente para cada uma das três dietas, descobrindo-se, posteriormente, que as cinco pessoas que inicialmente pesavam mais receberam todas a mesma dieta. Ainda caberia fazer uma análise de variância de um critério?

15.10 Refaça a parte (b) do Exercício 15.1 aplicando uma análise de variância, usando as fórmulas de cálculo para obter as necessárias somas de quadrados. Compare os valores de F assim obtidos com os da parte (a) do Exercício 15.1

15.11 Use um aplicativo computacional apropriado ou uma calculadora gráfica para refazer o Exercício 15.1.

15.12 Refaça a parte (b) do Exercício 15.4 aplicando uma análise de variância, usando as fórmulas de cálculo para obter as necessárias somas de quadrados. Compare os valores de F assim obtidos com os da parte (a) do Exercício 15.4.

15.13 Use um aplicativo computacional apropriado ou uma calculadora gráfica para refazer o Exercício 15.4.

15.14 Os números de erros cometidos em cinco ocasiões por quatro digitadores, ao digitarem um relatório técnico são os seguintes:

Digitador 1:	10	13	9	11	12
Digitador 2:	11	13	8	16	12
Digitador 3:	10	15	13	11	15
Digitador 4:	15	7	11	12	9

Supondo que as suposições necessárias possam ser atendidas, faça uma análise de variância e decida, ao nível 0,05 de significância, se as diferenças entre as quatro médias amostrais podem ser atribuídas ao acaso.

15.15 Os dados abaixo mostram os rendimentos (em *bushels* por hectare) de sementes de soja plantadas em fileiras a cada 5 cm, em lotes essencialmente análogos, com as fileiras afastadas 50, 60, 70 e 80 cm uma da outra:

50 cm	60 cm	70 cm	80 cm
23,1	21,7	21,9	19,8
22,8	23,0	21,3	20,4
23,2	22,4	21,6	19,3
23,4	21,1	20,2	18,5
23,6	21,9	21,6	19,1
21,7	23,4	23,8	21,9

Supondo que esses dados constituam amostras aleatórias de quatro populações normais com o mesmo desvio-padrão, faça uma análise de variância para testar, ao nível 0,01 de significância, se as diferenças entre as quatro médias amostrais podem ser atribuídas ao acaso.

15.16 Use um aplicativo computacional apropriado ou uma calculadora gráfica para refazer o Exercício 15.15.

15.17 Uma grande firma de propaganda utiliza muitas máquinas reprográficas, várias de cada um de quatro modelos diferentes. Durante os últimos seis meses, o chefe do escritório registrou, para cada máquina, o número médio de minutos por semana em que esteve parada devido a reparos, resultando os seguintes dados:

Modelo G:	56	61	68	42	82	70
Modelo H:	74	77	92	63	54	
Modelo K:	25	36	29	56	44	48	38
Modelo M:	78	105	89	112	61	

Considerando que as suposições necessárias podem ser atendidas, faça uma análise de variância para decidir se as diferenças entre as médias das quatro amostras podem ser atribuídas ao acaso. Use $\alpha = 0,01$. (*Sugestão*: use que os totais das quatro amostras são 379, 360, 276 e 445, que o total geral é 1.460, e que $\sum \sum x^2 = 104.500$.)

15.18 Usadas com três lubrificantes diferentes, certo grupo de peças de máquina acusa as seguintes perdas de peso (em miligramas) causados por atrito:

Lubrificante X:	10	13	12	10	14	8	12	13		
Lubrificante Y:	9	8	12	9	8	11	7	6	8	11	9
Lubrificante Z:	6	7	7	5	9	8	4	10		

Supondo que esses dados constituam amostras aleatórias de três populações normais com o mesmo desvio-padrão, faça uma análise de variância para decidir se as diferenças entre as três médias amostrais podem ser atribuídas ao acaso. Use o nível 0,01 de significância.

15.19 Para estudar o desempenho de um novo projeto de barco a motor, foi marcado o tempo que o barco levou para percorrer um certo trajeto do mar sob várias condições de vento e água. Supondo que possamos atender as condições necessárias, use os dados seguintes (em minutos) para testar, ao nível 0,05 de significância, se as diferenças entre as três médias amostrais são significantes:

Mar calmo:	26	19	16	22	
Mar moderado:	25	27	25	20	18
Mar agitado:	23	25	28	31	26

15.20 Use um aplicativo computacional apropriado ou uma calculadora gráfica para refazer o
(a) Exercício 15.18;
(b) Exercício 15.19.

15.21 Os valores a seguir são as percentagens da safra do ano anterior para macieiras sujeitas a oito diferentes esquemas de pulverização.

Esquema						
A	130	98	128	106	139	121
B	142	133	122	131	132	141
C	114	141	95	123	118	140
D	77	99	84	76	70	75
E	109	86	113	101	103	112
F	148	143	111	142	131	100
G	149	129	134	108	119	126
H	92	129	111	103	107	125

Supondo que as condições necessárias possam ser atendidas, use um aplicativo computacional apropriado para conduzir uma análise variância com $\alpha = 0,05$.

15.22 No Exemplo 15.1, fizemos uma análise de variância para os dados exibidos à página 363, em que as médias para as três localidades ao longo do rio Mississipi foram 40,5, 39,0 e 31,50. Use o método do intervalo estudentizado para fazer um teste de comparações múltiplas ao nível 0,01 de significância e discuta os resultados supondo que a baixa contaminação por cálcio seja desejável.

15.23 Como uma continuação do Exercício 15.15, use o método do intervalo estudentizado para fazer um teste de comparação múltipla ao nível 0,01 de significância e interprete os resultados.

15.24 Como uma continuação do Exercício 15.21, use o método do intervalo estudentizado para fazer um teste de comparação múltipla ao nível 0,05 de significância e interprete os resultados.

15.25 Uma análise de variância e um teste de comparações múltiplas subseqüente do desempenho de quatro agentes imobiliários deram o seguinte resultado:

Bruno	Júlia	Nestor	Susana

onde Susana teve a média de vendas mais alta. Interprete os resultados.

15.26 Uma análise de variância e um teste de comparações múltiplas subseqüente do conteúdo de gordura de cinco refeições congeladas deram o seguinte resultado:

$$\text{A} \quad \underline{\text{C} \quad \text{B} \quad \text{F}} \quad \text{D} \quad \text{E}$$

onde A teve o maior conteúdo de gordura e E o menor. Interprete esses resultados, sabendo que as cinco refeições constam de uma lista de recomendações para dietas de baixa gordura.

15.27 Com referência à nota de rodapé à página 363, verifique que é igual a zero a soma α dos efeitos de tratamentos.

15.28 Verifique simbolicamente que para uma análise de variância de um critério

(a) $\dfrac{SQ(Tr)}{k-1} = n \cdot s_{\bar{x}}^{2}$;

(b) $\dfrac{SQE}{k(n-1)} = \dfrac{1}{k} \cdot \sum\limits_{i=1}^{k} s_i^2$, onde s_i^2 é a variância da i-ésima amostra.

15.5 PLANEJAMENTO DE EXPERIMENTOS: BLOQUEAMENTO

Para introduzir um outro conceito importante no planejamento de experimentos, suponhamos que seja aplicado um teste de compreensão de leitura a amostras aleatórias de alunos da oitava série de quatro escolas, com os resultados seguintes:

Escola A: 87 70 92
Escola B: 43 75 56
Escola C: 70 66 50
Escola D: 67 85 79

As médias dessas quatro amostras são 83, 58, 62 e 77 e, como as diferenças entre elas são muito grandes, poderia parecer razoável concluir que haja algumas diferenças reais entre os graus de compreensão de leitura dos alunos da oitava série das quatro escolas. Não é o que decorre, entretanto, de uma análise de variância de um critério. Temos:

Fonte de variação	Graus de liberdade	Soma de quadrados	Quadrado médio	F
Tratamentos	3	1.278	426	2,90
Erro	8	1.176	147	
Total	11	2.454		

e como $F = 2{,}90$ é menor do que 4,07, o valor de $F_{0{,}05}$ para 3 e 8 graus de liberdade, a hipótese nula (de que as médias populacionais são todas iguais) não pode ser rejeitada ao nível 0,05 de significância.

A razão disso é que há não só consideráveis diferenças entre as quatro médias, mas também diferenças muito grandes entre os valores dentro das amostras. Na primeira amostra eles vão de 70 a 92, na segunda amostra vão de 43 a 75, na terceira vão de 50 a 70 e na quarta amostra vão de 67 a 85. Pensando um pouco sobre a questão, pareceria razoável concluir que essas diferenças dentro das amostras possam ser causadas por diferenças de capacidade, um fator irrelevante (que poderíamos considerar um fator de "incomodação") que foi aleatorizado ao tomarmos uma amostra aleatória de alunos de oitava série de cada escola. Assim, as variações causadas por diferenças de capacidade foram incluídas no erro experimental; isso "inflacionou" a soma de quadrados de erros que figura no denominador da estatística F, e os resultados não foram significantes.

Para evitar tal situação, poderíamos manter fixo o fator irrelevante, mas isso raramente nos dará a informação desejada. Em nosso exemplo, poderíamos limitar o estudo a alunos da oitava série com nota média (NM) de 90 ou mais, mas então os resultados se aplicariam apenas a alunos da oitava série com NM de 90 ou mais. Uma outra possibilidade seria fazer a fonte conhecida de variabilidade (o fator irrelevante) variar deliberadamente sobre um intervalo tão amplo quanto necessário, fazendo-o de forma que a variabilidade causada possa ser medida e, assim, eliminada do erro experimental. Isso significa que devemos planejar o experimento de tal forma que possamos fazer uma **análise de variância de dois critérios**, em que a variabilidade total dos dados seja dividida em três componentes atribuídos, respectivamente, aos tratamentos (em nosso exemplo, as quatro escolas), ao fator irrelevante e ao erro experimental.

Como veremos mais adiante, isso pode ser conseguido, em nosso exemplo, selecionando aleatoriamente, em cada escola, um aluno de oitava série com NM baixa, um aluno com NM típica e um aluno com NM alta, supondo que "baixa", "típica" e "alta" sejam definidas de maneira rigorosa. Suponha, então, que procedamos dessa maneira, obtendo os resultados mostrados na seguinte tabela:

	NM Baixa	NM Típica	NM Alta
Escola A	71	92	89
Escola B	44	51	85
Escola C	50	64	72
Escola D	67	81	86

O que fizemos aqui é denominado **bloqueamento**, e os três níveis de NM são denominados **blocos**. Em geral, os blocos são os níveis em que mantemos fixo um fator irrelevante, de modo que possamos medir sua contribuição para a variabilidade total dos dados por meio de uma análise de variância de dois critérios. No esquema escolhido para nosso exemplo, estamos trabalhando com **blocos completos**, que são completos no sentido de que cada tratamento figura o mesmo número de vezes em cada bloco. Há um aluno de oitava série de cada escola em cada bloco.

Suponha, além disso, que a ordem na qual os estudantes são testados possa ter algum efeito sobre os resultados. Se a ordem é aleatorizada dentro de cada bloco (isto é, para cada nível de NM), esse esquema é denominado **planejamento em bloco aleatorizado**.

15.6 ANÁLISE DE VARIÂNCIA DE DOIS CRITÉRIOS

A análise de experimentos em que utilizamos bloqueamento para reduzir a soma de quadrados dos erros requer uma **análise de variância de dois critérios**. Nesse tipo de análise, referimo-nos às duas variáveis sob consideração como "tratamentos" e "blocos", embora esse tipo de análise também seja aplicado a **experimentos de dois fatores**, em que ambas as variáveis têm interesse material.

Antes de entrar em detalhes, frisamos que há essencialmente duas maneiras de analisar tais experimentos de dois fatores, conforme as variáveis sejam independentes ou apresentem uma **interação**. Suponha que um fabricante de pneus esteja experimentando diferentes tipos de banda de rodagem e constate que uma delas se adapta especialmente bem a estradas de terra, enquanto que outra é especialmente adequada a estradas pavimentadas. Nesse caso, dizemos que há uma interação entre as condições da estrada e os tipos de banda de rodagem. Por outro lado, se cada uma das bandas de rodagem é afetada igualmente pelas condições da estrada, diríamos que não há interação e que as duas variáveis (condições da estrada e banda de rodagem) são independentes. Esse último caso será começado a considerar na próxima seção, e um método que também seja conveniente para testar para interações será descrito na Seção 15.9.

15.7 ANÁLISE DE VARIÂNCIA DE DOIS CRITÉRIOS SEM INTERAÇÃO

Para formular as hipóteses a serem testadas no caso de duas variáveis, escrevemos μ_{ij} para representar a média populacional que corresponde ao i-ésimo tratamento e ao j-ésimo bloco. Em nosso exemplo anterior, μ_{ij} é a nota média da compreensão de leitura na i-ésima escola para alunos de oitava série com nível j de nota média. Expressamos isso por

$$\mu_{ij} = \mu + \alpha_i + \beta_j$$

Como no rodapé da página 363, μ é a média global (a média de todas as médias populacionais μ_{ij}) e os α_i são os efeitos de tratamento (cuja soma é zero). Correspondentemente, denominamos os β_j de **efeitos de bloco** (cuja soma também é zero) e escrevemos as duas hipóteses nulas que desejamos testar como

$$\alpha_1 = \alpha_2 = \cdots = \alpha_k = 0 \quad \text{e} \quad \beta_1 = \beta_2 = \cdots = \beta_n = 0$$

A alternativa para a primeira hipótese nula (que, em nossa exemplificação, equivale à hipótese de que o grau médio de compreensão de leitura dos alunos da oitava série é o mesmo nas quatro escolas) é que os efeitos de tratamento α_i não são todos iguais a zero; a alternativa da segunda hipótese nula (que, em nossa exemplificação, equivale à hipótese de que a compreensão média de leitura dos alunos da oitava série é a mesma para todos os três níveis de NM) é que os efeitos de bloco β_j não são todos nulos.

Para testar a segunda hipótese nula, precisamos de uma grandeza, análoga à soma de quadrados de tratamentos, que meça a variação entre as médias de blocos (58, 72 e 83 para os dados à página 380). Assim, denotando por $T_{\cdot j}$ o total de todos os valores do j-ésimo bloco, substituímos esse valor no lugar de $T_{i \cdot}$ na fórmula de cálculo de $SQ(Tr)$ à página 371, somamos em relação a j no lugar de em relação a i, e permutamos n e k, obtendo, analogamente a $SQ(Tr)$, a **soma de quadrados de blocos**

FÓRMULA DE CÁLCULO PARA SOMA DE QUADRADOS DE BLOCOS

$$SQB = \frac{1}{k} \cdot \sum_{j=1}^{n} T_{\cdot j}^2 - \frac{1}{kn} \cdot T_{\cdot \cdot}^2$$

Numa análise de variância de dois critérios (sem interação), calculamos STQ e $SQ(Tr)$ de acordo com as fórmulas à página 371, SQB de acordo com a fórmula imediatamente acima, e então obtemos SQE por subtração. Como

$$STQ = SQ(Tr) + SQB + SQE$$

temos

SOMA DE QUADRADOS DE ERROS (ANÁLISE DE VARIÂNCIA DE DOIS CRITÉRIOS)

$$SQE = STQ - [SQ(Tr) + SQB]$$

Note que a soma de quadrados de erros para uma análise de variância de dois critérios não é igual à soma de quadrados de erros para a análise de variância de um critério feita sobre os mesmos dados, embora ambas sejam denotadas pelo mesmo símbolo SQE. De fato, estamos agora dividindo a soma de quadrados de erros para a análise de variância de um critério em dois termos: a soma de quadrados de blocos, SQB, e o resto, que é a nova soma de quadrados de erros, SQE.

Podemos agora construir a seguinte tabela de análise de variância para uma análise de variância de dois critérios (sem interação):

Fonte de variação	Graus de liberdade	Soma de quadrados	Quadrado médio	F
Tratamentos	$k-1$	$SQ(Tr)$	$QM(Tr) = \dfrac{SQ(Tr)}{k-1}$	$\dfrac{QM(Tr)}{QME}$
Blocos	$n-1$	SQB	$QMB = \dfrac{SQB}{n-1}$	$\dfrac{QMB}{QME}$
Erro	$(k-1)(n-1)$	SQE	$QME = \dfrac{SQE}{(k-1)(n-1)}$	
Total	$kn-1$	STQ		

Os quadrados médios são novamente as somas de quadrados divididas por seus respectivos graus de liberdade, e os dois valores F são os quadrados médios para tratamentos e para blocos divididos pelo quadrado médio para o erro. Igualmente, o número de graus de liberdade para blocos é $n-1$ (como no caso de tratamentos, com n substituído por k), e o número de graus de liberdade para o erro é obtido subtraindo os graus de liberdade para tratamentos e blocos de $kn-1$, o número total de graus de liberdade:

$$(kn-1) - (k-1) - (n-1) = kn - k - n + 1$$
$$= (k-1)(n-1)$$

Assim, no teste de significância para tratamentos, os graus de liberdade do numerador e do denominador de F são $k-1$ e $(k-1)(n-1)$ e, no teste de significância para blocos, os graus de liberdade do numerador e do denominador de F são $n-1$ e $(k-1)(n-1)$.

EXEMPLO 15.4 No exemplo que utilizamos para ilustrar a necessidade dos blocos, fornecemos os seguintes dados para comparar as notas de alunos da oitava série de quatro escolas num teste de compreensão de leitura utilizando, para isso, os blocos das médias baixa, típica e alta:

	NM Baixa	NM Típica	NM Alta
Escola A	71	92	89
Escola B	44	51	85
Escola C	50	64	72
Escola D	67	81	86

Supondo que os dados consistam em amostras aleatórias independentes de populações normais, todas com o mesmo desvio-padrão teste, ao nível 0,05 de significância, se as diferenças entre as médias obtidas para as quatro escolas (tratamentos) são significantes, e também se as diferenças entre as médias obtidas para os três níveis de NM (blocos) são significantes.

Solução 1. H_0: $\alpha_1 = \alpha_2 = \alpha_3 = \alpha_4 = 0$
$\beta_1 = \beta_2 = \beta_3 = 0$

H_A: os efeitos de tratamento não são todos iguais a zero; os efeitos de bloco não são todos iguais a zero.

2. $\alpha = 0{,}05$ para ambos os testes.

3. Para os tratamentos, rejeitar a hipótese nula se $F \geq 4{,}76$, onde F deve ser determinado por uma análise de variância de dois critérios e 4,76 é o valor de $F_{0{,}05}$ para $k - 1 = 4 - 1 = 3$ e $(k-1)(n-1) = (4-1)(3-1) = 6$ graus de liberdade. Para os blocos, rejeitar a hipótese nula se $F \geq 5{,}14$, onde F deve ser determinado por uma análise de variância de dois critérios e 5,14 é o valor de $F_{0{,}05}$ para $n - 1 = 3 - 1 = 2$ e $(k-1)(n-1) = (4-1)(3-1) = 6$ graus de liberdade. Se alguma das duas hipóteses nulas não pode ser rejeitada, devemos aceitá-la ou reservar julgamento.

4. Substituindo $k = 4$, $n = 3$, $T_{1\cdot} = 252$, $T_{2\cdot} = 180$, $T_{3\cdot} = 186$, $T_{4\cdot} = 234$, $T_{\cdot 1} = 232$, $T_{\cdot 2} = 288$, $T_{\cdot 3} = 332$, $T_{\cdot\cdot} = 852$ e $\sum \sum x^2 = 63.414$ nas fórmulas de cálculo para as somas de quadrados, obtemos

$$STQ = 63.414 - \frac{1}{12}(852)^2$$
$$= 63.414 - 60.492$$
$$= 2.922$$
$$SQ(Tr) = \frac{1}{3}(252^2 + 180^2 + 186^2 + 234^2) - 60.492$$
$$= 1.260$$
$$SSB = \frac{1}{4}(232^2 + 288^2 + 332^2) - 60.492$$
$$= 1.256$$

e

$$SQE = 2.922 - (1.260 + 1.256)$$
$$= 406$$

Como os graus de liberdade são $k - 1 = 4 - 1 = 3$, $n - 1 = 3 - 1 = 2$, $(k-1)(n-1) = (4-1)(3-1) = 6$ e $kn - 1 = 4 \cdot 3 - 1 = 11$, obtemos, então, $QM(Tr) = \frac{1.260}{3} = 420$, $QMB = \frac{1.256}{2} = 628$, $QME = \frac{406}{6} \approx 67{,}67$, $F \approx \frac{420}{67{,}67} \approx 6{,}21$ para tratamentos e $F \approx \frac{628}{67{,}67} \approx 9{,}28$ para blocos. Todos esses resultados estão resumidos na seguinte tabela de análise de variância:

Fonte de variação	Graus de liberdade	Soma de quadrados	Quadrado médio	F
Tratamentos	3	1.260	420	6,21
Blocos	2	1.256	628	9,28
Erro	6	406	67,67	
Total	11	2.922		

5. Como $F = 6{,}21$ excede 4,76, a hipótese nula para os tratamentos deve ser rejeitada; e como $F = 9{,}28$ excede 5,14, a hipótese nula para os blocos deve ser rejeitada. Em outras palavras, concluímos que o grau médio de compreensão de leitura de alunos da oitava série não é o mesmo para as quatro escolas, e que o grau médio de compreensão de leitura de alunos da

oitava série não é o mesmo para os três níveis de NM. Observe que, com bloqueamento, obtivemos diferenças significantes entre os graus médios de compreensão de leitura de alunos da oitava série nas quatro escolas, o que não ocorreu sem o bloqueamento.

Quando conferimos os cálculos na solução do Exemplo 15.4, verificamos que a versão mais recente de MINITAB utiliza a abordagem do valor p. Como pode ser visto na Figura 15.4, as colunas encabeçadas por DF (graus de liberdade, em inglês), SS (somas de quadrados, em inglês), MS (quadrados médios, em inglês) e F são as mesmas do que antes; mas a Figura 15.4 também mostra uma coluna de valores p, que levam diretamente a decisões sobre as hipóteses. Para tratamentos, o valor p é 0,029 e, como 0,029 é menor do que 0,05, a hipótese nula para tratamentos deve ser rejeitada. Para blocos, o valor p é 0,015 e, como 0,015 é menor do que 0,05, a hipótese nula para blocos deve ser rejeitada.

Conforme salientado anteriormente, também se pode aplicar a análise de variância de dois critérios à análise de um experimento de dois fatores, em que ambas as variáveis (fatores) têm importância material. Poderia ser utilizada, por exemplo, na análise dos dados seguintes, coletados num experimento projetado para testar se o alcance de vôo de um míssil (em quilômetros) é afetado pelas diferenças entre os lançadores e também pelas diferenças entre os tipos de combustível.

	Combustível 1	Combustível 2	Combustível 3	Combustível 4
Lançador X	45,9	57,6	52,2	41,7
Lançador Y	46,0	51,0	50,1	38,8
Lançador Z	45,7	56,9	55,3	48,1

Note que utilizamos um formato diferente para essa tabela, para distinguir entre experimentos de dois fatores com fatores irrelevantes aleatorizados ao longo de todo o experimento, e experimentos com fatores irrelevantes aleatorizados separadamente ao longo de cada bloco.

Também, quando se aplica uma análise de variância de dois critérios dessa maneira, costumamos denominar as duas variáveis **fator A** e **fator B** (em vez de tratamentos e blocos) e escrevemos SQA e QMA em vez de $SQ(Tr)$ e $QM(Tr)$; continuamos escrevendo SBQ e QMB, mas agora o B representa o fator B, em vez de blocos.

15.8 PLANEJAMENTO DE EXPERIMENTOS: REPLICAÇÃO

Na Seção 15.5, mostramos como é possível aumentar a quantidade de informação a ser obtida de um experimento por bloqueamento, isto é, pela eliminação do efeito de um fator irrelevante. Outra maneira de aumentar a informação a ser obtida de um experimento consiste em aumentar o volume dos dados. Assim é que, no exemplo da página 379, poderíamos aumentar o tamanho das amostras e aplicar o teste de compreensão de leitura a vinte alunos da oitava série de cada esco-

Figura 15.4
Impresso de computador para o Exemplo 15.4.

```
Análise de Variância de Dois Critérios: C3 contra C1, C2

Analysis of Variance for C3
Source      DF       SS       MS       F        P
C1           3   1260.0    420.0    6.21    0.029
C2           2   1256.0    628.0    9.28    0.015
Error        6    406.0     67.7
Total       11   2922.0
```

la, em lugar de três. Para planejamentos mais complicados, chega-se ao mesmo objetivo realizando o experimento todo mais de uma vez, o que é denominado **replicação**. Quanto ao exemplo da página 379, poderíamos fazer o experimento (selecionar e testar doze alunos da oitava série) numa semana e então replicar (repetir) todo o experimento na semana seguinte.

A replicação não apresenta dificuldades conceituais, mas apresenta dificuldades computacionais, que mencionamos aqui somente porque é requerido pelo nosso estudo na Seção 15.9. Além disso, se replicamos um experimento que exige uma análise de variância de dois critérios, poderá haver a necessidade de uma análise de variância de três critérios, pois a própria replicação poderá constituir uma fonte de variação dos dados. Isso poderia ocorrer em nosso exemplo relativo às notas nos testes de compreensão de leitura, digamos, se o clima na segunda semana fosse muito quente e úmido, dificultando a concentração dos estudantes.

15.9 ANÁLISE DE VARIÂNCIA DE DOIS CRITÉRIOS COM INTERAÇÃO

Quando o conceito de interação foi mencionado pela primeira vez, foi descrito um experimento em que um fabricante de pneus descobre que um tipo de banda de rodagem é especialmente bom para estradas de terra, enquanto um outro tipo é especialmente bom para estradas pavimentadas. Uma situação semelhante surge quando um fazendeiro descobre que uma variedade de milho se adapta melhor com um tipo de fertilizante enquanto uma outra variedade se adapta melhor a um outro fertilizante; ou quando é observado que uma pessoa comete menos erros com um tipo de processador de texto enquanto uma outra pessoa comete menos erros com outro tipo de processador de texto.

Para considerar um exemplo numérico, voltemos ao experimento de dois fatores à página 384, o que tratou do efeito de três lançadores de mísseis e quatro tipos de combustível sobre o alcance de vôo de certos mísseis. Analisando esses dados pelo método da Seção 15.7, repartimos STQ, que é uma medida da variação total entre os dados, em três componentes atribuídos, respectivamente, aos lançadores diferentes, aos combustíveis diferentes e ao erro (ou acaso). Se existirem interações, o que é bem possível, essas variações causadas estariam ocultas por que estariam incluídas como parte de SQE, que é a soma de quadrados de erros. Para isolar uma soma de quadrados que possa ser atribuída à interação, precisamos de uma outra maneira de medir a variação devida ao acaso, e faremos isso repetindo todo o experimento. Suponhamos, então, que assim, obtenhamos os dados mostrados na tabela seguinte:

	Combustível 1	Combustível 2	Combustível 3	Combustível 4
Lançador X	46,1	55,9	52,6	44,3
Lançador Y	46,3	52,1	51,4	39,6
Lançador Z	45,8	57,9	56,2	47,6

que denominamos Réplica 2 para distingui-la dos dados à página 384, que agora passamos a denominar Réplica 1. Combinando as duas réplicas numa tabela, obtemos

	Combustível 1	Combustível 2	Combustível 3	Combustível 4
Lançador X	45,9, 46,1	57,6, 55,9	52,2, 52,6	41,7, 44,3
Lançador Y	46,0, 46,3	51,0, 52,1	50,1, 51,4	38,8, 39,6
Lançador Z	45,7, 45,8	56,9, 57,9	55,3, 56,2	48,1, 47,6

onde o primeiro valor em cada célula provém da Réplica 1 e o segundo valor provém da Réplica 2.

Agora podemos representar as variações devidas ao acaso pela variação *dentro* das 12 células da tabela e, em geral, a nova soma de quadrados de erros passa a ser

$$SQE = \sum_{i=1}^{k} \sum_{j=1}^{n} \sum_{h=1}^{r} (x_{ijh} - \overline{x}_{ij.})^2$$

onde x_{ijh} é o valor correspondente ao *i*-ésimo tratamento, o *j*-ésimo bloco e a *h*-ésima réplica, e $\overline{x}_{ij.}$ é a média dos valores das células correspondentes ao *i*-ésimo tratamento e ao *j*-ésimo bloco.

Substituindo os dois valores de cada célula da tabela imediatamente precedente pela sua média, obtemos

	Combustível 1	Combustível 2	Combustível 3	Combustível 4
Lançador X	46	56,75	52,4	43
Lançador Y	46,15	51,55	50,75	39,2
Lançador Z	45,75	57,40	55,75	47,85

e é assim que nossos dados ficariam depois de removidas as variações devidas ao acaso. Em outras palavras, a única variação que persiste é devida aos tratamentos, aos blocos e à interação, e se fizéssemos uma análise de variância de dois critérios como na Seção 15.7, obteríamos correspondentes tratamentos, blocos e **somas de quadrados de interação**, onde essas últimas seriam o que era a soma de quadrados de erros. Na verdade, tudo isso é feito só conceitualmente. Se realmente fizéssemos uma análise de variância de dois critérios com as médias no lugar dos dois valores em cada célula, veríamos que cada uma das somas de quadrados foi dividida por um fator de 2. Do mesmo modo, se tivéssemos *r* réplicas, cada soma de quadrados teria sido dividida por um fator de *r*.

Como nas Seções 15.3 e 15.7, existem fórmulas de calcular as várias somas de quadrados de uma análise de variância de dois critérios com interações. Contudo, como as contas necessárias são, para dizer o mínimo, de difícil manuseio, costuma-se fazer essas contas com o auxílio de um computador. Isso é precisamente o que faremos aqui, obtendo os diversos graus de liberdade, somas de quadrados, quadrados médios, valores de *F*, e valores *p* do impresso de MINITAB mostrado na Figura 15.5.

Na verdade, tudo de que precisamos são os valores *p* dados no impresso como 0,000, o que significa 0,000 arredondado até a terceira casa decimal. Como esses valores são todos menores do que 0,05, as hipóteses nulas para lançadores, combustíveis e interações lançadores/combustíveis devem ser todas rejeitadas. (Os valores *p* reais, obtidos por meio de uma calculadora HP STAT/MATH, são 0,00000023, 0,000000000017 e 0,0001.)

Figura 15.5 Impresso de computador para uma análise de variância de dois critérios com interação.

Análise de Variância de Dois Critérios: C3 contra C1, C2

```
Analysis of Variance for C3
Source        DF         SS         MS         F         P
C1             2     91.503     45.752     70.61     0.000
C2             3    570.825    190.275    293.67     0.000
Interaction    6     50.937      8.489     13.10     0.000
Error         12      7.775      0.648
Total         23    721.040
```

EXERCÍCIOS

15.29 Para comparar os intervalos de tempo que três canais de televisão destinam a comerciais, uma pesquisadora mede o tempo dedicado a comerciais em amostras aleatórias de 15 programas em cada canal. Para sua surpresa, ela constata que há tanta variação dentro das amostras – para um canal, os números variam de 8 a 35 minutos – que é praticamente impossível obter resultados significantes. Há alguma forma que permita à pesquisadora superar esse obstáculo?

15.30 Para comparar cinco processadores de palavras, A, B, C, D e E, quatro pessoas, 1, 2, 3 e 4, foram cronometradas preparando um certo relatório em cada uma das máquinas. Os resultados (em minutos) constam na seguinte tabela:

	1	2	3	4
A	49,1	48,2	52,3	57,0
B	47,5	40,9	44,6	49,5
C	76,2	46,8	50,1	55,3
D	50,7	43,4	47,0	52,6
E	55,8	48,3	82,6	57,8

Explique por que esses dados não deveriam ser analisados pelo método da Seção 15.7.

15.31 Os conteúdos de colesterol (em miligramas por pacote) obtidos por quatro laboratórios para pacotes de 150 gramas de três alimentos dietéticos muito semelhantes são os seguintes:

	Laboratório 1	Laboratório 2	Laboratório 3	Laboratório 4
Alimento A	3,7	2,8	3,1	3,4
Alimento B	3,1	2,6	2,7	3,0
Alimento C	3,5	3,4	3,0	3,3

Faça uma análise de variância de dois critérios, utilizando o nível de significância 0,01 para ambos os testes.

15.32 Quatro testes de conhecimento em ciências, diferentes mas supostamente equivalentes, foram dados a cada um de cinco estudantes, que obtiveram as seguintes notas:

	Estudante C	Estudante D	Estudante E	Estudante F	Estudante G
Teste 1	77	62	52	66	68
Teste 2	85	63	49	65	76
Teste 3	81	65	46	64	79
Teste 4	88	72	55	60	66

Faça uma análise de variância de dois critérios ao nível 0,01 de significância para ambos os testes.

15.33 Um técnico de laboratório mediu a resistência à ruptura de cinco tipos de fio de linho, utilizando quatro instrumentos diferentes de medida I_1, I_2, I_3 e I_4 e obteve os seguintes resultados (em gramas):

	I_1	I_2	I_3	I_4
Fio 1	20,9	20,4	19,9	21,9
Fio 2	25,0	26,2	27,0	24,8
Fio 3	25,5	23,1	21,5	24,4
Fio 4	24,8	21,2	23,5	25,7
Fio 5	19,6	21,2	22,1	21,1

Faça uma análise de variância de dois critérios, utilizando o nível de significância 0,05 para ambos os testes.

15.34 Os números de peças defeituosas produzidas por quatro operários trabalhando, em turnos, em três máquinas diferentes são os seguintes:

		Operário			
		B_1	B_2	B_3	B_4
Máquina	A_1	35	38	41	32
	A_2	31	40	38	31
	A_3	36	35	43	25

Faça uma análise de variância de dois critérios, utilizando o nível 0,05 de significância para ambos os testes.

15.35 Num experimento planejado para avaliar três detergentes, um laboratório lavou roupa três vezes em cada combinação de detergente e temperatura de água, obtendo os seguintes registros de limpeza da roupa:

	Detergente A	Detergente B	Detergente C
Água fria	45, 39, 46	43, 46, 41	55, 48, 53
Água morna	37, 32, 43	40, 37, 46	56, 51, 53
Água quente	42, 42, 46	44, 45, 38	46, 49, 42

Use o nível 0,01 de significância para testar para diferenças entre os detergentes, diferenças devidas à temperatura da água e diferenças devidas a interações.

15.36 Um serviço de testes de produtos de consumo quer comparar a qualidade de 24 bolos assados em sua cozinha com cada uma de quatro misturas diferentes, preparadas de acordo com três receitas diferentes (em que variam as quantidades de ingredientes frescos adicionados), sendo elaborados uma vez pelo Chefe X e outra vez pelo Chefe Y. Pede-se a um provador para dar uma nota de 1 a 100 para cada bolo, obtendo os seguintes resultados, onde em cada caso o primeiro número se refere ao bolo assado pelo Chefe X e o segundo número ao bolo assado pelo Chefe Y:

	Mistura A	Mistura B	Mistura C	Mistura D
Receita 1	66, 62	70, 68	74, 68	73, 67
Receita 2	68, 61	71, 73	74, 70	66, 61
Receita 3	75, 68	69, 71	67, 63	70, 66

Use o nível 0,05 de significância para testar para diferenças devidas às diferentes receitas, diferenças devidas às diferentes misturas e diferenças devidas a interações entre receitas e misturas.

15.10 PLANEJAMENTO DE EXPERIMENTOS: CONSIDERAÇÕES ADICIONAIS

Na Seção 15.5, vimos como o bloqueamento pode eliminar a variabilidade do erro experimental devida a um fator estranho e como, em princípio, podemos lidar da mesma maneira com duas ou mais fontes estranhas de variação. O único problema real é que isso pode aumentar o tamanho de um experimento além dos limites práticos. Suponha que, no exemplo da compreensão de leitura por alunos da oitava série, quiséssemos também eliminar qualquer variabilidade causada por diferenças de idade (12, 13 ou 14) e de sexo. Admitindo todas as combinações possíveis de NM, idade e sexo, deveremos utilizar $3 \cdot 3 \cdot 2 = 18$ blocos diferentes, e se deve haver um aluno de oitava série de cada escola em cada bloco diferente, teremos de selecionar e testar, ao todo, $18 \cdot 4 = 72$ alunos de oitava série. Se quiséssemos eliminar qualquer variabilidade que possa ser devida à origem étnica, para a qual poderíamos considerar cinco categorias, isso elevaria para $72 \cdot 5 = 360$ o número de alunos da oitava série necessários.

Nesta seção, vamos mostrar como, às vezes, podemos resolver problemas como esse, ao menos em parte, planejando os experimentos como **quadrados latinos**. Ao mesmo tempo, esperamos inculcar no leitor que é através de planejamento adequado que experimentos podem proporcionar uma riqueza de informação. Para dar um exemplo, suponha que uma organização brasileira de pesquisa de mercado deseja comparar quatro maneiras de embalar um lanche rápido, mas está preocupada com as diferenças regionais possíveis na popularidade do lanche e, também, com os efeitos de anunciar o lanche de diversas maneiras. Assim, a organização decide testar os diferentes tipos de embalagem em quatro regiões cardinais do país, no Norte, no Sul, no Leste e no Oeste do país e fazer a promoção por meio de descontos, sorteios, vale-brindes e vendas do tipo dois-por-um. Haveria, assim, $4 \cdot 4 = 16$ blocos (combinações de regiões e métodos de promoção), o que exigiria $16 \cdot 4 = 64$ áreas de mercado (cidades) para promover cada tipo de embalagem, uma vez dentro de cada bloco. Além disso, os mercados de teste deveriam estar separados uns dos outros, de modo que os métodos de promoção não interfiram entre si, e o Brasil simplesmente não têm 64 mercados de teste suficientemente separados. Contudo, é interessante observar que, com um planejamento adequado, 16 áreas de mercado (cidades) serão suficientes. A título de ilustração, consideremos o seguinte arranjo, denominado quadrado latino, em que as letras A, B, C e D representam os quatro tipos de embalagem:

	Descontos	Sorteios	Vale-Brindes	Vendas 2 por 1
Norte	A	B	C	D
Sul	B	C	D	A
Leste	C	D	A	B
Oeste	D	A	B	C

Em geral, um quadrado latino é um arranjo quadrado das letras A, B, C, D, ..., do alfabeto latino, tal que cada letra ocorra uma, e só uma, vez em cada linha e em cada coluna.

O quadrado latino precedente, encarado como um planejamento experimental, exige que sejam dados descontos com a embalagem A numa cidade do Norte, com a embalagem B numa cidade do Sul, com a embalagem C numa cidade do Leste e com a embalagem D numa cidade do Oeste; que os sorteios sejam utilizados com a embalagem B numa cidade do Norte, com a embalagem C numa cidade do Sul, com a embalagem D numa cidade do Leste e com a embalagem A numa cidade do Oeste, e assim por diante. Note que cada tipo de promoção é usado uma vez em cada região e uma vez com cada tipo de embalagem; cada tipo de embalagem é usado uma vez em cada região e uma vez com cada tipo de promoção; e cada região é usada uma vez com cada tipo de embalagem e uma vez com cada tipo de promoção. Como veremos, isso nos permite fazer uma análise de variância que conduz a testes de significância para todas três variáveis.

A análise de um quadrado latino $r \times c$ é muito semelhante a uma análise de variância de dois critérios. A soma de quadrados total e as somas de quadrados para linhas e colunas são calculadas da mesma maneira como foram calculadas anteriormente STQ, $SQ(Tr)$ e SQB, mas devemos encontrar uma soma extra de quadrados que meça a variabilidade que é devida à variável representada pelas letras $A, B, C, D, \ldots$, a saber, uma nova soma de quadrados para tratamentos. A fórmula para essa soma de quadrados é

SOMA DE QUADRADOS DE TRATAMENTOS PARA QUADRADOS LATINOS

$$SQ(Tr) = \frac{1}{r} \cdot (T_A^2 + T_B^2 + T_C^2 + \cdots) - \frac{1}{r^2} \cdot T_{..}^2$$

onde T_A é o total das observações correspondentes ao tratamento A, T_B é o total das observações correspondentes ao tratamento B, e assim por diante. Finalmente, a soma de quadrados de erros é obtida novamente por subtração:

SOMA DE QUADRADOS DE ERROS PARA QUADRADOS LATINOS

$$SQE = STQ - [SQL + SQC + SQ(Tr)]$$

onde SQL e SQC são as somas de quadrados para as linhas e para as colunas, respectivamente.

Podemos, agora, construir uma tabela de análise de variância para um quadrado latino $r \times r$. Os quadrados médios são novamente as somas de quadrados divididas pelos seus respectivos números de graus de liberdade, e os três valores F são os quadrados médios para linhas, colunas e tratamentos divididos pelo quadrado médio de erro. Os graus de liberdade para linhas, colunas e tratamentos são todos iguais a $r - 1$ e, por subtração, o número de graus de liberdade para o erro é

$$(r^2 - 1) - (r - 1) - (r - 1) - (r - 1) = r^2 - 3r + 2 = (r - 1)(r - 2)$$

Assim, para cada um dos três testes de significância, os graus de liberdade do numerador e do denominador de F são $r - 1$ e $(r - 1)(r - 2)$.

Fonte de variação	Graus de liberdade	Soma de quadrados	Quadrado médio	F
Linhas	$r-1$	SQL	$QMR = \dfrac{SQL}{r-1}$	$\dfrac{QMR}{QME}$
Colunas	$r-1$	SQC	$QMC = \dfrac{SQC}{r-1}$	$\dfrac{QMC}{QME}$
Tratamentos	$r-1$	SQ(Tr)	$QM(Tr) = \dfrac{SQ(Tr)}{r-1}$	$\dfrac{QM(Tr)}{QME}$
Erro	$(r-1)(r-2)$	SQE	$QME = \dfrac{SQE}{(r-1)(r-2)}$	
Total	$r^2 - 1$	STQ		

EXEMPLO 15.5 Suponhamos que, no exemplo do lanche rápido dado nesta seção, a organização de pesquisa de mercado obtenha os dados constantes da tabela abaixo, na qual as cifras representam as vendas de uma semana em milhares de unidades monetárias:

	Descontos	Sorteios	Vale-Brindes	Vendas 2 por 1
Norte	A 48	B 38	C 42	D 53
Sul	B 39	C 43	D 50	A 54
Leste	C 42	D 50	A 47	B 44
Oeste	D 46	A 48	B 46	C 52

Supondo que as suposições necessárias possam ser atendidas, analise esse quadrado latino ao nível 0,05 de significância para cada teste.

Solução 1. H_0: os efeitos de linha, coluna e tratamento (definidos como no rodapé da página 363 e na página 390) são todos iguais a zero.

H_A: os efeitos de tratamento não são todos iguais a zero.

2. $\alpha = 0,05$ para cada testes.

3. Para linhas, coluna ou tratamentos, rejeitar a hipótese nula se $F \geq 4,76$, onde os F são obtidas por meio de uma análise de variância, e 4,76 é o valor de $F_{0,05}$ para $r-1 = 4-1 = 3$ e $(r-1)(r-2) = (4-1)(4-2) = 6$ graus de liberdade.

4. Substituindo $r = 4$, $T_{1.} = 181$, $T_{2.} = 186$, $T_{3.} = 183$, $T_{4.} = 192$, $T_{.1} = 175$, $T_{.2} = 179$, $T_{.3} = 185$,

$T_{.4} = 203$, $T_A = 197$, $T_B = 167$, $T_C = 179$, $T_D = 199$, $T... = 742$ e $\sum\sum x^2 = 34.756$ nas fórmulas de cálculo para as somas dos quadrados, obtemos

$$SQT = 34.756 - \frac{1}{16}(742)^2 = 34.756 - 34.410{,}25 = 345{,}75$$

$$SQL = \frac{1}{4}(181^2 + 186^2 + 183^2 + 192^2) - 34.410{,}25 = 17{,}25$$

$$SQC = \frac{1}{4}(175^2 + 179^2 + 185^2 + 203^2) - 34.410{,}25 = 114{,}75$$

$$SQ(Tr) = \frac{1}{4}(197^2 + 167^2 + 179^2 + 199^2) - 34.410{,}25 = 174{,}75$$

$$SQE = 345{,}75 - (17{,}25 + 114{,}75 + 174{,}75) = 39{,}00$$

O trabalho restante é apresentado na seguinte tabela de análise de variância:

Fonte de variação	Graus de liberdade	Soma de quadrados	Quadrado médio	F
Linhas (regiões)	3	17,25	$\frac{17{,}25}{3} = 5{,}75$	$\frac{5{,}75}{6{,}5} \approx 0{,}88$
Colunas (método promocional)	3	114,75	$\frac{114{,}75}{3} = 38{,}25$	$\frac{38{,}25}{6{,}5} \approx 5{,}88$
Tratamentos (embalagens)	3	174,75	$\frac{174{,}75}{3} = 58{,}25$	$\frac{58{,}25}{6{,}5} \approx 8{,}96$
Erro	6	39,00	$\frac{39{,}00}{6} = 6{,}5$	
Total	15	345,75		

5. Para as linhas, como $F = 0{,}88$ é menor do que 4,76, a hipótese nula não pode ser rejeitada; para as colunas, como $F = 5{,}88$ excede 4,76, a hipótese nula deve ser rejeitada; para os tratamentos, como $F = 8{,}96$ excede 4,76, a hipótese nula deve ser rejeitada. Em outras palavras, concluímos que foram as diferenças em promoção e embalagem, e não as diferentes regiões, que afetaram a venda do lanche rápido.

Há muitos outros planejamentos experimentais além dos que abordamos, que atendem a uma ampla diversidade de propósitos especiais. São largamente utilizados, por exemplo, os **planejamentos em bloco incompletos**, aplicáveis quando não é possível termos cada tratamento em cada bloco.

A necessidade de tal planejamento surge, por exemplo, quando desejamos comparar 13 marcas de pneus mas não podemos colocá-los todos num carro de teste ao mesmo tempo. Numerando os pneus de 1 a 13, podemos usar o seguinte planejamento experimental:

Teste	Pneu	Teste	Pneu
1	1 2 4 10	8	8 9 11 4
2	2 3 5 11	9	9 10 12 5
3	3 4 6 12	10	10 11 13 6
4	4 5 7 13	11	11 12 1 7
5	5 6 8 1	12	12 13 2 8
6	6 7 9 2	13	13 1 3 9
7	7 8 10 3		

Há aqui 13 repetições de testes, ou blocos, e como cada tipo de pneu aparece juntamente com outro tipo de pneu uma vez dentro do mesmo bloco, o planejamento é denominado **planejamento em bloco incompleto equilibrado**. É importante o fato de cada tipo de pneu aparecer juntamente com outro tipo de pneu uma vez dentro do mesmo bloco, pois facilita a análise estatística ao assegurar que temos a mesma quantidade de informação para comparar cada par de tipos de pneu. Em geral, a análise dos planejamentos em bloco incompletos é bastante complicada, e não a abordaremos aqui, pois nosso objetivo é apenas mostrar o que se pode fazer com o planejamento cuidadoso de um experimento.

EXERCÍCIOS

15.37 Um agrônomo deseja comparar a safra de 15 variedades de milho e, ao mesmo tempo, estudar os efeitos de quatro fertilizantes diferentes e de três métodos de irrigação. Quantos lotes de teste ele deve plantar, se cada variedade de milho deve crescer num lote de teste com cada combinação possível de fertilizantes e métodos de irrigação?

15.38 Suponha que queiramos comparar o número de peças defeituosas fabricadas por cinco operários trabalhando em quatro máquinas diferentes (1, 2, 3 e 4) em dois turnos diferentes (I e II).
 (a) Considerando os operários como "tratamentos" diferentes, relacione os blocos (combinações de máquinas e turnos) que seriam necessários para que cada peça fosse fabricada em cada turno.
 (b) Quantas observações seriam necessárias se cada operário deve trabalhar duas vezes em cada máquina em cada turno?

15.39 Um fabricante de produtos farmacêuticos deseja lançar no mercado um novo remédio contra resfriados, que na verdade é uma combinação de quatro medicamentos, e tenciona experimentar inicialmente com duas dosagens de cada medicamento. Se A_L e A_H denotam as dosagens baixa e alta, respectivamente, do medicamento A, B_L e B_H denotam as dosagens baixa e alta, respectivamente, do medicamento B, C_L e C_H denotam as dosagens baixa e alta, respectivamente, do medicamento C, e D_L e D_H denotam as dosagens baixa e alta, respectivamente, do medicamento D, relacione as 16 combinações que devem ser testadas, se cada dosagem de cada medicamento deve ser usada uma vez em combinação com cada dosagem de cada um dos outros medicamentos.

15.40 Usando o fato de que cada uma das letras deve ocorrer uma e uma só vez em cada linha e em cada coluna, complete os seguintes quadrados latinos:

(a)
		A
B		

(b)
	A		
			B
A	C		
		C	

(c)
	A	E		
		B		E
C			A	
D				
				D

15.41 Para comparar quatro marcas diferentes de bolas de golfe, A, B, C e D, cada tipo foi lançado por cada um de quatro golfistas profissionais, P_1, P_2, P_3 e P_4, utilizando uma vez cada um de quatro tacos diferentes T_1, T_2, T_3 e T_4. As distâncias (em metros) do ponto de lançamento ao ponto em que as bolas pararam são dadas na tabela seguinte:

	T_1	T_2	T_3	T_4
P_1	D 231	B 215	A 261	C 199
P_2	C 234	A 300	B 280	D 266
P_3	A 301	C 208	D 247	B 255
P_4	B 253	D 258	C 210	A 290

Considerando que as suposições necessárias possam ser atendidas, use um computador para analisar esse quadrado latino, usando o nível 0,05 de significância para cada teste.

15.42 Os dados amostrais do quadrado latino 3 × 3 a seguir são as notas em História obtidas por nove alunos de faculdade de diferentes etnias e com vários interesses profissionais, que estudaram sob orientação dos professores A, B e C:

	Etnia		
	Latino	*Germânico*	*Eslavo*
Direito	A 75	B 86	C 69
Medicina	B 95	C 79	A 86
Engenharia	C 70	A 83	B 93

Considerando que as suposições necessárias possam ser atendidas, use um computador para analisar esse quadrado latino, usando o nível 0,05 de significância para cada teste.

15.43 De nove pessoas entrevistadas numa pesquisa, três são do Nordeste, três são do Sudeste e três são do Oeste. Quanto à profissão, três são professores, três são advogados e três são médicos, não havendo dois quaisquer da mesma profissão que provenham da mesma região. Além disso, três votam com o partido A, três com o partido B e três com o parido C, não havendo dois da mesma filiação política que exerçam a mesma profissão ou provenham da mesma região. Se um dos professores é do Nordeste e vota com o Partido C, outro professor é do Sudeste e vota com o partido B, e um dos advogados é do Sudeste e vota com o Partido A, qual é a filiação política do médico que é do Oeste? (*Sugestão*: construa um quadrado latino 3 × 3. Esse exercício é uma versão simplificada de um famoso problema proposto por R. A. Fisher em sua obra clássica *The Design of Experiments*.)

15.44 Para testar sua capacidade de tomar decisões sob pressão, nove dos mais graduados executivos de uma companhia devem ser entrevistados por cada um de quatro psicólogos. Como um psicólogo necessita de um dia inteiro para entrevistar três executivos, o esquema de entrevistas foi arranjado como segue, com os nove administradores denotados por *A*, *B*, *C*, *D*, *E*, *F*, *G*, *H* e *I*:

Dia	Psicólogo	Executivos		
Março 2	I	B	C	?
Março 3	I	E	F	G
Março 4	I	H	I	A
Março 5	II	C	?	H
Março 6	II	B	F	A
Março 9	II	D	E	?
Março 10	III	D	G	A
Março 11	III	C	F	?
Março 12	III	B	E	H
Março 13	IV	B	?	I
Março 16	IV	C	?	A
Março 17	IV	D	F	H

Substitua os seis pontos de interrogação pelas letras apropriadas, considerando que cada um dos nove executivos deve ser entrevistado juntamente com cada um dos outros executivos uma e só uma vez no mesmo dia. Observe que isso tornará o arranjo um planejamento em bloco incompleto equilibrado, o que pode ser importante porque cada executivo é testado juntamente com outro, uma única vez sob condições idênticas.

15.45 Um jornal publica regularmente colunas de sete colaboradores, mas em cada edição tem espaço apenas para três deles. Complete a tabela a seguir, em que os colunistas são numerados de 1 a 7, de modo que o artigo de cada colunista apareça três vezes por semana e um artigo de cada colunista apareça em conjunto com um de cada um dos outros colunistas uma vez por semana.

Dia	Colunista		
Segunda	1	2	3
Terça	4		
Quarta	1	4	5
Quinta	2		
Sexta	1	6	7
Sábado	5		
Domingo	2	4	6

15.11 LISTA DE TERMOS-CHAVE (com indicação das páginas de suas definições)

Aleatorização, 363, 367
Análise de variância, 362, 368
Análise de variância de dois critérios, 380
Análise de variância de um critério, 363, 368
ANOVA, 362
Blocos, 380
Blocos completos, 380
Bloqueamento, 363, 380
Comparação múltipla, 363, 375
Distribuição F, 365
Efeitos de blocos, 381
Efeitos de tratamento, 363
Erro experimental, 368
Estatística F, 364
Estudentização, 375
Experimento controlado, 367
Experimento de dois fatores, 380
Experimentos de dois critérios, 363
Fatores, 384
Graus de liberdade do denominador, 365
Graus de liberdade do numerador, 365
Interação, 380
Intervalo estudentizado, 375
Média global, 363, 368
Planejamento completamente aleatorizado, 367
Planejamento de experimentos, 362
Planejamento em bloco aleatorizado, 380
Planejamento em bloco incompleto equilibrado, 393
Planejamento em bloco incompleto, 392
Quadrado latino, 389
Quadrado médio de erro, 370
Quadrado médio de tratamento, 369
Razão de variâncias, 365
Replicação, 385
Soma de quadrados de blocos, 381
Soma de quadrados de erros, 369
Soma de quadrados de tratamentos, 369
Soma de quadrados total, 368
Somas de quadrados de interação, 386
Tabela de análise de variância, 370
Total geral, 371
Tratamentos, 369

15.12 REFERÊNCIAS

Os seguintes são alguns dos muitos livros escritos sobre a análise de variância:

GUNTHER, W. C., *Analysis of Variance*, Upper Saddle River, N. J.: Prentice-Hall, Inc., 1964.

SNEDECOR, G. W., and COCHRAN, W. G., *Statistical Methods*, 6th ed. Ames, Iowa: Iowa State University Press, 1973.

Problemas relacionados ao planejamento de experimentos são abordados nos livros precedentes e em

ANDERSON, V. L., and MCLEAN, R. A., *Design of Experiments: A Realistic Approach*, New York: Marcel Dekker, Inc., 1974.

BOX, G. E. P., HUNTER, W. G., and HUNTER, J. S., *Statistics for Experimenters*, New York: John Wiley & Sons, Inc., 1978.

COCHRAN, W. G., and COX, G. M., *Experimental Design*, 2nd ed. New York: John Wiley & Sons, Inc., 1957.

FINNEY, D. J., *An Introduction to the Theory of Experimental Design*. Chicago: The University of Chicago Press, 1960.

FLEISS, J., *The Design and Analysis of Clinical Experiments*. New York: John Wiley & Sons, Inc., 1986.

HICKS, C. R., *Fundamental Concepts in the Design of Experiments*, 2nd ed. New York: Holt, Rinehart and Winston, 1973.

ROMANO, A., *Applied Statistics for Science and Industry*. Boston: Allyn and Bacon, Inc., 1977.

No livro mencionado, de W. G. COCHRAN e G. M. COX, encontra-se uma tabela de quadrados latinos para r = 3, 4, 5, . . ., e 12.

Alguns problemas de planejamento experimental são discutidos informalmente nos Capítulos 18 e 19 de
BROOK, R. J., ARNOLD, G. C., HASSARD, T. H., and PRINGLE, R. M., eds., *The Fascination of Statistics*. New York: Marcel Dekker, Inc., 1986.

O tópico de comparações múltiplas é tratado detalhadamente em

FEDERER, W. T., *Experimental Design, Theory and Application*. New York: Macmillan Publishing Co., Inc., 1955.

HOCHBERG, Y., and TAMHANE, A. *Multiple Comparison Procedures*. New York: John Wiley & Sons, Inc., 1987

16
REGRESSÃO

16.1 Ajuste de Curvas 399
16.2 O Método dos Mínimos Quadrados 400
16.3 Análise de Regressão 410
*16.4 Regressão Múltipla 418
*16.5 Regressão Não-Linear 422
16.6 Lista de Termos-Chave 429
16.7 Referências 430

Em muitas pesquisas estatísticas, o objetivo principal é estabelecer relações que possibilitem prever uma ou mais variáveis em termos de outras. Assim é que se fazem estudos para prever as vendas futuras de um produto em função do seu preço, ou a perda de peso de uma pessoa em decorrência do número de semanas que se submete a uma dieta de 800 calorias-dia, ou as despesas de uma família com médico e remédios em função de sua renda, ou o consumo *per capita* de certos alimentos em função de seu valor nutritivo e do gasto com propaganda na televisão, e assim por diante.

Naturalmente, o ideal seria que pudéssemos prever uma quantidade exatamente em termos de outra, mas isso raramente é possível. Na maioria dos casos, devemos contentar-nos com a previsão de médias ou de valores esperados. Por exemplo, não podemos prever exatamente quanto ganhará um indivíduo específico formado em nível superior dez anos depois de sua formatura mas, com base em dados adequados, é possível prevermos o ganho médio de todos os graduados em nível superior dez anos depois de sua formatura. Analogamente, podemos prever a safra média de certa variedade de trigo em termos do índice pluviométrico de janeiro, e podemos prever a nota média esperada de um calouro do curso de Direito em função do seu QI. Esse problema da previsão do valor médio de uma variável em termos do valor conhecido de outra variável (ou dos valores conhecidos de outras variáveis) constitui o assim denominado problema da **regressão**. A origem desse termo remonta a Francis Galton (1822-1911), que o empregou pela primeira vez num estudo da relação entre as alturas de pais e filhos.

Nas Seções 16.1 e 16.2, apresentamos uma introdução geral ao ajuste de curvas e ao método mais utilizado, o **método dos mínimos quadrados**. Depois, na Seção 16.3, discutimos as questões referentes a inferências baseadas em ajuste de retas a dados emparelhados. Problemas nos quais as previsões se baseiam em mais de uma variável e problemas em que a relação entre duas variáveis não é linear são tratados nas Seções 16.4 e 16.5, que são opcionais.

16.1 AJUSTE DE CURVAS

Sempre que possível, procuramos expressar, ou aproximar, as relações entre grandezas conhecidas e grandezas que devem ser determinadas em termos de equações matemáticas. Isso tem tido muito sucesso nas ciências naturais, nas quais sabemos, por exemplo, que, a uma temperatura constante, a relação entre o volume y e a pressão x de um gás é dada pela fórmula

$$y = \frac{k}{x}$$

onde k é uma constante numérica. Mostra-se, também, que a relação entre o tamanho y de uma cultura de bactérias, e o tempo x durante o qual esteve exposta a certas condições ambientais, é dada por

$$y = a \cdot b^x$$

onde a e b são constantes numéricas. Mais recentemente, equações como essas têm sido usadas também para descrever relações no campo das ciências do comportamento, das ciências sociais e outros campos. Assim é que a primeira das equações precedentes costuma ser usada em Economia para descrever a relação entre preço e demanda, e a segunda tem sido usada para descrever o crescimento do vocabulário de uma pessoa ou a acumulação de riqueza.

Sempre que utilizamos dados observados para chegar a uma equação matemática que descreva a relação entre duas variáveis, o que constitui um processo conhecido como **ajuste de curvas**, precisamos encarar três tipos de problemas:

> **Devemos decidir que tipo de curva e, daí, que tipo de equação "de previsão" queremos utilizar.**
>
> **Devemos encontrar a equação particular que é a melhor em algum sentido.**
>
> **Devemos investigar certas questões relativas aos méritos da equação escolhida e de previsões feitas a partir dela.**

O segundo desses problemas é abordado com algum detalhe na Seção 16.2, e o terceiro, na Seção 16.3.

O primeiro tipo de problema, em geral, é resolvido por inspeção direta dos dados. Esboçamos os dados em papel comum (aritmético) de gráfico ou, eventualmente, em papel de gráfico com escalas especiais (veja Seção 15.5) e decidimos visualmente o tipo de curva (uma reta, uma parábola,...) que melhor descreve o padrão geral dos dados. Há métodos que nos permitem fazer isso de maneira mais objetiva, mas são bastante avançados e não serão discutidos neste livro.

Para os nossos objetivos aqui, vamos nos concentrar principalmente em **equações lineares** a duas incógnitas. Essas equações são da forma

$$y = a + bx$$

onde a é o corte no eixo y (o valor de y para $x = 0$) e b é a inclinação da reta (a saber, a variação de y que acompanha um aumento de uma unidade em x).* As equações lineares são úteis e importantes não só porque muitas relações têm efetivamente essa forma, mas também porque, muitas vezes, constituem boas aproximações de relações que, de outro modo, seriam difíceis de descrever em termos matemáticos.

---

* Em outros ramos da Matemática, as equações lineares a duas incógnitas muitas vezes são escritas como $y = mx + b$, mas $y = a + bx$ tem a vantagem de prestar-se mais facilmente a generalizações, como, por exemplo, em $y = a + bx + cx^2$ ou em $y = a + b_1x_1 + b_2x_2$.

A expressão "equação linear" decorre do fato de que o gráfico de $y = a + bx$ é uma linha reta. Ou seja, todos pares de valores de x e y que satisfazem uma equação da forma $y = a + bx$ são pontos que estão sobre uma reta. Na prática, os valores de a e b costumam ser estimados com base em dados observados e, uma vez determinados, podemos substituir valores de x na equação e calcular os correspondentes valores que previmos para y.

A título de ilustração, suponha que tenhamos dados sobre a safra de trigo y de um município do Mato Grosso (em sacos por hectare), e sobre a precipitação pluviométrica x (em centímetros medidos de março a fevereiro) e que, ainda, pelo método da Seção 16.2, obtenhamos a equação de previsão

$$y = 0{,}23 + 4{,}42x$$

(veja Exercício 16.8). A Figura 16.1 exibe o gráfico correspondente, devendo-se observar que, para qualquer par de valores de x e y tais que $y = 0{,}23 + 4{,}42x$, obtemos um ponto (x, y) que cai na reta. Substituindo $x = 6$, por exemplo, vemos que, quando há uma precipitação anual de 6 centímetros, podemos esperar uma colheita de

$$y = 0{,}23 + 4{,}42 \cdot 6 = 26{,}75$$

sacos por hectare; da mesma forma, substituindo $x = 12$, vemos que, para uma precipitação anual de 12 centímetros, podemos esperar uma colheita de

$$y = 0{,}23 + 4{,}42 \cdot 12 = 53{,}27$$

sacos por hectare. Os pontos (6; 26,75) e (12; 53,27) estão sobre a reta da Figura 16.1, e isso vale para quaisquer outros pontos determinados da mesma maneira.

16.2 O MÉTODO DOS MÍNIMOS QUADRADOS

Uma vez que tenhamos decidido ajustar uma linha reta a um determinado conjunto de dados, encontramos o segundo tipo de problema, a saber, a determinação da equação da reta particular que, em certo sentido, constitui o melhor ajuste. Para ilustrar o que está em jogo, consideremos os seguintes dados amostrais obtidos num estudo da relação entre o tempo durante o qual uma pessoa esteve exposta a um alto nível de ruído e a amplitude da freqüência sonora à qual seus ouvidos respondem. Aqui x é o tempo (arredondado para a semana mais próxima) que uma pessoa mora na proximidade de um aeroporto movimentado, diretamente na trajetória dos aviões que decolam e pousam, e y é o seu alcance auditivo (em milhares de ciclos por segundo):

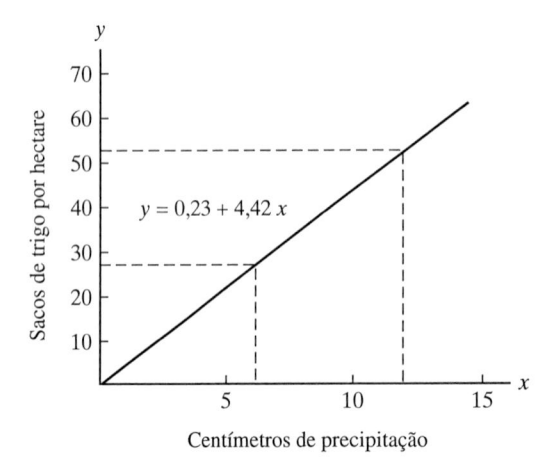

Figura 16.1
Gráfico de uma equação linear.

Número de semanas x	Alcance auditivo y
47	15,1
56	14,1
116	13,2
178	12,7
19	14,6
75	13,8
160	11,9
31	14,8
12	15,3
164	12,6
43	14,7
74	14,0

Esses doze **pontos de dados** (x, y) estão esboçados na Figura 16.2 no que se denomina um **diagrama de dispersão**. Isso foi feito com a ajuda de um computador, mas teria sido fácil fazê-lo à mão. Como pode ser visto, os pontos não caem todos sobre uma reta, mas o padrão geral da relação é descrito satisfatoriamente como sendo linear. Pelo menos, não há um desvio acentuado da linearidade, e por isso nos sentimos justificados na decisão de que uma linha reta é uma descrição adequada da relação subjacente.

Chegamos agora ao problema de encontrar a equação da reta que, em certo sentido, constitui o melhor ajuste aos dados e que, esperamos, virá a dar as melhores previsões possíveis de y a partir de x. Do ponto de vista lógico, não há uma limitação para o número de retas que podem ser traçadas numa folha de papel de gráfico. Algumas dessas retas ajustam tão mal os dados que podemos simplesmente ignorá-las, mas muitas outras parecem constituir ajustes mais ou menos bons, e o problema é encontrar justamente a reta que melhor se ajuste aos dados de alguma forma bem definida. Se todos os pontos se situam sobre uma reta, não existe problema, mas isso é um caso extremo, raramente encontrado na prática. Em geral, devemos contentar-nos com uma reta que tenha certas propriedades desejáveis, mas não necessariamente perfeita.

O critério que, hoje em dia, é usado quase que exclusivamente para definir uma reta de "melhor" ajuste, remonta à primeira metade do século XIX e ao trabalho do matemático francês Adrien Legendre; é conhecido como o **método dos mínimos quadrados**. Da maneira em que será utilizado aqui, esse método requer que a reta que ajustamos aos dados tenha a propriedade de que seja mínima a soma dos quadrados das distâncias verticais dos pontos à reta.

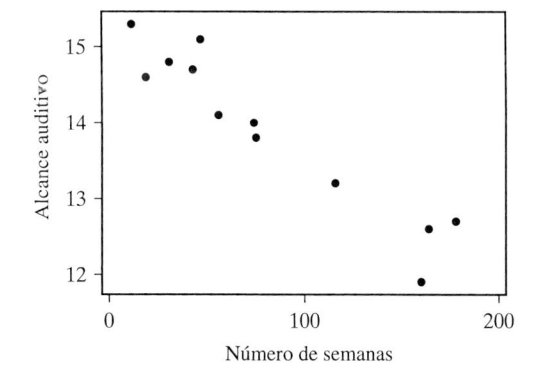

Figura 16.2
Impresso de computador para os dados auditivos.

Para explicar por que isso é feito, consideremos os dados a seguir, que poderiam representar os números de respostas certas, x e y, dadas por quatro estudantes, em duas partes de um teste de múltipla escolha:

x	y
4	6
9	10
1	2
6	2

Na Figura 16.3, esboçamos os pontos de dados correspondentes e traçamos duas retas por esses pontos para descrever o padrão geral.

Se utilizarmos a reta horizontal do diagrama à esquerda para "prever" y para os valores dados de x, obteremos $y = 5$ em cada caso, e os erros dessa "previsão" são $6 - 5 = 1$, $10 - 5 = 5$, $2 - 5 = -3$ e $2 - 5 = -3$. Na Figura 16.3, esses são os desvios verticais dos pontos de dados até a reta.

A soma desses erros é $1 + 5 + (-3) + (-3) = 0$, mas isso não é indicativo do tamanho desses erros, e nos encontramos numa situação semelhante à da página 86, que nos levou à definição do desvio-padrão. Elevando os erros ao quadrado, tal como elevamos ao quadrado os desvios da média, à página 86, vemos que a soma dos quadrados dos erros é $1^2 + 5^2 + (-3)^2 + (-3)^2 = 44$.

Consideremos, agora, a reta do diagrama à direita, traçada de modo a passar pelos pontos (1, 2) e (9, 10); vê-se facilmente que sua equação é $y = 1 + x$. Visualmente, essa reta parece ajustar-se muito melhor aos dados do que a reta horizontal do diagrama à esquerda e, se a utilizarmos para prever y para os valores dados de x, obteremos $1 + 4 = 5$, $1 + 9 = 10$, $1 + 1 = 2$ e $1 + 6 = 7$. Os erros dessas "previsões," que, na figura à direita, também são as distâncias verticais dos pontos de dados até a reta, são $6 - 5 = 1$, $10 - 10 = 0$, $2 - 2 = 0$ e $2 - 7 = -5$.

A soma desses erros é $1 + 0 + 0 + (-5) = -4$, que é numericamente maior do que a soma dos erros que obtivemos em relação à outra reta da Figura 16.3, mas isso não tem importância. A soma dos quadrados dos erros é agora $1^2 + 0^2 + 0^2 + (-5)^2 = 26$, e isso é muito menos do que o valor 44 obtido antes. Nesse sentido, a reta à direita proporciona um ajuste muito melhor aos dados do que a reta horizontal à esquerda.

Podemos ir um pouco mais além e procurar determinar a equação da reta para a qual a soma dos quadrados dos erros (a soma dos quadrados dos desvios verticais dos pontos de dados da reta) é um mínimo. No Exercício 16.11, pede-se ao leitor verificar que a equação de uma tal reta é $y = \frac{15}{17} + \frac{14}{17}x$ para o nosso exemplo. Essa reta é denominada a **reta de mínimos quadrados**.

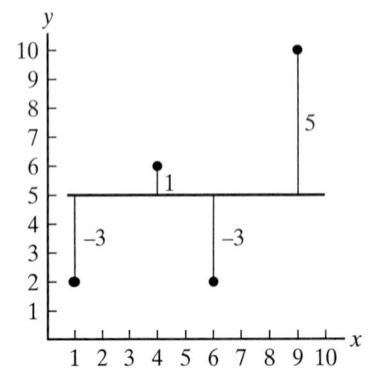

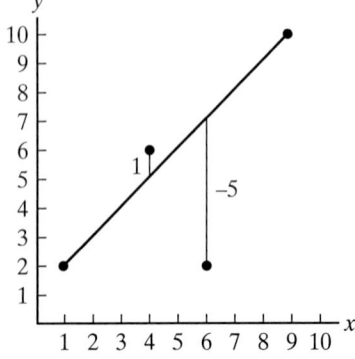

Figura 16.3
Duas retas ajustadas aos quatro pontos de dados.

Para mostrar como a equação de uma tal reta é efetivamente obtida para um dado conjunto de **pontos de dados**, consideremos n pares de números $(x_1, y_1), (x_2, y_2), \ldots,$ e (x_n, y_n), que podem representar, por exemplo, o impulso e a velocidade de n foguetes, a altura e o peso de n pessoas, a velocidade de leitura e o grau de compreensão de n estudantes, o custo de resgatar n navios afundados e o valor dos tesouros descobertos, ou a idade e custo de consertar n automóveis. Escrevendo a equação da reta como $\hat{y} = a + bx$, onde o símbolo $\hat{y}$ ("ípsilon chapéu") serve para distinguir entre os valores observados y e o valores correspondentes $\hat{y}$ na reta, o critério dos mínimos quadrados exige que minimizemos a soma dos quadrados das diferenças entre os y e os $\hat{y}$ (ver Figura 16.4). Isso significa que devemos encontrar os valores numéricos das constantes a e b que figuram na equação $\hat{y} = a + bx$, para os quais

$$\sum (y - \hat{y})^2 = \sum [y - (a + bx)]^2$$

tem o menor valor possível. Como a determinação das expressões de a e b que minimizam $\sum (y - \hat{y})^2$ é bastante trabalhosa ou exige recursos do Cálculo, limitamo-nos a enunciar o resultado, que a e b são dados pelas soluções, em relação a a e b, do seguinte sistema de duas equações lineares:

$$\sum y = na + b \left(\sum x \right)$$
$$\sum xy = a \left(\sum x \right) + b \left(\sum x^2 \right)$$

Nessas equações, denominadas **equações normais**, n é o número de pares de observações, $\sum x$ e $\sum y$ são as somas dos valores observados x e y, $\sum x^2$ é a soma dos quadrados dos valores de x e $\sum xy$ é a soma dos produtos determinados multiplicando cada x pelo y correspondente.

EXEMPLO 16.1 Sabendo que para os dados de alcance auditivo à página 401 temos $n = 12$, $\sum x = 975$, $\sum x^2 = 117.397$, $\sum y = 166,8$, $\sum y^2 = 2.331,54$ e $\sum xy = 12.884,4$, obtenha as equações normais que determinam uma reta de mínimos quadrados.

Solução Substituindo $n = 12$ e quatro das cinco somas nas expressões das equações normais, obtemos

$$166,8 = 12a + 975b$$
$$12.884,4 = 975a + 117.397b$$

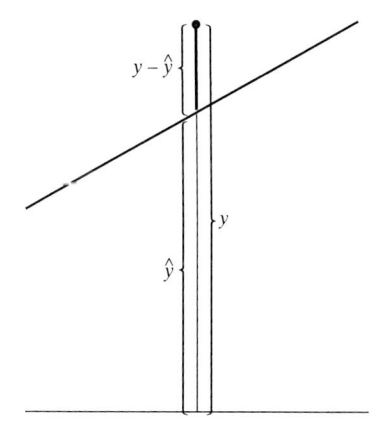

Figura 16.4
A diferença entre y e $\hat{y}$.

(Observe que não utilizamos $\sum y^2$ nesse exemplo, mas fornecemos esse valor agora, junto com os demais, para uso futuro.)

O leitor com alguma experiência na resolução de sistemas de equações lineares em Álgebra Linear elementar, pode continuar o exemplo acima e resolver essas duas equações em a e b usando ou o **método de eliminação gaussiana** ou então o método que utiliza **determinantes**. Alternativamente, podemos resolver as duas equações normais simbolicamente em a e b e então substituir os valores de n e dos diversos somatórios nas fórmulas resultantes. Dentre as várias maneiras de escrever essas fórmulas, talvez a mais conveniente seja o formato em que utilizamos as quantidades

$$S_{xx} = \sum x^2 - \frac{1}{n}\left(\sum x\right)^2 \quad \text{e} \quad S_{xy} = \sum xy - \frac{1}{n}\left(\sum x\right)\left(\sum y\right)$$

como quantidades intermediárias e então escrevemos as fórmulas para calcular a e b como

SOLUÇÕES DE EQUAÇÕES NORMAIS

$$b = \frac{S_{xy}}{S_{xx}}$$

$$a = \frac{\sum y - b\left(\sum x\right)}{n}$$

em que primeiro calculamos b e então substituímos esse valor na fórmula para a. (Observe que esse é o mesmo S_{xx} que utilizamos à página 89 na fórmula para calcular e desvio-padrão amostral.)

EXEMPLO 16.2 Utilize essas fórmulas para resolver as equações normais e encontrar a e b para o exemplo do alcance auditivo.

Solução Primeiro substituímos $n = 12$ e os somatórios necessários dados no Exemplo 16.1 nas fórmulas para S_{xx} e S_{xy}, obtendo

$$S_{xx} = 117.397 - \frac{1}{12}(975)^2 = 38.178,25$$

e

$$S_{xy} = 12.884,4 - \frac{1}{12}(975)(166,8) = -668,1$$

Então $b = \dfrac{-668,1}{38.178,25} \approx -0,0175$ e $a = \dfrac{166,8 - (-0,0175)(975)}{12} \approx 15,3$, ambos arredondados até o terceiro dígito significativo, e a equação da reta de mínimos quadrados pode ser escrita como

$$\hat{y} = 15,3 - 0,0175x$$

O que fizemos aqui pode muito bem ser descrito como um simples exercício de Aritmética, pois raramente, ou nunca, utilizamos tantos detalhes na determinação de uma reta de mínimos quadrados. Hoje em dia, os somatórios necessários podem ser obtidos até com as mais primitivas calculadoras, e os valores de a e b podem ser obtidos com qualquer tipo de programa estatístico. Na verdade, a parte mais sutil de toda essa operação é a digitação dos dados e, se necessário, fazer correções, a menos que utilizemos um computador ou uma calculadora gráfica, nos quais os dados podem ser dispostos e editados.

Observe também que quando b é negativo, como no Exemplo 16.2, a reta de mínimos quadrados tem uma *inclinação negativa* indo da esquerda para a direita. Em outras palavras, a relação entre x e y é tal que y decresce quando x cresce, como pode ser observado na Figura 16.2. Por

CAPÍTULO 16 REGRESSÃO **405**

outro lado, quando b é positivo, a reta de mínimos quadrados tem uma *inclinação positiva* indo da esquerda para a direita, ou seja, que y cresce quando x cresce. Finalmente, quando b é igual a zero, a reta de mínimos quadrados é horizontal e o valor de x não é útil na estimação ou previsão do valor de y.

EXEMPLO 16.3 Use uma calculadora gráfica para refazer o Exemplo 16.2 sem utilizar os somatórios dados no Exemplo 16.1.

Solução A Figura 16.5 mostra os dados originais digitados numa calculadora gráfica. A janela da calculadora é muito pequena para mostrar todos os dados, mas o resto dos dados foi obtido dragando. Em seguida, o comando **STAT CALC 8** fornece os resultados mostrados na Figura 16.6. Arredondando até o terceiro dígito significativo, como antes, obtemos $a = 15,3$ e $b = -0,0175$, e a equação da reta de mínimos quadrados é, evidentemente, a mesma

$$\hat{y} = 15,3 - 0,0175x$$

Se tivéssemos utilizado um computador nesse exemplo, o MINITAB teria fornecido o impresso mostrado na Figura 16.7. A equação da reta de mínimos quadrados, denominada **equação de regressão** (o que será explicado mais tarde), novamente é $y = 15,3 - 0,0175$ e os coeficientes a e b são dados na coluna encabeçada por "Coef" como 15,3218 e $-0,017499$. Alguns dos detalhes adicionais do impresso serão utilizados mais adiante.

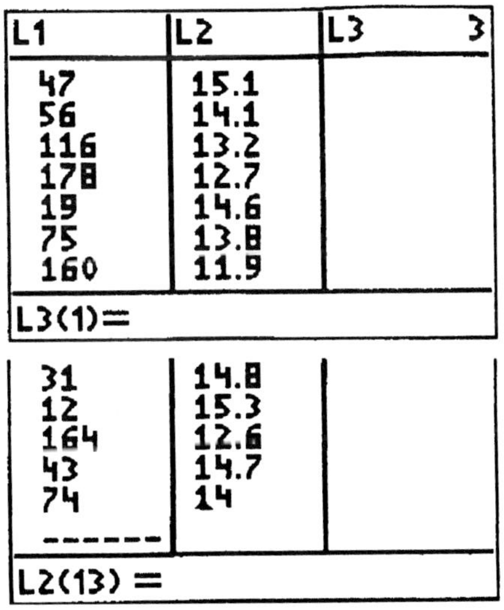

Figura 16.5
Dados do Exemplo 16.3.

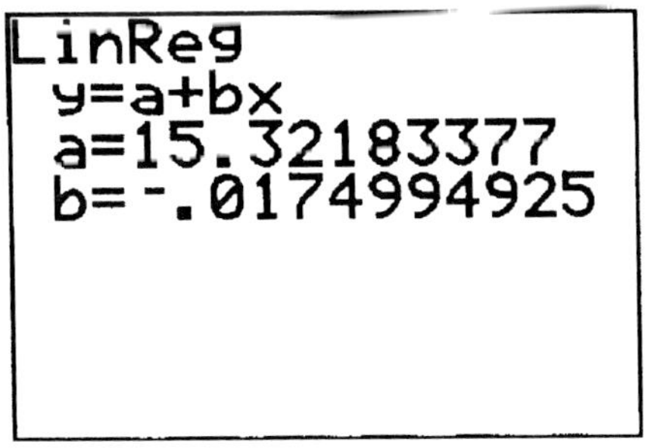

Figura 16.6
Solução do Exemplo 16.3.

```
Análise de Regressão: y contra x

The regression equation is
y = 15.3 - 0.0175 x

Predictor          Coef         SE Coef            T            P
Constant        15.3218          0.1845         83.4        0.000
x              -0.017499        0.001865        -9.38        0.000

S = 0.3645           R-Sq = 89.8%     R-Sq(adj) = 88.8%

Analysis of Variance

Source            DF          SS          MS           F          P
Regression         1      11.691      11.691       88.00      0.000
Residual Error    10       1.329       0.133
Total             11      13.020
```

Figura 16.7 Impresso de MINITAB para o Exemplo 16.3.

EXEMPLO 16.4 Use a equação de mínimos quadrados obtida no Exemplo 16.2 ou no Exemplo 16.3 para estimar o alcance auditivo de uma pessoa que foi exposta ao ruído de aeroporto (conforme descrito à página 400) durante

(a) um ano;

(b) dois anos.

Solução (a) Substituindo $x = 52$ em $\hat{y} = 15{,}3 - 0{,}0175x$, obtemos $\hat{y} = 15{,}3 - 0{,}0175(52) = 14{,}4$ mil ciclos por segundo arredondando até o terceiro dígito significativo.

(b) Substituindo $x = 104$ nesta equação, obtemos $\hat{y} = 13{,}5$ mil ciclos por segundo, arredondado até o terceiro dígito significativo. ■

Quando fazemos uma estimativa como essa, ou uma previsão, na realidade não podemos esperar sempre obter precisamente a resposta correta. Com referência ao nosso exemplo, não seria nada razoável esperar que cada pessoa que tivesse sido exposta ao ruído de aeroporto durante um dado intervalo de tempo apresentasse precisamente o mesmo alcance auditivo. Para tornar nossas previsões significativas com base em retas de mínimos quadrados, devemos considerar como médias, ou valores esperados, os valores de $\hat{y}$ obtidos mediante substituição de valores dados de x. Interpretadas dessa maneira, as retas de mínimos quadrados são denominadas **retas de regressão** ou, melhor ainda, **retas de regressão estimadas**, já que os valores de a e b são estimados com base em dados amostrais e, portanto, pode-se esperar que variem de amostra para amostra. Na Seção 16.3, discutiremos questões relativas à validade dessas estimativas.

Nas discussões desta seção, consideramos apenas o problema de ajustar uma reta a pares de dados. Mais geralmente, o método dos mínimos quadrados também pode ser utilizado para ajustar outros tipos de curvas e para deduzir equações de previsão a mais de duas incógnitas. O problema de ajustar curvas além da reta pelo método dos mínimos quadrados será abordado sucintamente na Seção 16.5 e, na Seção 16.4, daremos alguns exemplos de previsão de equações a mais de duas incógnitas. Ambas seções estão marcadas como opcionais.

EXERCÍCIOS

16.1 Um cachorro com seis horas de treinamento de obediência cometeu cinco erros numa exposição canina, um cachorro com doze horas de treinamento de obediência cometeu seis erros, e um cachorro com dezoito horas de treinamento de obediência cometeu apenas um erro. Denotando por x o número de horas de treinamento de obediência e por y o número de erros cometidos, qual das duas retas

$$y = 10 - \frac{1}{2}x \quad \text{ou} \quad y = 8 - \frac{1}{3}x$$

fornece um ajuste melhor aos três pontos de dados, (6, 5), (12, 6) e (18, 1), no sentido de mínimos quadrados?

16.2 Com referência ao Exercício 16.1, use um computador ou uma calculadora gráfica para conferir se a reta de melhor ajuste é uma reta de mínimos quadrados.

16.3 Para verificar se um conservante de alimentos largamente utilizado contribui para a hiperatividade de crianças em idade pré-escolar, um nutricionista escolheu uma amostra aleatória de dez crianças de quatro anos reconhecidas como bastante hiperativas de várias escolinhas e observou seu comportamento 45 minutos depois de terem ingerido quantidades controladas de comida contendo o conservante. Na tabela a seguir, x é a quantidade de comida consumida contendo o conservante (em gramas) e y é uma medição subjetiva de hiperatividade (numa escala de 1 a 20) baseada na agitação da criança e na interação com outras crianças:

x	y
36	6
82	14
45	5
49	13
21	5
24	8
58	14
73	11
85	18
52	6

(a) Esboce um diagrama de dispersão para decidir se uma reta pode descrever de modo razoável o comportamento geral dos dados.
(b) Use uma régua para traçar uma reta que, visualmente, deveria estar próxima de uma reta de mínimos quadrados.
(c) Use a reta da parte (b) para estimar a medida de hiperatividade de uma dessas crianças que ingeriu 65 gramas de comida com o conservante 45 minutos antes.

16.4 Com referência ao Exercício 16.3, use um aplicativo apropriado ou uma calculadora gráfica para verificar que a equação de mínimos quadrados para estimar y em termos de x é dada por $\hat{y} = 1{,}5 + 0{,}16x$, arredondados até o segundo dígito significativo. Também use essa equação para estimar a medida de hiperatividade de uma dessas crianças que ingeriu 65 gramas de comida com o conservante 45 minutos antes e compare o resultado com o da parte (c) do Exercício 16.3.

16.5 Com referência ao Exercício 16.3, em que $\sum x = 525$, $\sum y = 100$, $\sum x^2 = 32.085$ e $\sum xy = 5.980$, monte as duas equações normais e resolva-as usando o método da eliminação gaussiana ou dos determinantes.

16.6 A tabela a seguir mostra durante quantas semanas seis pessoas estão trabalhando num posto de inspeção de automóveis e quantos carros cada uma inspecionou entre o meio dia e as 14 horas, em determinado dia:

Número de semanas trabalhadas x	Número de carros inspecionados y
2	13
7	21
9	23
1	14
5	15
12	21

Sabendo que $\sum x = 36$, $\sum y = 107$, $\sum x^2 = 304$ e $\sum xy = 721$, use as fórmulas dadas à página 404 para calcular a e b e, assim, obter a equação da reta de mínimos quadrados.

16.7 Use o resultado do Exercício 16.6 para estimar quantos automóveis pode-se esperar que uma pessoa inspecione durante o mesmo período de duas horas se ela está trabalhando na posto de inspeção há oito semanas.

16.8 Verifique que a equação do exemplo à página 399/400 pode ser obtida pelo ajuste de uma reta de mínimos quadrados aos seguintes dados:

Precipitação pluviométrica (em centímetros)	Safra de trigo (em sacos por hectare)
12,9	62,5
7,2	28,7
11,3	52,2
18,6	80,6
8,8	41,6
10,3	44,5
15,9	71,3
13,1	54,4

16.9 Os dados abaixo referem-se ao resíduo de cloro numa piscina, em vários momentos após ter sido tratada com produtos químicos:

Número de horas	Resíduo de cloro (partes por milhão)
0	2,2
2	1,8
4	1,5
6	1,4
8	1,1
10	1,1
12	0,9

em que a leitura a 0 hora foi feita imediatamente após completado o tratamento químico.

(a) Use as fórmulas de cálculo da página 404 para ajustar uma reta de mínimos quadrados que nos permita prever o resíduo de cloro em termos do número de horas após a piscina ter sido tratada com produtos químicos.

(b) Use a equação da reta de mínimos quadrados obtida na parte (a) para estimar o resíduo de cloro na piscina cinco horas após esta ter sido tratada com produtos químicos.

(c) Suponha que seja revelado que os dados desse exercício tenham sido obtidos durante um dia muito quente. Explique por que os resultados das partes (a) e (b) podem ser bastante enganosos.

16.10 Use um aplicativo apropriado ou uma calculadora gráfica para refazer a parte (a) do Exercício 16.9.

16.11 Com referência aos quatro pontos de dados à página 402, que eram (4, 6), (9, 10), (1, 2) e (6, 2), verifique que a equação de mínimos quadrados é

$$\hat{y} = \frac{15}{17} + \frac{14}{17}x$$

Também calcule a soma dos quadrados dos desvios verticais dos quatro pontos a essa reta e compare o resultado com 44 e 26, as somas de quadrados correspondentes obtidas para as duas retas mostradas na Figura 16.3.

16.12 A matéria-prima usada na fabricação de uma fibra sintética é armazenada num local sem controle de umidade. Durante 12 dias, mediu-se a umidade relativa no local de armazenamento e o conteúdo de umidade de uma amostra da matéria-prima (ambos em percentagens), obtendo os seguintes resultados:

Umidade x	Conteúdo de umidade y
46	12
53	14
37	11
42	13
34	10
29	8
60	17
44	12
41	10
48	15
33	9
40	13

(a) Esboce um diagrama de dispersão para verificar que o relacionamento global entre essas duas variáveis é muito bem descrito por uma reta.

(b) Sabendo que $\sum x = 507$, $\sum y = 144$, $\sum x^2 = 22.625$ e $\sum xy = 6.314$, monte as duas equações normais.

(c) Resolva as duas equações normais usando o método da eliminação gaussiana ou dos determinantes.

16.13 Com referência ao Exercício 16.12, use os somatórios dados na parte (b) e as fórmulas de cálculo à página 404 para encontrar a equação da reta de mínimos quadrados.

16.14 Use um aplicativo apropriado ou uma calculadora gráfica para encontrar a equação da reta de mínimos quadrados para os dados de unidade relativa e o conteúdo de umidade do Exercício 16.12.

16.15 Use a equação obtida nos Exercícios 16.12, 16.13 ou 16.14, para estimar o conteúdo de umidade quando a umidade relativa é de 38%.

16.16 Suponha que, no Exercício 16.12, quiséssemos estimar qual umidade relativa daria um conteúdo de umidade de 10%. Poderíamos fazer $\hat{y} = 10$ na equação obtida em qualquer um dos Exercícios 16.12, 16.13, ou 16.14, e resolver para x, mas isso não daria uma estimativa no sentido de mínimos quadrados. Para obter uma estimativa de mínimos quadrados da umidade relativa em termos do conteúdo de umidade, devemos denotar o conteúdo de umidade por x e a umidade relativa por y e, então, ajustar a esses dados uma reta de mínimos quadrados. Use um aplicativo apropriado ou uma calculadora gráfica para encontrar uma tal reta de mínimos quadrados e use-a para estimar a umidade relativa que dará um conteúdo de umidade de 10%.

16.17 Quando os x são igualmente espaçados (isto é, quando as diferenças entre valores sucessivos de x são todas iguais), podemos simplificar enormemente encontrar a equação de uma reta de mínimos quadrados codificando os x mediante atribuição dos valores . . . , –3, –2, –1, 0, 1, 2, 3, . . . quando n é ímpar ou . . . , –5, –3, –1, 1, 3, 5, . . ., quando n é par. Com essa codificação, e denotando os x codificados por u, a soma dos x codificados é zero e as fórmulas para calcular a e b da página 404 se tornam

$$a = \frac{\sum y}{n} \quad \text{e} \quad b = \frac{\sum uy}{\sum u^2}$$

Naturalmente, a equação da reta de mínimos quadrados resultante expressa y em termos de u e devemos levar isso em conta quando utilizarmos a equação para estimativas ou previsões.

(a) Durante seus cinco primeiros anos de operação, a receita bruta das vendas de uma companhia foi 1,4; 2,1; 2,6; 3,5; e 3,7 milhões de unidades monetárias. Ajuste uma reta de mínimos quadrados e, admitindo que a tendência permaneça, faça uma previsão da receita bruta da companhia em seu sexto ano de operação.

(b) Ao final de oito anos sucessivos, uma indústria teve 1,0; 1,7; 2,3; 3,1; 3,5; 3,4; 3,9; e 4,7 milhões de unidades monetárias investidas em instalações e equipamentos. Ajuste uma reta de mínimos quadrados e, admitindo que a tendência permaneça, faça uma previsão do investimento da companhia em instalações e equipamentos ao final do décimo ano.

*16.18 Verifique que resolvendo *simbolicamente* as equações normais usando determinantes, obtemos as fórmulas alternativas seguintes para calcular a e b:

$$a = \frac{\left(\sum y\right)\left(\sum x^2\right) - \left(\sum x\right)\left(\sum xy\right)}{n\left(\sum x^2\right) - \left(\sum x\right)^2}$$

$$b = \frac{n\left(\sum xy\right) - \left(\sum x\right)\left(\sum y\right)}{n\left(\sum x^2\right) - \left(\sum x\right)^2}$$

*16.19 Use as fórmulas de cálculo do Exercício 16.18 para refazer o
(a) Exercício 16.6;
(b) Exercício 16.13.

16.3 ANÁLISE DE REGRESSÃO

No Exemplo 16.4, utilizamos uma reta de mínimos quadrados para estimar, ou prever, o alcance auditivo de uma pessoa exposta ao ruído de aeroporto durante dois anos como sendo 13,5 mil ciclos por segundo. Mesmo que interpretemos corretamente a reta de mínimos quadrados como uma reta de regressão (isto é, que consideremos as estimativas baseadas nessa reta como médias ou valores esperados), ainda há perguntas que precisam ser respondidas. Por exemplo,

> **Qual é a precisão dos valores obtidos para a e b na equação de mínimos quadrados $\hat{y} = 15,3 - 0,0175x$?**
>
> **Qual a precisão da estimativa $\hat{y} = 13,5$ mil ciclos por segundo do alcance auditivo médio de pessoas expostas ao ruído de aeroporto durante dois anos?**

Afinal de contas, $a = 15,3$ e $b = -0,0175$, bem como $\hat{y} = 13,5$, são apenas estimativas baseadas em dados amostrais e, se basearmos nossos cálculos numa amostra diferente, o método de mínimos quadrados provavelmente daria valores diferentes para a e b, e um valor diferente de $\hat{y}$ para $x = 104$. Assim, para fazer previsões, poderíamos perguntar:

> **É possível estabelecer um intervalo para o qual possamos afirmar, com algum grau de confiança, que contém o alcance auditivo de uma pessoa expostas ao ruído de aeroporto durante dois anos?**

Quanto à primeira dessas questões, dissemos que $a = 15,3$ e $b = -0,0175$ são "apenas estimativas baseadas em dados amostrais" e isso implica a existência dos correspondentes valores reais, denotados, em geral, por α e β e denominados os verdadeiros **coeficientes de regressão**. Conseqüentemente, há também uma verdadeira reta de regressão $\mu_{y|x} = \alpha + \beta x$, onde $\mu_{y|x}$ é a verdadeira média de y para um dado valor de x. Para distinguir entre os a e α e entre b e β, nos referimos a a e b como os **coeficientes de regressão estimados**. Muitas vezes os denotamos por $\hat{\alpha}$ e $\hat{\beta}$, em vez de a e b.

Para esclarecer o conceito de uma verdadeira reta de regressão, consideremos a Figura 16.8, em que esboçamos as distribuições de y para diversos valores de x. Com referência ao nosso exemplo numérico, essas curvas são as distribuições dos alcances auditivos de pessoas que ficaram expostas a ruído de aeroporto durante uma, duas e três semanas e, para completar a figura, podemos visualizar curvas análogas para todos os outros valores de x dentro do alcance dos valores sob consideração. Note que as médias de todas as distribuições da Figura 16.8 estão sobre a verdadeira reta de regressão σ.

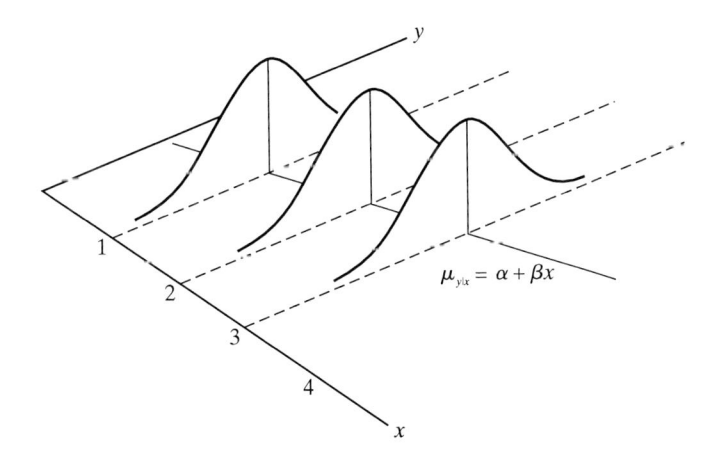

Figura 16.8
Distribuições de y para valores dados de x.

Em **análise de regressão linear**, admitimos que os x sejam constantes, não valores de variáveis aleatórias, e que, para cada valor de x, a variável a ser prevista, y, tenha uma distribuição (como na Figura 16.8) cuja média é $\alpha + \beta x$. Em **análise da regressão normal**, admitimos, ainda, que essas distribuições sejam todas normais e com o mesmo desvio-padrão σ.

Com base nessas suposições, pode ser mostrado que os coeficientes de regressão estimados a e b, obtidos pelo método dos mínimos quadrados, são valores de variáveis aleatórias de distribuições normais com médias α e β e desvios-padrão

$$\sigma\sqrt{\frac{1}{n} + \frac{\bar{x}^2}{S_{xx}}} \quad \text{e} \quad \frac{\sigma}{\sqrt{S_{xx}}}$$

Entretanto, os coeficientes de regressão estimados, a e b, não são estatisticamente independentes. Note que ambas as fórmulas do erro-padrão exigem que estimemos σ, o desvio-padrão comum das distribuições normais ilustradas na Figura 16.8. Caso contrário, como supomos os x constantes, não há problema na determinação de $\bar{x}$ e S_{xx}. A estimativa de σ que vamos utilizar é denominada **erro-padrão da estimativa** e é denotado por s_e. Sua fórmula é

$$s_e = \sqrt{\frac{\sum(y - \hat{y})^2}{n - 2}}$$

onde, novamente, os y são os valores observados de y e os $\hat{y}$ são os valores correspondentes na reta de mínimos quadrados. Note que s_e^2 é a soma dos quadrados dos desvios verticais dos pontos em relação à reta (a saber, a quantidade minimizada pelo método dos mínimos quadrados) dividida por $n - 2$.

A fórmula precedente define s_e, mas, na prática, calculamos seu valor por meio da fórmula de cálculo

ERRO-PADRÃO DA ESTIMATIVA

$$s_e = \sqrt{\frac{S_{yy} - bS_{xy}}{n - 2}}$$

onde

$$S_{yy} = \sum y^2 - \frac{1}{n}\left(\sum y\right)^2$$

analogamente à fórmula para S_{xx}, à página 404.

EXEMPLO 16.5 Calcule s_e para a reta de mínimos quadrados que ajustamos aos dados à página 401.

Solução Como $n = 12$ e já mostramos que $S_{xy} = -668,1$, o único outro valor que necessitamos é S_{yy}. Como $\sum y = 166,8$ e $\sum y^2 = 2.331,54$ foram dados no Exemplo 16.1, segue que

$$S_{yy} = 2.331,54 - \frac{1}{12}(166,8)^2 = 13,02$$

e que, portanto,

$$s_e = \sqrt{\frac{13,02 - (-0,0175)(-668,1)}{10}}$$

$$\approx 0,3645$$

Na verdade, esse trabalho todo não é realmente necessário; o resultado é dado no impresso de computador da Figura 16.7, onde diz $s = 0,3645$. Também uma calculadora gráfica poderia ter fornecido $s = 0,3644981554$, mas não exibimos esse detalhe na Figura 16.6.

Se admitirmos todas as suposições da análise de regressão normal, de que os x são constantes e que os y são valores de variáveis aleatórias de distribuições normais com as médias $\mu_{x|y} = \alpha + \beta x$ e com o mesmo desvio-padrão σ, então as inferências sobre os coeficientes de regressão α e β podem ser baseadas nas estatísticas

ESTATÍSTICAS PARA INFERÊNCIAS SOBRE COEFICIENTES DE REGRESSÃO

$$t = \frac{a - \alpha}{s_e\sqrt{\frac{1}{n} + \frac{\overline{x}^2}{S_{xx}}}}$$

$$t = \frac{b - \beta}{s_e/\sqrt{S_{xx}}}$$

cujas distribuições amostrais são distribuições t com $n - 2$ graus de liberdade. Note que os valores nos denominadores são estimativas dos erros-padrão correspondentes, com s_e substituindo σ.

O exemplo a seguir mostra como testar hipóteses sobre qualquer um dos coeficientes de regressão α e β.

EXEMPLO 16.6 Suponhamos que se tenha afirmado que o alcance auditivo de uma pessoa decresceu 0,02 mil ciclos por segundo para cada semana que a pessoa tenha morado na proximidade de um aeroporto, diretamente na trajetória dos aviões que decolam e pousam, e que os dados da página 401 tenham sido obtidos com o objetivo de testar essa afirmação ao nível 0,05 de significância.

Solução No que segue, devemos admitir que todas as suposições subjacentes à análise de regressão normal tenham sido satisfeitas.

1. $H_0 : \beta = -0,02$
   $H_A : \beta \neq -0,02$

2. $\alpha = 0,05$

3. Rejeitar a hipótese nula se $t \leq -2,228$ ou $t \geq 2,228$, onde

$$t = \frac{b - \beta}{s_e/\sqrt{S_{xx}}}$$

e 2,228 é o valor de $t_{0,025}$ para $12 - 2 = 10$ graus de liberdade; caso contrário, aceitar a hipótese nula ou reservar julgamento.

4. Como já sabemos pelos Exemplos 16.1, 16.2 e 16.5 que $S_{xx} = 38.178,25$, $b = -0,0175$ e $s_e = 0,3645$, substituindo esses valores, junto com $\beta = -0,02$, fornece

$$t = \frac{-0,0175 - (-0,02)}{0,3645/\sqrt{38.178,25}} \approx 1,340$$

5. Como $t = 1,340$ cai no intervalo de $-2,228$ a $2,228$, a hipótese nula não pode ser rejeitada; não há evidência real para refutar a alegação.

Novamente, poderíamos ter poupado trabalho recorrendo ao impresso de computador da Figura 16.7. Na coluna encabeçada por SE Coef é dado que o erro-padrão estimado de b, que é o valor que figura no denominador da estatística t, é 0,001865, de forma que podemos escrever diretamente

$$t = \frac{-0,0175 - (-0,02)}{0,001865} = 1,340$$

Os testes referentes ao coeficiente de regressão α são feitos de maneira idêntica, com a diferença apenas que utilizamos, em vez da segunda, a primeira das duas estatísticas t. Na maioria das aplicações práticas, entretanto, o coeficiente de regressão α não tem muita importância — é apenas o corte no eixo y, ou seja, o valor de y correspondente a $x = 0$. Em muitos casos não tem qualquer significado real.

Para construir intervalos de confiança para os coeficientes de regressão α e β, substituímos o termo médio de $-t_{\alpha/2} < t < t_{\alpha/2}$ pela estatística t apropriada da página 413. Então, mediante um cálculo algébrico relativamente simples, chegamos às fórmulas

LIMITES DE CONFIANÇA PARA COEFICIENTES DE REGRESSÃO

$$a \pm t_{\alpha/2} \cdot s_e \sqrt{\frac{1}{n} + \frac{\overline{x}^2}{S_{xx}}}$$

e

$$b \pm t_{\alpha/2} \cdot \frac{s_e}{\sqrt{S_{xx}}}$$

onde o grau de confiança é $(1 - \alpha)100\%$ e $t_{\alpha/2}$ é a entrada na Tabela II para $n - 2$ graus de liberdade.

EXEMPLO 16.7 Os dados a seguir mostram os tempos médios semanais, em horas, que seis estudantes dedicaram aos seus trabalhos para casa e os índices de pontuação para as disciplinas que fizeram naquele semestre:

Horas gastas em deveres de casa x	Índice de pontuação y
15	2,0
28	2,7
13	1,3
20	1,9
4	0,9
10	1,7

Admitindo que todas as suposições subjacentes à análise de regressão normal tenham sido satisfeitas, construa um intervalo de 99% de confiança para β, a quantidade pela qual um estudante da população amostrada poderia aumentar seu índice de pontuação estudando uma hora extra por semana.

Solução Utilizando o impresso de computador mostrado na Figura 16.9, verificamos que $b = 0{,}06860$ e que a estimativa do erro-padrão de b, pelo qual devemos multiplicar $t_{\alpha/2}$, é 0,01467. Como $t_{0,005} = 4{,}604$ para $6 - 2 = 4$ graus de liberdade, obtemos $0{,}0686 \pm 4{,}604(0{,}01467)$ e, portanto,

$$0{,}0011 < \beta < 0{,}1361$$

Esse intervalo de confiança é bastante amplo, e isso se deve a dois fatores — ao tamanho muito pequeno da amostra e à variação relativamente grande medida por s_e, ou seja, a variação entre os índices de pontuação de estudantes sujeitos à mesma quantidade de temas de casa.

Figura 16.9
Impresso de MINITAB para o Exemplo 16.7.

```
Análise de Regressão: y contra x

The regression equation is
C2 = 0.721 + 0.0686 x

Predictor        Coef       SE Coef          T          P
Constant       0.7209        0.2464       2.93      0.043
x             0.06860       0.01467       4.68      0.009

S = 0.2720         R-Sq = 84.5%     R-Sq(adj) = 80.7%
```

Para responder à segunda questão formulada na página 411, relativa à estimativa, ou previsão, do valor médio de y para um dado valor de x, utilizamos um método semelhante ao que acabamos de discutir. Com as mesmas suposições de antes, baseamos nosso argumento numa outra estatística t, chegando aos seguintes limites de $(1 - \alpha)100\%$ de confiança para $\mu_{y|x_0}$, a média de y quando $x = x_0$:

LIMITES DE CONFIANÇA PARA A MÉDIA DE y QUANDO $x = x_0$

$$(a + bx_0) \pm t_{\alpha/2} \cdot s_e \sqrt{\frac{1}{n} + \frac{(x_0 - \bar{x})^2}{S_{xx}}}$$

Como anteriormente, o número de graus de liberdade é $n - 2$ e os valores correspondentes de $t_{\alpha/2}$ podem ser lidos na Tabela II.

EXEMPLO 16.8 Reportando-nos novamente aos dados da página 401, suponha que queiramos estimar o alcance auditivo de pessoas que tenham morado nas proximidades de um aeroporto, diretamente na trajetória dos aviões que decolam. Construa um intervalo de 95% de confiança.

Solução Admitindo que todas as suposições subjacentes à análise de regressão normal tenham sido satisfeitas, substituímos $n = 12$, $x_0 = 104$ semanas, $\sum x = 975$ (do Exemplo 16.1) e, portanto, $\bar{x} = 975/12 = 81,25$, $S_{xx} = 38.178,25$ (do Exemplo 16.2), $a + bx_0 = 13,5$ (do Exemplo 16.4), $s_e = 0,3645$ (do Exemplo 16.5) e $t_{0,025} = 2,228$ para $12 - 2 = 10$ graus de liberdade na fórmula precedente do intervalo de confiança, obtendo

$$13,5 \pm 2,228(0,3645)\sqrt{\frac{1}{12} + \frac{(104 - 81,25)^2}{38.178,25}}$$

e portanto

$$13,25 < \mu_{y|x_0} < 13,75$$

milhares de ciclos por segundo quando $x = 104$ semanas. (Se tivéssemos usado $a = 15,32$, em vez de $a = 15,3$ no Exemplo 16.4, teríamos obtido $a + bx_0 = 13,50$, em vez de 13,48, que arredondamos para 13,5. Assim, o resultado teria sido o mesmo.) ■

A terceira questão proposta na página 411 difere das outras duas. Ela não se refere à estimativa de um parâmetro populacional, mas sim à previsão de uma única observação futura. Os extremos de um intervalo para o qual possamos afirmar com um certo grau de confiança que conterá tal observação são chamados **limites de previsão**, e o cálculo desses limites responderá a terceira questão. Baseando nosso argumento em mais uma outra estatística t, chegamos aos seguintes limites de previsão de $(1 - \alpha)100\%$ para um valor de y quando $x = x_0$:

LIMITES DE PREVISÃO

$$(a + bx_0) \pm t_{\alpha/2} \cdot s_e \sqrt{1 + \frac{1}{n} + \frac{(x_0 - \bar{x})^2}{S_{xx}}}$$

Novamente, o número de graus de liberdade é $n - 2$ e o valor correspondente de $t_{\alpha/2}$ pode ser lido da Tabela II.

Observe que a única diferença entre esses limites de previsão e os limites de confiança para $\mu_{y|x_0}$ dados anteriormente é que adicionamos 1 ao radicando. Assim, deixamos a cargo do leitor verificar, no Exercício 16.24, que, para o exemplo do alcance auditivo e $x_0 = 104$, os limites de 95% de previsão são 12,65 e 14,35. Não deveria ser surpresa esse intervalo ser muito mais amplo do que o obtido no Exemplo 16.8. Enquanto que os limites de previsão se aplicam a previsões para uma pessoa, os limites de confiança obtidos no Exemplo 16.8 se aplicam à média de todas pessoas que tenham morado durante dois anos nas proximidades do aeroporto, diretamente na trajetória dos aviões que decolam.

Tenha em mente que todos esses métodos se baseiam nas suposições bastante restritivas da análise de regressão normal. Além disso, se fundamentarmos mais de uma inferência nos mesmos dados, encontraremos problemas relativos aos níveis de significância e/ou aos graus de liberdade. As variáveis aleatórias em que se baseiam os vários processos certamente não são independentes.

EXERCÍCIOS

16.20 Suponha que os dados do Exercício 16.3 satisfaçam as suposições requeridas pela análise de regressão normal.

(a) Se o trabalho no Exercício 16.4 foi feito com um computador, use a informação fornecida pelo aplicativo para testar a hipótese nula $\beta = 0,15$ contra a hipótese alternativa $\beta \neq 0,15$ ao nível 0,05 de significância.

(b) Para testes relativos ao coeficiente de regressão β, a calculadora gráfica TI-83 fornece o valor de t somente para testes da hipótese nula $\beta = 0$. Como a diferença está somente no numerador, o valor de t para testes da hipótese nula $\beta = \beta_0$ pode ser obtida multiplicando o valor de t dado pela calculadora por

$$\frac{b - \beta_0}{b}$$

Se o trabalho no Exercício 16.4 foi feito com uma calculadora gráfica, use esse método de calcular t para testar a hipótese nula $\beta = 0,15$ contra a hipótese alternativa $\beta \neq 0,15$ ao nível 0,05 de significância.

16.21 Suponha que os dados do Exercício 16.6 satisfaçam as suposições requeridas pela análise de regressão normal.

(a) Use as somas dadas naquele exercício, $\sum y^2 = 2.001$ e o resultado que $b = 0,898$, para calcular o valor de s_e.

(b) Use a informação fornecida na parte (a), bem como seu resultado, para testar a hipótese nula $\beta = 1,5$ contra a hipótese alternativa $\beta < 1,5$ ao nível 0,05 de significância.

16.22 Use um computador ou uma calculadora gráfica para refazer ambas partes do Exercício 16.21. Se for usada uma calculadora gráfica, siga a sugestão dada na parte (b) do Exercício 16.20.

16.23 Supondo que os dados do Exercício 16.8 satisfaçam as suposições requeridas pela análise de regressão normal, use o resultado daquele exercício e um computador ou uma calculadora gráfica para testar a hipótese nula $\beta = 3,5$ contra a hipótese alternativa $\beta > 3,5$ ao nível 0,01 de significância. Se for usada uma calculadora gráfica, siga a sugestão dada na parte (b) do Exercício 16.20.

16.24 Com referência aos dados à página 401 e os cálculos no Exemplo 16.8, mostre que para $x_0 = 104$, os limites de 95% de previsão para o alcance auditivo são 12,65 e 14,35 mil ciclos por segundo.

16.25 Com referência ao Exercício 16.9, use um computador ou uma calculadora gráfica para testar a hipótese nula $\beta = -0,15$ contra a hipótese alternativa $\beta \neq -0,15$ ao nível 0,01 de significância. Deve ser suposto, evidentemente, que os dados do Exercício 16.9 satisfaçam as suposições requeridas pela análise de regressão normal. Também, se for usada uma calculadora gráfica, siga a sugestão dada na parte (b) do Exercício 16.20.

16.26 Com referência ao exercício precedente e com as mesmas suposições, construa um intervalo de 95% de confiança para a redução do resíduo de cloro por hora.

16.27 Suponha que os dados do Exercício 16.12 satisfaçam as suposições requeridas pela análise de regressão normal.
(a) Use as somas dadas naquele exercício, $\sum y^2 = 1.802$ e o resultado que $b = 0,272$, para calcular o valor de s_e.
(b) Use a informação fornecida na parte (a), bem como seu resultado, para testar a hipótese nula $\beta = 0,40$ contra a hipótese alternativa $\beta < 0,40$ ao nível 0,05 de significância.

16.28 Use um computador ou uma calculadora gráfica para refazer ambas partes do Exercício 16.27. Se for usada uma calculadora gráfica, siga a sugestão dada na parte (b) do Exercício 16.20.

16.29 Supondo que os dados do Exercício 16.12 satisfaçam as suposições requeridas pela análise de regressão normal, use um computador ou uma calculadora gráfica para determinar um intervalo de 95% de confiança para o conteúdo médio de umidade quando a umidade relativa é de 50%.

16.30 A tabela a seguir dá os valores, em milhares de unidades monetárias, de avaliação e os preços de venda de oito casas, que constituem uma amostra aleatória de todas as casas vendidas recentemente numa zona rural:

Valor de avaliação	Preço de venda
70,3	114,4
102,0	169,3
62,5	106,2
74,8	125,0
57,9	99,8
81,6	132,1
110,4	174,2
88,0	143,5

Supondo que esses dados satisfaçam as suposições requeridas pela análise de regressão normal, use um computador ou uma calculadora gráfica para encontrar
(a) um intervalo de 95% de confiança para o preço de venda médio de uma casa nessa área rural que está avaliada em 90.000 unidades monetárias;
(b) os limites de 95% de previsão para uma casa nessa área rural que foi avaliada em 90.00 unidades monetárias.

16.31 Supondo que os dados do Exercício 16.3 satisfaçam as suposições requeridas pela análise de regressão normal, use um computador ou uma calculadora gráfica para determinar
(a) um intervalo de 99% de confiança para a medida de hiperatividade de uma criança de quatro anos de uma das escolinhas 45 minutos depois de ter ingerido 60 gramas de comida com o conservante;
(b) os limites de 99% de previsão para a medida de hiperatividade de uma dessas crianças que ingeriu 60 gramas de comida com o conservante 45 minutos antes.

16.32 Supondo que os dados do Exercício 16.8 satisfaçam as suposições requeridas pela análise de regressão normal, use um computador ou uma calculadora gráfica para determinar
(a) um intervalo de 98% de confiança para a safra média de trigo quando há uma precipitação pluviométrica de 10 centímetros;
(b) os limites de 98% de previsão para a safra de trigo quando há uma precipitação pluviométrica de 10 centímetros.

16.33 Supondo que os dados do Exercício 16.7 satisfaçam as suposições requeridas pela análise de regressão normal, use um computador ou uma calculadora gráfica para determinar
(a) um intervalo de 95% de confiança para o índice de pontuação de estudantes que dedicaram aos seus trabalhos para casa uma média de cinco horas semanais durante o semestre;
(b) os limites de 95% de previsão para o índice de pontuação de um estudante que dedicou aos seus trabalhos para casa uma média de cinco horas semanais durante o semestre.

16.4 REGRESSÃO MÚLTIPLA

Embora existam muitos problemas em que uma variável pode ser prevista com bastante precisão em termos de outra, é razoável esperar que as previsões devam melhorar levando em conta informações relevantes adicionais. Por exemplo, deveríamos poder fazer melhores previsões sobre o desempenho de professores recém-contratados se levarmos em consideração não somente sua formação, mas também seu tempo de experiência e sua personalidade. Poderemos também fazer melhor previsão do sucesso de um novo livro se considerarmos não só a qualidade do trabalho, mas também o potencial de procura e a concorrência.

Muitas fórmulas matemáticas podem servir para expressar relações entre mais do que duas variáveis, mas as mais comumente usadas em Estatística (em parte por questões de conveniência) são equações lineares da forma

$$y = b_0 + b_1 x_1 + b_2 x_2 + \cdots + b_k x_k$$

Aqui, y é a variável a ser prevista, $x_1, x_2, \ldots,$ e x_k são as k variáveis conhecidas, sobre as quais se basearão as previsões, e $b_0, b_1, b_2, \ldots,$ e b_k são constantes numéricas a serem determinadas com base nos dados observados.

Para ilustrar, consideremos a seguinte equação, obtida num estudo sobre a demanda por diferentes tipos de carnes:

$$\hat{y} = 3{,}489 - 0{,}090 x_1 + 0{,}064 x_2 + 0{,}019 x_3$$

Aqui, y denota o consumo total de carne bovina e lombo suíno inspecionados: pelas autoridades sanitárias, em milhões de quilogramas, x_1 denota o preço de varejo da carne de gado em centavos

---

* Esta seção está assinalada como opcional porque os cálculos, embora possivelmente executáveis numa calculadora para problemas muito simples, geralmente exigem aplicativos computacionais especiais.

por quilograma, x_2 denota o preço de varejo do lombo em centavos por quilograma e x_3 é a renda familiar medida pelo índice de certa folha de pagamento. Com essa equação, podemos prever o consumo total de carne de gado e de lombo inspecionados pelas autoridades sanitárias correspondente a valores especificados de x_1, x_2 e x_3.

O problema da determinação de uma equação linear a mais de duas variáveis que melhor descreva determinado conjunto de dados consiste em encontrar valores numéricos de $b_0, b_1, b_2, \ldots,$ e b_k. Geralmente, isso é feito pelo método dos mínimos quadrados; isto é, minimiza-se a soma de quadrados $\sum (y - \hat{y})^2$, onde, como anteriormente, os y são os valores observados e os $\hat{y}$ são os valores calculados por meio da equação linear. Em princípio, o problema da determinação de $b_0, b_1, b_2, \ldots,$ e b_k é o mesmo que o do caso de duas variáveis, mas as soluções manuais podem ser muito trabalhosas porque o método dos mínimos quadrados exige a resolução de tantas equações normais quantas são as constantes desconhecidas $b_0, b_1, b_2, \ldots,$ e b_k. Por exemplo, quando há duas variáveis independentes, x_1 e x_2, e queremos ajustar a equação

$$y = b_0 + b_1 x_1 + b_2 x_2$$

devemos resolver as três equações normais

EQUAÇÕES NORMAIS (DUAS VARIÁVEIS INDEPENDENTES)

$$\sum y = n \cdot b_0 + b_1 \left(\sum x_1\right) + b_2 \left(\sum x_2\right)$$
$$\sum x_1 y = b_0 \left(\sum x_1\right) + b_1 \left(\sum x_1^2\right) + b_2 \left(\sum x_1 x_2\right)$$
$$\sum x_2 y = b_0 \left(\sum x_2\right) + b_1 \left(\sum x_1 x_2\right) + b_2 \left(\sum x_2^2\right)$$

Aqui, $\sum x_1 y$ é a soma dos produtos obtidos multiplicando cada valor dado de x_1 pelo valor correspondente de y, $\sum x_1 x_2$ é a soma dos produtos obtidos multiplicando cada valor dado de x_1 pelo correspondente valor de x_2, e assim por diante.

EXEMPLO 16.9 Os dados a seguir mostram o número de quartos, o número de banheiros e os preços (em unidades monetárias) pelos quais oito casas unifamiliares de um certo bairro foram vendidas recentemente:

Número de quartos x_1	Número de banheiros x_2	Preço y
3	2	143.800
2	1	109.300
4	3	158.800
2	1	109.200
3	2	154.700
2	2	114.900
5	3	188.400
4	2	142.900

Encontre uma equação linear que permita prever o preço de venda médio de uma casa unifamiliar no bairro dado, em termos do número de quartos e do número de banheiros.

Solução As quantidades necessárias para substituir nas três equações normais são $n = 8$, $\sum x_1 = 25$, $\sum x_2 = 16$, $\sum y = 1.122.000$, $\sum x_1^2 = 87$, $\sum x_1 x_2 = 55$, $\sum x_2^2 = 36$, $\sum x_1 y = 3.711.100$ e $\sum x_2 y = 2.372.700$, resultando

$$1.122.000 = 8b_0 + 25b_1 + 16b_2$$
$$3.711.100 = 25b_0 + 87b_1 + 55b_2$$
$$2.372.700 = 16b_0 + 55b_1 + 36b_2$$

Poderíamos resolver essas equações pelo método da eliminação ou utilizando determinantes, mas em vista dos cálculos bastante extensos, hoje em dia tal tarefa é deixada para os computadores. Assim, recorremos ao impresso de computador da Figura 16.10, onde, na coluna encabeçada por "Coef", vemos que $b_0 = 65.430$, $b_1 = 16.752$ e $b_2 = 11.235$. Na linha imediatamente acima dos coeficientes, vemos que a equação de mínimos quadrados é

$$\hat{y} = 65.430 + 16.752\,x_1 + 11.235\,x_2$$

Isso nos diz que (no bairro dado e na época em que foi feito o estudo), cada quarto adicional acrescentava, em média, 16.752 unidades monetárias e cada banheiro adicional acrescentava 11.235 unidades monetárias ao preço de venda de uma casa.

EXEMPLO 16.10 Com base no resultado do Exemplo 16.9, determine o preço de venda médio de uma casa com três quartos e dois banheiros (no bairro dado na época em que foi feito o estudo).

Solução Substituindo $x_1 = 3$ e $x_2 = 2$ na equação de mínimos quadrados obtida no Exemplo 16.9, obtemos

$$\hat{y} = 65.430 + 16.752(3) + 11.235(2)$$
$$= 138.156$$

ou 138.200 unidades monetárias, aproximadamente.

Figura 16.10
Impresso de MINITAB para o Exemplo 16.9

```
Análise de Regressão: y contra x1, x2

The regression equation is
y = 65430 + 16752  x1 + 11235   x2

Predictor         Coef          SE Coef         T           P
Constant         65430           12134        5.39       0.003
x1               16752            6636        2.52       0.053
x2               11235            9885        1.14       0.307
```

EXERCÍCIOS

*16.34 A seguir estão os dados relativos às idades e aos rendimentos (em unidades monetárias) de uma amostra aleatória de cinco executivos de uma grande companhia multinacional, juntamente com o número de anos de estudos de pós-graduação de cada um:

Idade x_1	Anos de pós-graduação x_2	Renda y
38	4	181.700
46	0	173.300
39	5	189.500
43	2	179.800
32	4	169.900
52	7	212.500

(a) Use o aplicativo computacional adequado para ajustar uma equação da forma $y = b_0 + b_1x_1 + b_2x_2$ aos dados fornecidos.

(b) Use a equação obtida na parte (a) para estimar a renda média de um executivo da companhia multinacional de 39 anos de idade que fez três anos de pós-graduação uma universidade.

*16.35 Os dados a seguir foram coletados para determinar a relação entre duas variáveis de processamento e a dureza de certo tipo de aço:

Dureza (Rockwell 30 T) y	Conteúdo de cobre (percentagem) x_1	Temperatura de temperar (graus Fahrenheit) x_2
78,9	0,02	1.000
55,2	0,02	1.200
80,9	0,10	1.000
57,4	0,10	1.200
85,3	0,18	1.000
60,7	0,18	1.200

(a) Use aplicativo computacional adequado para ajustar uma equação da forma $y = b_0 + b_1x_1 + b_2x_2$ aos dados fornecidos.

(b) Use a equação obtida na parte (a) para estimar a dureza do aço quando seu conteúdo de cobre é 0,14% e a temperatura em que é temperado é de 1.100 graus Fahrenheit.

*16.36 Quando os x_1 e/ou os x_2 estão igualmente espaçados, o cálculo dos coeficientes de regressão pode ser consideravelmente simplificado usando o tipo de codificação descrito no Exercício 16.17. Refaça o Exercício 16.35 sem usar computador após codificar como –1, 0 e 1 os três valores de x_1, e como –1 e 1 os dois valores de x_2. (Note que, codificado, o conteúdo de 0,14% de cobre passa a ser 0,50 e a temperatura de 1.100 graus Fahrenheit em que é temperado passa a ser 0.)

*16.37 Os dados a seguir representam as eficácias percentuais de um analgésico e a quantidade (em miligramas) de três medicamentos presentes em cada cápsula:

Medicamento A x_1	Medicamento B x_2	Medicamento C x_3	Eficácia percentual y
15	20	10	47
15	20	20	54
15	30	10	58
15	30	20	66
30	20	10	59
30	20	20	67
30	30	10	71
30	30	20	83
45	20	10	72
45	20	20	82
45	30	10	85
45	30	20	94

(a) Use aplicativo computacional adequado para ajustar uma equação da forma $y = b_0 + b_1x_1 + b_2x_2 + b_3x_3$ aos dados fornecidos.

(b) Use a equação obtida na parte (a) para estimar a eficácia percentual média de cápsulas contendo 12,5 miligramas do Medicamento A, 25 miligramas do medicamento B e 15 miligramas do Medicamento C.

*16.38 Refaça o Exercício 16.37 sem usar computador após codificar como −1, 0 e 1 os três valores de x_1, como −1 e 1 os dois valores de x_2 e como −1 e 1 os dois valores de x_3.

*16.5 REGRESSÃO NÃO-LINEAR

Quando o padrão de um conjunto de dados se afasta consideravelmente de uma reta, precisamos considerar ajustar algum outro tipo de curva. Nesta seção, descreveremos primeiro dois casos em que a relação entre *x* e *y* não é linear, mas nos quais, mesmo assim, é possível aplicar o método da Seção 16.2. Em seguida, daremos um exemplo de **ajuste de uma curva polinomial**, ajustando uma parábola.

Em geral, esboçamos pares de dados em vários tipos de papel de gráfico para ver se há escalas em que os pontos se aproximem de uma reta. Naturalmente, quando isso ocorre no papel de gráfico comum, procedemos como na Seção 16.2. Se isso ocorre quando usamos o **papel de gráfico semilog** (com subdivisões iguais para *x* e uma escala logarítmica para *y*, conforme indica a Figura 16.11), isso indica que uma **curva exponencial** dará um bom ajuste. A equação de uma tal curva é

$$y = a \cdot b^x$$

ou, em forma logarítmica,

$$\log y = \log a + x(\log b)$$

onde "log" representa o logaritmo de base 10. (Na verdade, poderíamos usar qualquer base, inclusive o número irracional *e*, caso em que a equação costuma ser escrita como $y = a \cdot e^{bx}$ ou, em formato logarítmico, como $\ln y = \ln a + bx$.)

Observe que, se representamos log *a* por *A*, log *b* por *B* e log *y* por *Y*, a equação original em formato logarítmico será escrita como $Y = A + Bx$, que é a equação usual de uma reta. Assim, para ajustar uma curva exponencial a um dado conjunto de pares de dados, simplesmente aplicamos o método da Seção 16.2 aos pares de dados (*x*, *Y*).

EXEMPLO 16.11 Os dados referentes aos lucros líquidos (em milhares de unidades monetárias) de uma companhia durante os seis primeiros anos de operação são os seguintes:

Ano	Lucro líquido
1	112
2	149
3	238
4	354
5	580
6	867

Na Figura 16.11, esboçamos esses dados em papel de gráfico comum no lado esquerdo e em papel de gráfico semilog (com escala logarítmica para *y*) no lado direito. Como pode ser visto, o padrão global está visivelmente "linearizado" na figura da direita, e isso sugere que deveríamos ajustar uma curva exponencial.

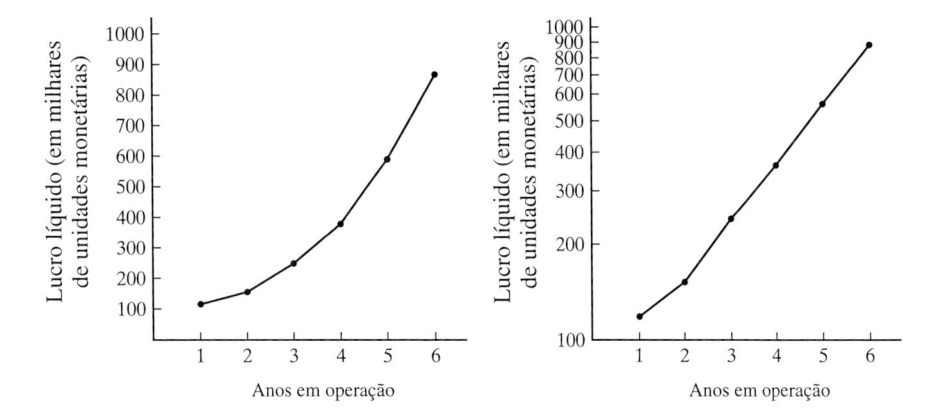

Figura 16.11
Dados esboçados em papel de gráfico comum e semilog.

Solução Obtendo os logaritmos de y com uma calculadora ou, talvez, de uma tabela de logaritmos, obtemos

x	y	$Y = \log y$
1	112	2,0492
2	149	2,1732
3	238	2,3766
4	354	2,5490
5	580	2,7634
6	867	2,9380

Assim, para esses dados, obtemos $n = 6$, $\sum x = 21$, $\sum x^2 = 91$, $\sum Y = 14{,}8494$ e $\sum xY = 55{,}1664$ e, portanto, $S_{xx} = 91 - \frac{1}{6}(21)^2 = 17{,}5$ e $S_{xY} = 55{,}1664 - \frac{1}{6}(21)(14{,}8494) = 3{,}1935$. Finalmente, a substituição nas duas fórmulas à página 404 fornece

$$B = \frac{3{,}1935}{17{,}5} \approx 0{,}1825$$

$$A = \frac{14{,}8494 - 0{,}1825(21)}{6} \approx 1{,}8362$$

e a equação que descreve a relação é

$$\hat{Y} = 1{,}8362 + 0{,}1825x$$

Como 1,8362 e 0,1825 são as estimativas correspondentes a log a e log b, vemos, tomando antilogaritmos, que $a = 68{,}58$ e $b = 1{,}52$. Assim, a equação da curva exponencial que melhor descreve a relação entre o lucro líquido da companhia e o número de anos de operação é

$$\hat{y} = 68{,}58(1{,}52)^x$$

onde $\hat{y}$ é dado em milhares de unidades monetárias.

Embora os cálculos no Exemplo 16.11 tenham sido bastante fáceis, poderíamos, é claro, ter usado um computador. Digitando os valores de x e de Y em colunas c1 e c2, obtemos o impresso mostrado na Figura 16.12. Como pode ser visto, os valores que calculamos para A e B aparecem na coluna encabeçada por "Coef".

Para obter a equação exponencial em seu formato final, teria sido mais fácil ainda usar uma calculadora gráfica. Depois de digitar os x e y originais, o comando **STAT CALC ExpReg** fornece os dados mostrados na Figura 16.13. Como pode ser visto, as constantes a e b, arredondadas até a segunda casa decimal, são idênticas às da equação exponencial dada no fim do Exemplo 16.11.

Figura 16.12
Impresso de computador para o Exemplo 16.11.

```
Análise de Regressão: Y = log y contra x

The regression equation is
Y = log y = 1.84 + 0.182  x

Predictor        Coef         SE Coef          T            P
Constant       1.83620        0.02243        81.85        0.000
x              0.182486       0.005760       31.68        0.000

S = 0.02410         R-Sq = 99.6%     R-Sq(adj) = 99.5%
```

Figura 16.13
Valores de a e b reproduzidos da janela de uma calculadora científica TI-83.

```
ExpReg
 y=a*b^x
 a=68.57875261
 b=1.522264768
```

Uma vez ajustada uma curva exponencial a um conjunto de pares de dados, podemos prever um valor futuro de y por substituição em sua equação do valor correspondente de x. Contudo, em geral é muito mais conveniente substituir x na forma logarítmica da equação, ou seja, em

$$\log \hat{y} = \log a + x(\log b)$$

EXEMPLO 16.12 Com referência ao Exemplo 16.11, preveja o lucro líquido da companhia em seu oitavo ano de operação.

Solução Substituindo $x = 8$ na forma logarítmica da equação para a curva exponencial, obtemos

$$\log \hat{y} = 1{,}8362 + 8(0{,}1825)$$
$$= 3{,}2962$$

e, portanto, $\hat{y} = 1.980$, ou 1.980.000 unidades monetárias.

Se os pontos de dados caem perto de uma reta quando esboçados em **papel de gráfico log-log** (com escalas logarítmicas para x e y), isso indica que uma equação da forma

$$y = a \cdot x^b$$

fornecerá um bom ajuste. Em forma logarítmica, a equação de uma tal **função potência** é

$$\log y = \log a + b(\log x)$$

que é uma equação linear em $\log x$ e $\log y$. (Representando $\log a$, $\log x$ e $\log y$ por A, X e Y, respectivamente, a equação é dada por

$$Y = A + bX$$

que é a equação usual de uma reta.) Para ajustar uma curva potência, podemos, portanto, aplicar o método da Seção 16.2 ao problema descrito por $Y = A + bX$. O trabalho necessário para ajustar uma função potência é análogo ao que tivemos no Exemplo 16.11, e não o ilustraremos aqui por meio de exemplo. Contudo, nos Exercícios 16.47 e 16.49, o leitor encontrará problemas nos quais o método pode ser aplicado.

Quando os valores de y primeiro crescem e depois decrescem, ou primeiro decrescem e depois crescem, muitas vezes um bom ajuste é dado pela **parábola** de equação

$$y = a + bx + cx^2$$

Essa equação também pode ser escrita como

$$y = b_0 + b_1 x + b_2 x^2$$

para ficar de acordo com a notação da Seção 16.4. Assim, pode ser visto que podemos considerar parábolas como equações lineares nas duas incógnitas $x_1 = x$ e $x_2 = x^2$ e que ajustar uma parábola a um conjunto de pares de dados não constitui novidade — basta aplicarmos o método da Seção 16.4. Se realmente quiséssemos usar as equações normais da página 403 com $x_1 = x$ e $x_2 = x^2$, isso requereria a determinação de $\sum x$, $\sum x^2$, $\sum x^3$, $\sum x^4$, $\sum y$, $\sum xy$, e $\sum x^2 y$, e subseqüente resolução simultânea de três equações lineares. Como pode ser imaginado, isso exigiria uma grande quantidade de contas e raramente é feito sem o uso de aplicativos apropriados. Nos dois exemplos a seguir, vamos primeiro ilustrar o ajuste de uma parábola utilizando um computador e depois repetir o problema usando uma calculadora gráfica.

EXEMPLO 16.13 O tempo de secagem (em horas) de um verniz e a quantidade (em gramas) de certo aditivo químico são os seguintes:

Quantidade de aditivo x	Tempo de secagem y
1	7,2
2	6,7
3	4,7
4	3,7
5	4,7
6	4,2
7	5,2
8	5,7

(a) Ajuste uma parábola que, conforme sugere a Figura 16.14, é o tipo correto de curva para ajustar os dados fornecidos.

(b) Use o resultado da parte (a) para prever o tempo de secagem do verniz quando se adicionam 6,5 gramas do aditivo químico.

Solução (a) Usando o impresso de MINITAB mostrado na Figura 16.15, verificamos que $b_0 = 9{,}2446$, $b_1 = -2{,}0149$ e $b_2 = 0{,}19940$ (na coluna encabeçada por "Coef").

Arredondando até a segunda casa decimal, podemos, portanto, escrever a equação da parábola como

$$\hat{y} = 9{,}24 - 2{,}01x + 0{,}20x^2$$

(Observe que digitamos os valores de x na coluna c1, os valores de x^2 na coluna c2 e os valores de y na coluna c3.)

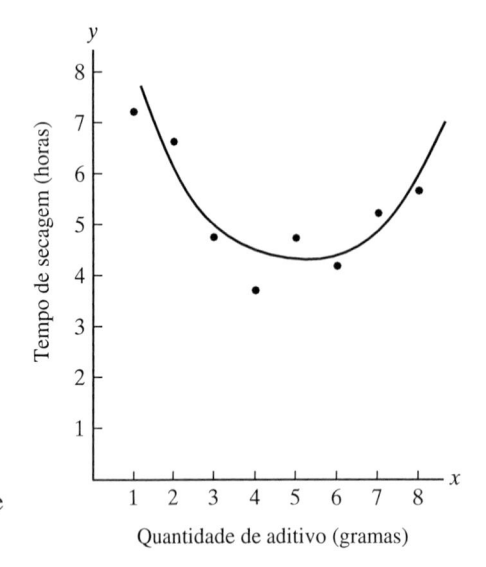

Figura 16.14
Diagrama de dispersão dos dados de secagem de verniz.

(b) Substituindo $x = 6{,}5$ na equação obtida na parte (a), resulta

$$\hat{y} = 9{,}24 - 2{,}01(6{,}5) + 0{,}20(6{,}5)^2$$

$$\approx 4{,}62 \text{ horas}$$

EXEMPLO 16.14 Refaça o Exemplo 16.13 utilizando uma calculadora gráfica.

Solução Para evitar confusão, chamamos a atenção para o fato de que a TI-83 utiliza a equação $y = ax^2 + bx + c$, com a e c permutados em relação à versão dada na página 425. Depois de digitarmos os x e os y, o comando **STAT CALC QuadReg** fornece o resultado que aparece na Figura 16.16. Arredondando para duas casas decimais, obtemos

$$\hat{y} = 0{,}20x^2 - 2{,}01x + 9{,}24$$

que é idêntico ao obtido anteriormente, exceto pela ordem das parcelas.

Na página 425, introduzimos as parábolas como curvas que se curvam uma única vez — isto é, seus valores primeiro crescem e depois decrescem, ou primeiro decrescem e depois cres-

Figura 16.15
Impresso de computador para o ajuste de parábola.

```
Análise de Regressão: y contra x, x2

The regression equation is
y = 9.24 - 2.01 x + 0.199 x2

Predictor     Coef      SE Coef        T        p
Constant    9.2446       0.7645    12.09    0.000
x          -2.0149       0.3898    -5.17    0.004
x2         0.19940      0.04228     4.72    0.005

S = 0.5480     R-Sq = 85.3%   R-Sq(adj) = 79.4%
```

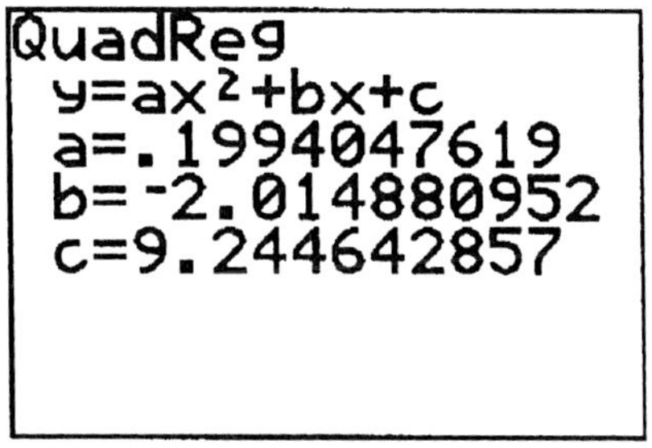

Figura 16.16
Ajuste de parábola reproduzido na janela de uma calculadora gráfica TI-83.

```
QuadReg
 y=ax²+bx+c
 a=.1994047619
 b=-2.014880952
 c=9.244642857
```

cem. Para padrões que se curvam mais de uma vez, **equações polinomiais** de grau mais alto, tais como $y = a + bx + cx^2 + dx^3$ ou $y = a + bx + cx^2 + dx^3 + ex^4$, podem ser ajustadas pela técnica ilustrada no Exemplo 16.13. Na prática, costumamos trabalhar com partes dessas curvas, em particular partes de parábolas, quando há apenas um pequeno encurvamento no padrão que pretendemos descrever.

EXERCÍCIOS

*16.39 Os dados a seguir referem-se ao crescimento de uma colônia de bactérias num meio de cultura:

Dias desde a inoculação x	Contagem de bactérias (milhares) y
2	112
4	148
6	241
8	363
10	585

(a) Sabendo que $\sum x = 30$, $\sum x^2 = 220$, $\sum Y = 11,9286$ (onde $Y = \log y$) e $\sum xY = 75,2228$, monte as duas equações normais para o ajuste de uma curva exponencial, resolva-as em log a e log b pelo método da eliminação ou por determinantes, e escreva a equação da curva em formato logarítmico.
(b) Transforme a equação obtida na parte (a) para o formato $y = ab^x$.
(c) Use a equação obtida na parte (a) para estimar a contagem de bactérias cinco dias depois da inoculação.

*16.40 Use um computador ou uma calculadora gráfica para refazer o Exercício 16.39.

*16.41 Use um computador ou uma calculadora gráfica para ajustar uma curva exponencial aos dados seguintes, relativos à percentagem de pneus radiais fabricados por certa indústria e que ainda estão em condições de uso após terem rodado o número de quilômetros indicado:

Quilômetros rodados (em milhares) x	Percentagem utilizável y
1	97,2
2	91,8
5	82,5
10	64,4
20	41,0
30	29,9
40	17,6
50	11,3

*16.42 Transforme a equação obtida no Exercício 16.41 para o formato logarítmico e use-a para estimar a percentagem dos pneus que ainda estará utilizável após rodar 25.000 quilômetros.

*16.43 Use um computador ou uma calculadora gráfica para ajustar uma curva exponencial aos dados seguintes, relativos ao tempo de secagem x de amostras de teste de concreto e sua força de tensão y:

x (horas)	y (pascals)
1	3,54
2	8,92
3	27,5
4	78,8
5	225
6	639

*16.44 Supondo que a tendência exponencial continue, use a equação obtida no Exercício 16.43 (no formato logarítmico) para estimar a força de tensão de uma amostra de teste de concreto com tempo de secagem de oito horas.

*16.45 Um pedaço pequeno de um cacto raro e de crescimento lento foi enxertado num outro cacto dotado de raízes bem desenvolvidas, medindo-se sua altura anualmente, como mostra a tabela seguinte:

Anos depois do enxerto x	Altura (milímetros) y
1	22
2	25
3	29
4	34
5	38
6	44
7	51
8	59
9	68

Use um computador ou uma calculadora gráfica para ajustar uma curva exponencial.

*16.46 Os dados a seguir representam a quantidade x (em quilograma por metro quadrado) de fertilizante aplicado ao solo e a safra (em quilogramas por metro quadrado) de um certo alimento:

x	y
0,5	32,0
1,1	34,3
2,2	15,7
0,2	20,8
1,6	33,5
2,0	21,5

(a) Esboce um diagrama de dispersão para verificar que é razoável descrever o padrão global dos dados com uma parábola.
(b) Use um computador ou uma calculadora gráfica para ajustar uma parábola aos dados fornecidos.
(c) Use a equação obtida na parte (b) para estimar a safra quando se aplicam 1,5 quilogramas do fertilizante por metro quadrado.

*16.47 Os dados a seguir se referem à demanda y (em milhares de unidades) por um produto e seu preço x (em unidades monetárias) em cinco áreas comerciais bastante semelhantes:

Preço x	Demanda y
20	22
16	41
10	120
11	89
14	56

Use um computador ou uma calculadora gráfica para ajustar uma parábola a esses dados, e use-a para estimar a demanda quando o preço do produto é de 12 unidades monetárias.

16.6 LISTA DE TERMOS-CHAVE (com indicação das páginas de suas definições)

*Ajuste de curva polinomial, 422
Ajuste de curvas, 399
Análise de regressão, 410
Análise de regressão linear, 412
Análise de regressão normal, 412
Coeficientes de regressão, 411
Coeficientes de regressão estimados, 411
*Curva exponencial, 422
Determinantes, 404
Diagrama de dispersão, 401
Equação de regressão, 405
Equação linear, 399
*Equação polinomial, 427
Equações normais, 403
Erro-padrão da estimativa, 412

*Função potência, 424
Limites de previsão, 415
Método de eliminação, 404
Método dos mínimos quadrados, 398, 401
*Papel de gráfico log-log, 424
Papel de gráfico semilog, 422
*Parábola, 425
Pontos de dados, 401, 403
Regressão, 398
*Regressão múltipla, 418
Regressão não-linear, 422
Reta de mínimos quadrados, 402
Reta de regressão, 406
Reta de regressão estimada, 406

16.7 REFERÊNCIAS

Em livros de Análise Numérica e textos mais avançados de Estatística, podem ser encontrados métodos para decidir qual tipo de curva pode ser ajustado a um conjunto de pares de dados. Informações adicionais sobre o conteúdo deste capítulo podem ser encontradas em

CHATTERJEE, S., and PRICE, B., *Regression Analysis by Example*, 2nd ed. New York: John Wiley & Sons, Inc., 1991.

DANIEL, C., and WOOD, F., *Fitting Equations to Data*, 2nd ed. New York: John Wiley & Sons, Inc. 1980.

DRAPER, N. R., and SMITH, H., *Applied Regression Analysis*, 2nd ed., New York: John Wiley & Sons, Inc. 1981.

EZEKIEL, M., and FOX, K. A., *Methods of Correlation and Regression Analysis*, 3rd ed. New York: John Wiley & Sons, Inc., 1959.

WEISBERG, S., *Applied Linear Regression*, 2nd ed. New York: John Wiley & Sons, Inc., 1985.

WONNACOTT, T. H. and WONNACOTT, R. J., *Regression: A Second Course in Statistics*. New York: John Wiley & Sons, Inc., 1981.

17 CORRELAÇÃO

17.1 O Coeficiente de Correlação 432
17.2 A Interpretação de r 437
17.3 Análise de Correlação 442
***17.4** Correlações Múltipla e Parcial 445
17.5 Lista de Termos-Chave 448
17.6 Referências 449

Tendo estudado como ajustar uma reta de mínimos quadrados a pares de dados, voltamo-nos, agora, para o problema de determinar quão bom é o ajuste de uma tal reta aos dados. Naturalmente, podemos ter alguma idéia disso observando um diagrama de dispersão que exiba a reta juntamente com os dados, mas para mostrar como podemos ser mais objetivos, vamos voltar aos dados que utilizamos para ilustrar o ajuste de uma reta de mínimos quadrados; mais precisamente, ao exemplo do alcance auditivo de pessoas expostas ao ruído de decolagem de aviões durante um certo período de tempo:

Número de semanas x	*Alcance auditivo* y
47	15,1
56	14,1
116	13,2
178	12,7
19	14,6
75	13,8
160	11,9
31	14,8
12	15,3
164	12,6
43	14,7
74	14,0

Como pode ser visto nessa tabela, há diferenças substanciais entre os y, o menor dos quais é 11,9 e o maior é 15,3. Contudo, vemos também que o alcance auditivo de 11,9 mil ciclos por segundo foi o de uma pessoa que morou naquele local por 160 semanas, enquanto que o alcance auditivo de 15,3 mil ciclos por segundo foi o de uma pessoa que morou naquele local por apenas 12 semanas. Isso sugere que as diferenças no alcance auditivo podem muito bem ser devidas, pelo menos parcialmente, às diferenças de tempo em que as pessoas ficaram expostas ao ruído do aeroporto. Isso suscita a seguinte questão, que será respondida neste capítulo: da variação total entre os y, quanto pode ser atribuído à relação entre as duas variáveis x e y (ou seja, ao fato de que os valores observados de y corresponderem a diferentes valores de x) e quanto pode ser atribuído ao acaso?

Na Seção 17.1, introduzimos o coeficiente de correlação como uma medida da intensidade da relação linear entre duas variáveis, na Seção 17.2, vemos como interpretá-lo e, na Seção 17.3, abordamos problemas correlatos de inferência. Os problemas de correlação múltipla e parcial serão tratados sucintamente na Seção 17.4, que é opcional.

17.1 O COEFICIENTE DE CORRELAÇÃO

Para responder a questão levantada na abertura do capítulo, vamos ressaltar que estamos diante de uma análise da variância. A Figura 17.1 mostra o que queremos dizer. Como pode ser visto no diagrama, o desvio de um valor observado de y em relação à média de todos os y, $y - \bar{y}$, pode ser escrito como a soma de duas parcelas. Uma parcela é o desvio de $\hat{y}$ (o valor na reta correspondente a um valor observado de x) a partir da média de todos os y, $\hat{y} - \bar{y}$; a outra parcela é o desvio do valor observado de y a partir do valor correspondente na reta, $y - \hat{y}$. Simbolicamente, escrevemos

$$y - \bar{y} = (\hat{y} - \bar{y}) + (y - \hat{y})$$

para qualquer valor observado y e, elevando ao quadrado ambos os membros dessa identidade e somando sobre todos os n valores de y, verificamos que algumas simplificações algébricas levam a

$$\sum(y - \bar{y})^2 = \sum(\hat{y} - \bar{y})^2 + \sum(y - \hat{y})^2$$

A quantidade à esquerda mede a variação total dos y e é denominada a **soma de quadrados total**; note que $\sum (y - \bar{y})^2$ é simplesmente a variância dos y multiplicada por $n - 1$. O primeiro dos dois somatórios à direita, $\sum (\hat{y} - \bar{y})^2$, é denominado a **soma de quadrados de regressão** e mede a parcela da variação total dos y que pode ser atribuída à relação entre as duas variáveis x e y; de fato, se todos os pontos estão sobre a reta de mínimos quadrados, então $y = \hat{y}$ e a soma de quadrados de regressão é igual à soma de quadrados total. Na prática, isso ocorre raramente, se é que ocorre, e o fato de que os pontos não estão todos sobre uma reta de mínimos quadrados é uma indicação de que há outros fatores, além das diferenças entre os x, que afetam os valores de y. Costuma-se combinar todos esses outros fatores sob uma rubrica geral de "acaso". A variação de-

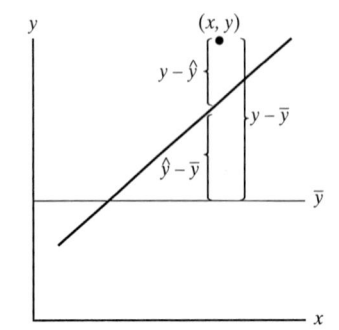

Figura 17.1
Ilustração para mostrar que $y - \bar{y} = (y - \hat{y}) + (\hat{y} - \bar{y})$.

vida ao acaso é, pois, medida pelos desvios dos pontos em relação à reta; especificamente, é medida por $\sum (y - \hat{y})^2$, denominado **soma de quadrados residual**, que é a segunda das duas parcelas em que dividimos a soma de quadrados total.

Para determinar essas somas de quadrados para o exemplo do alcance auditivo, poderíamos substituir os valores observados de y, ou seja, $\bar{y}$, e os valores de $\hat{y}$ obtidos pela substituição dos x em $\hat{y} = 15{,}3 - 0{,}0175x$ (ver página 404), mas há simplificações. Em primeiro lugar, para $\sum (y - \bar{y})^2$, temos a fórmula de cálculo

$$S_{yy} = \sum y^2 - \frac{1}{n}\left(\sum y\right)^2$$

e na página 412 mostramos que essa expressão é igual a 13,02 no nosso exemplo. Em segundo lugar, $\sum (y - \hat{y})^2$ é a quantidade que minimizamos pelo método dos mínimos quadrados e, dividido por $n - 2$, define s_e^2 à página 412. Assim, essa expressão é igual a $(n - 2)s_e^2$ e $(12 - 2)(0{,}3645)^2 \approx 1{,}329$ em nosso exemplo, para o qual foi mostrado no Exemplo 16.5 que $s_e = 0{,}3645$. Finalmente, subtraindo, a soma de regressão de quadrados é dada por

$$\sum (\hat{y} - \bar{y})^2 = \sum (y - \bar{y})^2 - \sum (y - \hat{y})^2$$

e, para nosso exemplo, obtemos 13,02 – 1,329 = 11,69 (arredondado até a segunda casa decimal).

É interessante observar que todas as somas de quadrados que calculamos aqui poderiam ter sido obtidas diretamente do impresso de computador da Figura 16.7, reproduzido na Figura 17.2. Sob o título geral "Analysis of Variance", na coluna encabeçada por SS, encontramos que a soma de quadrados total é 13,020, a soma de quadrados de erro (residual) é 1,329 e a soma de quadrados de regressão é 11,691. As pequenas diferenças entre os valores mostrados aqui e os calculados anteriormente devem-se ao arredondamento.

Estamos agora em condições de examinar as somas de quadrados. Comparando a soma de quadrados de regressão com a soma de quadrados total, vemos que

$$\frac{\sum(\hat{y} - \bar{y})^2}{\sum(y - \bar{y})^2} = \frac{11{,}69}{13{,}02} \approx 0{,}898$$

é a proporção da variação total dos alcances auditivos que pode ser atribuída à relação com x, isto é, às diferenças entre a duração do tempo em que as 12 pessoas da amostra foram expostas ao ruído do aeroporto. Essa quantidade é denominada o **coeficiente de determinação** e é denotada por r^2. Observe que o coeficiente de determinação também é dado no impresso da Figura 17.2, onde diz, perto do meio, que R-sq = 89,8%.

Tomando a raiz quadrada do coeficiente de determinação, obtemos o **coeficiente de correlação**, denotado pela letra r. Seu sinal é escolhido de modo a igualar o do coeficiente de regressão estimado b e, para nosso exemplo, em que b é negativo, obtemos

$$r = -\sqrt{0{,}898} \approx -0{,}95$$

arredondado até a segunda casa decimal.

Segue que o coeficiente de correlação é positivo quando a reta de mínimos quadrados tem inclinação para cima, isto é, quando a relação entre x e y é tal que valores pequenos de y tendem a corresponder a valores pequenos de x e valores grandes de y tendem a corresponder a valores grandes de x. Do mesmo modo, o coeficiente de correlação é negativo quando a reta de mínimos quadrados tem inclinação para baixo, isto é, quando valores grandes de y tendem a corresponder a valores pequenos de x e valores pequenos de y tendem a corresponder a valores grandes de x. Exemplos de **correlação positiva** e de **correlação negativa** estão exibidos nos dois primeiros diagramas da Figura 17.3.

Figura 17.2
Cópia da Figura 16.7.

```
Análise de Regressão: y contra x

The regression equation is
y = 15.3 - 0.0175 x

Predictor         Coef      SE Coef        T           P
Constant       15.3218       0.1845    83.04       0.000
x             -0.017499      0.001865  -9.38       0.000

S = 0.3645    R-Sq = 89.8%  R-Sq(adj) = 88.8%

Analysis of Variance

Source            DF        SS         MS          F         p
Regression         1    11.691     11.691      88.00     0.000
Residual Error    10     1.329      0.133
Total             11    13.020
```

Como uma parte da variação dos y não pode exceder sua variação total, $\sum (y - \hat{y})^2$ não pode exceder $\sum (y - \overline{y})^2$ e, da fórmula que define r, decorre que o coeficiente de correlação deve situar-se no intervalo de -1 a $+1$. Se todos os pontos estão sobre uma linha reta, a soma de quadrados residual, $\sum (y - \hat{y})^2$, é zero,

$$\sum (\hat{y} - \overline{y})^2 = \sum (y - \overline{y})^2$$

e o valor resultante de r, que é -1 ou $+1$, indica um ajuste perfeito. Entretanto, se a dispersão dos pontos é tal que a reta de mínimos quadrados é uma reta horizontal coincidindo com $\overline{y}$ (ou seja, uma reta com inclinação nula que corta o eixo y em $a = \overline{y}$), então

$$\sum (y - \hat{y})^2 = \sum (y - \overline{y})^2 \quad \text{e} \quad r = 0$$

Nesse caso, nenhuma das variações dos y pode ser atribuída à sua relação com x, e o ajuste é tão pobre que o conhecimento de x em nada contribui para a previsão de y. O valor previsto de y é $\overline{y}$, independentemente de x. Um exemplo disso é mostrado no terceiro diagrama da Figura 17.3.

A fórmula que define r mostra claramente a natureza, ou essência, do coeficiente de correlação, mas, na prática, raramente é utilizada para determinar seu valor. Em vez disso, utilizamos a fórmula de cálculo

FÓRMULA DE CÁLCULO DO COEFICIENTE DE CORRELAÇÃO

$$r = \frac{S_{xy}}{\sqrt{S_{xx} \cdot S_{yy}}}$$

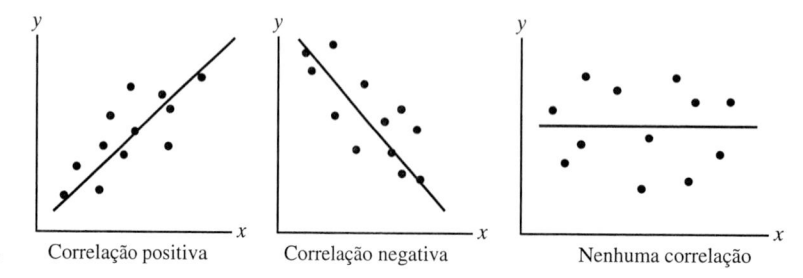

Figura 17.3
Tipos de correlação.

Correlação positiva   Correlação negativa   Nenhuma correlação

que tem a vantagem adicional de dar, automaticamente, o sinal de r. As quantidades necessárias para calcular r com essa fórmula foram definidas anteriormente, mas por razões de conveniência vamos lembrar o leitor de que

$$S_{xx} = \sum x^2 - \frac{1}{n}\left(\sum x\right)^2$$

$$S_{yy} = \sum y^2 - \frac{1}{n}\left(\sum y\right)^2$$

$$S_{xy} = \sum xy - \frac{1}{n}\left(\sum x\right)\left(\sum y\right)$$

EXEMPLO 17.1 A seguir, temos as notas que 12 estudantes obtiveram em exames finais de Economia e Antropologia:

Economia	Antropologia
51	74
68	70
72	88
97	93
55	67
73	73
95	99
74	73
20	33
91	91
74	80
80	86

Use a fórmula de cálculo para calcular r.

Solução Calculando inicialmente os somatórios necessários, obtemos $\sum x = 850$, $\sum x^2 = 65.230$, $\sum y = 927$, $\sum y^2 = 74.883$ e $\sum xy = 69.453$. Em seguida, substituindo esses valores, juntamente com $n = 12$, nas fórmulas de S_{xx}, S_{yy} e S_{xy}, resulta

$$S_{xx} = 65.230 - \frac{1}{12}(850)^2 \approx 5.021,67$$

$$S_{yy} = 74.883 - \frac{1}{12}(927)^2 = 3.272,25$$

$$S_{xy} = 69.453 - \frac{1}{12}(850)(927) = 3.790,5$$

e

$$r = \frac{3.790,5}{\sqrt{(5.021,67)(3.272,25)}} \approx 0,935$$

A expressão S_{xy} no numerador da fórmula para r é, na verdade, uma fórmula de cálculo para $\sum (x - \bar{x})(y - \bar{y})$ que, dividida por n, é denominada o primeiro **momento produto**. Por essa razão, às vezes r é denominado também de **coeficiente de correlação do momento produto**. Note que, em $\sum (x - \bar{x})(y - \bar{y})$, somamos os produtos obtidos pela multiplicação dos desvios de cada x a partir de $\bar{x}$ pelos desvios de cada y a partir de $\bar{y}$. Dessa forma, medimos, literalmente, como os x e os y variam em conjunto. Se sua relação é tal que valores grandes de x tendem a corresponder a valores grandes de y e valores pequenos de x a valores pequenos de y, então os desvios $x - \bar{x}$ e $y - \bar{y}$ tendem a ser ambos positiva ou ambos negativos, e a maioria dos produtos $(x - \bar{x})(y - \bar{y})$ será positiva. Por outro lado, se a relação é tal que valores grandes de x tendem a corresponder a valores pequenos de y e valores pequenos de x a valores grandes de y, então os desvios $x - \bar{x}$ e $y - \bar{y}$ tendem a ter sinais opostos, e a maioria dos produtos $(x - \bar{x})(y - \bar{y})$ será negativa. Por essa razão, $\sum (x - \bar{x})(y - \bar{y})$ dividido por $n - 1$ é denominada a **covariância amostral**.

Os coeficientes de correlação são calculados, às vezes, na análise de tabelas $r \times c$, desde que estejam ordenadas as categorias de linha, bem como as categorias de coluna. Esse é o tipo de alternativa à análise qui-quadrado que sugerimos ao final da Seção 14.4, onde destacamos que o ordenamento das categorias não era levado em conta no cálculo da estatística χ^2. Para usar r num problema como esse, substituímos as categorias ordenadas por conjuntos de números ordenados analogamente. Como já observamos à página 346, escolhemos números que geralmente são inteiros consecutivos, de preferência inteiros que simplifiquem a aritmética ao máximo, embora isso não seja necessário. Para três categorias, poderíamos usar 1, 2 e 3, ou então –1, 0 e 1; para quatro categorias, poderíamos usar 1, 2, 3 e 4, ou então –1, 0, 1 e 2, ou, quem sabe, –3, –1, 1 e 3. O cálculo de r como uma medida da intensidade da relação entre duas variáveis categóricas é ilustrado pelo exemplo seguinte.

EXEMPLO 17.2 No Exemplo 14.7, analisamos a seguinte tabela 3×3 para ver se há alguma relação entre as notas nos testes de qualificação de pessoas que fizeram certo programa de treinamento e seu desempenho subseqüente no emprego

		Desempenho			
		Fraco	*Razoável*	*Bom*	
	Abaixo da média	67	64	25	156
Notas no teste	*Média*	42	76	56	174
	Acima da média	10	23	37	70
		119	163	118	400

Rotule as notas obtidas no teste por $x = -1$, $x = 0$ e $x = 1$, as avaliações do desempenho por $y = -1$, $y = 0$ e $y = 1$, e calcule r.

Solução Rotulando as linhas e colunas conforme indicado, obtemos

		y			
		–1	*0*	*1*	
	–1	67	64	25	156
x	*0*	42	76	56	174
	1	10	23	37	70
		119	163	118	400

onde os totais de linhas nos dizem quantas vezes *x* é igual a –1, 0 e 1, e os totais de colunas nos dizem quantas vezes *y* é igual a –1, 0 e 1. Assim,

$$\sum x = 156(-1) + 174 \cdot 0 + 70 \cdot 1 = -86$$

$$\sum x^2 = 156(-1)^2 + 174 \cdot 0^2 + 70 \cdot 1^2 = 226$$

$$\sum y = 119(-1) + 163 \cdot 0 + 118 \cdot 1 = -1$$

$$\sum y^2 = 119(-1)^2 + 163 \cdot 0^2 + 118 \cdot 1^2 = 237$$

e, para $\sum xy$, precisamos somar os produtos obtidos multiplicando cada freqüência de célula pelos correspondentes valores de *x* e *y*. Omitindo todas células em que ou *x* = 0 ou *y* = 0, obtemos

$$\sum xy = 67(-1)(-1) + 25(-1)1 + 10 \cdot 1(-1) + 37 \cdot 1 \cdot 1$$
$$= 69$$

Então, substituindo nas formulas de S_{xx}, S_{yy}, e S_{xy}, resulta

$$S_{xx} = 226 - \frac{1}{400}(-86)^2 = 207{,}51$$

$$S_{yy} = 237 - \frac{1}{400}(-1)^2 = 237{,}00$$

$$S_{xy} = 69 - \frac{1}{400}(-86)(-1) = 68{,}78$$

todos arredondados até a terceiras casa decimal e, finalmente,

$$r = \frac{68{,}78}{\sqrt{(207{,}51)(237{,}00)}} \approx 0{,}31$$

17.2 A INTERPRETAÇÃO DE *r*

Quando *r* é igual a +1, –1 ou 0, não há problema quanto à interpretação do coeficiente de correlação. Como já indicamos, *r* é +1 ou –1 quando todos os pontos efetivamente estão sobre uma reta, e é zero quando o ajuste da reta de mínimos quadrados é tão pobre que o conhecimento de *x* em nada contribui para a previsão de *y*. De modo geral, a definição de *r* nos diz que $100r^2$ é a percentagem da variação total dos *y* que é explicada por sua relação com *x*, ou devida à relação. Isso só já é uma medida importante da relação entre duas variáveis; além disso, permite comparações válidas da intensidade de várias relações.

EXEMPLO 17.3 Se *r* = 0,80 num estudo e *r* = 0,40 num outro, estaria correto dizer que a correlação de 0,80 é duas vezes mais forte do que a correlação de 0,40?

Solução Não! Quando *r* = 0,80, então $100(0{,}80)^2 = 64\%$ da variação dos *y* é explicada pela relação com *x*, e quando *r* = 0,40, então apenas $100(0{,}40)^2 = 16\%$ da variação dos *y* é explicada pela relação com *x*. Assim, no sentido de "percentagem de variação explicada por", podemos dizer que a correlação de 0,80 é quatro vezes mais forte que a correlação de 0,40.

Da mesma forma, dizemos que uma relação em que *r* = 0,60 é nove vezes mais forte do que uma relação em que *r* = 0,20.

Há várias ciladas na interpretação do coeficiente de correlação. Em primeiro lugar, nem sempre lembramos que r mede apenas a intensidade de relações lineares; em segundo lugar, deveria ser lembrado que uma correlação forte (um valor de r próximo de +1 ou de –1) não implica necessariamente uma relação de causa e efeito.

Se r é calculado indiscriminadamente, por exemplo, para os três conjuntos de dados da Figura 17.4, obtemos $r = 0,75$ em cada caso, mas r só é uma medida significativa da intensidade da relação no primeiro caso. No segundo caso, há uma relação curvilínea muito forte entre as duas variáveis, e no terceiro caso, seis dos sete pontos estão efetivamente sobre uma reta, mas o sétimo ponto está tão distante que sugere a possibilidade de um erro grosseiro de mensuração ou no registro dos dados. Assim, antes de calcularmos r, deveríamos sempre esboçar os dados para ver se há razão para crer que a relação seja, de fato, linear.

O erro de interpretar um valor elevado de r (ou seja, um valor próximo de +1 ou de –1) como indicação de uma relação de causa e efeito é melhor explicado com alguns exemplos. Uma ilustração freqüentemente usada é a elevada correlação positiva entre as vendas anuais de chicletes e a incidência de crime nos EUA. Obviamente, não podemos concluir que se possa reduzir a taxa de criminalidade com a proibição da venda de chicletes; ambas as variáveis dependem do tamanho da população, e é essa relação mútua com uma terceira variável (tamanho da população) que produz a correlação positiva. Um outro exemplo é a forte correlação positiva que foi observada entre o número de cegonhas que fazem ninho em aldeias inglesas e o número de crianças nascidas nas mesmas aldeias. Deixamos à imaginação do leitor explicar por que poderia haver uma forte correlação neste caso, na ausência de qualquer relação de causa e efeito.

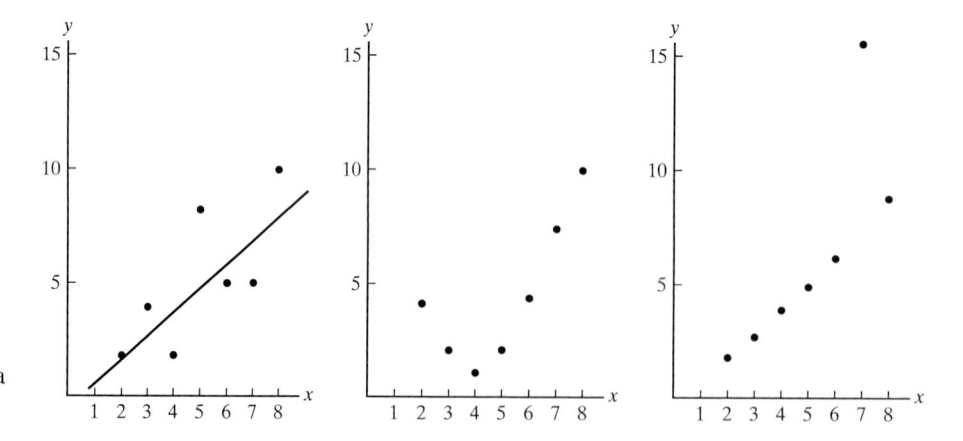

Figura 17.4
Três conjuntos de pares de dados para os quais $r = 0,75$.

EXERCÍCIOS

17.1 No Exemplo 16.7 fornecemos os dados seguintes relativos aos tempos médios semanais, em horas, que seis estudantes dedicaram aos seus trabalhos para casa e os índices de pontuação para as disciplinas que fizeram naquele semestre:

Horas gastas em deveres de casa x	Índice de pontuação y
15	2,0
28	2,7
13	1,3
20	1,9
4	0,9
10	1,7

Calcule r e compare o resultado com a raiz quadrada do valor de r^2 fornecido no impresso da Figura 16.9.

17.2 No Exercício 16.3 fornecemos os dados relativos às quantidades controladas de comida contendo um certo conservante que $n = 10$ crianças de quatro anos tinham consumido e a medição subjetiva de sua hiperatividade 45 minutos depois. Sabendo que $\sum x = 525$, $\sum x^2 = 32.085$, $\sum y = 100$, $\sum y^2 = 1.192$ e $\sum xy = 5.980$, calcule r.

17.3 Com referência ao Exercício 17.2, qual é a percentagem da variação total de y (medição de hiperatividade) que é devida pela relação com x (a quantidade de comida contendo o conservante que foi ingerida)?

17.4 Os tempos (em minutos) que $n = 12$ mecânicos levaram para montar uma máquina de manhã, x, e de tarde, y, são os seguintes:

x	y
12	14
11	11
9	14
13	11
10	12
11	15
12	12
14	13
10	16
9	10
11	10
12	14

Sabendo que $S_{xx} = 25,67$, $S_{xy} = -0,33$ e $S_{yy} = 42,67$, calcule r.

17.5 Use um computador ou uma calculadora gráfica para calcular r a partir dos dados originais fornecidos no Exercício 17.4.

17.6 Os dados a seguir foram obtidos num estudo da relação entre a resistência (ohms) e o tempo de falha (minutos) de certos resistores sobrecarregados:

Resistência	Tempo de falha
48	45
28	25
33	39
40	45
36	36
39	35
46	36
40	45
30	34
42	39
44	51
48	41
39	38
34	32
47	45

Use um computador ou uma calculadora gráfica para calcular r. Também determine qual percentagem da variação no tempo de falha é causada por diferenças na resistência.

17.7 Os dados a seguir registram a altitude (em pés) e a temperatura máxima média (em graus Fahrenheit) de oito cidades no Arizona, EUA, num certo feriado no fim de verão:

Altitude	Temperatura máxima
1.418	92
6.905	70
735	98
1.092	94
5.280	79
2.372	88
2.093	90
196	96

Use um computador ou uma calculadora gráfica para calcular r. Também determine qual percentagem da variação nas temperaturas máximas é causada por diferenças na altitude.

17.8 Depois de calcular r para um conjunto grande de pares de dados, uma estudante descobriu, para seu desalento, que a variável que deveria ter sido designada por x fora designada por y, e vice-versa. Há alguma razão para desalento?

17.9 Depois de calcular r para as alturas e os pesos de um grande número de pessoas, um estudante constatou que os pesos eram dados em libras e as alturas em polegadas. Ele pretendia obter r para os pesos em quilogramas e as alturas em centímetros. Sabendo que cada centímetro corresponde a 0,393 polegadas e cada quilograma corresponde a 2,2 libras, como deve ele corrigir seus cálculos?

17.10 Se calcularmos r para cada um dos conjuntos de dados a seguir, seria surpreendente se obtivermos $r = 1$ para (a) e $r = -1$ para (b)? Explique suas respostas.

(a)

x	y
6	9
14	11

(b)

x	y
12	5
8	15

17.11 Decida em cada caso a seguir se pode ser esperada uma correlação positiva, uma correlação negativa, ou nenhuma correlação:
(a) as idades de maridos e mulheres;
(b) a quantidade de borracha em pneus e a quilometragem por eles percorrida;
(c) o número de horas que os golfistas praticam e os pontos que obtêm;
(d) tamanho do sapato e QI;
(e) o peso da carga de caminhões e seu consumo de combustível.

17.12 Decida em cada caso a seguir se pode ser esperada uma correlação positiva, uma correlação negativa, ou nenhuma correlação:
(a) medida de pólen e vendas de remédios antialérgicos;
(b) renda e educação;
(c) número de dias ensolarados em Curitiba no mês de fevereiro e freqüência ao zoológico de Curitiba;
(d) número da camisa e senso de humor;
(e) número de pessoas que tomam remédio contra gripe e número de pessoas que contraem gripe.

17.13 Se $r = 0{,}41$ para um conjunto de pares de dados e $r = 0{,}29$ para um outro conjunto de pares de dados, compare as intensidades das duas relações.

17.14 Num estudo médico, obteve-se $r = 0{,}70$ para o peso de crianças de seis meses de idade e seu peso ao nascerem, e $r = 0{,}60$ para o peso de crianças de seis meses de idade e sua ingestão diária de alimentos. Dê um contra-exemplo para mostrar que não é válido concluir que o peso ao nascer e a ingestão diária de alimentos conjuntamente respondam por

$$(0{,}70)^2 100\% + (0{,}60)^2 100\% = 85\%$$

da variação do peso das crianças quando elas têm seis meses de idade. Você pode explicar por que essa conclusão não é válida?

17.15 Trabalhando com vários dados sócio-econômicos dos últimos anos, um pesquisador obteve $r = 0{,}9225$ para o número de diplomas de língua estrangeira conferidos por faculdades e universidades brasileiras e a extensão das rodovias federais brasileiras. Pode-se concluir que

$$(0{,}9225)^2 100\% \approx 85{,}1\%$$

da variação nos diplomas de língua estrangeira é devida às diferenças na propriedade de rodovias federais?

17.16 Uma estudante calculou a correlação entre a altura e o peso de um grupo grande de crianças da terceira série, obtendo um valor de $r = 0{,}32$. Ela não conseguiu decidir se ela deveria concluir ser alto faz com que a criança aumente de peso, ou se apresentar excesso de peso que faz com que a criança cresça mais. Ajude-a a sair desse dilema.

17.17 No Exemplo 17.2, ilustramos o uso do coeficiente de correlação na análise de uma tabela de contingência com categorias ordenadas. Use o mesmo procedimento para analisar a tabela seguinte, reproduzida do Exercício 14.29, em que foi analisada a relação entre a fidelidade e a seletividade de aparelhos de rádio utilizando o critério qui-quadrado:

		Fidelidade		
		Baixa	Média	Alta
Seletividade	Baixa	7	12	31
	Média	35	59	18
	Alta	15	13	0

17.18 Use o mesmo procedimento que no Exemplo 17.2 para analisar a tabela seguinte, reproduzida do Exercício 14.24, em que foi analisada a relação entre o padrão de vestuário de empregados de bancos e a velocidade de sua progressão profissional utilizando o critério qui-quadrado:

		Velocidade de progressão		
		Baixa	Média	Alta
Padrão de vestuário	Muito bem vestido	38	135	129
	Bem vestido	32	68	43
	Mal vestido	13	25	17

Observe que a velocidade da progressão funcional vai de baixa para alta, enquanto que o padrão de vestuário vai de alto para baixo.

17.3 ANÁLISE DE CORRELAÇÃO

Quando calculamos r com base em dados amostrais, podemos obter uma correlação positiva ou negativa bastante forte apenas por acaso, mesmo que não haja relação alguma entre as duas variáveis sob consideração.

Suponha, por exemplo, que tomemos dois dados, um vermelho e outro verde, e que os joguemos cinco vezes, obtendo os resultados seguintes:

Dado vermelho x	Dado verde y
4	5
2	2
4	6
2	1
6	4

Presumivelmente, não há relação alguma entre x e y, os números que aparecem nos dois dados. É difícil ver por que valores grandes de x devam corresponder a valores grandes de y e valores pequenos de x com valores pequenos de y mas, calculando r, obtemos o valor surpreendentemente alto de $r = 0{,}66$. Isso suscita a questão sobre se não há algo errado na suposição de não haver relação entre x e y e, para respondê-la, devemos verificar se o valor elevado de r pode ser atribuído ao acaso.

Quando calculamos um coeficiente de correlação a partir de dados amostrais, como no exemplo precedente, o valor de r obtido é apenas uma estimativa de um parâmetro correspondente, que é o **coeficiente de correlação populacional**, que denotamos por ρ (a letra grega rô). O que r mede numa amostra, ρ mede numa população.

Para fazer inferências sobre ρ com base em r, devemos fazer várias suposições sobre as distribuições das variáveis aleatórias cujos valores observamos. Na **análise de correlação normal** fazemos as mesmas suposições que na análise de regressão normal (ver página 412), com a exceção de que os x não são constantes, e sim valores de uma variável aleatória com distribuição normal.

Como a distribuição amostral de r é bastante complicada sob tais suposições, é prática comum basear as inferências sobre ρ na **transformação Z de Fisher**, que é uma mudança de escala de r para Z, dada por

$$Z = \frac{1}{2} \cdot \ln \frac{1+r}{1-r}$$

Aqui, ln denota o "logaritmo natural", ou seja, o logaritmo de base e, onde $e = 2{,}71828\ldots$ Essa transformação é assim chamada em homenagem a R. A. Fisher, um estatístico proeminente que mostrou que, sob as suposições da análise de correlação normal e para qualquer valor de ρ, a distribuição de Z é aproximadamente normal com

$$\mu_Z = \frac{1}{2} \cdot \ln \frac{1+\rho}{1-\rho} \quad \text{e} \quad \sigma_Z = \frac{1}{\sqrt{n-3}}$$

Transformando Z em unidades padrão (ou seja, subtraindo μ_z e então dividindo por σ_z), concluímos que

Estatística para inferências sobre ρ

$$z = (Z - \mu_Z)\sqrt{n-3}$$

tem aproximadamente a distribuição normal padrão. A aplicação dessa teoria é muito facilitada pela Tabela X no fim do livro, que dá os valores de Z correspondentes a $r = 0,00; 0,01; 0,02; 0,03;...$ e $0,99$. Observe que a tabela dá apenas valores positivos; se r é negativo, basta procurarmos por $-r$ e tomar o negativo do valor correspondente de Z. Observe também que a fórmula de μ_z é semelhante à de Z, com r substituído por ρ; portanto, a Tabela X pode ser usada para procurar valores de μ_z correspondentes a valores dados de ρ.

EXEMPLO 17.4 Ao nível 0,05 de significância, teste a hipótese nula de ausência de correlação (isto é, a hipótese nula $\rho = 0$) para a ilustração à página 442, em que jogamos um par de dados cinco vezes, obtendo $r = 0,66$.

Solução
1. $H_0 : \rho = 0$
   $H_A : \rho \neq 0$

2. $\alpha = 0,05$

3. Como $\mu_z = 0$ para $\rho = 0$, rejeitar a hipótese nula se $z \leq -1,96$ ou $z \geq 1,96$, onde
$$z = Z \cdot \sqrt{n-3}$$
Caso contrário, concluir que o valor de r não é significativo.

4. Substituindo $n = 5$ e $Z = 0,793$, que é o valor de Z correspondente a $r = 0,66$, de acordo com a Tabela X, obtemos
$$z = 0,793\sqrt{5-3}$$
$$= 1,12$$

5. Como $z = 1,12$ cai entre $-1,96$ e $1,96$, a hipótese nula não pode ser rejeitada. Em outras palavras, o valor de r obtido não é significativo, como devíamos esperar, evidentemente. Uma maneira alternativa de tratar esse tipo de problema (ou seja, de testar a hipótese nula $\rho = 0$) é dada no Exercício 17.22.

EXEMPLO 17.5 Com referência ao exemplo do alcance auditivo e ruído de aeroporto, no qual mostramos que $r = -0,95$ para $n = 12$, teste a hipótese nula $\rho = -0,80$ contra a hipótese alternativa $\rho < -0,80$, ao nível 0,01 de significância.

Solução
1. $H_0 : \rho = -0,80$
   $H_A : \rho < -0,80$

2. $\alpha = 0,01$

3. Rejeitar a hipótese nula se $z \geq -2,33$, onde
$$z = (Z - \mu_Z)\sqrt{n-3}$$

4. Substituindo $n = 12$ e $Z = -1,832$, que é o valor correspondente a $r = -0,95$, e $\mu_z = -1,099$, que corresponde a $\rho = -0,80$, obtemos
$$z = [-1,832 - (-1,099)]\sqrt{12-3}$$
$$\approx -2,20$$

5. Como $-2,20$ cai entre $-2,33$ e $2,33$, a hipótese nula não pode ser rejeitada.

Para construir intervalos de confiança para ρ, primeiro construímos intervalos de confiança para μ_z e fazemos, então, a transformação para r e ρ por meio da Tabela X. Pode-se obter uma fórmula do intervalo de confiança para μ_z substituindo

$$z = (Z - \mu_Z)\sqrt{n-3}$$

como termo médio da desigualdade dupla $-z_{\alpha/2} < z < z_{\alpha/2}$ e, então, manipulando algebricamente os termos de modo que o termo do meio seja μ_z. Isso leva ao seguinte intervalo de $(1-\alpha)100\%$ de confiança para μ_z:

INTERVALO DE CONFIANÇA PARA μ_z

$$Z - \frac{z_{\alpha/2}}{\sqrt{n-3}} < \mu_Z < Z + \frac{z_{\alpha/2}}{\sqrt{n-3}}$$

EXEMPLO 17.6 Sabendo que $r = 0{,}62$ para as estimativas feitas por dois mecânicos para uma amostra aleatória de $n = 30$ consertos, construa um intervalo de 95% de confiança para o coeficiente de correlação populacional ρ.

Solução Na Tabela X obtemos $Z = 0{,}725$ correspondente a $r = 0{,}62$, e substituindo esse valor, juntamente com $n = 30$ e $z_{0,025} = 1{,}96$ na fórmula precedente do intervalo de confiança para μ_z, obtemos

$$0{,}725 - \frac{1{,}96}{\sqrt{27}} < \mu_Z < 0{,}725 + \frac{1{,}96}{\sqrt{27}}$$

ou

$$0{,}348 < \mu_Z < 1{,}102$$

Finalmente, procurando na Tabela X os valores de r que estão mais próximos de $Z = 0{,}348$ e $Z = 1{,}102$, obtemos o intervalo de 95% de confiança

$$0{,}33 < \rho < 0{,}80$$

para a verdadeira intensidade da relação linear entre as estimativas de custo feitas pelos dois mecânicos.

EXERCÍCIOS

17.19 Considerando que as suposições para uma análise de correlação normal tenham sido satisfeitas, teste a hipótese nula $\rho = 0$ contra a hipótese alternativa $\rho \neq 0$ ao nível 0,05 de significância, sabendo que
(a) $n = 15$ e $r = 0{,}59$;
(b) $n = 20$ e $r = 0{,}41$;
(c) $n = 40$ e $r = 0{,}36$.

17.20 Considerando que as suposições para uma análise de correlação normal tenham sido satisfeitas, teste a hipótese nula $\rho = 0$ contra a hipótese alternativa $\rho \neq 0$ ao nível 0,01 de significância, sabendo que
(a) $n = 14$ e $r = 0{,}54$;
(b) $n = 22$ e $r = -0{,}61$;
(c) $n = 44$ e $r = 0{,}42$.

17.21 Considerando que as suposições para uma análise de correlação normal tenham sido satisfeitas, teste a hipótese nula $\rho = -0{,}50$ contra a hipótese alternativa $\rho > -0{,}50$ ao nível 0,01 de significância, sabendo que

(a) $n = 17$ e $r = -0,22$;
(b) $n = 34$ e $r = -0,43$.

17.22 Diante das suposições de uma análise de correlação normal, o teste da hipótese nula $\rho = 0$ também pode ser baseado na estatística

$$t = \frac{r\sqrt{n-2}}{\sqrt{1-r^2}}$$

que tem a distribuição t com $n - 2$ graus de liberdade. Use essa estatística para testar em cada caso se o valor de r é significante ao nível 0,05 de significância:
(a) $n = 12$ e $r = 0,77$;
(b) $n = 16$ e $r = 0,49$.

17.23 Refaça o Exercício 17.22 trocando o nível de significância para 0,01.

17.24 A estatística t dada no Exercício 17.22 é idêntica à estatística t que testa $\beta = 0$ na análise de regressão linear, sendo seu valor fornecido pelos programas de regressão linear de aplicativos estatísticos e calculadoras gráficas. Isso é ilustrado pelo seguinte:
(a) Usando o programa de regressão linear de um pacote de aplicativos estatísticos ou uma calculadora gráfica para obter os valores de t e r para os dados do Exercício 16.8.
(b) Substitua o valor obtido para r na parte (a) e $n = 8$ na fórmula para t dada no Exercício 17.22.
(c) Compare os dois valores de t.

17.25 Num estudo da relação entre a taxa de mortalidade decorrente de câncer no pulmão e o consumo *per capita* de cigarros 20 anos antes, os dados de $n = 9$ países acusaram $r = 0,73$. Ao nível 0,05 de significância, teste a hipótese nula $\rho = 0,50$ contra a hipótese alternativa $\rho > 0,50$.

17.26 Num estudo da relação entre o calor proporcionado pela queima de (um metro cúbico) de madeira verde e de madeira seca ao ar livre, os dados de $n = 13$ tipos de madeira acusaram $r = 0,94$. Ao nível 0,01 de significância, teste a hipótese nula $\rho = 0,75$ contra a alternativa $\rho \neq 0,75$.

17.27 Considerando que as suposições para uma análise de correlação normal tenham sido satisfeitas, use transformação Z de Fisher para construir intervalos de 95% de confiança ρ, sabendo que
(a) $n = 15$ e $r = 0,80$;
(b) $n = 28$ e $r = -0,24$;
(c) $n = 63$ e $r = 0,55$.

17.28 Considerando que as suposições para uma análise de correlação normal tenham sido satisfeitas, use transformação Z de Fisher para construir intervalos de 99% de confiança ρ, sabendo que
(a) $n = 20$ e $r = -0,82$;
(b) $n = 25$ e $r = 0,34$;
(c) $n = 75$ e $r = 0,18$.

*17.4 CORRELAÇÕES MÚLTIPLA E PARCIAL

Na Seção 17.1, introduzimos o coeficiente de correlação como uma medida da aderência de uma reta de mínimos quadrados a um conjunto de pares de dados. Se as previsões devem ser feitas por meio de uma equação da forma

$$\hat{y} = b_0 + b_1 x_1 + b_2 x_2 + \cdots + b_k x_k$$

obtida pelo método dos mínimos quadrados, como na Seção 16.4, definimos o **coeficiente de correlação múltipla** da mesma forma pela qual definimos originalmente r. Tomamos a raiz quadrada da quantidade

$$\frac{\sum(\hat{y}-\bar{y})^2}{\sum(y-\bar{y})^2}$$

que é a proporção da variação total dos y que pode ser atribuída à relação com os x. A única diferença é que, agora, calculamos $\hat{y}$ por meio da equação de regressão múltipla, em lugar da equação $\hat{y} = a + bx$.

Para exemplificar, voltamos ao Exemplo 16.9, em que baseamos uma equação de regressão linear múltipla no impresso de computador mostrado na Figura 16.10. Como foi indicado naquela ocasião, suprimimos uma parte daquele impresso, mas como agora vamos precisar daquela parte, reproduzimos o impresso completo na Figura 17.5.

EXEMPLO 17.7 Use a definição de coeficiente de correlação múltipla dado acima para determinar seu valor para os dados do Exemplo 16.9, que tratou com o número de quartos, o número de banheiros e os preços (em unidades monetárias) pelos quais oito casas unifamiliares de um certo bairro foram vendidas recentemente.

Solução Na análise de variância da Figura 17.5 (na coluna encabeçada por SS), vemos que a soma de quadrados de regressão é 4.877.608.452 e que a soma de quadrados total é 5.455.580.000. Assim, o coeficiente de correlação múltipla é igual à raiz quadrada de

$$\frac{4.877.608.452}{5.455.580.000} \approx 0,894$$

```
Análise de Regressão: y contra x1, x2

The regression equation is
y = 65430 + 16752 x1 + 11235 x2

Predictor      Coef     SE Coef         T        P
Constant      65430       12134      5.39    0.003
x1            16752        6636      2.52    0.053
x2            11235        9885      1.14    0.307

S = 10751    R-Sq = 89.4%   R-Sq(adj) = 85.2%

Analysis of Variance

Source          DF           SS          MS         F        P
Regression       2   4877608452  2438804226     21.10    0.004
Residual Error   5    577971548   115594310
Total            7   5455580000

Source          DF      Seq SS
x1               1   4728284225
x2               1    149324227
```

Figura 17.5 Impresso completo do exemplo de regressão múltipla.

Denotando esse valor por R, escrevemos $R \approx \sqrt{0,894} = 0,95$, arredondado até a segunda casa decimal, o que é considerado "essencialmente não-negativo", de acordo com o dicionário de termos estatísticos de Kendall e Buckland. Na prática, R^2 é usado mais freqüentemente do que R, e deveria ser observado que seu valor, que é denotado por R-Sq, é de fato dado como 89,4% no impresso da Figura 17.5.

Esse exemplo também serve para ilustrar que o acréscimo de mais variáveis independentes num estudo de correlação pode não ser suficientemente produtivo a ponto de justificar o trabalho extra. Como se pode mostrar que $r = 0,93$ para y e x_1 (número de quartos) sozinhos, vê-se que se ganha muito pouco considerando também x_2 (número de banheiros). A situação é bastante diferente, no entanto, no Exercício 17.30, em que as duas variáveis independentes x_1 e x_2 conjuntamente respondem por uma proporção muito maior da variação total em y do que x_1 ou x_1 isoladamente.

Quando abordamos o problema da correlação e causa, mostramos que uma forte correlação entre duas variáveis pode ser totalmente devido à sua dependência de uma terceira variável. Ilustramos isso com os exemplos das vendas de chicletes e a taxa de criminalidade, o número de nascimentos e número de cegonhas. Para dar outro exemplo, consideremos as duas variáveis, x_1, a venda semanal de taças de chocolate quente numa estação de veraneio, e x_2, o número semanal de visitantes da estação. Se, com base em dados adequados, obtemos $r = -0,30$ para essas variáveis, isso deveria constituir uma surpresa – afinal de contas, deveríamos esperar maior volume de vendas de chocolate quente quando há mais visitantes, e vice-versa, portanto uma correlação positiva.

Pensando um pouco mais, entretanto, podemos admitir que a correlação negativa de $-0,30$ seja causada pelo fato de as variáveis x_1 e x_2 estarem ambas relacionadas com uma terceira variável, x_3, a temperatura média semanal na estação de veraneio. Com uma temperatura alta, haverá mais visitantes, os quais, entretanto, preferirão bebidas frias ao chocolate quente; se a temperatura é baixa, haverá menos visitantes, mas que preferirão o chocolate quente às bebidas frias. Suponhamos, então, que outros dados forneçam $r = -0,70$ para x_1 e x_3, e $r = 0,80$ para x_2 e x_3. Esses valores parecem razoáveis, pois vendas baixas de chocolate quente devem acompanhar altas temperaturas e vice-versa, enquanto que o número de visitantes é elevado quando a temperatura é alta, e reduzido quando a temperatura é baixa.

No exemplo precedente, deveríamos, na realidade, ter pesquisado a relação entre x_1 e x_2 (vendas de chocolate quente e número de visitantes da estação) quando todos os outros fatores, especialmente a temperatura, são mantidos constantes. Como quase nunca é possível exercer um tal controle, constatou-se que uma estatística denominada **coeficiente de correlação parcial** desempenha satisfatoriamente a função de eliminar os efeitos de outras variáveis. Representando os coeficientes de correlação comuns de x_1 e x_2, x_1 e x_3, e x_2 e x_3, por r_{12}, r_{13} e r_{23}, o coeficiente de correlação parcial para x_1 e x_2, com x_3 considerado fixo, é dado por

COEFICIENTE DE CORRELAÇÃO PARCIAL

$$r_{12,3} = \frac{r_{12} - r_{13} \cdot r_{23}}{\sqrt{1 - r_{13}^2}\sqrt{1 - r_{23}^2}}$$

EXEMPLO 17.8 Calcule $r_{12,3}$ para o exemplo precedente, que tratava das vendas de chocolate quente e o número de visitantes de uma estação de veraneio.

Solução Substituindo $r_{12} = -0,30$, $r_{13} = -0,70$ e $r_{23} = 0,80$ na fórmula para $r_{12,3}$, obtemos

$$r_{12,3} = \frac{(-0,30) - (-0,70)(0,80)}{\sqrt{1 - (-0,70)^2}\sqrt{1 - (0,80)^2}} \approx 0,607$$

Como era de se esperar, esse resultado mostra que há uma relação positiva entre as vendas de chocolate quente e o número de visitantes da estação quando se elimina o efeito das diferenças de temperatura.

Esse exemplo foi dado principalmente para ilustrar o que queremos dizer com um coeficiente de correlação parcial, mas também serve para lembrar que os coeficientes de correlação podem muito bem dar a impressão errada se não forem interpretados com cuidado.

EXERCÍCIOS

*17.29 Num problema de regressão múltipla, a soma de quadrados de regressão é

$$\sum (\hat{y} - \overline{y})^2 = 45.225$$

e a soma de quadrados total é

$$\sum (y - \overline{y})^2 = 136.210$$

Encontre o valor do coeficiente de correlação múltipla.

*17.30 Com referência ao Exercício 16.34 à página 420, use o mesmo aplicativo utilizado anteriormente para obter o coeficiente de correlação múltipla. Também determine os coeficientes de correlação par y e x_1 (idade) sozinhos e para y e x_2 (anos de pós-graduação) sozinhos, comparando-os com o coeficiente de correlação múltipla.

17.31 Com referência ao Exercício 16.34 à página 420, use o mesmo aplicativo do que naquele exercício para obter o coeficiente de correlação múltipla.

17.32 Uma equipe de pesquisadores conduziu um experimento para ver se a altura de certas roseiras pode ser prevista com base na quantidade de fertilizante e na quantidade de irrigação que são aplicados ao solo. Para prever a altura com base em ambas variáveis, eles obtiveram um coeficiente de correlação múltipla de 0,58; para prever a altura com base no fertilizante sozinho, eles obtiveram $r = 0,66$. Comente esses resultados.

17.33 Com referência ao Exercício 16.35 à página 421, use um computador ou uma calculadora gráfica para determinar os coeficientes de correlação necessários para calcular o coeficiente de correlação parcial para a dureza do aço e a temperatura em que o aço é temperado quando o conteúdo de cobre é mantido fixo.

17.34 Um experimento forneceu os seguintes resultados: $r_{12} = 0,80$, $r_{13} = -0,70$ e $r_{23} = 0,90$. Explique por que essas quantidades não podem estar todas corretas.

17.5 LISTA DE TERMOS-CHAVE (com indicação das páginas de suas definições)

Análise de correlação normal, 442
Coeficiente de correlação, 433
Coeficiente de correlação do momento produto, 435
*Coeficiente de correlação múltipla, 446
*Coeficiente de correlação parcial, 447
Coeficiente de correlação populacional, 442
Coeficiente de determinação, 433

Correlação negativa, 433
Correlação positiva, 433
Covariância amostral, 436
Momento produto, 435
Soma de quadrados de regressão, 432
Soma de quadrados residual, 433
Soma de quadrados total, 432
Transformação Z de Fisher, 442

17.6 REFERÊNCIAS

Informação mais detalhada sobre as correlações múltipla e parcial podem ser encontradas em

> EZEKIEL, M., and FOX, K. A., *Methods of Correlation and Regression Analysis*, 3rd ed. New York: John Wiley & Sons, Inc., 1959.
>
> HARRIS, R. J., *A Primer of Multivariate Statistics*. New York: Academic Press, Inc., 1975.

e um tratamento teórico avançado é dado no Volume 2 de

> KENDALL, M. G., and STUART, A., *The Advanced Theory of Statistics*, 3rd ed. New York: Hafner Press, 1973.

O Volume 1 desse livro fornece a fundamentação teórica dos testes de significância para r.

18
TESTES NÃO-PARAMÉTRICOS

18.1 O Teste de Sinais 451

18.2 O Teste de Sinais (Grandes Amostras) 453

*18.3 O Teste de Sinais com Posto 456

*18.4 O Teste de Sinais com Posto (Grandes Amostras) 460

18.5 O Teste U 463

18.6 O Teste U (Grandes Amostras) 466

18.7 O Teste H 468

18.8 Testes de Aleatoriedade: Repetições 472

18.9 Testes de Aleatoriedade: Repetições (Grandes Amostras) 473

18.10 Testes de Aleatoriedade: Repetições Acima e Abaixo da Mediana 474

18.11 Correlação por Posto 476

18.12 Algumas Considerações Adicionais 479

18.13 Resumo 480

18.14 Lista de Termos-Chave 480

18.15 Referências 481

A maioria dos testes citados nos Capítulos 12 a 17 exige suposições específicas sobre a população, ou populações, de onde provêm as amostras. Em muitos casos, devemos admitir que as populações tenham aproximadamente a forma de distribuições normais, que suas variâncias sejam conhecidas ou que se saiba que são iguais, ou que as amostras são independentes. Como há muitas situações em que é duvidoso se todas as suposições necessárias podem ser satisfeitas, os estatísticos elaboraram procedimentos alternativos baseados em suposições menos restritivas, que passaram a ser conhecidos como **testes não-paramétricos**.

Afora o fato de os testes não-paramétricos poderem ser usados sob condições mais gerais, do que os testes padrão que substituem, os testes não-paramétricos são, em geral, mais fáceis de explicar e de entender; além disso, em muitos testes não-paramétricos a carga computacional é tão leve que eles são considerados como técnicas "rápidas e fáceis" ou "de atalho". Por todas essas razões, os testes não-paramétricos têm se tornado muito populares, existindo vasta literatura voltada à sua teoria e aplicação.

Nas Seções 18.1 e 18.2, apresentamos o teste de sinais como uma alternativa não-paramétrica aos testes relativos a médias e aos testes relativos a diferenças entre médias, baseados em pares de dados. Nas Seções 18.3 e 18.4, damos outro teste não-paramétrico, que atende aos mesmos objetivos, mas que desperdiça menos informação. Nas Seções 18.5 a 18.7, apresentamos uma alternativa não-paramétrica aos testes referentes à diferença entre as médias de amostras independentes, e uma alternativa não-paramétrica um tanto semelhante para a análise da variância de um critério. Nas Seções 18.8 a 18.10, vemos como testar a aleatoriedade de uma amostra após efetivamente obtidos os dados; e na Seção 18.11, apresentamos um teste não-paramétrico da significância de uma relação entre pares de dados. Finalmente, na Seção 18.12, mencionamos alguns pontos fracos dos testes não-paramétricos e, na Seção 18.13, damos uma tabela que lista os diversos testes não-paramétricos e os testes "padrão" que eles substituem.

18.1 O TESTE DE SINAIS

Exceto pelos testes para grandes amostras, todos os testes referentes a médias que estudamos no Capítulo 12 foram baseados na suposição de que as populações amostradas tinham aproximadamente a forma de distribuições normais. Quando essa suposição é insustentável na prática, esses testes-padrão podem ser substituídos por qualquer uma de várias alternativas não-paramétricas, e essas são o assunto das Seções 18.1 a 18.7. O mais simples dentre as alternativas é o **teste de sinais**, que vamos estudar nesta seção e na Seção 18.2.

Aplicamos o **teste de sinais para uma amostra** quando extraímos amostras de uma população contínua, de modo que a probabilidade de obtermos um valor amostral menor do que a mediana e a probabilidade de obter um valor amostral maior do que a mediana são ambas $\frac{1}{2}$. Naturalmente, quando a população é simétrica, a média μ e a mediana $\tilde{\mu}$ coincidem e podemos enunciar as hipóteses em termos de qualquer um desses dois parâmetros.

Para testar a hipótese nula $\tilde{\mu} = \tilde{\mu}_0$ contra uma alternativa apropriada com base numa amostra aleatória de tamanho n, substituímos cada valor amostral maior do que $\tilde{\mu}_0$ por um sinal de mais, e cada valor amostral menor do que $\tilde{\mu}_0$ por um sinal de menos. Testamos, então, a hipótese nula de que o número de sinais de mais são valores de uma variável aleatória de distribuição binomial com $p = \frac{1}{2}$. Se algum valor amostral for efetivamente igual a $\tilde{\mu}_0$, o que pode ocorrer facilmente quando tratamos com dados arredondados, simplesmente o descartamos.

Para fazermos um teste de sinais de uma amostra quando a amostra é razoavelmente pequena, recorremos diretamente a uma tabela de probabilidades binomiais, como a Tabela V do final do livro, ou à tabela do *National Bureau of Standards* à qual nos referimos à página 213. Alternativamente, podemos usar um computador ou uma calculadora para obter as probabilidades binomiais requeridas. Contudo, quando a amostra é grande, utilizamos a aproximação normal da distribuição binomial, conforme ilustrado na Seção 18.2.

EXEMPLO 18.1 Para conferir a alegação de um professor de que o valor publicado de 0,050 para o coeficiente de fricção de metais bem engraxados deve ser muito pequeno, numa turma de ciências fazem 18 determinações do coeficiente, obtendo 0,054; 0,052; 0,044; 0,056; 0,050; 0,051; 0,055; 0,053; 0,047; 0,053; 0,052; 0,050; 0,051; 0,051; 0,054; 0,046; 0,053 e 0,043. Normalmente, o teste t de uma amostra seria a escolha lógica para testar a alegação, mas a assimetria dos dados sugere o uso de uma alternativa não-paramétrica. Portanto, o professor sugere que a turma use o teste de sinais para uma amostra para testar a hipótese nula $\tilde{\mu} = 0,050$ contra a alternativa $\tilde{\mu} > 0,050$, ao nível 0,05 de significância.

Solução 1. $H_0 : \tilde{\mu} = 0,050$
$H_A : \tilde{\mu} > 0,050$

2. $\alpha = 0,05$

3'. A estatística de teste é o número de sinais de mais, ou seja, o número de valores acima de 0,050.

4'. Substituindo por um sinal de mais cada valor maior do que 0,050, por um sinal de menos cada valor menor do que 0,050, e descartando os dois valores iguais a 0,050, obtemos

$$+ + - + + + + - + + + + - + -$$

Assim, $x = 12$, e a Tabela V mostra que, para $n = 16$ e $p = 0,50$, a probabilidade de $x \geq 12$, que é o valor p, é $0,028 + 0,009 + 0,002 = 0,039$.

5'. Como 0,039 é menor do que 0,05, a hipótese nula deve ser rejeitada. Os dados corroboram a alegação de que o valor publicado do coeficiente de fricção é muito pequeno. ■

Observe que utilizamos o método alternativo para testar hipóteses, conforme mencionado à página 309. Como na Seção 14.1, o método alternativo simplifica as coisas quando os testes são baseados diretamente em tabelas binomiais. Embora possa parecer não necessário, poderíamos ter usado um computador para o Exemplo 18.1. Se tivéssemos feito isso, teríamos obtido um impresso como o impresso mostrado na Figura 18.1. A diferença entre os dois valores de p, 0,039 e 0,0384, é devida, evidentemente, ao arredondamento.

O teste de sinais também pode ser aplicado quando trabalhamos com pares de dados, como na Seção 12.7. Em tais problemas, cada par de valores amostrais é substituído por um sinal de mais se o primeiro valor for maior do que o segundo valor, por um sinal de menos se o primeiro valor for menor do que o segundo valor, e descartamos pares de valores idênticos. Para pares de dados, o teste de sinais é usado para testar a hipótese nula de que a mediana da população dessas diferenças é zero. Quando é utilizado dessa maneira, o teste é denominado **teste de sinais com pares de dados**.

EXEMPLO 18.2 No Exemplo 12.9 foram fornecidos os dados relativos às perdas semanais médias de horas de trabalho devidas a acidentes em dez indústrias, antes e depois da adoção de um programa de segurança abrangente:

45 e 36	73 e 60	46 e 44	124 e 119	33 e 35
57 e 51	83 e 77	34 e 29	26 e 24	17 e 11

Utilizando o teste t de pares de amostras, mostramos a eficácia do programa de segurança ao nível 0,05 de significância. Use o teste de sinais com pares de dados para refazer esse exercício.

Solução 1. $H_0 : \tilde{\mu}_D = 0$, onde $\tilde{\mu}_D$ é a mediana da população de diferenças amostradas.
$H_A : \tilde{\mu}_D > 0$

2. $\alpha = 0,05$

3'. A estatística de teste é o número de sinais de mais, a saber, o número de fábricas nas quais decresceu o número de perdas semanais médias de horas de trabalho.

4'. Substituindo por um sinal de mais cada par de valores se o primeiro valor é maior do que o segundo, e por um sinal de menos se o primeiro valor for menor do que o segundo, obtemos

$$+ + + + - + + + + +$$

Figura 18.1 Impresso de MINITAB para o Exemplo 18.1.

```
Teste de Sinais para a Mediana: Dados
Sign test of median = 0.05000 versus > 0.05000

            N    BELOW   EQUAL   ABOVE         P    MEDIAN
Data       18        4       2      12    0.0384   0.05150
```

Assim, $x = 9$, e a Tabela V mostra que, para $n = 10$ e $p = 0,50$, a probabilidade de $x \geq 9$, que é o valor p, é $0,010 + 0,001 = 0,011$.

5'. Como $0,011$ é menor do que $0,05$, a hipótese nula deve ser rejeitada. Como no Exemplo 12.9, concluímos que os programa de segurança é eficaz.

18.2 O TESTE DE SINAIS (Grandes Amostras)

Quando np e $n(1 - p)$ são ambos maiores do que 5, permitindo-nos a utilização da aproximação normal da distribuição binomial, podemos basear o teste de sinais no teste de grandes amostras da Seção 14.2, a saber, na estatística

$$z = \frac{x - np_0}{\sqrt{np_0(1 - p_0)}}$$

com $p_0 = 0,50$, que tem, aproximadamente, a distribuição normal padrão. Quando n é pequeno, pode ser indicado utilizar a correção de continuidade sugerida à página 334. Isso é o caso especialmente quando a hipótese nula só puder ser *mal e mal* rejeitada sem a correção de continuidade. Como já indicamos anteriormente, a correção de continuidade não precisa ser considerada quando, *sem ela*, a hipótese nula não puder ser rejeitada.

EXEMPLO 18.3 No Exercício 2.44 apresentamos os dados seguintes sobre os números de associados solteiros que participaram de 48 excursões patrocinadas pela associação de ex-alunos de uma universidade:

28	51	31	38	27	35	33	40	37	28	33	27
33	31	41	46	40	36	53	23	33	27	40	30
33	22	37	38	36	48	22	36	45	34	26	28
40	42	43	41	35	50	31	48	38	33	39	35

Use o teste de sinais de uma amostra para testar a hipótese nula $\tilde{\mu} = 32$ contra a hipótese alternativa que $\tilde{\mu} \neq 32$ ao nível 0,01 de significância.

Solução 1. $H_0 : \tilde{\mu} = 32$
$H_A : \tilde{\mu} \neq 32$

2. $\alpha = 0,01$

3. Rejeitar a hipótese nula se $z \leq -2,575$ ou $z \geq 2,575$, onde

$$z = \frac{x - np_0}{\sqrt{np_0(1 - p_0)}}$$

com $p_0 = 0,50$; caso contrário, aceitar a hipótese nula ou reservar julgamento.

4. Contando o número de valores superiores a 32 (sinal de mais), o número de valores inferiores a 32 (sinal de menos), e o número de valores que são iguais a 32, obtemos 34, 14 e 0 (e, portanto, nenhum precisa ser descartado). Assim, $x = 14$, $n = 48$ e

$$z = \frac{34 - 48(0,50)}{\sqrt{48(0,50)(0,50)}} \approx 2,89$$

5. Como 2,89 é maior do que 2,575, a hipótese nula deve ser rejeitada. (Se tivéssemos utilizado correção de continuidade, teríamos obtido $z = 2,74$ e a conclusão teria sido a mesma.)

EXEMPLO 18.4 Dois supervisores classificaram o desempenho de uma amostra aleatória de empregados de uma grande companhia, numa escala de 0 a 100, com o resultado seguinte:

Supervisor 1	Supervisor 2
88	73
69	67
97	81
60	73
82	78
90	82
65	62
77	80
86	81
79	79
65	77
95	82
88	84
91	93
68	66
77	76
74	74
85	78

Use o teste de sinais para pares de amostras (baseado na aproximação normal da distribuição binomial) para testar ao nível 0,05 de significância se as diferenças entre os dois conjuntos de classificações podem ser atribuídas ao acaso,

(a) sem usar correção de continuidade;
(b) usando a correção de continuidade.

Solução (a) 1. $H_0 : \tilde{\mu}_D = 0$, onde $\tilde{\mu}_D$ é a mediana da população de diferenças (entre as classificações dos supervisores) amostradas.
$H_A : \tilde{\mu}_D \neq 0$

2. $\alpha = 0,05$

3. Rejeitar a hipótese nula se $z \leq -1,96$ ou $z \geq 1,96$, onde

$$z = \frac{x - np_0}{\sqrt{np_0(1 - p_0)}}$$

com $p_0 = 0,50$; caso contrário, aceitar a hipótese nula ou reservar julgamento.

4. Contando o número de diferenças positivas (sinal de mais), o número de diferenças negativas (sinal de menos), e o número de pares iguais (e que, portanto, devem ser descartados), verificamos que são, respectivamente, 12, 4 e 2. Assim, $x = 12$ e $n = 16$ e, como $np = 16(0,50) = 8$ e $n(1-p) = 16(0,50) = 8$ são ambos maiores do que 5, temos uma justificativa para usar a aproximação normal da distribuição binomial. Substituindo na fórmula para z, obtemos

$$\frac{12 - 16(0,50)}{\sqrt{16(0,50)(0,50)}} = 2,00$$

5. Como 2,00 mal e mal excede 1,96, adiamos a tomada de decisão até recalcular z com correção de continuidade.

(b) **4.** Com a correção de continuidade, obtemos

$$\frac{11,5 - 16(0,50)}{\sqrt{16(0,50)(0,50)}} = 1,75$$

5. Como $z = 1,75$ cai entre $-1,96$ e $1,96$, verificamos que a hipótese nula não pode ser rejeitada. Concluímos que as diferenças entre as classificações dos supervisores podem ser atribuídas ao acaso. (Se tivéssemos baseado nossa decisão na Tabela V, o valor p teria sido maior do que 0,05, e a decisão final teria sido a mesma.)

EXERCÍCIOS

18.1 Numa amostra aleatória de 14 ocasiões, um empregado de uma firma na cidade teve de esperar 4,5; 8,6; 7,3; 7,0; 2,5; 6,1; 8,9; 6,5; 6,3; 1,6; 5,8; 6,3; 5,9; e 9,0 minutos pelo ônibus que o leva ao trabalho. Use o teste de sinais baseado na Tabela V e o nível 0,05 de significância, para testar a hipótese nula $\tilde{\mu} = 6,0$ (que sua espera mediana é 6,0 minutos) contra a hipótese alternativa $\tilde{\mu} \neq 6,0$.

18.2 Use um computador para refazer o Exercício 18.1.

18.3 Os dados abaixo constituem uma amostra aleatória de pesos (em gramas) do gengibre cristalizado de 20 caixinhas: 110,6; 113,5; 111,2; 109,8; 110,5; 111,1; 110,4; 109,7; 112,6; 110,8; 110,5; 110,0; 110,2; 111,4; 110,9; 110,5; 110,0; 109,4; 110,8; e 109,7. Use o teste de sinais baseado na Tabela V e o nível 0,01 de significância para testar a hipótese nula $\tilde{\mu} = 110,0$ (que o peso mediano de tais caixinhas de gengibre é 110,0 gramas) contra a hipótese alternativa $\tilde{\mu} > 110,0$.

18.4 Use um computador para refazer o Exercício 18.3.

18.5 Depois de jogar quatro partidas de golfe num clube carioca, uma amostra aleatória de 15 golfistas profissionais totalizou os escores de 279, 281, 278, 279, 276, 280, 280, 277, 282, 278, 281, 288 (nossa!), 276, 279 e 280. Use o teste de sinais ao nível 0,05 de significância para testar a hipótese nula $\tilde{\mu} = 278$ (que o escore mediano dos golfistas profissionais naquele campo é 278, dois abaixo do par) contra a hipótese alternativa $\tilde{\mu} > 278$. Baseie o teste na
(a) Tabela V;
(b) na aproximação normal da distribuição binomial.

18.6 Use um computador para refazer a parte (a) do exercício precedente.

18.7 As milhagens por galão que foram obtidas com 40 tanques cheios de certa marca de gasolina são as seguintes:

24,1	25,0	24,8	24,3	24,2	25,3	24,2	23,6
24,5	24,4	24,5	23,2	24,0	23,8	23,8	25,3
24,5	24,6	24,0	25,2	25,2	24,4	24,7	24,1
24,6	24,9	24,1	25,8	24,2	24,2	24,8	24,1
25,6	24,5	25,1	24,6	24,3	25,2	24,7	23,3

Use o teste de sinais baseado na aproximação normal da distribuição binomial para testar a hipótese nula $\tilde{\mu} = 24,2$ (que a mediana da população de milhagens amostradas é de 24,2 milhas por galão) contra a hipótese alternativa $\tilde{\mu} > 24,2$. Use o nível 0,01 de significância.

18.8 Os números de passageiros em dezesseis dias nos vôos de ida e de volta entre Los Angeles e Chicago foram os seguintes: 199 e 232, 231 e 265, 236 e 250, 238 e 251, 218 e 226,

258 e 269, 253 e 247, 248 e 252, 220 e 245, 237 e 245, 239 e 235, 248 e 260, 239 e 245, 240 e 240, 233 e 239, 247 e 236. Use o teste de sinais baseado na Tabela V e o nível 0,03 de significância para testar a hipótese nula $\tilde{\mu}_D = 0$, onde $\tilde{\mu}_D$ é a mediana das diferenças da população amostrada, contra a hipótese alternativa $\tilde{\mu}_D < 0$.

18.9 Use um computador para refazer o Exercício 18.8.

18.10 Os números de faltas em 20 dias dos funcionários de duas repartições governamentais foram os seguintes: 29 e 24, 45 e 32, 38 e 38, 39 e 34, 46 e 42, 35 e 41, 42 e 36, 39 e 37, 40 e 45, 38 e 35, 31 e 37, 44 e 35, 42 e 40, 40 e 32, 42 e 45, 51 e 38, 36 e 33, 45 e 39, 33 e 28, 32 e 38. Use o teste de sinais ao nível 0,05 de significância para testar a hipótese nula $\tilde{\mu}_D = 0$, onde $\tilde{\mu}_D$ é a mediana da população de diferenças entre as faltas diárias das duas repartições governamentais. Use a hipótese alternativa $\tilde{\mu}_D > 0$.

18.11 Use a aproximação normal da distribuição binomial para refazer o Exercício 18.10.

18.12 Os números de artefatos descobertos em 30 dias por dois arqueólogos numa antiga população indígena abandonada foram os seguintes: 2 e 0, 4 e 1, 2 e 0, 0 e 1, 2 e 0, 3 e 1, 1 e 2, 4 e 0, 2 e 3, 3 e 2, 1 e 0, 2 e 6, 5 e 2, 3 e 2, 1 e 0, 2 e 1, 1 e 1, 4 e 2, 1 e 1, 1 e 0, 0 e 2, 3 e 1, 2 e 1, 2 e 0, 0 e 0, 1 e 3, 4 e 1, 2 e 1, 1 e 1, e 3 e 0. Use o teste de sinais ao nível 0,05 de significância para testar a hipótese nula de que os dois arqueólogos são igualmente bons para encontrar artefatos contra a hipótese alternativa de que eles não são igualmente bons.

18.3 O TESTE DE SINAL COM POSTO*

O teste de sinais é fácil de aplicar e possui um apelo intuitivo, mas desperdiça informação porque utiliza somente os sinais das diferenças entre as observações e $\tilde{\mu}_0$, no caso de uma amostra, ou os sinais das diferenças entre os pares de observações, no caso de pares de amostras. É por essa razão que geralmente é preferido um teste não-paramétrico alternativo, o **teste de sinais com posto** (também conhecido como **teste de sinais com posto de Wilcoxon**).

Nesse teste, ordenamos as diferenças independentemente de seus sinais, atribuindo o posto 1 à menor diferença numérica (isto é, à menor diferença em valor absoluto), o ponto 2 à segunda menor diferença numérica,..., e o posto n à maior diferença numérica. Novamente descartamos as diferenças zero e, se duas ou mais diferenças são numericamente iguais, atribuímos a cada uma delas a média dos postos que ocupam conjuntamente. Baseamos, então, o teste em T^+, que é a soma dos postos das diferenças positivas, em T^-, que é a soma dos postos das diferenças negativas, ou em T, a menor das duas somas.

O teste de sinais com posto serve como uma alternativa tanto ao teste de sinais com uma amostra quanto ao teste de sinais com pares de amostras; como tal, ele é aplicável quando a probabilidade de obter um valor inferior à mediana é igual à probabilidade de obter um valor superior à mediana. Ilustraremos esse teste aqui com as medições da octanagem de uma certa marca de gasolina especial, baseadas nas quais testaremos a hipótese nula $\tilde{\mu} = 98,5$ contra a hipótese alternativa $\tilde{\mu} < 98,5$, ao nível 0,01 de significância.

As medições estão exibidas na coluna da esquerda na tabela a seguir, sendo que na coluna do meio aparecem as diferenças obtidas subtraindo 98,5 de cada medição:

---

* Como o teste de sinal com posto é uma alternativa ao teste de sinal, esta seção e a Seção 18.4 podem ser omitidas sem perda de continuidade.

Medições	Diferenças	Postos
97,5	−1,0	4
95,2	−3,3	12
97,3	−1,2	6
96,0	−2,5	10
96,8	−1,7	7
100,3	1,8	8
97,4	−1,1	5
95,3	−3,2	11
93,2	−5,3	14
99,1	0,6	2
96,1	−2,4	9
97,6	−0,9	3
98,2	−0,3	1
98,5	0,0	
94,9	−3,6	13

Depois de descartar a diferença zero, verificamos que a menor diferença numérica é 0,3, a próxima menor diferença numérica é 0,6, a seguinte menor diferença numérica é 0,9,..., e a maior diferença numérica é 5,3. Esses postos estão mostrados na terceira coluna, e segue que

$$T^+ = 8 + 2 = 10$$
$$T^- = 4 + 12 + 6 + 10 + 7 + 5 + 11 + 14 + 9 + 3 + 1 + 13$$
$$= 95$$

e, portanto, $T = 10$. Como $T^+ + T^-$ é igual à soma dos inteiros de 1 a n, ou seja, $\frac{n(n+1)}{2}$, poderíamos ter obtido T^- mais facilmente subtraindo $T^+ = 10$ de $\frac{14 \cdot 15}{2} = 105$. [Não ocorreram empates de posto nesse exemplo mas, como observamos anteriormente, se ocorrerem empates, atribuímos a cada um dos valores empatados (diferenças) a média dos postos que elas ocupam conjuntamente.]

A estreita relação entre T^+, T^- e T é também refletida por suas distribuições amostrais, um exemplo disso, para $n = 5$, sendo ilustrado na Figura 18.2. Como há uma chance meio a meio para cada posto cair numa das diferenças positivas ou numa das diferenças negativas, existe uma totalidade de 2^n possibilidades, cada uma com a probabilidade $\left(\frac{1}{2}\right)^n$. Para obter as probabilidades associadas com os diversos valores de T^+, T^- e T, contamos o número de maneiras pelas quais esses valores de T^+, T^- e T podem ser obtidos e multiplicamos por $\left(\frac{1}{2}\right)^n$. Por exemplo, para $n = 5$ e $T^+ = 6$, existem as três possibilidades 1 e 5, 2 e 4, e 1 e 2 e 3, e a probabilidade é $3 \cdot \left(\frac{1}{2}\right)^5 = \frac{3}{32}$, como mostra a Figura 18.2.

Para simplificar a construção de tabelas de valores críticos, basearemos todos os testes da hipótese nula $\tilde{\mu} = \tilde{\mu}_0$ na distribuição de T, e a rejeitaremos para os valores que caem na cauda esquerda. Devemos ter o cuidado, entretanto, para utilizar a estatística e o valor crítico corretos. Quando $\tilde{\mu} < \tilde{\mu}_0$, então T^+ tende a ser pequeno e, assim, quando a hipótese alternativa é $\tilde{\mu} < \tilde{\mu}_0$, basearemos o teste em T^+; quando $\tilde{\mu} > \tilde{\mu}_0$, então T^- tende a ser pequeno e, assim, quando a hipótese alternativa é $\tilde{\mu} > \tilde{\mu}_0$, basearemos o teste em T^-; e quando $\tilde{\mu} \neq \tilde{\mu}_0$, então ou T^+ ou T^- tende a ser pequeno, e assim, quando a hipótese alternativa é $\tilde{\mu} \neq \tilde{\mu}_0$, basearemos o teste em T. Essas relações estão sintetizadas na tabela seguinte:

Hipótese alternativa	Rejeitar a hipótese nula se	Aceitar a hipótese nula ou reservar julgamento se
$\tilde{\mu} < \tilde{\mu}_0$	$T^+ \leq T_{2\alpha}$	$T^+ > T_{2\alpha}$
$\tilde{\mu} > \tilde{\mu}_0$	$T^- \leq T_{2\alpha}$	$T^- > T_{2\alpha}$
$\tilde{\mu} \neq \tilde{\mu}_0$	$T \leq T_\alpha$	$T > T_\alpha$

Na Tabela VI, no fim do livro, encontram-se os valores necessários de T_α, que são os maiores valores de T para os quais a probabilidade de $T \leq T_\alpha$ não excede α; os espaços em branco na tabela indicam que a hipótese nula não pode ser rejeitada, independentemente do valor obtido para a estatística de teste. Note que os mesmos valores críticos servem para testes em diversos níveis de significância, dependendo de a hipótese alternativa ser unilateral ou bilateral.

EXEMPLO 18.5 Com referência às medições da octanagem à página 457, use o teste de sinais com posto, ao nível 0,01 de significância, para testar a hipótese nula $\tilde{\mu} = 98,5$ contra a hipótese alternativa $\tilde{\mu} < 98,5$.

Solução
1. $H_0 : \tilde{\mu} = 98,5$
   $H_A : \tilde{\mu} < 98,5$
2. $\alpha = 0,01$
3. Rejeitar a hipótese nula se $T^+ \leq 16$, onde 16 é o valor de $T_{0,02}$ para $n = 14$; caso contrário, aceitá-la ou reservar julgamento.
4. Conforme mostrado à página 457, $T^+ = 10$.
5. Como $T^+ = 10$ é menor do que 16, a hipótese nula deve ser rejeitada. Concluímos que a medição de octanagem mediana da marca de gasolina especial considerada é menor do que 98,5.

Se nesse exemplo tivéssemos optado por usar um computador, teríamos obtido um impresso de MINITAB como o da Figura 18.3. Uma vantagem de utilizar um computador é que não precisamos nos referir a uma tabela especial; a Figura 18.3 dá o valor de p como sendo 0,004. Isso também teria levado à rejeição da hipótese nula.

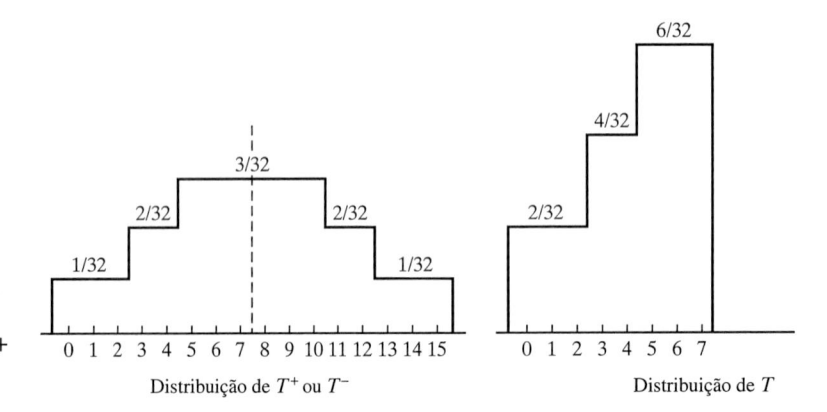

Figura 18.2
Distribuição de T^+ e T^- para $n = 5$.

Figura 18.3
Impresso de computador para o Exemplo 18.5.

```
Teste de Sinais com Posto de Wilcoxon: Octanagem
Test of median = 98.50 versus median < 98.50

               N for   Wilcoxon              Estimated
          N    Test    Statistic      P       Median
Octanes  15     14       10.0       0.004      96.85
```

O teste de sinais com posto também pode ser usado como uma alternativa para o teste de sinais para pares de amostras. O procedimento é exatamente o mesmo, mas quando escrevemos a hipótese nula como $\tilde{\mu}_D = 0$, então $\tilde{\mu}_D$ é a mediana da população de diferenças amostrada.

EXEMPLO 18.6 Use o teste de sinais com posto para refazer o Exemplo 18.2. Os dados originais, relativos às perdas semanais médias de horas de trabalho devidas a acidentes em dez indústrias, antes e depois da adoção do programa de segurança, estão exibidos na coluna da esquerda da tabela seguinte. A coluna do meio contém suas diferenças e, descartando os sinais, os postos das diferenças numéricas estão exibidos na coluna da direita.

Perdas de homens-hora antes e depois	Diferenças	Postos
45 e 36	9	9
73 e 60	13	10
46 e 44	2	2
124 e 119	5	4,5
33 e 35	–2	2
57 e 51	6	7
83 e 77	6	7
34 e 29	5	4,5
26 e 24	2	2
17 e 11	6	7

Assim, $T^- = 2$ e $T^+ = 53$.

Solução
1. $H_0 : \tilde{\mu}_D = 0$, onde $\tilde{\mu}_D$ é a mediana da população de diferenças amostradas (entre as perdas de horas de trabalho antes e depois da adoção do programa se segurança).
   $H_A : \tilde{\mu}_D > 0$

2. $\alpha = 0{,}05$

3. Rejeitar a hipótese nula se $T^- \leq 11$, onde 11 é o valor de $T_{0,10}$ para $n = 10$; caso contrário, aceitar a hipótese nula ou reservar julgamento.

4. Conforme mostrado anteriormente, $T^- = 2$.

5. Como $T^- = 2$ é menor do que 11, a hipótese nula deve ser rejeitada. Concluímos que o programa de segurança é eficaz. (Se nesse exemplo tivéssemos usado um computador, teríamos obtido um valor de p como sendo 0,005, e a conclusão teria sido a mesma.)

*18.4 O TESTE DE SINAL COM POSTO (Grandes Amostras)

Quando n é 15 ou mais, é considerado razoável admitir que as distribuições de T^+ e T^- sejam satisfatoriamente aproximadas por curvas normais. Nesse caso, podemos basear todos os testes em T^+ ou em T^- e, como não interessa qual estatística tomamos, vamos trabalhar aqui com a estatística T^+.

Com base na suposição de que cada diferença tanto pode ser positiva como negativa, pode ser mostrado que a média e o desvio-padrão da distribuição amostral de T^+ são

MÉDIA E DESVIO-PADRÃO DA ESTATÍSTICA T^+

$$\mu_{T^+} = \frac{n(n+1)}{4}$$

e

$$\sigma_{T^+} = \sqrt{\frac{n(n+1)(2n+1)}{24}}$$

Assim, para grandes amostras, o que nesse caso é $n \geq 15$, podemos basear o teste de sinais com posto na estatística

TESTE DE SINAIS COM POSTO PARA GRANDES AMOSTRAS

$$z = \frac{T^+ - \mu_{T^+}}{\sigma_{T^+}}$$

que é um valor de uma variável aleatória aproximadamente de distribuição normal padrão. Quando a hipótese alternativa é $\tilde{\mu} \neq \tilde{\mu}_0$ (ou $\tilde{\mu}_D \neq 0$), rejeitamos a hipótese nula se $z \leq -z_{\alpha/2}$ ou $z \geq z_{\alpha/2}$; quando a hipótese alternativa é $\tilde{\mu} > \tilde{\mu}_0$ (ou $\tilde{\mu}_D > 0$), rejeitamos a hipótese nula se $z \geq z_\alpha$; e quando a hipótese alternativa é $\tilde{\mu} < \tilde{\mu}_0$ (ou $\tilde{\mu}_D < 0$), rejeitamos a hipótese nula se $z \leq z_\alpha$.

EXEMPLO 18.7 Os pesos de 16 pessoas, antes e depois de submeterem-se a uma dieta para emagrecimento durante duas semanas, são os seguintes, em libras: 169,0 e 159,9; 188,6 e 181,3; 222,1 e 209,0; 160,1 e 162,3; 187,5 e 183,5; 202,5 e 197,6; 167,8 e 171,4; 214,3 e 202,1; 143,8 e 145,1; 198,2 e 185,5; 166,9 e 158,6; 142,9 e 145,4; 160,5 e 159,5; 198,7 e 190,6; 149,7 e 149,0; e 181,6 e 183,1. Use o teste de sinais com posto para grandes amostras ao nível 0,05 de significância para testar se a dieta para emagrecimento é eficaz.

Solução 1. $H_0 : \tilde{\mu}_D = 0$, onde $\tilde{\mu}_D$ é a mediana da população de diferenças (entre os pesos antes e depois) amostradas.
$H_A : \tilde{\mu}_D > 0$

2. $\alpha = 0,05$

3. Rejeitar a hipótese nula se $z \geq 1,645$, onde

$$z = \frac{T^+ - \mu_{T^+}}{\sigma_{T^+}}$$

e, caso contrário, aceitar a hipótese nula ou reservar julgamento.

4. Os dados originais, as diferenças e os postos de seus valores absolutos estão exibidos na tabela seguinte:

Pesos antes e depois	Diferenças	Postos
169,0 e 159,9	9,1	13
188,6 e 181,3	7,3	10
222,1 e 209,0	13,1	16
160,1 e 162,3	–2,2	5
187,5 e 183,5	4,0	8
202,5 e 197,6	4,9	9
167,8 e 171,4	–3,6	7
214,3 e 202,1	12,2	14
143,8 e 145,1	–1,3	3
198,2 e 185,5	12,7	15
166,9 e 158,6	8,3	12
142,9 e 145,4	–2,5	6
160,5 e 159,5	1,0	2
198,7 e 190,6	8,1	11
149,7 e 149,0	0,7	1
181,6 e 183,1	–1,5	4

Decorre que

$$T^+ = 13 + 10 + 16 + 8 + 9 + 14 + 15 + 12 + 2 + 11 + 1 = 111$$

e, como

$$\mu_{T^+} = \frac{16 \cdot 17}{4} = 68 \quad \text{e} \quad \sigma_{T^+} = \sqrt{\frac{16 \cdot 17 \cdot 33}{24}} \approx 19{,}34$$

obtemos finalmente

$$z = \frac{111 - 68}{19{,}34} \approx 2{,}22$$

5. Como $z = 2{,}22$ é maior do que 1,645, a hipótese nula deve ser rejeitada; concluímos que a dieta para emagrecimento é eficaz.

EXERCÍCIOS

*18.13 Em que estatística baseamos nossa decisão, e para que valores da estatística rejeitamos a hipótese nula, se temos uma amostra aleatória de tamanho $n = 10$ e estamos utilizando o teste de sinais com posto ao nível 0,05 de significância para testar a hipótese nula $\tilde{\mu} = \tilde{\mu}_0$ contra a hipótese alternativa
  (a) $\tilde{\mu} \neq \tilde{\mu}_0$;
  (b) $\tilde{\mu} > \tilde{\mu}_0$;
  (c) $\tilde{\mu} < \tilde{\mu}_0$?

*18.14 Refaça o Exercício 18.13 com o nível de significância trocado para 0,01.

*18.15 Em que estatística baseamos nossa decisão, e para que valores da estatística rejeitamos a hipótese nula, se temos uma amostra aleatória de $n = 12$ pares de valores e estamos utilizando o teste de sinais com posto ao nível 0,01 de significância para testar a hipótese nula $\tilde{\mu}_D = 0$ contra a hipótese alternativa

(a) $\tilde{\mu}_D \neq 0$;
(b) $\tilde{\mu}_D > 0$;
(c) $\tilde{\mu}_D < 0$?

*18.16 Refaça o Exercício 18.15 com o nível de significância trocado para 0,05.

*18.17 Numa amostra aleatória de 13 edições, um jornal relacionou 40, 52, 43, 27, 35, 36, 57, 39, 41, 34, 46, 32 e 37 apartamentos para alugar. Use o teste de sinais com posto, ao nível 0,05 de significância, para testar a hipótese nula $\tilde{\mu} = 45$ contra a hipótese alternativa
(a) $\tilde{\mu} < 45$;
(b) $\tilde{\mu} \neq 45$.

*18.18 Use o teste de sinais com posto para refazer o Exercício 18.1.

*18.19 Use o teste de sinais com posto para refazer o Exercício 18.3.

*18.20 Numa amostra aleatória obtida num parque de recreação público, foram necessários 38, 43, 36, 29, 44, 28, 40, 50, 39, 47 e 33 minutos para jogar uma partida de tênis. Use o teste de sinais com posto, ao nível 0,05 de significância, para testar se são, ou não, necessários 35 minutos, em média, para jogar uma partida de tênis naquele parque.

*18.21 Numa amostra aleatória de 15 dias de verão, duas cidades do estado norte-americano do Arizona reportaram as seguintes temperaturas máximas em graus Fahrenheit: 102 e 106, 103 e 110, 106 e 106, 104 e 107, 105 e 108, 102 e 109, 103 e 102, 104 e 107, 110 e 112, 109 e 110, 100 e 104, 110 e 109, 105 e 108, 111 e 114, e 105 e 106. Use o teste de sinais com posto, ao nível 0,05 de significância, para testar a hipótese nula $\tilde{\mu}_D = 0$ contra a hipótese alternativa $\tilde{\mu}_D < 0$.

*18.22 A seguir estão os números de Certificados de Depósito (CD), de três meses e de seis meses, que um banco vendeu numa amostra aleatória de 16 dias úteis: 37 e 32, 33 e 22, 29 e 26, 18 e 33, 41 e 25, 42 e 34, 33 e 43, 51 e 31, 36 e 24, 29 e 22, 23 e 30, 28 e 29, 44 e 30, 24 e 26, 27 e 18, e 30 e 35. Teste ao nível 0,05 de significância se o banco vende igualmente os dois tipos de CD contra a hipótese alternativa de que vende mais CD de três meses, usando
(a) o teste de sinais com posto baseado na Tabela VI;
(b) o teste de sinais com posto para grandes amostras.

*18.23 Use o teste de sinais com posto para grandes amostras para refazer o Exercício 18.21.

*18.24 Use o teste de sinais com posto para grandes amostras para refazer o Exercício 18.7.

*18.25 Use o teste de sinais com posto para grandes amostras para refazer o Exercício 18.10.

*18.26 A seguir é dada uma amostra aleatória das notas obtidas por maridos e suas esposas num teste de reconhecimento espacial:

Maridos	Esposas	Maridos	Esposas
108	103	125	120
104	116	96	98
103	106	107	117
112	104	115	130
99	99	110	101
105	94	101	100
102	110	103	96
112	128	105	99
119	106	124	120
106	103	113	116

Use o teste de sinais com posto para grandes amostras, ao nível 0,05 de significância, para testar se maridos e esposas se saem igualmente bem nesse teste.

*18.27 Use um computador para refazer o Exercício 18.20.

*18.28 Use um computador para refazer o Exercício 18.21.

*18.29 Use um computador para refazer a parte (a) do Exercício 18.22.

18.5 O TESTE U

Vamos agora apresentar uma alternativa não-paramétrica para teste t de duas amostras relativa à diferença entre duas médias populacionais. Essa alternativa é denominada o **teste U** ou, às vezes, **teste da soma de postos de Wilcoxon**, ou ainda, **teste de Mann-Whitney**, em homenagem aos estatísticos que contribuíram para seu desenvolvimento. Os diferentes nomes refletem a maneira na qual são organizados os cálculos; do ponto de vista lógico, esses testes são todos equivalentes.

Com esse teste, conseguimos verificar se duas amostras independentes provêm de populações idênticas. Em particular, podemos testar a hipótese nula $\mu_1 = \mu_2$ sem precisar supor que as populações amostradas tenham aproximadamente a forma de distribuições normais. Na realidade, o teste exige apenas que as populações sejam contínuas (para evitar empates), e mesmo essa exigência não é crítica, desde que o número de empates seja pequeno. Observe, entretanto, que de acordo com o dicionário de termos estatísticos de Kendall e Buckland, o teste U testa a igualdade dos parâmetros de localização de duas populações que são, no mais, idênticas. E é claro que existem muitos parâmetros de localização. Por exemplo, na Figura 18.5 à página 466, os parâmetros de localização em questão são as medianas populacionais. Aqui elas são denotadas por ETA1 e ETA2, onde anteriormente tinham sido denotadas por $\tilde{\mu}_1$ e $\tilde{\mu}_2$.

A fim de ilustrar como aplicar o teste U, suponha que queiramos comparar o tamanho do grão de areia obtido em duas localidades diferentes da superfície da Lua, com base nos diâmetros seguintes (em milímetros):

Localidade 1: 0,37 0,70 0,75 0,30 0,45 0,16 0,62 0,73 0,33
Localidade 2: 0,86 0,55 0,80 0,42 0,97 0,84 0,24 0,51 0,92 0,69

As médias dessas duas amostras são 0,49 e 0,68, e sua diferença parece grande, mas resta ver se é significante.

Para aplicar o teste U, primeiramente dispomos os dados conjuntamente, como se constituíssem uma única amostra, em ordem crescente de magnitude. Com nossos dados obtemos

0,16	0,24	0,30	0,33	0,37	0,42	0,45	0,51	0,55	0,62
1	2	1	1	1	2	1	2	2	1
0,69	0,70	0,73	0,75	0,80	0,84	0,86	0,92	0,97	
2	1	1	1	2	2	2	2	2	

onde, para cada valor, indicamos se provém da localidade 1 ou da localidade 2. Atribuindo aos dados, nessa ordem, os postos 1, 2, 3, ..., e 19, vemos que os valores da primeira amostra (localidade 1) ocupam os postos 1, 3, 4, 5, 7, 10, 12, 13 e 14, enquanto que os da segunda amostra (localidade 2) ocupam os postos 2, 6, 8, 9, 11, 15, 16, 17, 18 e 19. Não há empates aqui entre valores nas diferentes amostras, mas, se houvesse, atribuiríamos a cada uma das observações empatadas a média dos postos que elas ocupam conjuntamente. Por exemplo, se o terceiro e o quarto valores são iguais, atribuímos a cada um o posto $\frac{3+4}{2} = 3,5$ e se o nono, o décimo e o décimo primeiro valores são iguais, atribuímos a cada um o posto $\frac{9+10+11}{3} = 10$. Quando há empates entre valores pertencentes à mesma amostra, não importa como sejam seus postos. Por exemplo, se o terceiro e o quarto valores são iguais, mas pertencem à mesma amostra, não importa qual seja considerado como posto 3 e qual como posto 4.

Porém, se há uma diferença considerável entre as médias das duas populações, a maioria dos postos mais baixos tende a acompanhar os valores de uma das amostras, enquanto a maioria dos postos mais altos tende a acompanhar os valores da outra amostra. O teste da hipótese nula, de que as duas amostra provenham de populações idênticas, pode, pois basear-se em W_1, a soma dos postos dos valores da primeira amostra, ou em W_2, a soma dos postos dos valores da segunda amostra. Na prática, não importa qual seja a designada como a amostra 1 e qual seja designada como a amostra 2, nem se baseamos o teste em W_1 ou em W_2. (Quando os tamanhos das amostras são diferentes, costumamos rotular por amostra 1 a menor das duas amostras, mas isso não será necessário para o nosso trabalho.)

Se os tamanhos das amostras são n_1 e n_2, a soma de W_1 e W_2 é simplesmente a soma dos primeiros $n_1 + n_2$ inteiros positivos, que sabemos ser

$$\frac{(n_1 + n_2)(n_1 + n_2 + 1)}{2}$$

Essa fórmula permite encontrar W_2 se conhecermos W_1, e vice-versa. Para nossa ilustração obtemos

$$W_1 = 1 + 3 + 4 + 5 + 7 + 10 + 12 + 13 + 14 = 69$$

e como a soma dos 19 primeiros inteiros positivos é $\frac{19 \cdot 20}{2} = 190$, decorre que

$$W_2 = 190 - 69 = 121$$

(Esse valor é a soma dos postos 2, 6, 8, 9, 11, 15, 16, 17, 18 e 19).

Quando primeiro propusemos a utilização de **somas de postos** como uma alternativa não-paramétrica do teste t de duas amostras, a decisão foi baseada em W_1 e W_2. Hoje em dia, é mais comum basear a decisão em uma das duas estatísticas

ESTATÍSTICAS U_1 E U_2

ou	$U_1 = W_1 - \dfrac{n_1(n_1 + 1)}{2}$
	$U_2 = W_2 - \dfrac{n_2(n_2 + 1)}{2}$

ou na estatística U, que é sempre igual à menor das duas. Os testes resultantes são equivalentes ao testes baseados em W_1 ou W_2, mas têm a vantagem de prestarem-se mais facilmente à construção de tabelas de valores críticos. Não só os testes U_1 e U_2 tomam valores no mesmo intervalo de 0 a $n_1 n_2$ — de fato, sua soma é sempre igual a $n_1 n_2$ — mas têm distribuições idênticas que são simétricas em relação a $\frac{n_1 n_2}{2}$. A Figura 18.4 ilustra a relação entre as distribuições amostrais de U_1, U_2 e U para o caso especial em que $n_1 = 3$ e $n_2 = 3$.

Como já foi dito anteriormente, supomos que estamos tratando com amostras aleatórias independentes de populações idênticas, mas estamos mais interessados no caso $\mu_1 = \mu_2$. Como na Seção 18.3, basearemos todos os testes na distribuição amostral de uma única e mesma estatística. Entretanto, aqui essa é a estatística U, e rejeitaremos a hipótese nula para valores caindo em sua cauda esquerda. Contudo, novamente devemos ter cuidado para utilizar a estatística e o valor crítico corretos. Se $\mu_1 < \mu_2$, então U_1 tende a ser pequeno e, assim, quando a hipótese alternativa é $\mu_1 < \mu_2$, baseamos o teste em U_1; se $\mu_1 > \mu_2$, então U_2 tende a ser pequeno e assim, quando a hipótese alternativa é $\mu_1 > \mu_2$, baseamos o teste em U_2; e se $\mu_1 \neq \mu_2$, então ou U_1 ou U_2 tende a ser pequeno, e assim, quando a hipótese alternativa é $\mu_1 \neq \mu_2$, baseamos o teste em U. Tudo isso está sintetizado na tabela seguinte:

Hipótese alternativa	Rejeitar a hipótese nula se	Aceitar a hipótese nula ou reservar julgamento se
$\mu_1 < \mu_2$	$U_1 \leq U_{2\alpha}$	$U_1 > U_{2\alpha}$
$\mu_1 > \mu_2$	$U_2 \leq U_{2\alpha}$	$U_2 > U_{2\alpha}$
$\mu_1 \neq \mu_2$	$U \leq U_{\alpha}$	$U > U_{\alpha}$

Os valores necessários de U_{α}, que são os maiores valores de U para os quais a probabilidade de $U \leq U_{\alpha}$ não é maior do que α, podem ser encontrados na Tabela VII, no fim do livro; os espaços em branco na tabela indicam que a hipótese nula não pode ser rejeitada, independentemente do valor obtido para a estatística de teste. Note que os mesmos valores críticos servem para testes em diferentes níveis de significância, dependendo de a hipótese alternativa ser unilateral ou bilateral.

EXEMPLO 18.8 Com referência aos dados dos tamanhos de grãos à página 463, use o teste U ao nível 0,05 de significância para testar se as duas amostras provêm, ou não, de populações com médias iguais.

Solução
1. $H_0 : \mu_1 = \mu_2$
   $H_A : \mu_1 \neq \mu_2$
2. $\alpha = 0,05$
3. Rejeitar a hipótese nula se $U \leq 20$, onde 20 é o valor de $U_{0,05}$ para $n_1 = 9$ e $n_2 = 10$; caso contrário, reservar julgamento.
4. Já tendo mostrado à página 464 que $W_1 = 69$ e $W_2 = 121$, obtemos

$$U_1 = 69 - \frac{9 \cdot 10}{2} = 24$$

$$U_2 = 121 - \frac{10 \cdot 11}{2} = 66$$

e, portanto, $U = 24$. Note que $U_1 + U_2 = 24 + 66 = 90$, que é igual a $n_1 n_2 = 9 \cdot 10$.

5. Como $U = 24$ é maior do que 20, a hipótese nula não pode ser rejeitada; em outras palavras, não podemos concluir que haja diferença na média do tamanho do grão de areia das duas localidades na Lua. ∎

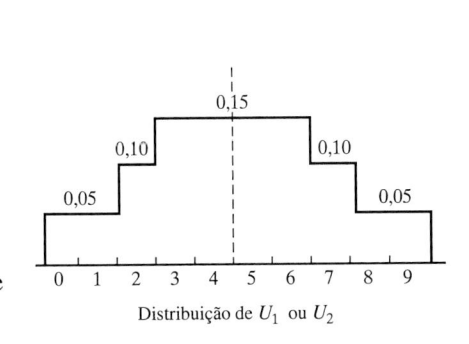

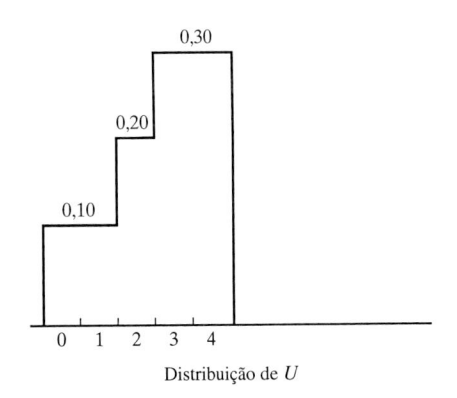

Figura 18.4 Distribuição de U_1, U_2 e U para $n_1 = 3$ e $n_2 = 3$.

Distribuição de U_1 ou U_2

Distribuição de U

Figura 18.5
Impresso de computador para o Exemplo 18.8.

```
Teste de Mann-Whitney e C1: Loc. 1, Loc. 2

Loc. 1    N = 9     Median =      0.4500
Loc. 2    N = 10    Median =      0.7450

W = 69.0
Test of ETA1 = ETA2  vs ETA1 not = ETA2 is significant at 0.0942

Cannot reject at alpha = 0.05
```

Se nesse exemplo tivéssemos optado por usar um computador, o MINITAB teria produzido a Figura 18.5. No impresso, ETA (a letra grega η) denota a população mediana, que antes tinha sido denotada por $\tilde{\mu}$. Também $W = 69$ é a estatística que antes foi denominada W_1, e o valor de p é novamente 0,0942. Como 0,0942 excede 0,05, concluímos (como antes) que a hipótese nula não pode ser rejeitada.

EXEMPLO 18.9 Os tempos de queima (arredondados até o décimo de minuto mais próximo) de amostras aleatórias de dois tipos de sinais de emergências:

Marca 1: 17,2 18,1 19,3 21,1 14,4 13,7 18,8 15,2 20,3 17,5
Marca 2: 13,6 19,1 11,8 14,6 14,3 22,5 12,3 13,5 10,9 14,8

Use o teste U ao nível 0,05 de significância para testar se é razoável dizer que, em média, os sinais da marca 1 são melhores (duram mais) do que os sinais da marca 2.

Solução
1. $H_0 : \mu_1 = \mu_2$
   $H_A : \mu_1 > \mu_2$

2. $\alpha = 0,05$

3. Rejeitar a hipótese nula se $U_2 \leq 27$, onde 27 é o valor de $U_{0,10}$ para $n_1 = 10$ e $n_2 = 10$; caso contrário, aceitá-la ou reservar julgamento.

4. Dispondo os dados conjuntamente de acordo com o tamanho, vemos que os valores da segunda amostra ocupam os postos 5, 16, 2, 9, 7, 20, 3, 4, 1 e 10, de modo que

$$W_2 = 5 + 16 + 2 + 9 + 7 + 20 + 3 + 4 + 1 + 10 = 77$$

e

$$U_2 = 77 - \frac{10 \cdot 11}{2} = 22$$

5. Como $U_2 = 22$ é menor do que 27, a hipótese nula deve ser rejeitada; concluímos que os sinais da marca 1 são, realmente, melhores do que os da marca 2.

18.6 O TESTE U (Grandes Amostras)

O teste U para grandes amostras pode ser baseado tanto em U_1 quanto em U_2, conforme definido à página 464, mas como os testes resultantes são equivalentes, não importando qual amostra denotamos por amostra 1 e qual denotamos por amostra 2, vamos utilizar aqui a estatística U_1.

Com base na suposição de que as duas amostras provenham de populações contínuas idênticas, pode ser mostrado que a média e o desvio-padrão da distribuição amostral de U_1 são*

MÉDIA E DESVIO-PADRÃO DA ESTATÍSTICA U_1

$$\mu_{U_1} = \frac{n_1 n_2}{2}$$

e

$$\sigma_{U_1} = \sqrt{\frac{n_1 n_2 (n_1 + n_2 + 1)}{12}}$$

Observe que essas fórmulas permanecem as mesmas quando permutamos os índices 1 e 2, mas isso não deve constituir surpresa – como salientamos à página 464, as distribuições de U_1 e U_2 são as mesmas.

Além disso, se n_1 e n_2 são ambos maiores do que 8, a distribuição amostral de U_1 pode ser satisfatoriamente aproximada por uma distribuição normal. Assim, baseamos o teste da hipótese nula $\mu_1 = \mu_2$ na estatística

ESTATÍSTICA PARA O TESTE U DE GRANDES AMOSTRAS

$$z = \frac{U_1 - \mu_{U_1}}{\sigma_{U_1}}$$

que tem aproximadamente a distribuição normal padrão. Quando a hipótese alternativa é $\mu_1 \neq \mu_2$, rejeitamos a hipótese nula se $z \leq -z_{\alpha/2}$ ou $z \geq z_{\alpha/2}$; quando a hipótese alternativa é $\mu_1 > \mu_2$, rejeitamos a hipótese nula se $z \geq z_\alpha$; e quando a hipótese alternativa é $\mu_1 < \mu_2$, rejeitamos a hipótese nula se $z \leq -z_{\alpha/2}$.

EXEMPLO 18.10 Os aumentos de peso de duas amostras aleatórias de perus novos alimentados com duas rações diferentes, mas, afora isso, mantidos em condições idênticas, são os seguintes, em libras:

Ração 1: 16,3   10,1   10,7   13,5   14,9   11,8   14,3   10,2
          12,0   14,7   23,6   15,1   14,5   18,4   13,2   14,0

Ração 2: 21,3   23,8   15,4   19,6   12,0   13,9   18,8   19,2
          15,3   20,1   14,8   18,9   20,7   21,1   15,8   16,2

Use o teste U para grandes amostras ao nível 0,01 de significância, para testar a hipótese nula de que as duas populações amostradas são idênticas, contra a hipótese alternativa de que, em média, a segunda ração produz um aumento maior de peso.

Solução

1. $H_0 : \mu_1 = \mu_2$ (populações são idênticas)

   $H_A : \mu_1 < \mu_2$

2. $\alpha = 0,01$

3. Rejeitar a hipótese nula se $z \leq -2,33$, onde

$$z = \frac{U_1 - \mu_{U_1}}{\sigma_{U_1}}$$

---

* Quando há empates em postos, a fórmula do desvio-padrão dá apenas uma aproximação mas, a menos que o número de empates seja muito grande, raramente há a necessidade de fazer alguma correção.

e, caso contrário, aceitar a hipótese nula ou reservar julgamento.

4. Dispondo os dados conjuntamente de acordo com o tamanho, vemos que os valores da primeira amostra ocupam os postos 21; 1; 3; 8; 15; 4; 11; 2; 5,5; 13; 31; 16; 12; 22; 7; e 10. (O quinto e sexto valores são iguais a 12,0, de modo que atribuímos a cada um deles o posto 5,5.) Assim,

$$W_1 = 1 + 2 + 3 + 4 + 5,5 + 7 + 8 + 10 + 11 + 12 + 13$$
$$+ 15 + 16 + 21 + 22 + 31$$
$$= 181,5$$

e

$$U_1 = 181,5 - \frac{16 \cdot 17}{2} = 45,5$$

Como $\mu_{U_1} = \frac{16 \cdot 16}{2} = 128$ e $\sigma_{U_1} = \sqrt{\frac{16 \cdot 16 \cdot 33}{12}} \approx 26,53$, segue que

$$z = \frac{45,5 - 128}{26,53} \approx -3,11$$

5. Como $z = -3,11$ é menor do que $-2,33$, a hipótese nula deve ser rejeitada; concluímos que, em média, a segunda ração produz maior aumento de peso.

18.7 O TESTE H

O **teste H**, ou **teste de Kruskal-Wallis**, é um teste de soma de postos que serve para testar a suposição de que k amostras aleatórias independentes provêm de populações idênticas e, em particular, a hipótese nula de que $\mu_1 = \mu_2 = \cdots = \mu_k$, contra a hipótese alternativa de que essas médias não são todas iguais. Ao contrário do teste padrão que ele substitui, a análise da variância de um critério, da Seção 15.3, o teste H não exige a suposição de que as populações amostradas tenham, pelo menos aproximadamente, distribuições normais.

Tal como no teste U, os dados são dispostos conjuntamente de baixo para cima, como se constituíssem uma única amostra. Então, se R_i é a soma dos postos atribuídos aos n_i valores da i-ésima amostra e $n = n_1 + n_2 + \cdots + n_k$, o teste H é baseado na estatística

ESTATÍSTICA PARA O TESTE H

$$H = \frac{12}{n(n+1)} \sum_{i=1}^{k} \frac{R_i^2}{n_i} - 3(n+1)$$

Se a hipótese nula é verdadeira e se cada amostra tem, pelo menos, cinco observações, em geral é considerado razoável aproximar a distribuição amostral de H por uma distribuição qui-quadrado com $k-1$ graus de liberdade. Conseqüentemente, rejeitamos a hipótese nula $\mu_1 = \mu_2 = \cdots = \mu_k$ e aceitamos a hipótese alternativa de que essas médias não são todas iguais, quando o valor obtido para H é maior do que ou igual a χ_α^2 para $k-1$ graus de liberdade.

EXEMPLO 18.11 Distribuem-se os estudantes aleatoriamente por grupos que estudam espanhol por três métodos diferentes: (1) ensino em sala de aula e laboratório de linguagem, (2) apenas ensino em sala de aula e (3) apenas auto-estudo em laboratório de linguagem. São apresentadas, a seguir, as notas do exame final de amostras de estudantes dos três grupos:

Método 1:	94	88	91	74	86	97	
Método 2:	85	82	79	84	61	72	80
Método 3:	89	67	72	76	69		

Use o teste H ao nível 0,05 de significância para testar a hipótese nula de que as populações originais são idênticas, contra a hipótese alternativa de que suas médias não são todas iguais.

Solução

1. H_0 : $\mu_1 = \mu_2 = \mu_3$ (As populações são idênticas.)
   H_A : μ_1, μ_2 e μ_3 não são todas iguais.

2. $\alpha = 0,05$

3. Rejeitar a hipótese nula se $H \geq 5,991$, que é o valor de $\chi^2_{0,05}$ para $3 - 1 = 2$ graus de liberdade; caso contrário, aceitá-la ou reservar julgamento.

4. Dispondo os dados conjuntamente de acordo com o tamanho, obtemos 61, 67, 69, 72, 72, 74, 76, 79, 80, 82, 84, 85, 86, 88, 89, 91, 94 e 97. Atribuindo aos dados, nessa ordem, os postos 1, 2, 3, ..., e 18, obtemos

$$R_1 = 6 + 13 + 14 + 16 + 17 + 18 = 84$$
$$R_2 = 1 + 4,5 + 8 + 9 + 10 + 11 + 12 = 55,5$$
$$R_3 = 2 + 3 + 4,5 + 7 + 15 = 31,5$$

e segue que

$$H = \frac{12}{18 \cdot 19} \left(\frac{84^2}{6} + \frac{55,5^2}{7} + \frac{31,5^2}{5} \right) - 3 \cdot 19$$
$$\approx 6,67$$

5. Como $H = 6,67$ é maior do que 5,991, a hipótese nula deve ser rejeitada; concluímos que os três métodos de ensino não são todos igualmente eficazes.

Se tivéssemos utilizado um computador para esse exemplo, teríamos encontrado que o valor p correspondente a $H = 6,67$ é 0,036, e que o valor p ajustado ao empate também é 0,036. Como 0,036 é menor do que 0,05, teríamos concluído, como antes, que a hipótese nula deve ser rejeitada.

EXERCÍCIOS

18.30 Em que estatística baseamos a decisão e para quais valores da estatística rejeitamos a hipótese nula $\mu_1 = \mu_2$ se temos amostras aleatórias de tamanhos $n_1 = 9$ e $n_2 = 9$ e estamos usando o teste U baseado na Tabela VII e o nível 0,05 de significância para testar a hipótese nula contra a hipótese alternativa
(a) $\mu_1 > \mu_2$;
(b) $\mu_1 \neq \mu_2$;
(c) $\mu_1 < \mu_2$?

18.31 Refaça o Exercício 18.30 com o nível de significância trocado para 0,01.

18.32 Em que estatística baseamos a decisão e para quais valores da estatística rejeitamos a hipótese nula $\mu_1 = \mu_2$ se temos amostras aleatórias de tamanhos $n_1 = 10$ e $n_2 = 14$ e estamos usando o teste U baseado na Tabela VII e o nível 0,01 de significância para testar a hipótese nula contra a hipótese alternativa
(a) $\mu_1 > \mu_2$;
(b) $\mu_1 \neq \mu_2$;
(c) $\mu_1 < \mu_2$?

18.33 Refaça o Exercício 18.32 com o nível de significância trocado para 0,05.

18.34 Em que estatística baseamos a decisão e para quais valores da estatística rejeitamos a hipótese nula $\mu_1 = \mu_2$ contra a hipótese alternativa $\mu_1 \neq \mu_2$ se estamos usando o teste U baseado na Tabela VII e o nível 0,05 de significância, e
(a) $n_1 = 4$ e $n_2 = 6$;
(b) $n_1 = 9$ e $n_2 = 8$;
(c) $n_1 = 5$ e $n_2 = 12$;
(d) $n_1 = 7$ e $n_2 = 3$?

18.35 Refaça o Exercício 18.34 com a hipótese alternativa trocada para $\mu_1 > \mu_2$.

18.36 Explique por que não há valor na Tabela VII para $U_{0,05}$ correspondente a $n_1 = 3$ e $n_2 = 3$. (*Sugestão*: Recorra à Figura 18.4.)

18.37 As notas obtidas por amostras aleatórias de estudantes de dois grupos de minorias num teste de eventos contemporâneos foram as seguintes:

Minoria 1: 73 82 39 68 91 75
               89 67 50 86 57 65
Minoria 2: 51 42 36 53 88 59
               49 66 25 64 18 76

Use o teste U baseado na Tabela VII para testar ao nível 0,05 de significância se pode ser esperado que os estudantes das duas minorias se saiam igualmente bem nesse teste.

18.38 Use um computador para refazer o Exercício 18.37.

18.39 Os números de minutos que amostras aleatórias de 15 homens e 12 mulheres levaram para completar um teste escrito para renovação de sua carteira de motorista são os seguintes:

Homem: 9,9 7,4 8,9 9,1 7,7 9,7 11,8 7,5
            9,2 10,0 10,2 9,5 10,8 8,0 11,0
Mulher: 8,6 10,9 9,8 10,7 9,4 10,3
            7,3 11,5 7,6 9,3 8,8 9,6

Use o teste U baseado na Tabela VII para testar ao nível 0,05 de significância se vale $\mu_1 = \mu_2$ ou não, onde μ_1 e μ_2 são os tempos médios que homens e mulheres levam para completar o teste.

18.40 Use o teste U para grandes amostras para refazer o Exercício 18.39.

18.41 Os números de Rockwell da dureza de seis moldes de alumínio selecionados aleatoriamente do lote de produção A e oito moldes selecionados do lote B são os seguintes:

Lote de Produção A: 75 56 63 70 58 74
Lote de Produção A: 63 85 77 80 86 76 72 82

Use o teste U baseado na Tabela VII para testar ao nível 0,05 de significância se a dureza dos moldes do lote B é, em média, superior à dos moldes do lote A.

18.42 Use um computador para refazer o Exercício 18.41.

18.43 Use o teste U para grandes amostras para refazer o Exemplo 18.8.

18.44 Use o teste U para grandes amostras para refazer o Exemplo 18.9.

18.45 Use um computador para refazer o Exemplo 18.10.

18.46 Os valores da resistência à ruptura de amostras aleatórias de dois tipos de corda de algodão de 5 centímetros são os seguintes, em kgf:

Corda do tipo I:	133	144	165	169	171	176	180	181
	182	183	186	187	194	197	198	200
Corda do tipo II:	134	154	159	161	164	164	164	169
	170	172	175	176	185	189	194	198

(Por conveniência, os valores foram dispostos em ordem crescente.) Use o teste U de grandes amostras ao nível 0,05 de significância para testar a alegação de que a corda do tipo I e, em média, mais resistente do que a corda do tipo II.

18.47 Use um computador para refazer o Exercício 18.46.

18.48 As milhas por galão que um piloto de provas obteve com amostras aleatórias de seis tanques de cada uma de três marcas de gasolina são as seguintes:

Gasolina 1:	15	24	27	29	30	32
Gasolina 2:	17	20	22	28	32	33
Gasolina 3:	18	19	22	23	25	32

(Por conveniência, os valores foram dispostos em ordem crescente.) Use o teste H ao nível 0,05 de significância para testar a alegação de que não há diferença na verdadeira milhagem obtida com as três marcas de gasolina.

18.49 Use o teste U ao nível 0,01 de significância para refazer o Exercício 15.15.

18.50 Use o teste U ao nível 0,01 de significância para refazer o Exercício 15.17.

18.51 Para comparar quatro bolas de boliche, um profissional joga cinco partidas com cada bola e obtém os seguintes escores:

Bola de boliche D:	221	232	207	198	212
Bola de boliche E:	202	225	252	218	226
Bola de boliche F:	210	205	189	196	216
Bola de boliche G:	229	192	247	220	208

Use o teste H ao nível 0,05 de significância para testar a hipótese nula de que, em média, o desempenho do profissional é o mesmo com as quatro bolas.

18.52 Use um computador para refazer o Exercício 18.51.

18.53 Três grupos de porquinhos-da-índia, injetados com 0,5; 1,0; e 1,5 mg, respectivamente, de um tranquilizante, adormecem após os números seguintes de segundos:

Dose de 0,5 mg:	7,8	8,2	10,0	10,2	
	10,9	12,7	13,7	14,0	
Dose de 1,0 mg:	7,5	7,9	8,8	9,7	10,5
	11,0	12,5	12,9	13,1	13,3
Dose de 1,5 mg:	7,2	8,0	8,5	9,0	
	9,4	11,3	11,5	12,0	

(Por conveniência, os valores foram dispostos em ordem crescente.) Use o teste H ao nível 0,01 de significância para testar a hipótese nula de que as diferenças na dosagem não têm efeito sobre o tempo que leva para os porquinhos-da-índia adormecerem.

18.54 Use um computador para refazer o Exercício 18.53.

18.8 TESTES DE ALEATORIEDADE: REPETIÇÕES

Todos os métodos de inferência estudados neste livro baseiam-se na suposição de que nossas amostras sejam aleatórias; todavia, há muitas aplicações em que é difícil determinar se tal suposição é justificável. Isso é verdade, particularmente, quando temos pouco ou nenhum controle sobre a seleção dos dados, como é o caso, por exemplo, quando nos baseamos nos dados que estão disponíveis para fazer previsões meteorológicas a longo prazo, quando utilizamos os dados que estão disponíveis para estimar a taxa de mortalidade de uma doença, ou quando utilizamos registros de vendas de meses passados para fazer previsões sobre as vendas futuras de uma loja de departamentos. Nenhuma dessas informações constitui uma amostra aleatória no sentido estrito.

Existem vários métodos para julgar a aleatoriedade de uma amostra com base na ordem em que se obtêm as informações; eles nos permitem decidir, depois de coletados os dados, se os padrões que parecem suspeitamente não-aleatórios podem ser atribuídos ao acaso. A técnica que vamos desenvolver aqui e nas duas próximas seções, o **teste u**, é baseada na **teoria de repetições**.

Uma **repetição** é uma sucessão de letras (ou qualquer outro símbolo) idênticas seguida e precedida por letras diferentes (ou por nenhuma letra). A título de ilustração, consideremos o seguinte arranjo de árvores sãs, S, e doentes, D, plantadas há muitos anos ao longo de uma estrada secundária:

$$\underline{HHHH}\ \underline{DDD}\ \underline{HHHHHHH}\ \underline{DD}\ \underline{HH}\ \underline{DDDD}$$

Sublinhando as letras que constituem as repetições, vemos que há repetições de quatro S, depois uma repetição de três D, depois uma repetição de sete S, depois uma repetição de dois D, depois uma repetição de dois S e finalmente uma repetição de quatro D.

O **número total de repetições** que aparecem num arranjo desse tipo costuma ser uma boa indicação de uma possível falta de aleatoriedade. Se há muito poucas repetições, podemos suspeitar de um agrupamento ou conglomerado definido, ou talvez de uma tendência; se há demasiado repetições, suspeitamos de algum padrão alternativo repetido ou cíclico. No exemplo precedente parece haver um conglomerado definido – as árvores doentes parecem vir aos grupos – mas resta saber se isso é realmente significativo ou se pode ser atribuído ao acaso.

Se há n_1 letras de um tipo, n_2 letras de um outro tipo, e u repetições, baseamos esse tipo de decisão no seguinte critério:

> **Rejeitar a hipótese nula de aleatoriedade se**
>
> $$u \leqslant u'_{\alpha/2} \quad \text{ou} \quad u \geqslant u_{\alpha/2}$$
>
> onde $u'_{\alpha/2}$ e $u_{\alpha/2}$ são dados na Tabela VIII para valores de n_1 e n_2 até 15, e $\alpha = 0{,}05$ e $\alpha = 0{,}01$.

Na construção da Tabela VIII, $u'_{\alpha/2}$ é o maior valor de u para o qual a probabilidade de $u \leq u'_{\alpha/2}$ não excede $\alpha/2$, e $u_{\alpha/2}$ é o menor valor de u para o qual a probabilidade de $u \geq u_{\alpha/2}$ não excede $\alpha/2$; os espaços em branco na tabela indicam que a hipótese nula não pode ser rejeitada para valores naquela cauda da distribuição amostral, independentemente do valor obtido para u.

EXEMPLO 18.12 Com referência ao arranjo das árvores sãs e doentes citado anteriormente, aplique o teste u ao nível 0,05 de significância para testar a hipótese nula de aleatoriedade contra a hipótese alternativa de que o arranjo não é aleatório.

Solução 1. H_0: O arranjo é aleatório.
H_A: O arranjo não é aleatório.

2. $\alpha = 0{,}05$.

3. Rejeitar a hipótese nula se $u \leq 6$ ou $u \geq 17$, onde 6 e 17 são os valores de $u'_{0,025}$ e $u_{0,025}$ para $n_1 = 13$ e $n_2 = 9$; caso contrário, aceitá-la ou reservar julgamento.

4. $u = 6$, por inspeção dos dados.

5. Como $u = 6$ é igual ao valor de $u'_{0,025}$, a hipótese nula deve ser rejeitada; concluímos que o arranjo de árvores sãs e doentes não é aleatório. Há menos repetições do que seria esperado e parece que as árvores doentes dispõem-se em conglomerados.

18.9 TESTES DE ALEATORIEDADE: REPETIÇÕES (Grandes Amostras)

Sob a hipótese nula de que n_1 letras de um tipo e n_2 letras de um outro tipo estejam dispostas aleatoriamente, pode ser mostrado que a média e o desvio-padrão de u, o número total de repetições, são

MÉDIA E DESVIO-PADRÃO DE u

$$\mu_u = \frac{2n_1 n_2}{n_1 + n_2} + 1$$

e

$$\sigma_u = \sqrt{\frac{2n_1 n_2 (2n_1 n_2 - n_1 - n_2)}{(n_1 + n_2)^2 (n_1 + n_2 - 1)}}$$

Além disso, se nem n_1 nem n_2 é menor do que 10, a distribuição amostral de u pode ser aproximada satisfatoriamente por uma distribuição normal. Assim, baseamos o teste da hipótese nula de aleatoriedade na estatística

ESTATÍSTICA PARA O TESTE u DE GRANDES AMOSTRAS

$$z = \frac{u - \mu_u}{\sigma_u}$$

que tem aproximadamente a distribuição normal padrão. Se a hipótese alternativa é que a disposição das letras não é aleatória, rejeitamos a hipótese nula para $z \leq -z_{\alpha/2}$ ou $z \geq z_{\alpha/2}$; se a hipótese alternativa é que há um aglomerado ou uma tendência, rejeitamos a hipótese nula para $z \leq -z_{\alpha/2}$; e se a hipótese alternativa é que há um padrão alternante, ou cíclico, rejeitamos a hipótese nula para $z \geq z_{\alpha/2}$.

EXEMPLO 18.13 O arranjo de homens, H, e mulheres, M, numa fila única para compra de entradas para um concerto de rock é o seguinte:

H M H M H H H H M H H H M H H H H M M H M H
H H M H H H M M M H M H H H M H M H H H H M M H

Teste a aleatoriedade ao nível 0,05 de significância.

Solução 1. H_0: O arranjo é aleatório.
H_A: O arranjo não é aleatório.

2. $\alpha = 0{,}05$

3. Rejeitar a hipótese nula, se $z \leq -1{,}96$ ou $z \geq 1{,}96$, onde

$$z = \frac{u - \mu_u}{\sigma_u}$$

e, caso contrário, aceitar a hipótese nula ou reservar julgamento.

4. Como $n_1 = 30$, $n_2 = 18$ e $u = 27$, obtemos

$$\mu_u = \frac{2 \cdot 30 \cdot 18}{30 + 18} + 1 = 23{,}5$$

$$\sigma_u = \sqrt{\frac{2 \cdot 30 \cdot 18(2 \cdot 30 \cdot 18 - 30 - 18)}{(30 + 18)^2(30 + 18 - 1)}} = 3{,}21$$

e, então

$$z = \frac{27 - 23{,}5}{3{,}21} \approx 1{,}09$$

5. Como $z = 1{,}09$ cai entre $-1{,}96$ e $1{,}96$, a hipótese nula não pode ser rejeitada; em outras palavras, não há evidência real que possa sugerir de que o arranjo não seja aleatório.

18.10 TESTES DE ALEATORIEDADE: REPETIÇÕES ACIMA E ABAIXO DA MEDIANA

O teste u não está limitado ao teste da aleatoriedade de seqüências de atributos, como os S e D, ou H e M, de nossos exemplos. Qualquer amostra que consiste em medidas ou observações numéricas pode ser tratada de modo análogo, utilizando-se as letras a e b para denotar valores que estão acima e abaixo da mediana amostral. Omitem-se os números iguais à mediana. A seqüência resultante de a e b (representando os dados em sua ordem original) pode, então, ser testada quanto à aleatoriedade com base no número total de repetições de a e b, a saber, o número total de **repetições acima e abaixo da mediana**. Dependendo do tamanho de n_1 e n_2, usamos a Tabela VIII ou o teste de grandes amostras da Seção 18.9.

EXEMPLO 18.14 Em 24 viagens (repetições) sucessivas entre duas cidades, um ônibus transportou

24 19 32 28 21 23 26 17 20 28 30 24
13 35 26 21 19 29 27 18 26 14 21 23

passageiros. Usando o número total de repetições acima e abaixo da mediana, teste ao nível 0,01 de significância se é razoável tratar esses dados como constituindo uma amostra aleatória.

Solução Como a mediana dos dados é 23,5 obtemos o seguinte arranjo de valores acima e abaixo dela:

$a\ b\ a\ a\ b\ b\ a\ b\ b\ a\ a\ a\ b\ a\ a\ b\ b\ a\ a\ b\ a\ b\ b\ b$

1. H_0: O arranjo é aleatório.
   H_A: O arranjo não é aleatório.

2. $\alpha = 0{,}01$

3. Rejeitar a hipótese nula se $u \leq 6$ ou $u \geq 20$, onde 6 e 20 são os valores de $u'_{0{,}005}$ e $u_{0{,}005}$ para $n_1 = 12$ e $n_2 = 12$; caso contrário, aceitar a hipótese nula ou reservar julgamento.

4. $u = 14$ por inspeção do arranjo precedente dos *a* e *b*.

5. Como $u = 14$ cai entre 6 e 20, a hipótese nula não pode ser rejeitada; em outras palavras, não há evidência real para indicar que os dados não constituam uma amostra aleatória. ∎

EXERCÍCIOS

18.55 A ordem em que um corretor recebeu 25 ordens para comprar, *C*, ou para vender, *V*, de uma certa ação é:

$$S\ S\ S\ B\ B\ B\ B\ B\ B\ B\ B\ B\ S\ B\ S\ S\ S\ S\ S\ S\ B\ B\ B\ B\ S\ S$$

Use a Tabela VIII para testar a aleatoriedade ao nível 0,05 de significância.

18.56 Use o teste de grandes amostras para refazer o Exercício 18.55.

18.57 Um motorista compra gasolina ou num posto da Petrobrás, *P*, ou num posto da Ipiranga, *I*, e o arranjo a seguir mostra a ordem dos postos dos quais comprou gasolina 29 vezes do longo de um determinado período de tempo.

$$A\ C\ A\ C\ C\ A\ C\ A\ C\ A\ C\ C\ A\ A\ A\ C\ A\ C\ C\ C\ A\ C\ A\ A\ A\ C\ C\ A\ C$$

Use a Tabela VIII para testar a aleatoriedade ao nível 0,01 de significância.

18.58 Use o teste de grandes amostras para refazer o Exercício 18.57.

18.59 Teste, ao nível 0,05 de significância, se pode ser considerado aleatório o arranjo seguinte de motores defeituosos, *D*, e não-defeituosos, *N*, provenientes de uma linha de montagem:

$$N\ N\ N\ N\ N\ N\ D\ N\ N\ N\ N\ D\ D\ D\ N\ N\ N\ D\ D\ D\ N\ N$$

18.60 O arranjo a seguir indica se 60 pessoas, entrevistadas consecutivamente por um pesquisador, são favoráveis, *F*, ou contrários, *C*, a um aumento de 1% no imposto sobre a gasolina para financiar a recuperação de estradas:

$$C\ F\ F\ F\ C\ C\ C\ C\ F\ C\ C\ F\ F\ C\ C\ C\ C\ F\ F\ F\ C\ F\ C\ C\ C\ F\ F\ F\ C\ C$$
$$C\ C\ F\ F\ F\ F\ C\ C\ F\ C\ C\ F\ F\ F\ F\ F\ C\ F\ C\ C\ C\ C\ F\ F\ C\ F\ F\ F\ F\ C$$

Teste a aleatoriedade ao nível 0,01 de significância.

18.61 Para testar se um sinal de rádio contém uma mensagem ou se constitui um ruído aleatório, certo intervalo de tempo foi subdividido num número de subintervalos muito pequenos e, para cada um desses, foi determinado se a intensidade do sinal excede, *E*, ou não excede, *N*, um determinado nível de ruído de fundo. Ao nível 0,05 de significância, teste se o arranjo seguinte, assim obtido, pode ser considerado aleatório, indicando que o sinal não contém qualquer mensagem e que pode ser considerado como ruído aleatório:

$$E\ N\ N\ N\ N\ E\ N\ E\ N\ N\ N\ E\ E\ N\ N\ N\ E\ E\ N\ E\ N\ N\ N\ E\ E\ N\ N\ N$$
$$N\ N\ E\ E\ N\ E\ N\ N\ E\ N\ N\ N\ E\ E\ E\ N\ N\ N\ E\ N\ E\ N\ N\ N\ N\ N\ E\ N$$

18.62 Jogue uma moeda 50 vezes e teste, ao nível 0,05 de confiança, se a seqüência resultante de caras (K) e coroas (C) pode ser considerada aleatória.

18.63 Registre se 60 carros consecutivos chegando num estacionamento do aeroporto são locais, *L*, da cidade, ou de outra cidade, *O*. Teste a aleatoriedade ao nível 0,05 de significância.

18.64 No início da Seção 11.1 foram fornecidos os seguintes números relativos aos minutos que 36 pessoas levaram para montar um brinquedo "fácil de montar": 17, 13, 18, 19, 17, 21, 29, 22, 16, 28, 21, 15, 26, 23, 24, 20, 8, 17, 17, 21, 32, 18, 25, 22, 16, 10, 20, 22, 19, 14, 30, 22, 12, 24, 28 e 11. Teste a aleatoriedade ao nível 0,05 de significância.

18.65 Os pesos de 40 ovelhas de uma certa raça são 66,2; 59,2; 70,8; 58,0; 64,3; 50,7; 62,5; 58,4; 48,7; 52,4; 51,0; 35,7; 62,6; 52,3; 41,2; 61,1; 52,9; 58,8; 64,1; 48,9; 74,3; 50,3; 55,7; 55,5; 51,8; 55,8; 48,9; 51,8; 63,1; 44,6; 47,0; 49,0; 62,5; 45,0; 78,6; 54,2; 72,2; 52,4; 60,5; e 46,8 quilogramas. Sabendo que a mediana desses pesos é 54,85 quilogramas, teste a aleatoriedade ao nível 0,05 de significância.

18.66 As notas de 42 estudantes, na ordem em que eles terminaram um exame:

75	95	77	93	89	83	69	77	92	88	62	64	91	72
76	83	50	65	84	67	63	54	58	76	70	62	65	41
63	55	32	58	61	68	54	28	35	49	82	60	66	57

Teste a aleatoriedade ao nível 0,05 de significância.

18.67 Numa grande cidade, o número total de lojas de varejo iniciando e encerrando atividades durante os anos de 1970 a 1999 foram os seguintes:

107	125	142	147	122	116	153	144	106	138
126	125	129	134	137	143	150	148	152	145
112	162	139	132	122	143	148	155	146	158

Utilizando o fato de que a mediana é 140,5, teste ao nível 0,05 de significância, se há uma tendência significativa.

18.68 As vendas trimestrais (em milhões de dólares) durante seis anos de um fabricante de maquinaria pesada são as seguintes:

83,8	102,5	121,0	90,5	106,6	104,8	114,7	93,6
98,9	96,9	122,6	85,6	103,2	96,9	118,0	92,1
100,5	92,9	125,6	79,2	110,8	95,1	125,6	86,7

Utilizando o fato de que a mediana é 99,7, teste ao nível 0,05 de significância, se há um autêntico padrão cíclico.

18.11 CORRELAÇÃO POR POSTO

Como o teste de significância de r dado na Seção 17.3 é baseado em suposições bastante restritivas, às vezes recorremos a uma alternativa não-paramétrica que pode ser aplicada sob condições bem mais gerais. Esse teste da hipótese nula sem correlação é baseado no **coeficiente de correlação por posto**, muitas vezes denominado **coeficiente de correlação por posto de Sperman**, e denotado por r_s.

Para calcular o coeficiente de correlação por posto para um conjunto de pares de dados, primeiro ordenamos os x entre si em ordem crescente ou decrescente; em seguida ordenamos os y da mesma maneira, encontramos a soma dos quadrados das diferenças, d, entre os postos dos x e dos y, e substituímos na fórmula

COEFICIENTE DE CORRELAÇÃO POR POSTO

$$r_S = 1 - \frac{6\left(\sum d^2\right)}{n(n^2-1)}$$

onde n é o número de pares de x e y. Quando há empates nos postos, procedemos como anteriormente, atribuindo a cada uma das observações empatadas a média dos postos que elas ocupam conjuntamente.

EXEMPLO 18.15 Os números de horas durante as quais 10 alunos estudaram para um exame, e as notas que obtiveram, são os seguintes:

Número de horas de estudo x	Nota no exame y
9	56
5	44
11	79
13	72
10	70
5	54
18	94
15	85
2	33
8	65

Calcule r_s.

Solução Ordenando os x entre si em ordem crescente e também os y, obtemos os postos exibidos nas duas primeiras colunas da tabela seguinte:

Posto de x	Posto de y	d	d^2
5	4	1,0	1,00
2,5	2	0,5	0,25
7	8	−1,0	1,00
8	7	1,0	1,00
6	6	0,0	0,00
2,5	3	−0,5	0,25
10	10	0,0	0,00
9	9	0,0	0,00
1	1	0,0	0,00
4	5	−1,0	1,00
			4,50

Observe que o segundo e o terceiro menor valor dentre os x são ambos iguais a 5, de modo que a cada um associamos o posto $\frac{2+3}{2} = 2,5$. Então, determinando os d (as diferenças entre os postos) e seus quadrados, e substituindo $n = 10$ e $\sum d^2 = 4,50$ na fórmula de r_s, obtemos

$$r_S = 1 - \frac{6(4,50)}{10(10^2 - 1)} \approx 0,97$$

Como se pode ver nesse exemplo, é fácil calcular r_s manualmente, e essa é a razão por que às vezes ele é usado em lugar de r, quando não dispomos de uma calculadora. Quando não há empates, r_s é efetivamente igual ao coeficiente de correlação r calculado para os dois conjuntos de postos; quando existem empates, pode haver uma pequena diferença (que, em geral, é desprezível). É claro que, trabalhando com postos em lugar dos dados originais, perdemos alguma informação, mas isso geralmente é compensado pela facilidade do cálculo do coeficiente de correlação por posto. É interessante observar que se tivéssemos calculado r para os x e y originais do exemplo precedente, teríamos obtido 0,96, em vez de 0,97; pelo menos nesse caso, a diferença entre r e r_s é muito pequena.

A principal vantagem em utilizar r_s é que podemos testar a hipótese nula de não haver qualquer correlação sem ter de fazer quaisquer suposições sobre as populações amostradas. Sob a hipótese nula de não haver qualquer correlação — na realidade, a hipótese nula de que os x e os y estejam aleatoriamente emparelhados — a distribuição amostral de r_s tem a média 0 e o desvio-padrão

$$\sigma_{r_S} = \frac{1}{\sqrt{n-1}}$$

Como essa distribuição pode ser aproximada por uma distribuição normal mesmo para valores relativamente pequenos de n, baseamos o teste da hipótese nula na estatística que tem aproximadamente a distribuição normal padrão.

ESTATÍSTICA PARA TESTAR A SIGNIFICÂNCIA DE r_s

$$z = \frac{r_S - 0}{1/\sqrt{n-1}} = r_S\sqrt{n-1}$$

EXEMPLO 18.16 Com referência ao Exemplo 18.15, em que tínhamos $n = 10$ e $r_s = 0{,}97$, teste a hipótese nula de que não há correlação ao nível 0,01 de significância.

Solução

1. H_0: $\rho = 0$ (não há correlação)
   H_A: $\rho \neq 0$

2. $\alpha = 0{,}01$

3. Rejeitar a hipótese nula se $z \leq -2{,}575$ ou $z \geq 2{,}575$, onde

$$z = r_S\sqrt{n-1}$$

e, caso contrário, aceitá-la ou reservar julgamento.

4. Para $n = 10$ e $r_s = 0{,}97$, obtemos

$$z = 0{,}97\sqrt{10 - 1} = 2{,}91$$

5. Como $z = 2{,}91$ é maior do que 2,575, a hipótese nula deve ser rejeitada; concluímos que há uma relação entre tempo de estudo e notas para a população amostrada.

EXERCÍCIOS

18.69 Calcule r_s para os dados amostrais seguintes que representam o número de minutos que 12 mecânicos levaram para montar uma máquina de manhã, x, e no fim da tarde, y:

x	y
10,8	15,1
16,6	16,8
11,1	10,9
10,3	14,2
12,0	13,8
15,1	21,5
13,7	13,2
18,5	21,1
17,3	16,4
14,2	19,3
14,8	17,4
15,3	19,0

18.70 Se uma amostra de $n = 37$ pares de dados forneceu $r_s = 0{,}39$, é esse coeficiente de correlação por posto significativo ao nível 0,01 de significância?

18.71 Se uma amostra de $n = 50$ pares de dados forneceu $r_s = 0{,}31$, é esse coeficiente de correlação por posto significativo ao nível 0,05 de significância?

18.72 A tabela a seguir mostra como uma comissão de nutricionistas e uma comissão de donas-de-casa classificaram 15 cardápios segundo sua palatabilidade:

Cardápio	Nutricionistas	Donas-de-casa
I	7	5
II	3	4
III	11	8
IV	9	14
V	1	2
VI	4	6
VII	10	12
VIII	8	7
IX	5	1
X	13	9
XI	12	15
XII	2	3
XIII	15	10
XIV	6	11
XV	14	13

Calcule r_s como uma medida de consistência das duas classificações.

18.73 As notas atribuídas por três juízes aos trabalhos de dez artistas são as seguintes:

Juiz A:	5	8	4	2	3	1	10	7	9	6
Juiz B:	3	10	1	4	2	5	6	7	8	9
Juiz C:	8	5	6	4	10	2	3	1	7	9

Calcule r_s para cada par de classificações e decida:
(a) quais são os dois juízes mais semelhantes em suas opiniões sobre os artistas;
(b) quais são os dois juízes que mais diferem em suas opiniões sobre os artistas.

18.12 ALGUMAS CONSIDERAÇÕES ADICIONAIS

Embora os testes não-paramétricos tenham um aspecto enormemente intuitivo e sejam largamente aplicáveis, não devemos esquecer que, em geral, são **menos eficazes** do que os testes padrão que substituem. Para ilustrar o que queremos dizer com "menos eficaz", voltemos ao Exemplo 10.11, no qual mostramos que a média de uma amostra aleatória de tamanho $n = 128$ é uma estimativa da média de uma população simétrica tão confiável quanto a mediana de uma amostra aleatória de tamanho $n = 200$. Assim, a mediana exige uma amostra maior do que a média, e isso é o que temos em mente quando dizemos que ela é "menos eficaz".

Dito de outra maneira, os testes não-paramétricos tendem a desperdiçar informação. O teste de sinais de uma amostra e o testes de sinais de pares de amostras desperdiçam muita informação, enquanto que os demais procedimentos introduzidos neste capítulo desperdiçam informação de modo menos intenso. Sobretudo, não devemos usar indiscriminadamente os testes não-paramétricos quando as suposições básicas dos testes padrão correspondentes estão satisfeitas.

Na prática, os procedimentos não-paramétricos muitas vezes são utilizados para confirmar conclusões baseadas em testes padrão quando paira alguma incerteza sobre a validade das suposições básicas desses testes padrão. Os testes não-paramétricos são indispensáveis quando os tamanhos das amostras são pequenos demais, a ponto de não formar uma opinião, de um modo ou de outro, sobre a validade das suposições.

18.13 RESUMO

A tabela a seguir resume os diversos testes não-paramétricos que foram discutidos (exceto os testes de aleatoriedade baseados em repetições) e os testes padrão correspondentes que eles substituem. Em cada caso, fornecemos a seção ou as seções do livro em que foram discutidos.

Hipótese nula	*Testes padrão*	*Testes não-paramétricos*
$\mu = \mu_0$	Teste t de uma amostra (Seção 12.4) ou teste z de uma amostra (Seção 12.3)	Teste de sinais de uma uma amostra (Seções 18.1 e 18.2) ou teste de sinais com posto (Seções 18.3 e 18.4)
$\mu_1 = \mu_2$ (amostras independentes)	Teste t de duas amostras (Seção 12.6) ou teste z de duas amostras (Seção 12.5)	Teste U (Seções 18.5 e 18.6)
$\mu_1 = \mu_2$ (dados emparelhados)	Teste t de pares de amostras ou teste z de pares de amostras (Seção 12.7)	Teste de sinais com pares de dados (Seções 18.1 e 18.2) ou teste de sinais com posto (Seções 18.3 e 18.4)
$\mu_1 = \mu_2 = \cdots = \mu_k$	Análise de variância (Seção 15.3)	Teste H (Seção 18.7)
$\rho = 0$	Teste baseado na transformação Z de Fisher (Seção 17.3)	Teste baseado no coeficiente de correlação por posto (Seção 18.11)

Os testes de aleatoriedade são discutidos nas Seções 18.8, 18.9 e 18.10, mas não há testes padrão correspondentes.

18.14 LISTA DE TERMOS-CHAVE (com indicação das páginas de suas definições)

Coeficiente de correlação por posto, 476
Coeficiente de correlação por posto de Spearman, 476
Eficácia, 479
Número total de repetições, 472
Repetições, 472
Repetições acima e abaixo da mediana, 474
Soma de postos, 464
Teoria de repetições, 472
Teste da soma de postos de Wilcoxon, 463
Teste de Kruskal-Wallis, 468
Teste de Mann-Whitney, 463

Teste de sinais, 451
Teste de sinais com pares de dados, 452
Teste de sinais com posto, 456
Teste de sinais com posto de Wilcoxon, 456
Teste de sinais para uma amostra, 451

Teste H, 468
Teste U, 463
Teste u, 472
Testes não-paramétricos, 450

18.15 REFERÊNCIAS

Informações adicionais sobre os testes não-paramétricos discutidos neste capítulo, bem como muitos outros, podem ser encontrados em:

CONOVER, W. J., *Practical Nonparametric Statistics*. New York: John Wiley & Sons, Inc., 1971.

DANIEL, W. W., *Applied Nonparametric Statistics*. Boston: Houghton-Mifflin Company, 1978.

GIBBONS, J. D., *Nonparametric Statistical Inference*, New York: Marcel Dekker, 1985.

LEHMANN, E. L., *Nonparametrics Statistical Methods Based on Ranks*. San Francisco: Holden-Day, Inc., 1975.

MOSTELLER, F., and ROURKE, R. E. K., *Sturdy Statistics, Nonparametrics and Order Statistics*. Reading, Mass.: Addison-Wesley Publishing Company, Inc., 1973.

NOETHER, G. E., *Introduction to Statistics: The Nonparametric Way*. New York: Springer-Verlag, 1990.

RANDLES, R., and WOLFE, D., *Introduction to the Theory of Nonparametric Statistics*. New York: John Wiley & Sons, Inc., 1979.

SIEGEL, S., *Nonparametric Statistics for the Behavioral Sciences*. New York: McGraw-Hill Book Company, 1956.

Exercícios de Revisão para os Capítulos 15, 16, 17 e 18

R.169 Estatísticas governamentais recentes mostram que, para casais com 0, 1, 2, 3 ou 4 filhos, a relação entre o número x de filhos e a renda familiar y em unidades monetárias é razoavelmente bem descrita pela reta de mínimos quadrados $\hat{y} = 38.600 + (3.500)x$. Se um casal sem filhos tiver gêmeos, isso aumentará sua renda por $2(3.500) = 7.000$ unidades monetárias?

R.170 Os números de horas semanais que dez pessoas (entrevistadas como parte de uma pesquisa amostral) passaram vendo televisão, x, e lendo livros ou revistas, y, semanalmente, são os seguintes:

x	y
18	7
25	5
19	1
12	5
12	10
27	2
15	3
9	9
12	8
18	4

Para esses dados, $\sum x = 167$, $\sum x^2 = 3.101$, $\sum y = 54$, $\sum y^2 = 374$ e $\sum xy = 798$.
(a) Ajuste uma reta de mínimos quadrados que permita prever y em termos de x.
(b) Se uma pessoa passa 22 horas semanais vendo televisão, preveja quantas horas semanais ela passará lendo livros ou revistas.

R.171 Calcule r para os dados do Exercício R.170.

R.172 Os tempos, em minutos, que os pacientes tiveram de esperar para serem atendidos por quatro médicos são os seguintes:

Médico A:	18	26	29	22	16
Médico B:	9	11	28	26	15
Médico C:	20	13	22	25	10
Médico D:	21	26	39	32	24

Use o teste H ao nível 0,05 de significância para testar a hipótese nula de que as quatro amostras provêm de populações idênticas contra a hipótese alternativa de que as médias das quatro populações não são todas iguais.

R.173 A seqüência seguinte mostra se certo senador esteve presente, P, ou ausente, A, em 30 reuniões consecutivas de uma comissão de inquérito:

P P P P P P A A P P P P P P A A P P P P P A P P P P P A A P

Há alguma indicação real de falta de aleatoriedade ao nível 0,01 de significância?

R.174 Se $k = 6$ e $n = 9$ numa análise de variância de dois critérios sem interação, quais são os graus de liberdade para tratamentos, blocos e erro?

R.175 Os dados a seguir referem-se a um estudo dos efeitos da poluição ambiental sobre a vida animal; em particular, à relação entre o DDT e a espessura da casca dos ovos de certos pássaros:

EXERCÍCIOS DE REVISÃO PARA OS CAPÍTULOS 15, 16, 17 E 18   **483**

Resíduo de DDT em lipídios da gema (partes por milhão)	Espessura da casca dos ovos (mm)
117	0,49
65	0,52
303	0,37
98	0,53
122	0,49
150	0,42

Se x denota o resíduo de DDT e y denota a espessura da casa, então $S_{xx} = 34.873,50$, $S_{xy} = -23,89$ e $S_{yy} = 0,0194$. Calcule o coeficiente de correlação.

R.176 Com referência ao Exercício R.175, use o nível 0,05 de significância para testar se o valor de r obtido é significativo.

R.177 Os números de placas de modem de computador produzidos por quatro linhas de montagem durante 12 dias úteis são os seguintes:

Linha 1	Linha 2	Linha 3	Linha 4
904	835	873	839
852	857	803	849
861	822	855	913
770	796	851	840
877	808	856	843
929	832	857	892
955	777	873	841
836	830	830	807
870	808	921	875
843	862	886	898
847	843	834	976
864	802	939	822

(a) Faça uma análise de variância e, supondo que as suposições requeridas podem ser atendidas, teste ao nível 0,05 de significância se as diferenças obtidas para as médias das quatro amostras, 867,33; 822,67; 864,83; e 866,25, podem ser atribuídas ao acaso.

(b) Use o método do intervalo estudentizado ao nível 0,05 de significância para analisar o desempenho das quatro linhas de montagem.

R.178 Um experimento forneceu $r_{12} = 0,40$, $r_{13} = -0,90$ e $r_{23} = 0,90$. Explique por que esses números não podem estar todos corretos.

R.179 Num trabalho de casa, um estudante obteve $S_{xx} = 145,22$, $S_{xy} = -210,58$ e $S_{yy} = 287,45$ para um certo conjunto de pares de dados. Explique por que deve haver um erro nesses cálculos.

R.180 Os números de furtos cometidos em duas cidades em 22 dias são os seguintes: 87 e 81, 83 e 80, 98 e 87, 114 e 86, 112 e 120, 77 e 102, 103 e 94, 116 e 81, 136 e 95, 156 e 158, 83 e 127, 105 e 104, 117 e 102, 86 e 100, 150 e 108, 119 e 124, 111 e 91, 137 e 103, 160 e 153, 121 e 140, 143 e 105, e 129 e 129. Use o teste de sinais para grandes amostras ao nível 0,05 de significância para testar se vale $\tilde{\mu}_D = 0$ ou não, onde $\tilde{\mu}_D$ é a mediana da população de diferenças amostradas.

R.181 Use o teste de sinais com posto para grandes amostras para refazer o exercício precedente.

R.182 Para estudar os rendimentos de professores de Estatística e de Economia com palestras, artigos e consultoria, um pesquisador entrevistou quatro professores assistentes de Economia, quatro professores titulares de Economia, quatro professoras titulares de Estatística, quatro professores adjuntos de Economia, quatro professoras assistentes de Estatística, e quatro professoras adjuntas de Estatística. Se ele combinar o primeiro com o quinto grupo, o segundo com o terceiro grupo e o quarto com o sexto grupo, fizer uma análise da variância com $k = 3$ e $n = 8$, e obtiver um valor significante de F, a qual fonte de variação (sexo, nível ou área de atuação) isso pode ser atribuído?

R.183 Com referência ao Exercício R.182, explique por que não há como o pesquisador usar os dados para testar se existe uma diferença significante que possa ser atribuída ao sexo.

R.184 As médias de batidas, x, e os *home runs* obtidos, y, por uma amostra aleatória de 15 jogadores da liga profissional de beisebol durante a primeira metade da temporada são os seguintes:

x	y
0,252	12
0,305	6
0,299	4
0,303	15
0,285	2
0,191	2
0,283	16
0,272	6
0,310	8
0,266	10
0,215	0
0,211	3
0,272	14
0,244	6
0,320	7

Calcule o coeficiente de correlação por posto e teste se é estatisticamente significante ao nível 0,01 de significância.

R.185 Os lucros líquidos dos acionistas de corporações de produtos petrolíferos e carboníferos durante os anos de 1986 a 1992 foram 6,1; 7,7; 14,9; 14,6; 12,8; 7,7; e 2,4 por cento. Codifique os anos como $-3, -2, -1, 0, 1, 2$ e 3 e ajuste uma parábola pelo método dos mínimos quadrados.

R.186 Os preços de fechamento de uma ação (em unidades monetárias) em 20 dias consecutivos de pregão são os seguintes: 378, 379, 379, 378, 377, 376, 374, 374, 373, 373, 374, 375, 376, 376, 376, 375, 374, 374, 373 e 374. Teste a aleatoriedade ao nível 0,01 de significância.

R.187 Os escores de 16 golfistas nos dois primeiros dias de um torneio são os seguintes: 68 e 71, 73 e 76, 70 e 73, 74 e 71, 69 e 72, 72 e 74, 67 e 70, 72 e 68, 71 e 72, 73 e 74, 68 e 69, 70 e 72, 73 e 70, 71 e 75, 67 e 69, e 73 e 71. Use o teste de sinais ao nível 0,05 de significância para testar se as centenas de golfistas que participam do torneio tiveram, na média, desempenho igualmente bom nos dois primeiros dias, ou se tenderam a um escore menor no primeiro dia.

R.188 Se $r = 0,28$ para as idades de um grupo de alunos de uma faculdade e o seu conhecimento de política externa, qual percentagem da variação de seu conhecimento de política externa pode ser atribuída a diferenças de idade?

R.189 Decida, em cada caso, se você espera encontrar uma correlação positiva, uma correlação negativa, ou nenhuma correlação:
(a) Despesas familiares com refeições em restaurante e despesas familiares com imposto predial.
(b) Temperaturas mínimas diárias e preços de fechamento de ações de uma firma de eletrônicos.
(c) O número de horas que os jogadores de basquete treinam e sua percentagem de lances livres convertidos.
(d) O número de passageiros num cruzeiro marítimo e o número de cabines não ocupadas.

R.190 Num problema de regressão múltipla, a soma residual de quadrados é 926 e a soma total de quadrados é 1.702. Encontre o valor do coeficiente de correlação múltipla.

R.191 Os números de consultas recebidas por uma imobiliária em oito semanas relativas a imóveis para alugar, x, e para vender, y, são os seguintes:

x	y
325	29
212	20
278	22
167	14
201	17
265	23
305	26
259	19

Calcule r.

R.192 Com referência ao Exercício R.191, calcule os limites de 95% de confiança para ρ.

R.193 Se $r = 0,41$ para um conjunto de dados e $r = -0,92$ para um outro, compare as intensidades das duas relações.

R.194 A seqüência a seguir mostra se um noticiário de televisão teve pelo menos 25% da audiência de uma cidade, A, ou menos do que 25%, M, em 36 noites consecutivas de dias úteis:

$M\ M\ M\ M\ A\ A\ M\ M\ M\ A\ M\ M\ M\ A\ A\ A\ M$
$A\ M\ M\ M\ A\ A\ M\ M\ M\ M\ A\ M\ M\ M\ M\ A$

Teste a aleatoriedade ao nível 0,05 de significância.

R.195 Para encontrar a melhor disposição dos instrumentos no painel de controle de um avião, testaram-se três disposições diferentes através da simulação de condições de emergência e do registro do tempo de reação necessário para corrigir as condições. Os tempos de reação (em décimos de segundo) de 12 pilotos (distribuídos aleatoriamente nas diferentes disposições de instrumentos) foram os seguintes:

Disposição 1: 8 15 10 11
Disposição 1: 16 11 14 19
Disposição 1: 12 7 13 8

(a) Calcule $s_{\bar{x}}^2$ para esses dados, bem como a média das variâncias das três amostras e o valor de F.

(b) Supondo que as suposições necessárias estejam satisfeitas, teste ao nível 0,01 de significância se as diferenças entre as três médias amostrais podem ser atribuídas ao acaso.

R.196 Os preços (em unidades monetárias) cobrados de certa máquina fotográfica numa amostra aleatória de 15 lojas barateiras: 57,25; 58,14; 54,19; 56,17; 57,21; 55,38; 54,75; 57,29; 57,80; 54,50; 55,00; 56,35; 54,26; 60,23; e 53,99. Use o teste de sinais baseado na Tabela V para testar ao nível 0,05 de significância se o preço mediano cobrado por tais câmaras na população amostrada é 55,00 unidades monetárias.

R.197 Uma escola tem sete chefes de departamento, que estão incluídos em sete comitês diferentes, conforme tabela seguinte:

Comitê	Chefes do Departamento			
Livros-texto	Daniel,	Flávia,	Geraldo,	André
Atletismo	Bruno,	Evandro,	Geraldo,	André
Banda	Bruno,	Carlos,	Flávia,	André
Artes cênicas	Bruno,	Carlos,	Daniel,	Geraldo
Estabilidade	Carlos,	Evandro,	Flávia,	Geraldo
Salários	Bruno,	Daniel,	Evandro,	Flávia
Disciplina	Carlos,	Daniel,	Evandro,	Anderson

(a) Verifique que esse arranjo constitui um planejamento em bloco incompleto equilibrado.

(b) Se Daniel, Bruno e Carlos (nessa ordem) são indicados para presidentes dos três primeiros comitês, como deverão ser escolhidos os presidentes dos outros quatro comitês, de forma que cada chefe de departamento seja presidente de um dos comitês?

R.198 Os dados amostrais da tabela seguinte são as notas obtidas num teste de Estatística obtidas por nove alunos de três cursos que tiveram três professores diferentes:

	Professor A	Professor B	Professor C
Propaganda	77	88	71
Finanças	88	97	81
Seguro	85	95	72

Considerando que as suposições necessárias estejam satisfeitas, use o nível 0,05 de significância para analisar esse experimento de dois fatores.

R.199 Em que estatística baseamos nossa decisão e para que valores da estatística rejeitamos a hipótese nula $\tilde{\mu}_1 = \tilde{\mu}_2$ se temos amostras aleatórias de tamanhos $n_1 = 8$ e $n_2 = 11$ e estamos utilizando o teste U baseado na Tabela VII ao nível 0,05 de significância para testar a hipótese nula contra a hipótese alternativa

(a) $\tilde{\mu}_1 = \tilde{\mu}_2$;
(b) $\tilde{\mu}_1 < \tilde{\mu}_2$;
(c) $\tilde{\mu}_1 > \tilde{\mu}_2$?

R.200 Supondo que as condições subjacentes à análise de correlação normal estão satisfeitas, use a transformação Z de Fisher para construir intervalos de 99% de confiança aproximados para ρ quando
(a) $r = 0,45$ e $n = 18$;
(b) $r = -0,32$ e $n = 38$.

R.201 Os números do quadrado latino 5×5 a seguir dão os minutos nos quais os motores E_1, E_2, E_3, E_4 e E_5, regulados pelos mecânicos M_1, M_2, M_3, M_4 e M_5, funcionaram com um galão de combustível A, B, C, D e E:

	E_1	E_2	E_3	E_4	E_5
M_1	A 31	B 24	C 20	D 20	E 18
M_2	B 21	C 27	D 23	E 25	A 31
M_3	C 21	D 27	E 25	A 29	B 21
M_4	D 21	E 25	A 33	B 25	C 22
M_5	E 21	A 37	B 24	C 24	D 20

Analise esse quadrado latino, usando o nível 0,01 de significância para cada um dos testes.

R.202 Os dados relativos às percentagens de eficiência de dois tipos de inseticida usados no combate a mosquitos são os seguintes:

Inseticida X:	41,9	46,9	44,6	43,9	42,0	44,0
	41,0	43,1	39,0	45,2	44,6	42,0
Inseticida Y:	45,7	39,8	42,8	41,2	45,0	40,2
	40,2	41,7	37,4	38,8	41,7	38,7

Use o teste U baseado na Tabela VII para testar, ao nível 0,05 de significância, se os dois inseticidas são, ou não, igualmente eficazes em média.

R.203 Use o teste U para grandes amostras para refazer o Exercício R.202.

R.204 Os números de pessoas que foram a um baile de solteiros em 12 domingos são os seguintes: 172, 208, 169, 232, 123, 165, 197, 178, 221, 195, 209 e 182. Use o teste de sinais baseado na Tabela V para testar ao nível 0,05 de significância se a mediana da população amostrada é, ou não é, $\tilde{\mu} = 169$.

R.205 Use o teste de sinais com posto baseado na Tabela VI para refazer o Exercício R.204.

R.206 Use o teste de sinais para grandes amostras para refazer o Exercício R.204.

R.207 Os dados a seguir dão as doses de raios cósmicos medidos em diversas altitudes:

Altitude (centenas de pés) x	Taxa de doses (mrem/ano) y
0,5	28
4,5	30
7,8	32
12,0	36
48,0	58
53,0	69

Use um computador ou uma calculadora gráfica para ajustar uma curva exponencial e use-a para estimar a taxa de doses de radiação cósmica a uma altitude de 6.000 pés.

R.208 O gerente de um restaurante pretende determinar se os pedidos de pratos com frango dependem de sua apresentação no cardápio. Ele dispõe de três cardápios impressos, incluindo o prato com frango dentre os demais pratos, ou incluindo o prato como "Especial do Chef", ou ainda como "Delícia do Gourmet", e ele pretende usar cada tipo de cardápio em seis domingos diferentes. Na realidade, ele coleta apenas os dados seguintes, mostrando o número de pratos com frango servidos em 12 domingos:

Relacionando entre outras entradas:	76	94	85	77	
Relacionando como "Especial do Chef":	109	117	102	92	115
Relacionando como "Delícia do Gourmet":	100	83	102		

Faça uma análise da variância de um critério ao nível 0,05 de significância.

R.209 As médias x no Ensino Médio e as médias y no primeiro ano de faculdade de sete estudantes são as seguintes:

x	y
2,7	2,5
3,6	3,8
3,0	2,8
2,4	2,1
2,4	2,5
3,1	3,2
3,5	2,9

Ajuste uma reta de mínimos quadrados que nos permita prever y em termos de x, e use-a para prever y para um estudante com $x = 2,8$.

R.210 Com referência ao Exercício R.209, construa um intervalo de 95% de confiança para o coeficiente de regressão β.

R.211 Uma pesquisa de mercado mostrou que as vendas semanais de uma nova bala de chocolate estarão relacionadas com seu preço, como segue:

Preço (centavos)	Vendas semanais (número de balas)
50	232.000
55	194.000
60	169.000
65	157.000

Constatando que a parábola $\hat{y} = 13.130.000 - 28.000x + 200x^2$ fornece um excelente ajuste, a pessoa conduzindo a pesquisa substitui $x = 85$, obtém $\hat{y} = 195.000$ e prevê que as vendas semanais da bala totalizarão 195.000 balas se a bala for vendida a 85 centavos. Discuta esse argumento.

TABELAS ESTATÍSTICAS

I Áreas Sob a Curva Normal 493
II Valores Críticos de t 495
III Valores Críticos de χ^2 497
IV Valores Críticos de F 499
V Probabilidades Binomiais 501
VI Valores Críticos de T 506
VII Valores Críticos de U 507
VIII Valores Críticos de u 509
IX Valores Críticos de q_α 511
X Valores de $Z = \frac{1}{2} \cdot \ln \frac{1+r}{1-r}$ 513
XI Coeficientes Binomiais 514
XII Valores de e^{-x} 515

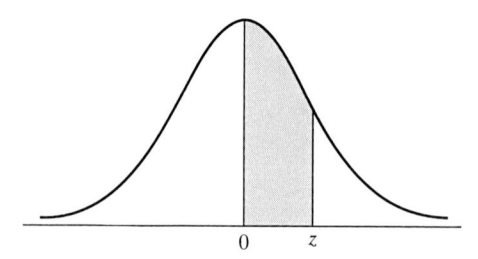

As entradas na Tabela I são as probabilidades de uma variável aleatória, com distribuição normal padrão, tomar um valor entre 0 e z; as probabilidades são dadas pela área da região marcada na figura mostrada acima.

TABELA I Áreas Sob a Curva Normal

z	0,00	0,01	0,02	0,03	0,04	0,05	0,06	0,07	0,08	0,09
0,0	0,0000	0,0040	0,0080	0,0120	0,0160	0,0199	0,0239	0,0279	0,0319	0,0359
0,1	0,0398	0,0438	0,0478	0,0517	0,0557	0,0596	0,0636	0,0675	0,0714	0,0753
0,2	0,0793	0,0832	0,0871	0,0910	0,0948	0,0987	0,1026	0,1064	0,1103	0,1141
0,3	0,1179	0,1217	0,1255	0,1293	0,1331	0,1368	0,1406	0,1443	0,1480	0,1517
0,4	0,1554	0,1591	0,1628	0,1664	0,1700	0,1736	0,1772	0,1808	0,1844	0,1879
0,5	0,1915	0,1950	0,1985	0,2019	0,2054	0,2088	0,2123	0,2157	0,2190	0,2224
0,6	0,2257	0,2291	0,2324	0,2357	0,2389	0,2422	0,2454	0,2486	0,2517	0,2549
0,7	0,2580	0,2611	0,2642	0,2673	0,2704	0,2734	0,2764	0,2794	0,2823	0,2852
0,8	0,2881	0,2910	0,2939	0,2967	0,2995	0,3023	0,3051	0,3078	0,3106	0,3133
0,9	0,3159	0,3186	0,3212	0,3238	0,3264	0,3289	0,3315	0,3340	0,3365	0,3389
1,0	0,3413	0,3438	0,3461	0,3485	0,3508	0,3531	0,3554	0,3577	0,3599	0,3621
1,1	0,3643	0,3665	0,3686	0,3708	0,3729	0,3749	0,3770	0,3790	0,3810	0,3830
1,2	0,3849	0,3869	0,3888	0,3907	0,3925	0,3944	0,3962	0,3980	0,3997	0,4015
1,3	0,4032	0,4049	0,4066	0,4082	0,4099	0,4115	0,4131	0,4147	0,4162	0,4177
1,4	0,4192	0,4207	0,4222	0,4236	0,4251	0,4265	0,4279	0,4292	0,4306	0,4319
1,5	0,4332	0,4345	0,4357	0,4370	0,4382	0,4394	0,4406	0,4418	0,4429	0,4441
1,6	0,4452	0,4463	0,4474	0,4484	0,4495	0,4505	0,4515	0,4525	0,4535	0,4545
1,7	0,4554	0,4564	0,4573	0,4582	0,4591	0,4599	0,4608	0,4616	0,4625	0,4633
1,8	0,4641	0,4649	0,4656	0,4664	0,4671	0,4678	0,4686	0,4693	0,4699	0,4706
1,9	0,4713	0,4719	0,4726	0,4732	0,4738	0,4744	0,4750	0,4756	0,4761	0,4767
2,0	0,4772	0,4778	0,4783	0,4788	0,4793	0,4798	0,4803	0,4808	0,4812	0,4817
2,1	0,4821	0,4826	0,4830	0,4834	0,4838	0,4842	0,4846	0,4850	0,4854	0,4857
2,2	0,4861	0,4864	0,4868	0,4871	0,4875	0,4878	0,4881	0,4884	0,4887	0,4890
2,3	0,4893	0,4896	0,4898	0,4901	0,4904	0,4906	0,4909	0,4911	0,4913	0,4916
2,4	0,4918	0,4920	0,4922	0,4925	0,4927	0,4929	0,4931	0,4932	0,4934	0,4936
2,5	0,4938	0,4940	0,4941	0,4943	0,4945	0,4946	0,4948	0,4949	0,4951	0,4952
2,6	0,4953	0,4955	0,4956	0,4957	0,4959	0,4960	0,4961	0,4962	0,4963	0,4964
2,7	0,4965	0,4966	0,4967	0,4968	0,4969	0,4970	0,4971	0,4972	0,4973	0,4974
2,8	0,4974	0,4975	0,4976	0,4977	0,4977	0,4978	0,4979	0,4979	0,4980	0,4981
2,9	0,4981	0,4982	0,4982	0,4983	0,4984	0,4984	0,4985	0,4985	0,4986	0,4986
3,0	0,4987	0,4987	0,4987	0,4988	0,4988	0,4989	0,4989	0,4989	0,4990	0,4990

Também, para $z = 4,0$; $5,0$ ou $6,0$, as áreas são 0,49997; 0,4999997 e 0,499999999.

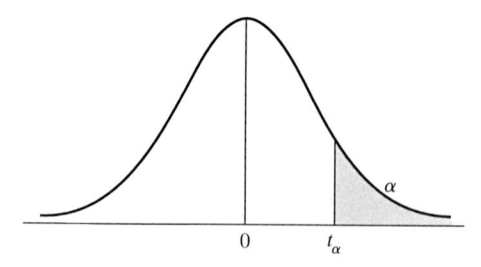

As entradas na Tabela II são os valores para os quais a área à direita e abaixo da distribuição t (a área da região marcada sob a curva mostrada acima) com dado grau de liberdade (g.l.) é igual a α.

TABELA II Valores Críticos de t^*

d.f.	$t_{0,100}$	$t_{0,050}$	$t_{0,025}$	$t_{0,010}$	$t_{0,005}$	g.l.
1	3,078	6,314	12,706	31,821	63,657	1
2	1,886	2,920	4,303	6,965	9,925	2
3	1,638	2,353	3,182	4,541	5,841	3
4	1,533	2,132	2,776	3,747	4,604	4
5	1,476	2,015	2,571	3,365	4,032	5
6	1,440	1,943	2,447	3,143	3,707	6
7	1,415	1,895	2,365	2,998	3,499	7
8	1,397	1,860	2,306	2,896	3,355	8
9	1,383	1,833	2,262	2,821	3,250	9
10	1,372	1,812	2,228	2,764	3,169	10
11	1,363	1,796	2,201	2,718	3,106	11
12	1,356	1,782	2,179	2,681	3,055	12
13	1,350	1,771	2,160	2,650	3,012	13
14	1,345	1,761	2,145	2,624	2,977	14
15	1,341	1,753	2,131	2,602	2,947	15
16	1,337	1,746	2,120	2,583	2,921	16
17	1,333	1,740	2,110	2,567	2,898	17
18	1,330	1,734	2,101	2,552	2,878	18
19	1,328	1,729	2,093	2,539	2,861	19
20	1,325	1,725	2,086	2,528	2,845	20
21	1,323	1,721	2,080	2,518	2,831	21
22	1,321	1,717	2,074	2,508	2,819	22
23	1,319	1,714	2,069	2,500	2,807	23
24	1,318	1,711	2,064	2,492	2,797	24
25	1,316	1,708	2,060	2,485	2,787	25
26	1,315	1,706	2,056	2,479	2,779	26
27	1,314	1,703	2,052	2,473	2,771	27
28	1,313	1,701	2,048	2,467	2,763	28
29	1,311	1,699	2,045	2,462	2,756	29
inf.	1,282	1,645	1,960	2,326	2,576	inf.

*Da p. 582 de *Applied Multivariate Statistical Analysis*, de Richard A. Johnson e Dean W. Wichern, (c) 1988. Adaptado com permissão da Pearson Education, Inc., Upper Saddle River, N.J.

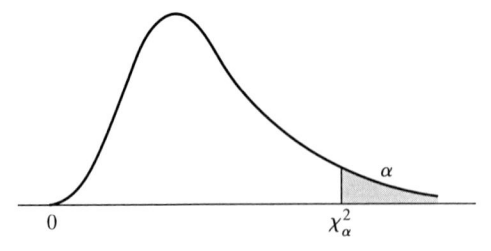

As entradas na Tabela III são os valores para os quais a área à direita e abaixo da distribuição qui-quadrado (a área da região marcada sob a curva mostrada acima) com dado grau de liberdade (g.l.) é igual a α.

TABELA III Valores Críticos de χ^2 [†]

d.f.	$\chi^2_{0,995}$	$\chi^2_{0,99}$	$\chi^2_{0,975}$	$\chi^2_{0,95}$	$\chi^2_{0,05}$	$\chi^2_{0,025}$	$\chi^2_{0,01}$	$\chi^2_{0,005}$	g.l.
1	0,0000393	0,000157	0,000982	0,00393	3,841	5,024	6,635	7,879	1
2	0,0100	0,0201	0,0506	0,103	5,991	7,378	9,210	10,597	2
3	0,0717	0,115	0,216	0,352	7,815	9,348	11,345	12,838	3
4	0,207	0,297	0,484	0,711	9,488	11,143	13,277	14,860	4
5	0,412	0,554	0,831	1,145	11,070	12,832	15,086	16,750	5
6	0,676	0,872	1,237	1,635	12,592	14,449	16,812	18,548	6
7	0,989	1,239	1,690	2,167	14,067	16,013	18,475	20,278	7
8	1,344	1,646	2,180	2,733	15,537	17,535	20,090	21,955	8
9	1,735	2,088	2,700	3,325	16,919	19,023	21,666	23,589	9
10	2,156	2,558	3,247	3,940	18,307	20,483	23,209	25,188	10
11	2,603	3,053	3,816	4,575	19,675	21,920	24,725	26,757	11
12	3,074	3,571	4,404	5,226	21,026	23,337	26,217	28,300	12
13	3,565	4,107	5,009	5,892	22,362	24,736	27,688	29,819	13
14	4,075	4,660	5,629	6,571	23,685	26,119	29,141	31,319	14
15	4,601	5,229	6,262	7,261	24,996	27,488	30,578	32,801	15
16	5,142	5,812	6,908	7,962	26,296	28,845	32,000	34,267	16
17	5,697	6,408	7,564	8,672	27,587	30,191	33,409	35,718	17
18	6,265	7,015	8,231	9,390	28,869	31,526	34,805	37,156	18
19	6,844	7,633	8,907	10,117	30,144	32,852	36,191	38,582	19
20	7,434	8,260	9,591	10,851	31,410	34,170	37,566	39,997	20
21	8,034	8,897	10,283	11,591	32,671	35,479	38,932	41,401	21
22	8,643	9,542	10,982	12,338	33,924	36,781	40,289	42,796	22
23	9,260	10,196	11,689	13,091	35,172	38,076	41,638	44,181	23
24	9,886	10,856	12,401	13,848	36,415	39,364	42,980	45,558	24
25	10,520	11,524	13,120	14,611	37,652	40,646	44,314	46,928	25
26	11,160	12,198	13,844	15,379	38,885	41,923	45,642	48,290	26
27	11,808	12,879	14,573	16,151	40,113	43,194	46,963	49,645	27
28	12,461	13,565	15,308	16,928	41,337	44,461	48,278	50,993	28
29	13,121	14,256	16,047	17,708	42,557	45,722	49,588	52,336	29
30	13,787	14,953	16,791	18,493	43,773	46,979	50,892	53,672	30

[†]* Baseado na Tabela 8 de Biometrika Tables for Statisticians, Volume I (Cambridge University Press, 1954), com permissão dos curadores de Biometrika.

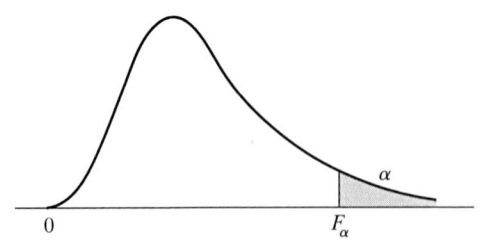

As entradas na Tabela IV são os valores para os quais a área à direita e abaixo da distribuição F (a área da região marcada sob a curva mostrada acima) com dado grau de liberdade (g.l.) é igual a α.

TABELA IV Valores Críticos de F*

Valores de $F_{0.05}$

Graus de liberdade do numerador \ Graus de liberdade do denominador

	1	2	3	4	5	6	7	8	9	10	12	15	20	24	30	40	60	120	∞
1	161	200	216	225	230	234	237	239	241	242	244	246	248	249	250	251	252	253	254
2	18,5	19,0	19,2	19,2	19,3	19,3	19,4	19,4	19,4	19,4	19,4	19,4	19,4	19,5	19,5	19,5	19,5	19,5	19,5
3	10,1	9,55	9,28	9,12	9,01	8,94	8,89	8,85	8,81	8,79	8,74	8,70	8,66	8,64	8,62	8,59	8,57	8,55	8,53
4	7,71	6,94	6,59	6,39	6,26	6,16	6,09	6,04	6,00	5,96	5,91	5,86	5,80	5,77	5,75	5,72	5,69	5,66	5,63
5	6,61	5,79	5,41	5,19	5,05	4,95	4,88	4,82	4,77	4,74	4,68	4,62	4,56	4,53	4,50	4,46	4,43	4,40	4,37
6	5,99	5,14	4,76	4,53	4,39	4,28	4,21	4,15	4,10	4,06	4,00	3,94	3,87	3,84	3,81	3,77	3,74	3,70	3,67
7	5,59	4,74	4,35	4,12	3,97	3,87	3,79	3,73	3,68	3,64	3,57	3,51	3,44	3,41	3,38	3,34	3,30	3,27	3,23
8	5,32	4,46	4,07	3,84	3,69	3,58	3,50	3,44	3,39	3,35	3,28	3,22	3,15	3,12	3,08	3,04	3,01	2,97	2,93
9	5,12	4,26	3,86	3,63	3,48	3,37	3,29	3,23	3,18	3,14	3,07	3,01	2,94	2,90	2,86	2,83	2,79	2,75	2,71
10	4,96	4,10	3,71	3,48	3,33	3,22	3,14	3,07	3,02	2,98	2,91	2,85	2,77	2,74	2,70	2,66	2,62	2,58	2,54
11	4,84	3,98	3,59	3,36	3,20	3,09	3,01	2,95	2,90	2,85	2,79	2,72	2,65	2,61	2,57	2,53	2,49	2,45	2,40
12	4,75	3,89	3,49	3,26	3,11	3,00	2,91	2,85	2,80	2,75	2,69	2,62	2,54	2,51	2,47	2,43	2,38	2,34	2,30
13	4,67	3,81	3,41	3,18	3,03	2,92	2,83	2,77	2,71	2,67	2,60	2,53	2,46	2,42	2,38	2,34	2,30	2,25	2,21
14	4,60	3,74	3,34	3,11	2,96	2,85	2,76	2,70	2,65	2,60	2,53	2,46	2,39	2,35	2,31	2,27	2,22	2,18	2,13
15	4,54	3,68	3,29	3,06	2,90	2,79	2,71	2,64	2,59	2,54	2,48	2,40	2,33	2,29	2,25	2,20	2,16	2,11	2,07
16	4,49	3,63	3,24	3,01	2,85	2,74	2,66	2,59	2,54	2,49	2,42	2,35	2,28	2,24	2,19	2,15	2,11	2,06	2,01
17	4,45	3,59	3,20	2,96	2,81	2,70	2,61	2,55	2,49	2,45	2,38	2,31	2,23	2,29	2,15	2,10	2,06	2,01	1,96
18	4,41	3,55	3,16	2,93	2,77	2,66	2,58	2,51	2,46	2,41	2,34	2,27	2,19	2,15	2,11	2,06	2,02	1,97	1,92
19	4,38	3,52	3,13	2,90	2,74	2,63	2,54	2,48	2,42	2,38	2,31	2,23	2,16	2,11	2,07	2,03	1,98	1,93	1,88
20	4,35	3,49	3,10	2,87	2,71	2,60	2,51	2,45	2,39	2,35	2,28	2,20	2,12	2,08	2,04	1,99	1,95	1,90	1,84
21	4,32	3,47	3,07	2,84	2,68	2,57	2,49	2,42	2,37	2,32	2,25	2,18	2,10	2,05	2,01	1,96	1,92	1,87	1,81
22	4,30	3,44	3,05	2,82	2,66	2,55	2,46	2,40	2,34	2,30	2,23	2,15	2,07	2,03	1,98	1,94	1,89	1,84	1,78
23	4,28	3,42	3,03	2,80	2,64	2,53	2,44	2,37	2,32	2,27	2,20	2,13	2,05	2,01	1,96	1,91	1,86	1,81	1,76
24	4,26	3,40	3,01	2,78	2,62	2,51	2,42	2,36	2,30	2,25	2,18	2,11	2,03	1,98	1,94	1,89	1,84	1,79	1,73
25	4,24	3,39	2,99	2,76	2,60	2,49	2,40	2,34	2,28	2,24	2,16	2,09	2,01	1,96	1,92	1,87	1,82	1,77	1,71
30	4,17	3,32	2,92	2,69	2,53	2,42	2,33	2,27	2,21	2,16	2,09	2,01	1,93	1,89	1,84	1,79	1,74	1,68	1,62
40	4,08	3,23	2,84	2,61	2,45	2,34	2,25	2,18	2,12	2,08	2,00	1,92	1,84	1,79	1,74	1,69	1,64	1,58	1,51
60	4,00	3,15	2,76	2,53	2,37	2,25	2,17	2,10	2,04	1,99	1,92	1,84	1,75	1,70	1,65	1,59	1,53	1,47	1,39
120	3,92	3,07	2,68	2,45	2,29	2,18	2,09	2,02	1,96	1,91	1,83	1,75	1,66	1,61	1,55	1,50	1,43	1,35	1,25
∞	3,84	3,00	2,60	2,37	2,21	2,10	2,01	1,94	1,88	1,83	1,75	1,67	1,57	1,52	1,46	1,39	1,32	1,22	1,00

* Reproduzida de M. Merrington and C. Thompson, "Tables of percentage points of the inverted beta (F) distribution", *Biometrika*, vol. 33 (1943), com permissão dos curadores de Biometrika.

TABELA IV Valores Críticos de F

Valores de $F_{0.01}$

gl den \ gl num	1	2	3	4	5	6	7	8	9	10	12	15	20	24	30	40	60	120	∞
1	4.052	5.000	5.403	5.625	5.764	5.859	5.928	5.982	6.023	6.056	6.106	6.157	6.209	6.235	6.261	6.287	6.313	6.339	6.366
2	98,5	99,0	99,2	99,2	99,3	99,3	99,4	99,4	99,4	99,4	99,4	99,4	99,4	99,5	99,5	99,5	99,5	99,5	99,5
3	34,1	30,8	29,5	28,7	28,2	27,9	27,7	27,5	27,3	27,2	27,1	26,9	26,7	26,6	26,5	26,4	26,3	26,2	26,1
4	21,2	18,0	16,7	16,0	15,5	15,2	15,0	14,8	14,7	14,5	14,4	14,2	14,0	13,9	13,8	13,7	13,7	13,6	13,5
5	16,3	13,3	12,1	11,4	11,0	10,7	10,5	10,3	10,2	10,1	9,89	9,72	9,55	9,47	9,38	9,29	9,20	9,11	9,02
6	13,7	10,9	9,78	9,15	8,75	8,47	8,26	8,10	7,98	7,87	7,72	7,56	7,40	7,31	7,23	7,14	7,05	6,97	6,88
7	12,2	9,55	8,45	7,85	7,46	7,19	6,99	6,84	6,72	6,62	6,47	6,31	6,16	6,07	5,99	5,91	5,82	5,74	5,65
8	11,3	8,65	7,59	7,01	6,63	6,37	6,18	6,03	5,91	5,81	5,67	5,52	5,36	5,28	5,20	5,12	5,03	4,95	4,86
9	10,6	8,02	6,99	6,42	6,06	5,80	5,61	5,47	5,35	5,26	5,11	4,96	4,81	4,73	4,65	4,57	4,48	4,40	4,31
10	10,0	7,56	6,55	5,99	5,64	5,39	5,20	5,06	4,94	4,85	4,71	4,56	4,41	4,33	4,25	4,17	4,08	4,00	3,91
11	9,65	7,21	6,22	5,67	5,32	5,07	4,89	4,74	4,63	4,54	4,40	4,25	4,10	4,02	3,94	3,86	3,78	3,69	3,60
12	9,33	6,93	5,95	5,41	5,06	4,82	4,64	4,50	4,39	4,30	4,16	4,01	3,86	3,78	3,70	3,62	3,54	3,45	3,36
13	9,07	6,70	5,74	5,21	4,86	4,62	4,44	4,30	4,19	4,10	3,96	3,82	3,66	3,59	3,51	3,43	3,34	3,25	3,17
14	8,86	6,51	5,56	5,04	4,70	4,46	4,28	4,14	4,03	3,94	3,80	3,66	3,51	3,43	3,35	3,27	3,18	3,09	3,00
15	8,68	6,36	5,42	4,89	4,56	4,32	4,14	4,00	3,89	3,80	3,67	3,52	3,37	3,29	3,21	3,13	3,05	2,96	2,87
16	8,53	6,23	5,29	4,77	4,44	4,20	4,03	3,89	3,78	3,69	3,55	3,41	3,26	3,18	3,10	3,02	2,93	2,84	2,75
17	8,40	6,11	5,19	4,67	4,34	4,10	3,93	3,79	3,68	3,59	3,46	3,31	3,16	3,08	3,00	2,92	2,83	2,75	2,65
18	8,29	6,01	5,09	4,58	4,25	4,01	3,84	3,71	3,60	3,51	3,37	3,23	3,08	3,00	2,92	2,84	2,75	2,66	2,57
19	8,19	5,93	5,01	4,50	4,17	3,94	3,77	3,63	3,52	3,43	3,30	3,15	3,00	2,92	2,84	2,76	2,67	2,58	2,49
20	8,10	5,85	4,94	4,43	4,10	3,87	3,70	3,56	3,46	3,37	3,23	3,09	2,94	2,86	2,78	2,69	2,61	2,52	2,42
21	8,02	5,78	4,87	4,37	4,04	3,81	3,64	3,51	3,40	3,31	3,17	3,03	2,88	2,80	2,72	2,64	2,55	2,46	2,36
22	7,95	5,72	4,82	4,31	3,99	3,76	3,59	3,45	3,35	3,26	3,12	2,98	2,83	2,75	2,67	2,58	2,50	2,40	2,31
23	7,88	5,66	4,76	4,26	3,94	3,71	3,54	3,41	3,30	3,21	3,07	2,93	2,78	2,70	2,62	2,54	2,45	2,35	2,26
24	7,82	5,61	4,72	4,22	3,90	3,67	3,50	3,36	3,26	3,17	3,03	2,89	2,74	2,66	2,58	2,49	2,40	2,31	2,21
25	7,77	5,57	4,68	4,18	3,86	3,63	3,46	3,32	3,22	3,13	2,99	2,85	2,70	2,62	2,53	2,45	2,36	2,27	2,17
30	7,56	5,39	4,51	4,02	3,70	3,47	3,30	3,17	3,07	2,98	2,84	2,70	2,55	2,47	2,39	2,30	2,21	2,11	2,01
40	7,31	5,18	4,31	3,83	3,51	3,29	3,12	2,99	2,89	2,80	2,66	2,52	2,37	2,29	2,20	2,11	2,02	1,92	1,80
60	7,08	4,98	4,13	3,65	3,34	3,12	2,95	2,82	2,72	2,63	2,50	2,35	2,20	2,12	2,03	1,94	1,84	1,73	1,60
120	6,85	4,79	3,95	3,48	3,17	2,96	2,79	2,66	2,56	2,47	2,34	2,19	2,03	1,95	1,86	1,76	1,66	1,53	1,38
∞	6,63	4,61	3,78	3,32	3,02	2,80	2,64	2,51	2,41	2,32	2,18	2,04	1,88	1,79	1,70	1,59	1,47	1,32	1,00

Graus de liberdade do numerador (colunas) / Graus de liberdade do denominador (linhas)

TABELA V Probabilidades Binomiais

n	x	0,05	0,1	0,2	0,3	0,4	p 0,5	0,6	0,7	0,8	0,9	0,95
2	0	0,902	0,810	0,640	0,490	0,360	0,250	0,160	0,090	0,040	0,010	0,002
	1	0,095	0,180	0,320	0,420	0,480	0,500	0,480	0,420	0,320	0,180	0,095
	2	0,002	0,010	0,040	0,090	0,160	0,250	0,360	0,490	0,640	0,810	0,902
3	0	0,857	0,729	0,512	0,343	0,216	0,125	0,064	0,027	0,008	0,001	
	1	0,135	0,243	0,384	0,441	0,432	0,375	0,288	0,189	0,096	0,027	0,007
	2	0.007	0.027	0.096	0,189	0,288	0,375	0,432	0,441	0,384	0,243	0,135
	3		0,001	0,008	0,027	0,064	0,125	0,216	0,343	0,512	0,729	0,857
4	0	0,815	0,656	0,410	0,240	0,130	0,062	0,026	0,008	0,002		
	1	0,171	0,292	0,410	0,412	0,346	0,250	0,154	0,076	0,026	0,004	
	2	0,014	0,049	0,154	0,265	0,346	0,375	0,346	0,265	0,154	0,049	0,014
	3		0,004	0,026	0,076	0,154	0,250	0,346	0,412	0,410	0,292	0,171
	4			0,002	0,008	0,026	0,062	0,130	0,240	0,410	0,656	0,815
5	0	0,774	0,590	0,328	0,168	0,078	0,031	0,010	0,002			
	1	0,204	0,328	0,410	0,360	0,259	0,156	0,077	0,028	0,006		
	2	0,021	0,073	0,205	0,309	0,346	0,312	0,230	0,132	0,051	0,008	0,001
	3	0,001	0,008	0,051	0,132	0,230	0,312	0,346	0,309	0,205	0,073	0,021
	4			0,006	0,028	0,077	0,156	0,259	0,360	0,410	0,328	0,204
	5				0,002	0,010	0,031	0,078	0,168	0,328	0,590	0,774
6	0	0,735	0,531	0,262	0,118	0,047	0,016	0,004	0,001			
	1	0.232	0,354	0,393	0,303	0,187	0,094	0,037	0,010	0,002		
	2	0,031	0,098	0,246	0,324	0,311	0,234	0,138	0,060	0,015	0,001	
	3	0,002	0,015	0,082	0,185	0,276	0,312	0,276	0,185	0,082	0,015	0,002
	4		0,001	0,015	0,060	0,138	0,234	0,311	0,324	0,246	0,098	0,031
	5			0,002	0,010	0,037	0,094	0,187	0,303	0,393	0,354	0,232
	6				0,001	0,004	0,016	0,047	0,118	0,262	0,531	0,735
7	0	0,698	0,478	0,210	0,082	0,028	0,008	0,002				
	1	0,257	0,372	0,367	0,247	0,131	0,055	0,017	0,004			
	2	0,041	0,124	0,275	0,318	0,261	0,164	0,077	0,025	0,004		
	3	0,004	0,023	0,115	0,227	0,290	0,273	0,194	0,097	0,029	0,003	
	4		0,003	0,029	0,097	0,194	0,273	0,290	0,227	0,115	0,023	0,004
	5			0,004	0,025	0,077	0,164	0,261	0,318	0,275	0,124	0,041
	6				0,004	0,017	0,055	0,131	0,247	0,367	0,372	0.257
	7					0,002	0,008	0,028	0,082	0,210	0,478	0,698
8	0	0,663	0,430	0,168	0,058	0,017	0,004	0,001				
	1	0,279	0,383	0,336	0,198	0,090	0,031	0,008	0,001			
	2	0,051	0,149	0,294	0,296	0,209	0,109	0,041	0,010	0,001		
	3	0,005	0,033	0,147	0,254	0,279	0,219	0,124	0,047	0,009		
	4		0,005	0,046	0,136	0,232	0,273	0,232	0,136	0,046	0,005	
	5			0,009	0,047	0,124	0,219	0,279	0,254	0,147	0,033	0,005
	6			0,001	0,010	0,041	0,109	0,209	0,296	0,294	0,149	0,051
	7				0,001	0,008	0,031	0,090	0,198	0,336	0,383	0,279
	8					0,001	0,004	0,017	0,058	0,168	0,430	0,663

Todos valores omitidos nesta tabela são 0,0005 ou menores.

TABELA V Probabilidades Binomiais

n	x	0,05	0,1	0,2	0,3	0,4	p 0,5	0,6	0,7	0,8	0,9	0,95
9	0	0,630	0,387	0,134	0,040	0,010	0,002					
	1	0,299	0,387	0,302	0,156	0,060	0,018	0,004				
	2	0,063	0,172	0,302	0,267	0,161	0,070	0,021	0,004			
	3	0,008	0,045	0,176	0,267	0,251	0,164	0,074	0,021	0,003		
	4	0,001	0,007	0,066	0,172	0,251	0,246	0,167	0,074	0,017	0,001	
	5		0,001	0,017	0,074	0,167	0,246	0,251	0,172	0,066	0,007	0,001
	6			0,003	0,021	0,074	0,164	0,251	0,267	0,176	0,045	0,008
	7				0,004	0,021	0,070	0,161	0,267	0,302	0,172	0,063
	8					0,004	0,018	0,060	0,156	0,302	0,387	0,299
	9						0,002	0,010	0,040	0,134	0,387	0,630
10	0	0,599	0,349	0,107	0,028	0,006	0,001					
	1	0,315	0,387	0,268	0,121	0,040	0,010	0,002				
	2	0,075	0,194	0,302	0,233	0,121	0,044	0,011	0,001			
	3	0,010	0,057	0,201	0,267	0,215	0,117	0,042	0,009	0,001		
	4	0,001	0,011	0,088	0,200	0,251	0,205	0,111	0,037	0,006		
	5		0,001	0,026	0,103	0,201	0,246	0,201	0,103	0,026	0,001	
	6			0,006	0,037	0,111	0,205	0,251	0,200	0,088	0,011	0,001
	7			0,001	0,009	0,042	0,117	0,215	0,267	0,201	0,057	0,010
	8				0,001	0,011	0,044	0,121	0,233	0,302	0,194	0,075
	9					0,002	0,010	0,040	0,121	0,268	0,387	0.315
	10						0,001	0,006	0,028	0,107	0,349	0,599
11	0	0,569	0,314	0,086	0,020	0,004						
	1	0,329	0,384	0,236	0,093	0,027	0,005	0,001				
	2	0,087	0,213	0,295	0,200	0,089	0,027	0,005	0,001			
	3	0,014	0,071	0,221	0,257	0,177	0,081	0,023	0,004			
	4	0,001	0,016	0,111	0,220	0,236	0,161	0,070	0,017	0,002		
	5		0,002	0,039	0,132	0,221	0,226	0,147	0,057	0,010		
	6			0,010	0,057	0,147	0,226	0,221	0,132	0,039	0,002	
	7			0,002	0,017	0,070	0,161	0,236	0,220	0,111	0,016	0,001
	8				0,004	0,023	0,081	0,177	0,257	0,221	0,071	0,014
	9				0,001	0,005	0,027	0,089	0,200	0,295	0,213	0,087
	10					0,001	0,005	0,027	0,093	0,236	0,384	0,329
	11							0,004	0,020	0,086	0,314	0,569
12	0	0,540	0,282	0,069	0,014	0,002						
	1	0,341	0,377	0,206	0,071	0,017	0,003					
	2	0,099	0,230	0,283	0,168	0,064	0,016	0,002				
	3	0,017	0,085	0,236	0,240	0,142	0,054	0,012	0,001			
	4	0,002	0,021	0,133	0,231	0,213	0,121	0,042	0,008	0,001		
	5		0,004	0,053	0,158	0,227	0,193	0,101	0,029	0,003		
	6			0,016	0,079	0,177	0,226	0,177	0,079	0,016		
	7			0,003	0,029	0,101	0,193	0,227	0,158	0,053	0,004	
	8			0,001	0,008	0,042	0,121	0,213	0,231	0,133	0,021	0,002
	9				0,001	0,012	0,054	0,142	0,240	0,236	0,085	0,017
	10					0,002	0,016	0,064	0,168	0,283	0,230	0,099
	11						0,003	0,017	0,071	0,206	0,377	0,341
	12							0,002	0,014	0,069	0,282	0,540

TABELA V Probabilidades Binomiais

n	x	0,05	0,1	0,2	0,3	0,4	0,5	0,6	0,7	0,8	0,9	0,95
13	0	0,513	0,254	0,055	0,010	0,001						
	1	0,351	0,367	0,179	0,054	0,011	0,002					
	2	0,111	0,245	0,268	0,139	0,045	0,010	0,001				
	3	0,021	0,100	0,246	0,218	0,111	0,035	0,006	0,001			
	4	0,003	0,028	0,154	0,234	0,184	0,087	0,024	0,003			
	5		0,006	0,069	0,180	0,221	0,157	0,066	0,014	0,001		
	6		0,001	0,023	0,103	0,197	0,209	0,131	0,044	0,006		
	7			0,006	0,044	0,131	0,209	0,197	0,103	0,023	0,001	
	8			0,001	0,014	0,066	0,157	0,221	0,180	0,069	0,006	
	9				0,003	0,024	0,087	0,184	0,234	0,154	0,028	0,003
	10				0,001	0,006	0,035	0,111	0,218	0,246	0,100	0,021
	11					0,001	0,010	0,045	0,139	0,268	0,245	0,111
	12						0,002	0,011	0,054	0,179	0,367	0,351
	13							0,001	0,010	0,055	0,254	0,513
14	0	0,488	0,229	0,044	0,007	0,001						
	1	0,359	0,356	0,154	0,041	0,007	0,001					
	2	0,123	0,257	0,250	0,113	0,032	0,006	0,001				
	3	0,026	0,114	0,250	0,194	0,085	0,022	0,003				
	4	0,004	0,035	0,172	0,229	0,155	0,061	0,014	0,001			
	5		0,008	0,086	0,196	0,207	0,122	0,041	0,007			
	6		0,001	0,032	0,126	0,207	0,183	0,092	0,023	0,002		
	7			0,009	0,062	0,157	0,209	0,157	0,062	0,009		
	8			0,002	0,023	0,092	0,183	0,207	0,126	0,032	0,001	
	9				0,007	0,041	0,122	0,207	0,196	0,086	0,008	
	10				0,001	0,014	0,061	0,155	0,229	0,172	0,035	0,004
	11					0,003	0,022	0,085	0,194	0,250	0,114	0,026
	12					0,001	0,006	0,032	0,113	0,250	0,257	0,123
	13						0,001	0,007	0,041	0,154	0,356	0,359
	14							0,001	0,007	0,044	0,229	0,488
15	0	0,463	0,206	0,035	0,005							
	1	0,366	0,343	0,132	0,031	0,005						
	2	0,135	0,267	0,231	0,092	0,022	0,003					
	3	0,031	0,129	0,250	0,170	0,063	0,014	0,002				
	4	0,005	0,043	0,188	0,219	0,127	0,042	0,007	0,001			
	5	0,001	0,010	0,103	0,206	0,186	0,092	0,024	0,003			
	6		0,002	0,043	0,147	0,207	0,153	0,061	0,012	0,001		
	7			0,014	0,081	0,177	0,196	0,118	0,035	0,003		
	8			0,003	0,035	0,118	0,196	0,177	0,081	0,014		
	9			0,001	0,012	0,061	0,153	0,207	0,147	0,043	0,002	
	10				0,003	0,024	0,092	0,186	0,206	0,103	0,010	0,001
	11				0,001	0,007	0,042	0,127	0,219	0,188	0,043	0,005
	12					0,002	0,014	0,063	0,170	0,250	0,129	0,031
	13						0,003	0,022	0,092	0,231	0,267	0,135
	14							0,005	0,031	0,132	0,343	0,366
	15								0,005	0,035	0,206	0,463

TABELA V Probabilidades Binomiais

n	x	0,05	0,1	0,2	0,3	0,4	p 0,5	0,6	0,7	0,8	0,9	0,95
16	0	0,440	0,185	0,028	0,003							
	1	0,371	0,329	0,113	0,023	0,003						
	2	0,146	0,275	0,211	0,073	0,015	0,002					
	3	0,036	0,142	0,246	0,146	0,047	0,009	0,001				
	4	0,006	0,051	0,200	0,204	0,101	0,028	0,004				
	5	0,001	0,014	0,120	0,210	0,162	0,067	0,014	0,001			
	6		0,003	0,055	0,165	0,198	0,122	0,039	0,006			
	7			0,020	0,101	0,189	0,175	0,084	0,019	0,001		
	8			0,006	0,049	0,142	0,196	0,142	0,049	0,006		
	9			0,001	0,019	0,084	0,175	0,189	0.101	0,020		
	10				0,006	0,039	0,122	0,198	0.165	0,055	0,003	
	11				0,001	0,014	0,067	0,162	0.210	0,120	0,014	0,001
	12					0,004	0,028	0,101	0.204	0,200	0,051	0,006
	13					0,001	0,009	0,047	0.146	0,246	0,142	0,036
	14						0,002	0,015	0.073	0,211	0,275	0,146
	15							0,003	0.023	0,113	0,329	0,371
	16								0.003	0,028	0,185	0,440
17	0	0,418	0,167	0,023	0,002							
	1	0,374	0,315	0,096	0,017	0,002						
	2	0,158	0,280	0,191	0,058	0,010	0,001					
	3	0,041	0,156	0,239	0,125	0,034	0,005					
	4	0,008	0,060	0,209	0,187	0,080	0,018	0,002				
	5	0,001	0,017	0,136	0,208	0,138	0,047	0,008	0,001			
	6		0,004	0,068	0,178	0,184	0,094	0,024	0,003			
	7		0,001	0,027	0,120	0,193	0,148	0,057	0,009			
	8			0,008	0,064	0,161	0,185	0,107	0,028	0,002		
	9			0,002	0,028	0,107	0,185	0,161	0,064	0,008		
	10				0,009	0,057	0,148	0,193	0,120	0,027	0,001	
	11				0,003	0,024	0,094	0,184	0,178	0,068	0,004	
	12				0,001	0,008	0,047	0,138	0,208	0,136	0,017	0,001
	13					0,002	0,018	0,080	0,187	0,209	0,060	0,008
	14						0,005	0,034	0,125	0,239	0,156	0,041
	15						0,001	0,010	0,058	0,191	0,280	0,158
	16							0,002	0,017	0,096	0,315	0,374
	17								0,002	0,023	0,167	0,418
18	0	0,397	0,150	0,018	0,002							
	1	0,376	0,300	0,081	0,013	0,001						
	2	0,168	0,284	0,172	0,046	0,007	0,001					
	3	0,047	0,168	0,230	0,105	0,025	0,003					
	4	0,009	0,070	0,215	0,168	0,061	0,012	0,001				
	5	0,001	0,022	0,151	0,202	0,115	0,033	0,004				
	6		0,005	0,082	0,187	0,166	0,071	0,015	0,001			
	7		0,001	0,035	0,138	0,189	0,121	0,037	0,005			
	8			0,012	0,081	0,173	0,167	0,077	0,015	0,001		
	9			0,003	0,039	0,128	0,185	0,128	0,039	0,003		
	10			0,001	0,015	0,077	0,167	0,173	0,081	0,012		
	11				0,005	0,037	0,121	0,189	0,138	0,035	0,001	
	12				0,001	0,015	0,071	0,166	0.187	0,082	0,005	

TABELA V Probabilidades Binomiais

n	x	0,05	0,1	0,2	0,3	0,4	0,5	0,6	0,7	0,8	0,9	0,95
	13					0,004	0,033	0,115	0,202	0,151	0,022	0,001
	14					0,001	0,012	0,061	0,168	0,215	0,070	0,009
	15						0,003	0,025	0,105	0,230	0,168	0,047
	16						0,001	0,007	0,046	0,172	0,284	0,168
	17							0,001	0,013	0,081	0,300	0,376
	18								0,002	0,018	0,150	0,397
19	0	0,377	0,135	0,014	0,001							
	1	0,377	0,285	0,068	0,009	0,001						
	2	0,179	0,285	0,154	0,036	0,005						
	3	0,053	0,180	0,218	0,087	0,017	0,002					
	4	0,011	0,080	0,218	0,149	0,047	0,007	0,001				
	5	0,002	0,027	0,164	0,192	0,093	0,022	0,002				
	6		0,007	0,095	0,192	0,145	0,052	0,008	0,001			
	7		0,001	0,044	0,153	0,180	0,096	0,024	0,002			
	8			0,017	0,098	0,180	0,144	0,053	0,008			
	9			0,005	0,051	0,146	0,176	0,098	0,022	0,001		
	10			0,001	0,022	0,098	0,176	0,146	0,051	0,005		
	11				0,008	0,053	0,144	0,180	0,098	0,017		
	12				0,002	0,024	0,096	0,180	0,153	0,044	0,001	
	13				0,001	0,008	0,052	0,145	0,192	0,095	0,007	
	14					0,002	0,022	0,093	0,192	0,164	0,027	0,002
	15					0,001	0,007	0,047	0,149	0,218	0,080	0,011
	16						0,002	0,017	0,087	0,218	0,180	0,053
	17							0,005	0,036	0,154	0,285	0,179
	18							0,001	0,009	0,068	0,285	0,377
	19								0,001	0,014	0,135	0,377
20	0	0,358	0,122	0,012	0,001							
	1	0,377	0,270	0,058	0,007							
	2	0,189	0,285	0,137	0,028	0,003						
	3	0,060	0,190	0,205	0,072	0,012	0,001					
	4	0,013	0,090	0,218	0,130	0,035	0,005					
	5	0,002	0,032	0,175	0,179	0,075	0,015	0,001				
	6		0,009	0,109	0,192	0,124	0,037	0,005				
	7		0,002	0,055	0,164	0,166	0,074	0,015	0,001			
	8			0,022	0,114	0,180	0,120	0,035	0,004			
	9			0,007	0,065	0,160	0,160	0,071	0,012			
	10			0,002	0,031	0,117	0,176	0,117	0,031	0,002		
	11				0,012	0,071	0,160	0,160	0,065	0,007		
	12				0,004	0,035	0,120	0,180	0,114	0,022		
	13				0,001	0,015	0,074	0,166	0,164	0,055	0,002	
	14					0,005	0,037	0,124	0,192	0,109	0,009	
	15					0,001	0,015	0,075	0,179	0,175	0,032	0,002
	16						0,005	0,035	0,130	0,218	0,090	0,013
	17						0,001	0,012	0,072	0,205	0,190	0,060
	18							0,003	0,028	0,137	0,285	0,189
	19								0,007	0,058	0,270	0,377
	20								0,001	0,012	0,122	0,358

TABELA VI	Valores Críticos de T *			
n	$T_{0,10}$	$T_{0,05}$	$T_{0,02}$	$T_{0,01}$
4				
5	1			
6	2	1		
7	4	2	0	
8	6	4	2	0
9	8	6	3	2
10	11	8	5	3
11	14	11	7	5
12	17	14	10	7
13	21	17	13	10
14	26	21	16	13
15	30	25	20	16
16	36	30	24	19
17	41	35	28	23
18	47	40	33	28
19	54	46	38	32
20	60	52	43	37
21	68	59	49	43
22	75	66	56	49
23	83	73	62	55
24	92	81	69	61
25	101	90	77	68

*De F. Wilcoxon and R. A. Wilcox, *Some Rapid Approximate Statistical Procedures*, American Cyanamid Company, Pearl River, N.Y., 1964. Reproduzida com permissão da American Cyanamid Company.

TABELA VII — Valores Críticos de U*

Valores de $U_{0,10}$

n_1 \ n_2	2	3	4	5	6	7	8	9	10	11	12	13	14	15
2				0	0	0	1	1	1	1	2	2	3	3
3		0	0	1	2	2	3	4	4	5	5	6	7	7
4		0	1	2	3	4	5	6	7	8	9	10	11	12
5	0	1	2	4	5	6	8	9	11	12	13	15	16	18
6	0	2	3	5	7	8	10	12	14	16	17	19	21	23
7	0	2	4	6	8	11	13	15	17	19	21	24	26	28
8	1	3	5	8	10	13	15	18	20	23	26	28	31	33
9	1	4	6	9	12	15	18	21	24	27	30	33	36	39
10	1	4	7	11	14	17	20	24	27	31	34	37	41	44
11	1	5	8	12	16	19	23	27	31	34	38	42	46	50
12	2	5	9	13	17	21	26	30	34	38	42	47	51	55
13	2	6	10	15	19	24	28	33	37	42	47	51	56	61
14	3	7	11	16	21	26	31	36	41	46	51	56	61	66
15	3	7	12	18	23	28	33	39	44	50	55	61	66	72

Valores de $U_{0,05}$

n_1 \ n_2	2	3	4	5	6	7	8	9	10	11	12	13	14	15
2								0	0	0	0	1	1	1	1
3				0	1	1	2	2	3	3	4	4	5	5
4			0	1	2	3	4	4	5	6	7	8	9	10
5		0	1	2	3	5	6	7	8	9	11	12	13	14
6		1	2	3	5	6	8	10	11	13	14	16	17	19
7		1	3	5	6	8	10	12	14	16	18	20	22	24
8	0	2	4	6	8	10	13	15	17	19	22	24	26	29
9	0	2	4	7	10	12	15	17	20	23	26	28	31	34
10	0	3	5	8	11	14	17	20	23	26	29	30	36	39
11	0	3	6	9	13	16	19	23	26	30	33	37	40	44
12	1	4	7	11	14	18	22	26	29	33	37	41	45	49
13	1	4	8	12	16	20	24	28	30	37	41	45	50	54
14	1	5	9	13	17	22	26	31	36	40	45	50	55	59
15	1	5	10	14	19	24	29	34	39	44	49	54	59	64

* Esta tabela é baseada na Tabela 11.4 de D. B. Owen, *Handbook of Statistical Tables*, (c) 1962, U. S. Department of Energy. Publicado por Addison-Wesley Publishing Companhy, Inc., Reading, Mass. Reproduzida com permissão do editor.

TABELA VII — Valores Críticos de U

Valores de $U_{0,02}$

n_1 \ n_2	2	3	4	5	6	7	8	9	10	11	12	13	14	15
2												0	0	0
3						0	0	1	1	1	2	2	2	3
4				0	1	1	2	3	3	4	5	5	6	7
5			0	1	2	3	4	5	6	7	8	9	10	11
6			1	2	3	4	6	7	8	9	11	12	13	15
7		0	1	3	4	6	7	9	11	12	14	16	17	19
8		0	2	4	6	7	9	11	13	15	17	20	22	24
9		1	3	5	7	9	11	14	16	18	21	23	26	28
10		1	3	6	8	11	13	16	19	22	24	27	30	33
11		1	4	7	9	12	15	18	22	25	28	31	34	37
12		2	5	8	11	14	17	21	24	28	31	35	38	42
13	0	2	5	9	12	16	20	23	27	31	35	39	43	47
14	0	2	6	10	13	17	22	26	30	34	38	43	47	51
15	0	3	7	11	15	19	24	28	33	37	42	47	51	56

Valores de $U_{0,01}$

n_1 \ n_2	3	4	5	6	7	8	9	10	11	12	13	14	15
3							0	0	0	1	1	1	2
4				0	0	1	1	2	2	3	3	4	5
5			0	1	1	2	3	4	5	6	7	7	8
6		0	1	2	3	4	5	6	7	9	10	11	12
7		0	1	3	4	6	7	9	10	12	13	15	16
8		1	2	4	6	7	9	11	13	15	17	18	20
9	0	1	3	5	7	9	11	13	16	18	20	22	24
10	0	2	4	6	9	11	13	16	18	21	24	26	29
11	0	2	5	7	10	13	16	18	21	24	27	30	33
12	1	3	6	9	12	15	18	21	24	27	31	34	37
13	1	3	7	10	13	17	20	24	27	31	34	38	42
14	1	4	7	11	15	18	22	26	30	34	38	42	46
15	2	5	8	12	16	20	24	29	33	37	42	46	51

TABELA VIII — Valores Críticos de u^*

Valores de $u_{0.025}$

n_1 \ n_2	4	5	6	7	8	9	10	11	12	13	14	15
4		9	9									
5	9	10	10	11	11							
6	9	10	11	12	12	13	13	13	13			
7		11	12	13	13	14	14	14	14	15	15	15
8		11	12	13	14	14	15	15	16	16	16	16
9			13	14	14	15	16	16	16	17	17	18
10			13	14	15	16	16	17	17	18	18	18
11			13	14	15	16	17	17	18	19	19	19
12			13	14	16	16	17	18	19	19	20	20
13				15	16	17	18	19	19	20	20	21
14				15	16	17	18	19	20	20	21	22
15				15	16	18	18	19	20	21	22	22

Valores de $u'_{0.025}$

n_1 \ n_2	2	3	4	5	6	7	8	9	10	11	12	13	14	15
2											2	2	2	2
3				2	2	2	2	2	2	2	2	2	2	3
4			2	2	2	2	3	3	3	3	3	3	3	3
5			2	2	3	3	3	3	3	4	4	4	4	4
6		2	2	3	3	3	3	4	4	4	4	5	5	5
7		2	2	3	3	3	4	4	5	5	5	5	5	6
8		2	3	3	3	4	4	5	5	5	6	6	6	6
9		2	3	3	4	4	5	5	5	6	6	6	7	7
10		2	3	3	4	5	5	5	6	6	7	7	7	7
11		2	3	4	4	5	5	6	6	7	7	7	8	8
12	2	2	3	4	4	5	6	6	7	7	7	8	8	8
13	2	2	3	4	5	5	6	6	7	7	8	8	9	9
14	2	2	3	4	5	5	6	7	7	8	8	9	9	9
15	2	3	3	4	5	6	6	7	7	8	8	9	9	10

* Esta tabela foi adaptada, com permissão, de F. S. Swed and C. Eisenhart, "Tables for testing randomness of grouping in a sequence of alternatives", *Annals of Mathematical Statistics*, Vol. 14.

TABELA VIII — Valores Críticos de u

Valores de $u_{0,005}$

n_1 \ n_2	5	6	7	8	9	10	11	12	13	14	15
5		11									
6	11	12	13	13							
7		13	13	14	15	15	15				
8		13	14	15	15	16	16	17	17	17	
9			15	15	16	17	17	18	18	18	19
10			15	16	17	17	18	19	19	19	20
11			15	16	17	18	19	19	20	20	21
12				17	18	19	19	20	21	21	22
13				17	18	19	20	21	21	22	22
14				17	18	19	20	21	22	23	23
15					19	20	21	22	22	23	24

Valores de $u'_{0,005}$

n_1 \ n_2	3	4	5	6	7	8	9	10	11	12	13	14	15
3										2	2	2	2
4						2	2	2	2	2	2	2	3
5				2	2	2	2	3	3	3	3	3	3
6			2	2	2	3	3	3	3	3	3	4	4
7			2	2	3	3	3	3	4	4	4	4	4
8		2	2	3	3	3	3	4	4	4	5	5	5
9		2	2	3	3	3	4	4	5	5	5	5	6
10		2	3	3	3	4	4	5	5	5	5	6	6
11		2	3	3	4	4	5	5	5	6	6	6	7
12	2	2	3	3	4	4	5	5	6	6	6	7	7
13	2	2	3	3	4	5	5	5	6	6	7	7	7
14	2	2	3	4	4	5	5	6	6	7	7	7	8
15	2	3	3	4	4	5	6	6	7	7	7	8	8

TABELA IX Valores Críticos de q_α*

$\alpha = 0{,}05$

Número de tratamentos

Graus de liberdade	3	4	5	6	7	8	9	10	11	12	13	14	15	16	20	24	28	32	36	40
1	27,0	32,8	37,1	40,4	43,1	45,4	47,4	49,1	50,6	52,0	53,2	54,3	55,4	56,3	59,6	62,1	64,2	66,0	67,6	68,9
2	8,33	9,80	10,9	11,7	12,4	13,0	13,5	14,0	14,4	14,8	15,1	15,4	15,7	15,9	16,8	17,5	18,0	18,5	18,9	19,3
3	5,91	6,83	7,50	8,04	8,48	8,85	9,18	9,46	9,72	9,95	10,2	10,4	10,5	10,7	11,2	11,7	12,1	12,4	12,6	12,9
4	5,04	5,76	6,29	6,71	7,05	7,35	7,60	7,83	8,03	8,21	8,37	8,53	8,66	8,79	9,23	9,58	9,88	10,1	10,3	10,5
5	4,60	5,22	5,67	6,03	6,33	6,58	6,80	7,00	7,17	7,32	7,47	7,60	7,72	7,83	8,21	8,51	8,76	8,98	9,17	9,33
6	4,34	4,90	5,31	5,63	5,90	6,12	6,32	6,49	6,65	6,79	6,92	7,03	7,14	7,24	7,59	7,86	8,09	8,28	8,45	8,60
7	4,17	4,68	5,06	5,36	5,61	5,82	6,00	6,16	6,30	6,43	6,55	6,66	6,76	6,85	7,17	7,42	7,63	7,81	7,97	8,11
8	4,04	4,53	4,89	5,17	5,40	5,60	5,77	5,92	6,05	6,18	6,29	6,39	6,48	6,57	6,87	7,11	7,31	7,48	7,63	7,76
9	3,95	4,42	4,76	5,02	5,24	5,43	5,60	5,74	5,87	5,98	6,09	6,19	6,28	6,36	6,64	6,87	7,06	7,22	7,36	7,49
10	3,88	4,33	4,65	4,91	5,12	5,31	5,46	5,60	5,72	5,83	5,94	6,03	6,11	6,19	6,47	6,69	6,87	7,02	7,16	7,28
11	3,82	4,26	4,57	4,82	5,03	5,20	5,35	5,49	5,61	5,71	5,81	5,90	5,98	6,06	6,33	6,54	6,71	6,86	6,99	7,11
12	3,77	4,20	4,51	4,75	4,95	5,12	5,27	5,40	5,51	5,62	5,71	5,80	5,88	5,95	6,21	6,41	6,59	6,73	6,86	6,97
13	3,74	4,15	4,45	4,69	4,89	5,05	5,19	5,32	5,43	5,53	5,63	5,71	5,79	5,86	6,11	6,31	6,48	6,62	6,74	6,85
14	3,70	4,11	4,41	4,64	4,83	4,99	5,13	5,25	5,36	5,46	5,55	5,64	5,71	5,79	6,03	6,22	6,39	6,53	6,65	6,75
15	3,67	4,08	4,37	4,60	4,78	4,94	5,08	5,20	5,31	5,40	5,49	5,57	5,55	5,72	5,96	6,15	6,31	6,45	6,56	6,67
16	3,65	4,05	4,33	4,56	4,74	4,90	5,03	5,15	5,26	5,35	5,44	5,52	5,59	5,66	5,90	6,08	6,24	6,37	6,49	6,59
17	3,63	4,02	4,30	4,52	4,71	4,86	4,99	5,11	5,21	5,31	5,39	5,47	5,54	5,61	5,84	6,03	6,18	6,31	6,43	6,53
18	3,61	4,00	4,28	4,50	4,67	4,82	4,96	5,07	5,17	5,27	5,35	5,43	5,50	5,57	5,79	5,98	6,13	6,26	6,37	6,47
19	3,59	3,98	4,25	4,47	4,65	4,79	4,92	5,04	5,14	5,23	5,32	5,39	5,46	5,53	5,75	5,93	6,08	6,21	6,32	6,42
20	3,58	3,96	4,23	4,45	4,62	4,77	4,90	5,01	5,11	5,20	5,28	5,36	5,43	5,49	5,71	5,89	6,04	6,17	6,28	6,37
24	3,53	3,90	4,17	4,37	4,54	4,68	4,81	4,92	5,01	5,10	5,18	5,25	5,32	5,38	5,59	5,76	5,91	6,03	6,13	6,23
30	3,49	3,85	4,10	4,30	4,46	4,60	4,72	4,82	4,92	5,00	5,08	5,15	5,21	5,27	5,48	5,64	5,77	5,89	5,99	6,08
40	3,44	3,79	4,04	4,23	4,39	4,52	4,64	4,74	4,82	4,90	4,98	5,04	5,11	5,16	5,36	5,51	5,64	5,75	5,85	5,93
60	3,40	3,74	3,98	4,16	4,31	4,44	4,55	4,65	4,73	4,81	4,88	4,94	5,00	5,06	5,24	5,39	5,51	5,62	5,71	5,79
120	3,36	3,69	3,92	4,10	4,24	4,36	4,47	4,56	4,64	4,71	4,78	4,84	4,90	4,95	5,13	5,27	5,38	5,48	5,57	5,64
∞	3,31	3,63	3,86	4,03	4,17	4,29	4,39	4,47	4,55	4,62	4,69	4,74	4,80	4,85	5,01	5,14	5,25	5,35	5,43	5,50

* FONTE: Adaptada de H. L. Harter (1969), *Order Statistics and Their Use in Testing and Estimation, Vol 1: Tests Based on Range and Studentized Range of Samples From a Normal Population*, Aerospace Research Laboratories, U. S. Air Force.

TABELA IX — Valores Críticos de q_α

$\alpha = 0{,}01$

Número de tratamentos

Graus de liberdade	3	4	5	6	7	8	9	10	11	12	13	14	15	16	20	24	28	32	36	40
1	135	164	186	202	216	227	237	246	253	260	266	272	277	282	298	311	321	330	338	345
2	19,0	22,3	24,7	26,6	28,2	29,5	30,7	31,7	32,6	33,4	34,1	34,9	35,4	36,0	38,0	39,5	40,8	41,8	42,8	43,6
3	10,6	12,2	13,3	14,2	15,0	15,6	16,2	16,7	17,1	17,5	17,9	18,3	18,5	18,8	19,8	20,6	21,2	21,7	22,2	22,6
4	8,12	9,17	9,96	10,6	11,1	11,6	11,9	12,3	12,6	12,8	13,1	13,4	13,5	13,7	14,4	15,0	15,4	15,8	16,1	16,4
5	6,98	7,80	8,42	8,91	9,32	9,67	9,97	10,2	10,5	10,7	10,9	11,1	11,2	11,4	11,9	12,4	12,7	13,0	13,3	13,5
6	6,33	7,03	7,56	7,97	8,32	8,61	8,87	9,10	9,30	9,49	9,65	9,81	9,95	10,1	10,5	11,0	11,2	11,5	11,7	11,9
7	5,92	6,54	7,01	7,37	7,68	7,94	8,17	8,37	8,55	8,71	8,86	9,00	9,12	9,24	9,65	9,97	10,2	10,5	10,7	10,9
8	5,64	6,20	6,63	6,96	7,24	7,47	7,68	7,86	8,03	8,18	8,31	8,44	8,55	8,66	9,03	9,33	9,57	9,78	9,96	10,1
9	5,43	5,96	6,35	6,66	6,92	7,13	7,33	7,50	7,65	7,78	7,91	8,03	8,13	8,23	8,57	8,85	9,08	9,27	9,44	9,59
10	5,27	5,77	6,14	6,43	6,67	6,88	7,06	7,21	7,36	7,49	7,60	7,72	7,81	7,91	8,23	8,49	8,70	8,88	9,04	9,19
11	5,15	5,62	5,97	6,25	6,48	6,67	6,84	6,99	7,13	7,25	7,36	7,47	7,56	7,65	7,95	8,20	8,40	8,58	8,73	8,86
12	5,05	5,50	5,84	6,10	6,32	6,51	6,67	6,81	6,94	7,06	7,17	7,27	7,36	7,44	7,73	7,97	8,16	8,33	8,47	8,60
13	4,96	5,40	5,73	5,98	6,19	6,37	6,53	6,67	6,79	6,90	7,01	7,11	7,19	7,27	7,55	7,78	7,96	8,12	8,26	8,39
14	4,90	5,32	5,63	5,88	6,09	6,26	6,41	6,54	6,66	6,77	6,87	6,97	7,05	7,13	7,40	7,62	7,79	7,95	8,08	8,20
15	4,84	5,25	5,56	5,80	5,99	6,16	6,31	6,44	6,56	6,66	6,76	6,85	6,93	7,00	7,26	7,48	7,65	7,80	7,93	8,05
16	4,79	5,19	5,49	5,72	5,92	6,08	6,22	6,35	6,46	6,56	6,66	6,75	6,82	6,90	7,15	7,36	7,53	7,67	7,80	7,92
17	4,74	5,14	5,43	5,66	5,85	6,01	6,15	6,27	6,38	6,48	6,57	6,66	6,73	6,81	7,05	7,26	7,42	7,56	7,69	7,80
18	4,70	5,09	5,38	5,60	5,79	5,94	6,08	6,20	6,31	6,41	6,50	6,58	6,66	6,73	6,97	7,17	7,33	7,47	7,59	7,70
19	4,67	5,05	5,33	5,55	5,74	5,89	6,02	6,14	6,25	6,34	6,43	6,51	6,59	6,65	6,89	7,09	7,24	7,38	7,50	7,61
20	4,64	5,02	5,29	5,51	5,69	5,84	5,97	6,09	6,19	6,29	6,37	6,45	6,52	6,59	6,82	7,02	7,17	7,30	7,42	7,52
24	4,55	4,91	5,17	5,37	5,54	5,69	5,81	5,92	6,02	6,11	6,19	6,27	6,33	6,39	6,61	6,79	6,94	7,06	7,17	7,27
30	4,46	4,80	5,05	5,24	5,40	5,54	5,65	5,76	5,85	5,93	6,01	6,08	6,14	6,20	6,41	6,58	6,71	6,83	6,93	7,02
40	4,37	4,70	4,93	5,11	5,27	5,39	5,50	5,60	5,69	5,76	5,84	5,90	5,96	6,02	6,21	6,37	6,49	6,60	6,70	6,78
60	4,28	4,60	4,82	4,99	5,13	5,25	5,36	5,45	5,53	5,60	5,67	5,73	5,79	5,84	6,02	6,16	6,28	6,38	6,47	6,55
120	4,20	4,50	4,71	4,87	5,01	5,12	5,21	5,30	5,38	5,44	5,51	5,57	5,61	5,66	5,83	5,96	6,07	6,16	6,24	6,32
∞	4,12	4,40	4,60	4,76	4,88	4,99	5,08	5,16	5,23	5,29	5,35	5,40	5,45	5,49	5,65	5,77	5,87	5,95	6,03	6,09

TABELA X	Valores de $Z = \frac{1}{2} \cdot \ln \frac{1+r}{1-r}$								
r	0,00	0,01	0,02	0,03	0,04	0,05	0,06	0,07	0,08	0,09
0,0	0,000	0,010	0,020	0,030	0,040	0,050	0,060	0,070	0,080	0,090
0,1	0,100	0,110	0,121	0,131	0,141	0,151	0,161	0,172	0,182	0,192
0,2	0,203	0,213	0,224	0,234	0,245	0,255	0,266	0,277	0,288	0,299
0,3	0,310	0,321	0,332	0,343	0,354	0,365	0,377	0,388	0,400	0,412
0,4	0,424	0,436	0,448	0,460	0,472	0,485	0,497	0,510	0,523	0,536
0,5	0,549	0,563	0,576	0,590	0,604	0,618	0,633	0,648	0,662	0,678
0,6	0,693	0,709	0,725	0,741	0,758	0,775	0,793	0,811	0,829	0,848
0,7	0,867	0,887	0,908	0,929	0,950	0,973	0,996	1,020	1,045	1,071
0,8	1,099	1,127	1,157	1,188	1,221	1,256	1,293	1,333	1,376	1,422
0,9	1,472	1,528	1,589	1,658	1,738	1,832	1,946	2,092	2,298	2,647

Para valores negativos de r, coloque um sinal de menos na frente do Z correspondente, e vice-versa.

TABELA XI — Coeficientes Binomiais

n	$\binom{n}{0}$	$\binom{n}{1}$	$\binom{n}{2}$	$\binom{n}{3}$	$\binom{n}{4}$	$\binom{n}{5}$	$\binom{n}{6}$	$\binom{n}{7}$	$\binom{n}{8}$	$\binom{n}{9}$	$\binom{n}{10}$
0	1										
1	1	1									
2	1	2	1								
3	1	3	3	1							
4	1	4	6	4	1						
5	1	5	10	10	5	1					
6	1	6	15	20	15	6	1				
7	1	7	21	35	35	21	7	1			
8	1	8	28	56	70	56	28	8	1		
9	1	9	36	84	126	126	84	36	9	1	
10	1	10	45	120	210	252	210	120	45	10	1
11	1	11	55	165	330	462	462	330	165	55	11
12	1	12	66	220	495	792	924	792	495	220	66
13	1	13	78	286	715	1287	1716	1716	1287	715	286
14	1	14	91	364	1001	2002	3003	3432	3003	2002	1001
15	1	15	105	455	1365	3003	5005	6435	6435	5005	3003
16	1	16	120	560	1820	4368	8008	11440	12870	11440	8008
17	1	17	136	680	2380	6188	12376	19448	24310	24310	19448
18	1	18	153	816	3060	8568	18564	31824	43758	48620	43758
19	1	19	171	969	3876	11628	27132	50388	75582	92378	92378
20	1	20	190	1140	4845	15504	38760	77520	125970	167960	184756

Para $r > 10$ pode ser necessário utilizar a identidade $\binom{n}{r} = \binom{n}{n-r}$.

TABELA XII Valores de e^{-x}

x	e^{-x}	x	e^{-x}	x	e^{-x}	x	e^{-x}
0,0	1,0000	2,5	0,082085	5,0	0,006738	7,5	0,00055308
0,1	0,9048	2,6	0,074274	5,1	0,006097	7,6	0,00050045
0.2	0,8187	2,7	0,067206	5,2	0,005517	7,7	0,00045283
0,3	0,7408	2,8	0,060810	5,3	0,004992	7,8	0,00040973
0,4	0,6703	2,9	0,055023	5,4	0,004517	7,9	0,00037074
0,5	0,6065	3,0	0,049787	5,5	0,004087	8,0	0,00033546
0,6	0,5488	3,1	0,045049	5,6	0,003698	8,1	0,00030354
0,7	0,4966	3,2	0,040762	5,7	0,003346	8,2	0,00027465
0,8	0,4493	3,3	0,036883	5,8	0,003028	8,3	0,00024852
0,9	0,4066	3,4	0,033373	5,9	0,002739	8,4	0,00022487
1,0	0,3679	3,5	0,030197	6,0	0,002479	8,5	0,00020347
1,1	0,3329	3,6	0,027324	6,1	0,002243	8,6	0,00018411
1,2	0,3012	3,7	0,024724	6,2	0,002029	8,7	0,00016659
1,3	0,2725	3,8	0,022371	6,3	0,001836	8,8	0,00015073
1,4	0,2466	3,9	0,020242	6,4	0,001662	8,9	0,00013639
1,5	0,2231	4,0	0,018316	6,5	0,001503	9,0	0,00012341
1,6	0,2019	4,1	0,016573	6,6	0,001360	9,1	0,00011167
1,7	0,1827	4,2	0,014996	6,7	0,001231	9,2	0,00010104
1,8	0,1653	4,3	0,013569	6,8	0,001114	9,3	0,00009142
1,9	0,1496	4,4	0,012277	6,9	0,001008	9,4	0,00008272
2,0	0,1353	4,5	0,011109	7,0	0,000912	9,5	0,00007485
2,1	0,1225	4,6	0,010052	7,1	0,000825	9,6	0,00006773
2,2	0,1108	4,7	0,009095	7,2	0,000747	9,7	0,00006128
2,3	0,1003	4,8	0,008230	7,3	0,000676	9,8	0,00005545
2,4	0,0907	4,9	0,007447	7,4	0,000611	9,9	0,00005017

RESPOSTAS DOS EXERCÍCIOS ÍMPARES

CAPÍTULO 1

1.1 Podemos reformular o exemplo como segue.
   (a) Tem-se afirmado que mais de 70% de todas pessoas acima dos 35 anos têm alguma forma de seguro de vida. Se 15 de 18 de tais pessoas selecionadas ao acaso têm alguma forma de seguro de vida, teste a afirmação ao nível 0,05 de significância.
   (b) Tem sido afirmado que mais de 70% de todas pessoas que planejam uma viagem à Europa irão incluir Londres em seu roteiro. Se 15 de 18 de tais pessoas selecionadas ao acaso irão incluir Londres em seu roteiro, teste a afirmação ao nível 0,05 de significância.

1.3 (a) O resultado pode ser enganoso pois o termo "copiadora xerox" muitas vezes é utilizado como um nome genérico para máquinas reprográficas.
   (b) Como os relógios de marca Rolex são muito caros, as pessoas que os usam dificilmente podem ser tratadas como pessoas comuns.

1.5 (a) Muitas pessoas relutam em responder perguntas sobre seus hábitos de higiene honestamente.
   (b) Formados que tiveram sucesso têm maior predisposição para responder questionários do que formados que não se saíram tão bem.

1.7 (a) A afirmação é puramente descritiva.
   (b) A afirmação requer uma generalização.
   (c) A afirmação requer uma generalização.
   (d) A afirmação requer uma generalização.

1.9 (a) A afirmação requer uma generalização.
   (b) A afirmação requer uma generalização.
   (c) A afirmação é puramente descritiva.
   (d) A afirmação é puramente descritiva.

1.11 (a) A afirmação não faz sentido, é claro.
   (b) A afirmação requer uma generalização.

1.13 Os dados são nominais.

1.15 (a) Os dados são intervalares.
   (b) Se os cheques forem usados seqüencialmente, esses números constituem dados ordinais.
   (c) Essas medidas são dados de quociente.

CAPÍTULO 2

2.1 Os números de pontos de 1984 até 1994 são 12, 11, 6, 7, 12, 11, 14, 8, 7, 8 e 7.

2.3 Os números de asteriscos são 2, 3, 7, 11, 9, 5 e 3.

2.5 As pessoas citaram 8 boxers, 5 collies, 8 dálmatas, 1 fila, 2 labradores e 6 perdigueiros.

2.7 Há 7 pontos para A, 5 para B, 4 para C, 2 para D e 1 para E.

2.9 Havia 16 conexões defeituosas, 9 peças faltando, 5 peças quebradas, 3 defeitos de pintura e 2 outros defeitos.

2.11 (a) 36, 31, 37, 35, 32; (b) 415, 438, 450, 477; (c) 254, 254, 250, 253, 259.

2.13 As freqüências são 2, 5, 8, 9, 1.

2.15 As freqüências são 1, 2, 9, 22, 15, 8, 2, 1.

2.17 As freqüências são 3, 5, 11, 6.

2.19 As freqüências são 1, 4, 9, 5, 1.

2.21 As freqüências são 2, 6, 10, 3, 3.

2.23 Uma escolha conveniente seria 220 – 239, 240 – 259, . . ., e 360 – 379.

2.25 (a) 0 – 49,99, 50,00 – 99,99, 100,00 – 149,99, 150,00 – 199,99.
(b) 20,00 – 49,99, 50,00 – 79,99, 80,00 – 109,99, . . . , 170 – 199,99.
(c) 30,00 – 49,00, 50,00 – 69,00, 70,00 – 89,99, . . . , 170,00 – 189,00.

2.27 (a) 5,0, 20,0, 35,0, 50,00, 65,00, 80,00.
(b) 19,9, 34,9, 49,9, 64,9, 79,9, 94,9.
(c) 4,95, 19,95, 34,95, 49,95, 64,95, 79,95, 94,95.
(d) 15.

2.29 Não há previsão para alguns valores e alguns valores caem em duas classes.

2.31 Não há previsão para alguns itens e existe confusão acerca de itens que poderiam cair em várias classes.

2.33 (a) 20 – 24, 25 – 29, 30 – 34, 35 – 39, 40 – 44.
(b) 22, 27, 32, 37, 42.
(c) todos 5.

2.35 (a) 60,0 – 74,9, 75,0 – 89,9, 90,0 – 104,9, 105,0 – 119,9, 120,0 – 134,9.
(b) 67,45, 82,45, 97,45, 112,45, 127,45.

2.37 2,5, 5,0, 37,5, 40,0, 10,0, 5,0.

2.39 13, 14, 16, 12, 4, 1.

2.41 0, 21,67, 45,0, 71,67, 91,67, 98,33, 100,00

2.43 120, 118, 112, 100, 62, 36, 23, 16, 8, 3, 0.

2.45 100%, 93,75%, 79,17%, 56,25%, 31,25%, 14,58%, 6,25%, 0%

2.55 0, 3, 16, 42, 62, 72, 79, 80.

2.57 Facilmente poderia dar uma impressão errada, pois intuitivamente tendemos a comparar as áreas de retângulos em vez de suas alturas.

2.59 Os ângulos centrais são 110,2°, 56,0°, 52,9°, 41,6°, 27,3°, 20,9°, 18,6°, 32,5°.

2.63 Os ângulos centrais são 28,8; 79,2; 172,8; 64,8; 14,4 graus.

2.65 1, 5, 8, 33, 40, 30, 20, 11, 2

2.67 Há uma tendência para cima, mas os pontos estão razoavelmente bem dispersos.

2.69 Os pontos estão bem dispersos e não há um padrão distinto.

2.71 As freqüências de classe para a primeira linha são 2, 3, 1, 1 e 0; para a segunda linha são 1, 4, 3, 1 e 1; para a terceira linha são 0, 2, 4, 3 e 1; para a quarta linha são 0, 1, 0, 3 e 1; para a quinta linha são 0, 0, 0, 3 e 1.

2.73 As freqüências de classe para a primeira linha são 2, 3, 2 e 0; para a segunda linha são 1, 4, 6 e 1; para a terceira linha são 0, 2, 5 e 4.

CAPÍTULO 3

3.1 (a) Os dados constituiriam uma população se os candidatos estivessem concorrendo a prefeito da cidade.
(b) Os dados constituiriam uma amostra se os candidatos estivessem concorrendo a governador do estado.

3.3 A informação seria uma amostra se fosse utilizada para planejar torneios futuros. Seria uma população se fosse utilizada para pagar os funcionários do clube que recebem um bônus por cada jogo suspenso por causa de chuva.

3.5 $\bar{x} = 97{,}5$

3.7 $\bar{x} = 9{,}96$. Na média, a calibragem está errada por 0,04 ml.

3.9 O peso total de 1494 kg não excede 1600 kg.

3.11 $\bar{x} = 5{,}25$

3.13 O resultado é igual ao do Exercício 3.12.

3.15 (a) 0,67; (b) 0,86.

3.17 (a) 18; (b) 6; (c) As predições são 96 e 192.

3.19 3,755%

3.21 $\bar{x}_w = 24.400{,}49$ dólares.

3.23 $\bar{x} = 78{,}27$ minutos.

3.25 (a) A mediana é o vigésimo oitavo valor.
(b) A mediana é a média dos décimos sétimo e décimo oitavo valores.

3.27 A mediana é 55.

3.29 A mediana é 142 minutos.

3.31 O erro é de apenas 37,5.

3.33 A mediana é 118,5.

3.37 Os fabricantes do caro C podem usar o intervalo médio para substanciar a alegação de que seu carro tem desempenho melhor.

3.43 O menor valor é 41 e o maior valor é 66.

3.47 O menor valor é 33 e o maior valor é 118.

3.49 O menor valor é 82 e o maior valor é 148.

3.57 A moda é 48.

3.59 A moda é 0.

3.61 A moda é "ocasionalmente".

3.63 (a) Tanto a média quanto a mediana podem ser determinadas.
(b) A média não pode ser determinada, mas a mediana pode.
(c) Nem a média nem a mediana podem ser determinadas.

3.65 A média é 4,88 e a mediana é 4,89.

3.67 A média é 47,64 e a mediana é 46,20.

3.69 P_{95} teria caído na classe aberta.

3.71 $Q_1 = 0{,}82$, a mediana é 0,90, a média é 0,94 e $Q_3 = 1{,}04$.

3.75 (a) 16; (b) 72.

CAPÍTULO 4

4.1 (a) A amplitude é 0,07; (b) $s = 0{,}032$.

4.3 (a) A amplitude é 11; (b) $s = 3{,}13$.

4.5 A amplitude é 11 e o dobro da amplitude interquartil é 8.

4.7 $s = 6{,}61$

4.11 $s = 11{,}67$

4.13 $s = 8{,}53$

4.15 $s = 1{,}35$

4.17 $s = 0{,}703$ para as médias e $s = 1{,}084$ para as medianas.

4.19 (a) Pelo menos 21/25; (b) pelo menos 255/256.

4.21 (a) Entre 94,8 e 128,4; (b) entre 83,0 e 139,6.

4.23 (d) As percentagens são 65; 97,5 e 100, que estão próximas de 68; 95 e 99,7.
4.25 $z = 1,68$ para a ação A e $z = 3,00$ para a ação B.
4.27 Os dados sobre a precipitação de chuva são relativamente mais dispersos.
4.29 O coeficiente de dispersão quartil é 12,0%.
4.31 (a) Isso é como comparar cobras com lagartos.
(b) Os dados do Exercício 4.8 são relativamente mais dispersos do que os do Exercício 4.11.
4.33 $s = 5,66$.
4.35 $s = 0,277$.
4.37 (a) A média é 56,45 e a mediana é 59,19; (b) $s = 20,62$.
4.39 $SK = -0,16$
4.41 Os dados são negativamente assimétricos.
4.43 Os dados são positivamente assimétricos.
4.45 A distribuição tem forma de J e é altamente assimétrica.
4.47 A distribuição tem forma de U.

EXERCÍCIOS DE REVISÃO PARA OS CAPÍTULOS 1, 2, 3 E 4

R.1 Duas quantidades podem cair em duas classes e algumas quantidades podem não ser acomodadas.
R.3 123, 125, 130, 134, 137, 138, 141, 143, 144, 146, 146, 149, 150, 152, 152, 155, 158, 161 e 167.
R.7 (a) 7,31; (b) 6; (c) 5,70; (d) 0,69.
R.9 (a) Os dados são positivamente assimétricos.
R.11 (a) Os dados constituem uma população se ele estiver interessado somente nos dez anos dados; (b) uma amostra se estiver interessado em fazer predições sobre anos futuros.
R.15 Pelo menos 88,9% têm diâmetros entre 23,91 e 24,09.
R.17 (a) 11; (b) 44; (c) não pode ser determinado; (d) não pode ser determinado.
R.19 42,55%.
R.21 2, 4, 21, 49, 29, 4 e 1.
R.23 (a) 9,5; 29,5; 49,5; 69,5; 89,5 e 109,5. (b) 19,5; 39,5; 59,5; 79,5 e 99,5. (c) 20.
R.25 (a) 17,1; (b) 87,45; (c) 292,41.
R.27 $s = 6,24$.
R.29 Existem outros tipos de fibras e também camisas feitas de combinações de fibras.
R.31 (a) Não pode ser determinado; (b) o número na quarta classe; (c) a soma dos números nas segunda e terceira classes; (d) não pode ser determinado.
R.33 (a) Isso está implorando uma resposta. (b) Se uma pessoa tem ou não tem um telefone pode afetar o resultado.
R.35 (a) 14,5; 29,5;...; 119,5. (b) 22, 37, 52, 67,... e 112. (c) 15.
R.37 0, 3, 17, 35, 61, 81, 93 e 100.
R.39
```
12   4
13   0   0   5
14   2   6   9
15   1   3   4   5   6   8   9
16   2   2   2   5
17   2   3
18   2
19
20   4
```

R.41 A percentagem é de pelo menos 93,75%.

R.45 $V = 25,57\%$.

R.47 A diferença entre A e B conta tanto quanto a diferença entre B e C, a diferença entre C e D e a diferença entre D e F.

CAPÍTULO 5

5.1 Possíveis consumos na segunda e terça de 0 e 0, 0 e 1, 0 e 2, 1 e 0, 1 e 1, 2 e 0, 2 e 1, 2 e 2.

5.3 O time A vence o quinto jogo e a série final, o time A perde o quinto jogo e vence o sexto e a série, o time A perde o quinto e o sexto jogos e vence o sétimo e a série, o time B vence o quinto, o sexto e o sétimo jogos e a série.

5.5 (a) Em três casos; (b) em dois casos.

5.7 (a) 0 e 0, 0 e 1, 0 e 2, 1 e 0, 1 e 1, 2 e 0.

(b) Denomine as obras de Q e R. As possibilidades são 0 e 0, 0 e Q, 0 e R, 0 e (Q e R), Q e 0, Q e R, R e 0, R e Q, (Q e R) e 0.

5.9 24.

5.11 128.

5.13 (a) 4; (b) 16; (c) 12.

5.15 480.

5.17 32.768.

5.19 10.920.

5.21 (a) Verdadeira; (b) falsa; (c) verdadeira; (d) falsa.

5.23 5.040.

5.25 30.240.

5.27 (a) 24; (b) 1.152.

5.29 (a) 60; (b) 20; (c) 120.

5.31 455.

5.33 5.405.400.

5.35 (a) 55; (b) 165.

5.37 (a) 6; (b) 30; (c) 20; (d) 56.

5.39 (a) 11.440; (b) 1.287; (c) 11.628; (d) 1.365.

5.43 (a) $\frac{1}{52}$, (b) $\frac{3}{26}$, (c) $\frac{3}{13}$, (d) $\frac{1}{4}$.

5.45 $\frac{16}{5.525}$.

5.47 (a) $\frac{1}{12}$; (b) $\frac{1}{9}$; (c) $\frac{2}{9}$.

5.49 (a) $\frac{5}{24}$; (b) $\frac{25}{36}$; (c) $\frac{7}{72}$; (d) $\frac{35}{72}$.

5.51 (a) $\frac{37}{75}$; (b) $\frac{1}{5}$; (c) $\frac{16}{75}$.

5.53 (a) $\frac{14}{55}$; (b) $\frac{12}{55}$.

5.55 (a) $\frac{475}{1.683}$; (b) $\frac{95}{462}$.

5.57 $\frac{4}{9}$.

5.59 $\frac{3}{4}$.

5.61 $\frac{7}{13}$.

CAPÍTULO 6

6.3 (a) (0, 2), (1, 1) e (2, 0); (b) (0, 0) e (1, 1); (c) (1, 1), (2, 1), (1, 2).

6.5 (a) Tem um assistente a mais do que professores.

(b) No total há quatro professores e assistentes.
(c) Há dois assistentes.
K e L são mutuamente excludentes; K e M não são mutuamente excludentes; L e M não são mutuamente excludentes.

6.7 (a) (4, 1) e (3, 2); (b) (4, 3); (c) (3, 3) e (4, 3).

6.9 (a) (0, 0), (1, 0), (2, 0), (3, 0), (0, 1), (1, 1) e (2, 1); no máximo um barco está alugado para o dia. (b) (2, 1), (3, 0).

6.11 (a) (A, D); (b) (C, E); (c) B.

6.13 (a) Não são mutuamente excludentes; (b) não são mutuamente excludentes; (c) são mutuamente excludentes; (d) não são mutuamente excludentes.

6.15 (a) 48; (b) 174; (c) 88.

6.19 (a) 24; (b) 16.

6.25 (a) Postulado 1; (b) Postulado 2; (c) Postulado 2; (d) Postulado 3.

6.27 A probabilidade da ocorrência de A e/ou de B é igual à probabilidade de que A vá ocorrer mais a probabilidade de que B ocorra quando não ocorrer A.

6.31 Se $P(A) = 0$.

6.33 (a) As chances são de 11 para 5 de obter pelo menos duas caras em quatro jogadas.
(b) A probabilidade de pelo menos um dos ladrilhos apresentar defeito é de $\frac{34}{55}$.
(c) As chances são de 19 para 5 de que uma família em particular não seja incluída.
(d) A probabilidade de que pelo menos uma das cartas acabe num envelope errado é de $\frac{719}{720}$.

6.35 A probabilidade é maior do que ou igual a $\frac{6}{11}$, mas menor do que $\frac{3}{5}$.

6.37 As probabilidades são consistentes.

6.41 0,03.

6.43 (a) 0,38; (b) 0,62; (c) 0,47; (d) 0,93.

6.45 1/32, 5/32, 10/32, 10/32, 5/32 e 1/32.

6.47 0,41.

6.49 0,54.

6.52 (a) $P(A|T)$: (b) $P(W|A)$; (c) $P(T|W')$; (D) $P(W|A' \cap T')$.

6.53 (a) $P(N|I)$; (b) $P(I'|A')$; (c) $P(I' \cap A'|N)$

6.55 $\frac{0,2}{0,6} = \frac{1}{3}$

6.57 $\frac{3}{7} = 42,86\%$

6.59 $\frac{0,44}{0,80} = 0,55$

6.61 $\frac{29}{52}$

6.63 Os dois eventos são independentes.

6.65 0,42; 0,12; e 0,18.

6.67 0,024.

6.69 0,03528.

6.71 0,71.

6.73 0,447

6.75 0,679

6.77 $\frac{7}{16}$ e $\frac{3}{7}$.

6.79 A causa mais provável é ação deliberada.

CAPÍTULO 7

7.1 0,25 unidades monetárias.
7.3 0,27 unidades monetárias.
7.5 (a) 210.000 e 210.000 unidades monetárias; (b) 228.000 e 192.000 unidades monetárias.
7.7 O lucro bruto esperado é de 1.260 unidades monetárias.
7.9 $p \leq 0{,}25$
7.11 $p > 0{,}40$.
7.13 1.800 unidades monetárias.
7.15 82.500 e 67.500 unidades monetárias.
7.17 O caminhoneiro deveria ir primeiro ao *shopping*.
7.19 Não importa onde o motorista for primeiro.
7.23 (a) Os testes deveriam ser interrompidos.
(b) É irrelevante aonde ele vai primeiro.
7.25 (a) O lucro máximo seria maximizado se a operação é continuada.
(b) O pior que pode acontecer é minimizado se a operação for interrompida.
7.27 (a) O consultor pode esperar 432 unidades monetárias; (b) o consultor pode esperar 492 unidades monetárias.
7.29 (a) A mediana, 18; (b) a média, 19.

EXERCÍCIOS DE REVISÃO PARA OS CAPÍTULOS 5, 6 E 7

R.49 (a) 0,60; (b) 0,20; (c) 0,12
R.51 (a) 0,38; (b) 0,42; (c) 0,50
R.55 $\frac{3}{4} \leq p < \frac{4}{5}$.
R.57 1.365.
R.59 $\frac{1.134}{1.800} = 0{,}63$.
R.61 (a) Para maximizar o lucro esperado, o gerente da carteira hipotecária deveria aceitar a proposta.
(b) Para maximizar o lucro esperado, o gerente da carteira hipotecária deveria rejeitar a proposta.
(c) Para minimizar o prejuízo máximo, o gerente da carteira hipotecária deveria rejeitar a proposta.
R.63 65.536.
R.65 (a) 165; (b) 168.
R.67 0,014.
R.69 (a) A probabilidade é $\frac{7}{8}$; (b) a probabilidade é $\frac{11}{16}$.
R.71 (a) Os eventos A e B são mutuamente excludentes; (b) os eventos A e B não são mutuamente excludentes.
R.73 39 unidades monetárias.
R.75 (a) A moda 10; (b) a média 11.
R.77 (a) 120; (b) 360; (c) 180; (d) 840.
R.79 (a) $\frac{1}{4}$; (b) $\frac{1}{12}$; (c) $\frac{1}{4}$.
R.81 (a) 0,187; (b) 0,998.
R.83 Muitas pessoas prefeririam 4,5% garantidos a 6,2% potencialmente arriscados.
R.85 $P(A) = \frac{24}{32}$.
R.87 0,167.
R.89 (a) 24; (b) 120.

CAPÍTULO 8

8.1 (a) Não; (b) não; (c) sim.
8.3 (a) Sim; (b) não; (c) sim.
8.5 0,42.
8.7 0,6561; o valor na Tabela V é 0,656.
8.9 (a) 0,649; (b) 0,047.
8.11 (a) 0,033; (b) 0,697; (c) 0,217.
8.13 (a) 0,718; (b) 0,069; (c) 0,014.
8.15 (a) 0,1205; (b) 0,1205.
8.17 (a) 0,0864; (b) 0,079; (c) 0,063.
8.19 (a) $\frac{30}{91}$; (b) $\frac{45}{91}$.
8.21 (a) $\frac{1}{22}$; (b) $\frac{9}{22}$; (c) $\frac{12}{22}$.
8.23 (a) A condição não está satisfeita; (b) a condição está satisfeita; (c) a condição está satisfeita (d) a condição não está satisfeita.
8.25 O erro na aproximação binomial é 0,0012.
8.27 (a) As condições não estão satisfeitas; (b) as condições estão satisfeitas; (c) as condições não estão satisfeitas.
8.29 0,089.
8.31 0,02025.
8.33 A distribuição hipergeométrica dada pode ser aproximada por uma distribuição de Poisson.
8.35 (a) 0,2019; (b) 0,3230; (c) 0,2584.
8.37 0,0791.
8.39 0,0403.
8.41 $\sigma^2 = 1,0$.
8.43 $\mu = 4,8587$ e $\sigma = 1,883$.
8.45 $\mu = 2$ e $\sigma = 1$.
8.47 (a) $\mu = 242$ e $\sigma = 11$; (b) $\mu = 120$ e $\sigma = 10$; (c) $\mu = 180$ e $\sigma = 11,225$; (d) $\mu = 24$ e $\sigma = 4,8$; (e) $\mu = 520$ e $\sigma = 13,491$.
8.49 $\mu = 2,5$.
8.51 $\mu = 2,501$.
8.53 (a) A proporção de caras estará entre 0,475 e 0,525; (b) igual a (a) com o valor de n modificado.

CAPÍTULO 9

9.1 (a) A probabilidade é menor do que 1 para todo o espaço amostral; (b) $f(x)$ é negativo para $x < \frac{7}{4}$.
9.3 (a) $\frac{1}{2}$; (b) 0; (c) 0,4125.
9.5 (a) $\frac{9}{32}$; (b) 0,80; (c) 0,93875.
9.7 (a) A primeira área é maior; (b) a segunda área é maior; (c) a segunda área é maior; (d) a primeira área é maior; (e) as áreas são iguais; (f) a segunda área é maior; (g) as áreas são iguais.
9.9 (a) 0,2171; (b) 0,8427; (c) 0,5959.
9.11 (a) As áreas são iguais; (b) a primeira área é maior; (c) as áreas são iguais.
9.13 (a) $z = 2,03$; (b) $z = 0,98$; (c) $z \pm 1,47$; (d) $z = -0,41$.

9.15 (a) 0,6826; (b) 0,9544; (c) 0,9974; (d) 0,99994; (e) 0,9999994.
9.17 (a) 0,9332; (b) 0,7734; (c) 0,2957; (d) 0,9198.
9.19 $\sigma = 20$.
9.21 (a) 0,3297; (b) 0,1999; (c) 0,2019.
9.23 (a) 0,1353; (b) 0,49787; (c) 0,3935.
9.31 $x = 15,55$
9.33 (a) 0,0401; (b) 0,7734; (c) 0,5859.
9.35 As molas do Fornecedor A são mais satisfatórias.
9.37 $x = 2,09$.
9.39 Poderiam ser indicados cerca de 1.722 funcionários para o serviço.
9.41 $\sigma = 5,38$
9.43 0,22.
9.45 O erro percentual é de aproximadamente 0,4%.
9.47 (a) As condições estão satisfeitas; (b) as condições não estão satisfeitas; (c) as condições estão satisfeitas.
9.49 (a) 0,614; (b) 0,16.
9.51 (a) 0,695; (b) 0,938.

CAPÍTULO 10

10.1 (a) 15; (b) 190; (c) 496; (d) 2.775.
10.3 (a) $\frac{1}{495}$; (b) $\frac{1}{4.845}$.
10.7 $\frac{1}{5}$.
10.9 (a) $\frac{1}{10}$; (b) $\frac{3}{5}$; (c) $\frac{3}{10}$.
10.11 3406, 3591, 3383, 3554, 3513, 3439, 3707, 3416, 3795 e 3329.
10.13 264, 429, 437, 419, 418, 252, 326, 443, 410, 472, 446 e 318.
10.17 $\frac{1}{10}$.
10.23 Todos os números muito altos de dezembro estão na sexta amostra.
10.25 (a) 108; (b) 252.
10.27 10, 24, 4 e 2.
10.29 $n_1 = 20$ e $n_2 = 80$
10.31 (a) 0,52; (b) 0,76.
10.33 (d) $\mu_x = 17$ e $\sigma_x = 6,414$
10.35 (a) É dividido por 2; (b) é multiplicado por 7.
10.37 (a) 0,977; (b) 0,959; (c) 0,990.
10.39 (a) 160 e 21,02; (b) 160 e 7,07.
10.41 (a) Pelo menos 0,84; (b) 0,9876.
10.43 0,8904.
10.45 $n = 225$.
10.47 As medianas são 11, 15, 19, 17, 14, 13, 14, 17, 18, 14, 14, 19, 16, 18, 17, 18, 18, 19, 17, 14, 12, 11, 16, 16, 19, 18, 17, 17, 15, 13, 14, 15, 16, 14, 15, 12, 16, 16, 17, 14 e 17. Seu desvio-padrão é 2,20 e a fórmula do erro-padrão dá 2,24.
10.49 O erro percentual é de 3,75%.

EXERCÍCIOS DE REVISÃO PARA OS CAPÍTULOS 8, 9 E 10

R.91 (a) 0,069; (b) 0,412.

R.93 0,61.

R.95 (a) A condição está satisfeita; (b) a condição não está satisfeita; (c) a condição não está satisfeita.

R.97 $\frac{1}{8.145.060}$.

R.99 (a) 3,203; (b) 3,20.

R.101 (a) As condições não estão satisfeitas; (b) as condições estão satisfeitas; (c) as condições estão satisfeitas.

R.103 0,7888.

R.105 0,066.

R.107 (a) $\frac{5}{42}$; (b) $\frac{5}{14}$.

R.109 (a) 1; (b) $\frac{1}{4}$.

R.111 0,8824.

R.113 (a) A razão é de 360 para 259; (b) a razão é de 4 para 3.

R.115 (a) 0,7833; (b) 0,2105; (c) 0,0236.

R.117 1,5991.

R.119 (a) 0,8697; (b) 0,9366.

R.121 (a) 0,1003; (b) 0,6691.

R.123 (a) 300.105.000; (b) 1.736.410.000.

R.125 (a) 0,4600; (b) 0,0415.

R.127 (a) As condições estão satisfeitas; (b) as condições não estão satisfeitas; (c) as condições estão satisfeitas; (d) as condições não estão satisfeitas.

R.129 $\frac{21}{110}$.

CAPÍTULO 11

11.1 Erro máximo é 41,84.

11.3 Erro máximo é 1,30 mm.

11.5 Erro máximo é 106 unidades monetárias; $1.363 < \mu < 1.513$.

11.7 A probabilidade é 0,7738.

11.9 $n = 79$, arredondado até o inteiro mais próximo.

11.11 $n = 63$, arredondado até o inteiro mais próximo.

11.13 (a) 27; (b) 26; isso está a menos de uma unidade do que poderíamos ter esperado.

11.15 (a) $1,97 < \mu < 2,71$ microgramas; (b) o erro máximo é de 0,54 microgramas.

11.17 Erro máximo é de 1.174 kgf, arredondado até o kgf mais próximo.

11.19 (a) 1,771; (b) 2,101; (c) 2,508; (d) 2,947.

11.21 (a) É razoável considerar os dados como uma amostra de uma população normal; (b) $30,04 < \mu < 33,35$.

11.23 $9,55 < \mu < 14,45$.

11.25 $1,22 < \mu < 1,78$.

11.27 O erro máximo é de 1,67.

11.29 $1,76 < \sigma < 5,65$.

11.31 $0,052 < \sigma^2 < 1.200$.

11.33 $1,19 < \sigma^2 < 3,82$.

11.35 (a) 3,31, que não está muito próximo de $s = 2,75$;
(b) 0,0388, que está bem próximo de $s = 0,0365$.

11.37 (a) $0,0125 < p < 0,9875$; (b) $0,01 < p < 0,99$.

11.39 $0,52 < p < 0,62$.

11.41 $0,095 < p < 0,185$.

11.43 O erro máximo é 0,075.

11.45 $24,8 < 100p < 29,2$.

11.47 $0,772 < p < 0,928$.

11.49 (a) $0,261 < p < 0,419$; (b) $0,789 < p < 0,911$.

11.51 (a) $n = 271$ arredondado até o inteiro mais próximo;
(b) $n = 385$ arredondado até o inteiro mais próximo;
(c) $n = 664$ arredondado até o inteiro mais próximo.

11.53 (a) $n = 2.172$ arredondado até o inteiro mais próximo;
(b) $n = 1.825$ arredondado até o inteiro mais próximo.

CAPÍTULO 12

12.1 (a) $\mu < \mu_0$ e comprar a van nova se a hipótese nula puder ser rejeitada;
(b) $\mu > \mu_0$ e comprar a van nova a menos que a hipótese nula possa ser rejeitada.

12.3 (a) Como a hipótese nula é verdadeira e foi aceita, o psicólogo não estará cometendo um erro; (b) como a hipótese nula é falsa mas foi aceita, o psicólogo estará cometendo um erro tipo II.

12.5 (a) Se o serviço de testes erradamente rejeitar a hipótese nula, estará cometendo um erro tipo I;
(b) se o serviço de testes erradamente aceitar a hipótese nula, estará cometendo um erro tipo II.

12.7 Use a hipótese nula de que o mecanismo antipoluição não é eficiente.

12.9 A probabilidade de um erro tipo I é de 0,0478; a probabilidade de um erro tipo II é de 0,3446, aumentado de 0,21.

12.11 Como não estamos lidando com dados amostrais, não cabe perguntar sobre a significância estatística.

12.15 A hipótese alternativa deveria ser $\mu > 2,6$.

12.17 Use a hipótese nula $\mu = 20$ e a hipótese alternativa $\mu > 20$.

12.19 (a) 0,05; (b) 0,0975; (c) 0,8063.

12.21 $z = -1,25$; a hipótese nula não pode ser rejeitada.

12.23 $z = 2,42$, a hipótese nula deve ser rejeitada.

12.25 $z = 2,73$; a hipótese nula deve ser rejeitada.

12.27 $t = -0,79$; a hipótese nula não pode ser rejeitada.

12.29 $t = 2,63$; a hipótese nula não pode ser rejeitada.

12.31 $t = 1,85$; a hipótese nula deve ser rejeitada.

12.33 O gráfico de probabilidade normal indica que a população não é normal.

12.37 $t = 2,29$; a hipótese nula deve ser rejeitada.

12.39 $t = -2,12$; a hipótese nula não pode ser rejeitada.

12.41 O valor de p é 0,0734, a hipótese nula poderia ter sido rejeitada.

12.43 O valor de p é 0,2446, e esse é o menor nível de significância no qual a hipótese nula poderia ter sido rejeitada.

12.45 $t = 3,86$; a hipótese nula deve ser rejeitada.

12.47 $t = -0,52$; a hipótese nula não pode ser rejeitada.

12.49 $t = 2,204$; a hipótese nula não pode ser rejeitada.

12.51 $z = 4,23$; a hipótese nula não pode ser rejeitada.

CAPÍTULO 13

13.1 $\chi^2 = 6{,}66$; a hipótese nula não pode ser rejeitada.

13.3 O valor de p é 0,0184; a hipótese nula deve ser rejeitada.

13.5 $z = -0{,}671$; a hipótese nula não pode ser rejeitada.

13.7 $F = 2{,}86$; a hipótese nula deve ser rejeitada.

CAPÍTULO 14

14.1 O valor de p é 0,043; a hipótese nula não pode ser rejeitada.

14.3 O valor de p é 0,116; a hipótese nula não pode ser rejeitada.

14.5 $z = -1{,}62$; a hipótese nula não pode ser rejeitada.

14.7 $z = -2{,}15$; a hipótese nula não pode ser rejeitada.

14.9 $z = 0{,}49$; a hipótese nula não pode ser rejeitada.

14.11 $z = -0{,}94$; a hipótese nula não pode ser rejeitada.

14.13 $z = 2{,}55$; a hipótese nula deve ser rejeitada.

14.15 $\chi^2 = 40{,}89$.

14.17 H_0: As probabilidades para as três categorias de respostas são todas iguais independentemente do número de crianças.

H_A: As probabilidades para pelo menos uma das categorias de respostas não são todas iguais.

14.21 $\chi^2 = 20{,}72$ a hipótese nula deve ser rejeitada.

14.23 $\chi^2 = 26{,}77$; a hipótese nula deve ser rejeitada.

14.27 $\chi^2 = 1{,}39$; a hipótese nula não pode ser rejeitada.

14.29 $C = 0{,}47$.

14.33 $\chi^2 = 16{,}55$; a hipótese nula deve ser rejeitada.

14.37 $\chi^2 = 2{,}37$; a hipótese nula não pode ser rejeitada.

14.39 $\chi^2 = 6{,}82$; a hipótese nula deve ser rejeitada.

EXERCÍCIOS DE REVISÃO PARA OS CAPÍTULOS 11, 12, 13 E 14

R.131 $n = 1.055$.

R.135 $t = 6{,}95$; a hipótese nula deve ser rejeitada.

R.137 $\chi^2 = 3{,}97$; a hipótese nula não pode ser rejeitada.

R.139 $\chi^2 = 8{,}30$; a hipótese nula deve ser rejeitada.

R.141 $\chi^2 = 0{,}91$; a hipótese nula não pode ser rejeitada.

R.143 $\chi^2 = 1{,}66$; a hipótese nula não pode ser rejeitada.

R.145 O gráfico de probabilidade normal indica um padrão linear.

R.147 Como não estamos lidando com amostras, não cabe perguntar sobre a significância estatística.

R.149 $8{,}42 < \sigma < 13{,}59$.

R.151 $z = 0{,}72$; a hipótese nula não pode ser rejeitada.

R.153 $\chi^2 = 11{,}61$; a hipótese nula deve ser rejeitada.

R.155 $n = 54$.

R.157 $\chi^2 = 1{,}27$; a hipótese nula não pode ser rejeitada.

R.159 $F = 7{,}21$; a hipótese nula deve ser rejeitada.

R.161 (a) $s = 5{,}10$; (b) 4,91.

R.163 $F = 2{,}47$; a hipótese nula não pode ser rejeitada.

R.165 $\chi^2 = 14,75$; a hipótese nula não pode ser rejeitada.

R.167 (a) $\mu > \mu_0$ e só troque as maquinas velhas se a hipótese nula puder ser rejeitada;
(b) $\mu < \mu_0$ e troque as maquinas velhas a menos que a hipótese nula possa ser rejeitada.

CAPÍTULO 15

15.1 $F = 0,58$; a hipótese nula não pode ser rejeitada.

15.3 $F = 2,25$; a hipótese nula não pode ser rejeitada.

15.5 Os escores da Escola 2 são muito mais variáveis do que os das duas outras escolas.

15.7 Os três tipos de tulipas deveriam ter sido associados aleatoriamente aos 12 lugares no jardim.

15.9 Isso é controverso.

15.15 $F = 10,78$; a hipótese nula deve ser rejeitada.

15.17 $F = 11,70$; a hipótese nula deve ser rejeitada.

15.19 $F = 3,19$; a hipótese nula não pode ser rejeitada.

15.21 $F = 9,28$; a hipótese nula deve ser rejeitada.

15.25 Somente são significativas as diferenças entre Bruno e Nestor, entre Bruno e Susana, e entre Júlia e Susana.

15.31 $F = 6,62$ para tratamentos e $F = 4,86$ para blocos; nenhuma das duas hipóteses nulas pode ser rejeitada.

15.33 $F = 8,31$ para tratamentos e $F = 0,58$ para blocos; a hipótese nula para tratamentos deve ser rejeitada mas a hipótese nula para blocos não pode ser rejeitada.

15.35 $F = 1,25$ para temperatura da água, $F = 16,16$ para detergentes e $F = 2,67$ para interação; a hipótese nula para detergentes deve ser rejeitada, mas as outras duas hipóteses nulas não podem ser rejeitadas.

15.37 180.

15.41 Como $F = 15,63$, a hipótese nula para as linhas (golfistas profissionais) deve ser rejeitada. Como $F = 0,82$, a hipótese nula para as colunas (motoristas) não pode ser rejeitada. Como $F = 45,80$, a hipótese nula para tratamentos (marcas de bolas de golfe) deve ser rejeitada.

CAPÍTULO 16

16.1 A segunda reta fornece um ajuste melhor.

16.3 (a) Os pontos estão razoavelmente dispersos mas o padrão geral é o de uma reta.

16.5 As equações normais são $100 = 10a + 525b$ e $5.980 = 525a + 32.085b$.

16.7 $\hat{y} = 19,6$.

16.9 (a) $\hat{y} = 2,039 - 0,102x$.

16.11 A soma dos quadrados dos erros é 20,94, que é inferior tanto a 44 quanto a 26.

16.13 $\hat{y} = 0,4911 + 0,2724x$.

16.15 $\hat{y} = 10,8$.

16.17 (a) $\hat{y} = 4,46$ milhões de unidades monetárias;
(b) $\hat{y} = 5,6$ milhões de unidades monetárias.

16.19 (a) $a = 12,447$ e $b = 0,898$; (b) $a = 0,4898$ e $b = 0,2724$.

16.21 $t = -2,41$; a hipótese nula deve ser rejeitada.

16.23 $t = 2,68$; a hipótese nula não pode ser rejeitada.

16.25 $t = 4,17$; a hipótese nula deve ser rejeitada.

16.27 $t = -3,48$; a hipótese nula deve ser rejeitada.

16.29 $13{,}16 < \mu_{y|50} < 15{,}02$.

16.31 (a) $7{,}78 < \mu_{y|60} < 14{,}64$.; (b) $0{,}43 - 21{,}99$.

16.33 (a) $0{,}553 < \mu_{y|5} < 1{,}575$.; (b) $0{,}736 - 1{,}392$.

16.35 (a) $\hat{y} = 198 + 37{,}2x_1 - 0{,}120x_2$; (b) $71{,}2$.

16.37 (a) $\hat{y} = -2{,}33 + 0{,}90x_1 + 1{,}27x_2 + 0{,}90x_3$; (b) $54{,}17\%$.

16.39 (a) $\log \hat{y} = 1{,}8379 + 0{,}0913x$; (b) $\hat{y} = 68{,}9(1{,}234)^x$; (c) $\hat{y} = 197{,}0$.

16.41 $\hat{y} = 101{,}17(0{,}9575)^x$.

16.43 $\hat{y} = 1{,}178(2{,}855)^x$.

16.45 $\hat{y} = 18{,}99(1{,}152)^x$.

16.47 $\hat{y} = 384{,}4 - 36{,}0x + 0{,}896x^2$ e $\hat{y} = 81{,}4$.

CAPÍTULO 17

17.1 $r = 0{,}92$; $0{,}918$.

17.3 $60{,}8\%$.

17.5 $r = -0{,}01$.

17.7 $r = -0{,}99$; $98{,}01\%$.

17.9 O coeficiente de correlação não depende da unidade de medição.

17.11 (a) Positivo; (b) negativo; (c) negativo; (d) nenhum; (e) positivo..

17.13 A primeira relação é duas vezes mais forte do que a segunda relação.

17.15 Correlação não necessariamente implica causa.

17.17 $r = -0{,}45$.

17.19 (a) $z = 2{,}35$; a hipótese nula deve ser rejeitada;
(b) $z = 1{,}80$; a hipótese nula não pode ser rejeitada.;
(c) $z = 2{,}29$; a hipótese nula deve ser rejeitada.

17.21 (a) $z = 1{,}22$; a hipótese nula não pode ser rejeitada;
(b) $z = 0{,}50$; a hipótese nula não pode ser rejeitada.

17.23 (a) $t = 3{,}82$; a hipótese nula deve ser rejeitada; (b) $t = 2{,}10$; a hipótese nula não pode ser rejeitada.

17.25 $z = 0{,}93$; a hipótese nula não pode ser rejeitada.

17.27 (a) $0{,}49 < \rho < 0{,}93$; (b) $-0{,}56 < \rho < 0{,}15$; (c) $0{,}35 < \rho < 0{,}70$.

17.29 $R = 0{,}576$.

17.31 $R = 0{,}992$.

17.33 $r_{23,1} = -1{,}00$.

CAPÍTULO 18

18.1 O valor de p é $0{,}424$; a hipótese nula não pode ser rejeitada.

18.3 O valor de p é $0{,}016$; a hipótese nula não pode ser rejeitada.

18.5 (a) O valor de p é $0{,}047$; a hipótese nula deve ser rejeitada.
(b) $z = 1{,}94$; a hipótese nula deve ser rejeitada.

18.7 $z = 2{,}17$ com correção de continuidade; a hipótese nula não pode ser rejeitada.

18.9 O valor de p é $0{,}01758$.

18.13 (a) Rejeite H_0 se $T \leq 8$; (b) rejeite H_0 se $T^- \leq 11$; (c) rejeite H_0 se $T^+ \leq 11$.

18.15 (a) Rejeite H_0 se $T \leq 7$; (b) rejeite H_0 se $T^- \leq 10$; (c) rejeite H_0 se $T^+ \leq 10$.

18.17 (a) $T^+ = 18$; a hipótese nula deve ser rejeitada; (b) $T = 18$; a hipótese nula não pode ser rejeitada.

18.19 $T^- = 18$; a hipótese nula deve ser rejeitada.

18.21 $T^+ = 5$; a hipótese nula deve ser rejeitada.

18.23 $z = -2{,}95$ com exercícios de continuidade; a hipótese nula deve ser rejeitada.

18.25 $z = -1{,}75$; a hipótese nula deve ser rejeitada.

18.31 (a) Rejeite H_0 se $U_2 \leq 14$; (b) rejeite H_0 se $U \leq 11$; (c) rejeite H_0 se $U_1 \leq 14$.

18.33 (a) Rejeite H_0 se $U_2 \leq 41$; (b) rejeite H_0 se $U_2 \leq 36$; (c) rejeite H_0 se $U_1 \leq 41$.

18.35 (a) Rejeite H_0 se $U_2 \leq 3$; (b) rejeite H_0 se $U_2 \leq 18$; (c) rejeite H_0 se $U_2 \leq 13$; (d) rejeite H_0 se $U_2 \leq 2$.

18.37 $U = 34$; a hipótese nula deve ser rejeitada.

18.39 $U = 88$; a hipótese nula não pode ser rejeitada.

18.41 $U_1 = 5{,}5$; a hipótese nula deve ser rejeitada.

18.43 $z = -1{,}71$; a hipótese nula não pode ser rejeitada.

18.51 $H = 4{,}51$; a hipótese nula não pode ser rejeitada.

18.53 $H = 1{,}53$; a hipótese nula não pode ser rejeitada.

18.55 $u = 7$; a hipótese nula deve ser rejeitada.

18.57 $u = 20$; a hipótese nula não pode ser rejeitada.

18.59 $z = -1{,}74$; a hipótese nula não pode ser rejeitada.

18.61 $z = 0{,}38$; a hipótese nula não pode ser rejeitada.

18.65 $z = 1{,}60$; a hipótese nula não pode ser rejeitada.

18.67 $z = -2{,}04$; a hipótese nula deve ser rejeitada.

18.69 $r_s = 0{,}65$.

18.71 $z = 2{,}17$; a hipótese nula deve ser rejeitada.

18.73 (a) A e B são mais parecidos; (b) B e C são menos parecidos.

EXERCÍCIOS DE REVISÃO PARA OS CAPÍTULOS 15, 16, 17 E 18

R.169 Eles pertencerão a um grupo de famílias com maior renda média, mas sem aumento garantido.

R.171 $r = -0{,}65$.

R.173 $z = -1{,}44$; a hipótese nula não pode ser rejeitada.

R.175 $z = -0{,}92$.

R.177 $F = 3{,}48$; a hipótese nula deve ser rejeitada.

R.179 $r = -1{,}03$ é um valor impossível.

R.181 $z = 1{,}34$; a hipótese nula não pode ser rejeitada.

R.185 $\hat{y} = 14{,}2 - 0{,}471x - 1{,}18x^2$.

R.187 O valor de p é $0{,}039$; a hipótese nula deve ser rejeitada.

R.189 (a) Correlação positiva; (b) correlação nula; (c) correlação positiva; (d) correlação negativa.

R.191 $r = 0{,}94$.

R.193 A segunda relação é praticamente 5 vezes mais forte do que a primeira.

R.195 $F = 2{,}93$; a hipótese nula não pode ser rejeitada.

R.197 Geraldo – Artes Cênicas;
André – Disciplina;
Evandro – Estabilidade ou Salários;
Flávia – Salários ou Estabilidade.

R.199 (a) Rejeite H_0 se $U \leq 19$; (b) rejeite H_0 se $U_1 \leq 23$; (c) rejeite H_0 se $U_2 \leq 23$.

R.201 $F = 2,31$ para linhas, $F = 8,24$ para colunas e $F = 31,28$ para tratamentos.

R.203 $z = -2,14$; a hipótese nula deve ser rejeitada.

R.205 $T = 11$; a hipótese nula deve ser rejeitada.

R.207 $\log \hat{y} = 1,45157 + 0,00698x$; $\hat{y} = 74,20$

R.209 $\hat{y} = 2,675$

R.211 A parábola crescerá para valores de x além do intervalo observado. Isso não faz sentido para os dados sobre preço e demanda.

ÍNDICE

A
Aderência de ajuste, 349-350
Agrupamento, 25-26
  erro de, 77
Ajuste de curvas, 398-399
  exponencial, 421-422
  função potência, 424-425
  linear, 399-400, 402-403
  parabólica, 424-425
  polinomial, 425-427
Aleatorização, 362-363, 367-368
α (*alfa*), coeficiente de regressão, 410-411
  intervalo de confiança para, 413-414
  teste para, 412-413
α (*alfa*), probabilidade de erro tipo I, 297-298
Alocação ótima, 247-248
Alocação proporcional, 246-247
Alternativa unilateral, 301
Amostra, 56-57
  aleatória, *ver* Amostra aleatória
  amplitude, 85-86
  covariância, 435-436
  de planejamento, 244-245
  desvio-padrão, 86-87
  média, 58-59
  proporção, 209-210
  tamanho, 57-58
  variância, 87-88
Amostra aleatória, 238
  população finita, 238-240
  população infinita, 241, 243
  simples, 239-240
Amostra de julgamento, 247-248
Amostragem:
  aleatória, 239-241, 243
  com reposição, 159-160
  de levantamento, 244-245
  julgamento, 247-248
  por área, 248-249
  por conglomerado, 248-249
  por quotas, 247-248
  sem reposição, 159-160
  sistemática, 245-246
Amostragem estratificada, 245-246
  alocação ótima, 247-248
  alocação proporcional, 246-247
  estratificação mista, 247-248
Amostras independentes, 313-314
Amplitude, 85-86
  interquartil, 85-86, 286-287
  semi-interquartil, 85-86
Amplitude estudentizada, 374-375
Amplitude média, 69, 74-75
Análise bayesiana, 172-173, 270
Análise de correlação normal, 442-443, 458-459
Análise de dados exploratória, 18-19, 30-31
Análise de regressão linear, 411-412
Análise de regressão normal, 411-412

Análise de uma tabela $r \times c$, 339-340
Análise de variância, 362, 367-368
  de dois critérios, 379-380, 286-287
  quadrado latino, 389
  tabela para, 370-371
  teste F, 370-371
Análise de variância bilateral, 380-381
  com interação, 385-386
  sem interação, 380-381
Análise de variância de um critério, 368-369
  tamanhos desiguais de amostras, 372
ANOVA (*ver* Análise de variância), 362
Apresentação gráfica, 33-34
  gráfico de barras, 27-28
  gráfico de setores, 44-45
  histograma, 41-42
  ogiva, 42-43
  pictograma, 43-44
  polígono de freqüência, 33-34
Área da curva normal, 217-218
  tabela de, 493
Arranjos, 114-117
Assimetria, 98-99
  coeficiente de Pearson, 98-99
  medidas, 98-99

B
β (*beta*), coeficiente de regressão, 410-411
  intervalo de confiança para, 413-414
  teste para, 412-413
β (*beta*), probabilidade de erro tipo II, 297-298
Bloco, 379-380
  completo, 379-380
  efeito de, 380-381
  soma de quadrados de, 381-382
Bloqueamento, 362-363, 379-380

C
Chance, 124-125, 144-145
  de aposta, 145-146
  equilibrada, 145-146
  honesta, 145-146
Classe:
  aberta, 35-36
  freqüência, 36
  fronteira, 36-37
  intervalo, 36-37
  limite, 36-37
  limite real, 36-37
  marca, 36-37
Classe de Mark, 36-37
Codificação, 20-21, 81-82
Coeficiente binomial, 117-118
  tabela de, 514
Coeficiente de assimetria de Pearson, 98-99
Coeficiente de contingência, 348-349
Coeficiente de correlação, 433-434
  definição, 433-434
  fórmula para calcular o, 434-435
  interpretação, 437-438

  intervalo de confiança para, 443-445
  momento produto, 435-436
  múltiplo, 445-446
  parcial, 447
  população, 442-443
  por posto, 476-477
  teste para, 442-443, 469-470
  transformação Z, 442-443
Coeficiente de correlação de posto de Spearman, 476-477
Coeficiente de correlação por posto, 476-477
  erro-padrão, 477-479
  teste para, 477-478
Coeficiente de desvio quartil, 95-96
Coeficiente de determinação, 432-433
Coeficiente de variação, 92-93
Coeficiente de variação quartil, 95-96
Coeficientes de regressão estimada, 410-411
Combinação, 335-336
Combinações, 117-118
Comparação múltipla, 362-363, 374-375
Complementar, 136-137
Conceito de Probabilidade clássica, 124-125
Confiança, 272-273
  e probabilidade, 272-273
  grau de, 274-275
Conjunto vazio, 135-136
Correção de continuidade, 229-230
Correlação:
  múltipla, 445-446
  negativa, 433-434
  parcial, 447
  positiva, 433-434
  posto, 476-477
Covariância amostral, 435-436
Critério de consistência, 146-147
Critério maximax, 176-177
Critério maximin, 174-175
Critério minimax, 174-175
Critério minimin, 176-177
Critério unilateral, 302-303
Curva característica de operação, 298-299
Curva CO, 298-299

D
Dado estranho, 61-62
Dados:
  crus, 33-34
  de contagem, 286-287, 332
  de razão, 21-22
  intervalares, 21-22
  nominais, 21-22
  numéricos, 20-21
  ordinais, 21-22
Dados categóricos, 20-21
Dados emparelhados, 48-49, 318, 398, 400-403
Dados qualitativos, 20-21
Dados quantitativos, 20-21
Dados quocientes, 16-17
Decil, 69

Densidade de probabilidade, 215-216
  desvio-padrão, 216-217
  exponencial, 225-226
  F, 326-327, 364-365
  média, 206-207
  normal, 214-215
  qui-quadrado, 281-282
  t, 275-276
  uniforme, 222-223
Desvio da média, 86-87
Desvio da raiz dos quadrados médios, 86-87
Desvio médio, 86-87
Desvio-padrão:
  amostral, 86-87
    fórmula para calcular, 88-89
  combinado, 316-317
  dados agrupados, 96-97
  densidade de probabilidade, 216-217
  distribuição binomial, 209-210
  distribuição de probabilidade, 187-188, 208-209
    fórmula para calcular, 209-210
  distribuição hipergeométrica, 207-208
  intervalo de confiança, 283-286
  populacional, 208-209
  teste para, 323-326
Desvio quartil, 85-86
Determinantes, 403-404, 410
Diagrama de dispersão, 48-49, 400-401
Diagrama de haste dupla, 29-30
Diagrama de Pareto, 31-32
Diagrama de pontos, 26-27
Diagrama de ramo e folha, 28-29
  de ramo duplo, 29-30
Diagrama de Venn, 136-138
Diagrama em árvore, 110-111
Diferença entre médias, 370-371
  dados emparelhados, 318
  erro-padrão, 313-314
  teste para a, 313-315, 317
Diferença entre proporções:
  erro-padrão, 335-336
  teste para a, 335-336
Distribuição (*ver também* Distribuição de freqüência, Densidade de probabilidade e os vários tipos de distribuição, por nome)
  assimétrica, 21-22, 98-99
  categórica, 34-35
  contínua, 214-216
  cumulativa, 37-38
  em forma de sino, 98-99
  em forma de U, 100
  inversa em forma de J, 100
  numérica, 34-35
  percentual, 36-37
  qualitativa, 34-35
  quantitativa, 34-35
  simétrica, 98-99
Distribuição amostral, 250-251
  diferença entre médias, 313-316
  diferença entre proporções, 335-336
  média, 305-306, 309-310
  mediana, 257-258
Distribuição binomial, 190-191
  aproximação de Poisson da, 201
  aproximação normal da, 231
  desvio-padrão da, 209-210
  e distribuição hipergeométrica, 197-199

  média da, 207-208
  tabela de, 501
Distribuição de freqüência, 33-34
  assimétrica, 98-99
  bilateral, 50-51
  categórica, 34-35
  cumulativa, 37-38
  de dois critérios, 50-51
  decis, 69
  desvio-padrão, 96-97
  em forma de J reversa, 100
  em forma de sino, 98-99
  em forma de U, 100
  freqüência de classe, 36
  fronteira de classe, 36-37
  histograma, 41-42
  intervalo de classe, 36-37
  limite de classe, 36-37
  marca de classe, 36-37
  média, 76
  mediana, 77
  ogiva, 42-43
  percentis, 69
  percentual, 40-41
  qualitativa, 34-35
  quantitativa, 34-35
  quartis, 69
  simetria, 98-99
Distribuição de Poisson, 201, 203-204
  e distribuição binomial, 201
  média da, 203-204, 211-212
Distribuição de probabilidade, 187-190
  binomial, 190-191
  de Poisson, 201
  desvio-padrão, 208-209
  geométrica, 197-198
  hipergeométrica, 198-199
  inteira, 252
  média, 206-207
  multinomial, 204-205
  variância, 208-209
Distribuição exponencial, 225-226, 421-422
Distribuição F, 326-327, 364-365
  graus de liberdade, 364-365
  tabela de, 499
Distribuição geométrica, 197-198
Distribuição hipergeométrica, 199
  e distribuição binomial, 197-199
  média de uma, 207-208
Distribuição inteira, 36
Distribuição negativamente assimétrica, 98-99
Distribuição normal, 34-35, 214-215, 217-218
  aproximação binomial, 231
  padrão, 218-219, 230
  teste de normalidade, 226-227
Distribuição percentual, 36-37
  cumulativa, 22-23
Distribuição positivamente assimétrica, 98-99
Distribuição Qui-Quadrado, 281-282
  graus de liberdade, 281-282
  tabela de, 497
Distribuição t, 275-276
  graus de liberdade, 275-276
  tabela de, 495
Distribuição t de Student, 275-276
Distribuição uniforme, 222-223
  discreta, 252
Dobradiça, 75-76

E
Efeito:
  em blocos, 380-381
  tratamento de, 362-363
Equação linear, 399-400
Equações normais, 403-404
Erro:
  agrupamento, 76
  experimental, 368-369
  padrão, *ver* Erro padrão
  percentual, 38-39
  provável, 259-260
  tipo I, 297-298
  tipo II, 297-298
Erro máximo:
  estimativa da média, 271-272
  estimativa de proporção, 287-288
Erro-padrão:
  de estimativa, 411-412
  coeficiente de correlação por posto, 458-459
  desvio-padrão, 287
  diferença entre médias, 313-314
  diferença entre proporções, 335-336
  mediano, 257-258
  médio, 253-254
  proporção, 287, 290-291
Erro quadrado médio, 368-369
Erro soma de quadrados, 368-369
  de análise de variância de dois critérios, 379-381
  de análise de variância de um critério, 362-363, 368-369
  quadrado latino, 389
Escore z, 62-63, 218-219
Escores padrão, 218-219
Espaço amostral, 87-88, 134-136
  finito, 135-136
  infinito, 135-136
  infinito enumerável, 197-198
Esperança matemática, 167-169
Estados da natureza, 173-174
Estatística, 58-59
Estatística de teste, 302-303
Estatística descritiva, 22-23, 295
Estatística F, 326-327, 364-365
Estatística Qui-quadrado, 281-282, 323-324, 342-344, 350-351
Estatística t, 275-276
Estatística U, 472-473
  desvio-padrão, 466-467
  média, 466-467
Estatística u, 472-473
  desvio-padrão, 472-473
  média, 472-473
Estimação, 270
Estimativa:
  intervalar, 274-275
  não tendenciosa, 87-88
  pontual, 270-271
  tendenciosa, 87-88
Estratificação cruzada, 247-248
Estratos, 245-246
Estrutura de amostra, 243-244
Estudentizada, 374-375
Evento, 135-136
Eventos:
  dependentes e independentes, 155-156
  mutuamente excludentes, 131-132

Experimento, 134-135
  controlado, 366-367
  de dois fatores, 380-381

F
Fator, 384-385
Fator de correção para população finita, 254-255
Fórmulas para calcular somas de quadrados, 371, 372
Freqüência de célula:
  esperada, 341-342
  observada, 341-342
Freqüência poligonal, 33-34
Fronteira de classe, 36-37
Fronteira de classe inferior, 36-37
Fronteira de classe superior, 50-51
Função potência, 299-300, 424-425

G
Gráfico de barras, 27-28
Gráfico de caixa, 70
Gráfico de caixa com bigodes, 70
Gráfico de pizza, 44-45
Gráfico de setores, 43-44
Grandes números, lei dos, 127-128
Grau de confiança, 274-275
Graus de liberdade, 275-276
  da distribuição F, 364-365
  da distribuição qui-quadrado, 281-282
  da distribuição t, 412-413
Graus de liberdade do denominador, 326-327, 364-365

H
Hipótese, 295
  alternativa, 295
    bilateral, 301
    unilateral, 301
  composta, 299-300
  estatística, 295
  nula, 295
  simples, 299-300
Histograma, 41-42
  tridimensional, 50-51

I
Igualdade de desvios-padrão, 326-327
Independência de amostras, 313-314
Inferência estatística, 18-19
Interação, 380-381
  somas de quadrados, 386
Interpretação freqüencial de probabilidade, 126-127
Intervalo de classe, 36-37
Intervalo de confiança, 274-275
  coeficiente de correlação, 443-445
  coeficientes de regressão, 413-414
  desvio-padrão, 285-286
  média, 274-275
  média de y para dado x, 414-415
  proporção, 287-288
  variância, 282-283
Intervalo de confiança para grandes amostras, 274-275, 284-285, 287-288
  para a média, 274-275
  para a proporção, 287-288
  para o desvio padrão, 285-286
Intervalo de dados, 21-22
Intervalo t, 276-277
Intervalo z, 274-275

J
Jogo equilibrado, 169-170

L
Lei dos grandes números, 127-128
Limite de classe, 36-37
Limites de classe reais, 36-37
Limites de confiança, 274-275
Limites de previsão, 415-416
Listagem, 25-26

M
Média, 57-60
  amostra, 58-59
  aritmética, 57-58
  dados agrupados, 76
  dados combinados, 62-63
  densidade de probabilidade, 217-218
  desvio da, 86-87
  distribuição binomial, 207-208
  distribuição de Poisson, 211-212
  distribuição de probabilidade, 206-207
  distribuição hipergeométrica, 207-208
  erro máximo de estimativa, 271-272, 278-279
  erro provável, 259-260
  erro-padrão, 253-254
  geométrica, 57-58, 64-65
  grande, 62-63, 340-341, 362-363, 368-369, 371
  harmônica, 57-58, 64-65
  intervalo de confiança para, 274-275
  ponderada, 62-63
  população, 58-59
  teste para, 305-306, 309-310, 392
Mediana, 61-62, 66-67, 77
  de amostra, 66-67
  de dados agrupados, 77-78
  de população, 67-68
  erro padrão de, 257-258
  posição, 67-68
Medidas de assimetria, 98-99
Medidas de dispersão, 56, 85-86
Medidas de dispersão relativa, 92-93
Medidas de localização, 56
Medidas de localização central, 56
Medidas de tendência, 56
Medidas de tendência central, 56
Medidas de variação relativa, 92-93
Método de eliminação, 403-404
Método dos mínimos quadrados, 398-399, 402-403
Moda, 69, 72-73
Modelo estatístico, 16-17, 192-193
Momento produto, 435-436
μ (mu), média:
  densidade de população, 216-217
  distribuição de probabilidade, 206-207
  população, 58-59
Multiplicação de escolhas, 111-114

N
Nível de significância, 301-302
Notação de somatório, 58-59
Notação fatorial, 115-116
Número de graus de liberdade, 275-276
Números aleatórios, 239-242

O
Ogiva, 42-43

P
Papel de gráfico log-log, 424-425
Papel gráfico de probabilidade:
  aritmético, 226-227
  normal, 226-227
Papel gráfico semilog, 421-422
Parábola, 424-425
Parâmetro, 58-59
Percentil, 69
Permutações, 114-117
Pesos, 61-62
Pictograma, 43-44
Planejamento de experimentos, 362-363, 366-367
  completamente aleatorizado, 367-368
  em bloco aleatorizado, 380-381
  em blocos completos, 379-380
  em bloco incompleto, 392
  em bloco incompleto equilibrado, 392-393
Polígono de freqüência, 33-34
População, 58-59
  binomial, *ver* População binomial
  coeficiente de correlação de, 442-443
  desvio-padrão de, 87-88, 208-209
  finita, *ver* População finita
  infinita, *ver* População infinita
  média de, 58-59
  mediana de, 67-68
  normal, 226-227
  tamanho de, 58-59
  variância de, 87-88
População binomial, 194-195
  amostragem, 194-195
População finita, 238-239
  fator de correção, 254-255
População infinita, 238-239, 241, 243
  amostra aleatória de, 241, 243
Postulados de Probabilidade, 141-143
  generalizados, 148-149
Probabilidade, 110, 124-125
  conceito clássico de, 124-125
  condicional, 154-155
  conjunto vazio, 135-136
  critério de consistência, 146-147
  dependente, 155-156
  distribuição, 187-188
  e área sob uma curva, 215-216
  e chances, 144-146
  e confiança, 272-273
  eventos equiprováveis, 124-125
  gráfico de, 226-227
  independência, 155-157
  interpretação freqüencial da, 126-127
  papel aritmético de, 226-227
  papel normal de, 226-227
  pessoal, 128-129, 145-146
  regra da multiplicação generalizada, 156-157
  regra de multiplicação de, 156-157
  regra especial de adição, 151-152
  regra especial de multiplicação, 156-157
  regra generalizada de adição, 151-152
  regra geral de adição, 151-152
  regras de adição, 151-152
  teorema de Bayes, 162-163
  total, 162-163
Probabilidade caudal, *ver* Valor p
Probabilidade de densidade, 215-216
Probabilidade subjetiva, 128-129, 134, 145-146
  critério de consistência, 146-147

Proporção:
  amostra, 287
  erro máximo, 288-289
  erro-padrão, 287
  intervalo de confiança para, 287-288
  teste para, 332-334
Proporções:
  diferença entre duas, 335-336
  diferença entre várias, 338-340
Provável erro da média, 259-260

Q
Quadrado latino, 389
Quadrado médio:
  de blocos, 381-382
  de erro, 369-370
  de tratamentos, 369-370
Quantis, 69
Quartil, 69
Quartil médio, 69

R
r, ver Coeficiente de correlação
Ramo, 28-29
Razão de variância, 326-327, 364-365
Regra de eliminação, 162-163
Regra de probabilidade total, 162-163
Regra empírica, 90-91
Regra especial de multiplicação, 156-157
Regra geral de adição, 151-152
Regra geral de multiplicação, 156-157
Regras de multiplicação de probabilidade, 156-157
Regras de probabilidade adicionais, 151-152
Regressão, 398-399
  análise de, 411-412
    linear, 411-412
    normal, 411-412
  coeficientes de, 410-411
  equação de, 405-406
  estimada, 406
  intervalo de confiança para, 413-414
    estimada, 410-411
    teste para, 412-413
  múltipla, 417-419
  não-linear, 421-422
  reta de, 406
Repetições, 471-472
  acima e abaixo da mediana, 473-474
  teoria de, 471-472
Replicação, 384-385
Resultado de um experimento, 134-135
Reta de mínimos quadrados, 402-403
Reta de regressão estimada, 406
ρ (rô), coeficiente de correlação de população, 442-443
Robusto, 329-330
Rótulo do ramo, 28-29

S
Seleção aleatória, 125-126
σ (sigma), desvio-padrão:
  densidade de probabilidade, 216-217
  distribuição de probabilidade, 208-209
  população, 87-88
Significância estatística, 300-301
Simulação, 252
Simulação por computador, 127-128, 252
Soma de postos, 464

Soma de quadrados:
  bloco, 381-382
  de colunas, 389-390
  erro, 371, 372, 381-382, 389-390
  interação, 386
  por linhas, 389-390
  regressão, 432-433
  residual, 432-433
  total, 368-369, 372, 381-382, 431-432
  tratamento, 371, 372, 389-390
Somatório duplo, 82-83
Σ (Sigma), sinal de somatório, 58-59
Subconjunto, 135-136

T
Tabela de análise de variância, 370-371
  bilateral, 381-382
  quadrado latino, 389-390
  unilateral, 370-371
Tabela de contingência, 340-341
Tabela $r \times c$, 339-340
  freqüência celular esperada, 341-342
Tamanho:
  de amostra, 57-58
  de população, 58-59
Técnica de resposta aleatorizada, 164-165
Teorema de Tchebichev, 89-90
Teorema de Markov, 64-65
Teorema do Limite Central, 255-256
Teoremas de Bayes, 162-163
Teoria de decisão, 176-177, 179
Teoria de Probabilidade, 18-19, 110
Teste de grandes amostras:
  para a diferença entre as médias, 313-314
  para a diferença entre duas proporções, 335-336
  para a média, 305-306
  para o desvio-padrão, 325-326
  para proporções, 333-334
Teste de Kruskal-Wallis, 410
Teste de Mann-Whitney, 463-464
Teste de sinais, 451
  com pares de dados, 452
  para grandes amostras, 453-455
  para uma amostra, 453-451
Teste F, 326-327, 364-365
Teste não-paramétrico para grandes amostras:
  teste de sinais, 452-453
  teste de sinais com posto, 460
  teste U, 466-467
  teste u, 472-474
Teste para aleatoriedade, 471-472
Testes de hipóteses, 295
  aderência de ajuste, 349-350
  aleatoriedade, 471-472
  análise de variância, 362
  bicaudal, 302-303
  bilateral, 302-303
  coeficiente de correlação, 442-443
    por posto, 477-478
  coeficientes de regressão, 412-413
  curva característica operacional, 298-299
  desvio-padrão, 323-326, 431-432
  diferenças entre duas proporções, 335-337
  diferenças entre médias, 313-314
  diferenças entre proporções, 338-339
  hipótese alternativa, 295
  hipótese nula, 295

igualdade de desvios-padrão, 326-327
  média, 305-307, 309-310
  não-paramétrica, 374-375
  nível de significância, 301-302
  proporção, 332-334
  repetições, 471-472
  teste de Kruskal-Wallis, 467-468
  teste de sinais, 450-451
  teste de sinais com posto, 456-460
  teste de sinais de amostras emparelhadas, 451-452
  teste H, 467-468
  teste t de amostras emparelhadas, 318-319
  teste t de duas amostras, 317
  teste t de uma amostra, 309-310
  teste z de duas amostras, 314-316
  teste z de uma amostra, 306-307
  testes de significância, 300-301
  unicaudal, 302-303
  unilateral, 302-303
Testes não-paramétricos, 374-375
  correlação por posto, 476-477
  de aleatoriedade, 471-474
  eficiência, 479-480
  teste da soma de postos de Wilcoxon, 463-464
  teste de Kruskal-Wallis, 467-469
  teste de Mann-Whitney, 463-467
  teste de repetições, 471-473
  teste de sinais, 450-451
  teste de sinais com posto, 456-460
  teste de sinais com posto de Wilcoxon, 456-457
  teste H, 467-469
  teste U, 463-464, 473-474
  teste u, 472-474
Traçado probabilístico normal, 226-227
Transformação Z, 442-443
Transformação Z de Fischer, 442-443
Tratamento, 362-363, 368-369
  efeito, 362-363
  quadrado médio, 369-370
  soma de quadrados, 368-369
Triângulo de Pascal, 316-317

U
União, 136-137
Unidade padrão, 91-92, 218-219

V
Valor crítico, 306-307
Valor esperado de uma variável aleatória, 205-206
Valor p, 307-309
Variação:
  coeficiente, 92-93
  coeficiente de quartil, 95-96
  medidas de, 56, 85-86
Variância, 87-88
  amostral, 87-88
    fórmula para calcular, 88-89
  análise de, ver Análise de variância
  distribuição binomial, 209-210
  distribuição de probabilidade, 208-209
    fórmula para calcular, 209-210
  intervalo de confiança para, populacional, 209-210
  variável aleatória, 208-209
Variável aleatória, 186-187
  contínua, 214-215
  discreta, 187-188

ACORDO PARA UTILIZAÇÃO E LICENÇA
Pearson Education, Inc.

LEIA ATENTAMENTE OS TERMOS E CONDIÇÕES DESTE ACORDO ANTES DE UTILIZAR O CD-ROM. A UTILIZAÇÃO DESTE CD-ROM IMPLICA AUTOMATICAMENTE SUA CONCORDÂNCIA COM ESTES TERMOS E CONDIÇÕES.

Este programa é fornecido e licenciado por Pearson Education, Inc. Você assume total responsabilidade pela seleção do programa e por alcançar os resultados almejados, bem como pela instalação, utilização e resultados obtidos a partir do programa. Esta licença tem validade dentro dos Estados Unidos, bem como nos países onde este programa é comercializado por distribuidores autorizados.

CONCESSÃO DA LICENÇA
Esta licença é não-exclusiva e intransferível e permite a instalação e utilização do programa em um número ilimitado de computadores em um único sítio. Um sítio é aqui definido como um local físico de proximidade imediata, como por exemplo um campus ou uma filial de uma instituição educacional num ponto geográfico determinado. O programa poderá ser copiado tão-somente com a finalidade de fazer-se uma cópia de segurança. O programa não poderá nem em parte nem em sua íntegra ser modificado, traduzido, desmontado, descompilado ou reengenherizado.

TERMO
Este licença é válida até que seja terminada. A Pearson Education, Inc. reserva o direito de terminar esta licença automaticamente no caso de qualquer cláusula desta licença vir a ser violada. Você poderá terminar esta licença a qualquer momento. Para terminar esta licença, você deverá retornar o programa, incluindo a documentação que o acompanha, juntamente com sua vontade expressa por escrito e onde você deverá fazer constar que toda e qualquer cópia deste programa em seu poder foi devolvida ou destruída.

GARANTIA LIMITADA
Este programa é fornecido como está, sem garantia de qualquer espécie, expressa nem implicada, incluindo, mas não limitado à, garantias comerciais implicadas por vendedores.
O risco com relação à qualidade e do desempenho do programa é inteiramente do licenciado. No caso o programa apresentar defeito, você (não a Pearson Education, Inc. e não o revendedor autorizado) deverá se responsabilizar pelos custos necessários para a recuperação, reparo ou correção do programa. Não indica garantia de qualquer espécie, nem a amplitude de alguma garantia existente, qualquer manifestação ou informação verbal ou escrita por parte da Pearson Education, Inc. ou de revendedor, distribuidor ou representante autorizado.
A Pearson Education, Inc. não garante que as funções do programa sejam exatamente aquelas que lhe satisfaça, nem que o funcionamento do programa se dê de modo infalível ou sem interrupções.
No entanto, a Pearson Education, Inc. garante que o CD-ROM o qual serve de meio para o programa é livre de defeito, no que se refere ao seu material físico e manufatura, sob circunstâncias normais de utilização e por um período de utilização não superior a 90 dias da data da compra do livro no qual faz parte este CD-ROM, expressa pela data da compra na nota fiscal do revendedor.
O programa não poderá ser confiado como a solução única para um dado problema, especialmente quando a solução buscada pode ter impacto na integridade pessoal e/ou física de alguém. A Pearson Education, Inc. se exime de qualquer responsabilidade pelo mau uso do programa.

DESIGNAÇÃO DAS GARANTIAS
A Pearson Education, Inc. terá as seguintes responsabilidades de garantias:
1. a substituição de qualquer CD-ROM que não esteja de acordo que apresente defeito físico, considerando o disposto na cláusula GARANTIA LIMITADA sobre o meio físico e período máximo de utilização dentro da garantia; estando dentro destes termos, o CD-ROM deverá ser retornado para a Pearson Education, Inc
2. No caso de a Pearson Education, Inc. não poder substituir o CD-ROM fisicamente defeituoso, o licenciado poderá terminar esta licença retornando para a Pearson Education, Inc. a documentação do pacote de licença que acompanhou o CD-ROM.
EM NENHUM CASO A PEARSON EDUCATION, INC. SERÁ RESPONSABILIZADA POR DANOS, INCLUINDO LUCROS INCESSANTES, PREJUÍZOS DE QUALQUER ESPÉCIE, DIRETOS OU INDIRETOS, QUE SEJAM CAUSADOS PELA MÁ UTILIZAÇÃO OU INCAPACIDADE DE UTILIZAÇÃO CORRETA DO PROGRAMA, MESMO NO EVENTO EM QUE A PEARSON EDUCATION, INC. OU REVENDEDOR AUTORIZADO TENHA SIDO PREVIAMENTE AVISADO DA POSSIBILIDADE DE TAIS DANOS EXISTIREM OU VIREM A OCORRER.

GERAL
Esta licença não poderá ser transferida ou sublicenciada. Qualquer tentativa de transferir ou sublicenciar o programa é considerada ação nula e sem valor.
Este acordo de utilização da licença é governado pelas leis do Estado de Nova York. No caso de haver qualquer dúvida em relação a este acordo, você poderá contatar-se com a Pearson Education, Inc., escrevendo para o seguinte endereço: Director of Multimedia Development, Higher Education Division, Pearson Education, Inc., 1 Lake Street, Upper Saddle River, NJ 07458 - U.S.A.
VOCÊ CONFIRME QUE LEU ESTE ACORDO E COMPRENDEU E CONCORDA COM OS RESPECTIVOS TERMOS E CONDIÇÕES. ADEMAIS, VOCÊ CONCORDA QUE ESTE É A TOTALIDADE DO ACORDO ENTRE O LICENCIADO E O LICENCIADOR, E QUE ESTE ACORDO ESTÁ ACIMA DE QUALQUER OUTRA MANIFESTAÇÃO VERBAL OUR POR ESCRITO RELATIVA A ESTA LICENÇA E SUA UTILIZAÇÃO.

PROBLEMAS DE ESTIMATIVA

Intervalo de Confiança para

Média (σ conhecido)

$$\bar{x} - z_{\alpha/2} \cdot \frac{\sigma}{\sqrt{n}} < \mu < \bar{x} + z_{\alpha/2} \cdot \frac{\sigma}{\sqrt{n}}$$

Média (σ desconhecido)

$$\bar{x} - t_{\alpha/2} \cdot \frac{s}{\sqrt{n}} < \mu < \bar{x} + t_{\alpha/2} \cdot \frac{s}{\sqrt{n}}$$

Proporção (grandes amostras)

$$\hat{p} - z_{\alpha/2} \cdot \sqrt{\frac{\hat{p}(1-\hat{p})}{n}} < p < \hat{p} + z_{\alpha/2} \cdot \sqrt{\frac{\hat{p}(1-\hat{p})}{n}}$$

onde $\hat{p} = \frac{x}{n}$

Erro Máximo

Estimativa de média

$$E = z_{\alpha/2} \cdot \frac{\sigma}{\sqrt{n}}$$

Estimativa de proporção

$$E = z_{\alpha/2} \cdot \sqrt{\frac{\hat{p}(1-\hat{p})}{n}}$$

Tamanho de Amostra

Estimativa de média

$$n = \left[\frac{z_{\alpha/2} \cdot \sigma}{E}\right]^2$$

Estimativa de proporção

$$n = p(1-p)\left[\frac{z_{\alpha/2}}{E}\right]^2 \quad \text{ou} \quad n = \frac{1}{4}\left[\frac{z_{\alpha/2}}{E}\right]^2$$